大学生{本科 非数学类}数学竞赛辅导

线性代数精题精讲精练

陈启浩 编著

机械工业出版社

本书是本科大学生数学竞赛辅导书，可供自学使用，也可用于竞赛培训.

书中通过典型例题的精解来梳理重点方法，同时穿插介绍一些有普遍性的解题技巧，题解后的总结和讨论使方法更系统和实用. 本书的例题精选自国内外各种数学竞赛，其中既有基本概念和基本方法运用的例题，也有综合性和技巧性较强的例题. 在例题之后还精选了一些练习题并在练习题之后附上解题过程和答案.

图书在版编目（CIP）数据

线性代数精题精讲精练/陈启浩编著 .—北京：机械工业出版社，2016.5（2024.5 重印）

大学生（本科　非数学类）数学竞赛辅导

ISBN 978-7-111-53218-7

Ⅰ.①线…　Ⅱ.①陈…　Ⅲ.①线性代数-高等学校教学参考资料

Ⅳ.①O151.2

中国版本图书馆 CIP 数据核字（2016）第 051668 号

机械工业出版社（北京市百万庄大街 22 号　邮政编码 100037）

策划编辑：韩效杰　　责任编辑：韩效杰　陈崇昱

版式设计：霍永明　　责任校对：闫玥红

封面设计：路恩中　　责任印制：单爱军

北京虎彩文化传播有限公司印刷

2024 年 5 月第 1 版第 3 次印刷

184mm×260mm · 19.25 印张 · 471 千字

标准书号：ISBN 978-7-111-53218-7

定价：59.80 元

电话服务	网络服务
客服电话：010-88361066	机　工　官　网：www.cmpbook.com
010-88379833	机　工　官　博：weibo.com/cmp1952
010-68326294	金　　书　　网：www.golden-book.com
封底无防伪标均为盗版	机工教育服务网：www.cmpedu.com

前　言

本书是《大学生（本科　非数学类）数学竞赛辅导　高等数学精题精讲精练》（以下简称《竞辅高数》）的姊妹篇.《竞辅高数》无论在内容的编排上，还是在例题等的选取上，都贴近参赛者，贴近竞赛，十分接地气，所以在其问世后，深受广大参赛者的欢迎，很快便成为了他们的良师益友.

本书与《竞辅高数》一样，旨在为复习迎赛的读者提供一本参考书，帮助他们进一步融会贯通已学过的线性代数知识，熟练掌握各种计算方法和解题技巧，以便在较短时期内，对线性代数各种问题的求解能力有一个较大幅度的提高，从容地将赛题中线性代数部分的分数尽收囊中.

全书共分五章，每章由以下四部分组成：

一、核心内容提要　这里简要地列出了全章的核心内容.

二、典型例题精解　这是全章的主要部分，其中所选的例题有较强的综合性与技巧性.对每道题都按分析、精解及附注三部分做出精细且快捷的解答.并且每章的例题分 A 组（计算题）与 B 组（证明题）两类.（书中例题较多，对于时间比较紧张的参赛者，可以在有经验教师的指导下挑选其中部分阅读.）

三、主要方法梳理　这里对全章的解题方法和技巧（其中许多已在“典型例题精解”中使用过了）进行总结、整理，使之系统化和实用化，使读者通过阅读本书，能准确掌握许多有效的解题方法与技巧.

四、精选备赛练习题　这些练习题都是经过精心挑选和编排的，各章都分 A 组（计算题）与 B 组（证明题）两类，由浅入深.它们既能衡量读者已经达到的水平和具备的能力，又能通过练习进一步提高读者分析问题和解决问题的本领.为方便读者使用本书，每章练习题之后都附有解答，供参考.

顺便指出，本书虽是一本数学竞赛辅导书，但也是那些初步学过线性代数、渴望进一步提升线性代数水平的工科类和经济类大学生的一本极好的读物；也是那些承担线性代数教学任务、渴望把课讲得更生动深入的年轻教师的一本极好的读物.

本书编写仓促，其中不当和错讹之处务望读者与同仁费心批评指正，并可通过 cqhsx@gmail.com 联系我.

北京邮电大学教授　陈启浩

目　　录

第一章
行列式与矩阵(Ⅰ)

一、核心内容提要

1. *n* 阶行列式的定义

由 n^2 个数 $a_{ij}(i,j=1,2,\cdots,n)$ 排成 n 行 n 列正方形表,其值为

$$\sum_{j_1j_2\cdots j_n}(-1)^{\tau(j_1j_2\cdots j_n)}a_{1j_1}a_{2j_2}\cdots a_{nj_n}\text{的记号}\begin{vmatrix}a_{11}&a_{12}&\cdots&a_{1n}\\a_{21}&a_{22}&\cdots&a_{2n}\\\vdots&\vdots&&\vdots\\a_{n1}&a_{n2}&\cdots&a_{nn}\end{vmatrix},$$

称为 n 阶行列式,记为 D_n,D,或 $|a_{ij}|$. 这里 $j_1j_2\cdots j_n$ 是 $1,2,\cdots,n$ 的一个排列,$\tau(j_1j_2\cdots j_n)$ 是它的逆序数,$\sum\limits_{j_1j_2\cdots j_n}$ 表示对 $1,2,\cdots,n$ 的所有排列 $j_1j_2\cdots j_n$ 求和.

2. *n* 阶行列式的性质

设 $D=|a_{ij}|$ 是 n 阶行列式,则它有以下性质:

(1) D 与其转置行列式 D^{T}(即将 D 的第 i 行作为第 i 列 $(i=1,2,\cdots,n)$ 构成的行列式)相等,即 $D=D^{\mathrm{T}}$.

(2) 互换 D 的两行(列)后的行列式是 D 的相反数.

由此推得,当 D 中有两行(列)相等时,$D=0$.

(3) 用数 k 乘 D 的某行(列)后的行列式等于 kD.

由此推得,当 D 中有两行(列)的元素对应成比例时,$D=0$.

(4) 如果 D 的某行(列)的各个元素都是两个数之和,则 D 等于相应的两个行列式之和,例如,

$$D=\begin{vmatrix}a_{11}&a_{12}&\cdots&a_{1n}\\\vdots&\vdots&&\vdots\\a_{i1}+a'_{i1}&a_{i2}+a'_{i2}&\cdots&a_{in}+a'_{in}\\\vdots&\vdots&&\vdots\\a_{n1}&a_{n2}&\cdots&a_{nn}\end{vmatrix}=\begin{vmatrix}a_{11}&a_{12}&\cdots&a_{1n}\\\vdots&\vdots&&\vdots\\a_{i1}&a_{i2}&\cdots&a_{in}\\\vdots&\vdots&&\vdots\\a_{n1}&a_{n2}&\cdots&a_{nn}\end{vmatrix}+\begin{vmatrix}a_{11}&a_{12}&\cdots&a_{1n}\\\vdots&\vdots&&\vdots\\a'_{i1}&a'_{i2}&\cdots&a'_{in}\\\vdots&\vdots&&\vdots\\a_{n1}&a_{n2}&\cdots&a_{nn}\end{vmatrix}.$$

(5) 将 D 的某行(列)乘以数 k 加到另一行(列)构成的行列式与 D 相等.

3. *n* 阶行列式按行(列)展开

设 n 阶行列式 $D=|a_{ij}|$,则

$$D=\sum_{j=1}^{n}a_{ij}A_{ij}(\text{按第 } i \text{ 行展开}, i=1,2,\cdots,n)$$
$$=\sum_{i=1}^{n}a_{ij}A_{ij}(\text{按第 } j \text{ 列展开}, j=1,2,\cdots,n),$$

这里A_{ij}是D的元素a_{ij}的代数余子式.

注　对$i=1,2,\cdots,n$有$\sum\limits_{j=1}^{n}a_{ij}A_{kj}=0(k=1,2,\cdots,n,k\neq i)$,

对$j=1,2,\cdots,n$有$\sum\limits_{i=1}^{n}a_{ij}A_{ik}=0(k=1,2,\cdots,n,k\neq j)$.

4. 矩阵的概念

由$m\times n$个数$a_{ij}(i=1,2,\cdots,m;j=1,2,\cdots,n)$排成$m$行$n$列的矩形表

$$\begin{pmatrix} a_{11} & a_{12} & \cdots & a_{1n} \\ a_{21} & a_{22} & \cdots & a_{2n} \\ \vdots & \vdots & & \vdots \\ a_{m1} & a_{m2} & \cdots & a_{mn} \end{pmatrix}$$

称为$m\times n$矩阵,记为$\boldsymbol{A}$,$(a_{ij})_{m\times n}$,或(a_{ij}).

当$m=n$时,称$\boldsymbol{A}$为n阶矩阵,记它对应的行列式为$|\boldsymbol{A}|$,即$|\boldsymbol{A}|=|a_{ij}|$.

5. 和(差)矩阵、数乘矩阵、置转矩阵和积矩阵

设矩阵$\boldsymbol{A}=(a_{ij})_{m\times n}$,$\boldsymbol{B}=(b_{ij})_{m\times n}$,则分别称$\boldsymbol{A}+\boldsymbol{B}=(a_{ij}+b_{ij})_{m\times n}$,与$\boldsymbol{A}-\boldsymbol{B}=(a_{ij}-b_{ij})_{m\times n}$为$\boldsymbol{A}$,$\boldsymbol{B}$的和矩阵与差矩阵.

设矩阵$\boldsymbol{A}=(a_{ij})_{m\times n}$,$k$是数,则分别称$k\boldsymbol{A}=(ka_{ij})_{m\times n}$与$\boldsymbol{A}^{\mathrm{T}}=(a_{ji})_{n\times m}$为$\boldsymbol{A}$的数乘矩阵与转置矩阵.

设矩阵$\boldsymbol{A}=(a_{ij})_{m\times l}$,$\boldsymbol{B}=(b_{ij})_{l\times n}$,则称$\boldsymbol{AB}=\left(\sum\limits_{k=1}^{l}a_{ik}b_{kj}\right)_{m\times n}$为$\boldsymbol{A}$,$\boldsymbol{B}$的积矩阵.特别地,当$\boldsymbol{A}$是$n$阶矩阵时,称$\boldsymbol{A}^m=\underbrace{\boldsymbol{AA}\cdots\boldsymbol{A}}_{m\text{个}}$为$\boldsymbol{A}$的$m$次幂.

6. 逆矩阵和伴随矩阵

设$\boldsymbol{A}$是n阶矩阵,如果存在n阶矩阵$\boldsymbol{B}$,使得$\boldsymbol{AB}=\boldsymbol{BA}=\boldsymbol{E}_n$㊀,实际可简化为$\boldsymbol{AB}=\boldsymbol{E}_n$,则称$\boldsymbol{A}$是可逆矩阵,$\boldsymbol{B}$是$\boldsymbol{A}$的逆矩阵,记为$\boldsymbol{A}^{-1}$.

设$\boldsymbol{A}=(a_{ij})_{n\times n}$是$n$阶矩阵,则称$\boldsymbol{A}^*=(A_{ji})_{n\times n}$是$\boldsymbol{A}$的伴随矩阵,其中$A_{ij}$是$|\boldsymbol{A}|$的元素$a_{ij}$的代数余子式$(i,j=1,2,\cdots,n)$.

7. 分块矩阵

用若干条纵线与横线将矩阵$\boldsymbol{A}$分成一些小块(小矩阵),以这些小块为"元素"的矩阵称为

㊀ $\boldsymbol{E}_n$表示n阶单位矩阵,当不必指出阶数时,也可简记为$\boldsymbol{E}$.

$\boldsymbol{A}$ 的分块矩阵(注意 $\boldsymbol{A}$ 的分块矩阵与 $\boldsymbol{A}$ 相等).

分块矩阵也有矩阵所具有的各种运算,只要把各小块看作元素即可,但需要注意的是各小块在进行运算时,必须符合矩阵运算规则.

8. 矩阵运算的主要性质

(1) 设 $\boldsymbol{A},\boldsymbol{B}$ 都是 n 阶矩阵,则 $|\boldsymbol{AB}|=|\boldsymbol{A}||\boldsymbol{B}|$;

设 $\boldsymbol{A}$ 是 n 阶矩阵,λ 是数,则 $|\lambda\boldsymbol{A}|=\lambda^n|\boldsymbol{A}|$;

设 $\boldsymbol{A}$ 是 n 阶可逆矩阵,则 $|\boldsymbol{A}^{-1}|=|\boldsymbol{A}|^{-1}$;

设 $\boldsymbol{A}$ 是 $n(n\geqslant 2)$ 矩阵,则 $|\boldsymbol{A}^*|=|\boldsymbol{A}|^{n-1}$.

(2) 设 $\boldsymbol{A}$ 是 n 阶可逆矩阵,则

$|\boldsymbol{A}|\neq 0,\boldsymbol{A}^{-1}=\dfrac{1}{|\boldsymbol{A}|}\boldsymbol{A}^*,(\boldsymbol{A}^{-1})^{-1}=\boldsymbol{A},(\lambda\boldsymbol{A})^{-1}=\dfrac{1}{\lambda}\boldsymbol{A}^{-1}$($\lambda$ 是非零数),

$(\boldsymbol{A}^{\mathrm{T}})^{-1}=(\boldsymbol{A}^{-1})^{\mathrm{T}},(\boldsymbol{A}^*)^{-1}=(\boldsymbol{A}^{-1})^*=\dfrac{1}{|\boldsymbol{A}|}\boldsymbol{A}$.

(3) 设 $\boldsymbol{A}$ 是 n 阶矩阵,λ 是数,则

$$\boldsymbol{AA}^*=\boldsymbol{A}^*\boldsymbol{A}=|\boldsymbol{A}|\boldsymbol{E}_n,(\boldsymbol{A}^*)^*=|\boldsymbol{A}|^{n-2}\boldsymbol{A},$$
$$(\lambda\boldsymbol{A})^*=\lambda^{n-1}\boldsymbol{A}^*,(\boldsymbol{A}^{\mathrm{T}})^*=(\boldsymbol{A}^*)^{\mathrm{T}}.$$

(4) 设 $\boldsymbol{A},\boldsymbol{B}$ 都是 n 阶矩阵,则

$(\boldsymbol{AB})^{\mathrm{T}}=\boldsymbol{B}^{\mathrm{T}}\boldsymbol{A}^{\mathrm{T}},(\boldsymbol{AB})^{-1}=\boldsymbol{B}^{-1}\boldsymbol{A}^{-1}$(当 $\boldsymbol{A},\boldsymbol{B}$ 都可逆时),$(\boldsymbol{AB})^*=\boldsymbol{B}^*\boldsymbol{A}^*$.

(5) 设 $\boldsymbol{M}_1,\boldsymbol{M}_2$ 分别为 m 阶与 n 阶矩阵,$\boldsymbol{P},\boldsymbol{Q}$ 都是矩阵,则

$$\begin{vmatrix}\boldsymbol{M}_1 & \boldsymbol{O}\\ \boldsymbol{O} & \boldsymbol{M}_2\end{vmatrix}=\begin{vmatrix}\boldsymbol{M}_1 & \boldsymbol{P}\\ \boldsymbol{O} & \boldsymbol{M}_2\end{vmatrix}=\begin{vmatrix}\boldsymbol{M}_1 & \boldsymbol{O}\\ \boldsymbol{Q} & \boldsymbol{M}_2\end{vmatrix}=|\boldsymbol{M}_1||\boldsymbol{M}_2|^{\ominus},$$
$$\begin{vmatrix}\boldsymbol{O} & \boldsymbol{M}_1\\ \boldsymbol{M}_2 & \boldsymbol{O}\end{vmatrix}=\begin{vmatrix}\boldsymbol{P} & \boldsymbol{M}_1\\ \boldsymbol{M}_2 & \boldsymbol{O}\end{vmatrix}=\begin{vmatrix}\boldsymbol{O} & \boldsymbol{M}_1\\ \boldsymbol{M}_2 & \boldsymbol{Q}\end{vmatrix}=(-1)^{mn}|\boldsymbol{M}_1||\boldsymbol{M}_2|.$$

设 $\boldsymbol{M}_1,\boldsymbol{M}_2$ 分别是 m 阶与 n 阶可逆矩阵,$\boldsymbol{P},\boldsymbol{Q}$ 都是矩阵,则

$$\begin{pmatrix}\boldsymbol{M}_1 & \boldsymbol{O}\\ \boldsymbol{O} & \boldsymbol{M}_2\end{pmatrix}^{-1}=\begin{pmatrix}\boldsymbol{M}_1^{-1} & \boldsymbol{O}\\ \boldsymbol{O} & \boldsymbol{M}_2^{-1}\end{pmatrix},\begin{pmatrix}\boldsymbol{O} & \boldsymbol{M}_1\\ \boldsymbol{M}_2 & \boldsymbol{O}\end{pmatrix}^{-1}=\begin{pmatrix}\boldsymbol{O} & \boldsymbol{M}_2^{-1}\\ \boldsymbol{M}_1^{-1} & \boldsymbol{O}\end{pmatrix},$$
$$\begin{pmatrix}\boldsymbol{M}_1 & \boldsymbol{P}\\ \boldsymbol{O} & \boldsymbol{M}_2\end{pmatrix}^{-1}=\begin{pmatrix}\boldsymbol{M}_1^{-1} & -\boldsymbol{M}_1^{-1}\boldsymbol{PM}_2^{-1}\\ \boldsymbol{O} & \boldsymbol{M}_2^{-1}\end{pmatrix},\begin{pmatrix}\boldsymbol{M}_1 & \boldsymbol{O}\\ \boldsymbol{Q} & \boldsymbol{M}_2\end{pmatrix}^{-1}=\begin{pmatrix}\boldsymbol{M}_1^{-1} & O\\ -\boldsymbol{M}_2^{-1}\boldsymbol{QM}_1^{-1} & \boldsymbol{M}_2^{-1}\end{pmatrix}.$$

设 $\boldsymbol{M}_1,\boldsymbol{M}_2$ 分别是 m 阶与 n 阶矩阵,$\boldsymbol{P},\boldsymbol{Q}$ 都是矩阵,则

$$\begin{pmatrix}\boldsymbol{M}_1 & \boldsymbol{O}\\ \boldsymbol{O} & \boldsymbol{M}_2\end{pmatrix}^*=\begin{pmatrix}|\boldsymbol{M}_2|\boldsymbol{M}_1^* & \boldsymbol{O}\\ \boldsymbol{O} & |\boldsymbol{M}_1|\boldsymbol{M}_2^*\end{pmatrix},\begin{pmatrix}\boldsymbol{O} & \boldsymbol{M}_1\\ \boldsymbol{M}_2 & \boldsymbol{O}\end{pmatrix}^*=\begin{pmatrix}\boldsymbol{O} & |\boldsymbol{M}_1|\boldsymbol{M}_2^*\\ |\boldsymbol{M}_2|\boldsymbol{M}_1^* & \boldsymbol{O}\end{pmatrix},$$
$$\begin{pmatrix}\boldsymbol{M}_1 & \boldsymbol{P}\\ O & \boldsymbol{M}_2\end{pmatrix}^*=\begin{pmatrix}|\boldsymbol{M}_2|\boldsymbol{M}_1^* & -\boldsymbol{M}_1^*\boldsymbol{PM}_2^*\\ \boldsymbol{O} & |\boldsymbol{M}_1|\boldsymbol{M}_2^*\end{pmatrix},\begin{pmatrix}\boldsymbol{M}_1 & \boldsymbol{O}\\ \boldsymbol{Q} & \boldsymbol{M}_2\end{pmatrix}^*=\begin{pmatrix}|\boldsymbol{M}_2|\boldsymbol{M}_1^* & \boldsymbol{O}\\ -\boldsymbol{M}_2^*\boldsymbol{QM}_1^* & |\boldsymbol{M}_1|\boldsymbol{M}_2^*\end{pmatrix}.$$

⊖ $\boldsymbol{O}_{m\times n}$ 或 $\boldsymbol{O}$ 表示零矩阵.

二、典型例题精解

A 组

例 1.1 计算 3 阶行列式 $D=\begin{vmatrix}\lambda-1 & -2 & 3\\ 1 & \lambda-4 & 3\\ -1 & 2 & \lambda-5\end{vmatrix}$.

分析 利用行列式性质使某行(列)有较多元素为零,然后按该行(列)展开.

精解

$$D=\begin{vmatrix}\lambda-1 & -2 & 3\\ 1 & \lambda-4 & 3\\ -1 & 2 & \lambda-5\end{vmatrix}\xlongequal{\text{第 2、3 列都加到第 1 列}}\begin{vmatrix}\lambda & -2 & 3\\ \lambda & \lambda-4 & 3\\ \lambda-4 & 2 & \lambda-5\end{vmatrix}$$

$$\xlongequal{\text{第 1 行}\times(-1)\text{加到第 2 行}}\begin{vmatrix}\lambda & -2 & 3\\ 0 & \lambda-2 & 0\\ \lambda-4 & 2 & \lambda-5\end{vmatrix}\xlongequal{\text{按第 2 行展开}}(\lambda-2)\begin{vmatrix}\lambda & 3\\ \lambda-4 & \lambda-5\end{vmatrix}=(\lambda-2)^2(\lambda-6).$$

附注 3 阶行列式可以直接计算,即

$$\begin{aligned}D&=(\lambda-1)(\lambda-4)(\lambda-5)+1\times2\times3+(-2)\times3\times(-1)-(-1)\times3\times(\lambda-4)-\\&\quad 2\times3\times(\lambda-1)-1\times(-2)\times(\lambda-5)\\&=(\lambda-2)^2(\lambda-6).\end{aligned}$$

但如此计算,计算量较大.

例 1.2 计算 n 阶行列式 $D_n=\begin{vmatrix}1 & 2 & 3 & \cdots & n-1 & n\\ 2 & 3 & 4 & \cdots & n & 1\\ 3 & 4 & 5 & \cdots & 1 & 2\\ \vdots & \vdots & \vdots & & \vdots & \vdots\\ n-1 & n & 1 & \cdots & n-3 & n-2\\ n & 1 & 2 & \cdots & n-2 & n-1\end{vmatrix}$.

分析 所给行列式每行之和都为$\frac{1}{2}n(n+1)$,所以先将第 2,3,…,n 列加到第 1 列入手计算.

精解 $D_n=\begin{vmatrix}1 & 2 & 3 & \cdots & n-1 & n\\ 2 & 3 & 4 & \cdots & n & 1\\ 3 & 4 & 5 & \cdots & 1 & 2\\ \vdots & \vdots & \vdots & & \vdots & \vdots\\ n-1 & n & 1 & \cdots & n-3 & n-2\\ n & 1 & 2 & \cdots & n-2 & n-1\end{vmatrix}$

$$\xlongequal{\text{第}2,3,\cdots,n\text{列都加到第1列}}\frac{1}{2}n(n+1)\begin{vmatrix}1&2&3&\cdots&n-1&n\\1&3&4&\cdots&n&1\\1&4&5&\cdots&1&2\\\vdots&\vdots&\vdots&&\vdots&\vdots\\1&n&1&\cdots&n-3&n-2\\1&1&2&\cdots&n-2&n-1\end{vmatrix}$$

$$\xlongequal[\text{加到后行}]{\text{从第}n-1\text{行起前行}\times(-1)}\frac{1}{2}n(n+1)\begin{vmatrix}1&2&3&\cdots&n-1&n\\0&1&1&\cdots&1&1-n\\0&1&1&\cdots&1-n&1\\\vdots&\vdots&\vdots&&\vdots&\vdots\\0&1&1-n&\cdots&1&1\\0&1-n&1&\cdots&1&1\end{vmatrix}$$

$$\xlongequal{\text{按第1列展开}}\frac{1}{2}n(n+1)\begin{vmatrix}1&1&\cdots&1&1-n\\1&1&\cdots&1-n&1\\\vdots&\vdots&&\vdots&\vdots\\1-n&1&\cdots&1&1\end{vmatrix}(n-1\text{ 阶})$$

$$=\frac{1}{2}n(n+1)\cdot(-1)^{\frac{1}{2}(n-2)(n-1)}(-1)(-n)^{n-2}=(-1)^{\frac{n(n-1)}{2}}\cdot\frac{1}{2}n^{n-1}(n+1).$$

附注　应记住 n 阶行列式

$$D_n=\begin{vmatrix}a&b&\cdots&b\\b&a&\cdots&b\\\vdots&\vdots&&\vdots\\b&b&\cdots&a\end{vmatrix}=[a+(n-1)b](a-b)^{n-1},$$

也应记住

$$D_n'=\begin{vmatrix}b&\cdots&b&a\\b&\cdots&a&b\\\vdots&&\vdots&\vdots\\a&\cdots&b&b\end{vmatrix}=(-1)^{\frac{1}{2}n(n-1)}D_n.$$

题解中应用了以上两个结论.

例 1.3　计算行列式 $D_n=\begin{vmatrix}x_1+a_1^2&a_1a_2&\cdots&a_1a_n\\a_2a_1&x_2+a_2^2&\cdots&a_2a_n\\\vdots&\vdots&&\vdots\\a_na_1&a_na_2&\cdots&x_n+a_n^2\end{vmatrix}$(其中 $x_1x_2\cdots x_n\neq0$).

分析　为将 D_n的对角线上元素的两项之和转化成一项,例如去掉其中的 $x_1,x_2,\cdots,x_n$或 $a_1^2,a_2^2,\cdots,a_n^2$. 为此对 D_n加边升阶,即考虑 $n+1$ 阶行列式

$$D'_{n+1}=\begin{vmatrix}1 & a_1 & a_2 & \cdots & a_n\\ 0 & x_1+a_1^2 & a_1a_2 & \cdots & a_1a_n\\ 0 & a_2a_1 & x_2+a_2^2 & \cdots & a_2a_n\\ \vdots & \vdots & \vdots & & \vdots\\ 0 & a_na_1 & a_na_2 & \cdots & x_n+a_n^2\end{vmatrix}$$

精解　$D_n=D'_{n+1}$

$$\xlongequal[\text{对应地加到第 }2,3,\cdots,n+1\text{ 行}]{\text{第 1 行分别乘以}-a_1,-a_2,\cdots,-a_n}\begin{vmatrix}1 & a_1 & a_2 & \cdots & a_n\\ -a_1 & x_1 & 0 & \cdots & 0\\ -a_2 & 0 & x_2 & \cdots & 0\\ \vdots & \vdots & \vdots & & \vdots\\ -a_n & 0 & 0 & \cdots & x_n\end{vmatrix}$$

$$\xlongequal[\text{都加到第 1 列}]{\text{第 }2,3,\cdots,n+1\text{ 列分别乘以}\frac{a_1}{x_1},\frac{a_2}{x_2},\cdots,\frac{a_n}{x_n}\text{后}}\begin{vmatrix}1+\sum\limits_{i=1}^{n}\frac{a_i^2}{x_i} & a_1 & a_2 & \cdots & a_n\\ 0 & x_1 & 0 & \cdots & 0\\ 0 & 0 & x_2 & \cdots & 0\\ \vdots & \vdots & \vdots & & \vdots\\ 0 & 0 & 0 & \cdots & x_n\end{vmatrix}$$

$$\xlongequal{\text{三角形行列式}}x_1x_2\cdots x_n\left(1+\sum_{i=1}^{n}\frac{a_i^2}{x_i}\right).$$

附注　对于 n 阶行列式 D_n 的基本计算方法是按一行(列)展开，但除此之外，还应根据 D_n 的具体情形采用一些有效方法，如本题的“加边”就是计算某些 n 阶行列式的十分有效的方法.

例 1.4　计算 n 阶行列式 $D_n=\begin{vmatrix}1-a_1 & a_2 & 0 & \cdots & 0 & 0\\ -1 & 1-a_2 & a_3 & \cdots & 0 & 0\\ 0 & -1 & 1-a_3 & \cdots & 0 & 0\\ \vdots & \vdots & \vdots & & \vdots & \vdots\\ 0 & 0 & 0 & \cdots & 1-a_{n-1} & a_n\\ 0 & 0 & 0 & \cdots & -1 & 1-a_n\end{vmatrix}$.

分析　将 D_n 的第 n 列中的每个元素写成两个元素之和，即 $0+0,0+0,0+0,\cdots,0+a_n$，$1+(-a_n)$，于是 D_n 成为两个行列式之和，其中，$\begin{vmatrix}1-a_1 & a_2 & 0 & \cdots & 0 & 0\\ -1 & 1-a_2 & a_3 & \cdots & 0 & 0\\ 0 & -1 & 1-a_3 & \cdots & 0 & 0\\ \vdots & \vdots & \vdots & & \vdots & \vdots\\ 0 & 0 & 0 & \cdots & 1-a_{n-1} & 0\\ 0 & 0 & 0 & \cdots & -1 & 1\end{vmatrix}=$ D_{n-1}，由此可由递推方法计算 D_n.

精解　$$D_n=\begin{vmatrix}1-a_1 & a_2 & 0 & \cdots & 0 & 0\\ -1 & 1-a_2 & a_3 & \cdots & 0 & 0\\ 0 & -1 & 1-a_3 & \cdots & 0 & 0\\ \vdots & \vdots & \vdots & & \vdots & \vdots\\ 0 & 0 & 0 & \cdots & 1-a_{n-1} & 0\\ 0 & 0 & 0 & \cdots & -1 & 1\end{vmatrix}+$$

$$\begin{vmatrix}1-a_1 & a_2 & 0 & \cdots & 0 & 0\\ -1 & 1-a_2 & a_3 & \cdots & 0 & 0\\ 0 & -1 & 1-a_3 & \cdots & 0 & 0\\ \vdots & \vdots & \vdots & & \vdots & \vdots\\ 0 & 0 & 0 & \cdots & 1-a_{n-1} & a_n\\ 0 & 0 & 0 & \cdots & -1 & -a_n\end{vmatrix}$$

其中，$$\begin{vmatrix}1-a_1 & a_2 & 0 & \cdots & 0 & 0\\ -1 & 1-a_2 & a_3 & \cdots & 0 & 0\\ 0 & -1 & 1-a_3 & \cdots & 0 & 0\\ \vdots & \vdots & \vdots & & \vdots & \vdots\\ 0 & 0 & 0 & \cdots & 1-a_{n-1} & 0\\ 0 & 0 & 0 & \cdots & -1 & 1\end{vmatrix}\xlongequal{\text{按第 } n \text{ 列展开}}D_{n-1},$$

$$\begin{vmatrix}1-a_1 & a_2 & 0 & \cdots & 0 & 0\\ -1 & 1-a_2 & a_3 & \cdots & 0 & 0\\ 0 & -1 & 1-a_3 & \cdots & 0 & 0\\ \vdots & \vdots & \vdots & & \vdots & \vdots\\ 0 & 0 & 0 & \cdots & 1-a_{n-1} & a_n\\ 0 & 0 & 0 & \cdots & -1 & -a_n\end{vmatrix}\xlongequal[\text{前一行}]{\text{从第 } n \text{ 行起，每行加到}}$$

$$\begin{vmatrix}-a_1 & 0 & 0 & \cdots & 0 & 0\\ -1 & -a_2 & 0 & \cdots & 0 & 0\\ 0 & -1 & -a_3 & \cdots & 0 & 0\\ \vdots & \vdots & \vdots & & \vdots & \vdots\\ 0 & 0 & 0 & \cdots & -a_{n-1} & 0\\ 0 & 0 & 0 & \cdots & -1 & -a_n\end{vmatrix}=(-1)^n a_1a_2\cdots a_n.$$

由此可知，$D_n=D_{n-1}+(-1)^n a_1a_2\cdots a_n$，从而

$$D_n-D_{n-1}=(-1)^n a_1a_2\cdots a_n,$$
$$D_{n-1}-D_{n-2}=(-1)^{n-1}a_1a_2\cdots a_{n-1},$$
$$\cdots$$
$$D_2-D_1=(-1)^2 a_1a_2=a_1a_2,$$
$$D_1=1-a_1.$$

以上各式相加得

$$D_n=1-a_1+a_1a_2+\cdots+(-1)^{n-1}a_1a_2\cdots a_{n-1}+(-1)^n a_1a_2\cdots a_n.$$

附注　本题采用的递推方法，也是计算 n 阶行列式的常用且有效的方法. 该方法的步骤是：

(1) 利用行列式性质建立 D_n，关于 D_{n-1} 等的递推式.

(2) 由递推式及初始条件 D_1 算出 D_n.

例 1.5　设 n 阶行列式 $D_n=\begin{vmatrix} x_1 & x_2 & x_3 & \cdots & x_n \\ 1 & 2 & 0 & \cdots & 0 \\ 1 & 0 & 3 & \cdots & 0 \\ \vdots & \vdots & \vdots & & \vdots \\ 1 & 0 & 0 & \cdots & n \end{vmatrix}$，求它的第 1 行各个元素的代数余子式之和，即 $A_{11}+A_{12}+\cdots+A_{1n}$.

分析　由于 $D_n=x_1A_{11}+x_2A_{12}+\cdots+x_nA_{1n}$，所以欲计算 $A_{11}+A_{12}+\cdots+A_{1n}$，只要计算 $D_n\big|_{x_1=x_2=\cdots=x_n=1}$ 即可.

精解　由于

$$D_n\big|_{x_1=x_2=\cdots x_n=1}=\begin{vmatrix} 1 & 1 & 1 & \cdots & 1 & 1 \\ 1 & 2 & 0 & \cdots & 0 & 0 \\ 1 & 0 & 3 & \cdots & 0 & 0 \\ \vdots & \vdots & \vdots & & \vdots & \vdots \\ 1 & 0 & 0 & \cdots & 0 & n \end{vmatrix}$$

$$\xlongequal{\text{第 } i \text{ 行}\times\frac{1}{i}(i=2,3,\cdots,n)} n!\begin{vmatrix} 1 & 1 & 1 & \cdots & 1 \\ \frac{1}{2} & 1 & 0 & \cdots & 0 \\ \frac{1}{3} & 0 & 1 & \cdots & 0 \\ \vdots & \vdots & \vdots & & \vdots \\ \frac{1}{n} & 0 & 0 & \cdots & 1 \end{vmatrix}$$

$$\xlongequal[(i=2,3,\cdots,n)]{\text{第 } i \text{ 行}\times(-1)\text{加到第 1 行}} n!\begin{vmatrix} 1-\sum\limits_{i=2}^{n}\frac{1}{i} & 0 & 0 & \cdots & 0 \\ \frac{1}{2} & 1 & 0 & \cdots & 0 \\ \frac{1}{3} & 0 & 1 & \cdots & 0 \\ \vdots & \vdots & \vdots & & \vdots \\ \frac{1}{n} & 0 & 0 & \cdots & 1 \end{vmatrix}$$

$$=n!\left(1-\sum_{i=2}^{n}\frac{1}{i}\right),$$

所以，$A_{11}+A_{12}+\cdots+A_{1n}=n!\left(1-\sum\limits_{i=2}^{n}\frac{1}{i}\right)$.

附注 实际上,按上面所使用的方法,同样可算得 $D_n=n!\left(x_1-\sum_{i=2}^{n}\frac{x_i}{i}\right)$.

例 1.6 设 $\boldsymbol{A},\boldsymbol{B}$ 都是 n 阶矩阵,且 $\boldsymbol{A}=2\boldsymbol{B}=\begin{vmatrix} x_1 & a & a & \cdots & a \\ a & x_2 & a & \cdots & a \\ a & a & x_3 & \cdots & a \\ \vdots & \vdots & \vdots & & \vdots \\ a & a & a & \cdots & x_n \end{vmatrix}$,其中,$x_1,x_2,\cdots,x_n$ 全不为 a,求 $2n$ 阶行列式 $\begin{vmatrix} \boldsymbol{A} & \boldsymbol{B} \\ \boldsymbol{B} & \boldsymbol{A} \end{vmatrix}$.

分析 $\begin{vmatrix} \boldsymbol{A} & \boldsymbol{B} \\ \boldsymbol{B} & \boldsymbol{A} \end{vmatrix}=\begin{vmatrix} \boldsymbol{A} & \frac{1}{2}\boldsymbol{A} \\ \frac{1}{2}\boldsymbol{A} & \boldsymbol{A} \end{vmatrix}$,然后利用行列式性质将右边行列式变成形如 $\begin{vmatrix} \boldsymbol{M} & \boldsymbol{P} \\ \boldsymbol{O} & \boldsymbol{N} \end{vmatrix}$ 进行计算.

精解

$$\begin{vmatrix} \boldsymbol{A} & \boldsymbol{B} \\ \boldsymbol{B} & \boldsymbol{A} \end{vmatrix}=\begin{vmatrix} \boldsymbol{A} & \frac{1}{2}\boldsymbol{A} \\ \frac{1}{2}\boldsymbol{A} & \boldsymbol{A} \end{vmatrix}$$

$$\xlongequal[\text{分别加到第 } n+1,n+2,\cdots,2n \text{ 行}]{\text{第 } 1,2,\cdots,n \text{ 行都乘以} \left(-\frac{1}{2}\right),}\begin{vmatrix} \boldsymbol{A} & \frac{1}{2}\boldsymbol{A} \\ \boldsymbol{O} & \frac{3}{4}\boldsymbol{A} \end{vmatrix}$$

$$=|\boldsymbol{A}|\cdot\left|\frac{3}{4}\boldsymbol{A}\right|=\left(\frac{3}{4}\right)^n|\boldsymbol{A}|^2.$$

由于

$$|\boldsymbol{A}|=\begin{vmatrix} x_1 & a & a & \cdots & a \\ a & x_2 & a & \cdots & a \\ a & a & x_3 & \cdots & a \\ \vdots & \vdots & \vdots & & \vdots \\ a & a & a & \cdots & x_n \end{vmatrix}$$

$$\xlongequal{\text{第 1 行乘以}(-1)\text{加到其余各行}}\begin{vmatrix} x_1 & a & a & \cdots & a \\ a-x_1 & x_2-a & 0 & \cdots & 0 \\ a-x_1 & 0 & x_3-a & \cdots & 0 \\ \vdots & \vdots & \vdots & & \vdots \\ a-x_1 & 0 & 0 & \cdots & x_n-a \end{vmatrix}$$

$$\xlongequal[(i=2,3,\cdots,n)]{\text{第 } i \text{ 列乘以}\frac{x_1-a}{x_i-a}\text{加到第 1 列}}\begin{vmatrix} x_1+a\sum_{i=2}^{n}\frac{x_1-a}{x_i-a} & a & a & \cdots & a \\ 0 & x_2-a & 0 & \cdots & 0 \\ 0 & 0 & x_3-a & \cdots & 0 \\ \vdots & \vdots & \vdots & & \vdots \\ 0 & 0 & 0 & \cdots & x_n-a \end{vmatrix}$$

$$=\left(x_1+\sum_{i=2}^{n}\frac{x_1-a}{x_i-a}\right)(x_2-a)\cdots(x_n-a),$$

所以$\begin{vmatrix} \boldsymbol{A} & \boldsymbol{B} \\ \boldsymbol{B} & \boldsymbol{A} \end{vmatrix}=\left(\frac{3}{4}\right)^n\left(x_1+\sum_{i=2}^{n}\frac{x_1-a}{x_i-a}\right)^2(x_2-a)^2\cdots(x_n-a)^2$.

附注　为了利用公式$\begin{vmatrix} \boldsymbol{M} & \boldsymbol{P} \\ \boldsymbol{O} & \boldsymbol{N} \end{vmatrix}=|\boldsymbol{M}||\boldsymbol{N}|$,所以由行列式性质将$\begin{vmatrix} \boldsymbol{A} & \boldsymbol{B} \\ \boldsymbol{B} & \boldsymbol{A} \end{vmatrix}$的左下角$\boldsymbol{B}$变成$\boldsymbol{O}$,这是本题获解的关键.

例 1.7　设$\boldsymbol{A}$是n阶可逆的对称矩阵,$\boldsymbol{B}$是n阶矩阵,它们满足$(\boldsymbol{A}-\boldsymbol{B})^2=\boldsymbol{E}_n$,试化简矩阵表达式$(\boldsymbol{E}_n+\boldsymbol{A}^{-1}\boldsymbol{B}^{\mathrm{T}})^{\mathrm{T}}(\boldsymbol{E}_n-\boldsymbol{B}\boldsymbol{A}^{-1})^{-1}$.

分析　首先指明$\boldsymbol{E}_n-\boldsymbol{B}\boldsymbol{A}^{-1}$可逆,然后利用矩阵运算的性质化简所给的矩阵表达式.

精解　由$(\boldsymbol{A}-\boldsymbol{B})^2=\boldsymbol{E}_n$,即$\boldsymbol{A}-\boldsymbol{B}$可逆,以及$\boldsymbol{A}$可逆知

$$\boldsymbol{E}_n-\boldsymbol{B}\boldsymbol{A}^{-1}=(\boldsymbol{A}-\boldsymbol{B})\boldsymbol{A}^{-1}$$

可逆,所以

$$\begin{aligned}(\boldsymbol{E}_n+\boldsymbol{A}^{-1}\boldsymbol{B}^{\mathrm{T}})^{\mathrm{T}}(\boldsymbol{E}_n-\boldsymbol{B}\boldsymbol{A}^{-1})^{-1}&=[\boldsymbol{E}_n+\boldsymbol{B}(\boldsymbol{A}^{\mathrm{T}})^{-1}][\boldsymbol{A}(\boldsymbol{A}-\boldsymbol{B})^{-1}]\\&=(\boldsymbol{E}_n+\boldsymbol{B}\boldsymbol{A}^{-1})\boldsymbol{A}(\boldsymbol{A}-\boldsymbol{B})^{-1}\text{(利用 }\boldsymbol{A}^{\mathrm{T}}=\boldsymbol{A}\text{)}\\&=(\boldsymbol{A}+\boldsymbol{B})(\boldsymbol{A}-\boldsymbol{B})^{-1}\\&=(\boldsymbol{A}+\boldsymbol{B})(\boldsymbol{A}-\boldsymbol{B})\text{(利用}(\boldsymbol{A}-\boldsymbol{B})^{-1}=\boldsymbol{A}-\boldsymbol{B}\text{)}.\end{aligned}$$

附注　题设$(\boldsymbol{A}-\boldsymbol{B})^2=\boldsymbol{E}_n$表明$\boldsymbol{A}-\boldsymbol{B}$可逆,且$(\boldsymbol{A}-\boldsymbol{B})^{-1}=\boldsymbol{A}-\boldsymbol{B}$.

例 1.8　设$\boldsymbol{A}$是n阶矩阵,满足$|\boldsymbol{A}|=\frac{1}{2}$及$\boldsymbol{A}^2+3\boldsymbol{A}-2\boldsymbol{E}_n=\boldsymbol{O}$,试化简矩阵表达式$(\boldsymbol{A}+\boldsymbol{E}_n)^{-1}-\boldsymbol{A}^*$.

分析　利用题设算出$(\boldsymbol{A}+\boldsymbol{E}_n)^{-1}$与$\boldsymbol{A}^*=|\boldsymbol{A}|\boldsymbol{A}^{-1}$,由此即可化简所给的矩阵表达式.

精解　由$\boldsymbol{A}^2+3\boldsymbol{A}-2\boldsymbol{E}_n=\boldsymbol{O}$,即$(\boldsymbol{A}^2+\boldsymbol{A})+2(\boldsymbol{A}+\boldsymbol{E}_n)=4\boldsymbol{E}_n$,得

$$(\boldsymbol{A}+\boldsymbol{E}_n)(\boldsymbol{A}+2\boldsymbol{E}_n)=4\boldsymbol{E}_n,\text{即}(\boldsymbol{A}+\boldsymbol{E}_n)\cdot\frac{1}{4}(\boldsymbol{A}+2\boldsymbol{E}_n)=\boldsymbol{E}_n.$$

所以,$(\boldsymbol{A}+\boldsymbol{E}_n)^{-1}=\frac{1}{4}(\boldsymbol{A}+2\boldsymbol{E}_n)$.

同理,由$\boldsymbol{A}^2+3\boldsymbol{A}-2\boldsymbol{E}_n=\boldsymbol{O}$,即$\boldsymbol{A}^2+3\boldsymbol{A}=2\boldsymbol{E}_n$,得

$$\boldsymbol{A}(\boldsymbol{A}+3\boldsymbol{E}_n)=2\boldsymbol{E}_n,\text{即}\boldsymbol{A}\cdot\frac{1}{2}(\boldsymbol{A}+3\boldsymbol{E}_n)=\boldsymbol{E}_n,$$

所以$\boldsymbol{A}^{-1}=\frac{1}{2}(\boldsymbol{A}+3\boldsymbol{E}_n)$.从而$\boldsymbol{A}^*=|\boldsymbol{A}|\boldsymbol{A}^{-1}=\frac{1}{4}(\boldsymbol{A}+3\boldsymbol{E}_n)$.

由此得到

$$(\boldsymbol{A}+\boldsymbol{E}_n)^{-1}-\boldsymbol{A}^*=\frac{1}{4}(\boldsymbol{A}+2\boldsymbol{E}_n)-\frac{1}{4}(\boldsymbol{A}+3\boldsymbol{E}_n)=-\frac{1}{4}\boldsymbol{E}_n.$$

附注　计算抽象型矩阵的逆矩阵时,常常使用以下结论:

设$\boldsymbol{A}$是n阶矩阵,如果能找到n阶矩阵$\boldsymbol{B}$,使得$\boldsymbol{AB}=\boldsymbol{E}_n$或$\boldsymbol{BA}=\boldsymbol{E}_n$,则$\boldsymbol{A}$可逆,且$\boldsymbol{A}^{-1}=\boldsymbol{B}$.题中$(\boldsymbol{A}+\boldsymbol{E}_n)^{-1}$和$\boldsymbol{A}^{-1}$都按此计算.

例 1.9　设$\boldsymbol{A}$是n阶矩阵,且$2\boldsymbol{A}+\boldsymbol{E}_n$,$\frac{4}{3}\boldsymbol{A}-\boldsymbol{E}_n$都可逆,记$\boldsymbol{B}=(2\boldsymbol{A}+\boldsymbol{E}_n)^{-1}(\boldsymbol{A}-2\boldsymbol{E}_n)$,试化简矩阵表达式$(\boldsymbol{E}_n+2\boldsymbol{B})^{-1}-\frac{1}{2}\boldsymbol{E}_n$.

分析　先算出$\boldsymbol{E}_n+2\boldsymbol{B}$,然后计算$(\boldsymbol{E}_n+2\boldsymbol{B})^{-1}$,最后再化简所给的矩阵表达式$(\boldsymbol{E}_n+$

$2\boldsymbol{B})^{-1}-\dfrac{1}{2}\boldsymbol{E}_n$.

精解　由于 $\boldsymbol{E}_n+2\boldsymbol{B}=\boldsymbol{E}_n+(2\boldsymbol{A}+\boldsymbol{E}_n)^{-1}(2\boldsymbol{A}-4\boldsymbol{E}_n)$

$$\begin{aligned}&=(2\boldsymbol{A}+\boldsymbol{E}_n)^{-1}(2\boldsymbol{A}+\boldsymbol{E}_n)+(2\boldsymbol{A}+\boldsymbol{E}_n)^{-1}(2\boldsymbol{A}-4\boldsymbol{E}_n)\\&=(2\boldsymbol{A}+\boldsymbol{E}_n)^{-1}(4\boldsymbol{A}-3\boldsymbol{E}_n)\end{aligned}$$

可逆$\left(这里利用\dfrac{4}{3}\boldsymbol{A}-\boldsymbol{E}_n,即\ 4\boldsymbol{A}-3\boldsymbol{E}_n可逆\right)$,且

$$\begin{aligned}(\boldsymbol{E}_n+2\boldsymbol{B})^{-1}&=(4\boldsymbol{A}-3\boldsymbol{E}_n)^{-1}(2\boldsymbol{A}+\boldsymbol{E}_n)\\&=(4\boldsymbol{A}-3\boldsymbol{E}_n)^{-1}\cdot\frac{1}{2}[(4\boldsymbol{A}-3\boldsymbol{E}_n)+5\boldsymbol{E}_n]\\&=\frac{1}{2}\boldsymbol{E}_n+\frac{5}{2}(4\boldsymbol{A}-3\boldsymbol{E}_n)^{-1},\end{aligned}$$

所以,$(\boldsymbol{E}_n+2\boldsymbol{B})^{-1}-\dfrac{1}{2}\boldsymbol{E}_n=\dfrac{5}{2}(4\boldsymbol{A}-3\boldsymbol{E}_n)^{-1}$.

附注　题解中将 $\boldsymbol{E}_n$ 表示为 $(2\boldsymbol{A}+\boldsymbol{E}_n)^{-1}(2\boldsymbol{A}+\boldsymbol{E}_n)$,使得计算顺利进行.

例 1.10　设 $\boldsymbol{A},\boldsymbol{B}$ 都是 n 阶矩阵,且 $\boldsymbol{A}-\boldsymbol{E}_n,\boldsymbol{B}$ 都可逆及 $(\boldsymbol{A}-\boldsymbol{E}_n)^{-1}=\boldsymbol{B}^*-\boldsymbol{E}_n$,试将 $\boldsymbol{A}^{-1}$ 用关于 $\boldsymbol{B}$ 的矩阵式表示.

分析　由 $(\boldsymbol{A}-\boldsymbol{E}_n)^{-1}=\boldsymbol{B}^*-\boldsymbol{E}_n$,推出 $\boldsymbol{AM}=\boldsymbol{E}_n$(其中 $\boldsymbol{M}$ 是关于 $\boldsymbol{B}$ 的某个矩阵表示式),由此即得 $\boldsymbol{A}^{-1}=\boldsymbol{M}$.

精解　由 $(\boldsymbol{A}-\boldsymbol{E}_n)^{-1}=\boldsymbol{B}^*-\boldsymbol{E}_n$,即 $(\boldsymbol{A}-\boldsymbol{E}_n)(\boldsymbol{B}^*-\boldsymbol{E}_n)=\boldsymbol{E}_n$,得

$$\boldsymbol{A}(\boldsymbol{B}^*-\boldsymbol{E}_n)=\boldsymbol{B}^*.$$

上式两边同时右乘 $\boldsymbol{B}$,得

$$\boldsymbol{A}(\boldsymbol{B}^*-\boldsymbol{E}_n)\boldsymbol{B}=\boldsymbol{B}^*\boldsymbol{B}=|\boldsymbol{B}|\boldsymbol{E}_n,$$

于是由 $|\boldsymbol{B}|\neq0$,得　$\boldsymbol{A}\cdot\dfrac{1}{|\boldsymbol{B}|}(\boldsymbol{B}^*-\boldsymbol{E}_n)\boldsymbol{B}=\boldsymbol{E}_n$. 所以

$$\begin{aligned}\boldsymbol{A}^{-1}&=\frac{1}{|\boldsymbol{B}|}(\boldsymbol{B}^*-\boldsymbol{E}_n)\boldsymbol{B}=\frac{1}{|\boldsymbol{B}|}(\boldsymbol{B}^*\boldsymbol{B}-\boldsymbol{B})\\&=\boldsymbol{E}_n-\frac{1}{|\boldsymbol{B}|}\boldsymbol{B}.\end{aligned}$$

附注　对 n 阶矩阵有 $\boldsymbol{AA}^*=\boldsymbol{A}^*\boldsymbol{A}=|\boldsymbol{A}|\boldsymbol{E}_n$,这是化简包含有 $\boldsymbol{A}^*$ 的矩阵表达式的常用公式.

例 1.11　设矩阵 $\boldsymbol{A}=\begin{pmatrix}1&-1&0&0\\0&1&-1&0\\0&0&1&-1\\0&0&0&1\end{pmatrix},\boldsymbol{B}=\begin{pmatrix}2&1&3&4\\0&2&1&3\\0&0&2&1\\0&0&0&2\end{pmatrix}$,求解矩阵方程 $\boldsymbol{X}(\boldsymbol{E}_n-\boldsymbol{B}^{-1}\boldsymbol{A})^{\mathrm{T}}\boldsymbol{B}^{\mathrm{T}}=\boldsymbol{E}_n$.

分析　化简 $(\boldsymbol{E}_n-\boldsymbol{B}^{-1}\boldsymbol{A})^{\mathrm{T}}\boldsymbol{B}^{\mathrm{T}}$ 后再求解方程.

精解　由于 $(\boldsymbol{E}_n-\boldsymbol{B}^{-1}\boldsymbol{A})^{\mathrm{T}}\boldsymbol{B}^{\mathrm{T}}=[\boldsymbol{B}(\boldsymbol{E}_n-\boldsymbol{B}^{-1}\boldsymbol{A})]^{\mathrm{T}}=(\boldsymbol{B}-\boldsymbol{A})^{\mathrm{T}}$,所以所给矩阵方程成为 $\boldsymbol{X}(\boldsymbol{B}-\boldsymbol{A})^{\mathrm{T}}=\boldsymbol{E}_n$,从而

$$\boldsymbol{X}=[(\boldsymbol{B}-\boldsymbol{A})^{\mathrm{T}}]^{-1}=\left(\begin{pmatrix}1&2&3&4\\0&1&2&3\\0&0&1&2\\0&0&0&1\end{pmatrix}^{\mathrm{T}}\right)^{-1}=\left(\begin{array}{cc:cc}1&0&0&0\\2&1&0&0\\\hdashline3&2&1&0\\4&3&2&1\end{array}\right)^{-1}$$

$$=\left(\begin{array}{c:c}\begin{pmatrix}1&0\\2&1\end{pmatrix}^{-1} & \begin{pmatrix}0&0\\0&0\end{pmatrix}\\ \hdashline -\begin{pmatrix}1&0\\2&1\end{pmatrix}^{-1}\begin{pmatrix}3&2\\4&3\end{pmatrix}\begin{pmatrix}1&0\\2&1\end{pmatrix}^{-1} & \begin{pmatrix}1&0\\2&1\end{pmatrix}^{-1}\end{array}\right)=\left(\begin{array}{c:c}\begin{pmatrix}1&0\\-2&1\end{pmatrix} & \begin{pmatrix}0&0\\0&0\end{pmatrix}\\ \hdashline -\begin{pmatrix}1&0\\-2&1\end{pmatrix}\begin{pmatrix}3&2\\4&3\end{pmatrix}\begin{pmatrix}1&0\\-2&1\end{pmatrix} & \begin{pmatrix}1&0\\-2&1\end{pmatrix}\end{array}\right)$$

$$=\begin{pmatrix}1&0&0&0\\-2&1&0&0\\1&-2&1&0\\0&1&-2&1\end{pmatrix}.$$

附注 题解中有两点值得注意：

（ⅰ）当 $\boldsymbol{A}$ 可逆时，矩阵方程 $\boldsymbol{AX}=\boldsymbol{B}$ 的解为 $\boldsymbol{X}=\boldsymbol{A}^{-1}\boldsymbol{B}$，同样当 $\boldsymbol{A}$ 可逆时，矩阵方程 $\boldsymbol{XA}=\boldsymbol{B}$ 的解为 $\boldsymbol{X}=\boldsymbol{BA}^{-1}$.

（ⅱ）由于题中 $(\boldsymbol{B}-\boldsymbol{A})^{\mathrm{T}}$ 是 4 阶矩阵，且 $(\boldsymbol{B}-\boldsymbol{A})^{\mathrm{T}}=\begin{bmatrix}\boldsymbol{M}_{11}&\boldsymbol{O}\\\boldsymbol{M}_{21}&\boldsymbol{M}_{22}\end{bmatrix}$（其中 $\boldsymbol{M}_{11}$，$\boldsymbol{M}_{22}$ 都可逆，所以用公式 $\begin{pmatrix}\boldsymbol{M}_{11}^{-1}&\boldsymbol{O}\\-\boldsymbol{M}_{22}^{-1}\boldsymbol{M}_{21}\boldsymbol{M}_{11}^{-1}&\boldsymbol{M}_{22}^{-1}\end{pmatrix}$ 计算 $\begin{pmatrix}\boldsymbol{M}_{11}&\boldsymbol{O}\\\boldsymbol{M}_{21}&\boldsymbol{M}_{22}\end{pmatrix}^{-1}$ 比较快捷.

例 1.12 设 4 阶矩阵 $\boldsymbol{A}$ 的伴随矩阵 $\boldsymbol{A}^*=\begin{pmatrix}1&0&0&0\\0&1&0&0\\1&0&1&0\\0&-3&0&8\end{pmatrix}$，求解矩阵方程 $\boldsymbol{AXA}^{-1}=\boldsymbol{XA}^{-1}+3\boldsymbol{E}_4$，并计算 $\boldsymbol{X}^*\boldsymbol{A}$.

分析 先将方程转化成 $\boldsymbol{PX}=\boldsymbol{Q}$，算出 $\boldsymbol{X}$，然后计算 $\boldsymbol{X}^*\boldsymbol{A}$.

精解 矩阵方程即为 $(\boldsymbol{A}-\boldsymbol{E}_4)\boldsymbol{XA}^{-1}=3\boldsymbol{E}_4$，或 $(\boldsymbol{A}-\boldsymbol{E}_4)\boldsymbol{X}=3\boldsymbol{A}$，所以

$$\boldsymbol{X}=(\boldsymbol{A}-\boldsymbol{E}_4)^{-1}\cdot 3\boldsymbol{A}=3(\boldsymbol{E}_4-\boldsymbol{A}^{-1})^{-1}=3\left(\boldsymbol{E}_4-\frac{1}{|\boldsymbol{A}|}\boldsymbol{A}^*\right)^{-1}.$$

由 $|\boldsymbol{A}|^{4-1}=|\boldsymbol{A}^*|=\begin{vmatrix}1&0&0&0\\0&1&0&0\\1&0&1&0\\0&-3&0&8\end{vmatrix}=8$，得 $|\boldsymbol{A}|=2$，所以

$$\boldsymbol{X}=3\left(\boldsymbol{E}_4-\frac{1}{2}\boldsymbol{A}^*\right)^{-1}=3\left(\begin{array}{cc:cc}\frac{1}{2}&0&0&0\\0&\frac{1}{2}&0&0\\ \hdashline -\frac{1}{2}&0&\frac{1}{2}&0\\0&\frac{3}{2}&0&-3\end{array}\right)^{-1}$$

$$=3\left(\begin{array}{c:c}\begin{pmatrix}\frac{1}{2}&0\\0&\frac{1}{2}\end{pmatrix}^{-1} & \begin{pmatrix}0&0\\0&0\end{pmatrix}\\ \hdashline -\begin{pmatrix}\frac{1}{2}&0\\0&-3\end{pmatrix}^{-1}\begin{pmatrix}-\frac{1}{2}&0\\0&\frac{3}{2}\end{pmatrix}\begin{pmatrix}\frac{1}{2}&0\\0&\frac{1}{2}\end{pmatrix}^{-1} & \begin{pmatrix}\frac{1}{2}&0\\0&-3\end{pmatrix}^{-1}\end{array}\right)$$

$$=3\left(\begin{array}{c:c}\begin{pmatrix}2&0\\0&2\end{pmatrix} & \begin{pmatrix}0&0\\0&0\end{pmatrix}\\ \hdashline -\begin{pmatrix}2&0\\0&-\frac{1}{3}\end{pmatrix}\begin{pmatrix}-\frac{1}{2}&0\\0&\frac{3}{2}\end{pmatrix}\begin{pmatrix}2&0\\0&2\end{pmatrix} & \begin{pmatrix}2&0\\0&-\frac{1}{3}\end{pmatrix}\end{array}\right)$$

$$=3\left(\begin{array}{cc:cc}2&0&0&0\\0&2&0&0\\ \hdashline 2&0&2&0\\0&1&0&-\frac{1}{3}\end{array}\right)=\begin{pmatrix}6&0&0&0\\0&6&0&0\\6&0&6&0\\0&3&0&-1\end{pmatrix}.$$

由此得到 $X^*A=X^*\cdot\frac{1}{|A|^{4-2}}(A^*)^*$(这里利用:当 n 阶矩阵 M 可逆时,$(M^*)^*=|M|^{n-2}M$)

$$=\frac{1}{|A|^2}X^*(A^*)^*$$

$$=\frac{1}{|A|^2}(A^*X)^*=\frac{1}{4}\left[\begin{pmatrix}1&0&0&0\\0&1&0&0\\1&0&1&0\\0&-3&0&8\end{pmatrix}\begin{pmatrix}6&0&0&0\\0&6&0&0\\6&0&6&0\\0&3&0&-1\end{pmatrix}\right]^*=\frac{1}{4}\left(\begin{array}{cc:cc}6&0&0&0\\0&6&0&0\\ \hdashline 12&0&6&0\\0&6&0&-8\end{array}\right)^*$$

$$=\frac{1}{4}\left(\begin{array}{c:c}\begin{vmatrix}6&0\\0&-8\end{vmatrix}\begin{pmatrix}6&0\\0&6\end{pmatrix}^* & \boldsymbol{O}\\ \hdashline -\begin{pmatrix}6&0\\0&-8\end{pmatrix}^*\begin{pmatrix}12&0\\0&6\end{pmatrix}\begin{pmatrix}6&0\\0&6\end{pmatrix}^* & \begin{vmatrix}6&0\\0&6\end{vmatrix}\begin{pmatrix}6&0\\0&-8\end{pmatrix}^*\end{array}\right)$$

$$=\frac{1}{4}\left(\begin{array}{cc:cc}-288&0&0&0\\0&-288&0&0\\ \hdashline 576&0&-288&0\\0&-216&0&216\end{array}\right)=\begin{pmatrix}-72&0&0&0\\0&-72&0&0\\144&0&72&0\\0&-54&0&54\end{pmatrix}.$$

附注　分块矩阵 $M=\left(\begin{array}{c:c}M_{11}&O\\ \hdashline M_{21}&M_{22}\end{array}\right)$(其中 M_{11},M_{22} 分别是 m 阶与 n 阶矩阵)的伴随矩阵 M^* 可按以下公式计算:

$$M^*=\left(\begin{array}{c:c}|M_{22}|M_{11}^*&O\\ \hdashline -M_{22}^*M_{12}M_{11}^*&|M_{11}|M_{22}^*\end{array}\right).$$

这个公式可以通过计算 MM^* 得到验证.

例 1.13　设矩阵 $\boldsymbol{A}=\begin{pmatrix}0&0&3&4\\0&0&4&-3\\2&0&0&0\\1&2&0&0\end{pmatrix}$,求解矩阵方程 $\boldsymbol{A}^5-\boldsymbol{AX}=100\boldsymbol{E}_4$.

分析　所给矩阵方程的解为 $\boldsymbol{X}=\boldsymbol{A}^{-1}(\boldsymbol{A}^5-100\boldsymbol{E}_4)=\boldsymbol{A}^4-100\boldsymbol{A}^{-1}$,所以只要算出 $\boldsymbol{A}^4$ 及 $\boldsymbol{A}^{-1}$ 即可.

精解　由

$$\boldsymbol{A}^2=\left(\begin{array}{cc:cc}0&0&3&4\\0&0&4&-3\\ \hdashline 2&0&0&0\\1&2&0&0\end{array}\right)\left(\begin{array}{cc:cc}0&0&3&4\\0&0&4&-3\\ \hdashline 2&0&0&0\\1&2&0&0\end{array}\right)=\left(\begin{array}{c:c}\begin{pmatrix}3&4\\4&-3\end{pmatrix}\begin{pmatrix}2&0\\1&2\end{pmatrix}&\boldsymbol{O}\\ \hdashline \boldsymbol{O}&\begin{pmatrix}2&0\\1&2\end{pmatrix}\begin{pmatrix}3&4\\4&-3\end{pmatrix}\end{array}\right)$$

$$=\left(\begin{array}{cc:cc}10&8&&\\5&-6&\multicolumn{2}{c}{\boldsymbol{O}}\\ \hdashline \multicolumn{2}{c:}{\boldsymbol{O}}&6&8\\&&11&-2\end{array}\right)$$

得 $$\boldsymbol{A}^4=\left(\begin{array}{c:c}\begin{pmatrix}10&8\\5&-6\end{pmatrix}\begin{pmatrix}10&8\\5&-6\end{pmatrix}&\boldsymbol{O}\\ \hdashline \boldsymbol{O}&\begin{pmatrix}6&8\\11&-2\end{pmatrix}\begin{pmatrix}6&8\\11&-2\end{pmatrix}\end{array}\right)=\begin{pmatrix}140&32&0&0\\20&76&0&0\\0&0&124&32\\0&0&44&92\end{pmatrix},$$

此外,$$\boldsymbol{A}^{-1}=\left(\begin{array}{cc:cc}0&0&3&4\\0&0&4&-3\\ \hdashline 2&0&0&0\\1&2&0&0\end{array}\right)^{-1}=\left(\begin{array}{c:c}\boldsymbol{O}&\begin{pmatrix}2&0\\1&2\end{pmatrix}^{-1}\\ \hdashline \begin{pmatrix}3&4\\4&-3\end{pmatrix}^{-1}&\boldsymbol{O}\end{array}\right)$$

$$=\begin{pmatrix}0&0&\frac{1}{2}&0\\0&0&-\frac{1}{4}&\frac{1}{2}\\\frac{3}{25}&\frac{4}{25}&0&0\\\frac{4}{25}&-\frac{3}{25}&0&0\end{pmatrix}.$$

所以 $$\boldsymbol{X}=\begin{pmatrix}140&32&0&0\\20&76&0&0\\0&0&124&32\\0&0&44&92\end{pmatrix}-100\begin{pmatrix}0&0&\frac{1}{2}&0\\0&0&-\frac{1}{4}&\frac{1}{2}\\\frac{3}{25}&\frac{4}{25}&0&0\\\frac{4}{25}&-\frac{3}{25}&0&0\end{pmatrix}$$

$$=\begin{pmatrix}140 & 32 & -50 & 0\\ 20 & 76 & 25 & -50\\ -12 & -16 & 124 & 32\\ -16 & 12 & 44 & 92\end{pmatrix}.$$

附注　由以上3题可以看到，对于4阶或高于4阶的数字矩阵用分块矩阵方法求逆矩阵、伴随矩阵等是比较快捷的，应熟练掌握.

例 1.14　设矩阵 $\boldsymbol{A}=\begin{pmatrix}1 & 1\\ 0 & -1\end{pmatrix}$，$\boldsymbol{B}=\begin{pmatrix}-1 & 0 & 0\\ 2 & 1 & 0\\ 3 & 0 & -1\end{pmatrix}$，记 $\boldsymbol{M}=\begin{pmatrix}\boldsymbol{A} & \boldsymbol{O}\\ \boldsymbol{X} & \boldsymbol{B}\end{pmatrix}$，且满足

$3\boldsymbol{M}-2\boldsymbol{M}^*=\begin{pmatrix}5 & 5 & 0 & 0 & 0\\ 0 & -5 & 0 & 0 & 0\\ 5 & 2 & -5 & 0 & 0\\ -3 & -1 & 10 & 5 & 0\\ 1 & 4 & 3 & 0 & -5\end{pmatrix}$，求 3×2 矩阵 $\boldsymbol{X}$.

分析　利用矩阵运算与所给的等式，导出关于 $\boldsymbol{X}$ 的矩阵方程，然后求解.

精解　由于 $|\boldsymbol{A}|=-1$，$|\boldsymbol{B}|=1$，所以 $|\boldsymbol{M}|=|\boldsymbol{A}||\boldsymbol{B}|=-1$，从而

$$\begin{aligned}3\boldsymbol{M}-2\boldsymbol{M}^*&=3\boldsymbol{M}-2|\boldsymbol{M}|\boldsymbol{M}^{-1}\\ &=3\begin{pmatrix}\boldsymbol{A} & \boldsymbol{O}\\ \boldsymbol{X} & \boldsymbol{B}\end{pmatrix}+2\begin{pmatrix}\boldsymbol{A}^{-1} & \boldsymbol{O}\\ -\boldsymbol{B}^{-1}\boldsymbol{X}\boldsymbol{A}^{-1} & \boldsymbol{B}^{-1}\end{pmatrix}\\ &=\begin{pmatrix}3\boldsymbol{A}+2\boldsymbol{A}^{-1} & \boldsymbol{O}\\ 3\boldsymbol{X}-2\boldsymbol{B}^{-1}\boldsymbol{X}\boldsymbol{A}^{-1} & 3\boldsymbol{B}+2\boldsymbol{B}^{-1}\end{pmatrix}.\end{aligned}$$

于是由题设，得

$$3\boldsymbol{X}-2\boldsymbol{B}^{-1}\boldsymbol{X}\boldsymbol{A}^{-1}=\begin{pmatrix}5 & 2\\ -3 & -1\\ 1 & 4\end{pmatrix}.\tag{1}$$

由于上述矩阵方程既不能化为 $\boldsymbol{PX}=\boldsymbol{Q}$，也不能表示为 $\boldsymbol{XP}=\boldsymbol{Q}$，而且 $\boldsymbol{X}$ 是 3×2 矩阵，所以

记 $\boldsymbol{X}=\begin{pmatrix}x_{11} & x_{12}\\ x_{21} & x_{22}\\ x_{31} & x_{32}\end{pmatrix}$，将它代入式(1)，得

$$3\begin{pmatrix}x_{11} & x_{12}\\ x_{21} & x_{22}\\ x_{31} & x_{32}\end{pmatrix}-2\begin{pmatrix}-1 & 0 & 0\\ 2 & 1 & 0\\ 3 & 0 & -1\end{pmatrix}^{-1}\begin{pmatrix}x_{11} & x_{12}\\ x_{21} & x_{22}\\ x_{31} & x_{32}\end{pmatrix}\begin{pmatrix}1 & 1\\ 0 & -1\end{pmatrix}^{-1}=\begin{pmatrix}5 & 2\\ -3 & -1\\ 1 & 4\end{pmatrix},$$

即

$$3\begin{pmatrix}x_{11} & x_{12}\\ x_{21} & x_{22}\\ x_{31} & x_{32}\end{pmatrix}-2\begin{pmatrix}-1 & 0 & 0\\ 2 & 1 & 0\\ -3 & 0 & -1\end{pmatrix}\begin{pmatrix}x_{11} & x_{12}\\ x_{21} & x_{22}\\ x_{31} & x_{32}\end{pmatrix}\begin{pmatrix}1 & 1\\ 0 & -1\end{pmatrix}=\begin{pmatrix}5 & 2\\ -3 & -1\\ 1 & 4\end{pmatrix}.$$

由矩阵运算，得

$$\begin{pmatrix}5x_{11} & 2x_{11}+x_{12}\\ -4x_{11}+x_{21} & -4x_{11}-2x_{21}+4x_{12}+5x_{22}\\ 6x_{11}+5x_{31} & 6x_{11}+2x_{31}-6x_{12}+x_{32}\end{pmatrix}=\begin{pmatrix}5 & 2\\ -3 & -1\\ 1 & 4\end{pmatrix},$$

即
$$\begin{cases}5x_{11}=5,\\2x_{11}+x_{12}=2,\\-4x_{11}+x_{21}=-3,\\-4x_{11}-2x_{21}+4x_{12}+5x_{22}=-1,\\6x_{11}+5x_{31}=1,\\6x_{11}+2x_{31}-6x_{12}+x_{32}=4.\end{cases}$$

解此方程组得 $x_{11}=1,x_{12}=0,x_{21}=1,x_{22}=1,x_{31}=-1,x_{32}=0$,所以所求的

$$\boldsymbol{X}=\begin{pmatrix}1&0\\1&1\\-1&0\end{pmatrix}.$$

附注　如果矩阵方程无法写成 $\boldsymbol{AX}=\boldsymbol{C}$ 或 $\boldsymbol{XB}=\boldsymbol{C}$(其中 $\boldsymbol{A},\boldsymbol{B}$ 都是可逆的)时,应按以下步骤求解:

(1) 根据所给的矩阵方程确定 $\boldsymbol{X}$ 的行数 m 与列数 n.

(2) 将 $\boldsymbol{X}$ 用 $(x_{ij})_{m\times n}$ 代入矩阵方程,通过矩阵运算得到关于 $x_{11},x_{12},\cdots,x_{mn}$ 的线性方程组,解之算出 $x_{11},x_{12},\cdots,x_{mn}$.

(3) 将上述结果代入 $\boldsymbol{X}$ 的相应元素确定 $\boldsymbol{X}$.

B　组

例 1.15　设 n 阶行列式 $D_n=\begin{vmatrix}2a&1&&&\\a^2&2a&1&&\\&\ddots&\ddots&\ddots&\\&&a^2&2a&1\\&&&a^2&2a\end{vmatrix}$,证明:$D_n=(n+1)a^n(n=1,2,\cdots)$.

分析　用数学归纳法证明.

证明　由于
$$D_1=2a=(1+1)a,$$
$$D_2=\begin{vmatrix}2a&1\\a^2&2a\end{vmatrix}=3a^2=(2+1)a^2,$$
所以结论在 $n=1,2$ 时成立.

设结论在 $n\leqslant k$ 时成立,即有 $D_k=(k+1)a^k,D_{k-1}=ka^{k-1}$,则当 $n=k+1$ 时,

$$D_{k+1}=\underbrace{\begin{vmatrix}2a&1&&&&\\a^2&2a&1&&&\\&a^2&2a&1&&\\&&\ddots&\ddots&\ddots&\\&&&a^2&2a&1\\&&&&a^2&2a\end{vmatrix}}_{(k+1)\text{阶}}$$

$$\xlongequal{\text{按第1行展开}} 2a\underbrace{\begin{vmatrix} 2a & 1 & & & \\ a^2 & 2a & 1 & & \\ & \ddots & \ddots & \ddots & \\ & & a^2 & 2a & 1 \\ & & & a^2 & 2a \end{vmatrix}}_{k\text{阶}} - \underbrace{\begin{vmatrix} a^2 & 1 & & & \\ & 2a & 1 & & \\ & a^2 & 2a & 1 & \\ & & \ddots & \ddots & \ddots \\ & & & a^2 & 2a \end{vmatrix}}_{k\text{阶}}$$

$$=2aD_k-a^2\underbrace{\begin{vmatrix} 2a & 1 & & & \\ a^2 & 2a & 1 & & \\ & \ddots & \ddots & \ddots & \\ & & a^2 & 2a & 1 \\ & & & a^2 & 2a \end{vmatrix}}_{(k-1)\text{阶}}=2aD_k-a^2D_{k-1}$$

$$=2a\cdot(k+1)a^k-a^2\cdot ka^{k-1}=(k+2)a^{k+1}.$$

于是由数学归纳法证得

$$D_n=(n+1)a^n(n=1,2,\cdots).$$

附注 数学归纳法也是求 n 阶行列式 D_n 的一种重要方法.通常,先从 D_1,D_2,D_3 等形式上推出 D_n 的表达式,例如 $D_n=f(n)$,然后再用数学归纳法证明 $D_n=f(n)(n=1,2,\cdots)$为正确.

例 1.16 设 $a_1,a_2,\cdots,a_n$ 是 n 个互不相同的实数,记 $S_i=a_1^i+a_2^i+\cdots+a_n^i(i=0,1,2,\cdots,2n-2)$,

$$D=\begin{vmatrix} S_0 & S_1 & \cdots & S_{n-1} \\ S_1 & S_2 & \cdots & S_n \\ \vdots & \vdots & & \vdots \\ S_{n-1} & S_n & \cdots & S_{2n-2} \end{vmatrix},$$

证明:$D>0$.

分析 记 $\boldsymbol{S}=\begin{pmatrix} S_0 & S_1 & \cdots & S_{n-1} \\ S_1 & S_2 & \cdots & S_n \\ \vdots & \vdots & & \vdots \\ S_{n-1} & S_n & \cdots & S_{2n-2} \end{pmatrix}$,则

$$\boldsymbol{S}=\begin{pmatrix} a_1^0+a_2^0+\cdots+a_n^0 & a_1^1+a_2^1+\cdots+a_n^1 & \cdots & a_1^{n-1}+a_2^{n-1}+\cdots+a_n^{n-1} \\ a_1^1+a_2^1+\cdots+a_n^1 & a_1^2+a_2^2+\cdots+a_n^2 & \cdots & a_1^n+a_2^n+\cdots+a_n^n \\ \vdots & \vdots & & \vdots \\ a_1^{n-1}+a_2^{n-1}+\cdots+a_n^{n-1} & a_1^n+a_2^n+\cdots+a_n^n & \cdots & a_1^{2n-2}+a_2^{2n-2}+\cdots+a_n^{2n-2} \end{pmatrix}$$

$$=\begin{pmatrix} 1 & 1 & \cdots & 1 \\ a_1 & a_2 & \cdots & a_n \\ \vdots & \vdots & & \vdots \\ a_1^{n-1} & a_2^{n-1} & \cdots & a_n^{n-1} \end{pmatrix}\begin{pmatrix} 1 & a_1 & \cdots & a_1^{n-1} \\ 1 & a_2 & \cdots & a_2^{n-1} \\ \vdots & \vdots & & \vdots \\ 1 & a_n & \cdots & a_n^{n-1} \end{pmatrix}.$$

由此即可证得 $D=|\boldsymbol{S}|>0$.

证明 记

$$\boldsymbol{A}=\begin{pmatrix}1&1&\cdots&1\\a_1&a_2&\cdots&a_n\\\vdots&\vdots&&\vdots\\a_1^{n-1}&a_2^{n-1}&\cdots&a_n^{n-1}\end{pmatrix}，则 \boldsymbol{S}=\boldsymbol{A}\boldsymbol{A}^{\mathrm{T}}.$$

于是 $D=|\boldsymbol{S}|=|\boldsymbol{A}|^2$，其中

$$|\boldsymbol{A}|=\begin{vmatrix}1&1&\cdots&1\\a_1&a_2&\cdots&a_n\\\vdots&\vdots&&\vdots\\a_1^{n-1}&a_2^{n-1}&\cdots&a_n^{n-1}\end{vmatrix}（n\text{ 阶范德蒙行列式}）$$

$$=\prod_{1\leqslant i<j\leqslant n}(a_j-a_i)\neq 0（这是由于 a_1,a_2,\cdots,a_n 是互不相同的实数）.$$

所以 $D>0$.

附注 (1) 借助于矩阵运算及其性质也是计算 n 阶行列式的常用方法之一.

(2) 应记住 n 阶范德蒙行列式的计算公式：

$$\begin{vmatrix}1&1&\cdots&1\\a_1&a_2&\cdots&a_n\\\vdots&\vdots&&\vdots\\a_1^{n-1}&a_2^{n-1}&\cdots&a_n^{n-1}\end{vmatrix}=\prod_{1\leqslant i<j\leqslant n}(a_j-a_i).$$

例 1.17 设 $\boldsymbol{a}$、$\boldsymbol{b}$ 都是 $(r+s)\times 1$ 矩阵，c 是常数. 证明：

$$\begin{vmatrix}\boldsymbol{E}_r&\boldsymbol{B}&\boldsymbol{b}\\\boldsymbol{O}&\boldsymbol{E}_s&\\\boldsymbol{a}^{\mathrm{T}}&&c\end{vmatrix}=-\boldsymbol{a}^{\mathrm{T}}\begin{pmatrix}\boldsymbol{E}_r&-\boldsymbol{B}\\\boldsymbol{O}&\boldsymbol{E}_s\end{pmatrix}\boldsymbol{b}+c.$$

分析 引入分块矩阵 $\begin{pmatrix}\boldsymbol{E}_r&\boldsymbol{B}&\boldsymbol{b}\\\boldsymbol{O}&\boldsymbol{E}_s&\\\boldsymbol{a}^{\mathrm{T}}&&c\end{pmatrix}$，左乘矩阵 $\boldsymbol{M}$，使分块矩阵成为 $\begin{pmatrix}\boldsymbol{E}_r&\boldsymbol{B}&\boldsymbol{b}\\\boldsymbol{O}&\boldsymbol{E}_s&\\\boldsymbol{0}&&d\end{pmatrix}$，由此可以利用公式 $\begin{vmatrix}\boldsymbol{P}&\boldsymbol{Q}\\\boldsymbol{O}&\boldsymbol{R}\end{vmatrix}=|\boldsymbol{P}||\boldsymbol{R}|$（其中 $\boldsymbol{P},\boldsymbol{R}$ 分别是 m,n 阶矩阵）. 因此从寻找 $\boldsymbol{M}$ 入手.

证明 容易知道 $\boldsymbol{M}$ 应形如 $\begin{pmatrix}\boldsymbol{E}_r&\boldsymbol{O}&\boldsymbol{0}\\\boldsymbol{O}&\boldsymbol{E}_s&\\\boldsymbol{x}&&1\end{pmatrix}$，其中 $\boldsymbol{x}$ 满足 $\boldsymbol{x}\begin{pmatrix}\boldsymbol{E}_r&\boldsymbol{B}\\\boldsymbol{O}&\boldsymbol{E}_s\end{pmatrix}+\boldsymbol{a}^{\mathrm{T}}=\boldsymbol{0}$，即

$$\boldsymbol{x}=-\boldsymbol{a}^{\mathrm{T}}\begin{pmatrix}\boldsymbol{E}_r&\boldsymbol{B}\\\boldsymbol{O}&\boldsymbol{E}_s\end{pmatrix}^{-1}=-\boldsymbol{a}^{\mathrm{T}}\begin{pmatrix}\boldsymbol{E}_r&-\boldsymbol{E}_r^{-1}\boldsymbol{B}\boldsymbol{E}_r\\\boldsymbol{O}&\boldsymbol{E}_s\end{pmatrix}=-\boldsymbol{a}^{\mathrm{T}}\begin{pmatrix}\boldsymbol{E}_r&-\boldsymbol{B}\\\boldsymbol{O}&\boldsymbol{E}_s\end{pmatrix}.$$

于是 $\boldsymbol{M}=\begin{pmatrix}\begin{matrix}\boldsymbol{E}_r&\boldsymbol{O}\\\boldsymbol{O}&\boldsymbol{E}_s\end{matrix}&\boldsymbol{0}\\-\boldsymbol{a}^{\mathrm{T}}\begin{pmatrix}\boldsymbol{E}_r&-\boldsymbol{B}\\\boldsymbol{O}&\boldsymbol{E}_s\end{pmatrix}&1\end{pmatrix}$，且 $|\boldsymbol{M}|=\begin{vmatrix}\boldsymbol{E}_r&\boldsymbol{O}\\\boldsymbol{O}&\boldsymbol{E}_s\end{vmatrix}=1$.

上述的 $\boldsymbol{0}$ 是 $(r+s)\times 1$ 矩阵.

从而，

$$\boldsymbol{M}\begin{pmatrix} \begin{matrix}\boldsymbol{E}_r & \boldsymbol{B}\\ \boldsymbol{O} & \boldsymbol{E}_s\end{matrix} & \boldsymbol{b}\\ \boldsymbol{a}^{\mathrm{T}} & c\end{pmatrix}=\begin{pmatrix} \begin{pmatrix}\boldsymbol{E}_r & \boldsymbol{B}\\ \boldsymbol{O} & \boldsymbol{E}_s\end{pmatrix} & \begin{pmatrix}\boldsymbol{E}_r & \boldsymbol{O}\\ \boldsymbol{O} & \boldsymbol{E}_s\end{pmatrix}\boldsymbol{b}\\ -\boldsymbol{a}^{\mathrm{T}}\begin{pmatrix}\boldsymbol{E}_r & -\boldsymbol{B}\\ \boldsymbol{O} & \boldsymbol{E}_s\end{pmatrix}\begin{pmatrix}\boldsymbol{E}_r & \boldsymbol{B}\\ \boldsymbol{O} & \boldsymbol{E}_s\end{pmatrix}+\boldsymbol{a}^{\mathrm{T}} & -\boldsymbol{a}^{\mathrm{T}}\begin{pmatrix}\boldsymbol{E}_r & -\boldsymbol{B}\\ \boldsymbol{O} & \boldsymbol{E}_s\end{pmatrix}\boldsymbol{b}+c\end{pmatrix}$$

$$=\begin{pmatrix} \begin{matrix}\boldsymbol{E}_r & \boldsymbol{B}\\ \boldsymbol{O} & \boldsymbol{E}_s\end{matrix} & \boldsymbol{b}\\ \boldsymbol{O} & -\boldsymbol{a}^{\mathrm{T}}\begin{pmatrix}\boldsymbol{E}_r & -\boldsymbol{B}\\ \boldsymbol{O} & \boldsymbol{E}_s\end{pmatrix}\boldsymbol{b}+c\end{pmatrix},$$

取行列式，得

$$\begin{vmatrix} \begin{matrix}\boldsymbol{E}_r & \boldsymbol{B}\\ \boldsymbol{O} & \boldsymbol{E}_s\end{matrix} & \boldsymbol{b}\\ \boldsymbol{a}^{\mathrm{T}} & c\end{vmatrix}=\begin{vmatrix}\boldsymbol{E}_r & \boldsymbol{B}\\ \boldsymbol{O} & \boldsymbol{E}_s\end{vmatrix}\cdot\left(-\boldsymbol{a}^{\mathrm{T}}\begin{pmatrix}\boldsymbol{E}_r & -\boldsymbol{B}\\ \boldsymbol{O} & \boldsymbol{E}_s\end{pmatrix}\boldsymbol{b}+c\right)$$

$$=-\boldsymbol{a}^{\mathrm{T}}\begin{pmatrix}\boldsymbol{E}_r & -\boldsymbol{B}\\ \boldsymbol{O} & \boldsymbol{E}_s\end{pmatrix}\boldsymbol{b}+c.$$

附注 证明本题的关键是寻找矩阵 $\boldsymbol{M}$. 在第二章中读者将会发现用分块矩阵初等变换方法寻找 $\boldsymbol{M}$ 更为快捷.

例 1.18 设 $\boldsymbol{P}$ 是 $m\times n$ 矩阵，$\boldsymbol{PP}^{\mathrm{T}}$ 可逆，且 $\boldsymbol{A}=\boldsymbol{E}_n-\boldsymbol{P}^{\mathrm{T}}(\boldsymbol{PP}^{\mathrm{T}})^{-1}\boldsymbol{P}$，证明：$\boldsymbol{A}$ 是幂等对称矩阵.

分析 按幂等矩阵与对称矩阵定义证明.

证明 由于 $\boldsymbol{A}^{\mathrm{T}}=[\boldsymbol{E}_n-\boldsymbol{P}^{\mathrm{T}}(\boldsymbol{PP}^{\mathrm{T}})^{-1}\boldsymbol{P}]^{\mathrm{T}}=\boldsymbol{E}_n-[\boldsymbol{P}^{\mathrm{T}}(\boldsymbol{PP}^{\mathrm{T}})^{-1}\boldsymbol{P}]^{\mathrm{T}}=\boldsymbol{E}_n-\boldsymbol{P}^{\mathrm{T}}[(\boldsymbol{PP}^{\mathrm{T}})^{\mathrm{T}}]^{-1}\boldsymbol{P}$

$$=\boldsymbol{E}_n-\boldsymbol{P}^{\mathrm{T}}(\boldsymbol{PP}^{\mathrm{T}})^{-1}\boldsymbol{P}=\boldsymbol{A},$$

$$\begin{aligned}\boldsymbol{A}^2&=[\boldsymbol{E}_n-\boldsymbol{P}^{\mathrm{T}}(\boldsymbol{PP}^{\mathrm{T}})^{-1}\boldsymbol{P}][\boldsymbol{E}_n-\boldsymbol{P}^{\mathrm{T}}(\boldsymbol{PP}^{\mathrm{T}})^{-1}\boldsymbol{P}]\\&=\boldsymbol{E}_n-2\boldsymbol{P}^{\mathrm{T}}(\boldsymbol{PP}^{\mathrm{T}})^{-1}\boldsymbol{P}+\boldsymbol{P}^{\mathrm{T}}(\boldsymbol{PP}^{\mathrm{T}})^{-1}(\boldsymbol{PP}^{\mathrm{T}})(\boldsymbol{PP}^{\mathrm{T}})^{-1}\boldsymbol{P}\\&=\boldsymbol{E}_n-2\boldsymbol{P}^{\mathrm{T}}(\boldsymbol{PP}^{\mathrm{T}})^{-1}\boldsymbol{P}+\boldsymbol{P}^{\mathrm{T}}(\boldsymbol{PP}^{\mathrm{T}})^{-1}\boldsymbol{P}\\&=\boldsymbol{E}_n-\boldsymbol{P}^{\mathrm{T}}(\boldsymbol{PP}^{\mathrm{T}})^{-1}\boldsymbol{P}=\boldsymbol{A},\end{aligned}$$

所以 $\boldsymbol{A}$ 是幂等对称矩阵.

附注 设 $\boldsymbol{A}$ 是 n 阶矩阵.

如果 $\boldsymbol{A}^2=\boldsymbol{A}$，则称 $\boldsymbol{A}$ 是幂等矩阵；

如果 $\boldsymbol{A}^2=\boldsymbol{O}$，则称 $\boldsymbol{A}$ 是幂零矩阵；

如果 $\boldsymbol{A}=\boldsymbol{A}^{\mathrm{T}}$，则称 $\boldsymbol{A}$ 是对称矩阵；

如果 $\boldsymbol{A}=-\boldsymbol{A}^{\mathrm{T}}$，则称 $\boldsymbol{A}$ 是反对称矩阵.

例 1.19 设 $\boldsymbol{A},\boldsymbol{B}$ 都是 n 阶幂等矩阵，证明：$\boldsymbol{A}+\boldsymbol{B}$ 也是幂等矩阵的充分必要条件是 $\boldsymbol{AB}=\boldsymbol{BA}=\boldsymbol{O}$.

分析 从幂等矩阵的定义入手.

证明 由题设知 $\boldsymbol{A}^2=\boldsymbol{A},\boldsymbol{B}^2=\boldsymbol{B}$，故

$$(\boldsymbol{A}+\boldsymbol{B})^2=\boldsymbol{A}+\boldsymbol{B}+(\boldsymbol{AB}+\boldsymbol{BA}).\tag{1}$$

充分性：设 $\boldsymbol{AB}=\boldsymbol{BA}=\boldsymbol{O}$，则由式(1)，得 $(\boldsymbol{A}+\boldsymbol{B})^2=\boldsymbol{A}+\boldsymbol{B}$，即 $\boldsymbol{A}+\boldsymbol{B}$ 是幂等矩阵.

必要性：设 $\boldsymbol{A}+\boldsymbol{B}$ 是幂等矩阵，则由式(1)，得

$$AB+BA=O,\text{即 } AB=-BA. \tag{2}$$

此外由
$$AB=A^2B=A(AB)=A(-BA)=-(AB)A$$
$$=-(-BA)A=BA^2=BA,$$
得
$$AB=BA. \tag{3}$$

由式(2)、式(3),得 $AB=BA=O$.

附注 幂等矩阵之积是幂等矩阵,但同阶的幂等矩阵之和未必是幂等矩阵.

例 1.20 设 n 阶矩阵 A 的各行各列都只有一个元素为 1 或 −1,其余元素都为零,证明:存在正整数 k,使得 $A^k=E_n$.

分析 由于 A 的各行各列都只有一个元素为 1 或 −1,其余元素都为零,所以,$A^2,A^3,\cdots$ 都具有同样的性质.由此入手即可证明本题结论.

证明 由于 A 的各行各列都只有一个元素为 1 或 −1,其余元素都为零,所以,$A^2,A^3,\cdots$ 都具有同样性质.由于 n 阶矩阵只有 n^2 个元素,所以 $A,A^2,A^3,\cdots$ 中必有相等者,设为 $A^s=A^t$,其中 s,t 是两个不同的正整数,不妨设 $s<t$.

由行列式定义知 $|A|=1$ 或 −1,因此 A 可逆,从而 A^s 可逆.因此由 $A^s=A^t$,得 $A^{t-s}=E_n$.由此可知存在正整数 $k=t-s$,使得 $A^k=E_n$

附注 本题获证的关键是 $A^2,A^3,\cdots$ 都具有与 A 相同的性质.

例 1.21 设 A,B 都是 n 阶矩阵,其中 A 可逆,又设存在实数 λ,使得 $A=(A-\lambda E_n)B$,证明:$AB=BA$.

分析 从所给等式表示成 $E_n=(E_n-\lambda A^{-1})B$ 入手.

证明 题中所给等式
$$A=(A-\lambda E_n)B \tag{1}$$
的两边同左乘 A^{-1},得
$$E_n=(E_n-\lambda A^{-1})B.$$
所以,$E_n-\lambda A^{-1}$ 与 B 互为逆矩阵,它们可交换,从而有
$$E_n=B(E_n-\lambda A^{-1}),\text{即 } A=B(A-\lambda E_n). \tag{2}$$

由式(1)、式(2),得 $(A-\lambda E_n)B=B(A-\lambda E_n)$,即 $AB=BA$.

附注 对 n 阶矩阵 A,B,一般不满足 $AB=BA$,但当 A,B 互为逆矩阵,即 $AB=E_n$ 时,有 $AB=BA$.

例 1.22 设 A,B 都是 n 阶实矩阵,且 $AB=(B-A^*)A$,证明:$|A|=0$.

分析 从题设 $AB=(B-A^*)A$,即 $BA-AB=|A|E_n$ 入手.

证明 由 $AB=(B-A^*)A=BA-A^*A=BA-|A|E_n$,得
$$BA-AB=|A|E_n,$$
所以
$$\operatorname{tr}(BA-AB)=\operatorname{tr}(|A|E_n)=n|A|,$$
即
$$|A|=\frac{1}{n}\operatorname{tr}(BA-AB). \tag{1}$$

记 $A=\begin{pmatrix} a_{11} & a_{12} & \cdots & a_{1n} \\ a_{21} & a_{22} & \cdots & a_{2n} \\ \vdots & \vdots & & \vdots \\ a_{n1} & a_{n2} & \cdots & a_{nn} \end{pmatrix}$,$B=\begin{pmatrix} b_{11} & b_{12} & \cdots & b_{1n} \\ b_{21} & b_{22} & \cdots & b_{2n} \\ \vdots & \vdots & & \vdots \\ b_{n1} & b_{n2} & \cdots & b_{nn} \end{pmatrix}$,则

$\operatorname{tr}(BA-AB)=[(b_{11}a_{11}+b_{12}a_{21}+\cdots+b_{1n}a_{n1})+(b_{21}a_{12}+b_{22}a_{22}+\cdots+b_{2n}a_{n2})+\cdots+$

$$\begin{aligned}&(b_{n1}a_{1n}+b_{n2}a_{2n}+\cdots+b_{nn}a_{nn})]-\\&[(a_{11}b_{11}+a_{12}b_{21}+\cdots+a_{1n}b_{n1})+(a_{21}b_{12}+a_{22}b_{22}+\cdots+a_{2n}b_{n2})+\cdots+\\&(a_{n1}b_{1n}+a_{n2}b_{2n}+\cdots+a_{nn}b_{nn})]\\=&[(a_{11}b_{11}+a_{12}b_{21}+\cdots+a_{1n}b_{n1})+(a_{21}b_{12}+a_{22}b_{22}+\cdots+a_{2n}b_{n2})+\cdots+\\&(a_{n1}b_{1n}+a_{n2}b_{2n}+\cdots+a_{nn}b_{nn})]-\\&[(a_{11}b_{11}+a_{12}b_{21}+\cdots+a_{1n}b_{n1})+(a_{21}b_{12}+a_{22}b_{22}+\cdots+a_{2n}b_{n2})+\cdots+\\&(a_{n1}b_{1n}+a_{n2}b_{2n}+\cdots+a_{nn}b_{nn})]\\=&0.\end{aligned}$$

代入式(1)，得$|\boldsymbol{A}|=0$.

附注　设$\boldsymbol{A},\boldsymbol{B}$都是$n$阶矩阵，则$\mathrm{tr}(\boldsymbol{AB}-\boldsymbol{BA})=0$. 请读者记住这个结论.

例 1.23　设$\boldsymbol{A},\boldsymbol{B}$都是$n$阶可逆矩阵，且$\boldsymbol{A}^{-1}+\boldsymbol{B}^{-1}$可逆，证明$\boldsymbol{A}+\boldsymbol{B}$可逆，且

$$(\boldsymbol{A}+\boldsymbol{B})^{-1}=\boldsymbol{A}^{-1}-\boldsymbol{A}^{-1}(\boldsymbol{A}^{-1}+\boldsymbol{B}^{-1})^{-1}\boldsymbol{A}^{-1}.$$

分析　只要证明$(\boldsymbol{A}+\boldsymbol{B})[\boldsymbol{A}^{-1}-\boldsymbol{A}^{-1}(\boldsymbol{A}^{-1}+\boldsymbol{B}^{-1})^{-1}\boldsymbol{A}^{-1}]=\boldsymbol{E}_n$即可.

证明　由于

$$\begin{aligned}&(\boldsymbol{A}+\boldsymbol{B})[\boldsymbol{A}^{-1}-\boldsymbol{A}^{-1}(\boldsymbol{A}^{-1}+\boldsymbol{B}^{-1})^{-1}\boldsymbol{A}^{-1}]\\=&(\boldsymbol{A}+\boldsymbol{B})\boldsymbol{A}^{-1}-(\boldsymbol{A}+\boldsymbol{B})\boldsymbol{A}^{-1}(\boldsymbol{A}^{-1}+\boldsymbol{B}^{-1})^{-1}\boldsymbol{A}^{-1}\\=&(\boldsymbol{A}+\boldsymbol{B})\boldsymbol{A}^{-1}-(\boldsymbol{A}+\boldsymbol{B})\boldsymbol{A}^{-1}[\boldsymbol{A}^{-1}(\boldsymbol{B}+\boldsymbol{A})\boldsymbol{B}^{-1}]^{-1}\boldsymbol{A}^{-1}\\=&(\boldsymbol{A}+\boldsymbol{B})\boldsymbol{A}^{-1}-(\boldsymbol{A}+\boldsymbol{B})\boldsymbol{A}^{-1}\boldsymbol{B}(\boldsymbol{A}+\boldsymbol{B})^{-1}\boldsymbol{A}\boldsymbol{A}^{-1}\\=&(\boldsymbol{A}+\boldsymbol{B})\boldsymbol{A}^{-1}-(\boldsymbol{A}+\boldsymbol{B})\boldsymbol{A}^{-1}\boldsymbol{B}(\boldsymbol{A}+\boldsymbol{B})^{-1}\\=&(\boldsymbol{A}+\boldsymbol{B})\boldsymbol{A}^{-1}[\boldsymbol{E}_n-\boldsymbol{B}(\boldsymbol{A}+\boldsymbol{B})^{-1}]\\=&(\boldsymbol{A}+\boldsymbol{B})\boldsymbol{A}^{-1}[(\boldsymbol{A}+\boldsymbol{B})-\boldsymbol{B}](\boldsymbol{A}+\boldsymbol{B})^{-1}\\=&(\boldsymbol{A}+\boldsymbol{B})(\boldsymbol{A}+\boldsymbol{B})^{-1}=\boldsymbol{E}_n,\end{aligned}$$

所以，$\boldsymbol{A}+\boldsymbol{B}$可逆，且$(\boldsymbol{A}+\boldsymbol{B})^{-1}=\boldsymbol{A}^{-1}-\boldsymbol{A}^{-1}(\boldsymbol{A}^{-1}+\boldsymbol{B}^{-1})^{-1}\boldsymbol{A}^{-1}$.

附注　当要证明$\boldsymbol{M}$可逆，且$\boldsymbol{M}^{-1}=\boldsymbol{N}$($\boldsymbol{M},\boldsymbol{N}$都是$n$阶矩阵)时，只要证明$\boldsymbol{MN}=\boldsymbol{E}_n$即可.

例 1.24　设$\boldsymbol{A}$是n阶矩阵，且满足$\boldsymbol{A}^3=\boldsymbol{E}_n$，记$\boldsymbol{B}=\boldsymbol{E}_n-2\boldsymbol{A}-\boldsymbol{A}^2$，证明：$\boldsymbol{B}$可逆，并求$\boldsymbol{B}^{-1}$.

分析　由于$\boldsymbol{B}=\boldsymbol{E}_n-2\boldsymbol{A}-\boldsymbol{A}^2=\boldsymbol{A}^3-\boldsymbol{A}^2-2\boldsymbol{A}=\boldsymbol{A}(\boldsymbol{A}+\boldsymbol{E}_n)(\boldsymbol{A}-2\boldsymbol{E}_n)$，所以只要分别证明$\boldsymbol{A}$，$\boldsymbol{A}+\boldsymbol{E}_n$以及$\boldsymbol{A}-2\boldsymbol{E}_n$都可逆，并求出它们的逆矩阵即可.

证明　由于$\boldsymbol{B}=\boldsymbol{E}_n-2\boldsymbol{A}-\boldsymbol{A}^2=\boldsymbol{A}^3-\boldsymbol{A}^2-2\boldsymbol{A}=\boldsymbol{A}(\boldsymbol{A}+\boldsymbol{E}_n)(\boldsymbol{A}-2\boldsymbol{E}_n)$，其中，由$\boldsymbol{A}^3=\boldsymbol{E}_n$，即$\boldsymbol{A}\cdot\boldsymbol{A}^2=\boldsymbol{E}_n$知$\boldsymbol{A}$可逆，且$\boldsymbol{A}^{-1}=\boldsymbol{A}^2$；由$\boldsymbol{A}^3=\boldsymbol{E}_n$，即$\boldsymbol{A}^3+\boldsymbol{E}_n=2\boldsymbol{E}_n$，或$(\boldsymbol{A}+\boldsymbol{E}_n)\cdot\frac{1}{2}(\boldsymbol{A}^2-\boldsymbol{A}+\boldsymbol{E}_n)=\boldsymbol{E}_n$知$\boldsymbol{A}+\boldsymbol{E}_n$可逆，且$(\boldsymbol{A}+\boldsymbol{E}_n)^{-1}=\frac{1}{2}(\boldsymbol{A}^2-\boldsymbol{A}+\boldsymbol{E}_n)$；由$\boldsymbol{A}^3=\boldsymbol{E}_n$，即$\boldsymbol{A}^3-8\boldsymbol{E}_n=-7\boldsymbol{E}_n$，或$(\boldsymbol{A}-2\boldsymbol{E}_n)\cdot\left[-\frac{1}{7}(\boldsymbol{A}^2+2\boldsymbol{A}+4\boldsymbol{E}_n)\right]=\boldsymbol{E}_n$知$\boldsymbol{A}-2\boldsymbol{E}_n$可逆，且$(\boldsymbol{A}-2\boldsymbol{E}_n)^{-1}=-\frac{1}{7}(\boldsymbol{A}^2+2\boldsymbol{A}+4\boldsymbol{E}_n)$.

由此可知，$\boldsymbol{B}$可逆，且

$$\begin{aligned}\boldsymbol{B}^{-1}&=(\boldsymbol{A}-2\boldsymbol{E}_n)^{-1}(\boldsymbol{A}+\boldsymbol{E}_n)^{-1}\boldsymbol{A}^{-1}\\&=-\frac{1}{14}(\boldsymbol{A}^2+2\boldsymbol{A}+4\boldsymbol{E}_n)(\boldsymbol{A}^2-\boldsymbol{A}+\boldsymbol{E}_n)\boldsymbol{A}^2\\&=-\frac{1}{14}(\boldsymbol{A}^6+\boldsymbol{A}^5+3\boldsymbol{A}^4-2\boldsymbol{A}^3+4\boldsymbol{A}^2)\\&=-\frac{1}{14}(5\boldsymbol{A}^2+3\boldsymbol{A}-\boldsymbol{E}_n).\end{aligned}$$

附注　要证明抽象型 n 阶矩阵 $\boldsymbol{M}$ 可逆，以下两种方法是常被采用的：

(1)寻找另一个 n 阶矩阵 $\boldsymbol{N}$，使得 $\boldsymbol{MN}=\boldsymbol{E}_n$.

(2)将 $\boldsymbol{M}$ 适当地分解成若干个 n 阶矩阵之积，例如

$$\boldsymbol{M}=\boldsymbol{M}_1\boldsymbol{M}_2\cdots\boldsymbol{M}_s,$$

并证明 $\boldsymbol{M}_1,\boldsymbol{M}_2,\cdots,\boldsymbol{M}_s$ 都可逆

本题就是按方法(2)证明的.

例 1.25　设 $\boldsymbol{A},\boldsymbol{B}$ 都是 n 阶矩阵，且 $\boldsymbol{E}_n-\boldsymbol{AB}$ 可逆，证明：$\boldsymbol{E}_n-\boldsymbol{BA}$ 也可逆，并求 $(\boldsymbol{E}_n-\boldsymbol{BA})^{-1}$.

分析　设法找到 n 阶矩阵 $\boldsymbol{C}$，使得 $(\boldsymbol{E}_n-\boldsymbol{BA})\boldsymbol{C}=\boldsymbol{E}_n$，即得到证明.

证明　由于 $\boldsymbol{E}_n-\boldsymbol{AB}$ 可逆，所以存在 n 阶矩阵 $\boldsymbol{C}$，使得

$$(\boldsymbol{E}_n-\boldsymbol{AB})\boldsymbol{C}=\boldsymbol{E}_n,$$

即 $\boldsymbol{ABC}=\boldsymbol{C}-\boldsymbol{E}_n$，从而

$$\begin{aligned}(\boldsymbol{E}_n-\boldsymbol{BA})(\boldsymbol{E}_n+\boldsymbol{BCA})&=\boldsymbol{E}_n-\boldsymbol{BA}+\boldsymbol{BCA}-(\boldsymbol{BA})(\boldsymbol{BCA})\\&=\boldsymbol{E}_n-\boldsymbol{BA}+\boldsymbol{BCA}-\boldsymbol{B}(\boldsymbol{ABC})\boldsymbol{A}\\&=\boldsymbol{E}_n-\boldsymbol{BA}+\boldsymbol{BCA}-\boldsymbol{B}(\boldsymbol{C}-\boldsymbol{E}_n)\boldsymbol{A}\\&=\boldsymbol{E}_n-\boldsymbol{BA}+\boldsymbol{BCA}-\boldsymbol{BCA}+\boldsymbol{BA}=\boldsymbol{E}_n.\end{aligned}$$

所以，$\boldsymbol{E}_n-\boldsymbol{BA}$ 可逆，且 $(\boldsymbol{E}_n-\boldsymbol{BA})^{-1}=\boldsymbol{E}_n+\boldsymbol{BCA}=\boldsymbol{E}_n+\boldsymbol{B}(\boldsymbol{E}_n-\boldsymbol{AB})^{-1}\boldsymbol{A}$.

附注　本题也可证明如下：

由 $(\boldsymbol{E}_n-\boldsymbol{AB})\boldsymbol{A}=\boldsymbol{A}(\boldsymbol{E}_n-\boldsymbol{BA})$，得

$$\boldsymbol{A}=(\boldsymbol{E}_n-\boldsymbol{AB})^{-1}\boldsymbol{A}(\boldsymbol{E}_n-\boldsymbol{BA}).$$

于是，

$$\begin{aligned}\boldsymbol{E}_n&=(\boldsymbol{E}_n-\boldsymbol{BA})+\boldsymbol{BA}\\&=(\boldsymbol{E}_n-\boldsymbol{BA})+\boldsymbol{B}[(\boldsymbol{E}_n-\boldsymbol{AB})^{-1}\boldsymbol{A}(\boldsymbol{E}_n-\boldsymbol{BA})]\\&=(\boldsymbol{E}_n-\boldsymbol{BA})+\boldsymbol{B}(\boldsymbol{E}_n-\boldsymbol{AB})^{-1}\boldsymbol{A}\cdot(\boldsymbol{E}_n-\boldsymbol{BA})\\&=[\boldsymbol{E}_n+\boldsymbol{B}(\boldsymbol{E}_n-\boldsymbol{AB})^{-1}\boldsymbol{A}](\boldsymbol{E}_n-\boldsymbol{BA}),\end{aligned}$$

所以，$\boldsymbol{E}_n-\boldsymbol{BA}$ 可逆，且 $(\boldsymbol{E}_n-\boldsymbol{BA})^{-1}=\boldsymbol{E}_n+\boldsymbol{B}(\boldsymbol{E}_n-\boldsymbol{AB})^{-1}\boldsymbol{A}$.

三、主要方法梳理

1. n 阶行列式的计算方法

n 阶行列式的基本计算方法是，利用行列式性质，使所给行列式的某行(某列)有较多元素为零，然后按此行(列)展开.

但是，往往还需要根据所给行列式的特点，结合以下方法进行计算：

(1) 升阶法. 在所给的 n 阶行列式 D_n 中适当地添加一行、一列(称为加边)成为 $n+1$ 阶行列式 D_{n+1}，但要求 $D_n=D_{n+1}$，而且 D_{n+1} 较易由基本计算方法算得.

(2)递推法. 先对所给的 n 阶行列式 D_n 应用行列性质或按一行(列)展开得到 D_n 与 D_{n-1} 等的一个递推关系，然后由这一关系算出 D_n.

(3) 数学归纳法. 设所给的 n 阶行列式为 D_n. 先算出 D_1,D_2,D_3 等，并推出 D_n 的一个表达式，例如 $D_n=f(n)$，然后由数学归纳法证明 $D_n=f(n)$ 对 $n=1,2,\cdots$ 都成立.

(4) 矩阵法. 按所给的 n 阶行列式 D_n 引入适当的矩阵 $\boldsymbol{A}$(这里要求 $|\boldsymbol{A}|=D_n$),然后利用矩阵运算(包括分块矩阵运算)和以下公式算出 $|\boldsymbol{A}|$,即 D_n:

设 $\boldsymbol{M},\boldsymbol{N}$ 都是 n 阶矩阵,则 $|\boldsymbol{MN}|=|\boldsymbol{M}||\boldsymbol{N}|$;

设 $\boldsymbol{P},\boldsymbol{Q}$ 分别是 m 阶,n 阶矩阵,$\boldsymbol{R},\boldsymbol{S}$ 是矩阵,则

$$\begin{vmatrix} \boldsymbol{P} & \boldsymbol{R} \\ \boldsymbol{O} & \boldsymbol{Q} \end{vmatrix} = \begin{vmatrix} \boldsymbol{P} & \boldsymbol{O} \\ \boldsymbol{S} & \boldsymbol{Q} \end{vmatrix} = |\boldsymbol{P}||\boldsymbol{Q}|.$$

2. 矩阵可逆性的证明方法

设 $\boldsymbol{A}$ 是 n 阶矩阵,它的可逆性可按以下结论判断:

(1) $\boldsymbol{A}$ 可逆的充分必要条件是 $|\boldsymbol{A}|\neq 0$.

(2) $\boldsymbol{A}$ 可逆的充分必要条件是存在 n 阶可逆矩阵 $\boldsymbol{B}$,使得 $\boldsymbol{AB}=\boldsymbol{E}_n$.

(3) $\boldsymbol{A}$ 可逆的充分必要条件是存在若干个 n 阶可逆矩阵,使得 $\boldsymbol{A}$ 为它们之积.

3. 非抽象型可逆矩阵的逆矩阵计算方法

设 $\boldsymbol{A}$ 是 n 阶可逆矩阵(非抽象型),则 $\boldsymbol{A}^{-1}$ 的常用计算方法如下.

(1) 伴随矩阵法,即 $\boldsymbol{A}^{-1}=\dfrac{1}{|\boldsymbol{A}|}\boldsymbol{A}^*$,其中 $\boldsymbol{A}^*$ 是 $\boldsymbol{A}$ 的伴随矩阵.

(2) 初等变换法,即对分块矩阵 $(\boldsymbol{A} \vdots \boldsymbol{E}_n)$ 施行初等行变换:$(\boldsymbol{A} \vdots \boldsymbol{E}_n)\rightarrow(\boldsymbol{E}_n \vdots \boldsymbol{B})$,则 $\boldsymbol{A}^{-1}=\boldsymbol{B}$.

(3) 对于分块矩阵可按以下公式计算:

$$\begin{pmatrix} \boldsymbol{A}_{11} & \boldsymbol{O} \\ \boldsymbol{O} & \boldsymbol{A}_{22} \end{pmatrix}^{-1} = \begin{pmatrix} \boldsymbol{A}_{11}^{-1} & \boldsymbol{O} \\ \boldsymbol{O} & \boldsymbol{A}_{22}^{-1} \end{pmatrix}\text{(其中 }\boldsymbol{A}_{11},\boldsymbol{A}_{22}\text{ 都可逆)},$$

$$\begin{pmatrix} \boldsymbol{O} & \boldsymbol{A}_{12} \\ \boldsymbol{A}_{21} & \boldsymbol{O} \end{pmatrix}^{-1} = \begin{pmatrix} \boldsymbol{O} & \boldsymbol{A}_{21}^{-1} \\ \boldsymbol{A}_{12}^{-1} & \boldsymbol{O} \end{pmatrix}\text{(其中 }\boldsymbol{A}_{12},\boldsymbol{A}_{21}\text{ 都可逆)},$$

$$\begin{pmatrix} \boldsymbol{A}_{11} & \boldsymbol{A}_{12} \\ \boldsymbol{O} & \boldsymbol{A}_{22} \end{pmatrix}^{-1} = \begin{pmatrix} \boldsymbol{A}_{11}^{-1} & -\boldsymbol{A}_{11}^{-1}\boldsymbol{A}_{12}\boldsymbol{A}_{22}^{-1} \\ \boldsymbol{O} & \boldsymbol{A}_{22}^{-1} \end{pmatrix}\text{(其中 }\boldsymbol{A}_{11},\boldsymbol{A}_{22}\text{ 都可逆)},$$

$$\begin{pmatrix} \boldsymbol{A}_{11} & \boldsymbol{O} \\ \boldsymbol{A}_{21} & \boldsymbol{A}_{22} \end{pmatrix} = \begin{pmatrix} \boldsymbol{A}_{11}^{-1} & \boldsymbol{O} \\ -\boldsymbol{A}_{22}^{-1}\boldsymbol{A}_{21}\boldsymbol{A}_{11}^{-1} & \boldsymbol{A}_{22}^{-1} \end{pmatrix}\text{(其中 }\boldsymbol{A}_{11},\boldsymbol{A}_{22}\text{ 都可逆)}.$$

四、精选备赛练习题

A　组

1.1　计算行列式 $D=\begin{vmatrix} a & b & c & d \\ -b & a & -d & c \\ -c & d & a & -b \\ -d & -c & b & a \end{vmatrix}$.

1.2　设 $abcd=1$，计算行列式 $\begin{vmatrix} a^2+\frac{1}{a^2} & a & \frac{1}{a} & 1 \\ b^2+\frac{1}{b^2} & b & \frac{1}{b} & 1 \\ c^2+\frac{1}{c^2} & c & \frac{1}{c} & \\ d^2+\frac{1}{d^2} & d & \frac{1}{d} & 1 \end{vmatrix}$.

1.3　计算行列式 $D_n=\begin{vmatrix} \cos(\alpha_1-\beta_1) & \cos(\alpha_1-\beta_2) & \cdots & \cos(\alpha_1-\beta_n) \\ \cos(\alpha_2-\beta_1) & \cos(\alpha_2-\beta_2) & \cdots & \cos(\alpha_2-\beta_n) \\ \vdots & \vdots & & \vdots \\ \cos(\alpha_n-\beta_1) & \cos(\alpha_n-\beta_2) & \cdots & \cos(\alpha_n-\beta_n) \end{vmatrix}$.

1.4　计算行列式 $D_n=\begin{vmatrix} 1 & 2 & 3 & \cdots & n-1 & n \\ a & 1 & 2 & \cdots & n-2 & n-1 \\ a & a & 1 & \cdots & n-3 & n-2 \\ \vdots & \vdots & \vdots & & \vdots & \vdots \\ a & a & a & \cdots & 1 & 2 \\ a & a & a & \cdots & a & 1 \end{vmatrix}$.

1.5　计算行列式 $D_n=\begin{vmatrix} d & b & b & \cdots & b \\ c & x & a & \cdots & a \\ c & a & x & \cdots & a \\ \vdots & \vdots & \vdots & & \vdots \\ c & a & a & \cdots & x \end{vmatrix}(n\geqslant 2)$.

1.6　设 n 阶矩阵 $\boldsymbol{A}=(a_{ij})$ 可逆，求 $n-1$ 阶行列式 $M=\begin{vmatrix} A_{22} & A_{23} & \cdots & A_{2n} \\ A_{32} & A_{33} & \cdots & A_{3n} \\ \vdots & \vdots & & \vdots \\ A_{n2} & A_{n3} & \cdots & A_{nn} \end{vmatrix}$，其中 $\boldsymbol{A}_{ij}$ 是 $|\boldsymbol{A}|$ 的元素 a_{ij} 的代数余子式($i,j=2,3,\cdots,n$).

1.7　设 n 阶矩阵 $\boldsymbol{A}=\begin{pmatrix} 0 & 1 & 0 & 0 & \cdots & 0 \\ 0 & 0 & 2^{-1} & 0 & \cdots & 0 \\ 0 & 0 & 0 & 3^{-1} & \cdots & 0 \\ \vdots & \vdots & \vdots & \vdots & & \vdots \\ 0 & 0 & 0 & 0 & \cdots & (n-1)^{-1} \\ n^{-1} & 0 & 0 & 0 & \cdots & 0 \end{pmatrix}$，求 $|\boldsymbol{A}|$ 的所有元素的代数余子式之和.

1.8　设 $\boldsymbol{A},\boldsymbol{B}$ 都是 n 阶矩阵($n\geqslant 2$)，且 $|\boldsymbol{A}|=3$，$|\boldsymbol{B}|=-2$，求行列式 $|2\boldsymbol{A}^*\boldsymbol{B}^{-1}|$.

1.9　设 $\boldsymbol{A}$ 是 $m(m\geqslant 2)$ 阶矩阵，$\boldsymbol{B}$ 是 n 阶矩阵，且 $|\boldsymbol{A}|=2$，$|\boldsymbol{B}|=-1$，求

$$\begin{vmatrix} \boldsymbol{O} & 2\boldsymbol{A} \\ 3\boldsymbol{B} & \boldsymbol{O} \end{vmatrix},\begin{vmatrix} \boldsymbol{O} & (2\boldsymbol{A})^* \\ (3\boldsymbol{B})^{-1} & \boldsymbol{O} \end{vmatrix}.$$

1.10　设 3 阶矩阵 $A=\begin{pmatrix}1&1&0\\0&1&1\\1&1&2\end{pmatrix}$，求 $\left|\left(\frac{1}{4}A^2\right)^{-1}-A^*\right|$ 及 $\left[\left(\frac{1}{4}A^2\right)^{-1}-A^*\right]^*$.

1.11　设 3 阶矩阵 $A=\begin{pmatrix}0&1&0\\0&0&1\\2&3&0\end{pmatrix}$，求 $A^5-A^4+A^2-4E_3$.

1.12　设 3 阶矩阵 $A=\begin{pmatrix}1&0&1\\0&2&0\\1&0&1\end{pmatrix}$，求 A^n-2A^{n-1}（n 是大于 1 的整数）.

1.13　设 5 阶矩阵 $A=\begin{pmatrix}1&1&0&0&0\\1&3&0&0&0\\0&a&a&a^2&a^3\\a&1&0&a&a^2\\0&a&0&0&a\end{pmatrix}$，求使 A 可逆的 a 值以及 A^{-1}.

1.14　设 4 阶矩阵 $A=\begin{pmatrix}1&2&0&0\\1&3&0&0\\0&0&0&2\\0&0&-1&0\end{pmatrix}$，求解

$$\left[\left(\frac{1}{2}A\right)^*\right]^{-1}XA^{-1}=2AX+12E_4.$$

1.15　已知 n 阶矩阵 $A=(a_{ij})$，其满足 $|A|=1$，$A^2+A-3E_n=O$ 以及

$$2x_{ij}=A_{ji}-\sum_{k=1}^{n}a_{ik}x_{kj},$$

其中，A_{ij} 是 $|A|$ 的元素 a_{ij} 的代数余子式（$i,j=1,2,\cdots,n$），求 $X=(x_{ij})$.

1.16　设矩阵 X 满足 $A^*X-A^{-1}+2X=O$，其中 3 阶矩阵 $A=\begin{pmatrix}1&1&-1\\-1&1&1\\1&-1&1\end{pmatrix}$，求 X 及 $\begin{pmatrix}O&X\\A&O\end{pmatrix}^*$.

1.17　求解矩阵方程组 $\begin{cases}AX+BY=M,\\CX+DY=N.\end{cases}$ 其中 $A=\begin{pmatrix}2&1\\1&2\end{pmatrix}$，$B=\begin{pmatrix}3&2\\1&1\end{pmatrix}$，$C=\begin{pmatrix}0&-1\\2&-3\end{pmatrix}$，$D=\begin{pmatrix}2&3\\-6&-13\end{pmatrix}$，$M=\begin{pmatrix}9&4\\4&3\end{pmatrix}$，$N=\begin{pmatrix}1&-2\\6&4\end{pmatrix}$.

B　组

1.18　设 n 阶矩阵 A,B 只有第 j 列不同，证明：$|A+B|=2^{n-1}(|A|+|B|)$.

1.19　设 A,B 都是 n 阶矩阵，满足 $AB+BA=E_n$，证明：

$$A^{2k+1}B+BA^{2k+1}=A^{2k}\ (k=1,2,\cdots).$$

1.20　设 n 阶对角矩阵 $\boldsymbol{A}=\begin{pmatrix} a_1 & & & \\ & a_2 & & \\ & & \ddots & \\ & & & a_n \end{pmatrix}$,其中 $a_1,a_2,\cdots,a_n$ 互不相等,证明:对任意 n 阶对角矩阵 $\boldsymbol{\Lambda}=\begin{pmatrix} \lambda_1 & & & \\ & \lambda_2 & & \\ & & \ddots & \\ & & & \lambda_n \end{pmatrix}$,都存在唯一的次数不超过 $n-1$ 次的多项式 $f(x)$,使得 $f(\boldsymbol{A})=\boldsymbol{\Lambda}$.

1.21　设 $\boldsymbol{A}$ 是 n 阶实矩阵,证明:$\boldsymbol{A}$ 为对称矩阵的充分必要条件是 $\boldsymbol{A}\boldsymbol{A}^{\mathrm{T}}=\boldsymbol{A}^2$.

1.22　设 $\boldsymbol{A},\boldsymbol{B}$ 都是 n 阶实对称矩阵,$\boldsymbol{C}$ 是 n 阶实反对称矩阵,并且 $\boldsymbol{A}^2+\boldsymbol{B}^2=\boldsymbol{C}^2$,证明:$\boldsymbol{A}=\boldsymbol{B}=\boldsymbol{C}=\boldsymbol{O}$.

1.23　设 $\boldsymbol{A},\boldsymbol{B}$ 都是 3 阶矩阵,其中 $\boldsymbol{A}$ 可逆,且满足 $2\boldsymbol{A}^{-1}\boldsymbol{B}=\boldsymbol{B}-4\boldsymbol{E}_3$,证明:矩阵 $\boldsymbol{A}-2\boldsymbol{E}_3$ 可逆,并在 $\boldsymbol{B}=\begin{pmatrix} 1 & -2 & 0 \\ 1 & 2 & 0 \\ 0 & 0 & 2 \end{pmatrix}$ 时,求 $\begin{pmatrix} \boldsymbol{O} & 2\boldsymbol{A} \\ \boldsymbol{B} & \boldsymbol{O} \end{pmatrix}^{-1}$.

1.24　设 $\boldsymbol{A},\boldsymbol{B}$ 都是 n 阶可逆矩阵. 当 $\boldsymbol{A}+\boldsymbol{B}$ 与 $\boldsymbol{A}-\boldsymbol{B}$ 可逆时,证明:矩阵 $\boldsymbol{M}=\begin{pmatrix} \boldsymbol{A} & \boldsymbol{B} \\ \boldsymbol{B} & \boldsymbol{A} \end{pmatrix}$ 可逆,并求 $\boldsymbol{M}^{-1}$.

1.25　设 $\boldsymbol{A}$ 为 n 阶可逆矩阵,$\boldsymbol{\alpha}$ 是 $n\times 1$ 矩阵,b 是常数,证明:

$$\begin{pmatrix} \boldsymbol{A} & \boldsymbol{\alpha} \\ \boldsymbol{\alpha}^{\mathrm{T}} & b \end{pmatrix}\text{可逆的充分必要条件是 }\boldsymbol{\alpha}^{\mathrm{T}}\boldsymbol{A}^{-1}\boldsymbol{\alpha}\neq b.$$

并且用 $\boldsymbol{A}$ 的伴随矩阵 $\boldsymbol{A}^*$ 的元素及 $\boldsymbol{\alpha}$ 的元素,具体写出 $\boldsymbol{\alpha}^{\mathrm{T}}\boldsymbol{A}^{-1}\boldsymbol{\alpha}$ 的表达式.

1.26　设 $\boldsymbol{A},\boldsymbol{B},\boldsymbol{C}$ 都是 n 阶矩阵,$\boldsymbol{M}=\begin{pmatrix} \boldsymbol{A} & \boldsymbol{A} \\ \boldsymbol{C}-\boldsymbol{B} & \boldsymbol{C} \end{pmatrix}$,证明:$\boldsymbol{M}$ 可逆的充分必要条件为 $\boldsymbol{A},\boldsymbol{B}$ 都可逆. 并在 $\boldsymbol{M}$ 可逆时,求 $\boldsymbol{M}^{-1}$.

附:解答

1.1　记 $\boldsymbol{A}=\begin{pmatrix} a & b & c & d \\ -b & a & -d & c \\ -c & d & a & -b \\ -d & -c & b & a \end{pmatrix}$,则

$$\boldsymbol{A}\boldsymbol{A}^{\mathrm{T}}=\begin{pmatrix} a & b & c & d \\ -b & a & -d & c \\ -c & d & a & -b \\ -d & -c & b & a \end{pmatrix}\begin{pmatrix} a & -b & -c & -d \\ b & a & d & -c \\ c & -d & a & b \\ d & c & -b & a \end{pmatrix}$$

$$=\begin{pmatrix} a^2+b^2+c^2+d^2 & & & \\ & a^2+b^2+c^2+d^2 & & \\ & & a^2+b^2+c^2+d^2 & \\ & & & a^2+b^2+c^2+d^2 \end{pmatrix}.$$

上式两边取行列式,得

$$|\boldsymbol{A}|\,|\boldsymbol{A}^{\mathrm{T}}|=(a^2+b^2+c^2+d^2)^4,\text{即}|\boldsymbol{A}|^2=(a^2+b^2+c^2+d^2)^4,\text{所以}|\boldsymbol{A}|=\pm(a^2+b^2+c^2+d^2)^2.$$

按行列式定义可知 D 是 16 个正数项之和,因此 $|\boldsymbol{A}|=(a^2+b^2+c^2+d^2)^2$.

1.2
$$\begin{vmatrix} a^2+\frac{1}{a^2} & a & \frac{1}{a} & 1 \\ b^2+\frac{1}{b^2} & b & \frac{1}{b} & 1 \\ c^2+\frac{1}{c^2} & c & \frac{1}{c^2} & 1 \\ d^2+\frac{1}{d^2} & d & \frac{1}{d^2} & 1 \end{vmatrix}=\begin{vmatrix} a^2 & a & \frac{1}{a} & 1 \\ b^2 & b & \frac{1}{b} & 1 \\ c^2 & c & \frac{1}{c} & 1 \\ d^2 & d & \frac{1}{d} & 1 \end{vmatrix}+\begin{vmatrix} \frac{1}{a^2} & a & \frac{1}{a} & 1 \\ \frac{1}{b^2} & b & \frac{1}{b} & 1 \\ \frac{1}{c^2} & c & \frac{1}{c} & 1 \\ \frac{1}{d^2} & d & \frac{1}{d} & 1 \end{vmatrix}$$

$$=abcd\begin{vmatrix} a & 1 & \frac{1}{a^2} & \frac{1}{a} \\ b & 1 & \frac{1}{b^2} & \frac{1}{b} \\ c & 1 & \frac{1}{c^2} & \frac{1}{c} \\ d & 1 & \frac{1}{d^2} & \frac{1}{d} \end{vmatrix}+(-1)^3\begin{vmatrix} a & 1 & \frac{1}{a^2} & \frac{1}{a} \\ b & 1 & \frac{1}{b^2} & \frac{1}{b} \\ c & 1 & \frac{1}{c^2} & \frac{1}{c} \\ d & 1 & \frac{1}{d^2} & \frac{1}{d} \end{vmatrix}$$

$$=\begin{vmatrix} a & 1 & \frac{1}{a^2} & \frac{1}{a} \\ b & 1 & \frac{1}{b^2} & \frac{1}{b} \\ c & 1 & \frac{1}{c^2} & \frac{1}{c} \\ d & 1 & \frac{1}{d^2} & \frac{1}{d} \end{vmatrix}-\begin{vmatrix} a & 1 & \frac{1}{a^2} & \frac{1}{a} \\ b & 1 & \frac{1}{b^2} & \frac{1}{b} \\ c & 1 & \frac{1}{c^2} & \frac{1}{c} \\ d & 1 & \frac{1}{d^2} & \frac{1}{d} \end{vmatrix}=0.$$

1.3 $D_1=\cos(\alpha_1-\beta_1)$,

$$D_2=\begin{vmatrix} \cos(\alpha_1-\beta_1) & \cos(\alpha_1-\beta_2) \\ \cos(\alpha_2-\beta_1) & \cos(\alpha_2-\beta_2) \end{vmatrix}$$

$$=\begin{vmatrix} \cos\alpha_1\cos\beta_1+\sin\alpha_1\sin\beta_1 & \cos\alpha_1\cos\beta_2+\sin\alpha_1\sin\beta_2 \\ \cos\alpha_2\cos\beta_1+\sin\alpha_2\sin\beta_1 & \cos\alpha_2\cos\beta_2+\sin\alpha_2\sin\beta_2 \end{vmatrix}$$

$$=\left|\begin{pmatrix} \cos\alpha_1 & \sin\alpha_1 \\ \cos\alpha_2 & \sin\alpha_2 \end{pmatrix}\begin{pmatrix} \cos\beta_1 & \cos\beta_2 \\ \sin\beta_1 & \sin\beta_2 \end{pmatrix}\right|$$

$$=\begin{vmatrix} \cos\alpha_1 & \sin\alpha_1 \\ \cos\alpha_2 & \sin\alpha_2 \end{vmatrix}\begin{vmatrix} \cos\beta_1 & \cos\beta_2 \\ \sin\beta_1 & \sin\beta_2 \end{vmatrix}=\sin(\alpha_2-\alpha_1)\sin(\beta_2-\beta_1).$$

$$D_n=\begin{vmatrix} \cos(\alpha_1-\beta_1) & \cos(\alpha_1-\beta_2) & \cdots & \cos(\alpha_1-\beta_n) \\ \cos(\alpha_2-\beta_1) & \cos(\alpha_2-\beta_2) & \cdots & \cos(\alpha_2-\beta_n) \\ \vdots & \vdots & & \vdots \\ \cos(\alpha_n-\beta_1) & \cos(\alpha_n-\beta_2) & \cdots & \cos(\alpha_n-\beta_n) \end{vmatrix}$$

$$=\begin{vmatrix} \cos\alpha_1\cos\beta_1+\sin\alpha_1\sin\beta_1 & \cos\alpha_1\cos\beta_2+\sin\alpha_1\sin\beta_2 & \cdots & \cos\alpha_1\cos\beta_n+\sin\alpha_1\sin\beta_n \\ \cos\alpha_2\cos\beta_1+\sin\alpha_2\sin\beta_1 & \cos\alpha_2\cos\beta_2+\sin\alpha_2\sin\beta_2 & \cdots & \cos\alpha_2\cos\beta_n+\sin\alpha_2\sin\beta_n \\ \vdots & \vdots & & \vdots \\ \cos\alpha_n\cos\beta_1+\sin\alpha_n\sin\beta_1 & \cos\alpha_n\cos\beta_2+\sin\alpha_n\sin\beta_2 & \cdots & \cos\alpha_n\cos\beta_n+\sin\alpha_n\sin\beta_n \end{vmatrix}$$

$$
=\left|\begin{pmatrix}\cos\alpha_1 & \sin\alpha_1\\ \cos\alpha_2 & \sin\alpha_2\\ \vdots & \vdots\\ \cos\alpha_n & \sin\alpha_n\end{pmatrix}\begin{pmatrix}\cos\beta_1 & \cos\beta_2 & \cdots & \cos\beta_n\\ \sin\beta_1 & \sin\beta_2 & \cdots & \sin\beta_n\end{pmatrix}\right|
$$

$$
=\left|\begin{pmatrix}\cos\alpha_1 & \sin\alpha_1 & 0 & \cdots & 0\\ \cos\alpha_2 & \sin\alpha_1 & 0 & \cdots & 0\\ \vdots & \vdots & \vdots & & \vdots\\ \cos\alpha_n & \sin\alpha_n & 0 & \cdots & 0\end{pmatrix}\begin{pmatrix}\cos\beta_1 & \cos\beta_2 & \cdots & \cos\beta_n\\ \sin\beta_1 & \sin\beta_2 & \cdots & \sin\beta_n\\ \vdots & \vdots & & \vdots\\ 0 & 0 & \cdots & 0\end{pmatrix}\right|=0(n\geqslant 3).
$$

1.4 $D_n=\begin{vmatrix}1 & 2 & 3 & \cdots & n-1 & n\\ a & 1 & 2 & \cdots & n-2 & n-1\\ a & a & 1 & \cdots & n-3 & n-2\\ \vdots & \vdots & \vdots & & \vdots & \vdots\\ a & a & a & \cdots & 1 & 2\\ a & a & a & \cdots & a & 1\end{vmatrix}$

$$
\xlongequal[(i=2,3,\cdots,n)]{\text{第 } i \text{ 行}\times(-1)\text{加到第 } i-1 \text{ 行}}\begin{vmatrix}1-a & 1 & 1 & \cdots & 1 & 1\\ 0 & 1-a & 1 & \cdots & 1 & 1\\ 0 & 0 & 1-a & \cdots & 1 & 1\\ \vdots & \vdots & \vdots & & \vdots & \vdots\\ 0 & 0 & 0 & \cdots & 1-a & 1\\ a & a & a & \cdots & a & 1\end{vmatrix}
$$

$$
=\begin{vmatrix}1-a & 1 & 1 & \cdots & 1 & 1\\ 0 & 1-a & 1 & \cdots & 1 & 1\\ 0 & 0 & 1-a & \cdots & 1 & 1\\ \vdots & \vdots & \vdots & & \vdots & \vdots\\ 0 & 0 & 0 & \cdots & 1-a & 1\\ a+0 & a+0 & a+0 & \cdots & a+0 & a+(1-a)\end{vmatrix}
$$

$$
=\begin{vmatrix}1-a & 1 & 1 & \cdots & 1 & 1\\ 0 & 1-a & 1 & \cdots & 1 & 1\\ 0 & 0 & 1-a & \cdots & 1 & 1\\ \vdots & \vdots & \vdots & & \vdots & \vdots\\ 0 & 0 & 0 & \cdots & 1-a & 1\\ a & a & a & \cdots & a & a\end{vmatrix}+\begin{vmatrix}1-a & 1 & 1 & \cdots & 1 & 1\\ 0 & 1-a & 1 & \cdots & 1 & 1\\ 0 & 0 & 1-a & \cdots & 1 & 1\\ \vdots & \vdots & \vdots & & \vdots & \vdots\\ 0 & 0 & 0 & \cdots & 1-a & 1\\ 0 & 0 & 0 & \cdots & 0 & 1-a\end{vmatrix}
$$

$$
=a\begin{vmatrix}1-a & 1 & 1 & \cdots & 1 & 1\\ 0 & 1-a & 1 & \cdots & 1 & 1\\ 0 & 0 & 1-a & \cdots & 1 & 1\\ \vdots & \vdots & \vdots & & \vdots & \vdots\\ 0 & 0 & 0 & \cdots & 1-a & 1\\ 1 & 1 & 1 & \cdots & 1 & 1\end{vmatrix}+(1-a)^n
$$

$$\xlongequal{\text{第 } n \text{ 行}\times(-1)\text{分别加到第 }1,2,\cdots,n-1\text{ 行}} a\begin{vmatrix} -a & 0 & 0 & \cdots & 0 & 0 \\ -1 & -a & 0 & \cdots & 0 & 0 \\ -1 & -1 & -a & \cdots & 0 & 0 \\ \vdots & \vdots & \vdots & & \vdots & \vdots \\ -1 & -1 & -1 & \cdots & -a & 0 \\ 1 & 1 & 1 & \cdots & 1 & 1 \end{vmatrix} + (1-a)^n$$

$$=a(-a)^{n-1}+(-1)^n(a-1)^n=(-1)^{n-1}[a^n-(a-1)^n].$$

1.5 $D_n \xlongequal[\text{加到第 } i \text{ 行}(i=n-1,\cdots,2)]{\text{第 } i+1 \text{ 行}\times(-1)} \begin{vmatrix} d & b & b & \cdots & b & b \\ 0 & x-a & a-x & \cdots & 0 & 0 \\ 0 & 0 & x-a & \cdots & 0 & 0 \\ \vdots & \vdots & \vdots & & \vdots & \vdots \\ 0 & 0 & 0 & \cdots & x-a & a-x \\ c & a & a & \cdots & a & x \end{vmatrix}$

$$\xlongequal{\text{按第 1 列展开}} d\begin{vmatrix} x-a & a-x & \cdots & 0 & 0 \\ 0 & x-a & \cdots & 0 & 0 \\ \vdots & \vdots & & \vdots & \vdots \\ 0 & 0 & \cdots & x-a & a-x \\ a & a & \cdots & a & x \end{vmatrix} +$$

$$(-1)^{n+1}c\begin{vmatrix} b & b & \cdots & b & b \\ x-a & a-x & \cdots & 0 & 0 \\ 0 & x-a & \cdots & 0 & 0 \\ \vdots & \vdots & & \vdots & \vdots \\ 0 & 0 & \cdots & x-a & a-x \end{vmatrix}, \tag{1}$$

其中，$\begin{vmatrix} x-a & a-x & \cdots & 0 & 0 \\ 0 & x-a & \cdots & 0 & 0 \\ \vdots & \vdots & & \vdots & \vdots \\ 0 & 0 & \cdots & x-a & a-x \\ a & a & \cdots & a & x \end{vmatrix} \xlongequal[\text{加到第 1 列}]{\text{第 }2,3,\cdots,n-1\text{ 列都}} \begin{vmatrix} 0 & a-x & \cdots & 0 & 0 \\ 0 & x-a & \cdots & 0 & 0 \\ \vdots & \vdots & & \vdots & \vdots \\ 0 & 0 & \cdots & x-a & a-x \\ (n-2)a+x & a & \cdots & a & x \end{vmatrix}$

$$=(-1)^n[(n-2)a+x](a-x)^{n-2}=[(n-2)a+x](x-a)^{n-2},$$

$$\begin{vmatrix} b & b & \cdots & b & b \\ x-a & a-x & \cdots & 0 & 0 \\ 0 & x-a & \cdots & 0 & 0 \\ \vdots & \vdots & & \vdots & \vdots \\ 0 & 0 & \cdots & x-a & a-x \end{vmatrix} \xlongequal[\text{加到第 1 列}]{\text{第 }2,3,\cdots,n-1\text{ 列都}} \begin{vmatrix} (n-1)b & b & \cdots & b & b \\ 0 & a-x & \cdots & 0 & 0 \\ 0 & x-a & \cdots & 0 & 0 \\ \vdots & \vdots & & \vdots & \vdots \\ 0 & 0 & \cdots & x-a & a-x \end{vmatrix}$$

$$=(n-1)b(a-x)^{n-2}.$$

将它们代入式(1)，得

$$\begin{aligned} D_n &= d[(n-2)a+x](x-a)^{n-2}+(-1)^{n+1}c(n-1)b(a-x)^{n-2} \\ &= (x-a)^{n-2}[dx+(n-2)ad-(n-1)bc]. \end{aligned}$$

1.6　由于
$$M=\begin{vmatrix} A_{22} & A_{23} & \cdots & A_{2n} \\ A_{32} & A_{33} & \cdots & A_{3n} \\ \vdots & \vdots & & \vdots \\ A_{n2} & A_{n3} & \cdots & A_{nn} \end{vmatrix}=\begin{vmatrix} A_{22} & A_{32} & \cdots & A_{n2} \\ A_{23} & A_{33} & \cdots & A_{n3} \\ \vdots & \vdots & & \vdots \\ A_{2n} & A_{3n} & \cdots & A_{nn} \end{vmatrix}$$
$$=\begin{vmatrix} 1 & A_{21} & A_{31} & \cdots & A_{n1} \\ 0 & A_{22} & A_{32} & \cdots & A_{n2} \\ \vdots & \vdots & \vdots & & \vdots \\ 0 & A_{2n} & A_{3n} & \cdots & A_{nn} \end{vmatrix}(n\text{ 阶行列式}),$$
并且
$$\begin{pmatrix} a_{11} & a_{12} & \cdots & a_{1n} \\ a_{21} & a_{22} & \cdots & a_{2n} \\ \vdots & \vdots & & \vdots \\ a_{n1} & a_{n2} & \cdots & a_{nn} \end{pmatrix}\begin{pmatrix} 1 & A_{21} & A_{31} & \cdots & A_{n1} \\ 0 & A_{22} & A_{32} & \cdots & A_{n2} \\ \vdots & \vdots & \vdots & & \vdots \\ 0 & A_{2n} & A_{3n} & \cdots & A_{nn} \end{pmatrix}=\begin{pmatrix} a_{11} & 0 & 0 & \cdots & 0 \\ a_{21} & |\boldsymbol{A}| & 0 & \cdots & 0 \\ \vdots & \vdots & \vdots & & \vdots \\ a_{n1} & 0 & 0 & \cdots & |\boldsymbol{A}| \end{pmatrix},$$
所以上式两边取行列式，得
$$|\boldsymbol{A}|M=a_{11}|\boldsymbol{A}|^{n-1}.$$
于是，由 $|\boldsymbol{A}|\neq 0$，得 $M=a_{11}|\boldsymbol{A}|^{n-2}$.

1.7　由于
$$|\boldsymbol{A}|=\begin{vmatrix} 0 & 1 & 0 & \cdots & 0 \\ 0 & 0 & 2^{-1} & \cdots & 0 \\ \vdots & \vdots & \vdots & & \vdots \\ 0 & 0 & 0 & \cdots & (n-1)^{-1} \\ n^{-1} & 0 & 0 & \cdots & 0 \end{vmatrix}$$
$$\xlongequal{\text{按第 1 列展开}}(-1)^{n+1}\times\frac{1}{n}\underbrace{\begin{vmatrix} 1 & 0 & 0 & \cdots & 0 \\ 0 & 2^{-1} & 0 & \cdots & 0 \\ 0 & 0 & 3^{-1} & \cdots & 0 \\ \vdots & \vdots & \vdots & & \vdots \\ 0 & 0 & 0 & \cdots & (n-1)^{-1} \end{vmatrix}}_{(n-1)\text{阶}}=\frac{(-1)^{n+1}}{n!},$$
$$\boldsymbol{A}^{-1}=\left(\begin{array}{c|cccc} \boldsymbol{0} & 1 & & & \\ & & 2^{-1} & & \\ & & & \ddots & \\ & & & & (n-1)^{-1} \\ \hline n^{-1} & & & \boldsymbol{0} & \end{array}\right)^{-1}=\left(\begin{array}{cccc|c} & & \boldsymbol{0} & & n \\ \hline 1 & & & & \\ & 2 & & & \\ & & \ddots & & \boldsymbol{0} \\ & & & n-1 & \end{array}\right),$$
$$\boldsymbol{A}^*=|\boldsymbol{A}|\boldsymbol{A}^{-1}=\frac{(-1)^{n+1}}{n!}\begin{pmatrix} 0 & 0 & \cdots & 0 & n \\ 1 & 0 & \cdots & 0 & 0 \\ 0 & 2 & \cdots & 0 & 0 \\ \vdots & \vdots & & \vdots & \vdots \\ 0 & 0 & \cdots & n-1 & 0 \end{pmatrix},$$
所以，$|\boldsymbol{A}|$ 的所有元素的代数余子式之和为
$$\frac{(-1)^{n+1}}{n!}[1+2+\cdots+(n-1)+n]=(-1)^{n+1}\frac{n+1}{2\cdot(n-1)!}.$$

1.8　$|2A^*B^{-1}|=2^n|A^*|\,|B^{-1}|=2^n\cdot 3^{n-1}\cdot\frac{1}{-2}=-6^{n-1}.$

1.9　$\begin{vmatrix} O & 2A \\ 3B & O \end{vmatrix} \xlongequal{\text{经过 } mn \text{ 次列调换}} (-1)^{mn}\begin{vmatrix} 2A & O \\ O & 3B \end{vmatrix}$

$=(-1)^{mn}|2A|\,|3B|=(-1)^{mn}\cdot 2^m\cdot 3^n|A|\,|B|=(-1)^{mn+1}\times 2^{m+1}\times 3^{n+1}.$

$\begin{vmatrix} O & (2A)^* \\ (3B)^{-1} & O \end{vmatrix} \xlongequal{\text{经过 } mn \text{ 次列调换}} (-1)^{mn}\begin{vmatrix} (2A)^* & O \\ O & (3B)^{-1} \end{vmatrix}$

$=(-1)^{mn}|(2A)^*|\,|(3B)^{-1}|$

$=(-1)^{mn}|2A|^{m-1}|3B|^{-1}=(-1)^{mn}(2^m\cdot 2)^{m-1}\frac{1}{3^n\cdot(-1)}$

$=(-1)^{mn+1}\frac{2^{(m+1)(m-1)}}{3^n}.$

1.10　由于$|A|=2$,$A^*=\begin{pmatrix} 1 & -2 & 1 \\ 1 & 2 & -1 \\ -1 & 0 & 1 \end{pmatrix}$,

$$\left(\frac{1}{4}A^2\right)^{-1}-A^*=4(A^{-1})^2-A^*=4\cdot\left(\frac{1}{2}A^*\right)^2-A^*=A^*(A^*-E_3),$$

所以,
$$\left|\left(\frac{1}{4}A^2\right)^{-1}-A^*\right|=|A^*|\,|A^*-E_3|=2^{3-1}\begin{vmatrix} 0 & -2 & 1 \\ 1 & 1 & -1 \\ -1 & 0 & 0 \end{vmatrix}=-4.$$

此外,$\left[\left(\frac{1}{4}A^2\right)^{-1}-A^*\right]^*=[A^*(A^*-E_3)]^*$

$$=\left[\begin{pmatrix} 1 & -2 & 1 \\ 1 & 2 & -1 \\ -1 & 0 & 1 \end{pmatrix}\begin{pmatrix} 0 & -2 & 1 \\ 1 & 1 & -1 \\ -1 & 0 & 0 \end{pmatrix}\right]^*$$

$$=\begin{pmatrix} -3 & -4 & 3 \\ 3 & 0 & -1 \\ -1 & 2 & -1 \end{pmatrix}^*=\begin{pmatrix} 2 & 2 & 4 \\ 4 & 6 & 6 \\ 6 & 10 & 12 \end{pmatrix}.$$

1.11　由于
$$A^2=\begin{pmatrix} 0 & 1 & 0 \\ 0 & 0 & 1 \\ 2 & 3 & 0 \end{pmatrix}\begin{pmatrix} 0 & 1 & 0 \\ 0 & 0 & 1 \\ 2 & 3 & 0 \end{pmatrix}=\begin{pmatrix} 0 & 0 & 1 \\ 2 & 3 & 0 \\ 0 & 2 & 3 \end{pmatrix},$$

$$A^3=A^2\cdot A=\begin{pmatrix} 0 & 0 & 1 \\ 2 & 3 & 0 \\ 0 & 2 & 3 \end{pmatrix}\begin{pmatrix} 0 & 1 & 0 \\ 0 & 0 & 1 \\ 2 & 3 & 0 \end{pmatrix}=\begin{pmatrix} 2 & 3 & 0 \\ 0 & 2 & 3 \\ 6 & 9 & 2 \end{pmatrix},$$

所以$A^3-3A=\begin{pmatrix} 2 & 0 & 0 \\ 0 & 2 & 0 \\ 0 & 0 & 2 \end{pmatrix}=2E_3$. 因此

$$\begin{aligned} A^5-A^4+A^2-4E_3&=A^2(A^3-3A)-A(A^3-3A)+3(A^3-3A)-2A^2+9A-4E_3 \\ &=2A^2-2A+6E_3-2A^2+9A-4E_3=7A+2E_3 \end{aligned}$$

$$=\begin{pmatrix}2&7&0\\0&2&7\\14&21&2\end{pmatrix}.$$

1.12 $\boldsymbol{A}^n-2\boldsymbol{A}^{n-1}=\boldsymbol{A}^{n-2}\cdot\boldsymbol{A}(\boldsymbol{A}-2\boldsymbol{E}_3)$

$$=\boldsymbol{A}^{n-2}\cdot\begin{pmatrix}1&0&1\\0&2&0\\1&0&1\end{pmatrix}\begin{pmatrix}-1&0&1\\0&0&0\\1&0&-1\end{pmatrix}=\boldsymbol{A}^{n-2}\cdot\boldsymbol{O}_3=\boldsymbol{O}_3.$$

1.13 由于$\begin{vmatrix}1&1\\1&3\end{vmatrix}\neq0$,所以$\boldsymbol{A}$可逆的充分必要条件为

$$\begin{vmatrix}a&a^2&a^3\\0&a&a^2\\0&0&a\end{vmatrix}=a^3\neq0,\text{即 }a\neq0.$$

此时$$\boldsymbol{A}^{-1}=\left[\begin{array}{cc:ccc}1&1&0&0&0\\1&3&0&0&0\\\hdashline 0&a&a&a^2&a^3\\a&1&0&a&a^2\\0&a&0&0&a\end{array}\right]^{-1}=\left(\begin{array}{c:c}\begin{pmatrix}1&1\\1&3\end{pmatrix}^{-1}&\boldsymbol{O}\\\hdashline -\begin{pmatrix}a&a^2&a^3\\0&a&a^2\\0&0&a\end{pmatrix}^{-1}\begin{pmatrix}0&a\\a&1\\0&a\end{pmatrix}\begin{pmatrix}1&1\\1&3\end{pmatrix}^{-1}&\begin{pmatrix}a&a^2&a^3\\0&a&a^2\\0&0&a\end{pmatrix}^{-1}\end{array}\right),$$

其中,$$\begin{pmatrix}1&1\\1&3\end{pmatrix}^{-1}=\begin{pmatrix}\frac{3}{2}&-\frac{1}{2}\\-\frac{1}{2}&\frac{1}{2}\end{pmatrix},$$

$$\begin{pmatrix}a&a^2&a^3\\0&a&a^2\\0&0&a\end{pmatrix}^{-1}=\begin{pmatrix}\frac{1}{a}&-1&0\\0&\frac{1}{a}&-1\\0&0&\frac{1}{a}\end{pmatrix},$$

$$-\begin{pmatrix}a&a^2&a^3\\0&a&a^2\\0&0&a\end{pmatrix}^{-1}\begin{pmatrix}0&a\\a&1\\0&a\end{pmatrix}\begin{pmatrix}1&1\\1&3\end{pmatrix}^{-1}=-\begin{pmatrix}\frac{1}{a}&-1&0\\0&\frac{1}{a}&-1\\0&0&\frac{1}{a}\end{pmatrix}\begin{pmatrix}0&a\\a&1\\0&a\end{pmatrix}\begin{pmatrix}\frac{3}{2}&-\frac{1}{2}\\-\frac{1}{2}&\frac{1}{2}\end{pmatrix}$$

$$=-\begin{pmatrix}-\frac{3}{2}a&-\frac{a}{2}\\\frac{3}{2}-\frac{1}{2a}+\frac{a}{2}&-\frac{1}{2}+\frac{1}{2a}-\frac{a}{2}\\-\frac{1}{2}&\frac{1}{2}\end{pmatrix}=\begin{pmatrix}\frac{3}{2}a&\frac{a}{2}\\-\frac{3}{2}+\frac{1}{2a}-\frac{a}{2}&\frac{1}{2}-\frac{1}{2a}+\frac{a}{2}\\\frac{1}{2}&-\frac{1}{2}\end{pmatrix}.$$

所以，$A^{-1}=\begin{pmatrix} \frac{3}{2} & -\frac{1}{2} & 0 & 0 & 0 \\ -\frac{1}{2} & \frac{1}{2} & 0 & 0 & 0 \\ \frac{3}{2}a & \frac{a}{2} & \frac{1}{a} & -1 & 0 \\ -\frac{3}{2}+\frac{1}{2a}-\frac{a}{2} & \frac{1}{2}-\frac{1}{2a}+\frac{a}{2} & 0 & \frac{1}{a} & -1 \\ \frac{1}{2} & -\frac{1}{2} & 0 & 0 & \frac{1}{a} \end{pmatrix}$.

1.14　由于$|A|=\begin{vmatrix} 1 & 2 \\ 1 & 3 \end{vmatrix}\cdot\begin{vmatrix} 0 & 2 \\ -1 & 0 \end{vmatrix}=2$，所以

$$\left[\left(\frac{1}{2}A\right)^*\right]^{-1}=\left[\left|\frac{1}{2}A\right|\left(\frac{1}{2}A\right)^{-1}\right]^{-1}=2^3\cdot\frac{1}{2}A=4A.$$

因此所给方程成为

$$2AXA^{-1}=AX+6E_4,\text{即 } X(2A^{-1}-E_4)=6A^{-1}.$$

因此得到 $X=6A^{-1}(2A^{-1}-E_4)^{-1}=6[(2A^{-1}-E_4)A]^{-1}=6(2E_4-A)^{-1}$

$$=6\begin{pmatrix} 1 & -2 & 0 & 0 \\ -1 & -1 & 0 & 0 \\ 0 & 0 & 2 & -2 \\ 0 & 0 & 1 & 2 \end{pmatrix}^{-1}=6\begin{pmatrix} \begin{pmatrix} 1 & -2 \\ -1 & -1 \end{pmatrix}^{-1} & O \\ O & \begin{pmatrix} 2 & -2 \\ 1 & 2 \end{pmatrix}^{-1} \end{pmatrix}$$

$$=6\begin{pmatrix} -\frac{1}{3}\begin{pmatrix} -1 & 2 \\ 1 & 1 \end{pmatrix} & O \\ O & \frac{1}{6}\begin{pmatrix} 2 & 2 \\ -1 & 2 \end{pmatrix} \end{pmatrix}=\begin{pmatrix} 2 & -4 & 0 & 0 \\ -2 & -2 & 0 & 0 \\ 0 & 0 & 2 & 2 \\ 0 & 0 & -1 & 2 \end{pmatrix}.$$

1.15　由 $A^2+A-3E_n=O$，即 $A^2+A-2E_n=E_n$，得$(A+2E_n)(A-E_n)=E_n$，所以，$2E_n+A$ 可逆，且

$$(2E_n+A)^{-1}=A-E_n. \tag{1}$$

由题设 $2x_{ij}=A_{ji}-\sum_{k=1}^{n}a_{ik}x_{kj}=(i,j=1,2,\cdots,n)$

得 $2X=A^*-AX$，即$(2E_n+A)X=A^*=A^{-1}$(利用$|A|=1$). 所以，

$$X=(2E_n+A)^{-1}A^{-1}=(A-E_n)A^{-1}\text{(利用式(1))}$$
$$=E_n-A^{-1}.$$

1.16　由于$|A|=4$，所以所给的矩阵方程成为

$$4A^{-1}X+2X=A^{-1},\text{即}(4A^{-1}+2E_3)X=A^{-1}.$$

从而 $X=(4A^{-1}+2E_3)^{-1}A^{-1}=(4E_3+2A)^{-1}=\frac{1}{2}(2E_3+A)^{-1}$

$$=\frac{1}{2}\begin{pmatrix} 3 & 1 & -1 \\ -1 & 3 & 1 \\ 1 & -1 & 3 \end{pmatrix}^{-1}=\frac{1}{36}\begin{pmatrix} 5 & -1 & 2 \\ 2 & 5 & -1 \\ -1 & 2 & 5 \end{pmatrix}.$$

此外，$\begin{pmatrix} O & X \\ A & O \end{pmatrix}^* = \begin{vmatrix} O & X \\ A & O \end{vmatrix} \begin{pmatrix} O & X \\ A & O \end{pmatrix}^{-1}$

$$= (-1)^{3\times 3} \begin{vmatrix} X & O \\ O & A \end{vmatrix} \begin{pmatrix} O & A^{-1} \\ X^{-1} & O \end{pmatrix} = -|X||A| \begin{pmatrix} O & A^{-1} \\ X^{-1} & O \end{pmatrix}, \tag{1}$$

其中$|X|=\frac{1}{288}$，$|A|=4$(前面已算出)，

$$X^{-1}=2\begin{pmatrix} 3 & 1 & -1 \\ -1 & 3 & 1 \\ 1 & -1 & 3 \end{pmatrix} = \begin{pmatrix} 6 & 2 & -2 \\ -2 & 6 & 2 \\ 2 & -2 & 6 \end{pmatrix},$$

$$A^{-1}=\begin{pmatrix} 1 & 1 & -1 \\ -1 & 1 & 1 \\ 1 & -1 & 1 \end{pmatrix}^{-1} = \begin{pmatrix} \frac{1}{2} & 0 & \frac{1}{2} \\ \frac{1}{2} & \frac{1}{2} & 0 \\ 0 & \frac{1}{2} & \frac{1}{2} \end{pmatrix}.$$

将它们代入式(1)，得

$$\begin{pmatrix} O & X \\ A & O \end{pmatrix}^* = -\frac{1}{288}\times 4 \left(\begin{array}{ccc:ccc} & & & \frac{1}{2} & 0 & \frac{1}{2} \\ & O & & \frac{1}{2} & \frac{1}{2} & 0 \\ & & & 0 & \frac{1}{2} & \frac{1}{2} \\ \hdashline 6 & 2 & -2 & & & \\ -2 & 6 & 2 & & O & \\ 2 & -2 & 6 & & & \end{array}\right)$$

$$= \begin{pmatrix} 0 & 0 & 0 & \frac{1}{144} & 0 & \frac{1}{144} \\ 0 & 0 & 0 & \frac{1}{144} & \frac{1}{144} & 0 \\ 0 & 0 & 0 & 0 & \frac{1}{144} & \frac{1}{144} \\ \frac{1}{12} & \frac{1}{36} & -\frac{1}{36} & 0 & 0 & 0 \\ -\frac{1}{36} & \frac{1}{12} & \frac{1}{36} & 0 & 0 & 0 \\ \frac{1}{36} & -\frac{1}{36} & \frac{1}{12} & 0 & 0 & 0 \end{pmatrix}.$$

1.17　由于A,C都可逆，所以由所给矩阵方程组，得

$$X+A^{-1}BY=A^{-1}M,$$
$$X+C^{-1}DY=C^{-1}N.$$

以上两式相减,得

$$(\boldsymbol{A}^{-1}\boldsymbol{B}-\boldsymbol{C}^{-1}\boldsymbol{D})\boldsymbol{Y}=\boldsymbol{A}^{-1}\boldsymbol{M}-\boldsymbol{C}^{-1}\boldsymbol{N}.$$

所以$\boldsymbol{Y}=(\boldsymbol{A}^{-1}\boldsymbol{B}-\boldsymbol{C}^{-1}\boldsymbol{D})^{-1}(\boldsymbol{A}^{-1}\boldsymbol{M}-\boldsymbol{C}^{-1}\boldsymbol{N})$,

其中$\boldsymbol{A}^{-1}=\begin{pmatrix}2&1\\1&2\end{pmatrix}^{-1}=\frac{1}{3}\begin{pmatrix}2&-1\\-1&2\end{pmatrix}$,$\boldsymbol{C}^{-1}=\begin{pmatrix}0&-1\\2&-3\end{pmatrix}^{-1}=\frac{1}{2}\begin{pmatrix}-3&1\\-2&0\end{pmatrix}$.

所以$\boldsymbol{Y}=\left[\frac{1}{3}\begin{pmatrix}2&-1\\-1&2\end{pmatrix}\begin{pmatrix}3&2\\1&1\end{pmatrix}-\frac{1}{2}\begin{pmatrix}-3&1\\-2&0\end{pmatrix}\begin{pmatrix}2&3\\-6&-13\end{pmatrix}\right]^{-1}\cdot$

$$\left[\frac{1}{3}\begin{pmatrix}2&-1\\-1&2\end{pmatrix}\begin{pmatrix}9&4\\4&3\end{pmatrix}-\frac{1}{2}\begin{pmatrix}-3&1\\-2&0\end{pmatrix}\begin{pmatrix}1&-2\\6&4\end{pmatrix}\right]$$

$$=\frac{1}{9}\begin{pmatrix}9&-36\\-5&23\end{pmatrix}\cdot\frac{1}{6}\begin{pmatrix}19&-20\\4&-8\end{pmatrix}=\frac{1}{18}\begin{pmatrix}9&36\\-1&-28\end{pmatrix}.$$

并且$\boldsymbol{X}=\boldsymbol{A}^{-1}(\boldsymbol{M}-\boldsymbol{B}\boldsymbol{Y})=\frac{1}{3}\begin{pmatrix}2&-1\\-1&2\end{pmatrix}\left[\begin{pmatrix}9&4\\4&3\end{pmatrix}-\begin{pmatrix}3&2\\1&1\end{pmatrix}\cdot\frac{1}{18}\begin{pmatrix}9&36\\-1&-28\end{pmatrix}\right]$

$$=\frac{1}{18}\begin{pmatrix}70&-2\\-3&24\end{pmatrix}.$$

1.18　记

$$\boldsymbol{A}=\begin{pmatrix}a_{11}&a_{12}&\cdots&a_{1j}&\cdots&a_{1n}\\\vdots&\vdots&&\vdots&&\vdots\\a_{n1}&a_{n2}&\cdots&a_{nj}&\cdots&a_{nn}\end{pmatrix},\boldsymbol{B}=\begin{pmatrix}a_{11}&a_{12}&\cdots&a'_{1j}&\cdots&a_{1n}\\\vdots&\vdots&&\vdots&&\vdots\\a_{n1}&a_{n2}&\cdots&a'_{nj}&\cdots&a_{nn}\end{pmatrix},$$

则$|\boldsymbol{A}+\boldsymbol{B}|=\begin{vmatrix}2a_{11}&2a_{12}&\cdots&a_{1j}+a'_{1j}&\cdots&2a_{1n}\\\vdots&\vdots&&\vdots&&\vdots\\2a_{n1}&2a_{n2}&\cdots&a_{nj}+a'_{nj}&\cdots&2a_{nn}\end{vmatrix}$

$$=\begin{vmatrix}2a_{11}&2a_{12}&\cdots&a_{1j}&\cdots&2a_{1n}\\\vdots&\vdots&&\vdots&&\vdots\\2a_{n1}&2a_{n2}&\cdots&a_{nj}&\cdots&2a_{nn}\end{vmatrix}+\begin{vmatrix}2a_{11}&2a_{12}&\cdots&a'_{1j}&\cdots&2a_{1n}\\\vdots&\vdots&&\vdots&&\vdots\\2a_{n1}&2a_{n2}&\cdots&a'_{nj}&\cdots&2a_{nn}\end{vmatrix}$$

$$=2^{n-1}|\boldsymbol{A}|+2^{n-1}|\boldsymbol{B}|=2^{n-1}(|\boldsymbol{A}|+|\boldsymbol{B}|).$$

1.19　由$\boldsymbol{AB}+\boldsymbol{BA}=\boldsymbol{E}_n$,得$\boldsymbol{A}^2\boldsymbol{B}+\boldsymbol{ABA}=\boldsymbol{A}$,即

$$\boldsymbol{A}^2\boldsymbol{B}=\boldsymbol{A}-\boldsymbol{ABA}=(\boldsymbol{E}_n-\boldsymbol{AB})\boldsymbol{A}=\boldsymbol{BA}^2,$$

从而　$\boldsymbol{A}^3\boldsymbol{B}=\boldsymbol{A}^2\cdot\boldsymbol{AB}=\boldsymbol{A}^2(\boldsymbol{E}_n-\boldsymbol{BA})=\boldsymbol{A}^2-(\boldsymbol{A}^2\boldsymbol{B})\boldsymbol{A}=\boldsymbol{A}^2-\boldsymbol{BA}^3$,

即　$\boldsymbol{A}^3\boldsymbol{B}+\boldsymbol{BA}^3=\boldsymbol{A}^2$.

依此类推可得

$$\boldsymbol{A}^{2k+1}\boldsymbol{B}+\boldsymbol{BA}^{2k+1}=\boldsymbol{A}^{2k}.\tag{1}$$

现用数学归纳法证明式(1)对$k=1,2,\cdots$成立.

显然$k=1$时,式(1)成立.现设$k\leqslant n$时式(1)成立,则当$k=n+1$时

$$\boldsymbol{A}^{2n+3}\boldsymbol{B}=\boldsymbol{A}^{2n+1}(\boldsymbol{A}^2\boldsymbol{B})=\boldsymbol{A}^{2n+1}(\boldsymbol{B}\boldsymbol{A}^2)=\boldsymbol{A}^{2n+1}\boldsymbol{B}\cdot\boldsymbol{A}^2$$
$$=(\boldsymbol{A}^{2n}-\boldsymbol{B}\boldsymbol{A}^{2n+1})\boldsymbol{A}^2=\boldsymbol{A}^{2n+2}-\boldsymbol{B}\boldsymbol{A}^{2n+3},$$

即 $\boldsymbol{A}^{2n+3}\boldsymbol{B}+\boldsymbol{B}\boldsymbol{A}^{2n+3}=\boldsymbol{A}^{2n+2}$，故式(1)对 $k=n+1$ 也成立. 从而由数学归纳法得证式(1)对 $k=1,2,\cdots$ 都成立.

1.20 由于方程组

$$\begin{cases}c_0+c_1a_1+c_2a_1^2+\cdots+c_{n-1}a_1^{n-1}=\lambda_1,\\c_0+c_1a_2+c_2a_2^2+\cdots+c_{n-1}a_2^{n-1}=\lambda_2,\\\quad\vdots\\c_0+c_1a_n+c_2a_n^2+\cdots+c_{n-1}a_n^{n-1}=\lambda_n\end{cases}\tag{1}$$

的系数行列式 $D=\begin{vmatrix}1&a_1&a_1^2&\cdots&a_1^{n-1}\\1&a_2&a_2^2&\cdots&a_2^{n-1}\\\vdots&\vdots&\vdots&&\vdots\\1&a_n&a_n^2&\cdots&a_n^{n-1}\end{vmatrix}=\prod\limits_{1\leqslant i<j\leqslant n}(a_j-a_i)\neq0$. 所以由克莱姆法则知式(1)有唯一解，即存在唯一的一组数 $c_0,c_1,\cdots,c_{n-1}$，或存在唯一的次数不超过 $n-1$ 次的多项式 $f(x)=c_0+c_1x+c_2x^2+\cdots+c_{n-1}x^{n-1}$，使得

$$\begin{pmatrix}f(a_1)&&&\\&f(a_2)&&\\&&\ddots&\\&&&f(a_n)\end{pmatrix}=\begin{pmatrix}\lambda_1&&&\\&\lambda_2&&\\&&\ddots&\\&&&\lambda_n\end{pmatrix},$$

即 $f(\boldsymbol{\Lambda})=\boldsymbol{\Lambda}$.

1.21 必要性：设 $\boldsymbol{A}$ 是对称矩阵，即 $\boldsymbol{A}^{\mathrm{T}}=\boldsymbol{A}$，则有 $\boldsymbol{A}\boldsymbol{A}^{\mathrm{T}}=\boldsymbol{A}^2$.

充分性：设 $\boldsymbol{A}\boldsymbol{A}^{\mathrm{T}}=\boldsymbol{A}^2$，则 $\boldsymbol{A}^{\mathrm{T}}\boldsymbol{A}=(\boldsymbol{A}^{\mathrm{T}})^2$. 记 $\boldsymbol{G}=\boldsymbol{A}-\boldsymbol{A}^{\mathrm{T}}$，则 $\boldsymbol{G}$ 是实矩阵，且由

$$\boldsymbol{G}\boldsymbol{G}^{\mathrm{T}}=(\boldsymbol{A}-\boldsymbol{A}^{\mathrm{T}})(\boldsymbol{A}-\boldsymbol{A}^{\mathrm{T}})^{\mathrm{T}}=(\boldsymbol{A}-\boldsymbol{A}^{\mathrm{T}})(\boldsymbol{A}^{\mathrm{T}}-\boldsymbol{A})$$
$$=\boldsymbol{A}\boldsymbol{A}^{\mathrm{T}}-(\boldsymbol{A}^{\mathrm{T}})^2-\boldsymbol{A}^2+\boldsymbol{A}^{\mathrm{T}}\boldsymbol{A}=\boldsymbol{A}^2-(\boldsymbol{A}^{\mathrm{T}})^2-\boldsymbol{A}^2+(\boldsymbol{A}^{\mathrm{T}})^2=\boldsymbol{O}$$

得
$$\mathrm{tr}(\boldsymbol{G}\boldsymbol{G}^{\mathrm{T}})=0.\tag{1}$$

另一方面，记 $\boldsymbol{G}=(g_{ij})$，则

$$\mathrm{tr}(\boldsymbol{G}\boldsymbol{G}^{\mathrm{T}})=\sum_{i=1}^n\sum_{j=1}^n g_{ij}^2.\tag{2}$$

由式(1)与式(2)及 $g_{ij}(i,j=1,2,\cdots,n)$ 都是实数得 $g_{ij}^2=0(i,j=1,2,\cdots,n)$. 从而 $\boldsymbol{G}=\boldsymbol{O}$，即 $\boldsymbol{A}=\boldsymbol{A}^{\mathrm{T}}$.

1.22 记 $\boldsymbol{A}=(a_{ij}),\boldsymbol{B}=(b_{ij}),\boldsymbol{C}=(c_{ij})$，则由 $\boldsymbol{A},\boldsymbol{B}$ 是对称矩阵知

$$\mathrm{tr}(\boldsymbol{A}^2+\boldsymbol{B}^2)=\mathrm{tr}(\boldsymbol{A}^2)+\mathrm{tr}(\boldsymbol{B}^2)=\mathrm{tr}(\boldsymbol{A}\boldsymbol{A}^{\mathrm{T}})+\mathrm{tr}(\boldsymbol{B}\boldsymbol{B}^{\mathrm{T}})=\sum_{i=1}^n\sum_{j=1}^n a_{ij}^2+\sum_{i=1}^n\sum_{j=1}^n b_{ij}^2$$
$$=\sum_{i=1}^n\sum_{j=1}^n(a_{ij}^2+b_{ij}^2).$$

此外由 $\boldsymbol{C}$ 是反对称矩阵知 $c_{ij}=-c_{ji}(i,j=1,2,\cdots,n)$，从而有

$$\mathrm{tr}(\boldsymbol{C}^2)=\mathrm{tr}(-\boldsymbol{C}\boldsymbol{C}^{\mathrm{T}})=\sum_{i=1}^n\sum_{j=1}^n(-c_{ij}^2).$$

于是由 $\boldsymbol{A}^2+\boldsymbol{B}^2=\boldsymbol{C}^2$，即 $\mathrm{tr}(\boldsymbol{A}^2+\boldsymbol{B}^2)=\mathrm{tr}(\boldsymbol{C}^2)$，得

$$\sum_{i=1}^{n}\sum_{j=1}^{n}(a_{ij}^{2}+b_{ij}^{2})=\sum_{i=1}^{n}\sum_{j=1}^{n}(-c_{ij}^{2}),$$

即对 $i,j=1,2,\cdots,n$ 有 $a_{ij}^{2}+b_{ij}^{2}+c_{ij}^{2}=0$,从而 $a_{ij}=b_{ij}=c_{ij}=0$(由于它们是实数). 所以 $\boldsymbol{A}=\boldsymbol{B}=\boldsymbol{C}=\boldsymbol{O}$.

1.23　由所给等式,得 $2\boldsymbol{B}=\boldsymbol{AB}-4\boldsymbol{A}$,即

$$(\boldsymbol{A}-2\boldsymbol{E}_3)\boldsymbol{B}=4\boldsymbol{A}.$$

两边取行列式,得 $|\boldsymbol{A}-2\boldsymbol{E}_3||\boldsymbol{B}|=|4\boldsymbol{A}|\neq0$,从而由 $|\boldsymbol{A}-2\boldsymbol{E}_3|\neq0$ 知 $\boldsymbol{A}-2\boldsymbol{E}_3$ 可逆.

由于 $\boldsymbol{B}^{-1}=\begin{pmatrix}1&-2&0\\1&2&0\\0&0&2\end{pmatrix}^{-1}=\begin{pmatrix}\frac{1}{4}\begin{pmatrix}2&2\\-1&1\end{pmatrix}&\boldsymbol{0}\\\boldsymbol{0}&\frac{1}{2}\end{pmatrix}=\frac{1}{4}\begin{pmatrix}2&2&0\\-1&1&0\\0&0&2\end{pmatrix}$,

$$\boldsymbol{A}^{-1}=\frac{1}{2}(\boldsymbol{B}-4\boldsymbol{E}_3)\boldsymbol{B}^{-1}=\frac{1}{2}(\boldsymbol{E}_3-4\boldsymbol{B}^{-1})=\frac{1}{2}\begin{pmatrix}-1&-2&0\\1&0&0\\0&0&-1\end{pmatrix},$$

从而 $\begin{pmatrix}\boldsymbol{O}&2\boldsymbol{A}\\\boldsymbol{B}&\boldsymbol{O}\end{pmatrix}^{-1}=\begin{pmatrix}\boldsymbol{O}&\boldsymbol{B}^{-1}\\(2\boldsymbol{A})^{-1}&\boldsymbol{O}\end{pmatrix}$

$$=\left(\begin{array}{c:c}\boldsymbol{O}&\frac{1}{4}\begin{pmatrix}2&2&0\\-1&1&0\\0&0&2\end{pmatrix}\\\hdashline\frac{1}{4}\begin{pmatrix}-1&-2&0\\1&0&0\\0&0&-1\end{pmatrix}&\boldsymbol{O}\end{array}\right)$$

$$=\frac{1}{4}\begin{pmatrix}0&0&0&2&2&0\\0&0&0&-1&1&0\\0&0&0&0&0&2\\-1&-2&0&0&0&0\\1&0&0&0&0&0\\0&0&-1&0&0&0\end{pmatrix}.$$

1.24　由于 $\begin{pmatrix}\boldsymbol{E}_n&\boldsymbol{E}_n\\\boldsymbol{O}&\boldsymbol{E}_n\end{pmatrix}\begin{pmatrix}\boldsymbol{A}&\boldsymbol{B}\\\boldsymbol{B}&\boldsymbol{A}\end{pmatrix}\begin{pmatrix}\boldsymbol{E}_n&-\boldsymbol{E}_n\\\boldsymbol{O}&\boldsymbol{E}_n\end{pmatrix}=\begin{pmatrix}\boldsymbol{A}+\boldsymbol{B}&\boldsymbol{A}+\boldsymbol{B}\\\boldsymbol{B}&\boldsymbol{A}\end{pmatrix}\begin{pmatrix}\boldsymbol{E}_n&-\boldsymbol{E}_n\\\boldsymbol{O}&\boldsymbol{E}_n\end{pmatrix}$

$$=\begin{pmatrix}\boldsymbol{A}+\boldsymbol{B}&\boldsymbol{O}\\\boldsymbol{B}&\boldsymbol{A}-\boldsymbol{B}\end{pmatrix},\qquad(1)$$

取行列式,得

$$\begin{vmatrix}\boldsymbol{A}&\boldsymbol{B}\\\boldsymbol{B}&\boldsymbol{A}\end{vmatrix}=|\boldsymbol{A}+\boldsymbol{B}||\boldsymbol{A}-\boldsymbol{B}|\neq0,$$

所以 $\begin{pmatrix}\boldsymbol{A}&\boldsymbol{B}\\\boldsymbol{B}&\boldsymbol{A}\end{pmatrix}$ 可逆.

由式(1),得

$$\begin{pmatrix}\boldsymbol{A}&\boldsymbol{B}\\\boldsymbol{B}&\boldsymbol{A}\end{pmatrix}=\begin{pmatrix}\boldsymbol{E}_n&\boldsymbol{E}_n\\\boldsymbol{O}&\boldsymbol{E}_n\end{pmatrix}^{-1}\begin{pmatrix}\boldsymbol{A}+\boldsymbol{B}&\boldsymbol{O}\\\boldsymbol{B}&\boldsymbol{A}-\boldsymbol{B}\end{pmatrix}\begin{pmatrix}\boldsymbol{E}_n&-\boldsymbol{E}_n\\\boldsymbol{O}&\boldsymbol{E}_n\end{pmatrix}^{-1}$$

所以，$\begin{pmatrix} A & B \\ B & A \end{pmatrix}^{-1}=\begin{pmatrix} E_n & -E_n \\ O & E_n \end{pmatrix}\begin{pmatrix} A+B & O \\ B & A-B \end{pmatrix}^{-1}\begin{pmatrix} E_n & E_n \\ O & E_n \end{pmatrix}$

$$=\begin{pmatrix} E_n & -E_n \\ O & E_n \end{pmatrix}\begin{pmatrix} (A+B)^{-1} & O \\ -(A-B)^{-1}B(A+B)^{-1} & (A-B)^{-1} \end{pmatrix}\begin{pmatrix} E_n & E_n \\ O & E_n \end{pmatrix}$$

$$=\begin{pmatrix} (A+B)^{-1}+(A-B)^{-1}B(A+B)^{-1} & -(A-B)^{-1} \\ -(A-B)^{-1}B(A+B)^{-1} & (A-B)^{-1} \end{pmatrix}\begin{pmatrix} E_n & E_n \\ O & E_n \end{pmatrix}$$

$$=\begin{pmatrix} (A+B)^{-1}+(A-B)^{-1}B(A+B)^{-1} & (A+B)^{-1}+(A-B)^{-1}B(A+B)^{-1}-(A-B)^{-1} \\ -(A-B)^{-1}B(A+B)^{-1} & (A-B)^{-1}-(A-B)^{-1}B(A+B)^{-1} \end{pmatrix}.$$

1.25 令$\begin{pmatrix} A & \alpha \\ \alpha^{\mathrm{T}} & b \end{pmatrix}$左乘一个适当矩阵，使得位于$\alpha^{\mathrm{T}}$处的小块变成$\mathbf{0}$($n\times 1$零矩阵)，而位于$A$与$\alpha$处的小块仍为$A$与$\alpha$，于是此矩阵应为$\begin{pmatrix} E_n & O \\ -\alpha^{\mathrm{T}}A^* & |A| \end{pmatrix}$. 由于

$$\begin{pmatrix} E_n & O \\ -\alpha^{\mathrm{T}}A^* & |A| \end{pmatrix}\begin{pmatrix} A & \alpha \\ \alpha^{\mathrm{T}} & b \end{pmatrix}=\begin{pmatrix} A & \alpha \\ -\alpha^{\mathrm{T}}A^*A+|A|\alpha^{\mathrm{T}} & -\alpha^{\mathrm{T}}A^*\alpha+b|A| \end{pmatrix}$$

$$=\begin{pmatrix} A & \alpha \\ \mathbf{0} & -\alpha^{\mathrm{T}}A^*\alpha+b|A| \end{pmatrix},$$

上式两边取行列式，得

$$|A|\begin{vmatrix} A & \alpha \\ \alpha^{\mathrm{T}} & b \end{vmatrix}=|A|(-\alpha^{\mathrm{T}}A^*\alpha+b|A|)=|A|^2(b-\alpha^{\mathrm{T}}A^{-1}\alpha).$$

由于$|A|\neq 0$，所以$\begin{pmatrix} A & \alpha \\ \alpha^{\mathrm{T}} & b \end{pmatrix}$可逆的充分必要条件为$\alpha^{\mathrm{T}}A^{-1}\alpha\neq b$.

记$\alpha=(a_1,a_2,\cdots,a_n)^{\mathrm{T}}$，$A^*=(A_{ji})$，其中$A_{ji}$是$|A|$的元素$a_{ij}$的代数余子式($i,j=1,2,\cdots,n$)，则

$$\alpha^{\mathrm{T}}A^{-1}\alpha=\alpha^{\mathrm{T}}\frac{1}{|A|}A^*\alpha$$

$$=\frac{1}{|A|}(a_1,a_2,\cdots,a_n)\begin{pmatrix} A_{11} & A_{21} & \cdots & A_{n1} \\ A_{12} & A_{22} & \cdots & A_{n2} \\ \vdots & \vdots & & \vdots \\ A_{1n} & A_{2n} & \cdots & A_{nn} \end{pmatrix}\begin{pmatrix} a_1 \\ a_2 \\ \vdots \\ a_n \end{pmatrix}$$

$$=\frac{1}{|A|}\left(\sum_{j=1}^{n}a_jA_{1j},\sum_{j=1}^{n}a_jA_{2j},\cdots,\sum_{j=1}^{n}a_jA_{nj}\right)\begin{pmatrix} a_1 \\ a_2 \\ \vdots \\ a_n \end{pmatrix}$$

$$=\sum_{i=1}^{n}\sum_{j=1}^{n}\frac{A_{ij}}{|A|}a_ia_j.$$

1.26 对$\begin{pmatrix} A & A \\ C-B & C \end{pmatrix}\begin{pmatrix} E_n & -E_n \\ O & E_n \end{pmatrix}=\begin{pmatrix} A & O \\ C-B & B \end{pmatrix}$ (1)

的两边取行列式，得

$$\begin{vmatrix} \boldsymbol{A} & \boldsymbol{A} \\ \boldsymbol{C}-\boldsymbol{B} & \boldsymbol{C} \end{vmatrix} = \begin{vmatrix} \boldsymbol{A} & \boldsymbol{O} \\ \boldsymbol{C}-\boldsymbol{B} & \boldsymbol{B} \end{vmatrix} = |\boldsymbol{A}|\,|\boldsymbol{B}|.$$

于是$\begin{pmatrix} \boldsymbol{A} & \boldsymbol{A} \\ \boldsymbol{C}-\boldsymbol{B} & \boldsymbol{C} \end{pmatrix}$可逆的充分必要条件为$\boldsymbol{A},\boldsymbol{B}$都可逆.

当$\boldsymbol{M}$可逆,即$\boldsymbol{A},\boldsymbol{B}$都可逆时,由式(1),得

$$\begin{pmatrix} \boldsymbol{E}_n & -\boldsymbol{E}_n \\ \boldsymbol{O} & \boldsymbol{E}_n \end{pmatrix}^{-1} \begin{pmatrix} \boldsymbol{A} & \boldsymbol{A} \\ \boldsymbol{C}-\boldsymbol{B} & \boldsymbol{C} \end{pmatrix}^{-1} = \begin{pmatrix} \boldsymbol{A} & \boldsymbol{O} \\ \boldsymbol{C}-\boldsymbol{B} & \boldsymbol{B} \end{pmatrix}^{-1} = \begin{pmatrix} \boldsymbol{A}^{-1} & \boldsymbol{O} \\ -\boldsymbol{B}^{-1}(\boldsymbol{C}-\boldsymbol{B})\boldsymbol{A}^{-1} & \boldsymbol{B}^{-1} \end{pmatrix},$$

所以,

$$\begin{aligned} \begin{pmatrix} \boldsymbol{A} & \boldsymbol{A} \\ \boldsymbol{C}-\boldsymbol{B} & \boldsymbol{C} \end{pmatrix}^{-1} &= \begin{pmatrix} \boldsymbol{E}_n & -\boldsymbol{E}_n \\ \boldsymbol{O} & \boldsymbol{E}_n \end{pmatrix} \begin{pmatrix} \boldsymbol{A}^{-1} & \boldsymbol{O} \\ -\boldsymbol{B}^{-1}(\boldsymbol{C}-\boldsymbol{B})\boldsymbol{A}^{-1} & \boldsymbol{B}^{-1} \end{pmatrix} \\ &= \begin{pmatrix} \boldsymbol{A}^{-1}+\boldsymbol{B}^{-1}(\boldsymbol{C}-\boldsymbol{B})\boldsymbol{A}^{-1} & -\boldsymbol{B}^{-1} \\ -\boldsymbol{B}^{-1}(\boldsymbol{C}-\boldsymbol{B})\boldsymbol{A}^{-1} & \boldsymbol{B}^{-1} \end{pmatrix}. \end{aligned}$$

第二章 矩阵(Ⅱ)与向量

一、核心内容提要

1. 矩阵的初等变换

矩阵 $\boldsymbol{A}$ 的下列三种变换，称为 $\boldsymbol{A}$ 的初等行(列)变换：

(1) 互换 $\boldsymbol{A}$ 的两行(列)；

(2) 用一个非零常数 c 乘 $\boldsymbol{A}$ 的某行(列)；

(3) $\boldsymbol{A}$ 的某行(列)乘以常数 λ 加到另一行(列).

$\boldsymbol{A}$ 的初等行变换与列变换，统称为 $\boldsymbol{A}$ 的初等变换.

2. 初等矩阵

单位矩阵 $\boldsymbol{E}_n$ 经一次初等变换所得到的矩阵，称为初等矩阵. 初等矩阵共有三类：

互换 $\boldsymbol{E}_n$ 的第 i 行(列)与等 j 行(列)所得的矩阵，记为 $\boldsymbol{E}_n(i,j)$；

$\boldsymbol{E}_n$ 的第 i 行(列)乘以非零常数所得的矩阵，记为 $\boldsymbol{E}_n(i(c))$；

$\boldsymbol{E}_n$ 的第 j 行乘以常数 k 加到第 i 行(第 i 列乘以常数 k 加到第 j 列)，记为 $\boldsymbol{E}_n(i,j(k))$ $(\boldsymbol{E}_n(i(k),j))$，显然 $\boldsymbol{E}_n(i,j(k))=\boldsymbol{E}_n(i(k),j)$.

初等矩阵的性质：

初等矩阵都是可逆矩阵，且

$|\boldsymbol{E}_n(i,j)|=-1,[\boldsymbol{E}_n(i,j)]^{\mathrm{T}}=\boldsymbol{E}_n(i,j),[\boldsymbol{E}_n(i,j)]^{-1}=\boldsymbol{E}_n(i,j)$；

$|\boldsymbol{E}_n(i(c))|=c,[\boldsymbol{E}_n(i(c))]^{\mathrm{T}}=\boldsymbol{E}_n(i(c)),[\boldsymbol{E}_n(i(c))]^{-1}=\boldsymbol{E}_n\left(i\left(\frac{1}{c}\right)\right)$；

$|\boldsymbol{E}_n(i,j(k))|=1,[\boldsymbol{E}_n(i,j(k))]^{\mathrm{T}}=\boldsymbol{E}_n(j,i(k)),[\boldsymbol{E}_n(i,j(k))]^{-1}=\boldsymbol{E}_n(i,j(-k))$.

3. 初等变换与初等矩阵的关系

设 $\boldsymbol{A}$ 是 $m\times n$ 矩阵，记对 $\boldsymbol{A}$ 施行一次初等行变换所得矩阵为 $\boldsymbol{B}$，则 $\boldsymbol{B}$ 等于 $\boldsymbol{A}$ 左乘一个相应的 m 阶初等矩阵 $\boldsymbol{P}$，即 $\boldsymbol{PA}=\boldsymbol{B}$；记 $\boldsymbol{A}$ 施行一次初等列变换所得的矩阵为 $\boldsymbol{C}$，则 $\boldsymbol{C}$ 等于 $\boldsymbol{A}$ 右乘一个相应的 n 阶初等矩阵 $\boldsymbol{Q}$，即 $\boldsymbol{AQ}=\boldsymbol{C}$.

4. 矩阵等价

设矩阵 $\boldsymbol{A}$ 经过一系列初等变换后得到的矩阵为 $\boldsymbol{B}$，则称 $\boldsymbol{A}$ 与 $\boldsymbol{B}$ 等价，记为 $\boldsymbol{A}\longleftrightarrow\boldsymbol{B}$.

设 $\boldsymbol{A},\boldsymbol{B}$ 都是 $m\times n$ 矩阵，则它们等价的充分必要条件是：存在 m 阶可逆矩阵 $\boldsymbol{P}$ 与 n 阶可逆矩阵 $\boldsymbol{Q}$，使得 $\boldsymbol{PAQ}=\boldsymbol{B}$.

5. 矩阵的秩

矩阵$\boldsymbol{A}$的非零子行列式的最高阶数称为$\boldsymbol{A}$的秩,记为$r(\boldsymbol{A})$. 它的常用性质如下:

(1) 设$\boldsymbol{A},\boldsymbol{B}$都是$m\times n$矩阵,则$r(\boldsymbol{A}+\boldsymbol{B})\leqslant r(\boldsymbol{A})+r(\boldsymbol{B})$.

(2) 设$\boldsymbol{A},\boldsymbol{B}$分别是$l\times m$与$m\times n$矩阵,则

$$r(\boldsymbol{A})+r(\boldsymbol{B})-m\leqslant r(\boldsymbol{AB})\leqslant \min\{r(\boldsymbol{A}),r(\boldsymbol{B})\}.$$

(3) 设$\boldsymbol{M}=\begin{pmatrix}\boldsymbol{A} & \boldsymbol{O}\\ \boldsymbol{O} & \boldsymbol{B}\end{pmatrix}$,则$r(\boldsymbol{M})=r(\boldsymbol{A})+r(\boldsymbol{B})$.

设$\boldsymbol{N}=(\boldsymbol{A}\ \vdots\ \boldsymbol{B})$,则$r(\boldsymbol{N})\leqslant r(\boldsymbol{A})+r(\boldsymbol{B})$.

(4) 设$\boldsymbol{A}$是$m\times n$矩阵,则$r(\boldsymbol{A})=r$的充分必要条件是:存在m阶可逆矩阵$\boldsymbol{P}$,使得$\boldsymbol{PA}$为具有r个非零行的阶梯形矩阵.

特别,当$r=m$时,存在m阶可逆矩阵$\boldsymbol{P}_1$,便得$\boldsymbol{P}_1\boldsymbol{A}=(\boldsymbol{E}_m\ \vdots\ \boldsymbol{O}_{n-m})$.

(5)设$\boldsymbol{A}$是$m\times n$矩阵,则$r(\boldsymbol{A})=r$的充分必要条件是:存在m阶可逆矩阵$\boldsymbol{P}$与n阶可逆矩阵$\boldsymbol{Q}$,使得$\boldsymbol{PAQ}=\begin{pmatrix}\boldsymbol{E}_r & \boldsymbol{O}\\ \boldsymbol{O} & \boldsymbol{O}\end{pmatrix}$. 由此可知,同为$m\times n$矩阵的$\boldsymbol{A}$与$\boldsymbol{B}$等价的充分必要条件是$r(\boldsymbol{A})=r(\boldsymbol{B})$.

6. 向量组线性相关性

设向量组$\boldsymbol{\alpha}_1,\boldsymbol{\alpha}_2,\cdots,\boldsymbol{\alpha}_s,\boldsymbol{\beta}$,如果存在一组数$\lambda_1,\lambda_2,\cdots,\lambda_s$,使得

$$\boldsymbol{\beta}=\lambda_1\boldsymbol{\alpha}_1+\lambda_2\boldsymbol{\alpha}_2+\cdots+\lambda_s\boldsymbol{\alpha}_s,$$

则称$\boldsymbol{\beta}$可由$\boldsymbol{\alpha}_1,\boldsymbol{\alpha}_2,\cdots,\boldsymbol{\alpha}_s$线性表示.

设向量组$\boldsymbol{\alpha}_1,\boldsymbol{\alpha}_2,\cdots,\boldsymbol{\alpha}_s$,如果存在一组不全为零的数$\lambda_1,\lambda_2,\cdots,\lambda_s$,使得

$$\lambda_1\boldsymbol{\alpha}_1+\lambda_2\boldsymbol{\alpha}_2+\cdots+\lambda_s\boldsymbol{\alpha}_s=\boldsymbol{0}\text{(零向量)},$$

则称$\boldsymbol{\alpha}_1,\boldsymbol{\alpha}_2,\cdots,\boldsymbol{\alpha}_s$线性相关;仅当$\lambda_1=\lambda_2=\cdots=\lambda_s=0$时,上式成立,则称$\boldsymbol{\alpha}_1,\boldsymbol{\alpha}_2,\cdots,\boldsymbol{\alpha}_s$线性无关. 向量组的线性相关与线性无关统称为向量组的线性相关性.

常用的结论有

(1) 设向量组$\boldsymbol{\alpha}_1,\boldsymbol{\alpha}_2,\cdots,\boldsymbol{\alpha}_s$线性无关,向量组$\boldsymbol{\alpha}_1,\boldsymbol{\alpha}_2,\cdots,\boldsymbol{\alpha}_s,\boldsymbol{\beta}$线性相关,则$\boldsymbol{\beta}$可由$\boldsymbol{\alpha}_1,\boldsymbol{\alpha}_2,\cdots,\boldsymbol{\alpha}_s$线性表示,且表示式是唯一的.

(2) 设向量组$\boldsymbol{\alpha}_1,\boldsymbol{\alpha}_2,\cdots,\boldsymbol{\alpha}_r$可由向量组$\boldsymbol{\beta}_1,\boldsymbol{\beta}_2,\cdots,\boldsymbol{\beta}_s$线性表示,且$r>s$,则向量组$\boldsymbol{\alpha}_1,\boldsymbol{\alpha}_2,\cdots,\boldsymbol{\alpha}_r$线性相关.

设向量$\boldsymbol{\alpha}_1,\boldsymbol{\alpha}_2,\cdots,\boldsymbol{\alpha}_r$可由向量组$\boldsymbol{\beta}_1,\boldsymbol{\beta}_2,\cdots,\boldsymbol{\beta}_s$线性表示,且$\boldsymbol{\alpha}_1,\boldsymbol{\alpha}_2,\cdots,\boldsymbol{\alpha}_r$线性无关,则$r\leqslant s$.

(3) 初等行(列)变换不改变矩阵列(行)向量组之间的线性相关性及线性关系.

7. 向量组的极大线性无关组与秩

设$\boldsymbol{\alpha}_{i_1},\boldsymbol{\alpha}_{i_2},\cdots,\boldsymbol{\alpha}_{i_r}$是向量组$\boldsymbol{\alpha}_1,\boldsymbol{\alpha}_2,\cdots,\boldsymbol{\alpha}_s$的一个线性无关部分组,且$\boldsymbol{\alpha}_1,\boldsymbol{\alpha}_2,\cdots,\boldsymbol{\alpha}_s$中的任一向量都可由这个部分组线性表示,则称$\boldsymbol{\alpha}_{i_1},\boldsymbol{\alpha}_{i_2},\cdots,\boldsymbol{\alpha}_{i_r}$是$\boldsymbol{\alpha}_1,\boldsymbol{\alpha}_2,\cdots,\boldsymbol{\alpha}_s$的一个极大线性无关组.

向量组的极大线性无关组未必是唯一的,但每个极大线性无关组中所包含的向量个数是

唯一确定的.

称向量组 $\boldsymbol{\alpha}_1,\boldsymbol{\alpha}_2,\cdots,\boldsymbol{\alpha}_s$ 的任一极大线性无关组所包含的向量个数为该向量组的秩,记为 $r(\boldsymbol{\alpha}_1,\boldsymbol{\alpha}_2,\cdots,\boldsymbol{\alpha}_s)$,以下结论是常用的.

(1) 向量组 $\boldsymbol{\alpha}_1,\boldsymbol{\alpha}_2,\cdots,\boldsymbol{\alpha}_s$ 线性无关的充分必要条件是 $r(\boldsymbol{\alpha}_1,\boldsymbol{\alpha}_2,\cdots,\boldsymbol{\alpha}_s)=s$.

(2) 向量 $\boldsymbol{\beta}$ 可用向量组 $\boldsymbol{\alpha}_1,\boldsymbol{\alpha}_2,\cdots,\boldsymbol{\alpha}_s$ 线性表示的充分必要条件是 $r(\boldsymbol{\alpha}_1,\boldsymbol{\alpha}_2,\cdots,\boldsymbol{\alpha}_s)=r(\boldsymbol{\alpha}_1,\boldsymbol{\alpha}_2,\cdots,\boldsymbol{\alpha}_s,\boldsymbol{\beta})$.

(3) 向量组 $\boldsymbol{\beta}_1,\boldsymbol{\beta}_2,\cdots,\boldsymbol{\beta}_r$ 可由向量组 $\boldsymbol{\alpha}_1,\boldsymbol{\alpha}_2,\cdots,\boldsymbol{\alpha}_s$ 线性表示的充分必要条件是 $r(\boldsymbol{\alpha}_1,\boldsymbol{\alpha}_2,\cdots,\boldsymbol{\alpha}_s)=r(\boldsymbol{\alpha}_1,\boldsymbol{\alpha}_2,\cdots,\boldsymbol{\alpha}_s,\boldsymbol{\beta}_1,\boldsymbol{\beta}_2,\cdots,\boldsymbol{\beta}_r)$.

(4) 设 $\boldsymbol{A}$ 是 $m\times n$ 矩阵,$\boldsymbol{\alpha}_1,\boldsymbol{\alpha}_2,\cdots,\boldsymbol{\alpha}_m$ 是它的行向量组,$\boldsymbol{\beta}_1,\boldsymbol{\beta}_2,\cdots,\boldsymbol{\beta}_n$ 是它的列向量组,则 $r(\boldsymbol{A})=r(\boldsymbol{\alpha}_1,\boldsymbol{\alpha}_2,\cdots,\boldsymbol{\alpha}_m)=r(\boldsymbol{\beta}_1,\boldsymbol{\beta}_2,\cdots,\boldsymbol{\beta}_n)$.

8. 向量组等价

设向量组 $\boldsymbol{\alpha}_1,\boldsymbol{\alpha}_2,\cdots,\boldsymbol{\alpha}_s$ 可由向量组 $\boldsymbol{\beta}_1,\boldsymbol{\beta}_2,\cdots,\boldsymbol{\beta}_r$ 线性表示,并且向量组 $\boldsymbol{\beta}_1,\boldsymbol{\beta}_2,\cdots,\boldsymbol{\beta}_r$ 可由 $\boldsymbol{\alpha}_1,\boldsymbol{\alpha}_2,\cdots,\boldsymbol{\alpha}_s$ 线性表示,则称这两个向量组等价.

两个等价向量组的秩相等,但反之未必成立,即秩相等的两个向量组未必等价.

两个向量组等价的充分必要条件是它们的极大线性无关组等价.

9. 单位正交向量组与正交矩阵

设向量组 $\boldsymbol{\alpha}_1,\boldsymbol{\alpha}_2,\cdots,\boldsymbol{\alpha}_s$. 如果它的任意两个向量 $\boldsymbol{\alpha}_i,\boldsymbol{\alpha}_j$ 都正交(即 $(\boldsymbol{\alpha}_i,\boldsymbol{\alpha}_j)=0,i,j=1,2,\cdots,s,i\neq j$),且长度都为 1(即 $\|\boldsymbol{\alpha}_i\|=(\boldsymbol{\alpha}_i,\boldsymbol{\alpha}_i)=1,i=1,2,\cdots,s$),则称 $\boldsymbol{\alpha}_1,\boldsymbol{\alpha}_2,\cdots,\boldsymbol{\alpha}_s$ 是单位正交向量组.

设 $\boldsymbol{\alpha}_1,\boldsymbol{\alpha}_2,\cdots,\boldsymbol{\alpha}_s$ 是线性无关向量组,则可按以下施密特方法将它单位正交化:

正交化:
$$\boldsymbol{\beta}_1=\boldsymbol{\alpha}_1$$
$$\boldsymbol{\beta}_2=\boldsymbol{\alpha}_2-\frac{(\boldsymbol{\alpha}_2,\boldsymbol{\beta}_1)}{(\boldsymbol{\beta}_1,\boldsymbol{\beta}_1)}\boldsymbol{\beta}_1$$
$$\vdots$$
$$\boldsymbol{\beta}_s=\boldsymbol{\alpha}_s-\frac{(\boldsymbol{\alpha}_s,\boldsymbol{\beta}_1)}{(\boldsymbol{\beta}_1,\boldsymbol{\beta}_1)}\boldsymbol{\beta}_1-\frac{(\boldsymbol{\alpha}_s,\boldsymbol{\beta}_2)}{(\boldsymbol{\beta}_2,\boldsymbol{\beta}_2)}\boldsymbol{\beta}_2-\cdots-\frac{(\boldsymbol{\alpha}_s,\boldsymbol{\beta}_{s-1})}{(\boldsymbol{\beta}_{s-1},\boldsymbol{\beta}_{s-1})}\boldsymbol{\beta}_{s-1};$$

单位化:
$$\boldsymbol{\gamma}_i=\frac{\boldsymbol{\beta}_i}{\|\boldsymbol{\beta}_i\|}(i=1,2,\cdots,s).$$

$\boldsymbol{\gamma}_1,\boldsymbol{\gamma}_2,\cdots,\boldsymbol{\gamma}_s$ 即为 $\boldsymbol{\alpha}_1,\boldsymbol{\alpha}_2,\cdots,\boldsymbol{\alpha}_s$ 的一个单位正交向量组.

设 $\boldsymbol{A}$ 是 n 阶实矩阵,如果满足 $\boldsymbol{A}^{\mathrm{T}}\boldsymbol{A}=\boldsymbol{E}_n$,则称 $\boldsymbol{A}$ 是 n 阶正交矩阵.

设 $\boldsymbol{A},\boldsymbol{B}$ 都是 n 阶正交矩阵,则有以下主要性质:

(1) $\boldsymbol{A}$ 可逆,且 $|\boldsymbol{A}|=-1$ 或 $1,\boldsymbol{A}^{-1}=\boldsymbol{A}^{\mathrm{T}}$,从而有 $\boldsymbol{A}\boldsymbol{A}^{\mathrm{T}}=\boldsymbol{E}_n$.

(2) $\boldsymbol{A}$ 的行向量组与列向量组都是单位正交向量组.

(3) $\boldsymbol{A}^{\mathrm{T}},\boldsymbol{A}^{-1},\boldsymbol{A}^*$ 以及 $\boldsymbol{AB}$ 都是正交矩阵.

10. n 维向量空间的过渡矩阵与坐标变换

设 $\boldsymbol{\varepsilon}_1,\boldsymbol{\varepsilon}_2,\cdots,\boldsymbol{\varepsilon}_n$ 与 $\boldsymbol{\eta}_1,\boldsymbol{\eta}_2,\cdots,\boldsymbol{\eta}_n$ 都是 n 维向量空间 V 的两组基. 如果它们之间的关系为

$$(\boldsymbol{\eta}_1,\boldsymbol{\eta}_2,\cdots,\boldsymbol{\eta}_n)=(\boldsymbol{\varepsilon}_1,\boldsymbol{\varepsilon}_2,\cdots,\boldsymbol{\varepsilon}_n)\boldsymbol{A},$$

则称 n 阶矩阵 $\boldsymbol{A}$ 为由基 $\boldsymbol{\varepsilon}_1,\boldsymbol{\varepsilon}_2,\cdots,\boldsymbol{\varepsilon}$ 到基 $\boldsymbol{\eta}_1,\boldsymbol{\eta}_2,\cdots,\boldsymbol{\eta}_n$ 的过渡矩阵.

设 V 中的向量 $\boldsymbol{x}$ 在基 $\boldsymbol{\varepsilon}_1,\boldsymbol{\varepsilon}_2,\cdots,\boldsymbol{\varepsilon}_n$ 下的坐标为 $x_1,x_2,\cdots,x_n$，即

$$\boldsymbol{x}=x_1\boldsymbol{\varepsilon}_1+x_2\boldsymbol{\varepsilon}_2+\cdots+x_n\varepsilon_n,$$

又设 $\boldsymbol{x}$ 在基 $\boldsymbol{\eta}_1,\boldsymbol{\eta}_2,\cdots,\boldsymbol{\eta}_n$ 下的坐标为 $y_1,y_2,\cdots,y_n$，即

$$\boldsymbol{x}=y_1\boldsymbol{\eta}_1+y_2\boldsymbol{\eta}_2+\cdots+y_n\boldsymbol{\eta}_n,$$

则两组坐标之间有以下关系：

$$\begin{pmatrix}x_1\\x_2\\\vdots\\x_n\end{pmatrix}=\boldsymbol{A}\begin{pmatrix}y_1\\y_2\\\vdots\\y_n\end{pmatrix}.$$

二、典型例题精解

A　组

例 2.1　设矩阵 $\boldsymbol{A}=\begin{pmatrix}1&0&2&-4\\2&1&3&-6\\-1&-1&-1&2\end{pmatrix}$，求 3 阶可逆矩阵 $\boldsymbol{P}$ 与 4 阶可逆矩阵 $\boldsymbol{Q}$，使得 $\boldsymbol{PAQ}=\begin{pmatrix}1&0&0&0\\0&1&0&0\\0&0&0&0\end{pmatrix}$.

分析　可用初等变换计算 $\boldsymbol{P}$ 与 $\boldsymbol{Q}$.

精解　由于 $\boldsymbol{A}=\begin{pmatrix}1&0&2&-4\\2&1&3&-6\\-1&-1&-1&2\end{pmatrix}\xrightarrow[\boldsymbol{P}_1]{\text{第 1 行}\times(-2)\text{加到第 2 行}}\begin{pmatrix}1&0&2&-4\\0&1&-1&2\\-1&-1&-1&2\end{pmatrix}$

$$\xrightarrow[\boldsymbol{P}_2]{\text{第 1 行加到第 3 行}}\begin{pmatrix}1&0&2&-4\\0&1&-1&2\\0&-1&1&-2\end{pmatrix}\xrightarrow[\boldsymbol{P}_3]{\text{第 2 行加到第 3 行}}\begin{pmatrix}1&0&2&-4\\0&1&-1&2\\0&0&0&0\end{pmatrix}$$

$$\xrightarrow[\boldsymbol{Q}_1]{\text{第 3 列}\times 2\text{ 加到第 4 列}}\begin{pmatrix}1&0&2&0\\0&1&-1&0\\0&0&0&0\end{pmatrix}\xrightarrow[\boldsymbol{Q}_2]{\text{第 1 列}\times(-2)\text{加到第 3 列}}\begin{pmatrix}1&0&0&0\\0&1&-1&0\\0&0&0&0\end{pmatrix}$$

$$\xrightarrow[\boldsymbol{Q}_3]{\text{第 2 列加到第 3 列}}\begin{pmatrix}1&0&0&0\\0&1&0&0\\0&0&0&0\end{pmatrix},$$

其中，以上每个初等变换都对应一个初等矩阵，它们分别是

$$\boldsymbol{P}_1=\begin{pmatrix}1&0&0\\-2&1&0\\0&0&1\end{pmatrix},\boldsymbol{P}_2=\begin{pmatrix}1&0&0\\0&1&0\\1&0&1\end{pmatrix},\boldsymbol{P}_3=\begin{pmatrix}1&0&0\\0&1&0\\0&1&1\end{pmatrix},$$

$$\boldsymbol{Q}_1=\begin{pmatrix}1&0&0&0\\0&1&0&0\\0&0&1&2\\0&0&0&1\end{pmatrix},\boldsymbol{Q}_2=\begin{pmatrix}1&0&-2&0\\0&1&0&0\\0&0&1&0\\0&0&0&1\end{pmatrix},\boldsymbol{Q}_3=\begin{pmatrix}1&0&0&0\\0&1&1&0\\0&0&1&0\\0&0&0&1\end{pmatrix}.$$

所以,所求的 $\boldsymbol{P}=\boldsymbol{P}_3\boldsymbol{P}_2\boldsymbol{P}_1=\begin{pmatrix}1&0&0\\-2&1&0\\-1&1&1\end{pmatrix},\boldsymbol{Q}=\boldsymbol{Q}_1\boldsymbol{Q}_2\boldsymbol{Q}_3=\begin{pmatrix}1&0&-2&0\\0&1&1&0\\0&0&1&2\\0&0&0&1\end{pmatrix}$.

附注　应熟练掌握每类初等行(列)变换对应的初等矩阵,并且记住对矩阵 $\boldsymbol{A}$ 施行一次初等行(列)变换,等于 $\boldsymbol{A}$ 左(右)乘一个对应的初等矩阵.

例 2.2　设 $\boldsymbol{A}$ 是 n 阶矩阵,$|\boldsymbol{A}|=1$,它的第 i 行乘以非零常数 c 得矩阵 $\boldsymbol{B}$,又设 $\boldsymbol{A}$ 的第 i 列乘以常数 λ 后加到第 j 列得矩阵 $\boldsymbol{C}$,求 $\boldsymbol{A}\boldsymbol{B}^{-1}\boldsymbol{C}^*\boldsymbol{A}$.

分析　利用初等矩阵写出初等变换前后的矩阵的关系式,由此算出 $\boldsymbol{A}\boldsymbol{B}^{-1}\boldsymbol{C}^*\boldsymbol{A}$.

精解　由于 $\boldsymbol{E}(i(c))\boldsymbol{A}=\boldsymbol{B},\boldsymbol{A}\boldsymbol{E}(i(\lambda),j)=\boldsymbol{C}$,所以

$$\begin{aligned}\boldsymbol{A}\boldsymbol{B}^{-1}\boldsymbol{C}^*\boldsymbol{A}&=\boldsymbol{A}[\boldsymbol{E}(i(c))\boldsymbol{A}]^{-1}[\boldsymbol{A}\boldsymbol{E}(i(\lambda),j)]^*\boldsymbol{A}\\&=\boldsymbol{A}\boldsymbol{A}^{-1}[\boldsymbol{E}(i(c))]^{-1}\cdot|\boldsymbol{A}||\boldsymbol{E}(i(\lambda),j)|[\boldsymbol{A}\boldsymbol{E}(i(\lambda),j)]^{-1}\boldsymbol{A}\\&=\boldsymbol{E}\left(i\left(\frac{1}{c}\right)\right)[\boldsymbol{E}(i(\lambda),j)]^{-1}\boldsymbol{A}^{-1}\boldsymbol{A}\\&=\boldsymbol{E}\left(i\left(\frac{1}{c}\right)\right)\boldsymbol{E}(i(-\lambda),j)\\&=\begin{pmatrix}1&&&&&&\\&\ddots&&&&&\\&&\frac{1}{c}&\cdots&\frac{\lambda}{c}&&\\&&&\ddots&\vdots&&\\&&&&1&&\\&&&&&\ddots&\\&&&&&&1\end{pmatrix}\begin{matrix}\\\\\text{第 }i\text{ 行}\\\text{第 }j\text{ 列}\\\\\\\\\end{matrix}\end{aligned}$$

　　　　　　　　第 i 列　　第 j 列

附注　应记住各类初等矩阵的性质,如题中使用的:

$[\boldsymbol{E}_n(i(c))]^{-1}=\boldsymbol{E}_n\left(i\left(\frac{1}{c}\right)\right),[\boldsymbol{E}_n(i(\lambda),j)]^{-1}=\boldsymbol{E}_n(i(-\lambda),j),|\boldsymbol{E}_n(i(\lambda),j)|=1$,等.

例 2.3　设矩阵 $\boldsymbol{A}_1=\begin{pmatrix}1&0&0&0\\-2&3&0&0\\0&-4&5&0\\0&0&-6&7\end{pmatrix},\boldsymbol{P}=\begin{pmatrix}0&0&0&1\\0&1&0&0\\0&0&1&0\\1&0&0&0\end{pmatrix}$ 以及 $\boldsymbol{Q}=\begin{pmatrix}1&0&0&0\\0&1&0&0\\0&1&1&0\\0&0&0&1\end{pmatrix}$,

记 $\boldsymbol{A}_2=\boldsymbol{P}^3\boldsymbol{A}_1\boldsymbol{Q}$,求矩阵 $\boldsymbol{B}=(\boldsymbol{E}_4+\boldsymbol{A}_1)^{-1}(\boldsymbol{E}_4-\boldsymbol{A}_2)$.

分析　由于 $\boldsymbol{P},\boldsymbol{Q}$ 都是初等矩阵,所以先利用初等变换计算出 $\boldsymbol{A}_2$,然后计算 $\boldsymbol{B}$.

精解　由于 $\boldsymbol{P}^3\boldsymbol{A}_1 \xlongequal{\text{互换}\boldsymbol{A}_1\text{的第1、4行3次}} \begin{pmatrix} 0 & 0 & -6 & 7 \\ -2 & 3 & 0 & 0 \\ 0 & -4 & 5 & 0 \\ 1 & 0 & 0 & 0 \end{pmatrix} \xlongequal{\text{记}} \boldsymbol{B}_1$，

所以
$$\boldsymbol{A}_2 = \boldsymbol{P}^3\boldsymbol{A}_1\boldsymbol{Q} = \boldsymbol{B}_1\boldsymbol{Q} \xlongequal{\text{将}\boldsymbol{B}_1\text{的第3列加到第2列}} \begin{pmatrix} 0 & -6 & -6 & 7 \\ -2 & 3 & 0 & 0 \\ 0 & 1 & 5 & 0 \\ 1 & 0 & 0 & 0 \end{pmatrix}.$$

因此 $\boldsymbol{B} = (\boldsymbol{E}_4 + \boldsymbol{A}_1)^{-1}(\boldsymbol{E}_4 - \boldsymbol{A}_2)$

$$= \left(\begin{array}{cc:cc} 2 & 0 & 0 & 0 \\ -2 & 4 & 0 & 0 \\ \hdashline 0 & -4 & 6 & 0 \\ 0 & 0 & -6 & 8 \end{array}\right)^{-1} \left(\begin{array}{cc:cc} 1 & 6 & 6 & -7 \\ 2 & -2 & 0 & 0 \\ \hdashline 0 & -1 & -4 & 0 \\ -1 & 0 & 0 & 1 \end{array}\right)$$

$$= \left(\begin{array}{c:c} \begin{pmatrix} 2 & 0 \\ -2 & 4 \end{pmatrix}^{-1} & \boldsymbol{O} \\ \hdashline -\begin{pmatrix} 6 & 0 \\ -6 & 8 \end{pmatrix}^{-1}\begin{pmatrix} 0 & -4 \\ 0 & 0 \end{pmatrix}\begin{pmatrix} 2 & 0 \\ -2 & 4 \end{pmatrix}^{-1} & \begin{pmatrix} 6 & 0 \\ -6 & 8 \end{pmatrix}^{-1} \end{array}\right) \left(\begin{array}{cc:cc} 1 & 6 & 6 & -7 \\ 2 & -2 & 0 & 0 \\ \hdashline 0 & -1 & -4 & 0 \\ -1 & 0 & 0 & 1 \end{array}\right)$$

$$= \left(\begin{array}{c:c} \frac{1}{4}\begin{pmatrix} 2 & 0 \\ 1 & 1 \end{pmatrix} & \boldsymbol{O} \\ \hdashline \frac{1}{24}\begin{pmatrix} 4 & 4 \\ 3 & 3 \end{pmatrix} & \frac{1}{24}\begin{pmatrix} 4 & 0 \\ 3 & 3 \end{pmatrix} \end{array}\right) \left(\begin{array}{cc:cc} 1 & 6 & 6 & -7 \\ 2 & -2 & 0 & 0 \\ \hdashline 0 & -1 & -4 & 0 \\ -1 & 0 & 0 & 1 \end{array}\right)$$

$$= \left(\begin{array}{c:c} \frac{1}{4}\begin{pmatrix} 2 & 0 \\ 1 & 1 \end{pmatrix}\begin{pmatrix} 1 & 6 \\ 2 & -2 \end{pmatrix} & \frac{1}{4}\begin{pmatrix} 2 & 0 \\ 1 & 1 \end{pmatrix}\begin{pmatrix} 6 & -7 \\ 0 & 0 \end{pmatrix} \\ \hdashline \frac{1}{24}\begin{pmatrix} 4 & 4 \\ 3 & 3 \end{pmatrix}\begin{pmatrix} 1 & 6 \\ 2 & -2 \end{pmatrix} + \frac{1}{24}\begin{pmatrix} 4 & 0 \\ 3 & 3 \end{pmatrix}\begin{pmatrix} 0 & -1 \\ -1 & 0 \end{pmatrix} & \frac{1}{24}\begin{pmatrix} 4 & 4 \\ 3 & 3 \end{pmatrix}\begin{pmatrix} 6 & -7 \\ 0 & 0 \end{pmatrix} + \frac{1}{24}\begin{pmatrix} 4 & 0 \\ 3 & 3 \end{pmatrix}\begin{pmatrix} -4 & 0 \\ 0 & 1 \end{pmatrix} \end{array}\right)$$

$$= \left(\begin{array}{c:c} \frac{1}{4}\begin{pmatrix} 2 & 12 \\ 3 & 4 \end{pmatrix} & \frac{1}{4}\begin{pmatrix} 12 & -14 \\ 6 & -7 \end{pmatrix} \\ \hdashline \frac{1}{8}\begin{pmatrix} 4 & 4 \\ 2 & 3 \end{pmatrix} & \frac{1}{12}\begin{pmatrix} 4 & -14 \\ 3 & -9 \end{pmatrix} \end{array}\right) = \begin{pmatrix} \frac{1}{2} & 3 & 3 & -\frac{7}{2} \\ \frac{3}{4} & 1 & \frac{3}{2} & -\frac{7}{4} \\ \frac{1}{2} & \frac{1}{2} & \frac{1}{3} & -\frac{7}{6} \\ \frac{1}{4} & \frac{3}{8} & \frac{1}{4} & -\frac{3}{4} \end{pmatrix}.$$

附注　要熟练掌握分块矩阵的运算，例如乘法和求逆等. 如本题那样，利用分块矩阵运算可加快运算速度.

例 2.4　设矩阵 $\boldsymbol{A} = \begin{pmatrix} 1 & 2 & 0 & 0 \\ 0 & 6 & 2 & 4 \\ 1 & 11 & 3 & 6 \\ 1 & -19 & -7 & -14 \end{pmatrix}$，求 $r(\boldsymbol{A})$.

分析　用初等行变换方法计算 $r(\boldsymbol{A})$.

精解　由于

$$A=\begin{pmatrix}1&2&0&0\\0&6&2&4\\1&11&3&6\\1&-19&-7&-14\end{pmatrix}\xrightarrow[\text{(以下同)}]{\text{初等变换}}\begin{pmatrix}1&2&0&0\\0&6&2&4\\0&9&3&6\\0&-21&-7&-14\end{pmatrix}$$

$$\longrightarrow\begin{pmatrix}1&2&0&0\\0&3&1&2\\0&9&3&6\\0&-21&-7&-14\end{pmatrix}\longrightarrow\begin{pmatrix}1&2&0&0\\0&3&1&2\\0&0&0&0\\0&0&0&0\end{pmatrix},$$

并且右端阶梯形矩阵的非零行个数为 2,所以 $r(A)=2$.

附注　计算非抽象型矩阵 A 的秩,通常有两种方法:

(1) 按定义计算,即计算 A 的非零子行列式的最高阶数,如果它为 r,则 $r(A)=r$.

(2) 初等变换法,即对 A 施行一系列初等变换,将 A 变换成阶梯形矩阵,如果它的非零行个数为 r,则 $r(A)=r$.

例 2.5　已知矩阵 $A=\begin{pmatrix}1&0&-1\\2&\lambda&1\\1&2&1\end{pmatrix}$,$B$ 是秩为 2 的三阶矩阵,且 $r(AB)=1$,求 λ 及矩阵 $C=\begin{pmatrix}A^*&O\\O&B\end{pmatrix}$的秩.

分析　从对 A 施行初等变换入手.

精解　由于

$$A=\begin{pmatrix}1&0&-1\\2&\lambda&1\\1&2&1\end{pmatrix}\xrightarrow[\text{(以下同)}]{\text{初等变换}}\begin{pmatrix}1&-1&0\\2&1&\lambda\\1&1&2\end{pmatrix}\longrightarrow\begin{pmatrix}1&-1&0\\0&3&\lambda\\0&2&2\end{pmatrix}\longrightarrow\begin{pmatrix}1&-1&0\\0&3&\lambda\\0&0&2-\frac{2}{3}\lambda\end{pmatrix}.$$

由此可知,当 $\lambda\neq3$ 时,A 可逆,从而得到 $1=r(AB)=r(B)=2$,这一矛盾表明 $\lambda=3$. 此时,由 $r(A)=2=3-1$,得 $r(A^*)=1$. 从而

$$r(C)=r(A^*)+r(B)=1+2=3.$$

附注　应记住以下公式:

(1) 设 A 是 n 阶矩阵,则 $r(A^*)=\begin{cases}0, r(A)<n-1,\\1, r(A)=n-1,\\n, r(A)=n.\end{cases}$

(2) 设分块矩阵 $M=\begin{pmatrix}A&O\\O&B\end{pmatrix}$则 $r(M)=r(A)+r(B)$.

例 2.6　设矩阵 $A=\begin{pmatrix}2&-1&3\\a&1&b\\4&c&6\end{pmatrix}$,且存在秩大于 1 的 3 阶矩阵 B,使得 $AB=O$,求常数 a,b,c 及 A^n(n 是正整数).

分析　先确定 $r(A)$,并由此计算 a,b,c 以及 A^n.

精解　由 $\boldsymbol{AB}=\boldsymbol{O}$,得 $r(\boldsymbol{A})+r(\boldsymbol{B})-3\leqslant r(\boldsymbol{AB})=0$,即 $r(\boldsymbol{A})+r(\boldsymbol{B})\leqslant 3$. 由于 $r(\boldsymbol{B})>1$,所以 $r(\boldsymbol{A})\leqslant 1$. 另外由 $\boldsymbol{A}$ 的表达式知 $r(\boldsymbol{A})\geqslant 1$. 从而 $r(\boldsymbol{A})=1$.

对 $\boldsymbol{A}$ 施行初等变换:

$$\boldsymbol{A}=\begin{pmatrix}2&-1&3\\a&1&b\\4&c&6\end{pmatrix}\longrightarrow\begin{pmatrix}2&-1&3\\0&1+\frac{a}{2}&b-\frac{3}{2}a\\0&c+2&0\end{pmatrix}.$$

于是,由 $r(\boldsymbol{A})=1$,得 $\begin{cases}1+\frac{a}{2}=0,\\ b-\frac{3}{2}a=0,\\ c+2=0,\end{cases}$ 即 $a=-2,b=-3,c=-2$. 此时

$$\boldsymbol{A}=\begin{pmatrix}2&-1&3\\-2&1&-3\\4&-2&6\end{pmatrix}=\begin{pmatrix}1\\-1\\2\end{pmatrix}(2,-1,3)\xlongequal{\text{记}}\boldsymbol{\alpha\beta}^{\mathrm{T}},$$

其中,$\boldsymbol{\alpha}=\begin{pmatrix}1\\-1\\2\end{pmatrix}$,$\boldsymbol{\beta}^{\mathrm{T}}=(2,-1,3)$,所以 $\boldsymbol{\beta}^{\mathrm{T}}\boldsymbol{\alpha}=(2,-1,3)\begin{pmatrix}1\\-1\\2\end{pmatrix}=9$. 因此

$$\boldsymbol{A}^n=\underbrace{(\boldsymbol{\alpha\beta}^{\mathrm{T}})(\boldsymbol{\alpha\beta}^{\mathrm{T}})\cdots(\boldsymbol{\alpha\beta}^{\mathrm{T}})}_{n\text{个}}=\boldsymbol{\alpha}\underbrace{(\boldsymbol{\beta}^{\mathrm{T}}\boldsymbol{\alpha})(\boldsymbol{\beta}^{\mathrm{T}}\boldsymbol{\alpha})\cdots(\boldsymbol{\beta}^{\mathrm{T}}\boldsymbol{\alpha})}_{(n-1)\text{个}}\boldsymbol{\beta}^{\mathrm{T}}=9^{n-1}\cdot\boldsymbol{\alpha\beta}^{\mathrm{T}}=9^{n-1}\boldsymbol{A}.$$

附注　本题题解有两点值得注意:

(1) 设 $\boldsymbol{A},\boldsymbol{B}$ 分别是 $t\times m$ 与 $m\times n$ 矩阵,则当 $\boldsymbol{AB}=\boldsymbol{O}$ 时,有 $r(\boldsymbol{A})+r(\boldsymbol{B})\leqslant m$.

(2) $\begin{pmatrix}ax&ay&az\\bx&by&bz\\cx&cy&cz\end{pmatrix}=\begin{pmatrix}a\\b\\c\end{pmatrix}(x,y,z)$.

例 2.7　已知向量组 $\boldsymbol{\beta}_1=(0,1,-1)^{\mathrm{T}}$,$\boldsymbol{\beta}_2=(a,2,1)^{\mathrm{T}}$,$\boldsymbol{\beta}_3=(b,1,0)^{\mathrm{T}}$ 与向量组 $\boldsymbol{\alpha}_1=(1,2,-3)^{\mathrm{T}}$,$\boldsymbol{\alpha}_2=(3,0,1)^{\mathrm{T}}$,$\boldsymbol{\alpha}_3(9,6,-7)^{\mathrm{T}}$ 具有相同的秩,且 $\boldsymbol{\beta}_3$ 可由 $\boldsymbol{\alpha}_1,\boldsymbol{\alpha}_2,\boldsymbol{\alpha}_3$ 线性表示,求 a,b,c 及 $\boldsymbol{\beta}_3$ 关于 $\boldsymbol{\alpha}_1,\boldsymbol{\alpha}_2,\boldsymbol{\alpha}_3$ 的线性表示式.

分析　先由 $r(\boldsymbol{\beta}_1,\boldsymbol{\beta}_2,\boldsymbol{\beta}_3)=2$ 与 $r(\boldsymbol{\alpha}_1,\boldsymbol{\alpha}_2,\boldsymbol{\alpha}_3,\boldsymbol{\beta}_3)=2$ 确定 a,b,c 的值,然后利用对矩阵 $(\boldsymbol{\alpha}_1,\boldsymbol{\alpha}_2,\boldsymbol{\alpha}_3\,\vdots\,\boldsymbol{\beta}_3)$ 施行初等行变换确定 $\boldsymbol{\beta}_3$ 关于 $\boldsymbol{\alpha}_1,\boldsymbol{\alpha}_2,\boldsymbol{\alpha}_3$ 的线性表示式.

精解　记 $\boldsymbol{A}=(\boldsymbol{\alpha}_1,\boldsymbol{\alpha}_2,\boldsymbol{\alpha}_3)$,则

$$\boldsymbol{A}=\begin{pmatrix}1&3&9\\2&0&6\\-3&1&-7\end{pmatrix}\xrightarrow[\text{(以下同)}]{\text{初等行变换}}\begin{pmatrix}1&3&9\\0&-6&-12\\0&10&20\end{pmatrix}\longrightarrow\begin{pmatrix}1&3&9\\0&1&2\\0&1&2\end{pmatrix}\longrightarrow\begin{pmatrix}1&3&9\\0&1&2\\0&0&0\end{pmatrix},$$

所以,$r(\boldsymbol{\beta}_1,\boldsymbol{\beta}_2,\boldsymbol{\beta}_3)=r(\boldsymbol{\alpha}_1,\boldsymbol{\alpha}_2,\boldsymbol{\alpha}_3)=r(\boldsymbol{A})=2$. 从而

$$|(\boldsymbol{\beta}_1,\boldsymbol{\beta}_2,\boldsymbol{\beta}_3)|=\begin{vmatrix}0&a&b\\1&2&1\\-1&1&0\end{vmatrix}=0,\text{即 } a=3b.$$

由于 $\boldsymbol{\beta}_3$ 可由 $\boldsymbol{\alpha}_1,\boldsymbol{\alpha}_2,\boldsymbol{\alpha}_3$ 线性表示,所以 $r(\boldsymbol{\alpha}_1,\boldsymbol{\alpha}_2,\boldsymbol{\alpha}_3\,\vdots\,\boldsymbol{\beta}_3)=r(\boldsymbol{\alpha}_1,\boldsymbol{\alpha}_2,\boldsymbol{\alpha}_3)=2$. 于是由

$$(\boldsymbol{\alpha}_1,\boldsymbol{\alpha}_2,\boldsymbol{\alpha}_3 \mid \boldsymbol{\beta}_3)=\left(\begin{array}{ccc:c}1&3&9&b\\2&0&6&1\\-3&1&-7&0\end{array}\right)\xrightarrow[\text{(以下同)}]{\text{初等行变换}}\left(\begin{array}{ccc:c}1&3&9&b\\0&-6&-12&1-2b\\0&10&20&3b\end{array}\right)\longrightarrow$$

$$\left(\begin{array}{ccc:c}1&3&9&b\\0&1&2&\frac{2b-1}{6}\\0&1&2&\frac{3b}{10}\end{array}\right)\longrightarrow\left(\begin{array}{ccc:c}1&3&9&b\\0&1&2&\frac{2b-1}{6}\\0&0&0&\frac{-b+5}{30}\end{array}\right)$$

知$\frac{-b+5}{30}=0$,即 $b=5$,因此 $a=15$.

当 $b=5$ 时,

$$(\boldsymbol{\alpha}_1,\boldsymbol{\alpha}_2,\boldsymbol{\alpha}_3 \mid \boldsymbol{\beta}_3)=\left(\begin{array}{ccc:c}1&3&9&5\\2&0&6&1\\-3&1&-7&0\end{array}\right)\xrightarrow[\text{(以下同)}]{\text{初等行变换}}\left(\begin{array}{ccc:c}1&3&9&5\\0&1&2&\frac{3}{2}\\0&0&0&0\end{array}\right)\longrightarrow\left(\begin{array}{ccc:c}1&0&3&\frac{1}{2}\\0&1&2&\frac{3}{2}\\0&0&0&0\end{array}\right)\stackrel{\text{记}}{=\!=}\boldsymbol{B}.$$

记 $\boldsymbol{B}$ 的列向量为 $\boldsymbol{\eta}_1,\boldsymbol{\eta}_2,\boldsymbol{\eta}_3,\boldsymbol{\eta}_4$,则有 $\boldsymbol{\eta}_4=\frac{1}{2}\boldsymbol{\eta}_1+\frac{3}{2}\boldsymbol{\eta}_2+0\boldsymbol{\eta}_3$. 由于矩阵的行变换不改变列向量组之间的线性关系,所以有

$$\boldsymbol{\beta}_3=\frac{1}{2}\boldsymbol{\alpha}_1+\frac{3}{2}\boldsymbol{\alpha}_2+0\boldsymbol{\alpha}_3.$$

附注　寻找 $\boldsymbol{\beta}_3$ 关于 $\boldsymbol{\alpha}_1,\boldsymbol{\alpha}_2,\boldsymbol{\alpha}_3$ 的线性表示式,有多种方法可以采用,但像题解中那样对列向量组施行初等行变换是比较快捷的.

例 2.8　已知向量组(Ⅰ):$\boldsymbol{\alpha}_1=(1,0,2)^{\mathrm{T}},\boldsymbol{\alpha}_2=(1,1,3)^{\mathrm{T}},\boldsymbol{\alpha}_3=(1,-1,a+2)^{\mathrm{T}}$;(Ⅱ):$\boldsymbol{\beta}_1=(1,2,a+3)^{\mathrm{T}},\boldsymbol{\beta}_2=(2,1,a+6)^{\mathrm{T}},\boldsymbol{\beta}_3=(2,1,a+4)^{\mathrm{T}}$. 问 a 为何值时,(Ⅰ)与(Ⅱ)等价,并写出(Ⅰ)与(Ⅱ)之间的线性表示式.

分析　对矩阵$(\boldsymbol{\alpha}_1,\boldsymbol{\alpha}_2,\boldsymbol{\alpha}_3 \mid \boldsymbol{\beta}_1,\boldsymbol{\beta}_2,\boldsymbol{\beta}_3)$和$(\boldsymbol{\beta}_1,\boldsymbol{\beta}_2,\boldsymbol{\beta}_3 \mid \boldsymbol{\alpha}_1,\boldsymbol{\alpha}_2,\boldsymbol{\alpha}_3)$分别施行初等行变换即可求出 a 的值及(Ⅰ)与(Ⅱ)之间的线性表示式.

精解　由于

$$(\boldsymbol{\alpha}_1,\boldsymbol{\alpha}_2,\boldsymbol{\alpha}_3 \mid \boldsymbol{\beta}_1,\boldsymbol{\beta}_2,\boldsymbol{\beta}_3)=\left(\begin{array}{ccc:ccc}1&1&1&1&2&2\\0&1&-1&2&1&1\\2&3&a+2&a+3&a+6&a+4\end{array}\right)$$

$$\xrightarrow[\text{(以下同)}]{\text{初等行变换}}\left(\begin{array}{ccc:ccc}1&1&1&1&2&2\\0&1&-1&2&1&1\\0&1&a&a+1&a+2&a\end{array}\right)\longrightarrow\left(\begin{array}{ccc:ccc}1&1&1&1&2&2\\0&1&-1&2&1&1\\0&0&a+1&a-1&a+1&a-1\end{array}\right),$$

所以仅当 $a\neq-1$ 时,(Ⅱ)可由(Ⅰ)线性表示,此时

$$(\boldsymbol{\alpha}_1,\boldsymbol{\alpha}_2,\boldsymbol{\alpha}_3 \mid \boldsymbol{\beta}_1,\boldsymbol{\beta}_2,\boldsymbol{\beta}_3)=\left(\begin{array}{ccc:ccc}1&1&1&1&2&2\\0&1&-1&2&1&1\\0&0&1&\frac{a-1}{a+1}&1&\frac{a-1}{a+1}\end{array}\right)$$

$$\longrightarrow\left(\begin{array}{ccc:ccc}1&0&2&-1&1&1\\0&1&-1&2&1&1\\0&0&1&\frac{a-1}{a+1}&1&\frac{a-1}{a+1}\end{array}\right)\longrightarrow\left(\begin{array}{ccc:ccc}1&0&0&\frac{-3a+1}{a+1}&-1&\frac{-a+3}{a+1}\\0&1&0&\frac{3a+1}{a+1}&2&\frac{2a}{a+1}\\0&0&1&\frac{a-1}{a+1}&1&\frac{a-1}{a+1}\end{array}\right).$$

故

$$\begin{cases}\boldsymbol{\beta}_1=\frac{-3a+1}{a+1}\boldsymbol{\alpha}_1+\frac{3a+1}{a+1}\boldsymbol{\alpha}_2+\frac{a-1}{a+1}\boldsymbol{\alpha}_3,\\\boldsymbol{\beta}_2=-\boldsymbol{\alpha}_1+2\boldsymbol{\alpha}_2+\boldsymbol{\alpha}_3,\\\boldsymbol{\beta}_3=\frac{-a+3}{a+1}\boldsymbol{\alpha}_1+\frac{2a}{a+1}\boldsymbol{\alpha}_2+\frac{a-1}{a+1}\boldsymbol{\alpha}_3.\end{cases}\tag{1}$$

此外，由

$$(\boldsymbol{\beta}_1,\boldsymbol{\beta}_2,\boldsymbol{\beta}_3\,\vdots\,\boldsymbol{\alpha}_1,\boldsymbol{\alpha}_2,\boldsymbol{\alpha}_3)=\left(\begin{array}{ccc:ccc}1&2&2&1&1&1\\2&1&1&0&1&-1\\a+3&a+6&a+4&2&3&a+2\end{array}\right)$$

$$\xrightarrow[\text{(以下同)}]{\text{初等行变换}}\left(\begin{array}{ccc:ccc}1&2&2&1&1&1\\0&-3&-3&-2&-1&-3\\0&-a&-a-2&-a-1&-a&-1\end{array}\right)\longrightarrow\left(\begin{array}{ccc:ccc}1&2&2&1&1&1\\0&1&1&\frac{2}{3}&\frac{1}{3}&1\\0&a&a+2&a+1&a&1\end{array}\right)$$

$$\longrightarrow\left(\begin{array}{ccc:ccc}1&0&0&-\frac{1}{3}&\frac{1}{3}&-1\\0&1&1&\frac{2}{3}&\frac{1}{3}&1\\0&0&2&1+\frac{1}{3}a&\frac{2}{3}a&1-a\end{array}\right)\longrightarrow\left(\begin{array}{ccc:ccc}1&0&0&-\frac{1}{3}&\frac{1}{3}&-1\\0&1&1&\frac{2}{3}&\frac{1}{3}&1\\0&0&1&\frac{1}{2}+\frac{1}{6}a&\frac{1}{3}a&\frac{1}{2}-\frac{1}{2}a\end{array}\right)$$

$$\longrightarrow\left(\begin{array}{ccc:ccc}1&0&0&-\frac{1}{3}&\frac{1}{3}&-1\\0&1&0&\frac{1}{6}-\frac{1}{6}a&\frac{1}{3}-\frac{1}{3}a&\frac{1}{2}+\frac{1}{2}a\\0&0&1&\frac{1}{2}+\frac{1}{6}a&\frac{1}{3}a&\frac{1}{2}-\frac{1}{2}a\end{array}\right)$$

知(Ⅰ)可由(Ⅱ)线性表示，且

$$\begin{cases}\boldsymbol{\alpha}_1=-\frac{1}{3}\boldsymbol{\beta}_1+\left(\frac{1}{6}-\frac{1}{6}a\right)\boldsymbol{\beta}_2+\left(\frac{1}{2}+\frac{1}{6}a\right)\boldsymbol{\beta}_3,\\\boldsymbol{\alpha}_2=\frac{1}{3}\boldsymbol{\beta}_1+\left(\frac{1}{3}-\frac{1}{3}a\right)\boldsymbol{\beta}_2+\frac{1}{3}a\boldsymbol{\beta}_3,\\\boldsymbol{\alpha}_3=-\boldsymbol{\beta}_1+\left(\frac{1}{2}+\frac{1}{2}a\right)\boldsymbol{\beta}_2+\left(\frac{1}{2}-\frac{1}{2}a\right)\boldsymbol{\beta}_3.\end{cases}\tag{2}$$

综上所述，仅当 $a\neq-1$ 时，(Ⅰ)与(Ⅱ)等价，且此时(Ⅰ)与(Ⅱ)之间的线性表示式如式(1)与式(2)所示.

附注　这里给出本题的另一种解法：

由$|(\boldsymbol{\beta}_1,\boldsymbol{\beta}_2,\boldsymbol{\beta}_3)|=\begin{vmatrix}1&2&2\\2&1&1\\a+3&a+6&a+4\end{vmatrix}=6\neq0$知，三维向量组$\boldsymbol{\beta}_1,\boldsymbol{\beta}_2,\boldsymbol{\beta}_3$线性无关. 因此，当$a$使$|(\boldsymbol{\alpha}_1,\boldsymbol{\alpha}_2,\boldsymbol{\alpha}_3)|=\begin{vmatrix}1&1&1\\0&1&-1\\2&3&a+2\end{vmatrix}=a+1\neq0$，即$a\neq-1$时，(Ⅰ)与(Ⅱ)等价.

记$\boldsymbol{e}_1=(1,0,0)^{\mathrm{T}},\boldsymbol{e}_2=(0,1,0)^{\mathrm{T}},\boldsymbol{e}_3=(0,0,1)^{\mathrm{T}}$，则

$$(\boldsymbol{\alpha}_1,\boldsymbol{\alpha}_2,\boldsymbol{\alpha}_3)=(\boldsymbol{e}_1,\boldsymbol{e}_2,\boldsymbol{e}_3)\begin{pmatrix}1&1&1\\0&1&-1\\2&3&a+2\end{pmatrix},\text{即}(\boldsymbol{e}_1,\boldsymbol{e}_2,\boldsymbol{e}_3)=(\boldsymbol{\alpha}_1,\boldsymbol{\alpha}_2,\boldsymbol{\alpha}_3)\begin{pmatrix}1&1&1\\0&1&-1\\2&3&a+2\end{pmatrix}^{-1},$$

$$(\boldsymbol{\beta}_1,\boldsymbol{\beta}_2,\boldsymbol{\beta}_3)=(\boldsymbol{e}_1,\boldsymbol{e}_2,\boldsymbol{e}_3)\begin{pmatrix}1&2&2\\2&1&1\\a+3&a+6&a+4\end{pmatrix},\text{即}$$

$$(\boldsymbol{e}_1,\boldsymbol{e}_2,\boldsymbol{e}_3)=(\boldsymbol{\beta}_1,\boldsymbol{\beta}_2,\boldsymbol{\beta}_3)\begin{pmatrix}1&2&2\\2&1&1\\a+3&a+6&a+4\end{pmatrix}^{-1},$$

所以，$(\boldsymbol{\beta}_1,\boldsymbol{\beta}_2,\boldsymbol{\beta}_3)\begin{pmatrix}1&2&2\\2&1&1\\a+3&a+6&a+4\end{pmatrix}^{-1}=(\boldsymbol{\alpha}_1,\boldsymbol{\alpha}_2,\boldsymbol{\alpha}_3)\begin{pmatrix}1&1&1\\0&1&-1\\2&3&a+2\end{pmatrix}^{-1}$. 由此得到(Ⅱ)由(Ⅰ)的线性表示式为

$$\begin{aligned}(\boldsymbol{\beta}_1,\boldsymbol{\beta}_2,\boldsymbol{\beta}_3)&=(\boldsymbol{\alpha}_1,\boldsymbol{\alpha}_2,\boldsymbol{\alpha}_3)\begin{pmatrix}1&1&1\\0&1&-1\\2&3&a+2\end{pmatrix}^{-1}\begin{pmatrix}1&2&2\\2&1&1\\a+3&a+6&a+4\end{pmatrix}\\&=(\boldsymbol{\alpha}_1,\boldsymbol{\alpha}_2,\boldsymbol{\alpha}_3)\begin{pmatrix}\frac{a+5}{a+1}&\frac{-a+1}{a+1}&-\frac{2}{a+1}\\-\frac{2}{a+1}&\frac{a}{a+1}&\frac{1}{a+1}\\-\frac{2}{a+1}&-\frac{1}{a+1}&\frac{1}{a+1}\end{pmatrix}\begin{pmatrix}1&2&2\\2&1&1\\a+3&a+6&a+4\end{pmatrix}\\&=(\boldsymbol{\alpha}_1,\boldsymbol{\alpha}_2,\boldsymbol{\alpha}_3)\begin{pmatrix}\frac{-3a+1}{a+1}&-1&\frac{-a+3}{a+1}\\\frac{3a+1}{a+1}&2&\frac{2a}{a+1}\\\frac{a-1}{a+1}&1&\frac{a-1}{a+1}\end{pmatrix}.\end{aligned}$$

同样(Ⅰ)由(Ⅱ)的线性表示式为

$$(\boldsymbol{\alpha}_1,\boldsymbol{\alpha}_2,\boldsymbol{\alpha}_3)=(\boldsymbol{\beta}_1,\boldsymbol{\beta}_2,\boldsymbol{\beta}_3)\begin{pmatrix}1&2&2\\2&1&1\\a+3&a+6&a+4\end{pmatrix}^{-1}\begin{pmatrix}1&1&1\\0&1&-1\\2&3&a+2\end{pmatrix}$$

$$=(\boldsymbol{\beta}_1,\boldsymbol{\beta}_2,\boldsymbol{\beta}_3)\begin{pmatrix}-\frac{1}{3} & \frac{2}{3} & 0\\ -\frac{1}{6}a-\frac{5}{6} & -\frac{1}{3}-\frac{1}{6}a & \frac{1}{2}\\ \frac{1}{6}a+\frac{3}{2} & \frac{1}{6}a & -\frac{1}{2}\end{pmatrix}\begin{pmatrix}1 & 1 & 1\\ 0 & 1 & -1\\ 2 & 3 & a+2\end{pmatrix}$$

$$=(\boldsymbol{\beta}_1,\boldsymbol{\beta}_2,\boldsymbol{\beta}_3)\begin{pmatrix}-\frac{1}{3} & \frac{1}{3} & -1\\ -\frac{1}{6}a+\frac{1}{6} & -\frac{1}{3}a+\frac{1}{3} & \frac{1}{2}a+\frac{1}{2}\\ \frac{1}{6}a+\frac{1}{2} & \frac{1}{3}a & -\frac{1}{2}a+\frac{1}{2}\end{pmatrix}.$$

例 2.9　设向量组 $\boldsymbol{\alpha}_1=(1,3,4)^{\mathrm{T}},\boldsymbol{\alpha}_2=(2,5,5)^{\mathrm{T}},\boldsymbol{\beta}_1=(2,3,-1)^{\mathrm{T}},\boldsymbol{\beta}_2=(-3,-4,3)^{\mathrm{T}}$，求所有既可由 $\boldsymbol{\alpha}_1,\boldsymbol{\alpha}_2$ 线性表示，又可由 $\boldsymbol{\beta}_1,\boldsymbol{\beta}_2$ 线性表示的 3 维非零向量.

分析　设 $\boldsymbol{\xi}=(x,y,z)^{\mathrm{T}}$，算出方程组 $\begin{cases}r(\boldsymbol{\alpha}_1,\boldsymbol{\alpha}_2,\boldsymbol{\xi})=r(\boldsymbol{\alpha}_1,\boldsymbol{\alpha}_2),\\ r(\boldsymbol{\beta}_1,\boldsymbol{\beta}_2,\boldsymbol{\xi})=r(\boldsymbol{\beta}_1,\boldsymbol{\beta}_2)\end{cases}$ 的所有解即可.

精解　显然 $r(\boldsymbol{\alpha}_1,\boldsymbol{\alpha}_2)=2,r(\boldsymbol{\beta}_1,\boldsymbol{\beta}_2)=2$.

设 $\boldsymbol{\xi}=(x,y,z)^{\mathrm{T}}$，则由 $\boldsymbol{\xi}$ 既可由 $\boldsymbol{\alpha}_1,\boldsymbol{\alpha}_2$ 线性表示，也可由 $\boldsymbol{\beta}_1,\boldsymbol{\beta}_2$ 线性表示，得

$$\begin{cases}r(\boldsymbol{\alpha}_1,\boldsymbol{\alpha}_2,\boldsymbol{\xi})=r(\boldsymbol{\alpha}_1,\boldsymbol{\alpha}_2),\\ r(\boldsymbol{\beta}_1,\boldsymbol{\beta}_2,\boldsymbol{\xi})=r(\boldsymbol{\beta}_1,\boldsymbol{\beta}_2),\end{cases}\quad \text{即}\begin{cases}r(\boldsymbol{\alpha}_1,\boldsymbol{\alpha}_2,\boldsymbol{\xi})=2,\\ r(\boldsymbol{\beta}_1,\boldsymbol{\beta}_2,\boldsymbol{\xi})=2.\end{cases}$$

于是有 $$\begin{cases}\begin{vmatrix}1 & 2 & x\\ 3 & 5 & y\\ 4 & 5 & z\end{vmatrix}=0,\\ \begin{vmatrix}2 & -3 & x\\ 3 & -4 & y\\ -1 & 3 & z\end{vmatrix}=0,\end{cases}$$ 即 $5x-3y+z=0$.

取 $x=c_1,y=c_2$，则 $z=-5c_1+3c_2$，于是所求的所有 $\boldsymbol{\xi}$ 为 $\boldsymbol{\xi}=(c_1,c_2,-5c_1+3c_2)^{\mathrm{T}}$（$c_1,c_2$ 是任意常数）.

附注　本题获解的关键是根据题设写出方程组(1).

例 2.10　设向量组 $\boldsymbol{\alpha}_1=(1+a,1,1,1)^{\mathrm{T}},\boldsymbol{\alpha}_2=(2,2+a,2,2)^{\mathrm{T}},\boldsymbol{\alpha}_3=(3,3,3+a,3)^{\mathrm{T}},\boldsymbol{\alpha}_4=(4,4,4,4+a)^{\mathrm{T}}$. 问 a 为何值时，$\boldsymbol{\alpha}_1,\boldsymbol{\alpha}_2,\boldsymbol{\alpha}_2,\boldsymbol{\alpha}_4$ 线性相关，并求此时所有的极大线性无关组.

分析　构造矩阵$(\boldsymbol{\alpha}_1,\boldsymbol{\alpha}_2,\boldsymbol{\alpha}_3,\boldsymbol{\alpha}_4)$，然后对它施行初等行变换即可.

精解　由于

$$(\boldsymbol{\alpha}_1,\boldsymbol{\alpha}_2,\boldsymbol{\alpha}_3,\boldsymbol{\alpha}_4)=\begin{pmatrix}1+a & 2 & 3 & 4\\ 1 & 2+a & 3 & 4\\ 1 & 2 & 3+a & 4\\ 1 & 2 & 3 & 4+a\end{pmatrix}\xrightarrow[\text{(以下同)}]{\text{初等行变换}}\begin{pmatrix}1 & 2 & 3 & 4+a\\ 1 & 2+a & 3 & 4\\ 1 & 2 & 3+a & 4\\ 1+a & 2 & 3 & 4\end{pmatrix}$$

$$\to\begin{pmatrix}1 & 2 & 3 & 4+a\\ 0 & a & 0 & -a\\ 0 & 0 & a & -a\\ 0 & -2a & -3a & -5a-a^2\end{pmatrix}\to\begin{pmatrix}1 & 2 & 3 & 4+a\\ 0 & a & 0 & -a\\ 0 & 0 & a & -a\\ 0 & 0 & -3a & -7a-a^2\end{pmatrix}\to\begin{pmatrix}1 & 2 & 3 & 4+a\\ 0 & a & 0 & -a\\ 0 & 0 & a & -a\\ 0 & 0 & 0 & -10a-a^2\end{pmatrix}$$

由此可知，当 $a=0$ 或 $-10a-a^2=0$，即 $a=0$ 或 $a=-10$ 时，$\boldsymbol{\alpha}_1,\boldsymbol{\alpha}_2,\boldsymbol{\alpha}_3,\boldsymbol{\alpha}_4$ 线性相关.

当 $a=0$ 时，$\boldsymbol{\alpha}_1,\boldsymbol{\alpha}_2,\boldsymbol{\alpha}_3,\boldsymbol{\alpha}_4$ 的所有极大线性无关组为 $\boldsymbol{\alpha}_1;\boldsymbol{\alpha}_2;\boldsymbol{\alpha}_3;\boldsymbol{\alpha}_4$.

当 $a=-10$ 时，由于施行初等行变换，得

$$(\boldsymbol{\alpha}_1,\boldsymbol{\alpha}_2,\boldsymbol{\alpha}_3,\boldsymbol{\alpha}_4)\longrightarrow\begin{pmatrix}1&2&3&-6\\0&-10&0&10\\0&0&-10&10\\0&0&0&0\end{pmatrix}\longrightarrow\begin{pmatrix}1&2&3&-6\\0&1&0&-1\\0&0&1&-1\\0&0&0&0\end{pmatrix}\longrightarrow\begin{pmatrix}1&0&3&-4\\0&1&0&-1\\0&0&1&-1\\0&0&0&0\end{pmatrix}$$

$$\longrightarrow\begin{pmatrix}1&0&0&-1\\0&1&0&-1\\0&0&1&-1\\0&0&0&0\end{pmatrix}\xlongequal{\text{记}}(\boldsymbol{\beta}_1,\boldsymbol{\beta}_2,\boldsymbol{\beta}_3,\boldsymbol{\beta}_4)$$

并且 $\boldsymbol{\beta}_1,\boldsymbol{\beta}_2,\boldsymbol{\beta}_3,\boldsymbol{\beta}_4$ 中的任意 3 个向量都是它的一个极大线性无关组，所以由初等行变换不会改变矩阵列向量之间的线性关系. 因此 $\boldsymbol{\alpha}_1,\boldsymbol{\alpha}_2,\boldsymbol{\alpha}_3,\boldsymbol{\alpha}_4$ 中的任意 3 个向量都是它的一个极大线性无关组.

附注　在寻找行(列)向量组的极大线性无关组时，常常会用到以下的结论：

对于矩阵 $\boldsymbol{A}$ 施行初等行(列)变换时，不改变 $\boldsymbol{A}$ 的列(行)向量组的线性相关性以及它们之间的线性关系.

例 2.11　设向量组 $\boldsymbol{\alpha}_1=(1,1,1,3)^{\mathrm{T}},\boldsymbol{\alpha}_2=(-1,-3,5,1)^{\mathrm{T}},\boldsymbol{\alpha}_3=(3,2,-1,p+2)^{\mathrm{T}}$，$\boldsymbol{\alpha}_4=(-2,-6,10,p)^{\mathrm{T}}$，求向量组的秩分别为 3 和 4 时的 p 的取值范围及对应的极大线性无关组，并问向量 $\boldsymbol{\alpha}=(4,1,6,10)^{\mathrm{T}}$ 能否用相关的极大线性无关组线性表示？如果能，写出线性表示式.

分析　从对 $(\boldsymbol{\alpha}_1,\boldsymbol{\alpha}_2,\boldsymbol{\alpha}_3,\boldsymbol{\alpha}_4 \vdots \boldsymbol{\alpha})$ 施行初等行变换入手计算.

精解　$(\boldsymbol{\alpha}_1,\boldsymbol{\alpha}_2,\boldsymbol{\alpha}_3,\boldsymbol{\alpha}_4 \vdots \boldsymbol{\alpha})=\left(\begin{array}{cccc:c}1&-1&3&-2&4\\1&-3&2&-6&1\\1&5&-1&10&6\\3&1&p+2&p&10\end{array}\right)$

$$\xrightarrow[\text{(以下同)}]{\text{初等行变换}}\left(\begin{array}{cccc:c}1&-1&3&-2&4\\0&-2&-1&-4&-3\\0&6&-4&12&2\\0&4&p-7&p+6&-2\end{array}\right)\longrightarrow\left(\begin{array}{cccc:c}1&-1&3&-2&4\\0&-2&-1&-4&-3\\0&0&-7&0&-7\\0&0&p-9&p-2&-8\end{array}\right)$$

$$\longrightarrow\left(\begin{array}{cccc:c}1&-1&3&-2&4\\0&2&1&4&3\\0&0&1&0&1\\0&0&p-9&p-2&-8\end{array}\right)\longrightarrow\left(\begin{array}{cccc:c}1&-1&0&-2&1\\0&2&0&4&2\\0&0&1&0&1\\0&0&0&p-2&1-p\end{array}\right)$$

$$\longrightarrow\left(\begin{array}{cccc:c}1&-1&0&-2&1\\0&1&0&2&1\\0&0&1&0&1\\0&0&0&p-2&1-p\end{array}\right)\longrightarrow\left(\begin{array}{cccc:c}1&0&0&0&2\\0&1&0&2&1\\0&0&1&0&1\\0&0&0&p-2&1-p\end{array}\right)$$

由此可知，

(1)当 $r(\boldsymbol{\alpha}_1,\boldsymbol{\alpha}_2,\boldsymbol{\alpha}_3,\boldsymbol{\alpha}_4)=3$ 时，$p=2$，且由

$$(\boldsymbol{\alpha}_1,\boldsymbol{\alpha}_2,\boldsymbol{\alpha}_3,\boldsymbol{\alpha}_4 \vdots \boldsymbol{\alpha})\xrightarrow{\text{初等行变换}}\begin{pmatrix}1&0&0&0&\vdots&2\\0&1&0&2&\vdots&1\\0&0&1&0&\vdots&1\\0&0&0&0&\vdots&-1\end{pmatrix}$$

知，$\boldsymbol{\alpha}_1,\boldsymbol{\alpha}_2,\boldsymbol{\alpha}_3,\boldsymbol{\alpha}_4$ 的所有极大线性无关组为 $\boldsymbol{\alpha}_1,\boldsymbol{\alpha}_2,\boldsymbol{\alpha}_3$；$\boldsymbol{\alpha}_1,\boldsymbol{\alpha}_3,\boldsymbol{\alpha}_4$. 但 $\boldsymbol{\alpha}$ 不能由其中任一极大线性无关组线性表示.

(2)当 $r(\boldsymbol{\alpha}_1,\boldsymbol{\alpha}_2,\boldsymbol{\alpha}_3,\boldsymbol{\alpha}_4)=4$ 时，$p\neq 2$，且由

$$(\boldsymbol{\alpha}_1,\boldsymbol{\alpha}_2,\boldsymbol{\alpha}_3,\boldsymbol{\alpha}_4 \vdots \boldsymbol{\alpha})\xrightarrow{\text{初等行变换}}\begin{pmatrix}1&0&0&0&\vdots&2\\0&1&0&2&\vdots&1\\0&0&1&0&\vdots&1\\0&0&0&1&\vdots&\dfrac{1-p}{p-2}\end{pmatrix}\longrightarrow\begin{pmatrix}1&0&0&0&\vdots&2\\0&1&0&0&\vdots&\dfrac{3p-4}{p-2}\\0&0&1&0&\vdots&1\\0&0&0&1&\vdots&\dfrac{1-p}{p-2}\end{pmatrix}$$

知，$\boldsymbol{\alpha}_1,\boldsymbol{\alpha}_2,\boldsymbol{\alpha}_3,\boldsymbol{\alpha}_4$ 的极大线性无关组是它自己，且

$$\boldsymbol{\alpha}=2\boldsymbol{\alpha}_1+\frac{3p-4}{p-2}\boldsymbol{\alpha}_2+\boldsymbol{\alpha}_3+\frac{1-p}{p-2}\boldsymbol{\alpha}_4.$$

附注　本题还可以用其他方法求解，但如像题解中那样对$(\boldsymbol{\alpha}_1,\boldsymbol{\alpha}_2,\boldsymbol{\alpha}_3,\boldsymbol{\alpha}_4 \vdots \boldsymbol{\alpha})$施行初等行变换方法是比较快捷的.

例 2.12　设向量组(Ⅰ)：$\boldsymbol{\alpha}_1=(1,0,1)^{\mathrm{T}}$，$\boldsymbol{\alpha}_2=(0,1,1)^{\mathrm{T}}$，$\boldsymbol{\alpha}_3=(1,3,5)^{\mathrm{T}}$不能由向量组(Ⅱ)：$\boldsymbol{\beta}_1=(1,1,1)^{\mathrm{T}}$，$\boldsymbol{\beta}_2=(1,2,3)^{\mathrm{T}}$，$\boldsymbol{\beta}_3=(3,4,a)^{\mathrm{T}}$线性表示，求 a 的值，并求此时(Ⅱ)的所有极大线性无关组以及 $\boldsymbol{\beta}_1,\boldsymbol{\beta}_2,\boldsymbol{\beta}_3$ 关于 $\boldsymbol{\alpha}_1,\boldsymbol{\alpha}_2,\boldsymbol{\alpha}_3$ 的线性表示式.

分析　由于(Ⅰ)线性无关，所以可以从 $r(\boldsymbol{\alpha}_1,\boldsymbol{\alpha}_2,\boldsymbol{\alpha}_3,\boldsymbol{\beta}_3)=3$ 入手来确定 a 的值. 对矩阵$(\boldsymbol{\alpha}_1,\boldsymbol{\alpha}_2,\boldsymbol{\alpha}_3 \vdots \boldsymbol{\beta}_1,\boldsymbol{\beta}_2,\boldsymbol{\beta}_3)$施行初等行变换即可得到(Ⅱ)的所有极大线性无关组及 $\boldsymbol{\beta}_1,\boldsymbol{\beta}_2,\boldsymbol{\beta}_3$ 关于 $\boldsymbol{\alpha}_1,\boldsymbol{\alpha}_2,\boldsymbol{\alpha}_3$ 的线性表示式.

精解　由于

$$|(\boldsymbol{\alpha}_1,\boldsymbol{\alpha}_2,\boldsymbol{\alpha}_3)|=\begin{vmatrix}1&0&1\\0&1&3\\1&1&5\end{vmatrix}=1\neq 0,$$

$$|(\boldsymbol{\beta}_1,\boldsymbol{\beta}_2,\boldsymbol{\beta}_3)|=\begin{vmatrix}1&1&3\\1&2&4\\1&3&a\end{vmatrix}=a-5,$$

所以当(Ⅰ)不能由(Ⅱ)线性表示时，$r(\boldsymbol{\beta}_1,\boldsymbol{\beta}_2,\boldsymbol{\beta}_3)<r(\boldsymbol{\alpha}_1,\boldsymbol{\alpha}_2,\boldsymbol{\alpha}_3)=3$，即 $a=5$.

当 $a=5$ 时，由

$$(\boldsymbol{\beta}_1,\boldsymbol{\beta}_2,\boldsymbol{\beta}_3)=\begin{pmatrix}1&1&3\\1&2&4\\1&3&5\end{pmatrix}\xrightarrow[\text{(以下同)}]{\text{初等行变换}}\begin{pmatrix}1&1&3\\0&1&1\\0&1&1\end{pmatrix}\longrightarrow\begin{pmatrix}1&1&3\\0&1&1\\0&0&0\end{pmatrix}\longrightarrow\begin{pmatrix}1&0&2\\0&1&1\\0&0&0\end{pmatrix}$$

知，(Ⅱ)的所有极大线性无关组为 $\boldsymbol{\alpha}_1,\boldsymbol{\alpha}_2$；$\boldsymbol{\alpha}_1,\boldsymbol{\alpha}_3$；$\boldsymbol{\alpha}_2,\boldsymbol{\alpha}_3$.

$$\text{由于}(\boldsymbol{\alpha}_1,\boldsymbol{\alpha}_2,\boldsymbol{\alpha}_3 \vdots \boldsymbol{\beta}_1,\boldsymbol{\beta}_2,\boldsymbol{\beta}_3)=\begin{pmatrix}1&0&1&\vdots&1&1&3\\0&1&3&\vdots&1&2&4\\1&1&5&\vdots&1&3&5\end{pmatrix}\xrightarrow[\text{(以下同)}]{\text{初等行变换}}\begin{pmatrix}1&0&1&\vdots&1&1&3\\0&1&3&\vdots&1&2&4\\0&1&4&\vdots&0&2&2\end{pmatrix}$$

$$\longrightarrow\left(\begin{array}{ccc:ccc}1&0&1&1&1&3\\0&1&3&1&2&4\\0&0&1&-1&0&-2\end{array}\right)\longrightarrow\left(\begin{array}{ccc:ccc}1&0&0&2&1&5\\0&1&0&4&2&10\\0&0&1&-1&0&-2\end{array}\right)$$

所以，$\begin{cases}\boldsymbol{\beta}_1=2\boldsymbol{\alpha}_1+4\boldsymbol{\alpha}_2-\boldsymbol{\alpha}_3,\\\boldsymbol{\beta}_2=\boldsymbol{\alpha}_1+2\boldsymbol{\alpha}_2,\\\boldsymbol{\beta}_3=5\boldsymbol{\alpha}_1+10\boldsymbol{\alpha}_2-2\boldsymbol{\alpha}_3.\end{cases}$

附注　$a\neq5$ 时，向量组(Ⅰ)与(Ⅱ)是等价的，但这并不是因为它们的秩相等. 一般来说，对于 n 维向量组(A)与(B)，当它们的秩相等时，未必等价.

例 2.13　设向量 $\boldsymbol{\alpha}_1=\left(\frac{1}{2},\frac{1}{2},\frac{1}{2},\frac{1}{2}\right)$，$\boldsymbol{\alpha}_2=\left(\frac{1}{2},\frac{1}{2},-\frac{1}{2},-\frac{1}{2}\right)$，求两个 4 维行向量 $\boldsymbol{\alpha}_3$，$\boldsymbol{\alpha}_4$，使得 $\boldsymbol{\alpha}_1,\boldsymbol{\alpha}_2,\boldsymbol{\alpha}_3,\boldsymbol{\alpha}_4$ 是一个单位正交向量组.

分析　从计算与 $\boldsymbol{\alpha}_1,\boldsymbol{\alpha}_2$ 都正交的 4 维单位行向量 $\boldsymbol{x}=(x_1,x_2,x_3,x_4)$入手.

精解　显然 $\boldsymbol{\alpha}_1$ 与 $\boldsymbol{\alpha}_2$ 正交，且都是单位向量. 设向量 $\boldsymbol{x}=(x_1,x_2,x_3,x_4)$与 $\boldsymbol{\alpha}_1,\boldsymbol{\alpha}_2$ 都正交，则有

$$\begin{cases}\frac{1}{2}x_1+\frac{1}{2}x_2+\frac{1}{2}x_3+\frac{1}{2}x_4=0,\\\frac{1}{2}x_1+\frac{1}{2}x_2-\frac{1}{2}x_3-\frac{1}{2}x_4=0,\end{cases}\text{即}\begin{cases}x_1+x_2=0,\\x_3+x_4=0.\end{cases}$$

显然该方程组有解 $x_1=1,x_2=-1,x_3=x_4=0$，以及 $x_1=x_2=0,x_3=1,x_4=-1$. 从而取 $\boldsymbol{x}$ 为

$$\boldsymbol{\beta}=(1,-1,0,0),\boldsymbol{\gamma}=(0,0,1,-1).$$

容易检验 $\boldsymbol{\alpha}_1,\boldsymbol{\alpha}_2,\boldsymbol{\beta},\boldsymbol{\gamma}$ 是正交向量组，现将 $\boldsymbol{\beta},\boldsymbol{\gamma}$ 单位化：

$$\boldsymbol{\alpha}_3=\frac{\boldsymbol{\beta}}{\|\boldsymbol{\beta}\|}=\left(\frac{1}{\sqrt{2}},-\frac{1}{\sqrt{2}},0,0\right),$$

$$\boldsymbol{\alpha}_4=\frac{\boldsymbol{\gamma}}{\|\boldsymbol{\gamma}\|}=\left(0,0,\frac{1}{\sqrt{2}},-\frac{1}{\sqrt{2}}\right).$$

于是 $\boldsymbol{\alpha}_1,\boldsymbol{\alpha}_2,\boldsymbol{\alpha}_3,\boldsymbol{\alpha}_4$ 是单位正交向量组，即为所求.

附注　本题实质上给出了将 n 维线性无关向量组 $\boldsymbol{\alpha}_1,\boldsymbol{\alpha}_2,\cdots,\boldsymbol{\alpha}_s(s<n)$中添加 $n-s$ 个 n 维向量，使之得到一个单位正交向量组的方法.

例 2.14　设矩阵 $\boldsymbol{A}=\begin{pmatrix}1&0&0\\1&1&0\\1&1&1\end{pmatrix}$，$\boldsymbol{B}=\begin{pmatrix}0&1&1\\1&0&1\\1&1&0\end{pmatrix}$，求解矩阵方阵 $\boldsymbol{AXA}+\boldsymbol{BXB}=\boldsymbol{AXB}+\boldsymbol{BXA}+\boldsymbol{E}_3$，并将 $\boldsymbol{X}$ 的列向量组单位正交化.

分析　先解矩阵方程算出 3 阶矩阵 $\boldsymbol{X}$，然后用施密特单位正交化方法将 $\boldsymbol{X}$ 的列向量组单位正交化.

精解　所给方程可改写成

$$(\boldsymbol{A}-\boldsymbol{B})\boldsymbol{X}(\boldsymbol{A}-\boldsymbol{B})=\boldsymbol{E}_3,$$

所以 $\boldsymbol{X}=[(\boldsymbol{A}-\boldsymbol{B})^2]^{-1}=\begin{pmatrix}1&-2&-1\\0&1&-2\\0&0&1\end{pmatrix}^{-1}=\begin{pmatrix}1&2&5\\0&1&2\\0&0&1\end{pmatrix}$.

因此 $\boldsymbol{X}$ 的列向组为

$$\boldsymbol{\alpha}_1=(1,0,0)^{\mathrm{T}},\boldsymbol{\alpha}_2=(2,1,0)^{\mathrm{T}},\boldsymbol{\alpha}_3=(5,2,1)^{\mathrm{T}}.$$

现将该向量组正交化：

$$\boldsymbol{\beta}_1=\boldsymbol{\alpha}_1=(1,0,0)^{\mathrm{T}},$$

$$\boldsymbol{\beta}_2=\boldsymbol{\alpha}_2-\frac{(\boldsymbol{\alpha}_2,\boldsymbol{\beta}_1)}{(\boldsymbol{\beta}_1,\boldsymbol{\beta}_1)}\boldsymbol{\beta}_1=(2,1,0)^{\mathrm{T}}-\frac{2}{1}(1,0,0)^{\mathrm{T}}=(0,1,0)^{\mathrm{T}},$$

$$\begin{aligned}\boldsymbol{\beta}_3&=\boldsymbol{\alpha}_3-\frac{(\boldsymbol{\alpha}_3,\boldsymbol{\beta}_1)}{(\boldsymbol{\beta}_1,\boldsymbol{\beta}_1)}\boldsymbol{\beta}_1-\frac{(\boldsymbol{\alpha}_3,\boldsymbol{\beta}_2)}{(\boldsymbol{\beta}_2,\boldsymbol{\beta}_2)}\boldsymbol{\beta}_2\\&=(5,2,1)^{\mathrm{T}}-\frac{5}{1}(1,0,0)^{\mathrm{T}}-\frac{2}{1}(0,1,0)^{\mathrm{T}}=(0,0,1)^{\mathrm{T}}.\end{aligned}$$

显然 $\boldsymbol{\beta}_1,\boldsymbol{\beta}_2,\boldsymbol{\beta}_3$ 是单位正交向量组，它们即为所求.

附注　应熟练掌握施密特的向量组单位正交化方法.

例 2.15　设 $\boldsymbol{A},\boldsymbol{B}$ 都是 n 阶正交矩阵，且满足 $|\boldsymbol{A}|=-|\boldsymbol{B}|$，求行列式 $|\boldsymbol{A}+\boldsymbol{B}|$.

分析　利用正交矩阵的性质(例如，当 $\boldsymbol{M}$ 是正交矩阵时，有 $|\boldsymbol{M}|=-1$ 或 1，且 $\boldsymbol{M}^{-1}=\boldsymbol{M}^{\mathrm{T}}$ 等)计算.

精解　由于

$$\begin{aligned}\boldsymbol{A}+\boldsymbol{B}&=\boldsymbol{A}(\boldsymbol{E}_n+\boldsymbol{A}^{-1}\boldsymbol{B})=\boldsymbol{A}(\boldsymbol{B}^{-1}+\boldsymbol{A}^{-1})\boldsymbol{B}\\&=\boldsymbol{A}(\boldsymbol{B}^{\mathrm{T}}+\boldsymbol{A}^{\mathrm{T}})\boldsymbol{B}=\boldsymbol{A}(\boldsymbol{A}+\boldsymbol{B})^{\mathrm{T}}B,\end{aligned}$$

所以 $|\boldsymbol{A}+\boldsymbol{B}|=|\boldsymbol{A}|\,|\boldsymbol{A}+\boldsymbol{B}|\,|\boldsymbol{B}|=-|\boldsymbol{A}|^2|\boldsymbol{A}+\boldsymbol{B}|=-|\boldsymbol{A}+\boldsymbol{B}|$. 因此 $|\boldsymbol{A}+\boldsymbol{B}|=0$.

附注　应记住正交矩阵的主要性质：设 $\boldsymbol{A},\boldsymbol{B}$ 都是 n 阶正交矩阵，则

(1) $\boldsymbol{A}$ 的行(列)向量组是单位正交向量组.

(2) $\boldsymbol{A}\boldsymbol{A}^{\mathrm{T}}=\boldsymbol{A}^{\mathrm{T}}\boldsymbol{A}=\boldsymbol{E}_n$.

(3) $\boldsymbol{A}$ 可逆，且 $\boldsymbol{A}^{-1}=\boldsymbol{A}^{\mathrm{T}}$.

(4) $|\boldsymbol{A}|=-1$ 或 1，当 $|\boldsymbol{A}|=1$ 时，$\boldsymbol{A}^*=\boldsymbol{A}^{\mathrm{T}}$.

(5) $\boldsymbol{A}^{\mathrm{T}},\boldsymbol{A}^{-1},\boldsymbol{A}^*$ 以及 $\boldsymbol{A}\boldsymbol{B}$ 都是正交矩阵.

例 2.16　设 $\boldsymbol{A}=(a_{ij})$ 是 3 阶正交矩阵，满足 $|\boldsymbol{A}|=1$，求 $(\mathrm{tr}\boldsymbol{A}-1)^2+\sum\limits_{1\leqslant i<j\leqslant 3}(a_{ij}-a_{ji})^2$.

分析　用 $\mathrm{tr}\boldsymbol{A}=a_{11}+a_{22}+a_{33}$ 代入计算 $(\mathrm{tr}\boldsymbol{A}-1)^2+\sum\limits_{1\leqslant i<j\leqslant 3}(a_{ij}-a_{ji})^2$.

精解　$(\mathrm{tr}\boldsymbol{A}-1)^2+\sum\limits_{1\leqslant i<j\leqslant 3}(a_{ij}-a_{ji})^2$

$$\begin{aligned}&=(a_{11}+a_{22}+a_{33})^2-2(a_{11}+a_{22}+a_{33})+1-[(a_{12}-a_{21})^2+(a_{23}-a_{32})^2+(a_{13}-a_{31})^2]\\&=(a_{11}^2+a_{12}^2+a_{13}^2)+(a_{21}^2+a_{22}^2+a_{23}^2)+(a_{31}^2+a_{32}^2+a_{33}^2)+1+\\&\quad 2\left(\begin{vmatrix}a_{11}&a_{12}\\a_{21}&a_{22}\end{vmatrix}-a_{33}\right)+2\left(\begin{vmatrix}a_{11}&a_{13}\\a_{31}&a_{32}\end{vmatrix}-a_{22}\right)+2\left(\begin{vmatrix}a_{22}&a_{23}\\a_{32}&a_{33}\end{vmatrix}-a_{11}\right)\\&=4+2(A_{33}-a_{33})+2(A_{22}-a_{22})+2(A_{11}-a_{11})\end{aligned}\tag{1}$$

(其中，A_{ii} 是 $|\boldsymbol{A}|$ 的元素 a_{ii} 的代数余子式，$i=1,2,3$).

对于满足 $|\boldsymbol{A}|=1$ 的正交矩阵 $\boldsymbol{A}$，有 $\boldsymbol{A}^*=|\boldsymbol{A}|\boldsymbol{A}^{-1}=\boldsymbol{A}^{\mathrm{T}}$，故 $A_{ii}=a_{ii}(i=1,2,3)$. 将它们代入式(1)，得

$$(\mathrm{tr}\boldsymbol{A}-1)^2+\sum_{1\leqslant i<j\leqslant 3}(a_{ij}-a_{ji})^2=4.$$

附注　题解中利用了正交矩阵的性质 $\boldsymbol{A}^{-1}=\boldsymbol{A}^{\mathrm{T}}$. 故当 $|\boldsymbol{A}|=1$ 时，$A_{ij}=a_{ij}(i,j=1,2,\cdots,n)$.

例 2.17　在 3 维向量空间中，求从基 $\boldsymbol{\alpha}_1=(1,1,1)^{\mathrm{T}}$，$\boldsymbol{\alpha}_2=(1,0,-1)^{\mathrm{T}}$，$\boldsymbol{\alpha}_3=(1,0,1)^{\mathrm{T}}$ 到基 $\boldsymbol{\xi}_1$，$\boldsymbol{\xi}_2$，$\boldsymbol{\xi}_3$ 的过渡矩阵 $\boldsymbol{A}$，其中 $\boldsymbol{\xi}_1$，$\boldsymbol{\xi}_2$，$\boldsymbol{\xi}_3$ 是由 $\boldsymbol{\beta}_1=(1,2,1)^{\mathrm{T}}$，$\boldsymbol{\beta}_2=(2,3,4)^{\mathrm{T}}$，$\boldsymbol{\beta}_3=(1,0,1)^{\mathrm{T}}$ 单位正交化的向量组.

分析　先将 $\boldsymbol{\beta}_1$，$\boldsymbol{\beta}_2$，$\boldsymbol{\beta}_3$ 单位正交化，确定 $\boldsymbol{\xi}_1$，$\boldsymbol{\xi}_2$，$\boldsymbol{\xi}_3$，然后计算过渡矩阵 $\boldsymbol{A}$.

精解　将 $\boldsymbol{\beta}_1$，$\boldsymbol{\beta}_2$，$\boldsymbol{\beta}_3$ 正交化：

$$\boldsymbol{\gamma}_1=\boldsymbol{\beta}_1=(1,2,1)^{\mathrm{T}},$$

$$\boldsymbol{\gamma}_2=\boldsymbol{\beta}_2-\frac{(\boldsymbol{\beta}_2,\boldsymbol{\gamma}_1)}{(\boldsymbol{\gamma}_1,\boldsymbol{\gamma}_1)}\boldsymbol{\gamma}_1=(2,3,4)^{\mathrm{T}}-\frac{12}{6}(1,2,1)^{\mathrm{T}}=(0,-1,2)^{\mathrm{T}},$$

$$\begin{aligned}\boldsymbol{\gamma}_3&=\boldsymbol{\beta}_3-\frac{(\boldsymbol{\beta}_3,\boldsymbol{\gamma}_1)}{(\boldsymbol{\gamma}_1,\boldsymbol{\gamma}_1)}\boldsymbol{\gamma}_1-\frac{(\boldsymbol{\beta}_3,\boldsymbol{\gamma}_2)}{(\boldsymbol{\gamma}_2,\boldsymbol{\gamma}_2)}\boldsymbol{\gamma}_2\\&=(1,0,1)^{\mathrm{T}}-\frac{2}{6}(1,2,1)^{\mathrm{T}}-\frac{2}{5}(0,-1,2)^{\mathrm{T}}=\left(\frac{2}{3},-\frac{4}{15},-\frac{2}{15}\right)^{\mathrm{T}}.\end{aligned}$$

单位化：

$$\boldsymbol{\xi}_1=\frac{\boldsymbol{\gamma}_1}{\|\boldsymbol{\gamma}_1\|}=\left(\frac{1}{\sqrt{6}},\frac{2}{\sqrt{6}},\frac{1}{\sqrt{6}}\right)^{\mathrm{T}},$$

$$\boldsymbol{\xi}_2=\frac{\boldsymbol{\gamma}_2}{\|\boldsymbol{\gamma}_2\|}=\left(0,-\frac{1}{\sqrt{5}},\frac{2}{\sqrt{5}}\right)^{\mathrm{T}},$$

$$\boldsymbol{\xi}_3=\frac{\boldsymbol{\gamma}_3}{\|\boldsymbol{\gamma}_3\|}=\left(\frac{\sqrt{30}}{6},-\frac{\sqrt{30}}{15},-\frac{\sqrt{30}}{30}\right)^{\mathrm{T}}.$$

于是，由 $(\boldsymbol{\xi}_1,\boldsymbol{\xi}_2,\boldsymbol{\xi}_3)=(\boldsymbol{\alpha}_1,\boldsymbol{\alpha}_2,\boldsymbol{\alpha}_3)\boldsymbol{A}$ 得

$$\begin{aligned}\boldsymbol{A}&=(\boldsymbol{\alpha}_1,\boldsymbol{\alpha}_2,\boldsymbol{\alpha}_3)^{-1}(\boldsymbol{\xi}_1,\boldsymbol{\xi}_2,\boldsymbol{\xi}_3)\\&=\begin{pmatrix}1&1&1\\1&0&0\\1&-1&1\end{pmatrix}^{-1}\begin{pmatrix}\frac{1}{\sqrt{6}}&0&\frac{\sqrt{30}}{6}\\\frac{2}{\sqrt{6}}&-\frac{1}{\sqrt{5}}&-\frac{\sqrt{30}}{15}\\\frac{1}{\sqrt{6}}&\frac{2}{\sqrt{5}}&-\frac{\sqrt{30}}{30}\end{pmatrix}\\&=\begin{pmatrix}0&1&0\\\frac{1}{2}&0&-\frac{1}{2}\\\frac{1}{2}&-1&\frac{1}{2}\end{pmatrix}\begin{pmatrix}\frac{1}{\sqrt{6}}&0&\frac{\sqrt{30}}{6}\\\frac{2}{\sqrt{6}}&-\frac{1}{\sqrt{5}}&-\frac{\sqrt{30}}{15}\\\frac{1}{\sqrt{6}}&\frac{2}{\sqrt{5}}&-\frac{\sqrt{30}}{30}\end{pmatrix}=\begin{pmatrix}\frac{2}{\sqrt{6}}&-\frac{1}{\sqrt{5}}&-\frac{\sqrt{30}}{15}\\0&-\frac{1}{\sqrt{5}}&\frac{\sqrt{30}}{10}\\-\frac{1}{\sqrt{6}}&0&\frac{2\sqrt{30}}{15}\end{pmatrix}.\end{aligned}$$

附注　应记住 n 维向量空间中，基 $\boldsymbol{e}_1$，$\boldsymbol{e}_2$，…，$\boldsymbol{e}_n$ 到基 $\boldsymbol{\xi}_1$，$\boldsymbol{\xi}_2$，…$\boldsymbol{\xi}_n$ 的过渡矩阵的定义.

例 2.18　设向量组：(Ⅰ)$\boldsymbol{\alpha}_1=(1,2,-1)^{\mathrm{T}}$，$\boldsymbol{\alpha}_2=(2,a+4,-2)^{\mathrm{T}}$，$\boldsymbol{\alpha}_3=(1,-5,a)^{\mathrm{T}}$（其中 $a\geqslant 0$）线性相关，问此时向量组(Ⅱ)：$\boldsymbol{\beta}_1=(1,2a,-1)^{\mathrm{T}}$，$\boldsymbol{\beta}_2=(a,a+3,a+2)^{\mathrm{T}}$，$\boldsymbol{\beta}_3=(a-2,-1,a+1)^{\mathrm{T}}$，向量组(Ⅲ)：$\boldsymbol{\gamma}_1=(a+1,3a+3,a+1)^{\mathrm{T}}$，$\boldsymbol{\gamma}_2=(2a-2,a+2,2a+3)^{\mathrm{T}}$，$\boldsymbol{\gamma}_3=(a-1,2a-1,a)^{\mathrm{T}}$ 是否都线性无关？如果都线性无关，求向量 $\boldsymbol{\xi}=(1,1,-2)^{\mathrm{T}}$ 关于 $\boldsymbol{\beta}_1$，$\boldsymbol{\beta}_2$，$\boldsymbol{\beta}_3$ 的线性表示式及在基(Ⅲ)下的坐标 x_1，x_2，x_3.

分析　先由 $\boldsymbol{\alpha}_1,\boldsymbol{\alpha}_2,\boldsymbol{\alpha}_3$ 线性相关算出常数 a，由此确认(Ⅱ)与(Ⅲ)的线性无关. 用初等行变换计算 $\boldsymbol{\xi}$ 关于 $\boldsymbol{\beta}_1,\boldsymbol{\beta}_2,\boldsymbol{\beta}_3$ 的线性表示式，用 3 维线性空间中的向量坐标变换公式计算 $\boldsymbol{\xi}$ 在基(Ⅲ)下的坐标.

精解　由(Ⅰ)线性相关，得

$$|(\boldsymbol{\alpha}_1,\boldsymbol{\alpha}_2,\boldsymbol{\alpha}_3)|=\begin{vmatrix}1&2&1\\2&a+4&-5\\-1&-2&a\end{vmatrix}=0,$$即 $a=0$，此时，由

$$|(\boldsymbol{\beta}_1,\boldsymbol{\beta}_2,\boldsymbol{\beta}_3)|=\begin{vmatrix}1&0&-2\\0&3&-1\\-1&2&1\end{vmatrix}=-1$$知 $\boldsymbol{\beta}_1,\boldsymbol{\beta}_2,\boldsymbol{\beta}_3$ 线性无关.

$$由于(\boldsymbol{\beta}_1,\boldsymbol{\beta}_2,\boldsymbol{\beta}_3\ \vdots\ \boldsymbol{\xi})=\left(\begin{array}{ccc:c}1&0&-2&1\\0&3&-1&1\\-1&2&1&-2\end{array}\right)\xrightarrow[\text{(以下同)}]{\text{初等行变换}}\left(\begin{array}{ccc:c}1&0&-2&1\\0&3&-1&1\\0&2&-1&-1\end{array}\right)\longrightarrow$$

$$\left(\begin{array}{ccc:c}1&0&-2&1\\0&1&-\frac{1}{3}&\frac{1}{3}\\0&1&-\frac{1}{2}&-\frac{1}{2}\end{array}\right)\longrightarrow\left(\begin{array}{ccc:c}1&0&-2&1\\0&1&-\frac{1}{3}&\frac{1}{3}\\0&0&-\frac{1}{6}&-\frac{5}{6}\end{array}\right)\longrightarrow\left(\begin{array}{ccc:c}1&0&-2&1\\0&1&-\frac{1}{3}&\frac{1}{3}\\0&0&1&5\end{array}\right)\longrightarrow\left(\begin{array}{ccc:c}1&0&0&11\\0&1&0&2\\0&0&1&5\end{array}\right),$$

所以，$\boldsymbol{\xi}=11\boldsymbol{\beta}_1+2\boldsymbol{\beta}_2+5\boldsymbol{\beta}_3$：

由以上计算知，$\boldsymbol{\beta}_1,\boldsymbol{\beta}_2,\boldsymbol{\beta}_3$ 是 3 维向量空间的一组基，且

$$\boldsymbol{\xi}=(\boldsymbol{\beta}_1,\boldsymbol{\beta}_2,\boldsymbol{\beta}_3)\begin{pmatrix}11\\2\\5\end{pmatrix}.\tag{1}$$

由于

$$(\boldsymbol{\gamma}_1,\boldsymbol{\gamma}_2,\boldsymbol{\gamma}_3)=(\boldsymbol{\beta}_1,\boldsymbol{\beta}_2,\boldsymbol{\beta}_3)\begin{pmatrix}1&0&1\\1&1&0\\0&1&1\end{pmatrix},\tag{2}$$

其中，矩阵 $\begin{pmatrix}1&0&1\\1&1&0\\0&1&1\end{pmatrix}$ 可逆，所以 $\boldsymbol{\gamma}_1,\boldsymbol{\gamma}_2,\boldsymbol{\gamma}_3$ 线性无关，也是 3 维向量空间的一组基，且

$$\boldsymbol{\xi}=(\boldsymbol{\gamma}_1,\boldsymbol{\gamma}_2,\boldsymbol{\gamma}_3)\begin{pmatrix}x_1\\x_2\\x_3\end{pmatrix}.\tag{3}$$

由式(1)、式(3)得

$$(\boldsymbol{\beta}_1,\boldsymbol{\beta}_2,\boldsymbol{\beta}_3)\begin{pmatrix}11\\2\\5\end{pmatrix}=(\boldsymbol{\gamma}_1,\boldsymbol{\gamma}_2,\boldsymbol{\gamma}_3)\begin{pmatrix}x_1\\x_2\\x_3\end{pmatrix}.$$

将式(2)代入，得

$$(\boldsymbol{\beta}_1,\boldsymbol{\beta}_2,\boldsymbol{\beta}_3)\begin{pmatrix}11\\2\\5\end{pmatrix}=(\boldsymbol{\beta}_1,\boldsymbol{\beta}_2,\boldsymbol{\beta}_3)\begin{pmatrix}1&0&1\\1&1&0\\0&1&1\end{pmatrix}\begin{pmatrix}x_1\\x_2\\x_3\end{pmatrix},$$

即
$$\begin{pmatrix}x_1\\x_2\\x_3\end{pmatrix}=\begin{pmatrix}1&0&1\\1&1&0\\0&1&1\end{pmatrix}^{-1}\begin{pmatrix}11\\2\\5\end{pmatrix}=\begin{pmatrix}\frac{1}{2}&\frac{1}{2}&-\frac{1}{2}\\-\frac{1}{2}&\frac{1}{2}&\frac{1}{2}\\\frac{1}{2}&-\frac{1}{2}&\frac{1}{2}\end{pmatrix}\begin{pmatrix}11\\2\\5\end{pmatrix}=\begin{pmatrix}4\\-2\\7\end{pmatrix}.$$

附注　计算 $\boldsymbol{\xi}$ 关于 $\boldsymbol{\beta}_1,\boldsymbol{\beta}_2,\boldsymbol{\beta}_3$ 的线性表示式，实际上只要计算 $\boldsymbol{\xi}$ 在基 $\boldsymbol{\beta}_1,\boldsymbol{\beta}_2,\boldsymbol{\beta}_3$ 下的坐标即可. 具体如下：记坐标为 y_1,y_2,y_3，则

$$\boldsymbol{\xi}=(\boldsymbol{\beta}_1,\boldsymbol{\beta}_2,\boldsymbol{\beta}_3)\begin{pmatrix}y_1\\y_2\\y_3\end{pmatrix},$$

即
$$\begin{pmatrix}1\\1\\-2\end{pmatrix}=\begin{pmatrix}1&0&-2\\0&3&-1\\-1&2&1\end{pmatrix}\begin{pmatrix}y_1\\y_2\\y_3\end{pmatrix}.$$

所以
$$\begin{pmatrix}y_1\\y_2\\y_3\end{pmatrix}=\begin{pmatrix}1&0&-2\\0&3&-1\\-1&2&1\end{pmatrix}^{-1}\begin{pmatrix}1\\1\\-2\end{pmatrix}=\begin{pmatrix}-5&4&-6\\-1&1&-1\\-3&2&-3\end{pmatrix}\begin{pmatrix}1\\1\\-2\end{pmatrix}=\begin{pmatrix}11\\2\\5\end{pmatrix},$$

即所求的坐标为 $y_1=11,y_2=2,y_3=5$.

B　组

(Ⅰ)

例 2.19　设 $\boldsymbol{A},\boldsymbol{B},\boldsymbol{C},\boldsymbol{D}$ 都是 n 阶矩阵，且满足 $\boldsymbol{AC}=\boldsymbol{CA}$，证明：

$$\begin{vmatrix}\boldsymbol{A}&\boldsymbol{B}\\\boldsymbol{C}&\boldsymbol{D}\end{vmatrix}=|\boldsymbol{AD}-\boldsymbol{CB}|,$$

并计算 $2n$ 阶行列式

$$\begin{vmatrix}a&&&&&b\\&\ddots&&&\unicode{x22F0}&\\&&a&b&&\\&&b&a&&\\&\unicode{x22F0}&&&\ddots&\\b&&&&&a\end{vmatrix}$$

分析　分 $\boldsymbol{A}$ 可逆与不可逆两种情形证明.

证明　(Ⅰ)当 $\boldsymbol{A}$ 可逆时，引入分块矩阵 $\begin{pmatrix}\boldsymbol{A}&\boldsymbol{B}\\\boldsymbol{C}&\boldsymbol{D}\end{pmatrix}$，则

$$\begin{pmatrix}\boldsymbol{E}_n&\boldsymbol{O}\\-\boldsymbol{CA}^{-1}&\boldsymbol{E}_n\end{pmatrix}\begin{pmatrix}\boldsymbol{A}&\boldsymbol{B}\\\boldsymbol{C}&\boldsymbol{D}\end{pmatrix}=\begin{pmatrix}\boldsymbol{A}&\boldsymbol{B}\\\boldsymbol{O}&\boldsymbol{D}-\boldsymbol{CA}^{-1}\boldsymbol{B}\end{pmatrix}. \tag{1}$$

式(1)两边取行列式，得

$$\begin{aligned}\begin{vmatrix}\boldsymbol{A}&\boldsymbol{B}\\\boldsymbol{C}&\boldsymbol{D}\end{vmatrix}&=|\boldsymbol{A}|\,|\boldsymbol{D}-\boldsymbol{CA}^{-1}\boldsymbol{B}|=|\boldsymbol{AD}-\boldsymbol{ACA}^{-1}\boldsymbol{B}|\\&=|\boldsymbol{AD}-\boldsymbol{C}(\boldsymbol{AA}^{-1})\boldsymbol{B}|=|\boldsymbol{AD}-\boldsymbol{CB}|.\end{aligned} \tag{2}$$

(Ⅱ)当 $\boldsymbol{A}$ 不可逆时，$|\boldsymbol{A}|=0$. 由于 $|x\boldsymbol{E}_n+\boldsymbol{A}|$ 是关于 x 的多项式(次数不超过 n)，故只有有限个实根，因此存在实数 x_0，当 $x\geqslant x_0$ 时，$|x\boldsymbol{E}_n+\boldsymbol{A}|\neq 0$，并且 $(x\boldsymbol{E}_n+\boldsymbol{A})\boldsymbol{C}=\boldsymbol{C}(x\boldsymbol{E}_n+\boldsymbol{A})$，所以可由 $x\boldsymbol{E}_n+\boldsymbol{A}$ 代替式(2)中的 $\boldsymbol{A}$，得

$$\begin{vmatrix} x\boldsymbol{E}_n+\boldsymbol{A} & \boldsymbol{B} \\ \boldsymbol{C} & \boldsymbol{D} \end{vmatrix}=|(x\boldsymbol{E}_n+\boldsymbol{A})\boldsymbol{D}-\boldsymbol{C}\boldsymbol{B}|\ (x\geqslant x_0). \tag{3}$$

由于式(3)两边都是关于 x 的多项式，因此它们的 x 零次幂项彼此相等，故有

$$\begin{vmatrix} \boldsymbol{A} & \boldsymbol{B} \\ \boldsymbol{C} & \boldsymbol{D} \end{vmatrix}=|\boldsymbol{A}\boldsymbol{D}-\boldsymbol{C}\boldsymbol{B}|.$$

综上所述，无论 $\boldsymbol{A}$ 可逆与不可逆，都有

$$\begin{vmatrix} \boldsymbol{A} & \boldsymbol{B} \\ \boldsymbol{C} & \boldsymbol{D} \end{vmatrix}=|\boldsymbol{A}\boldsymbol{D}-\boldsymbol{C}\boldsymbol{B}|. \tag{4}$$

记 n 阶矩阵 $\boldsymbol{A}=\begin{pmatrix} a & & & \\ & a & & \\ & & \ddots & \\ & & & a \end{pmatrix}$，$\boldsymbol{B}=\begin{pmatrix} & & & b \\ & & b & \\ & \iddots & & \\ b & & & \end{pmatrix}$，则 $\boldsymbol{AB}=\boldsymbol{BA}$ 所以由式(4)，得

$$\begin{vmatrix} a & & & & & b \\ & \ddots & & & \iddots & \\ & & a & b & & \\ & & b & a & & \\ & \iddots & & & \ddots & \\ b & & & & & a \end{vmatrix}=\begin{vmatrix} \boldsymbol{A} & \boldsymbol{B} \\ \boldsymbol{B} & \boldsymbol{A} \end{vmatrix}=|\boldsymbol{A}^2-\boldsymbol{B}^2|$$

$$=\left|\begin{pmatrix} a^2 & & & \\ & a^2 & & \\ & & \ddots & \\ & & & a^2 \end{pmatrix}-\begin{pmatrix} b^2 & & & \\ & b^2 & & \\ & & \ddots & \\ & & & b^2 \end{pmatrix}\right|$$

$$=\begin{vmatrix} a^2-b^2 & & & \\ & a^2-b^2 & & \\ & & \ddots & \\ & & & a^2-b^2 \end{vmatrix}=(a^2-b^2)^n.$$

附注　(1) 欲使分块矩阵 $\begin{pmatrix} \boldsymbol{A} & \boldsymbol{B} \\ \boldsymbol{C} & \boldsymbol{D} \end{pmatrix}$ 中 $\boldsymbol{C}$ 位置的“元素”变成零矩阵，就需要对它施行初等“行”变换：

$$\begin{pmatrix} \boldsymbol{A} & \boldsymbol{B} \\ \boldsymbol{C} & \boldsymbol{D} \end{pmatrix}\xrightarrow[\text{加到第 2“行”}]{\text{第 1“行”左乘}(-\boldsymbol{CA}^{-1})}\begin{pmatrix} \boldsymbol{A} & \boldsymbol{B} \\ \boldsymbol{O} & \boldsymbol{D}-\boldsymbol{CA}^{-1}\boldsymbol{B} \end{pmatrix}.$$

这个初等“行”变换对应的“初等矩阵”为 $\begin{bmatrix} \boldsymbol{E}_n & \boldsymbol{O} \\ -\boldsymbol{CA}^{-1} & \boldsymbol{E}_n \end{bmatrix}$，所以有

$$\begin{bmatrix} \boldsymbol{E}_n & \boldsymbol{O} \\ -\boldsymbol{CA}^{-1} & \boldsymbol{E}_n \end{bmatrix}\begin{pmatrix} \boldsymbol{A} & \boldsymbol{B} \\ \boldsymbol{C} & \boldsymbol{D} \end{pmatrix}=\begin{pmatrix} \boldsymbol{A} & \boldsymbol{B} \\ \boldsymbol{O} & \boldsymbol{D}-\boldsymbol{CA}^{-1}\boldsymbol{B} \end{pmatrix}.$$

顺便指出,对于练习题 1. 24,

$$\begin{pmatrix} \boldsymbol{A} & \boldsymbol{B} \\ \boldsymbol{B} & \boldsymbol{A} \end{pmatrix} \xrightarrow{\text{第 2“行”加到第 1“行”}} \begin{pmatrix} \boldsymbol{A}+\boldsymbol{B} & \boldsymbol{B}+\boldsymbol{A} \\ \boldsymbol{B} & \boldsymbol{A} \end{pmatrix} \xrightarrow[\text{加到第 2“列”}]{\text{第 1“列”}\times(-1)} \begin{pmatrix} \boldsymbol{A}+\boldsymbol{B} & \boldsymbol{O} \\ \boldsymbol{B} & \boldsymbol{A}-\boldsymbol{B} \end{pmatrix}$$

即
$$\begin{bmatrix} \boldsymbol{E}_n & \boldsymbol{E}_n \\ \boldsymbol{O} & \boldsymbol{E}_n \end{bmatrix} \begin{pmatrix} \boldsymbol{A} & \boldsymbol{B} \\ \boldsymbol{B} & \boldsymbol{A} \end{pmatrix} \begin{bmatrix} \boldsymbol{E}_n & -\boldsymbol{E}_n \\ \boldsymbol{O} & \boldsymbol{E}_n \end{bmatrix} = \begin{pmatrix} \boldsymbol{A}+\boldsymbol{B} & \boldsymbol{O} \\ \boldsymbol{B} & \boldsymbol{A}-\boldsymbol{B} \end{pmatrix}.$$

(2) 为什么要使$\begin{pmatrix} \boldsymbol{A} & \boldsymbol{B} \\ \boldsymbol{C} & \boldsymbol{D} \end{pmatrix}$中$\boldsymbol{C}$位置的“元素”变成零矩阵?

我们知道,行列式$\begin{vmatrix} \boldsymbol{M}_1 & \boldsymbol{M}_2 \\ \boldsymbol{M}_3 & \boldsymbol{M}_4 \end{vmatrix}$(其中$\boldsymbol{M}_1,\boldsymbol{M}_2$分别是$m$阶和$n$阶矩阵)不易计算,但是行列式$\begin{vmatrix} \boldsymbol{M}_1 & \boldsymbol{M}_2 \\ \boldsymbol{O} & \boldsymbol{M}_4 \end{vmatrix}=|\boldsymbol{M}_1||\boldsymbol{M}_4|$. 所以设法对分块矩阵$\begin{pmatrix} \boldsymbol{A} & \boldsymbol{B} \\ \boldsymbol{C} & \boldsymbol{D} \end{pmatrix}$施行初等变换,就要让$\boldsymbol{C}$位置的元素变成零矩阵,以计算$\begin{pmatrix} \boldsymbol{A} & \boldsymbol{B} \\ \boldsymbol{C} & \boldsymbol{D} \end{pmatrix}$的行列式 .

例 2. 20　设$\boldsymbol{A}$是n阶矩阵,$\boldsymbol{\alpha},\boldsymbol{\beta}$都是$n$维列向量,证明:

$$|\boldsymbol{A}+\boldsymbol{\alpha}\boldsymbol{\beta}^{\mathrm{T}}|=|\boldsymbol{A}|+\boldsymbol{\beta}^{\mathrm{T}}\boldsymbol{A}^*\boldsymbol{\alpha}.$$

分析　分$\boldsymbol{A}$可逆与不可逆,两种情形证明.

证明　(1) 当$\boldsymbol{A}$可逆时,引入分块矩阵$\begin{pmatrix} \boldsymbol{A} & -\boldsymbol{\alpha} \\ \boldsymbol{\beta}^{\mathrm{T}} & 1 \end{pmatrix}$. 由于$\begin{pmatrix} \boldsymbol{A} & -\boldsymbol{\alpha} \\ \boldsymbol{\beta}^{\mathrm{T}} & 1 \end{pmatrix} \xrightarrow[\text{加到第 1“行”}]{\text{第 2“行”左乘 }\boldsymbol{\alpha}} \begin{bmatrix} \boldsymbol{A}+\boldsymbol{\alpha}\boldsymbol{\beta}^{\mathrm{T}} & \boldsymbol{0} \\ \boldsymbol{\beta}^{\mathrm{T}} & 1 \end{bmatrix}$,

即
$$\begin{pmatrix} \boldsymbol{E}_n & \boldsymbol{\alpha} \\ \boldsymbol{0} & 1 \end{pmatrix} \begin{pmatrix} \boldsymbol{A} & -\boldsymbol{\alpha} \\ \boldsymbol{\beta}^{\mathrm{T}} & 1 \end{pmatrix} = \begin{bmatrix} \boldsymbol{A}+\boldsymbol{\alpha}\boldsymbol{\beta}^{\mathrm{T}} & \boldsymbol{0} \\ \boldsymbol{\beta}^{\mathrm{T}} & 1 \end{bmatrix}; \tag{1}$$

$$\begin{pmatrix} \boldsymbol{A} & -\boldsymbol{\alpha} \\ \boldsymbol{\beta}^{\mathrm{T}} & 1 \end{pmatrix} \xrightarrow[\text{加到第 2“行”}]{\text{第 1“行”左乘}(-\boldsymbol{\beta}^{\mathrm{T}}\boldsymbol{A}^{-1})} \begin{pmatrix} \boldsymbol{A} & -\boldsymbol{\alpha} \\ \boldsymbol{0} & 1+\boldsymbol{\beta}^{\mathrm{T}}\boldsymbol{A}^{-1}\boldsymbol{\alpha} \end{pmatrix},$$

即
$$\begin{bmatrix} \boldsymbol{E}_n & \boldsymbol{0} \\ -\boldsymbol{\beta}^{\mathrm{T}}\boldsymbol{A}^{-1} & 1 \end{bmatrix} \begin{pmatrix} \boldsymbol{A} & -\boldsymbol{\alpha} \\ \boldsymbol{\beta}^{\mathrm{T}} & 1 \end{pmatrix} = \begin{pmatrix} \boldsymbol{A} & -\boldsymbol{\alpha} \\ \boldsymbol{0} & 1+\boldsymbol{\beta}^{\mathrm{T}}\boldsymbol{A}^{-1}\boldsymbol{\alpha} \end{pmatrix}. \tag{2}$$

式(1)与式(2)两边都取行列式,得

$$|\boldsymbol{A}+\boldsymbol{\alpha}\boldsymbol{\beta}^{\mathrm{T}}|=|\boldsymbol{A}|(1+\boldsymbol{\beta}^{\mathrm{T}}\boldsymbol{A}^{-1}\boldsymbol{\alpha})=|\boldsymbol{A}|+\boldsymbol{\beta}^{\mathrm{T}}\boldsymbol{A}^*\boldsymbol{\alpha}. \tag{3}$$

(2) 当$\boldsymbol{A}$不可逆时,$|\boldsymbol{A}|=0$. 由于$|x\boldsymbol{E}_n+\boldsymbol{A}|$是关于$x$的多项式(次数不超过$n$次),故只有有限个实根,因此存在实数$x_0$,当$x\geqslant x_0$时,$|x\boldsymbol{E}_n+\boldsymbol{A}|\neq 0$. 于是,用$x_0\boldsymbol{E}+\boldsymbol{A}$代替式(3)中的$\boldsymbol{A}$,得

$$|(x\boldsymbol{E}_n+\boldsymbol{A})+\boldsymbol{\alpha}\boldsymbol{\beta}^{\mathrm{T}}|=|x\boldsymbol{E}_n+\boldsymbol{A}|+\boldsymbol{\beta}^{\mathrm{T}}(x\boldsymbol{E}_n+\boldsymbol{A})^*\boldsymbol{\alpha}\quad(x\geqslant x_0) \tag{4}$$

由于上式两边都是关于x的多项式,所以它们的x零次幂项彼此相等,故有$|\boldsymbol{A}+\boldsymbol{\alpha}\boldsymbol{\beta}^{\mathrm{T}}|=|\boldsymbol{A}|+\boldsymbol{\beta}^{\mathrm{T}}\boldsymbol{A}^*\boldsymbol{\alpha}$.

综上所述,不论$\boldsymbol{A}$是可逆与不可逆,都有

$$|\boldsymbol{A}+\boldsymbol{\alpha}\boldsymbol{\beta}^{\mathrm{T}}|=|\boldsymbol{A}|+\boldsymbol{\beta}^{\mathrm{T}}\boldsymbol{A}^*\boldsymbol{\alpha}.$$

附注　本题与上题都使用了分块矩阵的初等变换,即初等“行”变换与初等“列”变换,它们都有以下三种:

(1)互换分块矩阵的两“行”(“列”);

(2)用一个可逆矩阵左(右)乘分块矩阵的某“行”(“列”);

(3)用某个矩阵左(右)乘分块矩阵的某“行”(“列”)加到另一“行”(“列”).

它们都对应一个分块初等矩阵(通常使用的是2“阶”分块初等矩阵),例如,$\boldsymbol{M}=\begin{pmatrix}\boldsymbol{A} & \boldsymbol{B}\\ \boldsymbol{C} & \boldsymbol{D}\end{pmatrix}$,其中$\boldsymbol{A},\boldsymbol{B}$分别是$m$阶与$n$阶矩阵,则$\begin{pmatrix}\boldsymbol{O} & \boldsymbol{E}_m\\ \boldsymbol{E}_n & \boldsymbol{O}\end{pmatrix}$,对应互换$\boldsymbol{M}$的第1、2“行”(“列”)的分块初等矩阵;$\begin{pmatrix}\boldsymbol{F} & \boldsymbol{O}\\ \boldsymbol{O} & \boldsymbol{E}_n\end{pmatrix}$,对应将$\boldsymbol{M}$的第1“行”(第1“列”)左(右)乘$m$阶可逆矩阵$\boldsymbol{F}$的分块初等矩阵;$\begin{pmatrix}\boldsymbol{E}_n & \boldsymbol{O}\\ \boldsymbol{G} & \boldsymbol{E}_n\end{pmatrix}$对应$\boldsymbol{M}$的第1“行”(第2“列”)左(右)乘$m\times n$矩阵$\boldsymbol{G}$加到第2“行”(第1“列”)的分块初等矩阵.

对分块矩阵$\boldsymbol{M}$施行初等“行”(“列”)变换,等于$\boldsymbol{M}$左(右)乘相应的分块初等矩阵.

由于分块初等矩阵都是可逆的,所以对分块矩阵施行初等变换不改变其秩.

掌握分块矩阵初等变换及对应的分块初等矩阵,对解题,特别是证明题是十分有用的.

例 2.21　设$\boldsymbol{A},\boldsymbol{B}$分别是$m\times n$与$n\times m$阶矩阵,其中$m>n$,则

$$|\boldsymbol{E}_m+\boldsymbol{AB}|=|\boldsymbol{E}_n+\boldsymbol{BA}|.$$

分析　引入分块矩阵$\boldsymbol{G}=\begin{pmatrix}\boldsymbol{E}_m & \boldsymbol{A}\\ -\boldsymbol{B} & \boldsymbol{E}_n\end{pmatrix}$,然后施行初等变换即可.

证明　由于$\boldsymbol{G}\xrightarrow[\text{加到第1“行”}]{\text{第2“行”左乘}(-\boldsymbol{A})}\begin{pmatrix}\boldsymbol{E}_m+\boldsymbol{AB} & \boldsymbol{O}\\ -\boldsymbol{B} & \boldsymbol{E}_n\end{pmatrix}$,即

$$\begin{pmatrix}\boldsymbol{E}_m & -\boldsymbol{A}\\ \boldsymbol{O} & \boldsymbol{E}_n\end{pmatrix}\boldsymbol{G}=\begin{pmatrix}\boldsymbol{E}_m+\boldsymbol{AB} & \boldsymbol{O}\\ -\boldsymbol{B} & \boldsymbol{E}_n\end{pmatrix},\tag{1}$$

式(1)两边取行列式,得
$$|\boldsymbol{G}|=|\boldsymbol{E}_m+\boldsymbol{AB}|\tag{2}$$

由于$\boldsymbol{G}\xrightarrow[\text{加到第2“列”}]{\text{第1“列”右乘}(-\boldsymbol{A})}\begin{pmatrix}\boldsymbol{E}_m & \boldsymbol{O}\\ -\boldsymbol{B} & \boldsymbol{E}_n+\boldsymbol{BA}\end{pmatrix}$,即

$$\boldsymbol{G}\begin{pmatrix}\boldsymbol{E}_m & -\boldsymbol{A}\\ \boldsymbol{O} & \boldsymbol{E}_n\end{pmatrix}=\begin{pmatrix}\boldsymbol{E}_m & \boldsymbol{O}\\ -\boldsymbol{B} & \boldsymbol{E}_n+\boldsymbol{BA}\end{pmatrix},\tag{3}$$

式(3)两边取行列式,得
$$|\boldsymbol{G}|=|\boldsymbol{E}_n+\boldsymbol{BA}|.\tag{4}$$

比较式(2)与式(4),得

$$|\boldsymbol{E}_m+\boldsymbol{AB}|=|\boldsymbol{E}_n+\boldsymbol{BA}|.$$

附注　顺便指出,由于初等变换(包括分块矩阵的初等变换)不改变矩阵的秩,所以由题解中的式(1)、式(3)可得

$$r(\boldsymbol{G})=r(\boldsymbol{E}_m+\boldsymbol{AB})+r(\boldsymbol{E}_n)=r(\boldsymbol{E}_m+\boldsymbol{AB})+n,$$
$$r(\boldsymbol{G})=r(\boldsymbol{E}_m)+r(\boldsymbol{E}_n+\boldsymbol{BA})=m+r(\boldsymbol{E}_n+\boldsymbol{BA}).$$

比较以上两式,得

$$r(\boldsymbol{E}_m+\boldsymbol{AB})-r(\boldsymbol{E}_n+\boldsymbol{BA})=m-n.$$

例 2.22　设$\boldsymbol{A},\boldsymbol{D}$分别是$m$阶与$n$阶可逆矩阵,$\boldsymbol{B},\boldsymbol{C}$分别是$m\times n$与$n\times m$矩阵,证明:

$$r(\boldsymbol{D}-\boldsymbol{CA}^{-1}\boldsymbol{B})-r(\boldsymbol{A}-\boldsymbol{BD}^{-1}\boldsymbol{C})=r(\boldsymbol{D})-r(\boldsymbol{A}).$$

分析　由于结论中$\boldsymbol{D}-\boldsymbol{CA}^{-1}\boldsymbol{B}$曾在例2.19的证明中出现过,所以引入分块矩阵$\boldsymbol{G}=\begin{pmatrix}\boldsymbol{A} & \boldsymbol{B}\\ \boldsymbol{C} & \boldsymbol{D}\end{pmatrix}$,并对它施行分块矩阵的初等变换.

证明 由于

$$G\xrightarrow[\text{加到第 2“行”}]{\text{第 1“行”左乘}(-\boldsymbol{CA}^{-1})}\begin{pmatrix}\boldsymbol{A}&\boldsymbol{B}\\\boldsymbol{O}&\boldsymbol{D}-\boldsymbol{CA}^{-1}\boldsymbol{B}\end{pmatrix},\tag{1}$$

$$G\xrightarrow[\text{加到第 1“行”}]{\text{第 2“行”左乘}(-\boldsymbol{BD}^{-1})\text{后}}\begin{pmatrix}\boldsymbol{A}-\boldsymbol{BD}^{-1}\boldsymbol{C}&\boldsymbol{O}\\\boldsymbol{C}&\boldsymbol{D}\end{pmatrix}.\tag{2}$$

由于初等变换(包括分块矩阵的初等变换)不改变矩阵的秩,所以由式(1)与式(2),得

$$r(\boldsymbol{G})=r(\boldsymbol{A})+r(\boldsymbol{D}-\boldsymbol{CA}^{-1}\boldsymbol{B}),$$
$$r(\boldsymbol{G})=r(\boldsymbol{A}-\boldsymbol{BD}^{-1}\boldsymbol{C})+r(\boldsymbol{D}).$$

比较以上两式,得

$$r(\boldsymbol{D}-\boldsymbol{CA}^{-1}\boldsymbol{B})-r(\boldsymbol{A}-\boldsymbol{BD}^{-1}\boldsymbol{C})=r(\boldsymbol{D})-r(\boldsymbol{A}).$$

附注 以下是关于分块矩阵秩的常用等式与不等式:设 $\boldsymbol{A},\boldsymbol{B},\boldsymbol{C},\boldsymbol{D}$ 都是矩阵,则

(1) $r(\boldsymbol{A}+\boldsymbol{B})\leqslant r(\boldsymbol{A},\boldsymbol{B})\leqslant r(\boldsymbol{A})+r(\boldsymbol{B})$, $r(\boldsymbol{A}+\boldsymbol{B})\leqslant r\begin{pmatrix}\boldsymbol{A}\\\boldsymbol{B}\end{pmatrix}\leqslant r(\boldsymbol{A})+r(\boldsymbol{B})$.

(2) 设 $\boldsymbol{A}$ 可逆,则 $r\begin{pmatrix}\boldsymbol{A}&\boldsymbol{O}\\\boldsymbol{C}&\boldsymbol{D}\end{pmatrix}=r(\boldsymbol{A})+r(\boldsymbol{D})$, $r\begin{pmatrix}\boldsymbol{A}&\boldsymbol{B}\\\boldsymbol{O}&\boldsymbol{D}\end{pmatrix}=r(\boldsymbol{A})+r(\boldsymbol{D})$.

(3) $r\begin{pmatrix}\boldsymbol{A}&\boldsymbol{O}\\\boldsymbol{O}&\boldsymbol{B}\end{pmatrix}=r(\boldsymbol{A})+r(\boldsymbol{B})$, $r\begin{pmatrix}\boldsymbol{O}&\boldsymbol{A}\\\boldsymbol{B}&\boldsymbol{O}\end{pmatrix}=r(\boldsymbol{A})+r(\boldsymbol{B})$.

(4) $r\begin{pmatrix}\boldsymbol{A}&\boldsymbol{O}\\\boldsymbol{C}&\boldsymbol{D}\end{pmatrix}\geqslant r(\boldsymbol{A})+r(\boldsymbol{D})$, $r\begin{pmatrix}\boldsymbol{A}&\boldsymbol{B}\\\boldsymbol{O}&\boldsymbol{D}\end{pmatrix}\geqslant r(\boldsymbol{A})+r(\boldsymbol{D})$.

例 2.23 设 $\boldsymbol{A}$ 是秩为 r 的 $m\times s$ 矩阵,证明:对任意 n 阶矩阵 $\boldsymbol{Q}$,存在秩为 $r'=\min\{s-r,n\}$ 的 $s\times n$ 矩阵 $\boldsymbol{D}$,使得 $\boldsymbol{ADQ}=\boldsymbol{O}_{m\times n}$.

分析 从考虑 $\boldsymbol{A}$ 的等价标准形矩阵入手.

证明 由题设知,存在 m 阶可逆矩阵 $\boldsymbol{R}$ 和 s 阶可逆矩阵 $\boldsymbol{T}$,使得

$$\boldsymbol{RAT}=\begin{pmatrix}\boldsymbol{E}_r&\boldsymbol{O}\\\boldsymbol{O}&\boldsymbol{O}\end{pmatrix}\text{(等价标准形,简称标准形),即 }\boldsymbol{A}=\boldsymbol{R}^{-1}\begin{pmatrix}\boldsymbol{E}_r&\boldsymbol{O}\\\boldsymbol{O}&\boldsymbol{O}\end{pmatrix}\boldsymbol{T}^{-1}.$$

记 $\boldsymbol{D}=\boldsymbol{T}\begin{pmatrix}\boldsymbol{O}&\boldsymbol{O}\\\boldsymbol{E}_{r'}&\boldsymbol{O}\end{pmatrix}$,则 $r(\boldsymbol{D})=r'=\min\{s-r,n\}$,且对任意 n 阶可逆矩阵 $\boldsymbol{Q}$ 有

$$\begin{aligned}\boldsymbol{ADQ}&=\boldsymbol{R}^{-1}\begin{pmatrix}\boldsymbol{E}_r&\boldsymbol{O}\\\boldsymbol{O}&\boldsymbol{O}\end{pmatrix}\boldsymbol{T}^{-1}\cdot\boldsymbol{T}\begin{pmatrix}\boldsymbol{O}&\boldsymbol{O}\\\boldsymbol{E}_{r'}&\boldsymbol{O}\end{pmatrix}\boldsymbol{Q}\\&=\boldsymbol{R}^{-1}\begin{pmatrix}\boldsymbol{E}_r&\boldsymbol{O}\\\boldsymbol{O}&\boldsymbol{O}\end{pmatrix}\begin{pmatrix}\boldsymbol{O}&\boldsymbol{O}\\\boldsymbol{E}_{r'}&\boldsymbol{O}\end{pmatrix}\boldsymbol{Q}=\boldsymbol{R}^{-1}\boldsymbol{OQ}=\boldsymbol{O}_{m\times n}.\end{aligned}$$

附注 本题获证的关键是应用定理:对 $m\times s$ 矩阵 $\boldsymbol{A}$,当 $r(\boldsymbol{A})=r$ 时,存在 m 阶可逆矩阵 $\boldsymbol{P}$ 与 s 阶可逆矩阵 $\boldsymbol{Q}$,使得 $\boldsymbol{PAQ}=\begin{pmatrix}\boldsymbol{E}_r&\boldsymbol{O}\\\boldsymbol{O}&\boldsymbol{O}\end{pmatrix}$. 类似的问题都可以按同样的方法来证明.

例 2.24 设 $\boldsymbol{A},\boldsymbol{B}$ 都是 n 阶矩阵,且满足 $r(\boldsymbol{A})+r(\boldsymbol{B})\leqslant n$. 证明:存在 n 阶可逆矩阵 $\boldsymbol{M}$,使得 $\boldsymbol{AMB}=\boldsymbol{O}$.

分析 记 $r(\boldsymbol{A})=p$, $r(\boldsymbol{B})=q$,则 $p+q\leqslant n$,于是 $\boldsymbol{A},\boldsymbol{B}$ 分别与矩阵 $\begin{pmatrix}\boldsymbol{E}_p&\boldsymbol{O}\\\boldsymbol{O}&\boldsymbol{O}\end{pmatrix}$ 与 $\begin{pmatrix}\boldsymbol{O}&\boldsymbol{O}\\\boldsymbol{O}&\boldsymbol{E}_q\end{pmatrix}$ 等价. 由此即可找到使得 $\boldsymbol{AMB}=\boldsymbol{O}$ 的 n 阶矩阵 $\boldsymbol{M}$.

证明　由题设及分析中采用的记号知,存在 n 阶可逆矩阵 $\boldsymbol{P}_1,\boldsymbol{Q}_1,\boldsymbol{P}_2,\boldsymbol{Q}_2$,使得

$$\boldsymbol{P}_1\boldsymbol{A}\boldsymbol{Q}_1=\begin{pmatrix}\boldsymbol{E}_p & \boldsymbol{O}\\ \boldsymbol{O} & \boldsymbol{O}\end{pmatrix},\text{即 }\boldsymbol{A}\boldsymbol{Q}_1=\boldsymbol{P}_1^{-1}\begin{pmatrix}\boldsymbol{E}_p & \boldsymbol{O}\\ \boldsymbol{O} & \boldsymbol{O}\end{pmatrix};$$

$$\boldsymbol{P}_2\boldsymbol{B}\boldsymbol{Q}_2=\begin{pmatrix}\boldsymbol{O} & \boldsymbol{O}\\ \boldsymbol{O} & \boldsymbol{E}_q\end{pmatrix},\text{即 }\boldsymbol{P}_2\boldsymbol{B}=\begin{pmatrix}\boldsymbol{O} & \boldsymbol{O}\\ \boldsymbol{O} & \boldsymbol{E}_q\end{pmatrix}\boldsymbol{Q}_2^{-1}.$$

于是

$$\begin{aligned}\boldsymbol{A}\boldsymbol{Q}_1\boldsymbol{P}_2\boldsymbol{B}&=\boldsymbol{P}_1^{-1}\begin{pmatrix}\boldsymbol{E}_p & \boldsymbol{O}\\ \boldsymbol{O} & \boldsymbol{O}\end{pmatrix}\begin{pmatrix}\boldsymbol{O} & \boldsymbol{O}\\ \boldsymbol{O} & \boldsymbol{E}_q\end{pmatrix}\boldsymbol{Q}_2^{-1}\\ &=\boldsymbol{P}_1^{-1}\boldsymbol{O}\boldsymbol{Q}_2^{-1}\left[\text{由于 } p+q\leqslant n,\text{所以}\begin{pmatrix}\boldsymbol{E}_q & \boldsymbol{O}\\ \boldsymbol{O} & \boldsymbol{O}\end{pmatrix}\begin{pmatrix}\boldsymbol{O} & \boldsymbol{O}\\ \boldsymbol{O} & \boldsymbol{E}_q\end{pmatrix}=\boldsymbol{O}\right]\\ &=\boldsymbol{O}.\end{aligned}$$

故取 $\boldsymbol{M}=\boldsymbol{Q}_1\boldsymbol{P}_2$,且它是 n 阶可逆矩阵,使得 $\boldsymbol{AMB}=\boldsymbol{O}$.

附注　题解中的 $\boldsymbol{B}$ 与 $\begin{pmatrix}\boldsymbol{O} & \boldsymbol{O}\\ \boldsymbol{O} & \boldsymbol{E}_q\end{pmatrix}$ 等价是因为,$\boldsymbol{B}$ 与 $\begin{pmatrix}\boldsymbol{E}_q & \boldsymbol{O}\\ \boldsymbol{O} & \boldsymbol{O}\end{pmatrix}$ 等价,而 $\begin{pmatrix}\boldsymbol{E}_q & \boldsymbol{O}\\ \boldsymbol{O} & \boldsymbol{O}\end{pmatrix}$ 与 $\begin{pmatrix}\boldsymbol{O} & \boldsymbol{O}\\ \boldsymbol{O} & \boldsymbol{E}_q\end{pmatrix}$ 等价. 所以存在 n 阶可逆矩阵 $\boldsymbol{P}_2,\boldsymbol{Q}_2$,使得 $\boldsymbol{P}_2\boldsymbol{B}\boldsymbol{Q}_2=\begin{pmatrix}\boldsymbol{O} & \boldsymbol{O}\\ \boldsymbol{O} & \boldsymbol{E}_q\end{pmatrix}$.

例 2.25　设 $\boldsymbol{A}$ 是 $m\times n$ 矩阵,且 $r(\boldsymbol{A})=r>0$. 证明:存在秩同为 r 的 $r\times m$ 矩阵 $\boldsymbol{R}$ 与 $n\times r$ 矩阵 $\boldsymbol{S}$,使得 $\boldsymbol{RAS}=\boldsymbol{E}_r$.

分析　将 $\boldsymbol{A}$ 化为标准形,即可证明本题.

证明　存在 m 阶可逆矩阵 $\boldsymbol{P}$ 与 n 阶可逆矩阵 $\boldsymbol{Q}$,使得 $\boldsymbol{PAQ}=\begin{pmatrix}\boldsymbol{E}_r & \boldsymbol{O}\\ \boldsymbol{O} & \boldsymbol{O}\end{pmatrix}$. 记 $\boldsymbol{P}=\begin{pmatrix}\boldsymbol{R}\\ \boldsymbol{R}_1\end{pmatrix}$(其中 $\boldsymbol{R}$ 是 $r\times m$ 矩阵),$\boldsymbol{Q}=(\boldsymbol{S},\boldsymbol{S}_1)$(其中 $\boldsymbol{S}$ 是 $n\times r$ 矩阵),则有 $\begin{pmatrix}\boldsymbol{R}\\ \boldsymbol{R}_1\end{pmatrix}\boldsymbol{A}(\boldsymbol{S},\boldsymbol{S}_1)=\begin{pmatrix}\boldsymbol{E}_r & \boldsymbol{O}\\ \boldsymbol{O} & \boldsymbol{O}\end{pmatrix}$. 由此得到 $\boldsymbol{RAS}=\boldsymbol{E}_r$,其中,由 $\boldsymbol{P}$ 可逆知 $r(\boldsymbol{R})=r$;同样由 $\boldsymbol{Q}$ 可逆知 $r(\boldsymbol{S})=r$.

附注　用同样方法可以证明以下问题:

设 $\boldsymbol{A}$ 是 $m\times n$ 矩阵,且 $r(\boldsymbol{A})=r>0$,则存在秩同为 r 的 $m\times r$ 矩阵 $\boldsymbol{F}$ 与 $r\times n$ 矩阵 $\boldsymbol{G}$,使得 $\boldsymbol{A}=\boldsymbol{FG}$.

具体证明如下:

存在 m 阶可逆矩阵 $\boldsymbol{P}$ 与 n 阶可逆矩阵 $\boldsymbol{Q}$,使得 $\boldsymbol{P}^{-1}\boldsymbol{A}\boldsymbol{Q}^{-1}=\begin{pmatrix}\boldsymbol{E}_r & \boldsymbol{O}\\ \boldsymbol{O} & \boldsymbol{O}\end{pmatrix}$,即 $\boldsymbol{A}=\boldsymbol{P}\begin{pmatrix}\boldsymbol{E}_r & \boldsymbol{O}\\ \boldsymbol{O} & \boldsymbol{O}\end{pmatrix}\boldsymbol{Q}$,

记 $\boldsymbol{P}=(\boldsymbol{F}\vdots\boldsymbol{P}_1)$(其中 $\boldsymbol{F}$ 是 $m\times r$ 矩阵),$\boldsymbol{Q}=\begin{pmatrix}\boldsymbol{G}\\ \boldsymbol{Q}_1\end{pmatrix}$(其中 $\boldsymbol{G}$ 是 $r\times n$ 矩阵),则

$$\boldsymbol{A}=(\boldsymbol{F},\boldsymbol{P}_1)\begin{pmatrix}\boldsymbol{E}_r & \boldsymbol{O}\\ \boldsymbol{O} & \boldsymbol{O}\end{pmatrix}\begin{pmatrix}\boldsymbol{G}\\ \boldsymbol{Q}_1\end{pmatrix}=\boldsymbol{F}\boldsymbol{E}_r\boldsymbol{G}=\boldsymbol{FG},$$

其中,由 $\boldsymbol{P}$ 可逆知 $\boldsymbol{F}$ 的秩为 r,由 $\boldsymbol{Q}$ 可逆知 $\boldsymbol{G}$ 的秩为 r.

例 2.26　设 $\boldsymbol{A},\boldsymbol{B},\boldsymbol{U},\boldsymbol{V}$ 都是 n 阶矩阵,且满足 $\boldsymbol{A}=\boldsymbol{BU}$ 与 $\boldsymbol{B}=\boldsymbol{AV}$,证明:存在 n 阶可逆矩阵 $\boldsymbol{T}$,使得 $\boldsymbol{A}=\boldsymbol{BT}$.

分析　先证明 $r(\boldsymbol{A})=r(\boldsymbol{B})$,然后将 $\boldsymbol{A},\boldsymbol{B}$ 都化为标准形,即可证明本题.

证明　由 $\boldsymbol{A}=\boldsymbol{BU},\boldsymbol{B}=\boldsymbol{AV}$,得

$$r(\boldsymbol{A})\leqslant r(\boldsymbol{B}),r(\boldsymbol{B})\leqslant r(\boldsymbol{A}),$$

从而 $r(\boldsymbol{A})=r(\boldsymbol{B})\xlongequal{\text{记}}r$. 于是存在 n 阶可逆矩阵 $\boldsymbol{P},\boldsymbol{Q},\boldsymbol{R},\boldsymbol{S}$,使得

$$\boldsymbol{PAQ}=\begin{pmatrix}\boldsymbol{E}_r & \boldsymbol{O}\\ \boldsymbol{O} & \boldsymbol{O}\end{pmatrix}, \tag{1}$$

$$\boldsymbol{RBS}=\begin{pmatrix}\boldsymbol{E}_r & \boldsymbol{O}\\ \boldsymbol{O} & \boldsymbol{O}\end{pmatrix}. \tag{2}$$

由式(1),得

$$\boldsymbol{AQ}=\boldsymbol{P}^{-1}\begin{pmatrix}\boldsymbol{E}_r & \boldsymbol{O}\\ \boldsymbol{O} & \boldsymbol{O}\end{pmatrix}=\left[\boldsymbol{P}^{-1}\begin{pmatrix}\boldsymbol{E}_r\\ \boldsymbol{O}\end{pmatrix}\ \vdots\ \boldsymbol{O}\right]=(\boldsymbol{A}_1\ \vdots\ \boldsymbol{O}),$$

其中 $\boldsymbol{A}_1=\boldsymbol{P}^{-1}\begin{pmatrix}\boldsymbol{E}_r\\ \boldsymbol{O}\end{pmatrix}$是 $n\times r$ 矩阵,且 $r(\boldsymbol{A}_1)=r$. 记 $\boldsymbol{Q}=(\boldsymbol{Q}_1\ \vdots\ \boldsymbol{Q}_2)$,(其中 $\boldsymbol{Q}_1$ 是 $n\times r$ 矩阵),则由上式,得 $\boldsymbol{AQ}_1=\boldsymbol{A}_1$.

同样由式(2),得

$$\boldsymbol{BS}=(\boldsymbol{B}_1\ \vdots\ \boldsymbol{O}), \tag{3}$$

其中 $\boldsymbol{B}_1=\boldsymbol{R}^{-1}\begin{pmatrix}\boldsymbol{E}_r\\ \boldsymbol{O}\end{pmatrix}$是 $n\times r$ 矩阵,且 $r(\boldsymbol{B}_1)=r$. 记$\boldsymbol{S}^{-1}=\begin{pmatrix}\boldsymbol{S}_1\\ \boldsymbol{S}_2\end{pmatrix}$(其中 $\boldsymbol{S}_1$ 是 $r\times n$ 矩阵),则由式(3),得

$$\boldsymbol{B}=\boldsymbol{B}_1\boldsymbol{S}_1. \tag{4}$$

从而由式(3)、式(4)及 $\boldsymbol{A}=\boldsymbol{BU}$,得

$$\boldsymbol{B}_1\boldsymbol{S}_1\boldsymbol{UQ}_1=\boldsymbol{A}_1. \tag{5}$$

记 $\boldsymbol{M}=\boldsymbol{S}_1\boldsymbol{UQ}_1$,则 $\boldsymbol{M}$ 是 r 阶矩阵,且式(5)成为

$$\boldsymbol{B}_1\boldsymbol{M}=\boldsymbol{A}_1.$$

由此可知 $r(\boldsymbol{M})\geqslant r(\boldsymbol{A}_1)=r$,所以 $r(\boldsymbol{M})=r$,即 $\boldsymbol{M}$ 可逆. 可是由

$$\boldsymbol{AQ}=(\boldsymbol{A}_1\ \vdots\ \boldsymbol{O})=(\boldsymbol{B}_1\boldsymbol{M}\ \vdots\ \boldsymbol{O})=(\boldsymbol{B}_1\ \vdots\ \boldsymbol{O})\begin{pmatrix}\boldsymbol{M} & \boldsymbol{O}\\ \boldsymbol{O} & \boldsymbol{E}_{n-r}\end{pmatrix}$$

$$=\boldsymbol{BS}\begin{pmatrix}\boldsymbol{M} & \boldsymbol{O}\\ \boldsymbol{O} & \boldsymbol{E}_{n-r}\end{pmatrix},$$

得 $\boldsymbol{A}=\boldsymbol{BS}\begin{pmatrix}\boldsymbol{M} & \boldsymbol{O}\\ \boldsymbol{O} & \boldsymbol{E}_{n-r}\end{pmatrix}\boldsymbol{Q}^{-1}$,记 $\boldsymbol{T}=\boldsymbol{S}\begin{pmatrix}\boldsymbol{M} & \boldsymbol{O}\\ \boldsymbol{O} & \boldsymbol{E}_{n-r}\end{pmatrix}\boldsymbol{Q}^{-1}$,则 $\boldsymbol{T}$ 是 n 阶可逆矩阵,它使得 $\boldsymbol{A}=\boldsymbol{BT}$.

附注　题解有三处计算矩阵秩:

(1) $r(\boldsymbol{A})=r(\boldsymbol{B})$(利用 $r(\boldsymbol{A})\leqslant r(\boldsymbol{B}),r(\boldsymbol{B})\leqslant r(\boldsymbol{A})$算得的).

(2) $r(\boldsymbol{A}_1)=r$(利用 $\boldsymbol{P}^{-1}$可逆,而 $r\begin{pmatrix}\boldsymbol{E}_r\\ \boldsymbol{O}\end{pmatrix}=r$ 算得的).

(3) $r(\boldsymbol{M})=r$(利用 r 阶矩阵 $\boldsymbol{M}$ 有 $r(\boldsymbol{M})\geqslant r$ 算得的).

应注意其中使用的方法.

例 2.27　设向量组(Ⅰ):$\boldsymbol{\alpha},\boldsymbol{\beta},\boldsymbol{\gamma}$ 线性无关,(Ⅱ):$\boldsymbol{\alpha},\boldsymbol{\beta},\boldsymbol{\delta}$ 线性相关,证明:$\boldsymbol{\delta}$ 可由(Ⅰ)线性表示,但 $\boldsymbol{\gamma}$ 不能由(Ⅱ)线性表示.

分析　用向量组线性表示的定义与性质证明.

精解 由(Ⅰ)线性无关知$\boldsymbol{\alpha},\boldsymbol{\beta}$线性无关，又由(Ⅱ)线性相关知$\boldsymbol{\delta}$可由$\boldsymbol{\alpha},\boldsymbol{\beta}$线性表示. 即存在数$k_1,k_2$及0，使得$\boldsymbol{\delta}=k_1\boldsymbol{\alpha}+k_2\boldsymbol{\beta}=k_1\boldsymbol{\alpha}+k_2\boldsymbol{\beta}+0\cdot\boldsymbol{\gamma}$，即$\delta$可由$\boldsymbol{\alpha},\boldsymbol{\beta},\boldsymbol{\gamma}$线性表示.

现用反证法证明后一个结论：

设$\boldsymbol{\gamma}$可由(Ⅱ)线性表示，则由$\boldsymbol{\delta}$可由$\boldsymbol{\alpha},\boldsymbol{\beta}$线性表示知，$\boldsymbol{\gamma}$可由$\boldsymbol{\alpha},\boldsymbol{\beta}$线性表示，即(Ⅰ)线性相关，这与题设矛盾，所以$\boldsymbol{\gamma}$不能由(Ⅱ)线性表示.

附注 题解中用到的以下结论是很有用的，应记住：

设向量组$\boldsymbol{\alpha}_1,\boldsymbol{\alpha}_2,\cdots,\boldsymbol{\alpha}_s$线性无关，而向量组$\boldsymbol{\alpha}_1,\boldsymbol{\alpha}_2,\cdots,\boldsymbol{\alpha}_s,\boldsymbol{\beta}$线性相关，则$\boldsymbol{\beta}$可由$\boldsymbol{\alpha}_1,\boldsymbol{\alpha}_2,\cdots,\boldsymbol{\alpha}_s$线性表示，且表示式是唯一的.

例 2.28 设向量组(Ⅰ)：$\boldsymbol{\alpha}_1,\boldsymbol{\alpha}_2,\boldsymbol{\alpha}_3$；(Ⅱ)：$\boldsymbol{\alpha}_1,\boldsymbol{\alpha}_2,\boldsymbol{\alpha}_3,\boldsymbol{\alpha}_4$；(Ⅲ)：$\boldsymbol{\alpha}_1,\boldsymbol{\alpha}_2,\boldsymbol{\alpha}_3,\boldsymbol{\alpha}_5$. 其中$r$(Ⅰ)$=r$(Ⅱ)$=3$，$r$(Ⅲ)$=4$，证明：$\boldsymbol{\alpha}_1,\boldsymbol{\alpha}_2,\boldsymbol{\alpha}_3,\boldsymbol{\alpha}_5-\boldsymbol{\alpha}_4$线性无关.

分析 用反证法证明$\boldsymbol{\alpha}_1,\boldsymbol{\alpha}_2,\boldsymbol{\alpha}_3,\boldsymbol{\alpha}_5-\boldsymbol{\alpha}_4$线性无关比较快捷.

证明 由r(Ⅰ)$=r$(Ⅱ)$=3$知$\boldsymbol{\alpha}_1,\boldsymbol{\alpha}_2,\boldsymbol{\alpha}_3$线性无关，而$\boldsymbol{\alpha}_1,\boldsymbol{\alpha}_2,\boldsymbol{\alpha}_3,\boldsymbol{\alpha}_4$线性相关，因此$\boldsymbol{\alpha}_4$可由$\boldsymbol{\alpha}_1,\boldsymbol{\alpha}_2,\boldsymbol{\alpha}_3$线性表示，即存在数$k_1,k_2,k_3$，使得

$$\boldsymbol{\alpha}_4=k_1\boldsymbol{\alpha}_1+k_2\boldsymbol{\alpha}_2+k_3\boldsymbol{\alpha}_3. \tag{1}$$

如果$\boldsymbol{\alpha}_1,\boldsymbol{\alpha}_2,\boldsymbol{\alpha}_3,\boldsymbol{\alpha}_5-\boldsymbol{\alpha}_4$线性相关，则$\boldsymbol{\alpha}_5-\boldsymbol{\alpha}_4$可由$\boldsymbol{\alpha}_1,\boldsymbol{\alpha}_2,\boldsymbol{\alpha}_3$，线性表示，即存在数$\lambda_1,\lambda_2,\lambda_3$，使得

$$\boldsymbol{\alpha}_5-\boldsymbol{\alpha}_4=\lambda_1\boldsymbol{\alpha}_1+\lambda_2\boldsymbol{\alpha}_2+\lambda_3\boldsymbol{\alpha}_3. \tag{2}$$

将式(1)代入式(2)，得

$$\begin{aligned}\boldsymbol{\alpha}_5&=\boldsymbol{\alpha}_4+\lambda_1\boldsymbol{\alpha}_1+\lambda_2\boldsymbol{\alpha}_2+\lambda_3\boldsymbol{\alpha}_3,\\&=(k_1+\lambda_1)\boldsymbol{\alpha}_1+(k_2+\lambda_2)\boldsymbol{\alpha}_2+(k_3+\lambda_3)\boldsymbol{\alpha}_3,\end{aligned}$$

即$\boldsymbol{\alpha}_1,\boldsymbol{\alpha}_2,\boldsymbol{\alpha}_3,\boldsymbol{\alpha}_5$线性相关，这与$r$(Ⅲ)$=4$矛盾，所以$\boldsymbol{\alpha}_1,\boldsymbol{\alpha}_2,\boldsymbol{\alpha}_3,\boldsymbol{\alpha}_5-\boldsymbol{\alpha}_4$线性无关.

附注 证明向量组$\boldsymbol{\alpha}_1,\boldsymbol{\alpha}_2,\cdots,\boldsymbol{\alpha}_s$线性无关通常使用以下三种方法：

(1) 用定义证明，即证明仅当$k_1=k_2=\cdots=k_s=0$时才有

$$k_1\boldsymbol{\alpha}_1+k_2\boldsymbol{\alpha}_2+\cdots+k_s\boldsymbol{\alpha}_s=\mathbf{0}.$$

(2) 用向量组的秩证明，即证明$r(\boldsymbol{\alpha}_1,\boldsymbol{\alpha}_2,\cdots,\boldsymbol{\alpha}_s)=s$.

(3) 用反证法证明. 而且反证法往往是比较快捷的.

例 2.29 设向量组(Ⅰ)：$\boldsymbol{\alpha}_1,\boldsymbol{\alpha}_2,\cdots,\boldsymbol{\alpha}_m$线性无关，且可由向量组(Ⅱ)：$\boldsymbol{\beta}_1,\boldsymbol{\beta}_2,\cdots,\boldsymbol{\beta}_s$线性表示，证明：存在(Ⅱ)的某个向量$\boldsymbol{\beta}_i$，使得向量组$\boldsymbol{\alpha}_2,\boldsymbol{\alpha}_3,\cdots,\boldsymbol{\alpha}_m,\boldsymbol{\beta}_i$线性无关.

分析 用反证法证明，即设不存在要证的$\boldsymbol{\beta}_i$，推出矛盾.

证明 不失一般性，设(Ⅱ)的一个极大线性无关组为(Ⅲ)：$\boldsymbol{\beta}_1,\boldsymbol{\beta}_2,\cdots,\boldsymbol{\beta}_r$，则(Ⅰ)可由(Ⅲ)线性表示，并且由(Ⅰ)线性无关知$m\leqslant r$. (1)

设不存在使得向量组$\boldsymbol{\alpha}_2,\boldsymbol{\alpha}_3,\cdots,\boldsymbol{\alpha}_m,\boldsymbol{\beta}_i$线性无关的$\boldsymbol{\beta}_i$，即对于(Ⅱ)中的每个$\boldsymbol{\beta}_i$，向量组$\boldsymbol{\alpha}_2,\boldsymbol{\alpha}_3,\cdots,\boldsymbol{\alpha}_m,\boldsymbol{\beta}_i$都线性相关. 于是对于$i=1,2,\cdots,r$，$\boldsymbol{\beta}_i$都可由$\boldsymbol{\alpha}_2,\boldsymbol{\alpha}_3,\cdots,\boldsymbol{\alpha}_m$线性表示. 由此可知，向量组(Ⅰ$'$)：$\boldsymbol{\alpha}_2,\cdots,\boldsymbol{\alpha}_m$与(Ⅲ)等价，从而$r$(Ⅰ$'$)$=r$(Ⅲ)，即$m-1=r$，所以

$$m>r. \tag{2}$$

式(1)与式(2)矛盾. 因此(Ⅱ)中存在某个向量$\boldsymbol{\beta}_i$，使得$\boldsymbol{\alpha}_2,\boldsymbol{\alpha}_3,\cdots,\boldsymbol{\alpha}_m,\boldsymbol{\beta}_i$线性无关.

附注 题中使用了这样一个定理(应记住)：

设向量组$\boldsymbol{\alpha}_1,\boldsymbol{\alpha}_2,\cdots,\boldsymbol{\alpha}_r$线性无关，且可由向量组$\boldsymbol{\beta}_1,\boldsymbol{\beta}_2,\cdots,\boldsymbol{\beta}_s$线性表示，则$r\leqslant s$.

例 2.30 设(Ⅰ)：$\boldsymbol{\alpha}_1,\boldsymbol{\alpha}_2,\cdots,\boldsymbol{\alpha}_{n-1}$是$n-1$个$n$维线性无关的向量组，向量$\boldsymbol{\beta}_1,\boldsymbol{\beta}_2$与(Ⅰ)的

各个向量正交,证明:$\boldsymbol{\beta}_1,\boldsymbol{\beta}_2$ 线性相关.

分析　利用向量组线性相关定义证明.

证明　由题设知,$n+1$ 个 n 维向量 $\boldsymbol{\alpha}_1,\boldsymbol{\alpha}_2,\cdots,\boldsymbol{\alpha}_{n-1},\boldsymbol{\beta}_1,\boldsymbol{\beta}_2$ 线性相关,所以存在一组不全为零的实数 $k_1,k_2,\cdots,k_{n-1},t_1,t_2$,使得

$$k_1\boldsymbol{\alpha}_1+k_2\boldsymbol{\alpha}_2+\cdots+k_{n-1}\boldsymbol{\alpha}_{n-1}+t_1\boldsymbol{\beta}_1+t_2\boldsymbol{\beta}_2=0. \tag{1}$$

由 $\boldsymbol{\alpha}_1,\boldsymbol{\alpha}_2,\cdots,\boldsymbol{\alpha}_{n-1}$ 线性无关知 t_1,t_2 不全为零(这是因为当 $t_1=t_2=0$ 时,式(1)成为 $k_1\boldsymbol{\alpha}_1+k_2\boldsymbol{\alpha}_2+\cdots+k_{n-1}\boldsymbol{\alpha}_{n-1}=\mathbf{0}$. 于是由 $\boldsymbol{\alpha}_1,\boldsymbol{\alpha}_2,\cdots,\boldsymbol{\alpha}_{n-1}$ 线性无关,得 $k_1=k_2=\cdots=k_{n-1}=0$,从而式(1)中的系数全为零,这与 $k_1,k_2,\cdots,k_{n-1},t_1,t_2$ 不全为零矛盾).

对式(1)做内积,得

$$(k_1\boldsymbol{\alpha}_1+k_2\boldsymbol{\alpha}_2+\cdots+k_{n-1}\boldsymbol{\alpha}_{n-1}+t_1\boldsymbol{\beta}_1+t_2\boldsymbol{\beta}_2,t_1\boldsymbol{\beta}_1+t_2\boldsymbol{\beta}_2)=0.$$

利用 $\boldsymbol{\beta}_1,\boldsymbol{\beta}_2$ 与 $\boldsymbol{\alpha}_1,\boldsymbol{\alpha}_2,\cdots,\boldsymbol{\alpha}_{n-1}$ 正交,得

$$(t_1\boldsymbol{\beta}_1+t_2\boldsymbol{\beta}_2,t_1\boldsymbol{\beta}_1+t_2\boldsymbol{\beta}_2)=0,\text{即 } t_1\boldsymbol{\beta}_1+t_2\boldsymbol{\beta}_2=\mathbf{0}.$$

从而由 t_1,t_2 不全为零知 $\boldsymbol{\beta}_1,\boldsymbol{\beta}_2$ 线性相关.

附注　设 n 维向量 $\boldsymbol{\alpha}=(a_1,a_2,\cdots,a_n)^{\mathrm{T}},\boldsymbol{\beta}=(b_1,b_2,\cdots,b_n)^{\mathrm{T}}$,则 $\boldsymbol{\alpha}$ 与 $\boldsymbol{\beta}$ 的内积 $(\boldsymbol{\alpha},\boldsymbol{\beta})$ 定义为

$$(\boldsymbol{\alpha},\boldsymbol{\beta})=\boldsymbol{\alpha}^{\mathrm{T}}\boldsymbol{\beta}=a_1b_1+a_2b_2+\cdots+a_nb_n.$$

向量内积具有以下性质:

设 $\boldsymbol{\alpha},\boldsymbol{\beta},\boldsymbol{\gamma}$ 都是 n 维向量,则有

(ⅰ) $(\boldsymbol{\alpha},\boldsymbol{\beta})=(\boldsymbol{\beta},\boldsymbol{\alpha})$;

(ⅱ) $(\boldsymbol{\alpha}+\boldsymbol{\beta},\boldsymbol{\gamma})=(\boldsymbol{\alpha},\boldsymbol{\gamma})+(\boldsymbol{\beta},\boldsymbol{\gamma})$;

(ⅲ) $(k\boldsymbol{\alpha},\boldsymbol{\beta})=(\boldsymbol{\alpha},k\boldsymbol{\beta})=k(\boldsymbol{\alpha},\boldsymbol{\beta})$($k$ 是数);

(ⅳ) $(\boldsymbol{\alpha},\boldsymbol{\alpha})\geqslant 0$,且 $(\boldsymbol{\alpha},\boldsymbol{\alpha})=0$ 的充分必要条件为 $\boldsymbol{\alpha}=\mathbf{0}$.

例 2.31　(1)设 $\boldsymbol{A}$ 是 n 阶反对称矩阵,$\boldsymbol{E}_n+\boldsymbol{A}$ 可逆,证明:$\boldsymbol{B}=(\boldsymbol{E}_n-\boldsymbol{A})(\boldsymbol{E}_n+\boldsymbol{A})^{-1}$ 是正交矩阵;

(2)设 $\boldsymbol{A}$ 是 n 阶正交矩阵,$\boldsymbol{E}_n+\boldsymbol{A}$ 可逆,证明:$\boldsymbol{B}=(\boldsymbol{E}_n-\boldsymbol{A})(\boldsymbol{E}_n+\boldsymbol{A})^{-1}$ 是反对称矩阵.

分析　用正交矩阵(反对称矩阵)的定义证明.

证明　(1) 设 $\boldsymbol{A}$ 是反对称矩阵,则由

$$\begin{aligned}\boldsymbol{B}\boldsymbol{B}^{\mathrm{T}}&=[(\boldsymbol{E}_n-\boldsymbol{A})(\boldsymbol{E}_n+\boldsymbol{A})^{-1}][(\boldsymbol{E}_n-\boldsymbol{A})(\boldsymbol{E}_n+\boldsymbol{A})^{-1}]^{\mathrm{T}}\\&=(\boldsymbol{E}_n-\boldsymbol{A})(\boldsymbol{E}_n+\boldsymbol{A})^{-1}[(\boldsymbol{E}_n+\boldsymbol{A})^{\mathrm{T}}]^{-1}(\boldsymbol{E}_n-\boldsymbol{A})^{\mathrm{T}}\\&=(\boldsymbol{E}_n-\boldsymbol{A})(\boldsymbol{E}_n+\boldsymbol{A})^{-1}(\boldsymbol{E}_n-\boldsymbol{A})^{-1}(\boldsymbol{E}_n+\boldsymbol{A})\text{(利用 }\boldsymbol{A}^{\mathrm{T}}=-\boldsymbol{A})\\&=(\boldsymbol{E}_n-\boldsymbol{A})[(\boldsymbol{E}_n-\boldsymbol{A})(\boldsymbol{E}_n+\boldsymbol{A})]^{-1}(\boldsymbol{E}_n+\boldsymbol{A})\\&=(\boldsymbol{E}_n-\boldsymbol{A})[(\boldsymbol{E}_n+\boldsymbol{A})(\boldsymbol{E}_n-\boldsymbol{A})]^{-1}(\boldsymbol{E}_n+\boldsymbol{A})\text{(利用 }\boldsymbol{E}_n-\boldsymbol{A}\text{ 与 }\boldsymbol{E}_n+\boldsymbol{A}\text{ 可交换)}\\&=[(\boldsymbol{E}_n-\boldsymbol{A})(\boldsymbol{E}_n-\boldsymbol{A})^{-1}][(\boldsymbol{E}_n+\boldsymbol{A})^{-1}(\boldsymbol{E}_n+\boldsymbol{A})]=\boldsymbol{E}_n\end{aligned}$$

知,$\boldsymbol{B}$ 是正交矩阵.

(2) 设 $\boldsymbol{A}$ 是正交矩阵,则由

$$\begin{aligned}\boldsymbol{B}^{\mathrm{T}}&=[(\boldsymbol{E}_n-\boldsymbol{A})(\boldsymbol{E}_n+\boldsymbol{A})^{-1}]^{\mathrm{T}}\\&=[(\boldsymbol{E}_n+\boldsymbol{A})^{\mathrm{T}}]^{-1}(\boldsymbol{E}_n-\boldsymbol{A})^{\mathrm{T}}\\&=(\boldsymbol{E}_n+\boldsymbol{A}^{-1})^{-1}(\boldsymbol{E}_n-\boldsymbol{A}^{-1})\\&=(\boldsymbol{A}+\boldsymbol{E}_n)^{-1}\boldsymbol{A}\cdot\boldsymbol{A}^{-1}(\boldsymbol{A}-\boldsymbol{E}_n)=(\boldsymbol{A}+\boldsymbol{E}_n)^{-1}(\boldsymbol{A}-\boldsymbol{E}_n)\\&=-(\boldsymbol{A}+\boldsymbol{E}_n)^{-1}(\boldsymbol{E}_n-\boldsymbol{A})=-(\boldsymbol{E}_n-\boldsymbol{A})(\boldsymbol{E}_n+\boldsymbol{A})^{-1}\\&=-\boldsymbol{B}\end{aligned}$$

知，$\boldsymbol{B}$ 是反对称矩阵.

附注　在(2)的证明中，应用了$(\boldsymbol{E}_n-\boldsymbol{A})(\boldsymbol{E}_n+\boldsymbol{A})^{-1}=(\boldsymbol{E}_n+\boldsymbol{A})^{-1}(\boldsymbol{E}_n-\boldsymbol{A})$，现证明如下：

由于
$$(\boldsymbol{E}_n-\boldsymbol{A})(\boldsymbol{E}_n+\boldsymbol{A})=(\boldsymbol{E}_n+\boldsymbol{A})(\boldsymbol{E}_n-\boldsymbol{A}),$$
所以
$$(\boldsymbol{E}_n+\boldsymbol{A})^{-1}(\boldsymbol{E}_n-\boldsymbol{A})=(\boldsymbol{E}_n-\boldsymbol{A})(\boldsymbol{E}_n+\boldsymbol{A})^{-1}.$$

例 2.32　设 $\boldsymbol{A}=(a_{ij})$ 是 n 阶实矩阵$(n\geqslant 3)$，其中$|\boldsymbol{A}|$的每个元素 a_{ij} 等于它自己的代数余子式 $A_{ij}(i,j=1,2,\cdots,n)$，且至少有一个代数余子式不为零，证明：$\boldsymbol{A}$ 是正交矩阵.

分析　利用正交矩阵的定义证明，即从计算 $\boldsymbol{AA}^{\mathrm{T}}$ 入手.

证明　由题设知 $\boldsymbol{A}=(a_{ij})=(A_{ij})=(A_{ji})^{\mathrm{T}}=(\boldsymbol{A}^*)^{\mathrm{T}}$，或 $\boldsymbol{A}^{\mathrm{T}}=\boldsymbol{A}^*$ 于是，有
$$\boldsymbol{AA}^{\mathrm{T}}=\sum_{k=1}^{n}a_{ik}A_{jk}=\begin{pmatrix}|A| & & & \\ & |A| & & \\ & & \ddots & \\ & & & |A|\end{pmatrix}.$$

由题设，不妨设 $A_{11}\neq 0$，则
$$|\boldsymbol{A}|\xlongequal{\text{按第 1 行展开}}a_{11}A_{11}+a_{12}A_{12}+\cdots+a_{1n}A_{1n}$$
$$=A_{11}^2+A_{12}^2+\cdots+A_{1n}^2>0.$$
于是由$|\boldsymbol{A}|=|(\boldsymbol{A}^*)^{\mathrm{T}}|=|\boldsymbol{A}|^{n-1}$及 $n\geqslant 3$，得$|\boldsymbol{A}|=1$. 从而 $\boldsymbol{AA}^{\mathrm{T}}=\boldsymbol{E}_n$.
因此 $\boldsymbol{A}$ 是 n 阶正交矩阵.

附注　设 $|\boldsymbol{A}|=\begin{vmatrix}a_{11} & a_{12} & \cdots & a_{1n}\\ a_{21} & a_{22} & \cdots & a_{2n}\\ \vdots & \vdots & & \vdots\\ a_{n1} & a_{n2} & \cdots & a_{nn}\end{vmatrix}$，则有
$$\sum_{k=1}^{n}a_{ik}A_{jk}=\begin{cases}|A|, & i=j,\\ 0, & i\neq j\end{cases}(\text{其中 } i,j=1,2,\cdots,n).$$

例 2.33　证明：不存在 n 阶正交矩阵 $\boldsymbol{A},\boldsymbol{B}$，使得 $\boldsymbol{A}^2=\boldsymbol{AB}+\boldsymbol{B}^2$.

分析　用反证法证明.

证明　如果存在 n 阶正交矩阵 $\boldsymbol{A},\boldsymbol{B}$，使得 $\boldsymbol{A}^2=\boldsymbol{AB}+\boldsymbol{B}^2$，由此得到
$$\boldsymbol{A}^{\mathrm{T}}\boldsymbol{A}^2=\boldsymbol{A}^{\mathrm{T}}(\boldsymbol{AB})+\boldsymbol{A}^{\mathrm{T}}\boldsymbol{B}^2,\text{即 }\boldsymbol{A}=\boldsymbol{B}+\boldsymbol{A}^{\mathrm{T}}\boldsymbol{B}^2,\text{或 }\boldsymbol{A}-\boldsymbol{B}=\boldsymbol{A}^{\mathrm{T}}\boldsymbol{B}^2; \tag{1}$$
$$\boldsymbol{A}^2\boldsymbol{B}^{\mathrm{T}}=(\boldsymbol{AB})\boldsymbol{B}^{\mathrm{T}}+\boldsymbol{B}^2\boldsymbol{B}^{\mathrm{T}},\text{即 }\boldsymbol{A}^2\boldsymbol{B}^{\mathrm{T}}=\boldsymbol{A}+\boldsymbol{B},\text{或 }\boldsymbol{A}+\boldsymbol{B}=\boldsymbol{A}^2\boldsymbol{B}^{\mathrm{T}}. \tag{2}$$

由于 $\boldsymbol{A}^{\mathrm{T}},\boldsymbol{B}^{\mathrm{T}},\boldsymbol{A}^2,\boldsymbol{B}^2$ 都是正交矩阵，并且两个 n 阶正交矩阵之积是正交矩阵，所以由式(1)与式(2)知 $\boldsymbol{A}-\boldsymbol{B}$ 与 $\boldsymbol{A}+\boldsymbol{B}$ 也都是正交矩阵，从而
$$\boldsymbol{E}_n=(\boldsymbol{A}-\boldsymbol{B})(\boldsymbol{A}-\boldsymbol{B})^{\mathrm{T}}=(\boldsymbol{A}-\boldsymbol{B})(\boldsymbol{A}^{\mathrm{T}}-\boldsymbol{B}^{\mathrm{T}})=2\boldsymbol{E}_n-\boldsymbol{AB}^{\mathrm{T}}-\boldsymbol{BA}^{\mathrm{T}}, \tag{3}$$
$$\boldsymbol{E}_n=(\boldsymbol{A}+\boldsymbol{B})(\boldsymbol{A}+\boldsymbol{B})^{\mathrm{T}}=(\boldsymbol{A}+\boldsymbol{B})(\boldsymbol{A}^{\mathrm{T}}+\boldsymbol{B}^{\mathrm{T}})=2\boldsymbol{E}_n+\boldsymbol{AB}^{\mathrm{T}}+\boldsymbol{BA}^{\mathrm{T}}. \tag{4}$$

式(3)与式(4)相加得到矛盾的结果 $2\boldsymbol{E}_n=4\boldsymbol{E}_n$. 因此不存在 n 阶正交矩阵 $\boldsymbol{A},\boldsymbol{B}$，使得 $\boldsymbol{A}^2=\boldsymbol{AB}+\boldsymbol{B}^2$.

附注　当 $\boldsymbol{A},\boldsymbol{B}$ 都是正交矩阵时，$\boldsymbol{A}^{\mathrm{T}},\boldsymbol{A}^{-1},\boldsymbol{A}^2,\boldsymbol{AB}$ 都是正交矩阵，但 $\boldsymbol{A}+\boldsymbol{B}$ 与 $\boldsymbol{A}-\boldsymbol{B}$ 未必是正交矩阵.

(Ⅱ)

例 2.34　设 $\boldsymbol{A},\boldsymbol{C}$ 都是 $m\times s$ 矩阵，$\boldsymbol{B},\boldsymbol{D}$ 都是 $s\times n$ 矩阵，证明：

$$r(\boldsymbol{AB}-\boldsymbol{CD})\leqslant r(\boldsymbol{A}-\boldsymbol{C})+r(\boldsymbol{B}-\boldsymbol{D}).$$

分析 引入分块矩阵$\begin{pmatrix}\boldsymbol{A}-\boldsymbol{C} & \boldsymbol{O}\\ \boldsymbol{O} & \boldsymbol{B}-\boldsymbol{D}\end{pmatrix}$,并对它施行初等变换即可获得证明.

证明 由于$\begin{pmatrix}\boldsymbol{A}-\boldsymbol{C} & \boldsymbol{O}\\ \boldsymbol{O} & \boldsymbol{B}-\boldsymbol{D}\end{pmatrix}\xrightarrow[\text{加到第 1“行”}]{\text{第 2“行”左乘 } \boldsymbol{C}}\begin{pmatrix}\boldsymbol{A}-\boldsymbol{C} & \boldsymbol{CB}-\boldsymbol{CD}\\ \boldsymbol{O} & \boldsymbol{B}-\boldsymbol{D}\end{pmatrix}\xrightarrow[\text{加到第 2“列”}]{\text{第 1“列”右乘 } \boldsymbol{B}}\begin{pmatrix}\boldsymbol{A}-\boldsymbol{C} & \boldsymbol{AB}-\boldsymbol{CD}\\ \boldsymbol{O} & \boldsymbol{B}-\boldsymbol{D}\end{pmatrix}$

所以
$$r\begin{pmatrix}\boldsymbol{A}-\boldsymbol{C} & \boldsymbol{O}\\ \boldsymbol{O} & \boldsymbol{B}-\boldsymbol{D}\end{pmatrix}=r\begin{pmatrix}\boldsymbol{A}-\boldsymbol{C} & \boldsymbol{AB}-\boldsymbol{CD}\\ \boldsymbol{O} & \boldsymbol{B}-\boldsymbol{D}\end{pmatrix}.$$

于是,由分块矩阵秩的公式,得

$$r(\boldsymbol{A}-\boldsymbol{C})+r(\boldsymbol{B}-\boldsymbol{D})=r\begin{pmatrix}\boldsymbol{A}-\boldsymbol{C} & \boldsymbol{AB}-\boldsymbol{CD}\\ \boldsymbol{O} & \boldsymbol{B}-\boldsymbol{D}\end{pmatrix}\geqslant r(\boldsymbol{A}-\boldsymbol{C}\ \vdots\ \boldsymbol{AB}-\boldsymbol{CD})\geqslant r(\boldsymbol{AB}-\boldsymbol{CD}),$$

即
$$r(\boldsymbol{AB}-\boldsymbol{CD})\leqslant r(\boldsymbol{A}-\boldsymbol{C})+r(\boldsymbol{B}-\boldsymbol{D}).$$

附注 由于要证明的不等式的右边 $r(\boldsymbol{A}-\boldsymbol{C})+r(\boldsymbol{B}-\boldsymbol{D})=r\begin{pmatrix}\boldsymbol{A}-\boldsymbol{C} & \boldsymbol{O}\\ \boldsymbol{O} & \boldsymbol{B}-\boldsymbol{D}\end{pmatrix}$,所以解题过程中引入分块矩阵$\begin{pmatrix}\boldsymbol{A}-\boldsymbol{C} & \boldsymbol{O}\\ \boldsymbol{O} & \boldsymbol{B}-\boldsymbol{D}\end{pmatrix}$.

例 2.35 设 $\boldsymbol{A}$ 是 n 阶矩阵,满足 $\boldsymbol{A}^2-\boldsymbol{A}=2\boldsymbol{E}_n$,证明:

$$r(2\boldsymbol{E}_n-\boldsymbol{A})+r(\boldsymbol{E}_n+\boldsymbol{A})=n.$$

分析 利用公式 $r(\boldsymbol{A})+r(\boldsymbol{B})-s\leqslant r(\boldsymbol{AB})$(其中 $\boldsymbol{A},\boldsymbol{B}$ 分别是 $m\times s$ 与 $s\times n$ 矩阵)以及 $r(\boldsymbol{M}+\boldsymbol{N})\leqslant r(\boldsymbol{M})+r(\boldsymbol{N})$(其中 $\boldsymbol{M},\boldsymbol{N}$ 都是 $m\times n$ 矩阵)证明.

证明 由 $\boldsymbol{A}^2-\boldsymbol{A}=2\boldsymbol{E}_n$,得$(2\boldsymbol{E}_n-\boldsymbol{A})(\boldsymbol{E}_n+\boldsymbol{A})=\boldsymbol{O}$,所以

$$r(2\boldsymbol{E}_n-\boldsymbol{A})+r(\boldsymbol{E}_n+\boldsymbol{A})-n\leqslant r[(2\boldsymbol{E}_n-\boldsymbol{A})(\boldsymbol{E}_n+\boldsymbol{A})]=0,$$

即
$$r(2\boldsymbol{E}_n-\boldsymbol{A})+r(\boldsymbol{E}_n+\boldsymbol{A})\leqslant n. \tag{1}$$

另一方面 $r(2\boldsymbol{E}_n-\boldsymbol{A})+r(\boldsymbol{E}_n+\boldsymbol{A})\geqslant r(2\boldsymbol{E}_n-\boldsymbol{A}+\boldsymbol{E}_n+\boldsymbol{A})=r(\boldsymbol{E}_n)=n$,

即
$$r(\boldsymbol{E}_n-\boldsymbol{A})+r(\boldsymbol{E}_n+\boldsymbol{A})\geqslant n \tag{2}$$

比较式(1)与式(2),得

$$r(2\boldsymbol{E}_n-\boldsymbol{A})+r(\boldsymbol{E}_n+\boldsymbol{A})=n.$$

附注 以下的关于矩阵秩的不等式是常用的:

(ⅰ)设 $\boldsymbol{A},\boldsymbol{B}$ 都是 $m\times n$ 矩阵,则 $r(\boldsymbol{A}+\boldsymbol{B})\leqslant r(\boldsymbol{A})+r(\boldsymbol{B})$.

(ⅱ)设 $\boldsymbol{A},\boldsymbol{B}$ 分别是 $m\times s$ 与 $s\times n$ 矩阵,则

$$r(\boldsymbol{A})+r(\boldsymbol{B})-s\leqslant r(\boldsymbol{AB})\leqslant \min\{r(\boldsymbol{A}),r(\boldsymbol{B})\}.$$

例 2.36 设 $\boldsymbol{A},\boldsymbol{B},\boldsymbol{C}$ 都是 n 阶矩阵,证明:

$$r(\boldsymbol{AB})+r(\boldsymbol{BC})\leqslant r(\boldsymbol{B})+r(\boldsymbol{ABC}).$$

分析 引入分块矩阵$\begin{pmatrix}\boldsymbol{AB} & \boldsymbol{O}\\ \boldsymbol{B} & \boldsymbol{BC}\end{pmatrix}$,并对它施行初等变换.

证明 由于$\begin{pmatrix}\boldsymbol{AB} & \boldsymbol{O}\\ \boldsymbol{B} & \boldsymbol{BC}\end{pmatrix}\xrightarrow[\text{加到第 2“列”}]{\text{第 1“列”右乘}(-\boldsymbol{C})}\begin{pmatrix}\boldsymbol{AB} & -\boldsymbol{ABC}\\ \boldsymbol{B} & \boldsymbol{O}\end{pmatrix}\xrightarrow[\text{加到第 1“行”}]{\text{第 2“行”左乘}(-\boldsymbol{A})}\begin{pmatrix}\boldsymbol{O} & -\boldsymbol{ABC}\\ \boldsymbol{B} & \boldsymbol{O}\end{pmatrix}$

所以
$$\begin{aligned}r(\boldsymbol{AB})+r(\boldsymbol{BC})&\leqslant\begin{pmatrix}\boldsymbol{AB} & \boldsymbol{O}\\ \boldsymbol{B} & \boldsymbol{BC}\end{pmatrix}=r\begin{pmatrix}\boldsymbol{O} & -\boldsymbol{ABC}\\ \boldsymbol{B} & \boldsymbol{O}\end{pmatrix}\\ &=r(-\boldsymbol{ABC})+r(\boldsymbol{B})\end{aligned}$$

$$=r(\boldsymbol{ABC})+r(\boldsymbol{B}),$$

即
$$r(\boldsymbol{AB})+r(\boldsymbol{BC})\leqslant r(\boldsymbol{ABC})+r(\boldsymbol{B}).$$

附注　要证的不等式中的 $r(\boldsymbol{AB})+r(\boldsymbol{BC})$ 满足 $r(\boldsymbol{AB})+r(\boldsymbol{BC})=r\begin{pmatrix}\boldsymbol{AB} & \boldsymbol{O}\\ \boldsymbol{O} & \boldsymbol{BC}\end{pmatrix}$，为了使矩阵 $\begin{pmatrix}\boldsymbol{AB} & \boldsymbol{O}\\ \boldsymbol{O} & \boldsymbol{BC}\end{pmatrix}$ 经初等变换后有"元素"$\boldsymbol{ABC}$ 出现，把上述分块矩阵修正成 $\begin{pmatrix}\boldsymbol{AB} & \boldsymbol{O}\\ \boldsymbol{B} & \boldsymbol{BC}\end{pmatrix}$. 这就是引入 $\begin{pmatrix}\boldsymbol{AB} & \boldsymbol{O}\\ \boldsymbol{B} & \boldsymbol{BC}\end{pmatrix}$ 的由来.

例 2.37　设 $\boldsymbol{A},\boldsymbol{B}$ 都是 n 阶矩阵，它们满足

$$r(\boldsymbol{E}_n+\boldsymbol{AB})+r(\boldsymbol{E}_n-\boldsymbol{AB})=n,$$

证明：$(\boldsymbol{AB})^2=\boldsymbol{E}_n$.

分析　只要证明 $r((\boldsymbol{AB})^2-\boldsymbol{E}_n)=0$ 即可，为此引入适当的分块矩阵.

证明　引入分块矩阵

$$\boldsymbol{G}=\begin{bmatrix}\boldsymbol{E}_n+\boldsymbol{AB} & \boldsymbol{O}\\ \boldsymbol{O} & \boldsymbol{E}_n-\boldsymbol{AB}\end{bmatrix}.$$

显然，
$$r(\boldsymbol{G})=r(\boldsymbol{E}_n+\boldsymbol{AB})+r(\boldsymbol{E}_n-\boldsymbol{AB})=n. \tag{1}$$

此外，$\boldsymbol{G}\xrightarrow{\text{第 2“行”加到第 1“行”}}\begin{bmatrix}\boldsymbol{E}_n+\boldsymbol{AB} & \boldsymbol{E}_n-\boldsymbol{AB}\\ \boldsymbol{O} & \boldsymbol{E}_n-\boldsymbol{AB}\end{bmatrix}\xrightarrow{\text{第 2“列”加到第 1“列”}}\begin{bmatrix}2\boldsymbol{E}_n & \boldsymbol{E}_n-\boldsymbol{AB}\\ \boldsymbol{E}_n-\boldsymbol{AB} & \boldsymbol{E}_n-\boldsymbol{AB}\end{bmatrix}$

$$\xrightarrow[\text{加到第 2“行”}]{\text{第 1“行”左乘}\left(-\frac{1}{2}(\boldsymbol{E}_n-\boldsymbol{AB})\right)}\begin{bmatrix}2\boldsymbol{E}_n & \boldsymbol{E}_n-\boldsymbol{AB}\\ \boldsymbol{O} & \frac{1}{2}\boldsymbol{E}_n-\frac{1}{2}(\boldsymbol{AB})^2\end{bmatrix}.$$

于是，$r(\boldsymbol{G})=r(2\boldsymbol{E}_n)+r\left(\frac{1}{2}\boldsymbol{E}_n-\frac{1}{2}(\boldsymbol{AB})^2\right)=n+r\left(\frac{1}{2}\boldsymbol{E}_n-\frac{1}{2}(\boldsymbol{AB})^2\right).$　　(2)

比较式(1)与式(2)，得 $r\left(\frac{1}{2}\boldsymbol{E}_n-\frac{1}{2}(\boldsymbol{AB})^2\right)=0$，所以

$$\boldsymbol{E}_n-(\boldsymbol{AB})^2=0,\text{即}(\boldsymbol{AB})^2=\boldsymbol{E}_n.$$

附注　证明实矩阵 $\boldsymbol{A}$ 为零矩阵的方法主要有：

(1) 证明 $r(\boldsymbol{A})=0$.

(2) 证明 $t_r(\boldsymbol{AA}^{\mathrm{T}})=0$.

本题是按方法(1)证明的.

例 2.38　设 $\boldsymbol{A}$ 是 $m\times n(m\leqslant n)$ 矩阵，证明：$r(\boldsymbol{A})=m$ 的充分必要条件是存在 n 阶可逆矩阵 $\boldsymbol{Q}$，使得 $\boldsymbol{AQ}=(\boldsymbol{E}_m\ \vdots\ \boldsymbol{O}_{m\times(n-m)})$.

分析　充分性是容易证明的，必要性可从 $\boldsymbol{A}$ 与 $\begin{pmatrix}\boldsymbol{E}_m & \boldsymbol{O}\\ \boldsymbol{O} & \boldsymbol{O}\end{pmatrix}$($\boldsymbol{A}$ 的标准形)等价入手，即可找到使得 $\boldsymbol{AQ}=(\boldsymbol{E}_m\ \vdots\ \boldsymbol{Q}_{m\times(n-m)})$ 的 n 阶可逆矩阵 $\boldsymbol{Q}$.

证明　充分性：设存在 n 阶可逆矩阵 $\boldsymbol{Q}$，使得 $\boldsymbol{AQ}=(\boldsymbol{E}_m\ \vdots\ \boldsymbol{Q}_{m\times(n-m)})$，则 $r(\boldsymbol{A})=r(\boldsymbol{AQ})=r(\boldsymbol{E}_m\ \vdots\ \boldsymbol{Q}_{m\times(n-m)})=m$.

必要性：由于 $r(\boldsymbol{A})=m$，所以存在 m 阶可逆矩阵 $\boldsymbol{P}_0$ 与 n 阶可逆矩阵 $\boldsymbol{Q}_0$，使得 $\boldsymbol{P}_0\boldsymbol{AQ}_0=(\boldsymbol{E}_m\ \vdots\ \boldsymbol{O}_{m\times(n-m)})$，即

$$\boldsymbol{AQ}_0=\boldsymbol{P}_0^{-1}(\boldsymbol{E}_m\ \vdots\ \boldsymbol{O}_{m\times(n-m)})=(\boldsymbol{P}_0^{-1}\ \vdots\ \boldsymbol{O}_{m\times(n-m)})=(\boldsymbol{E}_m\ \vdots\ \boldsymbol{O}_{m\times(n-m)})\begin{bmatrix}\boldsymbol{P}_0^{-1} & \\ & \boldsymbol{E}_{n-m}\end{bmatrix},$$

所以有
$$AQ_0\begin{pmatrix}P_0^{-1} & \\ & E_{n-m}\end{pmatrix}^{-1}=(E_m \,\vdots\, O_{m\times(n-m)}).$$

记
$$Q=Q_0\begin{pmatrix}P_0^{-1} & \\ & E_{n-m}\end{pmatrix}^{-1}=Q_0\begin{pmatrix}P_0 & \\ & E_{n-m}\end{pmatrix},$$
则 Q 是 n 阶可逆矩阵,它使得 $AQ=(E_m \,\vdots\, O_{m\times(n-m)})$.

附注　(1)与本题同样可证以下结论:

设 A 是 $m\times n(n\leqslant m)$矩阵,证明 $r(A)=n$ 的充分必要条件是存在 m 阶可逆矩阵 P,使得
$$PA=\begin{pmatrix}E_n \\ \hdashline O_{(m-n)\times n}\end{pmatrix}.$$

(2)用题中得到的结论,易证以下命题:

设 A 是 $s\times m$ 矩阵,B 是 $n\times s$ 矩阵,且 $r(A)=s$,则 $r(BA)=r(B)$. 具体证明如下:

由 $r(A)=s$ 知,存在 m 阶可逆矩阵 Q,使得 $AQ=(E_s,O_{s\times(m-s)})$. 所以
$$BAQ=B(E_s,O_{s\times(m-s)})=(B,O_{n\times(m-s)}).$$
由此得到 $r(BA)=r(B)$. 同样可证以下命题:

设 A 是 $m\times s$ 矩阵,B 是 $s\times n$ 矩阵,且 $r(A)=s$,则 $r(AB)=r(B)$.

例 2.39　设
$$\begin{cases}\beta_1=\alpha_2+\alpha_3+\alpha_4+\cdots+\alpha_n,\\ \beta_2=\alpha_1+\alpha_3+\alpha_4+\cdots+\alpha_n,\\ \beta_3=\alpha_2+\alpha_2+\alpha_4+\cdots+\alpha_n,\\ \vdots\\ \beta_n=\alpha_1+\alpha_2+\alpha_3+\cdots+\alpha_{n-1},\end{cases}$$
$(n>1)$,证明:向量组(Ⅰ):$\alpha_1,\alpha_2,\cdots,\alpha_n$ 与(Ⅱ):$\beta_1,\beta_2,\cdots,\beta_n$ 等价,并问矩阵 $A=(\alpha_1,\alpha_2,\alpha_3,\cdots,\alpha_s)$与 $B=(\beta_1,\beta_2,\cdots,\beta_t)$(其中$0<s\leqslant n$,$0<t\leqslant n$)是否等价?

分析　只要证明(Ⅰ)可由(Ⅱ)线性表示即可.

证明　由题设知,(Ⅱ)可由(Ⅰ)线性表示,现证(Ⅰ)也可由(Ⅱ)线性表示:

由于 $\alpha_1+\alpha_2+\cdots+\alpha_n=\dfrac{1}{n-1}(\beta_1+\beta_2+\cdots+\beta_n)$,所以
$$\alpha_1=\frac{1}{n-1}(\beta_1+\beta_2+\cdots+\beta_n)-\beta_1=\frac{2-n}{n-1}\beta_1+\frac{1}{n-1}\beta_2+\cdots+\frac{1}{n-1}\beta_n,$$
$$\alpha_2=\frac{1}{n-1}(\beta_1+\beta_2+\cdots+\beta_n)-\beta_2=\frac{1}{n-1}\beta_1+\frac{2-n}{n-1}\beta_2+\cdots+\frac{1}{n-1}\beta_n,$$
$$\vdots$$
$$\alpha_n=\frac{1}{n-1}(\beta_1+\beta_2+\cdots+\beta_n)-\beta_n=\frac{1}{n-1}\beta_1+\frac{1}{n-1}\beta_2+\cdots+\frac{2-n}{n-1}\beta_n,$$
因此,向量组(Ⅰ)与(Ⅱ)等价.

当 $s=t=n$ 时,$r(A)=r(\text{Ⅰ})=r(\text{Ⅱ})=r(B)$,所以此时 A 与 B 等价. 但当 s,t 中至少有一个小于 n 时,A 与 B 未必等价.

附注　(1)本题也可证明如下:不妨设 $\alpha_1,\cdots,\alpha_n;\beta_1,\cdots,\beta_n$ 都是列向量,则由题设,得

$$(\boldsymbol{\beta}_1,\boldsymbol{\beta}_2,\cdots,\boldsymbol{\beta}_n)=(\boldsymbol{\alpha}_1,\boldsymbol{\alpha}_2,\cdots,\boldsymbol{\alpha}_n)\begin{pmatrix}0&1&\cdots&1\\1&0&\cdots&1\\1&1&\cdots&1\\\vdots&\vdots&&\vdots\\1&1&\cdots&0\end{pmatrix}. \tag{1}$$

记 $\boldsymbol{B}_1=\begin{pmatrix}0&1&\cdots&1\\1&0&\cdots&1\\1&1&\cdots&1\\\vdots&\vdots&&\vdots\\1&1&\cdots&0\end{pmatrix}$,则 $|\boldsymbol{B}_1|=(n-1)(-1)^{n-1}\neq0$,即 $\boldsymbol{B}_1$ 可逆,所以有

$$(\boldsymbol{\alpha}_1,\boldsymbol{\alpha}_1,\cdots,\boldsymbol{\alpha}_n)=(\boldsymbol{\beta}_1,\boldsymbol{\beta}_2,\cdots,\boldsymbol{\beta}_n)\boldsymbol{B}_1^{-1}. \tag{2}$$

由式(1)与式(2)知(Ⅰ)与(Ⅱ)等价.

(2) 这里应当注意的是:设列向量组(Ⅰ):$\boldsymbol{\alpha}_1,\boldsymbol{\alpha}_2,\cdots,\boldsymbol{\alpha}_s$,(Ⅱ):$\boldsymbol{\beta}_1,\boldsymbol{\beta}_2,\cdots,\boldsymbol{\beta}_t$. 记

$$\boldsymbol{A}=(\boldsymbol{\alpha}_1,\boldsymbol{\alpha}_2,\cdots,\boldsymbol{\alpha}_s),\boldsymbol{B}=(\boldsymbol{\beta}_1,\boldsymbol{\beta}_2,\cdots,\boldsymbol{\beta}_t),$$

则(Ⅰ)与(Ⅱ)等价必有 $\boldsymbol{A}$ 与 $\boldsymbol{B}$ 等价,但 $\boldsymbol{A}$ 与 $\boldsymbol{B}$ 等价未必有(Ⅰ)与(Ⅱ)等价.

例 2.40 设 n 维线性无关向量组:$\boldsymbol{\alpha}_1,\boldsymbol{\alpha}_2,\cdots,\boldsymbol{\alpha}_n$,又设向量 $\boldsymbol{\beta}=t_1\boldsymbol{\alpha}_1+t_2\boldsymbol{\alpha}_2+\cdots+t_n\boldsymbol{\alpha}_n$(其中 $t_1,t_2,\cdots,t_n$ 都是不为零的数),证明:$\boldsymbol{\alpha}_1,\boldsymbol{\alpha}_2,\cdots,\boldsymbol{\alpha}_n,\boldsymbol{\beta}$ 中的任意 n 个向量都线性无关.

分析　用向量组线性无关定义证明.

证明　$\boldsymbol{\alpha}_1,\boldsymbol{\alpha}_2,\cdots,\boldsymbol{\alpha}_n,\boldsymbol{\beta}$ 中的 n 个向量 $\boldsymbol{\alpha}_1,\boldsymbol{\alpha}_2,\cdots,\boldsymbol{\alpha}_n$ 显然线性无关.

下面证明 $\boldsymbol{\alpha}_1,\cdots,\boldsymbol{\alpha}_{i-1},\boldsymbol{\alpha}_{i+1},\cdots,\boldsymbol{\alpha}_n,\boldsymbol{\beta}$ 线性无关.

设有数 $k_1,\cdots,k_{i-1},k_{i+1},\cdots,k_n,k$ 使得

$$k_1\boldsymbol{\alpha}_1+\cdots+k_{i-1}\boldsymbol{\alpha}_{i-1}+k_{i+1}\boldsymbol{\alpha}_{i+1}+\cdots+k_n\boldsymbol{\alpha}_n+k\boldsymbol{\beta}=\boldsymbol{0},$$

即
$$\begin{aligned}&k_1\boldsymbol{\alpha}_1+\cdots+k_{i-1}\boldsymbol{\alpha}_{i-1}+k_{i+1}\boldsymbol{\alpha}_{i+1}+\cdots+k_n\boldsymbol{\alpha}_n+k(t_1\boldsymbol{\alpha}_1+\cdots+t_{i-1}\boldsymbol{\alpha}_{i-1}+t_i\boldsymbol{\alpha}_i+t_{i+1}\boldsymbol{\alpha}_{i+1}+\cdots+t_n\boldsymbol{\alpha}_n)\\&=(k_1+kt_1)\boldsymbol{\alpha}_1+\cdots+(k_{i-1}+kt_{i-1})\boldsymbol{\alpha}_{i-1}+kt_i\boldsymbol{\alpha}_i+(k_{i+1}+kt_{i+1})\boldsymbol{\alpha}_{i+1}+\cdots+(k_n+kt_n)\boldsymbol{\alpha}_n\\&=\boldsymbol{0}.\end{aligned}$$

于是由 $\boldsymbol{\alpha}_1,\cdots,\boldsymbol{\alpha}_{i-1},\boldsymbol{\alpha}_i,\boldsymbol{\alpha}_{i+1},\cdots,\boldsymbol{\alpha}_n$ 线性无关,得

$$\begin{cases}k_1+kt_1=0,\\\vdots\\k_{i-1}+kt_{i-1}=0,\\kt_i=0,\\k_{i+1}+kt_{i+1}=0,\\\vdots\\k_{n-1}+kt_n=0\end{cases}\quad 即\ k_1=\cdots=k_{i-1}=k_{i+1}=\cdots=k_n=0(利用\ t_i\neq0).$$

因此,$\boldsymbol{\alpha}_1,\cdots,\boldsymbol{\alpha}_{i-1},\boldsymbol{\alpha}_{i+1},\cdots,\boldsymbol{\alpha}_n,\boldsymbol{\beta}$ 线性无关. 显然,以上证明对 $i=1,2,\cdots,n$ 都成立.

综上所述,得 $\boldsymbol{\alpha}_1,\cdots,\boldsymbol{\alpha}_n,\boldsymbol{\beta}$ 中任意 n 个向量都线性无关.

附注　解题过程中是用线性无关定义证明 $\boldsymbol{\alpha}_1,\cdots,\boldsymbol{\alpha}_{i-1},\boldsymbol{\alpha}_{i+1},\cdots,\boldsymbol{\alpha}_n,\boldsymbol{\beta}$ 线性无关,实际上也可从证明 $r(\boldsymbol{\alpha}_1,\cdots,\boldsymbol{\alpha}_{i-1},\boldsymbol{\alpha}_{i+1},\cdots,\boldsymbol{\alpha}_n,\boldsymbol{\beta})=n$ 入手. 具体如下:

显然 $\boldsymbol{\alpha}_1,\cdots,\boldsymbol{\alpha}_{i-1},\boldsymbol{\alpha}_{i+1},\cdots,\boldsymbol{\alpha}_n,\boldsymbol{\beta}$ 可由向量组 $\boldsymbol{\alpha}_1,\boldsymbol{\alpha}_2,\cdots,\boldsymbol{\alpha}_n$ 线性表示.

由于 $\begin{cases}\boldsymbol{\alpha}_1=\boldsymbol{\alpha}_1,\\ \vdots\\ \boldsymbol{\alpha}_{i-1}=\boldsymbol{\alpha}_{i-1},\\ \boldsymbol{\alpha}_i=\dfrac{1}{t_i}\boldsymbol{\beta}-\dfrac{1}{t_i}\boldsymbol{\alpha}_1-\cdots-\dfrac{t_{i-1}}{t_i}\boldsymbol{\alpha}_{i-1}-\dfrac{t_{i+1}}{t_i}\boldsymbol{\alpha}_{i+1}-\cdots-\dfrac{t_n}{t_i}\boldsymbol{\alpha}_n,\\ \boldsymbol{\alpha}_{i+1}=\boldsymbol{\alpha}_{i+1},\\ \vdots\\ \boldsymbol{\alpha}_n=\boldsymbol{\alpha}_n,\end{cases}$

所以,$\boldsymbol{\alpha}_1,\cdots,\boldsymbol{\alpha}_n$ 也可由 $\boldsymbol{\alpha}_1,\cdots,\boldsymbol{\alpha}_{i-1},\boldsymbol{\alpha}_{i+1},\cdots,\boldsymbol{\alpha}_n,\boldsymbol{\beta}$ 线性表示,因此这两个向量组等价,从而有 $r(\boldsymbol{\alpha}_1,\cdots,\boldsymbol{\alpha}_{i-1},\boldsymbol{\alpha}_{i+1},\cdots,\boldsymbol{\alpha}_n,\boldsymbol{\beta})=r(\boldsymbol{\alpha}_1,\cdots,\boldsymbol{\alpha}_n)=n$,即 $\boldsymbol{\alpha}_1,\cdots,\boldsymbol{\alpha}_{i-1},\boldsymbol{\alpha}_{i+1},\cdots,\boldsymbol{\alpha}_n,\boldsymbol{\beta}$ 线性无关.

例 2.41 设向量组 $\boldsymbol{\alpha}_1,\boldsymbol{\alpha}_2,\cdots,\boldsymbol{\alpha}_s$ 的秩为 r,在其中任取 m 个向量 $\boldsymbol{\alpha}_{i_1},\boldsymbol{\alpha}_{i_2},\cdots,\boldsymbol{\alpha}_{i_m}$. 证明:$r(\boldsymbol{\alpha}_{i_1},\boldsymbol{\alpha}_{i_2},\cdots,\boldsymbol{\alpha}_{i_m})\geqslant r+m-s$.

分析 从 $\boldsymbol{\alpha}_1,\boldsymbol{\alpha}_2,\cdots,\boldsymbol{\alpha}_s$ 的一个极大线性无关组入手考虑.

证明 记 $r(\boldsymbol{\alpha}_{i_1},\boldsymbol{\alpha}_{i_2},\cdots,\boldsymbol{\alpha}_{i_m})=r'$.

如果 $r=0$,则 $r'=0$. 此时有 $r'\geqslant r+(m-s)$(因为 $m\leqslant s$).

如果 $r>0$,则 $\boldsymbol{\alpha}_1,\boldsymbol{\alpha}_2,\cdots,\boldsymbol{\alpha}_s$ 可分成互不相交的两个部分组Ⅰ与Ⅱ,其中Ⅰ是 $\boldsymbol{\alpha}_1,\boldsymbol{\alpha}_2,\cdots,\boldsymbol{\alpha}_s$ 的一个极大线性无关组,Ⅱ是 $\boldsymbol{\alpha}_1,\boldsymbol{\alpha}_2,\cdots,\boldsymbol{\alpha}_s$ 的其余部分. 显然Ⅰ中有 r 个线性无关向量,Ⅱ中有$s-r$个向量. 于是 $\boldsymbol{\alpha}_{i_1},\boldsymbol{\alpha}_{i_2},\cdots,\boldsymbol{\alpha}_{i_m}$ 这 m 个向量中,最多有 $s-r$ 向量来自Ⅱ,于是至少有 $m-(s-r)$个向量来自Ⅰ,从而 $r'\geqslant m-(s-r)=r+m-s$.

附注 本题还可以这样证明:

将向量组 $\boldsymbol{\alpha}_1,\boldsymbol{\alpha}_2,\cdots,\boldsymbol{\alpha}_s$ 分成互不相交的两部分:Ⅲ与Ⅳ,其中Ⅲ是 $\boldsymbol{\alpha}_{i_1},\boldsymbol{\alpha}_{i_2},\cdots,\boldsymbol{\alpha}_{i_m}$,Ⅳ是其余的 $s-m$ 个向量. 记 r(Ⅳ)$=r_1$,则 $r_1\leqslant s-m$,于是 $r=r'+r_1\leqslant r'+s-m$,从而有 $r'\geqslant r+m-s$.

显然这种证明更为简捷.

例 2.42 设向量组(Ⅰ):$\boldsymbol{\alpha}_1,\boldsymbol{\alpha}_2,\cdots,\boldsymbol{\alpha}_m$ 线性无关,向量组(Ⅱ):$\boldsymbol{\beta},\boldsymbol{\alpha}_1,\boldsymbol{\alpha}_2,\cdots,\boldsymbol{\alpha}_m$(其中$\boldsymbol{\beta}\neq\mathbf{0}$)线性相关,证明:(Ⅱ)中有且仅有一个向量 $\boldsymbol{\alpha}_i$ 可由其前面的向量线性表示.

分析 先证存在性,即证明有一个向量 $\boldsymbol{\alpha}_i(1\leqslant i\leqslant m)$,使得 $\boldsymbol{\alpha}_i=k\boldsymbol{\beta}+k_1\boldsymbol{\alpha}_1+\cdots+k_{i-1}\boldsymbol{\alpha}_{i-1}$,然后用反证法证明唯一性,即上述这样的 $\boldsymbol{\alpha}_i$ 在(Ⅱ)中是唯一的.

证明 由于(Ⅱ)线性相关,所以存在数 $k,k_1,\cdots,k_m$,使得

$$k\boldsymbol{\beta}+k_1\boldsymbol{\alpha}_1+\cdots+k_m\boldsymbol{\alpha}_m=\mathbf{0}. \tag{1}$$

显然 $k_1,k_2,\cdots,k_n$ 不全为零(这是因为,当 $k_1=\cdots=k_m=0$ 时,式(1)成为 $k\boldsymbol{\beta}=\mathbf{0}$. 于是由 $\boldsymbol{\beta}\neq\mathbf{0}$,得 $k=0$,这样推出 $\boldsymbol{\beta},\boldsymbol{\alpha}_1,\cdots,\boldsymbol{\alpha}_m$ 线性无关,与题设矛盾),设式(1)中自右而左第一个不为零的系数为 k_i,则式(1)可以简写成

$$k\boldsymbol{\beta}+k_1\boldsymbol{\alpha}_1+\cdots+k_i\boldsymbol{\alpha}_i=\mathbf{0},\text{即 }\boldsymbol{\alpha}_i=-\frac{k}{k_i}\boldsymbol{\beta}-\frac{k_1}{k_i}\boldsymbol{\alpha}_1-\cdots-\frac{k_{i-1}}{k_i}\boldsymbol{\alpha}_{i-1},$$

简记为

$$\boldsymbol{\alpha}_i=\lambda\boldsymbol{\beta}+\lambda_1\boldsymbol{\alpha}_1+\cdots+\lambda_{i-1}\boldsymbol{\alpha}_{i-1}. \tag{2}$$

下面证明唯一性. 如果另有 $\boldsymbol{\alpha}_j$,它可由位于其前面的向量 $\boldsymbol{\beta},\boldsymbol{\alpha}_1,\cdots,\boldsymbol{\alpha}_{j-1}$线性表示.

设 $j>i$,则

$$\boldsymbol{\alpha}_j=\mu\boldsymbol{\beta}+\mu_1\boldsymbol{\alpha}_1+\cdots+\mu_{i-1}\boldsymbol{\alpha}_{i-1}+\mu_i\boldsymbol{\alpha}_i+\mu_{i+1}\boldsymbol{\alpha}_{i+1}+\cdots+\mu_{j-1}\boldsymbol{\alpha}_{j-1}. \tag{3}$$

式(2)中的 $\lambda\neq0$,这是因为当 $\lambda=0$ 时,式(2)表明 $\boldsymbol{\alpha}_i$ 可以由 $\boldsymbol{\alpha}_1,\cdots,\boldsymbol{\alpha}_{i-1}$线性表示,这与 $\boldsymbol{\alpha}_1,\cdots,$

$\boldsymbol{\alpha}_i$ 线性无关矛盾. 于是由式(2)，得

$$\boldsymbol{\beta}=-\frac{\lambda_1}{\lambda}\boldsymbol{\alpha}_1-\cdots-\frac{\lambda_{i-1}}{\lambda}\boldsymbol{\alpha}_{i-1}+\frac{1}{\lambda}\boldsymbol{\alpha}_i. \tag{4}$$

同理可知式(3)中的 $\mu\neq0$，故有

$$\boldsymbol{\beta}=-\frac{\mu_1}{\mu}\boldsymbol{\alpha}_1-\cdots-\frac{\mu_{i-1}}{\mu}\boldsymbol{\alpha}_{i-1}-\frac{\mu_i}{\mu}\boldsymbol{\alpha}_i-\frac{\mu_{i+1}}{\mu}\boldsymbol{\alpha}_{i+1}-\cdots-\frac{\mu_{j-1}}{\mu}\boldsymbol{\alpha}_{j-1}+\frac{1}{\mu}\boldsymbol{\alpha}_j. \tag{5}$$

比较式(4)与式(5)，得

$$\left(-\frac{\lambda_1}{\lambda}+\frac{\mu_1}{\mu}\right)\boldsymbol{\alpha}_1+\cdots+\left(-\frac{\lambda_{i-1}}{\lambda}+\frac{\mu_{i-1}}{\mu}\right)\boldsymbol{\alpha}_{i-1}+\left(\frac{1}{\lambda}+\frac{\mu_i}{\mu}\right)\boldsymbol{\alpha}_i+\frac{\mu_{i+1}}{\mu}\boldsymbol{\alpha}_{i+1}+\cdots+\frac{\mu_{j-1}}{\mu}\boldsymbol{\alpha}_{j-1}-\frac{1}{\mu}\boldsymbol{\alpha}_j=\mathbf{0}.$$

这与 $\boldsymbol{\alpha}_1,\cdots,\boldsymbol{\alpha}_j$ 线性无关矛盾，即 $j>i$ 是不可能的. 同样可证 $i<j$ 也是不可能的，所以 $j=i$，即 $\boldsymbol{\alpha}_i$ 是唯一的.

附注　用反证法证明唯一性，是高等数学、线性代数中常用的方法.

例 2.43　设 $\boldsymbol{A}=(a_{ij})$ 是 n 阶矩阵，其中 $a_{ii}>\sum\limits_{\substack{j=1\\j\neq i}}^{n}|a_{ij}|(i=1,2,\cdots,n)$，证明：行列式 $|\boldsymbol{A}|>0$.

分析　先用反证法证明 $|\boldsymbol{A}|\neq0$，这里只要由 $|\boldsymbol{A}|=0$ 引出与题设矛盾即可，然后仍用反证法证明 $|\boldsymbol{A}|>0$，这里只需由 $|\boldsymbol{A}|<0$ 引出矛盾即可.

证明　先用反证法证明 $|\boldsymbol{A}|\neq0$.

设 $|\boldsymbol{A}|=0$，记 $\boldsymbol{A}=(\boldsymbol{\alpha}_1,\boldsymbol{\alpha}_2,\cdots,\boldsymbol{\alpha}_n)$(其中，$\boldsymbol{\alpha}_1,\boldsymbol{\alpha}_2,\cdots,\boldsymbol{\alpha}_n$ 是 $\boldsymbol{A}$ 的列向量组)，则 $\boldsymbol{\alpha}_1,\boldsymbol{\alpha}_2,\cdots,\boldsymbol{\alpha}_n$ 线性相关，故存在不全为零的数 $k_1,k_2,\cdots,k_n$，使得

$$k_1\boldsymbol{\alpha}_1+k_2\boldsymbol{\alpha}_2+\cdots+k_n\boldsymbol{\alpha}_n=\mathbf{0},$$

即

$$k_1a_{i1}+k_2a_{i2}+\cdots+k_na_{in}=0(i=1,2,\cdots,n).$$

记 $|k_1|,|k_2|,\cdots,|k_n|$ 中的最大者为 $|k_m|$，则 $|k_m|>0$，且

$$\begin{aligned}|k_m||a_{mm}|=|k_ma_{mm}|&=\left|-\sum_{\substack{j=1\\j\neq m}}^{n}k_ja_{mj}\right|\\&\leqslant\sum_{\substack{j=1\\j\neq m}}^{n}|k_j||a_{mj}|\leqslant|k_m|\sum_{\substack{j=1\\j\neq m}}^{n}|a_{mj}|,\end{aligned}$$

即　$|a_{mm}|\leqslant\sum\limits_{\substack{j=1\\j\neq m}}^{n}|a_{mj}|$，这与 $|a_{mm}|=a_{mm}>\sum\limits_{\substack{j=1\\j\neq m}}^{n}|a_{mj}|$ 矛盾，所以有 $|\boldsymbol{A}|\neq0$.

由题设 $a_{11},a_{22},\cdots,a_{nn}$ 都是正数，故引入矩阵

$$\boldsymbol{B}(x)=\begin{pmatrix}a_{11} & a_{12}x & \cdots & a_{1n}x\\ a_{21}x & a_{22} & \cdots & a_{2n}x\\ \vdots & \vdots & & \vdots\\ a_{n1}x & a_{n2}x & \cdots & a_{nn}x\end{pmatrix}.$$

记 $f(x)=|\boldsymbol{B}(x)|$，则 $f(x)$ 是不高于 n 次的多项式. 下面用反证法证明 $|\boldsymbol{A}|>0$.

设 $|\boldsymbol{A}|<0$，则有 $f(1)=|\boldsymbol{A}|<0$. 此外有 $f(0)=a_{11}a_{22}\cdots a_{nn}>0$，所以由连续函数零点定理知，存在 $x_0\in(0,1)$，使得 $f(x_0)=0$，即

$$|\boldsymbol{B}(x_0)|=0. \tag{1}$$

由于对于 $\boldsymbol{B}(x_0)$ 有

$$a_{ii} > \sum_{\substack{j=1 \\ j\neq i}}^{n} |a_{ij}| > \sum_{\substack{j=1 \\ j\neq i}}^{n} |a_{ij}x_0|$$

$(i=1,2,\cdots,n)$，所以由前面部分证明知

$$|\boldsymbol{B}(x_0)| \neq 0. \tag{2}$$

式(2)与式(1)矛盾知$|\boldsymbol{A}|\geqslant 0$. 但前面部分已证$|\boldsymbol{A}|\neq 0$，因此得证$|\boldsymbol{A}|>0$.

附注　本题证明有两点值得注意：

(1) 由$|\boldsymbol{A}|=0$知存在不全为零的数$k_1,k_2,\cdots,k_n$使得

$$k_1\boldsymbol{\alpha}_1+k_2\boldsymbol{\alpha}_2+\cdots+k_n\boldsymbol{\alpha}_n=\boldsymbol{0}.$$

(2) 为证明$|\boldsymbol{A}|>0$，引入矩阵$\boldsymbol{B}(x)$，使得$f(x)=|\boldsymbol{B}(x)|$. 为了使$f(1)=|A|$，$f(0)=a_{11}a_{22}\cdots a_{nn}$，所以将$\boldsymbol{B}$简单地取为

$$\boldsymbol{B}=\begin{pmatrix} a_{11} & a_{12}x & \cdots & a_{1n}x \\ a_{21}x & a_{22} & \cdots & a_{2n}x \\ \vdots & \vdots & & \vdots \\ a_{n1}x & a_{n2}x & \cdots & a_{nn}x \end{pmatrix}.$$

例 2.44　设$\boldsymbol{A}$是n阶矩阵，满足$\boldsymbol{A}^{m-1}\neq\boldsymbol{O}$，$\boldsymbol{A}^m=\boldsymbol{O}$($m$是正整数). 证明：存在$n$维列向量$\boldsymbol{\alpha}$，使得向量组$\boldsymbol{\alpha},\boldsymbol{A\alpha},\boldsymbol{A}^2\boldsymbol{\alpha},\cdots,\boldsymbol{A}^{m-1}\boldsymbol{\alpha}$线性无关.

分析　从考虑n维向量空间的标准基$\boldsymbol{e}_1=(1,0,0,\cdots,0,0)^{\mathrm{T}}$，$\boldsymbol{e}_2=(0,1,0,\cdots,0,0)^{\mathrm{T}}$，$\cdots$ $\boldsymbol{e}_n=(0,0,0,\cdots,0,1)^{\mathrm{T}}$中至少存在一个向量，例如$\boldsymbol{e}_i$，使得$\boldsymbol{A}^{m-1}\boldsymbol{e}_i\neq\boldsymbol{0}$入手.

证明　如果对每个$\boldsymbol{e}_i(i=1,2,\cdots,n)$都有$\boldsymbol{A}^{m-1}\boldsymbol{e}_i=\boldsymbol{0}$，则$\boldsymbol{A}^{m-1}=\boldsymbol{O}$. 这与题设$\boldsymbol{A}^{m-1}\neq\boldsymbol{O}$矛盾. 由此可知，在标准基中，存在某个向量，例如$\boldsymbol{e}_i$，使得$\boldsymbol{A}^{m-1}\boldsymbol{e}_i\neq\boldsymbol{0}$.

取$\boldsymbol{\alpha}=\boldsymbol{e}_i$，用反证法证明$\boldsymbol{\alpha},\boldsymbol{A\alpha},\boldsymbol{A}^2\boldsymbol{\alpha},\cdots,\boldsymbol{A}^{m-1}\boldsymbol{\alpha}$线性无关.

设$\boldsymbol{\alpha},\boldsymbol{A\alpha},\boldsymbol{A}^2\boldsymbol{\alpha},\cdots,\boldsymbol{A}^{m-1}\boldsymbol{\alpha}$线性相关，即存在不全为零的数$\lambda_0,\lambda_1,\cdots,\lambda_{m-1}$，使得

$$\lambda_0\boldsymbol{\alpha}+\lambda_1\boldsymbol{A\alpha}+\cdots+\lambda_{m-1}\boldsymbol{A}^{m-1}\boldsymbol{\alpha}=\boldsymbol{0}. \tag{1}$$

记$\lambda_0,\lambda_1,\cdots,\lambda_{m-1}$中第一个不为零的为$\lambda_j$，则式(1)可以简写成

$$\lambda_j\boldsymbol{A}^j\boldsymbol{\alpha}+\lambda_{j+1}\boldsymbol{A}^{j+1}\boldsymbol{\alpha}+\cdots+\lambda_{m-1}\boldsymbol{A}^{m-1}\boldsymbol{\alpha}=\boldsymbol{0}. \tag{2}$$

式(2)的两边左乘$\boldsymbol{A}^{m-1-j}$得

$$\lambda_j\boldsymbol{A}^{m-1}\boldsymbol{\alpha}+\lambda_{j+1}\boldsymbol{A}^m\boldsymbol{\alpha}+\cdots+\lambda_{m-1}\boldsymbol{A}^{2m-2-j}\boldsymbol{\alpha}=\boldsymbol{0},$$

即　$\lambda_j\boldsymbol{A}^{m-1}\boldsymbol{\alpha}=\boldsymbol{0}$. 由前面已证$\boldsymbol{A}^{m-1}\boldsymbol{\alpha}\neq\boldsymbol{0}$，得$\lambda_j=0$. 这与$\lambda_j\neq 0$的假设矛盾. 因此$\boldsymbol{\alpha},\boldsymbol{A\alpha},\boldsymbol{A}^2\boldsymbol{\alpha},\cdots,\boldsymbol{A}^{m-1}\boldsymbol{\alpha}$线性无关.

附注　将$\boldsymbol{\alpha}$取为标准基中的满足$\boldsymbol{A}^m\boldsymbol{e}_i\neq\boldsymbol{0}$的$\boldsymbol{e}_i$，是证明本题的关键.

三、主要方法梳理

1. 分块矩阵的行列式、逆矩阵及秩的计算方法

设有分块矩阵$\boldsymbol{A}=\begin{pmatrix}\boldsymbol{A}_{11} & \boldsymbol{A}_{12}\\ \boldsymbol{A}_{21} & \boldsymbol{A}_{22}\end{pmatrix}$(其中$\boldsymbol{A}_{11}$，$\boldsymbol{A}_{22}$分别是$m$阶与$n$阶矩阵).

(1) 计算$\boldsymbol{A}$的行列式$|\boldsymbol{A}|$的方法：

对 $\boldsymbol{A}$ 施行初等变换后成 $\boldsymbol{B}=\begin{pmatrix}\boldsymbol{B}_{11} & \boldsymbol{B}_{12}\\ \boldsymbol{O} & \boldsymbol{B}_{22}\end{pmatrix}$(其中 $\boldsymbol{B}_{11}$，$\boldsymbol{B}_{22}$ 分别是 m 阶与 n 阶矩阵)，即存在矩阵 $\boldsymbol{P}$ 与 $\boldsymbol{Q}$(它们是初等矩阵或几个初等矩阵之积)，使得 $\boldsymbol{A}=\boldsymbol{P}\boldsymbol{B}\boldsymbol{Q}$，所以 $|\boldsymbol{A}|=|\boldsymbol{P}|\,|\boldsymbol{Q}|\,|\boldsymbol{B}_{11}|\,|\boldsymbol{B}_{22}|$.

(2) 计算 $\boldsymbol{A}$ 的逆矩阵的方法：

当 $\boldsymbol{A}$ 的某些小块为零矩阵时，可按以下公式计算逆矩阵.

$$\begin{pmatrix}\boldsymbol{A}_{11} & \boldsymbol{O}\\ \boldsymbol{O} & \boldsymbol{A}_{22}\end{pmatrix}^{-1}=\begin{pmatrix}\boldsymbol{A}_{11}^{-1} & \boldsymbol{O}\\ \boldsymbol{O} & \boldsymbol{A}_{22}^{-1}\end{pmatrix}\text{(其中 }\boldsymbol{A}_{11},\boldsymbol{A}_{22}\text{ 可逆)},$$

$$\begin{pmatrix}\boldsymbol{O} & \boldsymbol{A}_{12}\\ \boldsymbol{A}_{21} & \boldsymbol{O}\end{pmatrix}^{-1}=\begin{pmatrix}\boldsymbol{O} & \boldsymbol{A}_{21}^{-1}\\ \boldsymbol{A}_{12}^{-1} & \boldsymbol{O}\end{pmatrix}\text{(其中 }\boldsymbol{A}_{12},\boldsymbol{A}_{21}\text{ 可逆)},$$

$$\begin{pmatrix}\boldsymbol{A}_{11} & \boldsymbol{A}_{12}\\ \boldsymbol{O} & \boldsymbol{A}_{22}\end{pmatrix}^{-1}=\begin{pmatrix}\boldsymbol{A}_{11}^{-1} & -\boldsymbol{A}_{11}^{-1}\boldsymbol{A}_{12}\boldsymbol{A}_{22}^{-1}\\ \boldsymbol{O} & \boldsymbol{A}_{22}^{-1}\end{pmatrix}\text{(其中 }\boldsymbol{A}_{11},\boldsymbol{A}_{22}\text{ 可逆)},$$

$$\begin{pmatrix}\boldsymbol{A}_{11} & \boldsymbol{O}\\ \boldsymbol{A}_{21} & \boldsymbol{A}_{22}\end{pmatrix}^{-1}=\begin{pmatrix}\boldsymbol{A}_{11}^{-1} & \boldsymbol{O}\\ -\boldsymbol{A}_{22}^{-1}\boldsymbol{A}_{21}\boldsymbol{A}_{11}^{-1} & \boldsymbol{A}_{22}^{-1}\end{pmatrix}\text{(其中 }\boldsymbol{A}_{11},\boldsymbol{A}_{22}\text{ 可逆)}.$$

(3) 计算 $\boldsymbol{A}$ 的秩 $r(\boldsymbol{A})$ 的方法：

对 $\boldsymbol{A}$ 施行初等变换后成为矩阵 $\boldsymbol{B}_1=\begin{pmatrix}\boldsymbol{B}_{11} & \boldsymbol{O}\\ \boldsymbol{O} & \boldsymbol{B}_{22}\end{pmatrix}$，则 $r(\boldsymbol{A})=r(\boldsymbol{B}_{11})+r(\boldsymbol{B}_{22})$；

对 $\boldsymbol{A}$ 施行初等变换后成为矩阵 $\boldsymbol{B}_2=\begin{pmatrix}\boldsymbol{B}_{11} & \boldsymbol{O}\\ \boldsymbol{B}_{21} & \boldsymbol{B}_{22}\end{pmatrix}$，则 $r(\boldsymbol{A})\geqslant r(\boldsymbol{B}_{11})+r(\boldsymbol{B}_{22})$.

以上方法主要用于抽象型矩阵的证明题(当然，方法(2)也常用于非抽象型矩阵的逆矩阵计算).

2. 有关矩阵秩问题的证明方法

有关抽象型矩阵秩的证明题，往往可利用以下方法求解：

(1) 利用如下的公式证明：

设 $\boldsymbol{A}$，$\boldsymbol{B}$ 都是 $m\times n$ 矩阵，则 $r(\boldsymbol{A}+\boldsymbol{B})\leqslant r(\boldsymbol{A})+r(\boldsymbol{B})$；

设 $\boldsymbol{A}$，$\boldsymbol{B}$ 分别是 $m\times n$，$n\times l$ 矩阵，则

$$r(\boldsymbol{A})+r(\boldsymbol{B})-n\leqslant r(\boldsymbol{AB})\leqslant \min\{r(\boldsymbol{A}),r(\boldsymbol{B})\};$$

(2) 构造适当的分块矩阵，并施行初等变换和利用以下公式证明：

设 $\boldsymbol{A}$，$\boldsymbol{B}$ 分别是 $m\times n_1$，$m\times n_2$ 矩阵，则 $r(\boldsymbol{A},\boldsymbol{B})\leqslant r(\boldsymbol{A})+r(\boldsymbol{B})$；

设 $\boldsymbol{A}$，$\boldsymbol{B}$，$\boldsymbol{C}$ 都是矩阵，则 $r\begin{pmatrix}\boldsymbol{A} & \boldsymbol{O}\\ \boldsymbol{O} & \boldsymbol{B}\end{pmatrix}=r(\boldsymbol{A})+r(\boldsymbol{B})$，$r\begin{pmatrix}\boldsymbol{A} & \boldsymbol{O}\\ \boldsymbol{C} & \boldsymbol{B}\end{pmatrix}\geqslant r(\boldsymbol{A})+r(\boldsymbol{B})$.

(3) 利用一些常用的知识证明：

设 $\boldsymbol{A}$ 是 $m\times n$ 矩阵，则 $r(\boldsymbol{A})\leqslant \min\{m,n\}$.

设 $\boldsymbol{A}$ 是 m 阶可逆矩阵，$\boldsymbol{B}$ 是 $m\times n$ 矩阵，则 $r(\boldsymbol{AB})=r(\boldsymbol{B})$；设 $\boldsymbol{A}$ 是 $m\times n$ 矩阵，$\boldsymbol{B}$ 是 n 阶可逆矩阵，则 $r(\boldsymbol{AB})=r(\boldsymbol{A})$.

设 $\boldsymbol{A}$ 是 n 阶幂幺矩阵(即 $\boldsymbol{A}^2=\boldsymbol{E}_n$)，则 $r(\boldsymbol{A}+\boldsymbol{E}_n)+r(\boldsymbol{A}-\boldsymbol{E}_n)=n$；设 $\boldsymbol{A}$ 是 n 阶幂等矩阵(即 $\boldsymbol{A}^2=\boldsymbol{A}$)，则 $r(\boldsymbol{A})+r(\boldsymbol{A}-\boldsymbol{E}_n)=n$.

设 $\boldsymbol{A}$ 是 $m\times n$ 矩阵，则 $r(\boldsymbol{A})=r(\boldsymbol{AA}^{\mathrm{T}})=r(\boldsymbol{A}^{\mathrm{T}}\boldsymbol{A})$.

3. “设矩阵 A 满足某些条件,证明存在矩阵 P(或存在 P,Q)使得 A,P(或 A,P,Q)满足某种关系”之类的问题的证明方法.

这类问题可按以下步骤证明:

(1) 将 A 转化成标准形,即利用以下定理将 A 表示成可逆矩阵与 A 的标准形之积:

设 A 是 $m\times n$ 矩阵,$r(A)=r$,则分别存在 m 阶和 n 阶可逆矩阵 P_1 与 Q_1,使得

$$P_1AQ_1=\begin{pmatrix}E_r & O\\ O & O\end{pmatrix}.$$

(2) 将 P_1,Q_1 按上述的标准形做相应的分块,并进行分块矩阵运算,即可求得要求的矩阵 P(或 P,Q).

例 2.23~例 2.26 都是按此思路、步骤求解的.

4. 向量组线性相关性的证明方法

向量组 $\boldsymbol{\alpha}_1,\boldsymbol{\alpha}_2,\cdots,\boldsymbol{\alpha}_s$ 线性相关性证明的常用方法有:

(1) 按定义证明.

如果存在一组不全为零的数 $k_1,k_2,\cdots,k_s$,使得

$$k_1\boldsymbol{\alpha}_1+k_2\boldsymbol{\alpha}_2+\cdots+k_s\boldsymbol{\alpha}_s=\mathbf{0}, \tag{1}$$

则 $\boldsymbol{\alpha}_1,\boldsymbol{\alpha}_2,\cdots,\boldsymbol{\alpha}_s$ 线性相关. 如果仅当 $k_1=k_2=\cdots=k_s=0$ 时式(1)才成立,则 $\boldsymbol{\alpha}_1,\boldsymbol{\alpha}_2,\cdots,\boldsymbol{\alpha}_s$ 线性无关.

(2) 按 $r(\boldsymbol{\alpha}_1,\boldsymbol{\alpha}_2,\cdots,\boldsymbol{\alpha}_s)$ 证明.

$\boldsymbol{\alpha}_1,\boldsymbol{\alpha}_2,\cdots,\boldsymbol{\alpha}_s$ 线性相关的充分必要条件为 $r(\boldsymbol{\alpha}_1,\boldsymbol{\alpha}_2,\cdots,\boldsymbol{\alpha}_s)<s$;

$\boldsymbol{\alpha}_1,\boldsymbol{\alpha}_2,\cdots,\boldsymbol{\alpha}_s$ 线性无关的充分必要条件为 $r(\boldsymbol{\alpha}_1,\boldsymbol{\alpha}_2,\cdots,\boldsymbol{\alpha}_s)=s$.

(3) 按线性表示证明.

如果 $\boldsymbol{\alpha}_1,\boldsymbol{\alpha}_2,\cdots,\boldsymbol{\alpha}_s$ 中至少有一个向量可由其他向量线性表示,则 $\boldsymbol{\alpha}_1,\boldsymbol{\alpha}_2,\cdots,\boldsymbol{\alpha}_s$ 线性相关;

如果 $\boldsymbol{\alpha}_1,\boldsymbol{\alpha}_2,\cdots,\boldsymbol{\alpha}_s$ 中任一个向量都不能由其他向量线性表示,则 $\boldsymbol{\alpha}_1,\boldsymbol{\alpha}_2,\cdots,\boldsymbol{\alpha}_s$ 线性无关.

(4) 利用以下定理证明.

如果向量组(Ⅰ):$\boldsymbol{\alpha}_1,\boldsymbol{\alpha}_2,\cdots,\boldsymbol{\alpha}_s$ 可由向量组(Ⅱ):$\boldsymbol{\beta}_1,\boldsymbol{\beta}_2,\cdots,\boldsymbol{\beta}_t$ 线性表示,且 $s>t$,则(Ⅰ)线性相关(附带指出,如果向量组(Ⅰ)线性无关,且可由(Ⅱ)线性表示,则 $s\leqslant t$.)

(5) 利用反证法证明.

(6) 利用一些常用知识证明.

设 $\boldsymbol{\alpha}_1,\boldsymbol{\alpha}_2,\cdots,\boldsymbol{\alpha}_s$ 是 n 维向量组,其中 $s>n$,则 $\boldsymbol{\alpha}_1,\boldsymbol{\alpha}_2,\cdots,\boldsymbol{\alpha}_s$ 线性相关;

设 $\boldsymbol{\alpha}_1,\boldsymbol{\alpha}_2,\cdots,\boldsymbol{\alpha}_s$ 是含零向量的向量组,则 $\boldsymbol{\alpha}_1,\boldsymbol{\alpha}_2,\cdots,\boldsymbol{\alpha}_s$ 线性相关;

设 $\boldsymbol{\alpha}_1,\boldsymbol{\alpha}_2,\cdots,\boldsymbol{\alpha}_s$ 线性相关,则 $\boldsymbol{\alpha}_1,\boldsymbol{\alpha}_2,\cdots,\boldsymbol{\alpha}_s,\boldsymbol{\alpha}_{s+1}$ 线性相关;设 $\boldsymbol{\alpha}_1,\boldsymbol{\alpha}_2,\cdots,\boldsymbol{\alpha}_s$ 线性无关,则 $\boldsymbol{\alpha}_1,\boldsymbol{\alpha}_2,\cdots,\boldsymbol{\alpha}_{s-1}$ 线性无关.

设在 $\boldsymbol{\alpha}_1,\boldsymbol{\alpha}_2,\cdots,\boldsymbol{\alpha}_s$ 的每个向量上添加 r 个分量而成的向量组为 $\boldsymbol{\alpha}_1',\boldsymbol{\alpha}_2',\cdots,\boldsymbol{\alpha}_s'$. 如果 $\boldsymbol{\alpha}_1,\boldsymbol{\alpha}_2,\cdots,\boldsymbol{\alpha}_s$ 线性无关,则 $\boldsymbol{\alpha}_1',\boldsymbol{\alpha}_2',\cdots,\boldsymbol{\alpha}_s'$ 也线性无关;设在 $\boldsymbol{\alpha}_1,\boldsymbol{\alpha}_2,\cdots,\boldsymbol{\alpha}_s$ 的每个向量上去掉同位置上的 r 个分量后所成的向量组为 $\boldsymbol{\alpha}_1'',\boldsymbol{\alpha}_2'',\cdots,\boldsymbol{\alpha}_s''$,如果 $\boldsymbol{\alpha}_1'',\boldsymbol{\alpha}_2'',\cdots,\boldsymbol{\alpha}_s''$ 线性相关,则 $\boldsymbol{\alpha}_1,\boldsymbol{\alpha}_2,\cdots,\boldsymbol{\alpha}_s$ 也线性相关.

5. 极大线性无关组的计算方法

计算向量组 $\boldsymbol{\alpha}_1,\boldsymbol{\alpha}_2,\cdots,\boldsymbol{\alpha}_s$ 的极大线性无关组主要有以下两种方法：

(1) 先算出 $r(\boldsymbol{\alpha}_1,\boldsymbol{\alpha}_2,\cdots,\boldsymbol{\alpha}_s)$，记为 r，然后从 $\boldsymbol{\alpha}_1,\boldsymbol{\alpha}_2,\cdots,\boldsymbol{\alpha}_s$ 中找出 r 个线性无关的部分组，即为一个极大线性无关组.

(2) 先将 $\boldsymbol{\alpha}_1,\boldsymbol{\alpha}_2,\cdots,\boldsymbol{\alpha}_s$ 都表示为列向量，并构造矩阵 $\boldsymbol{A}$(它的第 i 列为 $\boldsymbol{\alpha}_i$，$i=1,2,\cdots,s$)，然后对 $\boldsymbol{A}$ 施行初等行变换化为 $\boldsymbol{B}$(阶梯形矩阵). 容易看出 $\boldsymbol{B}$ 的列向量的一个极大线性无关组，设为 $\boldsymbol{\beta}_{i_1},\boldsymbol{\beta}_{i_2},\cdots,\boldsymbol{\beta}_{i_r}$，则 $\boldsymbol{\alpha}_{i_1},\boldsymbol{\alpha}_{i_2},\cdots,\boldsymbol{\alpha}_{i_r}$ 就是 $\boldsymbol{\alpha}_1,\boldsymbol{\alpha}_2,\cdots,\boldsymbol{\alpha}_s$ 的一个极大线性无关组.

这里应指出的是：方法(2)不仅可以找到 $\boldsymbol{\alpha}_1,\boldsymbol{\alpha}_2,\cdots,\boldsymbol{\alpha}_s$ 的一个极大线性无关组，而且可以找到所有的极大线性无关组，此外还能很快写出 $\boldsymbol{\alpha}_1,\boldsymbol{\alpha}_2,\cdots,\boldsymbol{\alpha}_s$ 的每个向量由极大线性无关组线性表示的表示式.

四、精选备赛练习题

A　组

2.1　设 $\boldsymbol{A}$ 是 n 阶矩阵，通过计算回答以下问题：

当 $\boldsymbol{A}$ 的第 i 列与第 j 列互换时，$\boldsymbol{A}^{\mathrm{T}}$ 如何变化？

当 $\boldsymbol{A}$ 的第 i 行乘以非零数 c 时，$\boldsymbol{A}^{-1}$ 如何变化(其中 $\boldsymbol{A}$ 可逆)？

当 $\boldsymbol{A}$ 的第 i 列乘以数 k 加到第 j 列时，$\boldsymbol{A}^*$ 如何变化？

2.2　按 λ 和 μ 的取值讨论矩阵 $\boldsymbol{A}=\begin{pmatrix}\lambda & 1 & 2 & -3 & 2\\ \lambda^2 & -3 & 2 & 1 & -1\\ \lambda^3 & -1 & 2 & -1 & \mu\end{pmatrix}$ 的秩 $r(\boldsymbol{A})$.

2.3　设矩阵 $\boldsymbol{A}=\begin{pmatrix}1 & 1 & 1 & 1\\ 0 & 1 & -1 & b\\ 2 & 3 & a & 4\\ 3 & 5 & 1 & 7\end{pmatrix}$ 的秩为 3，求 a,b 的取值范围.

2.4　设矩阵 $\boldsymbol{A}=\begin{pmatrix}\alpha & \beta & \beta\\ \beta & \alpha & \beta\\ \beta & \beta & \alpha\end{pmatrix}$ 的伴随矩阵 $\boldsymbol{A}^*$ 的秩为 1，求 α,β 所满足的关系.

2.5　设矩阵 $\boldsymbol{A}=\begin{pmatrix}2 & -2 & 1 & 3\\ 9 & -5 & 2 & 8\end{pmatrix}$，求所有使 $\boldsymbol{AB}=\boldsymbol{O}$ 且 $r(\boldsymbol{B})=2$ 的 4×2 矩阵 $\boldsymbol{B}$.

2.6　设矩阵 $\boldsymbol{A}=\begin{pmatrix}a & b & -3\\ 2 & 0 & 2\\ 3 & 2 & -1\end{pmatrix}$，$\boldsymbol{B}=\begin{pmatrix}b-1 & a & 1\\ -1 & 1 & 0\\ 0 & 2 & 1\end{pmatrix}$，且 $r(\boldsymbol{AB})<\min\{r(\boldsymbol{A}),r(\boldsymbol{B})\}$，求常数 a,b.

2.7　设 $\boldsymbol{A},\boldsymbol{B}$ 都是 3 阶矩阵，其中 $\boldsymbol{A}=\begin{pmatrix}1 & 2 & 1\\ 3 & 4 & a\\ 1 & 2 & 2\end{pmatrix}$，$\boldsymbol{B}$ 满足 $\boldsymbol{AB}=\boldsymbol{A}-\boldsymbol{B}+\boldsymbol{E}_3$，且 $\boldsymbol{B}\neq\boldsymbol{E}_3$，

$r(\boldsymbol{A}+\boldsymbol{B})=3$,求常数 a.

2.8 设 $\boldsymbol{A},\boldsymbol{B}$ 分别是 $m\times n$ 与 $n\times m$ 矩阵,且 $r(\boldsymbol{A})=r(\boldsymbol{B})=n$,$(\boldsymbol{AB})^2=\boldsymbol{AB}$,求 $\boldsymbol{BA}$.

2.9 设 $\boldsymbol{A},\boldsymbol{B}$ 分别是 3×2 与 2×3 矩阵,且 $\boldsymbol{AB}=\begin{pmatrix}8 & 2 & -2\\ 2 & 5 & 4\\ -2 & 4 & 5\end{pmatrix}$,求 $r(\boldsymbol{AB})$,$(\boldsymbol{AB})^2$ 及 $\boldsymbol{BA}$.

2.10 设 $\boldsymbol{\xi}$ 是 n 维列向量,且 $\boldsymbol{\xi}^{\mathrm{T}}\boldsymbol{\xi}=1$,记 $\boldsymbol{A}=\boldsymbol{E}_n-\boldsymbol{\xi}\boldsymbol{\xi}^{\mathrm{T}}$,求 $r(\boldsymbol{A}^*)$.

2.11 设 $\boldsymbol{A}$ 是 $m\times n$ 矩阵,$r(\boldsymbol{A})=r$,求矩阵方程 $\boldsymbol{AXA}=\boldsymbol{A}$ 的所有解.

2.12 求满足 $\boldsymbol{A}^*=\boldsymbol{A}$ 的 $n(n\geqslant 2)$ 阶矩阵 $\boldsymbol{A}$.

2.13 设 3 阶矩阵 $\boldsymbol{A}$ 及 3 维向量 $\boldsymbol{x}$,使得 $\boldsymbol{x},\boldsymbol{Ax},\boldsymbol{A}^2\boldsymbol{x}$ 线性无关,且满足 $\boldsymbol{A}^3\boldsymbol{x}=3\boldsymbol{Ax}-2\boldsymbol{A}^2\boldsymbol{x}$. 记 $\boldsymbol{P}=(\boldsymbol{x},\boldsymbol{Ax},\boldsymbol{A}^2\boldsymbol{x})$,并设矩阵 $\boldsymbol{B}$ 满足 $\boldsymbol{A}=\boldsymbol{PBP}^{-1}$,求 $r(\boldsymbol{E}_3+\boldsymbol{B}^2)$.

2.14 求单位列向量 $\boldsymbol{\beta}_3$,使向量组(Ⅰ):$\boldsymbol{\beta}_1=(1,1,0)^{\mathrm{T}}$,$\boldsymbol{\beta}_2=(1,1,1)^{\mathrm{T}}$,$\boldsymbol{\beta}_3$ 与向量组(Ⅱ):$\boldsymbol{\alpha}_1=(0,1,1)^{\mathrm{T}}$,$\boldsymbol{\alpha}_2=(1,2,1)^{\mathrm{T}}$,$\boldsymbol{\alpha}_3=(1,0,-1)^{\mathrm{T}}$的秩相同,且 $\boldsymbol{\beta}_3$ 可由 $\boldsymbol{\alpha}_1,\boldsymbol{\alpha}_2,\boldsymbol{\alpha}_3$ 线性表示. 此外,问(Ⅰ)能否由(Ⅱ)线性表示?

2.15 设向量组 $\boldsymbol{\alpha}_1=(1,0,2,3)^{\mathrm{T}}$,$\boldsymbol{\alpha}_2=(1,1,3,5)^{\mathrm{T}}$,$\boldsymbol{\alpha}_3=(1,-1,a+2,1)^{\mathrm{T}}$,$\boldsymbol{\alpha}_4=(1,2,4,a+8)^{\mathrm{T}}$,$\boldsymbol{\beta}=(1,1,b+3,5)^{\mathrm{T}}$,求使得 $\boldsymbol{\beta}$ 能由 $\boldsymbol{\alpha}_1,\boldsymbol{\alpha}_2,\boldsymbol{\alpha}_3,\boldsymbol{\alpha}_4$ 线性表示,但表示式并不唯一的数 a,b.

2.16 设向量组 $\boldsymbol{\alpha}_1=(1,-1,2,6)^{\mathrm{T}}$,$\boldsymbol{\alpha}_2=(-3,0,1,2)^{\mathrm{T}}$,$\boldsymbol{\alpha}_3=(1,2,1,4)^{\mathrm{T}}$,$\boldsymbol{\alpha}_4=(-1,-2,1,0)^{\mathrm{T}}$,$\boldsymbol{\alpha}_5=(-1,1,0,0)^{\mathrm{T}}$,求该向量组的所有极大线性无关组,以及其余向量关于极大线性无关组的线性表示式.

2.17 设向量 $\boldsymbol{\alpha}_1=\left(\frac{1}{3},-\frac{2}{3},0,\frac{2}{3}\right)^{\mathrm{T}}$,$\boldsymbol{\alpha}_2=\left(-\frac{2}{\sqrt{6}},0,\frac{1}{\sqrt{6}},\frac{1}{\sqrt{6}}\right)^{\mathrm{T}}$,求以 $\boldsymbol{\alpha}_1,\boldsymbol{\alpha}_2$ 为第 1、第 2 列向量的 4 阶正交矩阵 $\boldsymbol{Q}$.

B　组

2.18 设 $\boldsymbol{A}$ 是 $m\times n$ 矩阵,且 $r(\boldsymbol{A})=m$,证明:存在 $(n-m)\times n$ 矩阵 $\boldsymbol{C}$,使得 $\begin{pmatrix}\boldsymbol{A}\\ \hdashline \boldsymbol{C}\end{pmatrix}$ 为可逆矩阵.

2.19 设 $\boldsymbol{A}$ 为 n 阶实对称矩阵,且 $r(\boldsymbol{A})=1$,证明:$\boldsymbol{A}$ 的主对角线上凡不为零的元素必同号.

2.20 设 n 阶矩阵 $\boldsymbol{A}$ 可逆,证明:对 $\boldsymbol{A}$ 施行第三种初等变换(即某行(列)乘以数加到另外一行(列)),可将 $\boldsymbol{A}$ 化为矩阵

$$\begin{pmatrix}1 & & & & \\ & 1 & & & \\ & & \ddots & & \\ & & & 1 & \\ & & & & |\boldsymbol{A}|\end{pmatrix}.$$

2.21 设 $\boldsymbol{A}$、$\boldsymbol{D}$ 分别是 n 阶与 m 阶矩阵,证明:当 $\boldsymbol{A}$ 可逆时,

$$r\begin{pmatrix}A & B\\ C & D\end{pmatrix}=r(A)+r(D-CA^{-1}B).$$

2.22　设 A,B 都是 n 阶矩阵,证明:$r(AB-E_n)\leqslant r(A-E_n)+r(B-E_n)$.

2.23　设 A 是 n 阶矩阵,满足 $A^2=A$,证明:$r(A)=r$ 是 $r(A-E_n)=n-r$ 的充分必要条件.

2.24　设 α,β 都是 3 维列向量,矩阵 $A=\alpha\alpha^T+\beta\beta^T$,证明:$r(A)\leqslant 2$,且当 α,β 线性相关时 $r(A)<2$.

2.25　设 A 是 n 阶矩阵,且 $r(A^2)=r(A)$,证明:$r(A^3)=r(A)$.

2.26　设 A,B 都是 n 阶矩阵,证明:$r(AB+A+B)\leqslant r(A)+r(B)$.

2.27　设 A,B 都是 n 阶矩阵,且满足 $A^2=A,B^2=B$ 以及 E_n-A-B 可逆,证明:$r(A)=r(B)$.

2.28　设向量组(Ⅰ):$\alpha_1=(0,1,2,3)^T,\alpha_2=(3,0,1,2)^T,\alpha_3=(2,3,0,1)^T$ 以及向量组(Ⅱ):$\beta_1=(2,1,1,2)^T,\beta_2=(0,-2,1,1)^T,\beta_3=(4,4,1,3)^T$,证明:(Ⅱ)能由(Ⅰ)线性表示,但(Ⅰ)不能由(Ⅱ)线性表示.

2.29　设 A 是 3 阶矩阵,$\alpha_1,\alpha_2,\alpha_3$ 都是 3 维列向量(其中 $\alpha_1\neq 0$),它们满足 $A\alpha_1=\alpha_1,A\alpha_2=\alpha_1+\alpha_2,A\alpha_3=\alpha_2+\alpha_3$,证明:$\alpha_1,\alpha_2,\alpha_3$ 线性无关.

2.30　设向量组(Ⅰ):$\alpha_1,\alpha_2,\cdots,\alpha_r(r\geqslant 2)$ 中 $\alpha_r\neq 0$,证明:对任意实数 $k_1,k_2,\cdots,k_{r-1}$,向量组(Ⅱ):$\beta_1=\alpha_1+k_1\alpha_r,\beta_2=\alpha_2+k_2\alpha_r,\cdots,\beta_{r-1}=\alpha_{r-1}+k_{r-1}\alpha_r$ 线性无关的充分必要条件为(Ⅰ)线性无关.

2.31　设 n 维向量组(Ⅰ):$\alpha_0,\alpha_1,\cdots,\alpha_n$(其中 $\alpha_0\neq 0$)的部分组 $\alpha_1,\alpha_2,\cdots,\alpha_n$ 线性无关,证明:(Ⅰ)中可由其前面向量线性表示的向量不多于一个.

2.32　设 A 是 n 阶实反对称矩阵,且可逆,记 $B=(A^2-A^{-1})(A^2+A^{-1})^{-1}$,证明:$B$ 是正交矩阵.

2.33　设 A 是实反对称矩阵,D 为对角线上元素全大于零的对角形矩阵 $\begin{pmatrix}d_1 & & & \\ & d_2 & & \\ & & \ddots & \\ & & & d_n\end{pmatrix}$,证明:行列式 $|A+D|>0$.

附:解答

2.1　A 的第 i 列与第 j 列互换时,$A\to AE(i,j)$,于是

$$A^T\to[AE(i,j)]^T=E(i,j)A^T,$$

即 A^T 的第 i 行与 j 行互换.

A 的第 i 行乘以非零数 c 时,$A\to E(i(c))A$,于是

$$A^{-1}\to[E(i(c))A]^{-1}=A^{-1}E\left(i\left(\frac{1}{c}\right)\right),$$

即 A^{-1} 的第 i 列乘以 $\frac{1}{c}$.

A 的第 i 列乘以数 k 加到第 j 列时,$A\to AE(i(k),j)$,于是

$$\begin{aligned}A^*\to[AE(i(k),j)]^*&=[E(i(k),j)]^*A^*\\&=|E(i(k),j)|[E(i(k),j)]^{-1}A^*\end{aligned}$$

$$=\boldsymbol{E}(i(-k),j)\boldsymbol{A}^*=\boldsymbol{E}(i,j(-k))\boldsymbol{A}^*,$$

即 $\boldsymbol{A}^*$ 的第 j 行乘以常数 $(-k)$ 加到第 i 行.

2.2 由于 $\begin{vmatrix}2&-3&2\\2&1&-1\\2&-1&\mu\end{vmatrix}=8\left(\mu-\frac{1}{2}\right)$，所以 $\mu\neq\frac{1}{2}$ 时，$r(\boldsymbol{A})=3$.

当 $\mu=\frac{1}{2}$ 时，对 $\boldsymbol{A}$ 施行初等变换：

$$\boldsymbol{A}=\begin{pmatrix}\lambda&1&2&-3&2\\\lambda^2&-3&2&1&-1\\\lambda^3&-1&2&-1&\frac{1}{2}\end{pmatrix}\to\begin{pmatrix}1&2&-3&2&\lambda\\-3&2&1&-1&\lambda^2\\-1&2&-1&\frac{1}{2}&\lambda^3\end{pmatrix}$$

$$\to\begin{pmatrix}1&2&-3&2&\lambda\\0&8&-8&5&\lambda^2+3\lambda\\0&4&-4&\frac{5}{2}&\lambda^3+\lambda\end{pmatrix}\to\begin{pmatrix}1&2&-3&2&\lambda\\0&8&-8&5&\lambda^2+3\lambda\\0&0&0&0&\lambda\left(\lambda+\frac{1}{2}\right)(\lambda-1)\end{pmatrix},$$

由此可知，$\lambda\in\left\{-\frac{1}{2},0,1\right\}$ 时 $r(\boldsymbol{A})=2$；$\lambda\notin\left\{-\frac{1}{2},0,1\right\}$ 时，$r(\boldsymbol{A})=3$.

综上所述，当 $\mu\neq\frac{1}{2}$ 时，对任意 λ，$r(\boldsymbol{A})=3$. 当 $\mu=\frac{1}{2}$ 时，如果 $\lambda\in\left\{-\frac{1}{2},0,1\right\}$，则 $r(\boldsymbol{A})=2$，如果 $\lambda\notin\left\{-\frac{1}{2},0,1\right\}$，则 $r(\boldsymbol{A})=3$.

2.3 由于 $\boldsymbol{A}=\begin{pmatrix}1&1&1&1\\0&1&-1&b\\2&3&a&4\\3&5&1&7\end{pmatrix}\xrightarrow[\text{(以下同)}]{\text{初等行变换}}\begin{pmatrix}1&1&1&1\\0&1&-1&b\\0&1&a-2&2\\0&2&-2&4\end{pmatrix}\to$

$$\begin{pmatrix}1&1&1&1\\0&1&-1&b\\0&0&a-1&2-b\\0&0&0&4-2b\end{pmatrix}\to\begin{pmatrix}1&1&1&1\\0&1&-1&b\\0&0&a-1&0\\0&0&0&4-2b\end{pmatrix},$$

所以当 $r(\boldsymbol{A})=3$ 时，必有 $\begin{cases}a-1\neq0,\\4-2b=0\end{cases}$ 或 $\begin{cases}a-1=0,\\4-2b\neq0,\end{cases}$ 即 $a\neq1$ 且 $b=2$，或者 $a=1$ 且 $b\neq2$.

2.4 由 $r(\boldsymbol{A}^*)=1$ 知，$r(\boldsymbol{A})=3-1=2$. 于是由

$$\boldsymbol{A}=\begin{pmatrix}\alpha&\beta&\beta\\\beta&\alpha&\beta\\\beta&\beta&\alpha\end{pmatrix}\xrightarrow[\text{(以下同)}]{\text{初等变换}}\begin{pmatrix}\alpha+2\beta&\beta&\beta\\\alpha+2\beta&\alpha&\beta\\\alpha+2\beta&\beta&\alpha\end{pmatrix}\to\begin{pmatrix}\alpha+2\beta&\beta&\beta\\0&\alpha-\beta&0\\0&0&\alpha-\beta\end{pmatrix}$$

及 $r(\boldsymbol{A})=2$ 知 $\begin{cases}\alpha-\beta\neq0,\\\alpha+2\beta=0,\end{cases}$ 即 $\alpha=-2\beta\neq0$.

2.5 设 $\boldsymbol{B}=\begin{pmatrix}\boldsymbol{B}_1\\\boldsymbol{B}_2\end{pmatrix}$，其中 $\boldsymbol{B}_1,\boldsymbol{B}_2$ 都是二阶矩阵，则由 $\boldsymbol{AB}=\boldsymbol{O}$，即 $\left(\begin{array}{cc:cc}2&-2&1&3\\9&-5&2&8\end{array}\right)\begin{pmatrix}\boldsymbol{B}_1\\\boldsymbol{B}_2\end{pmatrix}=$ $\boldsymbol{O}$，得

$$\begin{pmatrix}2&-2\\9&-5\end{pmatrix}\boldsymbol{B}_1+\begin{pmatrix}1&3\\2&8\end{pmatrix}\boldsymbol{B}_2=\boldsymbol{O},$$

从而 $\boldsymbol{B}_1=-\begin{pmatrix}2&-2\\9&-5\end{pmatrix}^{-1}\begin{pmatrix}1&3\\2&8\end{pmatrix}\boldsymbol{B}_2=-\begin{pmatrix}-\frac{5}{8}&\frac{1}{4}\\-\frac{9}{8}&\frac{1}{4}\end{pmatrix}\begin{pmatrix}1&3\\2&8\end{pmatrix}\boldsymbol{B}_2=\begin{pmatrix}\frac{1}{8}&-\frac{1}{8}\\\frac{5}{8}&\frac{11}{8}\end{pmatrix}\boldsymbol{B}_2$

于是满足 $\boldsymbol{AB}=\boldsymbol{O}$ 的所有 $\boldsymbol{B}=\begin{pmatrix}\begin{pmatrix}\frac{1}{8}&-\frac{1}{8}\\\frac{5}{8}&\frac{11}{8}\end{pmatrix}\boldsymbol{B}_2\\\hdashline\boldsymbol{B}_2\end{pmatrix}=\begin{pmatrix}\frac{1}{8}&-\frac{1}{8}\\\frac{5}{8}&\frac{11}{8}\\1&0\\0&1\end{pmatrix}\boldsymbol{B}_2$，其中 $\boldsymbol{B}_2$ 是任意的二阶矩阵，且是可逆的. 这是因为，由 $r\begin{pmatrix}\frac{1}{8}&-\frac{1}{8}\\\frac{5}{8}&\frac{11}{8}\\1&0\\0&1\end{pmatrix}+r(\boldsymbol{B}_2)-2\leqslant r(\boldsymbol{B})$ 得 $r(\boldsymbol{B}_2)\leqslant r(\boldsymbol{B})=2$，此外，$r(\boldsymbol{B}_2)\geqslant r(\boldsymbol{B})=2$，故 $r(\boldsymbol{B}_2)=2$，即 $\boldsymbol{B}_2$ 可逆.

2.6　如果 $r(\boldsymbol{A})=3$，则 $r(\boldsymbol{AB})=r(\boldsymbol{B})$，这与题设矛盾，所以 $r(\boldsymbol{A})<3$，同理可得 $r(\boldsymbol{B})<3$，于是有

$$\begin{cases}|\boldsymbol{A}|=0,\\|\boldsymbol{B}|=0,\end{cases}\quad 即\begin{cases}a-2b=-3,\\a+\ b=\ \ 3.\end{cases}解此方程组得\ a=1,b=2.$$

2.7　由 $\boldsymbol{AB}=\boldsymbol{A}-\boldsymbol{B}+\boldsymbol{E}_3$，得 $(\boldsymbol{A}+\boldsymbol{E}_3)(\boldsymbol{B}-\boldsymbol{E}_3)=\boldsymbol{O}$，所以有

$$3=r(\boldsymbol{A}+\boldsymbol{B})=r[(\boldsymbol{A}+\boldsymbol{E}_3)+(\boldsymbol{B}-\boldsymbol{E}_3)]\leqslant r(\boldsymbol{A}+\boldsymbol{E}_3)+r(\boldsymbol{B}-\boldsymbol{E}_3)\leqslant 3,$$

即　$r(\boldsymbol{A}+\boldsymbol{E}_3)+r(\boldsymbol{B}-\boldsymbol{E}_3)=3.$

显然 $r(\boldsymbol{A}+\boldsymbol{E}_3)\geqslant 2$，$r(\boldsymbol{B}-\boldsymbol{E}_3)\geqslant 1$，所以 $r(\boldsymbol{A}+\boldsymbol{E}_3)=2$，从而

$$0=|\boldsymbol{A}+\boldsymbol{E}_3|=\begin{vmatrix}2&2&1\\3&5&a\\1&2&3\end{vmatrix}=13-2a,即\ a=\frac{13}{2}.$$

2.8　由 $(\boldsymbol{AB})^2=\boldsymbol{AB}$，得
$$\boldsymbol{A}(\boldsymbol{BAB}-\boldsymbol{B})=\boldsymbol{O}. \tag{1}$$

记　$\boldsymbol{BAB}-\boldsymbol{B}=(\boldsymbol{\alpha}_1,\boldsymbol{\alpha}_2,\cdots,\boldsymbol{\alpha}_m)$（即 $\boldsymbol{BAB}-\boldsymbol{B}$ 的列向量为 $\boldsymbol{\alpha}_1,\boldsymbol{\alpha}_2,\cdots,\boldsymbol{\alpha}_m$），则由式(1)，得

$$(\boldsymbol{A\alpha}_1,\boldsymbol{A\alpha}_2,\cdots,\boldsymbol{A\alpha}_m)=\boldsymbol{0},即\ \boldsymbol{A\alpha}_1=\boldsymbol{0},\boldsymbol{A\alpha}_2=\boldsymbol{0},\cdots,\boldsymbol{A\alpha}_m=\boldsymbol{0}.$$

由于 $r(\boldsymbol{A})=n$，所以 $\boldsymbol{A}$ 的列向量组线性无关，而 $\boldsymbol{A\alpha}_1$ 是 $\boldsymbol{A}$ 的列向量组的一个线性表示式，所以由 $\boldsymbol{A\alpha}_1=\boldsymbol{0}$ 得 $\boldsymbol{\alpha}_1=\boldsymbol{0}$. 同理可得 $\boldsymbol{\alpha}_2=\boldsymbol{\alpha}_3=\cdots=\boldsymbol{\alpha}_m=\boldsymbol{0}$.

由此知
$$\boldsymbol{BAB}-\boldsymbol{B}=\boldsymbol{O},即(\boldsymbol{BA}-\boldsymbol{E}_n)\boldsymbol{B}=\boldsymbol{O}. \tag{2}$$

记 $\boldsymbol{BA}-\boldsymbol{E}_n=\begin{pmatrix}\boldsymbol{\beta}_1\\\boldsymbol{\beta}_2\\\vdots\\\boldsymbol{\beta}_n\end{pmatrix}$（即 $\boldsymbol{BA}-\boldsymbol{E}_n$ 的行向量为 $\boldsymbol{\beta}_1,\boldsymbol{\beta}_2,\cdots,\boldsymbol{\beta}_n$），则由式(2)，得

$$\begin{pmatrix}\boldsymbol{\beta}_1\boldsymbol{B}\\ \boldsymbol{\beta}_2\boldsymbol{B}\\ \vdots\\ \boldsymbol{\beta}_n\boldsymbol{B}\end{pmatrix}=\boldsymbol{O}，即\ \boldsymbol{\beta}_1\boldsymbol{B}=\mathbf{0},\boldsymbol{\beta}_2\boldsymbol{B}=\mathbf{0},\cdots,\boldsymbol{\beta}_n\boldsymbol{B}=\mathbf{0}.$$

由于 $r(\boldsymbol{B})=n$，所以 $\boldsymbol{B}$ 的行向量组线性无关，而 $\boldsymbol{\beta}_1\boldsymbol{B}$ 是 $\boldsymbol{B}$ 的行向量组的一个线性表示式，所以由 $\boldsymbol{\beta}_1\boldsymbol{B}=\mathbf{0}$，得 $\boldsymbol{\beta}_1=\mathbf{0}$. 同理可得 $\boldsymbol{\beta}_2=\boldsymbol{\beta}_3=\cdots=\boldsymbol{\beta}_n=\mathbf{0}$. 由此知，$\boldsymbol{BA}-\boldsymbol{E}_n=\boldsymbol{O}$，即 $\boldsymbol{BA}=\boldsymbol{E}_n$.

2.9　由于 $|\boldsymbol{AB}|=0$，$\begin{vmatrix}8&2\\2&5\end{vmatrix}\neq 0$，所以 $r(\boldsymbol{AB})=2$.

$$(\boldsymbol{AB})^2=\begin{pmatrix}8&2&-2\\2&5&4\\-2&4&5\end{pmatrix}\begin{pmatrix}8&2&-2\\2&5&4\\-2&4&5\end{pmatrix}=9\begin{pmatrix}8&2&-2\\2&5&4\\-2&4&5\end{pmatrix}=9(\boldsymbol{AB}).$$

由 $r(\boldsymbol{A})\geqslant r(\boldsymbol{AB})=2$ 及 $r(\boldsymbol{A})\leqslant 2$ 知，$r(\boldsymbol{A})=2$，同理可得 $r(\boldsymbol{B})=2$. 于是与 2.8 题同样可证 $\boldsymbol{BA}=9\boldsymbol{E}_3$.

2.10　由于

$$\begin{aligned}\boldsymbol{A}^2&=(\boldsymbol{E}_n-\boldsymbol{\xi\xi}^{\mathrm{T}})^2=\boldsymbol{E}_n-2\boldsymbol{\xi\xi}^{\mathrm{T}}+\boldsymbol{\xi}(\boldsymbol{\xi}^{\mathrm{T}}\boldsymbol{\xi})\boldsymbol{\xi}^{\mathrm{T}}\\&=\boldsymbol{E}_n-2\boldsymbol{\xi\xi}^{\mathrm{T}}+\boldsymbol{\xi\xi}^{\mathrm{T}}=\boldsymbol{E}_n-\boldsymbol{\xi\xi}^{\mathrm{T}}=\boldsymbol{A},\end{aligned}$$

即　$\boldsymbol{A}(\boldsymbol{A}-\boldsymbol{E}_n)=\boldsymbol{O}$，所以 $\boldsymbol{A}$ 不可逆(这是因为，如果 $\boldsymbol{A}$ 可逆，则有 $\boldsymbol{A}=\boldsymbol{E}_n$，即 $\boldsymbol{\xi\xi}^{\mathrm{T}}=\boldsymbol{O}$，这与 $\boldsymbol{\xi}$ 不是零向量矛盾)，即 $r(\boldsymbol{A})<n$. 从而 $r(\boldsymbol{A}^*)$ 等于 0 或 1.

2.11　由 $r(\boldsymbol{A})=r$ 知，分别存在 m 阶与 n 阶可逆矩阵 $\boldsymbol{P},\boldsymbol{Q}$，使得

$$\boldsymbol{A}=\boldsymbol{P}\begin{pmatrix}\boldsymbol{E}_r&\boldsymbol{O}\\\boldsymbol{O}&\boldsymbol{O}\end{pmatrix}\boldsymbol{Q}$$

于是所给矩阵方程成为

$$\boldsymbol{P}\begin{pmatrix}\boldsymbol{E}_r&\boldsymbol{O}\\\boldsymbol{O}&\boldsymbol{O}\end{pmatrix}\boldsymbol{QXP}\begin{pmatrix}\boldsymbol{E}_r&\boldsymbol{O}\\\boldsymbol{O}&\boldsymbol{O}\end{pmatrix}\boldsymbol{Q}=\boldsymbol{P}\begin{pmatrix}\boldsymbol{E}_r&\boldsymbol{O}\\\boldsymbol{O}&\boldsymbol{O}\end{pmatrix}\boldsymbol{Q},$$

即

$$\begin{pmatrix}\boldsymbol{E}_r&\boldsymbol{O}\\\boldsymbol{O}&\boldsymbol{O}\end{pmatrix}\boldsymbol{QXP}\begin{pmatrix}\boldsymbol{E}_r&\boldsymbol{O}\\\boldsymbol{O}&\boldsymbol{O}\end{pmatrix}=\begin{pmatrix}\boldsymbol{E}_r&\boldsymbol{O}\\\boldsymbol{O}&\boldsymbol{O}\end{pmatrix}.\tag{1}$$

记 $\boldsymbol{QXP}=\begin{pmatrix}\boldsymbol{B}&\boldsymbol{C}\\\boldsymbol{D}&\boldsymbol{F}\end{pmatrix}$，其中 $\boldsymbol{B}$ 是 r 阶矩阵，则由式(1)，得 $\boldsymbol{B}=\boldsymbol{E}_r$. 所以，$\boldsymbol{QXP}=\begin{pmatrix}\boldsymbol{E}_r&\boldsymbol{O}\\\boldsymbol{D}&\boldsymbol{F}\end{pmatrix}$，从而所给矩阵方程的所有解为

$$\boldsymbol{X}=\boldsymbol{Q}^{-1}\begin{pmatrix}\boldsymbol{E}_r&\boldsymbol{O}\\\boldsymbol{D}&\boldsymbol{F}\end{pmatrix}\boldsymbol{P}^{-1}$$

(其中，$\boldsymbol{C},\boldsymbol{D},\boldsymbol{F}$ 分别是任意的 $r\times(m-r)$，$(m-r)\times r$，$(m-r)\times(n-r)$ 矩阵).

2.12　分以下 4 种情形求满足 $\boldsymbol{A}^*=\boldsymbol{A}$ 的 $\boldsymbol{A}$：　(1)

(1) 当 $r(\boldsymbol{A})=0$ 时，$\boldsymbol{A}=\boldsymbol{O},\boldsymbol{A}^*=\boldsymbol{O}$，所以 $\boldsymbol{A}=\boldsymbol{O}$ 是式(1)的解.

(2) 当 $0<r(\boldsymbol{A})<n-1$ 时，$\boldsymbol{A}\neq\boldsymbol{O},\boldsymbol{A}^*=\boldsymbol{O}$，所以，此时式(1)无解.

(3) 当 $r(\boldsymbol{A})=n-1$ 时，$r(\boldsymbol{A}^*)=1$，所以，当 $n>2$ 时，$\boldsymbol{A}^*\neq\boldsymbol{A}$，即此时式(1)无解. 当 $n=2$ 时，设 $\boldsymbol{A}=\begin{pmatrix}a&b\\c&d\end{pmatrix}$，则 $\boldsymbol{A}^*=\begin{pmatrix}d&-b\\-c&a\end{pmatrix}$，于是当 $\boldsymbol{A}^*=\boldsymbol{A}$ 时，必有 $a=d,b=c=0$，即 $A=$

$\begin{pmatrix} a & 0 \\ 0 & a \end{pmatrix}$,它的秩为 0 或 2,这与 $r(\boldsymbol{A})=n-1=1$ 矛盾,所以此时式(1)无解.

(4) 当 $r(\boldsymbol{A})=n$ 时,式(1)成为

$$|\boldsymbol{A}|\boldsymbol{A}^{-1}=\boldsymbol{A}, \text{即 } \boldsymbol{A}^2=|\boldsymbol{A}|\boldsymbol{E}_n.$$

所以,此时式(1)的解为满足 $\boldsymbol{B}^2=|\boldsymbol{B}|\boldsymbol{E}_n$ 的所有 n 阶可逆矩阵 $\boldsymbol{B}$.

综上所述,式(1)的解为 n 阶零矩阵及所有满足 $\boldsymbol{B}^2=|\boldsymbol{B}|\boldsymbol{E}_n$ 的 n 阶可逆矩阵 $\boldsymbol{B}$.

2.13 由 $\boldsymbol{x},\boldsymbol{Ax},\boldsymbol{A}^2\boldsymbol{x}$ 线性无关知 $\boldsymbol{P}=(\boldsymbol{x},\boldsymbol{Ax},\boldsymbol{A}^2\boldsymbol{x})$ 可逆. 于是由

$$\begin{aligned}\boldsymbol{B}&=\boldsymbol{P}^{-1}\boldsymbol{AP}=\boldsymbol{P}^{-1}(\boldsymbol{Ax},\boldsymbol{A}^2\boldsymbol{x},A^3\boldsymbol{x})=\boldsymbol{P}^{-1}(\boldsymbol{Ax},\boldsymbol{A}^2\boldsymbol{x},3\boldsymbol{Ax}-2\boldsymbol{A}^2\boldsymbol{x})\\&=\boldsymbol{P}^{-1}(\boldsymbol{x},\boldsymbol{Ax},\boldsymbol{A}^2\boldsymbol{x})\begin{pmatrix}0&0&0\\1&0&3\\0&1&-2\end{pmatrix}=\begin{pmatrix}0&0&0\\1&0&3\\0&1&-2\end{pmatrix}\end{aligned}$$

知 $\boldsymbol{B}^2=\begin{pmatrix}0&0&0\\0&3&-6\\1&-2&7\end{pmatrix}$,所以

$$r(3\boldsymbol{E}_3-\boldsymbol{B}^2)=r\begin{pmatrix}3&0&0\\0&0&6\\-1&2&-4\end{pmatrix}=3.$$

2.14 设 $\boldsymbol{\beta}_3=(a,b,c)^{\mathrm{T}}$,则

$$(\boldsymbol{\alpha}_1,\boldsymbol{\alpha}_2,\boldsymbol{\alpha}_3\,\vdots\,\boldsymbol{\beta}_3)=\left(\begin{array}{ccc:c}0&1&1&a\\1&2&0&b\\1&1&-1&c\end{array}\right)\xrightarrow[\text{(以下同)}]{\text{初等行变换}}\left(\begin{array}{ccc:c}1&2&0&b\\0&1&1&a\\1&1&-1&c\end{array}\right)\to$$

$$\left(\begin{array}{ccc:c}1&2&0&b\\0&1&1&a\\0&-1&-1&c-b\end{array}\right)\to\left(\begin{array}{ccc:c}1&2&0&b\\0&1&1&a\\0&0&0&c-b+a\end{array}\right).$$

由此可知,$r(\boldsymbol{\alpha}_1,\boldsymbol{\alpha}_2,\boldsymbol{\alpha}_3)=2$,并且由 $\boldsymbol{\beta}_3$ 可由 $\boldsymbol{\alpha}_1,\boldsymbol{\alpha}_2,\boldsymbol{\alpha}_3$ 线性表示知

$$c-b+a=0. \tag{1}$$

由于$(\boldsymbol{\beta}_1,\boldsymbol{\beta}_2,\boldsymbol{\beta}_3)=\begin{pmatrix}1&1&a\\1&1&b\\0&1&c\end{pmatrix}\xrightarrow[\text{(以下同)}]{\text{初等行变换}}\begin{pmatrix}1&1&a\\0&0&b-a\\0&1&c\end{pmatrix}\to\begin{pmatrix}1&0&a-c\\0&0&b-a\\0&1&c\end{pmatrix}$,

所以由 $r(\boldsymbol{\beta}_1,\boldsymbol{\beta}_2,\boldsymbol{\beta}_3)=r(\boldsymbol{\alpha}_1,\boldsymbol{\alpha}_2,\boldsymbol{\alpha}_3)=2$,得

$$a=b. \tag{2}$$

由式(1)和式(2),得 $a=b,c=0$. 因此由 $\|\boldsymbol{\beta}_3\|=1$ 得 $a=b=\pm\frac{1}{\sqrt{2}}$,从而 $\boldsymbol{\beta}_3=\left(-\frac{1}{\sqrt{2}},-\frac{1}{\sqrt{2}},0\right)^{\mathrm{T}}$ 或 $\left(\frac{1}{\sqrt{2}},\frac{1}{\sqrt{2}},0\right)^{\mathrm{T}}$.

由$(\boldsymbol{\alpha}_1,\boldsymbol{\alpha}_2,\boldsymbol{\alpha}_3\,\vdots\,\boldsymbol{\beta}_2)=\left(\begin{array}{ccc:c}0&1&1&1\\1&2&0&1\\1&1&-1&1\end{array}\right)\xrightarrow[\text{(以下同)}]{\text{初等行变换}}\left(\begin{array}{ccc:c}0&1&1&1\\0&1&1&0\\1&1&-1&1\end{array}\right)\to\left(\begin{array}{ccc:c}0&0&0&1\\0&1&1&0\\1&1&-1&1\end{array}\right)$

知,$\boldsymbol{\beta}_2$ 不能由 $\boldsymbol{\alpha}_1,\boldsymbol{\alpha}_2,\boldsymbol{\alpha}_3$ 线性表示,从而(Ⅰ)不能由(Ⅱ)线性表示.

2.15 由$(\boldsymbol{\alpha}_1,\boldsymbol{\alpha}_2,\boldsymbol{\alpha}_3,\boldsymbol{\alpha}_4 \mid \boldsymbol{\beta})=\begin{pmatrix}1&1&1&1&\vdots&1\\0&1&-1&2&\vdots&1\\2&3&a+2&4&\vdots&b+3\\3&5&1&a+8&\vdots&5\end{pmatrix}\xrightarrow[\text{(以下同)}]{\text{初等行变换}}$

$$\begin{pmatrix}1&1&1&1&\vdots&1\\0&1&-1&2&\vdots&1\\0&1&a&2&\vdots&b+1\\0&2&-2&a+5&\vdots&2\end{pmatrix}\to\begin{pmatrix}1&1&1&1&\vdots&1\\0&1&-1&2&\vdots&1\\0&0&a+1&0&\vdots&b\\0&0&0&a+1&\vdots&0\end{pmatrix}$$

知，当$a+1\neq0$，即$a\neq-1$时，$\boldsymbol{\alpha}_1,\boldsymbol{\alpha}_2,\boldsymbol{\alpha}_3,\boldsymbol{\alpha}_4$线性无关，故$\boldsymbol{\beta}$可由$\boldsymbol{\alpha}_1,\boldsymbol{\alpha}_2,\boldsymbol{\alpha}_3,\boldsymbol{\alpha}_4$线性表示，且表示式是唯一的，因此只需要考虑$a=-1$的情形，此时

$$(\boldsymbol{\alpha}_1,\boldsymbol{\alpha}_2,\boldsymbol{\alpha}_3,\boldsymbol{\alpha}_4 \mid \boldsymbol{\beta})\to\begin{pmatrix}1&1&1&1&\vdots&1\\0&1&-1&2&\vdots&1\\0&0&0&0&\vdots&b\\0&0&0&0&\vdots&0\end{pmatrix}.$$

由此可知，当$a=-1$且$b=0$时，$\boldsymbol{\beta}$可由$\boldsymbol{\alpha}_1,\boldsymbol{\alpha}_2,\boldsymbol{\alpha}_3,\boldsymbol{\alpha}_4$线性表示，且表示式不是唯一的.

2.16 由$(\boldsymbol{\alpha}_1,\boldsymbol{\alpha}_2,\boldsymbol{\alpha}_3,\boldsymbol{\alpha}_4,\boldsymbol{\alpha}_5)=\begin{pmatrix}1&-3&1&-1&-1\\-1&0&2&-2&1\\2&1&1&1&0\\6&2&4&0&0\end{pmatrix}$

$$\xrightarrow[\text{(以下同)}]{\text{初等行变换}}\begin{pmatrix}1&-3&1&-1&-1\\0&-3&3&-3&0\\0&7&-1&3&2\\0&20&-2&6&6\end{pmatrix}\to\begin{pmatrix}1&-3&1&-1&-1\\0&1&-1&1&0\\0&7&-1&3&2\\0&10&-1&3&3\end{pmatrix}$$

$$\to\begin{pmatrix}1&-3&1&-1&-1\\0&1&-1&1&0\\0&0&6&-4&2\\0&0&9&-7&3\end{pmatrix}\to\begin{pmatrix}1&0&-2&2&-1\\0&1&-1&1&0\\0&0&3&-2&1\\0&0&9&-7&3\end{pmatrix}$$

$$\to\begin{pmatrix}1&0&-2&2&-1\\0&1&-1&1&0\\0&0&3&-2&1\\0&0&0&-1&0\end{pmatrix}\to\begin{pmatrix}1&0&-2&0&-1\\0&1&-1&0&0\\0&0&3&0&1\\0&0&0&1&0\end{pmatrix}$$

$$\to\begin{pmatrix}1&0&1&0&0\\0&1&-1&0&0\\0&0&3&0&1\\0&0&0&1&0\end{pmatrix}$$

知，$\boldsymbol{\alpha}_1,\boldsymbol{\alpha}_2,\boldsymbol{\alpha}_3,\boldsymbol{\alpha}_4,\boldsymbol{\alpha}_5$的所有极大线性无关组为

(Ⅰ)：$\boldsymbol{\alpha}_1,\boldsymbol{\alpha}_2,\boldsymbol{\alpha}_4,\boldsymbol{\alpha}_5$，(Ⅱ)：$\boldsymbol{\alpha}_1,\boldsymbol{\alpha}_2,\boldsymbol{\alpha}_3,\boldsymbol{\alpha}_4$，(Ⅲ)：$\boldsymbol{\alpha}_1,\boldsymbol{\alpha}_3,\boldsymbol{\alpha}_4,\boldsymbol{\alpha}_5$，(Ⅳ)：$\boldsymbol{\alpha}_2,\boldsymbol{\alpha}_3,\boldsymbol{\alpha}_4,\boldsymbol{\alpha}_5$.

并且，对于(Ⅰ)，有$\boldsymbol{\alpha}_3=\boldsymbol{\alpha}_1-\boldsymbol{\alpha}_2+0\boldsymbol{\alpha}_4+3\boldsymbol{\alpha}_5$，

对于(Ⅱ),有 $\boldsymbol{\alpha}_5=-\frac{1}{3}\boldsymbol{\alpha}_1+\frac{1}{3}\boldsymbol{\alpha}_2+\frac{1}{3}\boldsymbol{\alpha}_3+0\boldsymbol{\alpha}_4$,

对于(Ⅲ),有 $\boldsymbol{\alpha}_2=\boldsymbol{\alpha}_1-\boldsymbol{\alpha}_3+0\boldsymbol{\alpha}_4+3\boldsymbol{\alpha}_5$,

对于(Ⅳ),有 $\boldsymbol{\alpha}_1=\boldsymbol{\alpha}_2+\boldsymbol{\alpha}_3+0\boldsymbol{\alpha}_4-3\boldsymbol{\alpha}_5$.

2.17　设 4 维向量 $\boldsymbol{x}=(x_1,x_2,x_3,x_4)^{\mathrm{T}}$ 与 $\boldsymbol{\alpha}_1,\boldsymbol{\alpha}_2$ 正交,则有

$$\begin{cases}\frac{1}{3}x_1-\frac{2}{3}x_2+\frac{2}{3}x_4=0,\\ -\frac{2}{\sqrt{6}}x_1+\frac{1}{\sqrt{6}}x_3+\frac{1}{\sqrt{6}}x_4=0,\end{cases}\text{即}\begin{cases}x_1-2x_2+2x_4=0,\\ -2x_1+x_3+x_4=0.\end{cases}$$

在以上方程组中,取 $x_1=1,x_4=0$,得 $x_2=\frac{1}{2},x_3=2$;取 $x_1=0,x_4=1$,得 $x_2=1,x_3=-1$. 于是

$\boldsymbol{\beta}_3=\left(1,\frac{1}{2},2,0\right)^{\mathrm{T}},\boldsymbol{\beta}_4=(0,1,-1,1)^{\mathrm{T}}$都与 $\boldsymbol{\alpha}_1,\boldsymbol{\alpha}_2$ 正交.

由于 $\boldsymbol{\alpha}_1,\boldsymbol{\alpha}_2$ 是正交单位向量组,故以下将 $\boldsymbol{\beta}_1,\boldsymbol{\beta}_2$ 正交单位化.

正交化:
$$\boldsymbol{\xi}_3=\boldsymbol{\beta}_3$$
$$\boldsymbol{\xi}_4=\boldsymbol{\beta}_4-\frac{(\boldsymbol{\beta}_4,\boldsymbol{\xi}_3)}{(\boldsymbol{\xi}_3,\boldsymbol{\xi}_3)}\boldsymbol{\xi}_3=\left(\frac{2}{7},\frac{8}{7},-\frac{3}{7},1\right)^{\mathrm{T}}.$$

单位化:
$$\boldsymbol{\alpha}_3=\frac{\boldsymbol{\xi}_3}{\|\boldsymbol{\xi}_3\|}=\left(\frac{2}{\sqrt{21}},\frac{1}{\sqrt{21}},\frac{4}{\sqrt{21}},0\right)^{\mathrm{T}},$$
$$\boldsymbol{\alpha}_4=\frac{\boldsymbol{\xi}_4}{\|\boldsymbol{\xi}_4\|}=\left(\frac{2}{3\sqrt{14}},\frac{8}{3\sqrt{14}},-\frac{1}{\sqrt{14}},\frac{7}{3\sqrt{14}}\right)^{\mathrm{T}}.$$

因此所求的 4 阶正交矩阵为

$$\boldsymbol{Q}=(\boldsymbol{\alpha}_1,\boldsymbol{\alpha}_2,\boldsymbol{\alpha}_3,\boldsymbol{\alpha}_4)=\begin{pmatrix}\frac{1}{3}&-\frac{2}{\sqrt{6}}&\frac{2}{\sqrt{21}}&\frac{2}{3\sqrt{14}}\\ -\frac{2}{3}&0&\frac{1}{\sqrt{21}}&\frac{8}{3\sqrt{14}}\\ 0&\frac{1}{\sqrt{6}}&\frac{4}{\sqrt{21}}&-\frac{1}{\sqrt{14}}\\ \frac{2}{3}&\frac{1}{\sqrt{6}}&0&\frac{7}{3\sqrt{14}}\end{pmatrix}.$$

2.18　由于 $r(\mathbf{A})=m$,所以存在 m 阶与 n 阶可逆矩阵 $\boldsymbol{P}_m$ 与 $\boldsymbol{Q}_n$,使得

$$\begin{aligned}\mathbf{A}&=\boldsymbol{P}_m(\boldsymbol{E}_m\mid\boldsymbol{O}_{m\times(n-m)})\boldsymbol{Q}_n\\&=(\boldsymbol{P}_m\mid\boldsymbol{O}_{m\times(n-m)})Q_n\\&=(\boldsymbol{P}_m\mid\boldsymbol{Q}_{m\times(n-m)})\begin{pmatrix}\boldsymbol{Q}_{m\times n}\\ \boldsymbol{Q}_{(n-m)\times n}\end{pmatrix},\end{aligned}$$

其中,$\boldsymbol{Q}_{m\times n}$与$\boldsymbol{Q}_{(n-m)\times n}$分别是由 $\boldsymbol{Q}_n$ 的前 m 行与后$(n-m)$行构成的矩阵.

记 $\boldsymbol{C}=(\boldsymbol{O}_{(n-m)\times m}\mid\boldsymbol{E}_{n-m})\boldsymbol{Q}_n$,则 $\boldsymbol{C}$ 是$(n-m)\times n$ 阶矩阵,且

$$\begin{pmatrix}\boldsymbol{P}_m&\boldsymbol{O}_{m\times(n-m)}\\ \boldsymbol{Q}_{(n-m)\times m}&\boldsymbol{E}_{n-m}\end{pmatrix}\quad\boldsymbol{Q}_n=\begin{pmatrix}A\\ \boldsymbol{C}\end{pmatrix},$$

于是由$\begin{pmatrix} \boldsymbol{P}_m & \boldsymbol{Q}_{m\times(n-m)} \\ \boldsymbol{Q}_{(n-m)\times m} & \boldsymbol{E}_{n-m} \end{pmatrix}$与$\boldsymbol{Q}_n$都可逆知$\begin{pmatrix} \boldsymbol{A} \\ \boldsymbol{C} \end{pmatrix}$可逆，因此$\boldsymbol{C}$即为所求的矩阵.

2.19　设$\boldsymbol{A}=(a_{ij})$. 由$r(\boldsymbol{A})=1$知$\boldsymbol{A}$的任意的2阶子行列式都为零，特别地，位于$\boldsymbol{A}$的主对角线上的任意两个不为零的元素a_{ii}和a_{jj}的下列2阶子行列式也都为零：即有

$$\begin{vmatrix} a_{ii} & a_{ij} \\ a_{ji} & a_{jj} \end{vmatrix}=0.$$

于是由$a_{ii}a_{jj}=a_{ij}a_{ji}=a_{ij}^2$　(这里利用$\boldsymbol{A}$是实对称矩阵)知a_{ii}与a_{jj}同号，所以$\boldsymbol{A}$的主对角线上凡不为零的元素必同号.

2.20　由$\boldsymbol{A}$可逆知，$\boldsymbol{A}$的第1列至少有一个元素不为零，不妨设为$a_{11}\neq 0$.(这是因为如果$a_{11}=0$，则必有某个$a_{i1}\neq 0(i\neq 1)$)，施行初等变换：将$\boldsymbol{A}$的第i行加到第1行上去，所得矩阵的左上角元素就变成不为零的.)

$$\boldsymbol{A}\xrightarrow[\text{对应地加到第}2,3,\cdots,n\text{行}]{\text{第1行分别乘以}\left(-\frac{a_{21}}{a_{11}}\right),\left(-\frac{a_{31}}{a_{11}}\right),\cdots,\left(-\frac{a_{n1}}{a_{11}}\right)}\begin{pmatrix} a_{11} & a_{12} & \cdots & a_{1n} \\ 0 & b_{22} & \cdots & b_{2n} \\ 0 & & & \\ \vdots & & \boldsymbol{B} & \\ 0 & & & \end{pmatrix}$$

$$\xrightarrow{\text{第1行加到第2行}}\begin{pmatrix} a_{11} & a_{12} & \cdots & a_{1n} \\ a_{11} & b_{22}' & \cdots & b_{2n}' \\ 0 & & & \\ \vdots & & \boldsymbol{B} & \\ 0 & & & \end{pmatrix}\xrightarrow[\text{加到第1行}]{\text{第2行乘以}\frac{1-a_{11}}{a_{11}}}\begin{pmatrix} 1 & b_{12} & \cdots & b_{1n} \\ a_{11} & b_{22}' & \cdots & b_{2n}' \\ 0 & & & \\ \vdots & & \boldsymbol{B} & \\ 0 & & & \end{pmatrix}$$

$$\xrightarrow[\text{加到第2行}]{\text{第1行乘}(-a_{11})}\begin{pmatrix} 1 & b_{12} & \cdots & b_{1n} \\ 0 & b_{22}'' & \cdots & b_{2n}'' \\ 0 & & & \\ \vdots & & \boldsymbol{B} & \\ 0 & & & \end{pmatrix}\xrightarrow[\text{相应地加到第}2,3,\cdots,n\text{列}]{\text{第1列分别乘以}(-b_{12}),(-b_{13}),\cdots,(-b_{1n})}\begin{pmatrix} 1 & 0 & \cdots & 0 \\ 0 & & & \\ \vdots & & \boldsymbol{A}_1 & \\ 0 & & & \end{pmatrix},$$

这里$\boldsymbol{A}_1$是$n-1$阶矩阵，且$\boldsymbol{A}_1$可逆(这里因为$|\boldsymbol{A}_1|=|\boldsymbol{A}|\neq 0$)，故可按上述同样的方法将$\boldsymbol{A}_1$化成

$$\begin{pmatrix} 1 & 0 & \cdots & 0 \\ 0 & & & \\ \vdots & & \boldsymbol{A}_2 & \\ 0 & & & \end{pmatrix}.$$

因此，按规定的初等变换，有

$$\boldsymbol{A}\to\begin{pmatrix} 1 & 0 & \cdots & 0 \\ 0 & 1 & \cdots & 0 \\ 0 & 0 & & \\ \vdots & \vdots & \boldsymbol{A}_2 & \\ 0 & 0 & & \end{pmatrix}.$$

如此地进行 $n-1$ 次后，得

$$\boldsymbol{A}\to\begin{pmatrix}1&&&&\\&1&&&\\&&\ddots&&\\&&&1&\\&&&&A_{n-1}\end{pmatrix},$$

这里 A_{n-1} 是 1 阶矩阵，即为一个数. 由于 $|\boldsymbol{A}|=\begin{vmatrix}1&&&&\\&1&&&\\&&\ddots&&\\&&&1&\\&&&&A_{n-1}\end{vmatrix}=A_{n-1}$，所以对 $\boldsymbol{A}$ 施行若干次规定的初等变换后化为 $\begin{pmatrix}1&&&&\\&1&&&\\&&\ddots&&\\&&&1&\\&&&&|\boldsymbol{A}|\end{pmatrix}$.

2.21　由于 $\begin{pmatrix}\boldsymbol{E}_n&\boldsymbol{O}\\-\boldsymbol{C}\boldsymbol{A}^{-1}&\boldsymbol{E}_m\end{pmatrix}\begin{pmatrix}\boldsymbol{A}&\boldsymbol{B}\\\boldsymbol{C}&\boldsymbol{D}\end{pmatrix}=\begin{pmatrix}\boldsymbol{A}&\boldsymbol{B}\\\boldsymbol{O}&\boldsymbol{D}-\boldsymbol{C}\boldsymbol{A}^{-1}\boldsymbol{B}\end{pmatrix}$，　　(1)

其中 $r\left(\begin{pmatrix}\boldsymbol{E}_n&\boldsymbol{O}\\-\boldsymbol{C}\boldsymbol{A}^{-1}&\boldsymbol{E}_m\end{pmatrix}\begin{pmatrix}\boldsymbol{A}&\boldsymbol{B}\\\boldsymbol{C}&\boldsymbol{D}\end{pmatrix}\right)=r\begin{pmatrix}\boldsymbol{A}&\boldsymbol{B}\\\boldsymbol{C}&\boldsymbol{D}\end{pmatrix}$，

$r\begin{pmatrix}\boldsymbol{A}&\boldsymbol{B}\\\boldsymbol{O}&\boldsymbol{D}-\boldsymbol{C}\boldsymbol{A}^{-1}\boldsymbol{B}\end{pmatrix}=r(\boldsymbol{A})+r(\boldsymbol{D}-\boldsymbol{C}\boldsymbol{A}^{-1}\boldsymbol{B})$（这里利用 $\boldsymbol{A}$ 可逆，见例 2.22 的附注(2)），所以由式(1)，得

$$r\begin{pmatrix}\boldsymbol{A}&\boldsymbol{B}\\\boldsymbol{C}&\boldsymbol{D}\end{pmatrix}=r(\boldsymbol{A})+r(\boldsymbol{D}-\boldsymbol{C}\boldsymbol{A}^{-1}\boldsymbol{B}).$$

2.22　由于 $r(\boldsymbol{A}-\boldsymbol{E}_n)+r(\boldsymbol{B}-\boldsymbol{E}_n)=r\left(\begin{pmatrix}\boldsymbol{A}-\boldsymbol{E}_n&\boldsymbol{O}\\\boldsymbol{O}&\boldsymbol{B}-\boldsymbol{E}_n\end{pmatrix}\right)$，并且由

$$\begin{pmatrix}\boldsymbol{A}-\boldsymbol{E}_n&\boldsymbol{O}\\\boldsymbol{O}&\boldsymbol{B}-\boldsymbol{E}_n\end{pmatrix}\xrightarrow[\text{(以下同)}]{\text{初等变换}}\begin{pmatrix}\boldsymbol{A}-\boldsymbol{E}_n&\boldsymbol{A}\boldsymbol{B}-\boldsymbol{A}\\\boldsymbol{O}&\boldsymbol{B}-\boldsymbol{E}_n\end{pmatrix}\to\begin{pmatrix}\boldsymbol{A}-\boldsymbol{E}_n&\boldsymbol{A}\boldsymbol{B}-\boldsymbol{E}_n\\\boldsymbol{O}&\boldsymbol{B}-\boldsymbol{E}_n\end{pmatrix}$$

知，$r\left(\begin{pmatrix}\boldsymbol{A}-\boldsymbol{E}_n&\boldsymbol{O}\\\boldsymbol{O}&\boldsymbol{B}-\boldsymbol{E}_n\end{pmatrix}\right)\geqslant r(\boldsymbol{A}\boldsymbol{B}-\boldsymbol{E}_n)$. 从而有

$$r(\boldsymbol{A}\boldsymbol{B}-\boldsymbol{E}_n)\leqslant r(\boldsymbol{A}-\boldsymbol{E}_n)+r(\boldsymbol{B}-\boldsymbol{E}_n).$$

2.23　由 $\boldsymbol{A}^2=\boldsymbol{A}$ 知，$\boldsymbol{A}(\boldsymbol{E}_n-\boldsymbol{A})=\boldsymbol{O}$，所以有

$$\begin{aligned}0&=r(\boldsymbol{A}+\boldsymbol{E}_n-\boldsymbol{A})-n\leqslant r(\boldsymbol{A})+r(\boldsymbol{E}_n-\boldsymbol{A})-n\\&\leqslant r(\boldsymbol{A}(\boldsymbol{E}_n-\boldsymbol{A}))=0,\end{aligned}$$

由此得到 $r(\boldsymbol{A})+r(\boldsymbol{E}_n-\boldsymbol{A})=n$，即 $r(\boldsymbol{A})+r(\boldsymbol{A}-\boldsymbol{E}_n)=n$. 因此 $r(\boldsymbol{A})=r$ 的充分必要条件为 $r(\boldsymbol{A}-\boldsymbol{E}_n)=n-r$.

2.24
$$r(\boldsymbol{A})=r(\boldsymbol{\alpha}\boldsymbol{\alpha}^{\mathrm{T}}+\boldsymbol{\beta}\boldsymbol{\beta}^{\mathrm{T}})\leqslant r(\boldsymbol{\alpha}\boldsymbol{\alpha}^{\mathrm{T}})+r(\boldsymbol{\beta}\boldsymbol{\beta}^{\mathrm{T}})$$

$$\leqslant r(\boldsymbol{\alpha})+r(\boldsymbol{\beta})\leqslant 2.$$

当 $\boldsymbol{\alpha},\boldsymbol{\beta}$ 线性相关时，可设 $\boldsymbol{\beta}=k\boldsymbol{\alpha}$（$k$ 为常数）. 则

$$\boldsymbol{A}=(1+k^2)\boldsymbol{\alpha}\boldsymbol{\alpha}^{\mathrm{T}}.$$

所以，$r(\boldsymbol{A})=r(\boldsymbol{\alpha}\boldsymbol{\alpha}^{\mathrm{T}})\leqslant r(\boldsymbol{\alpha})\leqslant 1$，从而有 $r(\boldsymbol{A})<2$.

2.25 由于 $r(\boldsymbol{A}^3)=r(\boldsymbol{A}\cdot\boldsymbol{A}^2)\leqslant r(\boldsymbol{A})$，即

$$r(\boldsymbol{A}^3)\leqslant r(\boldsymbol{A}). \tag{1}$$

另一方面，由 $\begin{pmatrix}\boldsymbol{A}^3 & \boldsymbol{O}\\ \boldsymbol{O} & \boldsymbol{A}\end{pmatrix}\xrightarrow[\text{(以下同)}]{\text{初等变换}}\begin{pmatrix}\boldsymbol{A}^3 & \boldsymbol{A}^2\\ \boldsymbol{O} & \boldsymbol{A}\end{pmatrix}\to\begin{pmatrix}\boldsymbol{O} & \boldsymbol{A}^2\\ -\boldsymbol{A}^2 & \boldsymbol{A}\end{pmatrix}$，知

$$r(\boldsymbol{A}^3)+r(\boldsymbol{A})=r\begin{pmatrix}\boldsymbol{A}^3 & \boldsymbol{O}\\ \boldsymbol{O} & \boldsymbol{A}\end{pmatrix}=r\left(\begin{pmatrix}\boldsymbol{O} & \boldsymbol{A}^2\\ -\boldsymbol{A}^2 & \boldsymbol{A}\end{pmatrix}\right)\geqslant r(\boldsymbol{A})^2+r(-\boldsymbol{A}^2)=2r(\boldsymbol{A})，\text{即}$$

$$r(\boldsymbol{A}^3)\geqslant r(\boldsymbol{A}). \tag{2}$$

由式(1)和式(2)，得 $r(\boldsymbol{A}^3)=r(\boldsymbol{A})$.

2.26 由于 $\begin{pmatrix}\boldsymbol{A} & \boldsymbol{O}\\ \boldsymbol{O} & \boldsymbol{B}\end{pmatrix}\xrightarrow[\text{(以下同)}]{\text{初等变换}}\begin{pmatrix}\boldsymbol{A} & \boldsymbol{B}\\ \boldsymbol{O} & \boldsymbol{B}\end{pmatrix}\to\begin{pmatrix}\boldsymbol{A}+\boldsymbol{B} & \boldsymbol{B}\\ \boldsymbol{B} & \boldsymbol{B}\end{pmatrix}\to\begin{pmatrix}\boldsymbol{AB}+\boldsymbol{A}+\boldsymbol{B} & \boldsymbol{B}\\ \boldsymbol{AB}+\boldsymbol{B} & \boldsymbol{B}\end{pmatrix}$，

所以 $r\begin{pmatrix}\boldsymbol{A} & \boldsymbol{O}\\ \boldsymbol{O} & \boldsymbol{B}\end{pmatrix}=r\begin{pmatrix}\boldsymbol{AB}+\boldsymbol{A}+\boldsymbol{B} & \boldsymbol{B}\\ \boldsymbol{AB}+\boldsymbol{B} & \boldsymbol{B}\end{pmatrix}\geqslant r(\boldsymbol{AB}+\boldsymbol{A}+\boldsymbol{B})$，

即
$$r(\boldsymbol{A})+r(\boldsymbol{B})\geqslant r(\boldsymbol{AB}+\boldsymbol{A}+\boldsymbol{B}).$$

2.27 由 $\boldsymbol{E}_n-\boldsymbol{A}-\boldsymbol{B}$ 可逆知

$$n=r(\boldsymbol{E}_n-\boldsymbol{A}-\boldsymbol{B})\leqslant r(\boldsymbol{E}_n-\boldsymbol{A})+r(-\boldsymbol{B})=r(\boldsymbol{E}_n-\boldsymbol{A})+r(\boldsymbol{B}),$$

即
$$r(\boldsymbol{B})\geqslant n-r(\boldsymbol{E}_n-\boldsymbol{A}). \tag{1}$$

由 $\boldsymbol{A}^2=\boldsymbol{A}$，即 $\boldsymbol{A}(\boldsymbol{E}_n-\boldsymbol{A})=\boldsymbol{O}$，知 $r(\boldsymbol{A})+r(\boldsymbol{E}_n-\boldsymbol{A})-n\leqslant 0$，即

$$r(\boldsymbol{A})\leqslant n-r(\boldsymbol{E}_n-\boldsymbol{A}). \tag{2}$$

由式(1)和式(2)，得
$$r(\boldsymbol{B})\geqslant r(\boldsymbol{A}). \tag{3}$$

同理可得
$$r(\boldsymbol{A})\geqslant r(\boldsymbol{B}). \tag{4}$$

由式(3)和式(4)，得 $r(\boldsymbol{A})=r(\boldsymbol{B})$.

2.28 由 $(\boldsymbol{\alpha}_1,\boldsymbol{\alpha}_2,\boldsymbol{\alpha}_3\,\vdots\,\boldsymbol{\beta}_1,\boldsymbol{\beta}_2,\boldsymbol{\beta}_3)=\left(\begin{array}{ccc:ccc}0&3&2&2&0&4\\1&0&3&1&-2&4\\2&1&0&1&1&1\\3&2&1&2&1&3\end{array}\right)\xrightarrow[\text{(以下同)}]{\text{初等行变换}}$

$$\left(\begin{array}{ccc:ccc}1&0&3&1&-2&4\\0&3&2&2&0&4\\2&1&0&1&1&1\\3&2&1&2&1&3\end{array}\right)\to\left(\begin{array}{ccc:ccc}1&0&3&1&-2&4\\0&3&2&2&0&4\\0&1&-6&-1&5&-7\\0&2&-8&-1&7&-9\end{array}\right)\to$$

$$\left(\begin{array}{ccc:ccc}1&0&3&1&-2&4\\0&1&-6&-1&5&-7\\0&3&2&2&0&4\\0&2&-8&-1&7&-9\end{array}\right)\to\left(\begin{array}{ccc:ccc}1&0&3&1&-2&4\\0&1&-6&-1&5&-7\\0&0&4&1&-3&5\\0&0&4&1&-3&5\end{array}\right)\to$$

$$\begin{pmatrix}1&0&3&\vdots&1&-2&4\\0&1&-6&\vdots&-1&5&-7\\0&0&4&\vdots&1&-3&5\\0&0&0&\vdots&0&0&0\end{pmatrix}\rightarrow\begin{pmatrix}1&0&3&\vdots&1&-2&4\\0&1&-6&\vdots&-1&5&-7\\0&0&1&\vdots&\frac{1}{4}&-\frac{3}{4}&\frac{5}{4}\\0&0&0&\vdots&0&0&0\end{pmatrix}\rightarrow$$

$$\begin{pmatrix}1&0&0&\vdots&\frac{1}{4}&\frac{1}{4}&\frac{1}{4}\\0&1&0&\vdots&\frac{1}{2}&\frac{1}{2}&\frac{1}{2}\\0&0&1&\vdots&\frac{1}{4}&-\frac{3}{4}&\frac{5}{4}\\0&0&0&\vdots&0&0&0\end{pmatrix}$$

知,(Ⅱ)可由(Ⅰ)线性表示.

$$由(\boldsymbol{\beta}_1,\boldsymbol{\beta}_2,\boldsymbol{\beta}_3\ \vdots\ \boldsymbol{\alpha}_1)=\begin{pmatrix}2&0&4&\vdots&0\\1&-2&4&\vdots&1\\1&1&1&\vdots&2\\2&1&3&\vdots&3\end{pmatrix}\rightarrow\begin{pmatrix}1&1&1&\vdots&2\\1&-2&4&\vdots&1\\2&0&4&\vdots&0\\2&1&3&\vdots&3\end{pmatrix}\rightarrow\begin{pmatrix}1&1&1&\vdots&2\\0&-3&3&\vdots&-1\\0&-2&2&\vdots&-4\\0&-1&1&\vdots&-1\end{pmatrix}\rightarrow$$

$$\begin{pmatrix}1&1&1&\vdots&2\\0&0&0&\vdots&2\\0&-2&2&\vdots&-4\\0&-1&1&\vdots&1\end{pmatrix}$$

知,$\boldsymbol{\alpha}_1$ 不能由 $\boldsymbol{\beta}_1,\boldsymbol{\beta}_2,\boldsymbol{\beta}_3$ 线性表示,从而(Ⅰ)不能由(Ⅱ)线性表示.

2.29　设有常数 k_1,k_2,k_3,使得

$$k_1\boldsymbol{\alpha}_1+k_2\boldsymbol{\alpha}_2+k_3\boldsymbol{\alpha}_3=\mathbf{0}. \tag{1}$$

两边同时左乘 $\boldsymbol{A}$,得

$$k_1\boldsymbol{A}\boldsymbol{\alpha}_1+k_2\boldsymbol{A}\boldsymbol{\alpha}_2+k_3\boldsymbol{A}\boldsymbol{\alpha}_3=\mathbf{0}.$$

将 $\boldsymbol{A}\boldsymbol{\alpha}_1=\boldsymbol{\alpha}_1,\boldsymbol{A}\boldsymbol{\alpha}_2=\boldsymbol{\alpha}_1+\boldsymbol{\alpha}_2,\boldsymbol{A}\boldsymbol{\alpha}_3=\boldsymbol{\alpha}_2+\boldsymbol{\alpha}_3$ 代入上式,得

$$(k_1\boldsymbol{\alpha}_1+k_2\boldsymbol{\alpha}_2+k_3\boldsymbol{\alpha}_3)+(k_2\boldsymbol{\alpha}_1+k_3\boldsymbol{\alpha}_2)=\mathbf{0} \tag{2}$$

式(1)代入式(2),得

$$k_2\boldsymbol{\alpha}_1+k_3\boldsymbol{\alpha}_2=\mathbf{0}. \tag{3}$$

两边同时左乘 $\boldsymbol{A}$,得

$$(k_2\boldsymbol{\alpha}_1+k_3\boldsymbol{\alpha}_2)+k_3\boldsymbol{\alpha}_1=\mathbf{0}. \tag{4}$$

式(3)代入式(4),得 $k_3\boldsymbol{\alpha}_1=\mathbf{0}$. 于是由 $\boldsymbol{\alpha}_1\neq\mathbf{0}$,得 $k_3=0$. 将它代入式(3),得 $k_2\boldsymbol{\alpha}_1=\mathbf{0}$,所以,$k_2=0$. 将 $k_2=k_3=0$ 代入式(1),得 $k_1\boldsymbol{\alpha}_1=\mathbf{0}$,从而 $k_1=0$.

因此,式(1)仅当 $k_1=k_2=k_3=0$ 时才成立,故 $\boldsymbol{\alpha}_1,\boldsymbol{\alpha}_2,\boldsymbol{\alpha}_3$ 线性无关.

2.30　充分性:设有数 $l_1,l_2,\cdots,l_{r-1}$,使得

$$l_1\boldsymbol{\beta}_1+l_2\boldsymbol{\beta}_2+\cdots+l_{r-1}\boldsymbol{\beta}_{r-1}=\mathbf{0}.$$

将 $\boldsymbol{\beta}_1=\boldsymbol{\alpha}_1+k_1\boldsymbol{\alpha}_r,\boldsymbol{\beta}_2=\boldsymbol{\alpha}_2+k_2\boldsymbol{\alpha}_r,\cdots,\boldsymbol{\beta}_{r-1}=\boldsymbol{\alpha}_{r-1}+k_{r-1}\boldsymbol{\alpha}_r$ 代入上式,得

$$l_1\boldsymbol{\alpha}_1+l_2\boldsymbol{\alpha}_2+\cdots+l_{r-1}\boldsymbol{\alpha}_{r-1}+(l_1k_1+l_2k_2+\cdots+l_{r-1}k_{r-1})\boldsymbol{\alpha}_r=\mathbf{0}.$$

于是,由 $\boldsymbol{\alpha}_1,\boldsymbol{\alpha}_2,\cdots,\boldsymbol{\alpha}_r$ 线性无关(充分性假定),得 $l_1=l_2=\cdots=l_{r-1}=0$. 故 $\boldsymbol{\beta}_1,\boldsymbol{\beta}_2,\cdots,\boldsymbol{\beta}_{r-1}$ 线性

无关.

必要性:设有常数 $\lambda_1,\lambda_2,\cdots,\lambda_r$,使得

$$\lambda_1\boldsymbol{\alpha}_1+\lambda_2\boldsymbol{\alpha}_2+\cdots+\lambda_r\boldsymbol{\alpha}_r=\mathbf{0},$$

即
$$\lambda_1(\boldsymbol{\alpha}_1+k_1\boldsymbol{\alpha}_r)+\lambda_2(\boldsymbol{\alpha}_2+k_2\boldsymbol{\alpha}_r)+\cdots+\lambda_{r-1}(\boldsymbol{\alpha}_{r-1}+k_{r-1}\boldsymbol{\alpha}_r)+[\lambda_r-(\lambda_1k_1+\lambda_2k_2+\cdots+\lambda_{r-1}k_{r-1})]\boldsymbol{\alpha}_r=\mathbf{0},$$

或 $\lambda_1\boldsymbol{\beta}_1+\lambda_2\boldsymbol{\beta}_2+\cdots+\lambda_{r-1}\boldsymbol{\beta}_{r-1}+[\lambda_r-(\lambda_1k_1+\lambda_2k_2+\cdots+\lambda_{r-1}k_{r-1})]\boldsymbol{\alpha}_r=\mathbf{0}.$

如果 $\lambda_r-(\lambda_1k_1+\lambda_2k_2+\cdots+\lambda_{r-1}k_{r-1})\neq0$,则 $\boldsymbol{\alpha}_r$ 可由线性无关向量组 $\boldsymbol{\beta}_1,\boldsymbol{\beta}_2,\cdots,\boldsymbol{\beta}_{r-1}$(必要性假定)唯一地线性表示. 这与 $k_1,k_2,\cdots,k_{r-1}$ 是任意的相矛盾. 故有

$$\lambda_r-(\lambda_1k_1+\lambda_2k_2+\cdots+\lambda_{r-1}k_{r-1})=0.$$

由此得到 $\lambda_1=\lambda_2=\cdots=\lambda_r=0$. 从而 $\boldsymbol{\alpha}_1,\boldsymbol{\alpha}_3,\cdots,\boldsymbol{\alpha}_r$ 线性无关.

2.31 设(Ⅰ)线性无关(由于 $\boldsymbol{\alpha}_0\neq\mathbf{0}$,所以(Ⅰ)线性无关是可能的),则(Ⅰ)中没有一个向量可由其前面向量线性表示.

设(Ⅰ)线性相关,则(Ⅰ)中至少有一个向量可由其前面向量线性表示(这是因为,如果(Ⅰ)中没有一个向量可由其前面向量线性表示,则(Ⅰ)线性无关,这与现在假设(Ⅰ)线性相关矛盾),不妨设这样向量中最前面的一个向量为 $\boldsymbol{\alpha}_i(1\leqslant i\leqslant n)$,则 $\boldsymbol{\alpha}_0,\boldsymbol{\alpha}_1,\cdots,\boldsymbol{\alpha}_{i-1}$ 线性无关,而 $\boldsymbol{\alpha}_0,\boldsymbol{\alpha}_1,\cdots,\boldsymbol{\alpha}_{i-1},\boldsymbol{\alpha}_i$ 线性相关(它的极大线性无关组为 $\boldsymbol{\alpha}_1,\boldsymbol{\alpha}_2,\cdots,\boldsymbol{\alpha}_i$). 如果 $\boldsymbol{\alpha}_{i+1}$ 也是可由其前面向量 $\boldsymbol{\alpha}_0,\boldsymbol{\alpha}_1,\cdots,\boldsymbol{\alpha}_i$ 线性表示,则可由它的极大线性无关组 $\boldsymbol{\alpha}_1,\boldsymbol{\alpha}_2,\cdots,\boldsymbol{\alpha}_i$ 线性表示. 这与 $\boldsymbol{\alpha}_1,\boldsymbol{\alpha}_2,\cdots,\boldsymbol{\alpha}_{i+1}$ 线性无关矛盾,所以 $\boldsymbol{\alpha}_{i+1}$ 不能由其前面向量线性表示. 同理可证,$\boldsymbol{\alpha}_{i+2},\cdots,\boldsymbol{\alpha}_n$ 都不能由其前面向量线性表示. 故此时(Ⅰ)中只有一个向量可由其前面向量线性表示.

综上所述,(Ⅰ)中可由其前面向量线性表示的向量不多于一个.

2.32 由于
$$\begin{aligned}\boldsymbol{B}\boldsymbol{B}^{\mathrm T}&=(\boldsymbol{A}^2-\boldsymbol{A}^{-1})(\boldsymbol{A}^2+\boldsymbol{A}^{-1})^{-1}[(\boldsymbol{A}^2-\boldsymbol{A}^{-1})(\boldsymbol{A}^2+\boldsymbol{A}^{-1})^{-1}]^{\mathrm T}\\&=(\boldsymbol{A}^2-\boldsymbol{A}^{-1})(\boldsymbol{A}^2+\boldsymbol{A}^{-1})^{-1}[(\boldsymbol{A}^2+\boldsymbol{A}^{-1})^{\mathrm T}]^{-1}(\boldsymbol{A}^2-\boldsymbol{A}^{-1})^{\mathrm T}\\&=(\boldsymbol{A}^2-\boldsymbol{A}^{-1})[(\boldsymbol{A}^2+\boldsymbol{A}^{-1})^{-1}(\boldsymbol{A}^2-\boldsymbol{A}^{-1})^{-1}](\boldsymbol{A}^2+\boldsymbol{A}^{-1})\text{(利用 }\boldsymbol{A}^{\mathrm T}=-\boldsymbol{A})\\&=(\boldsymbol{A}^2-\boldsymbol{A}^{-1})[(\boldsymbol{A}^2-\boldsymbol{A}^{-1})(\boldsymbol{A}^2+\boldsymbol{A}^{-1})]^{-1}(\boldsymbol{A}^2+\boldsymbol{A}^{-1})\\&=(\boldsymbol{A}^2-\boldsymbol{A}^{-1})[(\boldsymbol{A}^2+\boldsymbol{A}^{-1})(\boldsymbol{A}^2-\boldsymbol{A}^{-1})]^{-1}(\boldsymbol{A}^2+\boldsymbol{A}^{-1})\text{(利用 }\boldsymbol{A}^2+\boldsymbol{A}^{-1}\text{ 与 }\boldsymbol{A}^2-\boldsymbol{A}^{-1}\text{ 可交换)}\\&=[(\boldsymbol{A}^2-\boldsymbol{A}^{-1})(\boldsymbol{A}^2-\boldsymbol{A}^{-1})^{-1}][(\boldsymbol{A}^2+\boldsymbol{A}^{-1})^{-1}(\boldsymbol{A}^2+\boldsymbol{A}^{-1})]=\boldsymbol{E}_n,\end{aligned}$$

所以,$\boldsymbol{B}$ 是正交矩阵

2.33 先用反证法证明 $|\boldsymbol{A}+\boldsymbol{D}|\neq0$.

设 $|\boldsymbol{A}+\boldsymbol{D}|=0$,记 $\boldsymbol{A}+\boldsymbol{D}=(\boldsymbol{\alpha}_1,\boldsymbol{\alpha}_2,\cdots,\boldsymbol{\alpha}_n)$(即 $\boldsymbol{\alpha}_1,\boldsymbol{\alpha}_2,\cdots,\boldsymbol{\alpha}_n$ 是 $\boldsymbol{A}+\boldsymbol{D}$ 的列向量组),则 $\boldsymbol{\alpha}_1,\boldsymbol{\alpha}_2,\cdots,\boldsymbol{\alpha}_n$ 线性相关,所以存在不全为零的实数 $k_1,k_2,\cdots,k_n$,使得

$$k_1\boldsymbol{\alpha}_1+k_2\boldsymbol{\alpha}_2+\cdots+k_n\boldsymbol{\alpha}_n=\mathbf{0}.$$

记 $\boldsymbol{\beta}=(k_1,k_2,\cdots,k_n)^{\mathrm T}$,则 $(\boldsymbol{A}+\boldsymbol{D})\boldsymbol{\beta}=\mathbf{0}$. 于是有

$$\boldsymbol{\beta}^{\mathrm T}(\boldsymbol{A}+\boldsymbol{D})\boldsymbol{\beta}=\boldsymbol{\beta}^{\mathrm T}\boldsymbol{A}\boldsymbol{\beta}+\boldsymbol{\beta}^{\mathrm T}\boldsymbol{D}\boldsymbol{\beta}=0. \tag{1}$$

另一方面,由
$$\begin{aligned}2\boldsymbol{\beta}^{\mathrm T}\boldsymbol{A}\boldsymbol{\beta}&=\boldsymbol{\beta}^{\mathrm T}\boldsymbol{A}\boldsymbol{\beta}+\boldsymbol{\beta}^{\mathrm T}\boldsymbol{A}\boldsymbol{\beta}=\boldsymbol{\beta}^{\mathrm T}\boldsymbol{A}\boldsymbol{\beta}-(\boldsymbol{\beta}^{\mathrm T}\boldsymbol{A}\boldsymbol{\beta})^{\mathrm T}\\&=\boldsymbol{\beta}^{\mathrm T}\boldsymbol{A}\boldsymbol{\beta}-\boldsymbol{\beta}^{\mathrm T}\boldsymbol{A}\boldsymbol{\beta}=0\text{(由于 }\boldsymbol{\beta}^{\mathrm T}\boldsymbol{A}\boldsymbol{\beta}\text{ 是数,所以有}(\boldsymbol{\beta}^{\mathrm T}\boldsymbol{A}\boldsymbol{\beta})^{\mathrm T}=\boldsymbol{\beta}^{\mathrm T}\boldsymbol{A}\boldsymbol{\beta})\end{aligned}$$

知
$$\boldsymbol{\beta}^{\mathrm T}\boldsymbol{A}\boldsymbol{\beta}=0.$$

此外，
$$\boldsymbol{\beta}^{\mathrm{T}}\boldsymbol{D}\boldsymbol{\beta}=(k_1,k_2,\cdots,k_n)\begin{pmatrix}d_1&&&\\&d_2&&\\&&\ddots&\\&&&d_n\end{pmatrix}\begin{pmatrix}k_1\\k_2\\\vdots\\k_n\end{pmatrix}$$
$$=d_1k_1^2+d_2k_2^2+\cdots+d_nk_n^2>0.$$
所以有
$$\boldsymbol{\beta}^{\mathrm{T}}(\boldsymbol{A}+\boldsymbol{D})\boldsymbol{\beta}>0. \tag{2}$$

由式(1)与式(2)矛盾知$|\boldsymbol{A}+\boldsymbol{D}|\neq 0$.

下面仍用反证法证明$|\boldsymbol{A}+\boldsymbol{D}|>0$.

设$|\boldsymbol{A}+\boldsymbol{D}|<0$,记函数$f(x)=|x\boldsymbol{A}+\boldsymbol{D}|$,则$f(x)$是连续函数,且
$$f(0)=|\boldsymbol{D}|=d_1d_2\cdots d_n>0, f(1)=|\boldsymbol{A}+\boldsymbol{D}|<0,$$
所以由连续函数零点定理知,存在$x_0\in(0,1)$,使得$f(x_0)=0$,即
$$|x_0\boldsymbol{A}+\boldsymbol{D}|=0. \tag{3}$$
另一方面,$|x_0\boldsymbol{A}+\boldsymbol{D}|=x_0^n\left|\boldsymbol{A}+\dfrac{\boldsymbol{D}}{x_0}\right|$. 显然$\dfrac{\boldsymbol{D}}{x_0}$仍是对角线上元素全大于零的对角形矩阵,所以由第一步证明知$\left|\boldsymbol{A}+\dfrac{\boldsymbol{D}}{x_0}\right|\neq 0$. 从而有
$$|x_0\boldsymbol{A}+\boldsymbol{D}|\neq 0. \tag{4}$$

由于式(3)与式(4)矛盾,所以$|\boldsymbol{A}+\boldsymbol{D}|>0$.

第三章 线性方程组

一、核心内容提要

1. 齐次线性方程组的概念

称方程组(Ⅰ)$\begin{cases} a_{11}x_1+a_{12}x_2+\cdots+a_{1n}x_n=0, \\ a_{21}x_1+a_{22}x_2+\cdots+a_{2n}x_n=0, \\ \quad\vdots \\ a_{m1}x_1+a_{m2}x_2+\cdots+a_{mn}x_n=0 \end{cases}$

为 n 元线性方程组.记

$$\boldsymbol{A}=\begin{pmatrix} a_{11} & a_{12} & \cdots & a_{1n} \\ a_{21} & a_{22} & \cdots & a_{2n} \\ \vdots & \vdots & & \vdots \\ a_{m1} & a_{m2} & \cdots & a_{mn} \end{pmatrix}\text{((Ⅰ)的系数矩阵)},\boldsymbol{x}=(x_1,x_2,\cdots,x_n)^{\mathrm{T}},$$

则(Ⅰ)可以简记为 $\boldsymbol{Ax}=\boldsymbol{0}$(其中,$\boldsymbol{0}$ 是 m 维零列向量)

齐次线性方程组 $\boldsymbol{Ax}=\boldsymbol{0}$ 的解的性质:

设 $\boldsymbol{\xi}_1,\boldsymbol{\xi}_2$ 都是 $\boldsymbol{Ax}=\boldsymbol{0}$ 的解,则 $C_1\boldsymbol{\xi}_1+C_2\boldsymbol{\xi}_2$(其中 C_1,C_2 是任意常数)也是它的解.

2. 齐次线性方程组有非零解的判定与通解

n 元齐次线性方程组 $\boldsymbol{Ax}=\boldsymbol{0}$ 有非零解的充分必要条件为 $r(\boldsymbol{A})<n$(或者 $\boldsymbol{Ax}=\boldsymbol{0}$ 只有零解的充分必要条件为 $r(\boldsymbol{A})=n$).

当 n 元齐次线性方程组 $\boldsymbol{Ax}=\boldsymbol{0}$ 有非零解,即 $r(\boldsymbol{A})=r<n$ 时,称满足下列条件的一组解 $\boldsymbol{\xi}_1,\boldsymbol{\xi}_2,\cdots,\boldsymbol{\xi}_{n-r}$ 为该方程组的一个基础解系:

(1) $\boldsymbol{\xi}_1,\boldsymbol{\xi}_2,\cdots,\boldsymbol{\xi}_{n-r}$ 线性无关;

(2) $\boldsymbol{Ax}=\boldsymbol{0}$ 的任一解 $\boldsymbol{x}$ 都可由 $\boldsymbol{\xi}_1,\boldsymbol{\xi}_2,\cdots,\boldsymbol{\xi}_{n-r}$ 线性表示.

此时方程组 $\boldsymbol{Ax}=\boldsymbol{0}$ 的通解为

$$\boldsymbol{x}=C_1\boldsymbol{\xi}_1+C_2\boldsymbol{\xi}_2,+\cdots+C_{n-r}\boldsymbol{\xi}_{n-r}(C_1,C_2,\cdots,C_{n-r}\text{是任意常数}).$$

注 这里有两点值得注意:

(1) 当 $r(\boldsymbol{A})=r<n$ 时,$\boldsymbol{Ax}=\boldsymbol{0}$ 有基础解系,且基础解系中解的个数为 $n-r$.

(2) 当 $r(\boldsymbol{A})=r<n$ 时,$\boldsymbol{Ax}=\boldsymbol{0}$ 的解的集合构成的向量空间,称为解空间,其维数为 $n-r$,$\boldsymbol{Ax}=\boldsymbol{0}$ 的一个基础解系为解空间的一个基.

3. 非齐次线性方程组的概念

称方程组(Ⅱ)$\begin{cases} a_{11}x_1+a_{12}x_2+\cdots+a_{1n}x_n=b_1, \\ a_{21}x_1+a_{22}x_2+\cdots+a_{2n}x_n=b_2, \\ \quad\vdots \\ a_{m1}x_1+a_{m2}x_2+\cdots+a_{mn}x_n=b_m \end{cases}$

(其中 $b_1,b_2,\cdots,b_m$ 是不全为零的常数)为 n 元非齐次线性方程组. 记

$$\boldsymbol{A}=\begin{pmatrix} a_{11} & a_{12} & \cdots & a_{1n} \\ a_{21} & a_{22} & \cdots & a_{2n} \\ \vdots & \vdots & & \vdots \\ a_{m1} & a_{m2} & \cdots & a_{mn} \end{pmatrix}\text{((Ⅱ)的系数矩阵)},$$

$$\boldsymbol{x}=(x_1,x_2,\cdots,x_n)^{\mathrm{T}},\boldsymbol{b}=(b_1,b_2,\cdots,b_m)^{\mathrm{T}},$$

$$\overline{\boldsymbol{A}}=(\boldsymbol{A}\mid\boldsymbol{b})\text{((Ⅱ)的增广矩阵)},$$

则(Ⅱ)可以简记为 $\boldsymbol{Ax}=\boldsymbol{b}$. 对应地称 $\boldsymbol{Ax}=\boldsymbol{0}$ 为(Ⅱ)的导出组.

非齐次线性方程组 $\boldsymbol{Ax}=\boldsymbol{b}$ 的解的性质:

(1) 设 $\boldsymbol{\xi}_1,\boldsymbol{\xi}_2$ 都是(Ⅱ)的解,则 $\boldsymbol{\xi}_1-\boldsymbol{\xi}_2$ 是(Ⅱ)的导出组的解;

(2) 设 $\boldsymbol{\eta}$ 是(Ⅱ)的解,$\boldsymbol{\xi}$ 是(Ⅱ)的导出组的解,则 $\boldsymbol{\xi}+\boldsymbol{\eta}$ 是(Ⅱ)的解.

4. 非齐次线性方程组有解的判定及通解

n 元非齐次线性方程组 $\boldsymbol{Ax}=\boldsymbol{b}$ 有无穷多解的充分必要条件是 $r(\boldsymbol{A})=r(\overline{\boldsymbol{A}})<n$;有唯一解的充分必要条件是 $r(\boldsymbol{A})=r(\overline{\boldsymbol{A}})=n$;无解的充分必要条件是 $r(\boldsymbol{A})<r(\overline{\boldsymbol{A}})$.

当 $\boldsymbol{Ax}=\boldsymbol{b}$ 有无穷多解,即 $r(\boldsymbol{A})<n$ 时,记它的导出组的一个基础解系为 $\boldsymbol{\xi}_1,\boldsymbol{\xi}_2,\cdots,\boldsymbol{\xi}_{n-r}$(其中 $r=r(\boldsymbol{A})$)及 $\boldsymbol{Ax}=\boldsymbol{b}$ 的一个特解为 $\boldsymbol{\eta}$,则 $\boldsymbol{Ax}=\boldsymbol{b}$ 的通解为

$$\boldsymbol{x}=C_1\boldsymbol{\xi}_1+C_2\boldsymbol{\xi}_2+\cdots+C_{n-r}\boldsymbol{\xi}_{n-r}+\boldsymbol{\eta}.$$

注 设 $\boldsymbol{A}$ 是 n 阶可逆矩阵(记它的行列式为 D),则 n 元非齐次线性方程组 $\boldsymbol{Ax}=\boldsymbol{b}$ 有唯一解:$\boldsymbol{x}=\boldsymbol{A}^{-1}\boldsymbol{b}$,即

$$x_1=\frac{D_1}{D},x_2=\frac{D_2}{D},\cdots,x_n=\frac{D_n}{D},$$

其中 D_i 是 D 的第 i 列换成 $\boldsymbol{b}$ 后的行列式($i=1,2,\cdots,n$),以上计算公式称为克莱姆法则.

5. 矩阵方程求解

设 $\boldsymbol{A}$ 是 $m\times n$ 矩阵,$\boldsymbol{B}$ 是 $m\times l$ 矩阵,它们都是已知矩阵,$\boldsymbol{X}$ 是未知矩阵,则称 $\boldsymbol{AX}=\boldsymbol{B}$ 是矩阵方程.

$\boldsymbol{AX}=\boldsymbol{B}$ 有无穷多解的充分必要条件是 $r(\boldsymbol{A})=r(\overline{\boldsymbol{A}})<n$(其中 $\overline{\boldsymbol{A}}=(\boldsymbol{A}\mid\boldsymbol{B})$);有唯一解的充分必要条件是 $r(\boldsymbol{A})=r(\overline{\boldsymbol{A}})=n$;无解的充分必要条件是 $r(\boldsymbol{A})<r(\overline{\boldsymbol{A}})$.

注 (1) 矩阵方程 $\boldsymbol{AX}=\boldsymbol{O}$(其中 $\boldsymbol{A}$ 是已知的 $m\times n$ 矩阵,$\boldsymbol{O}$ 是 $m\times l$ 零矩阵)有非零解的充分必要条件是 $r(\boldsymbol{A})<n$(只有零解的充分必要条件是 $r(\boldsymbol{A})=n$).

(2) 当 $\boldsymbol{A}$ 是 n 阶可逆矩阵时,矩阵方程 $\boldsymbol{AX}=\boldsymbol{B}$ 有唯一解 $\boldsymbol{X}=\boldsymbol{A}^{-1}\boldsymbol{B}$.

6. 两个线性方程组同解的判定

两个线性方程组 $\boldsymbol{A}_i\boldsymbol{x}=\boldsymbol{b}_i(i=1,2)$(其中,$\boldsymbol{A}_1,\boldsymbol{A}_2$ 分别是 $m_1\times n$ 与 $m_2\times n$ 矩阵,$\boldsymbol{b}_1,\boldsymbol{b}_2$ 分别是 m_1 维与 m_2 维列向量)同解的充分必要条件是它们有一个相同的特解以及 $\boldsymbol{A}_i\boldsymbol{x}=\boldsymbol{0}(i=1,2)$ 有相同或等价的基础解系.

注 (1) 设 $m\times n$ 矩阵 $\overline{\boldsymbol{A}}=(\boldsymbol{A}\mid\boldsymbol{\alpha})$经过初等行变换后化为 $\overline{\boldsymbol{B}}=(\boldsymbol{B}\mid\boldsymbol{\beta})$,则两个线性方程组$\boldsymbol{A}\boldsymbol{x}=\boldsymbol{\alpha}$ 与 $\boldsymbol{B}\boldsymbol{x}=\boldsymbol{\beta}$ 同解.

(2) 设 $\boldsymbol{A}$ 是 n 阶实矩阵,则线性方程组 $\boldsymbol{A}\boldsymbol{x}=\boldsymbol{0}$ 与 $\boldsymbol{A}^{\mathrm{T}}\boldsymbol{A}\boldsymbol{x}=\boldsymbol{0}$ 同解.

7. 两个线性方程组有公共解的判定

两个线性方程组 $\boldsymbol{A}_i\boldsymbol{x}=\boldsymbol{b}_i(i=1,2)$(其中,$\boldsymbol{A}_1,\boldsymbol{A}_2$ 分别是 $m_1\times n$ 与 $m_2\times n$ 矩阵,$\boldsymbol{b}_1,\boldsymbol{b}_2$ 分别是 m_1 维与 m_2 维列向量)有公共解的充分必要条件是线性方程组 $\begin{pmatrix}\boldsymbol{A}_1\\\boldsymbol{A}_2\end{pmatrix}\boldsymbol{x}=\begin{pmatrix}\boldsymbol{b}_1\\\boldsymbol{b}_2\end{pmatrix}$ 有解.

8. 利用线性方程组,判定向量组之间的线性表示性

94

设有 n 维列向量组 $\boldsymbol{\alpha}_1,\boldsymbol{\alpha}_2,\cdots,\boldsymbol{\alpha}_m,\boldsymbol{\beta}$,则 $\boldsymbol{\beta}$ 可由 $\boldsymbol{\alpha}_1,\boldsymbol{\alpha}_2,\cdots,\boldsymbol{\alpha}_m$ 线性表示,但表示式不是唯一(是唯一)的充分必要条件是线性方程组 $\boldsymbol{A}\boldsymbol{x}=\boldsymbol{\beta}$(其中 $\boldsymbol{A}=(\boldsymbol{\alpha}_1,\boldsymbol{\alpha}_2,\cdots,\boldsymbol{\alpha}_m)$)有无穷多解(有唯一解);$\boldsymbol{\beta}$ 不能由 $\boldsymbol{\alpha}_1,\boldsymbol{\alpha}_2,\cdots,\boldsymbol{\alpha}_m$ 线性表示的充分必要条件是线性方程 $\boldsymbol{A}\boldsymbol{x}=\boldsymbol{\beta}$ 无解.

设有 n 维列向量组(Ⅰ)$\boldsymbol{\alpha}_1,\boldsymbol{\alpha}_2,\cdots,\boldsymbol{\alpha}_m$;(Ⅱ)$\boldsymbol{\beta}_1,\boldsymbol{\beta}_2,\cdots,\boldsymbol{\beta}_s$,则(Ⅱ)可由(Ⅰ)线性表示,但表示式不是唯一(是唯一)的充分必要条件是矩阵方程 $\boldsymbol{A}\boldsymbol{X}=\boldsymbol{B}$(其中,$\boldsymbol{A}=(\boldsymbol{\alpha}_1,\boldsymbol{\alpha}_2,\cdots,\boldsymbol{\alpha}_m)$,$\boldsymbol{B}=(\boldsymbol{\beta}_1,\boldsymbol{\beta}_2,\cdots,\boldsymbol{\beta}_s)$)有无穷多解(有唯一解);(Ⅱ)不能由(Ⅰ)线性表示的充分必要条件是矩阵方程 $\boldsymbol{A}\boldsymbol{X}=\boldsymbol{B}$ 无解.

二、典型例题精解

A　组

(Ⅰ)

例 3.1 问 a,b,c 满足何种关系时,齐次线性方程组

$$\begin{cases}x_1+x_2+x_3=0,\\ax_1+bx_2+cx_3=0,\\a^2x_1+b^2x_2+c^2x_3=0\end{cases}$$

有非零解,并求所有的非零解.

分析 记方程组的系数矩阵为 $\boldsymbol{A}$,则按 $|\boldsymbol{A}|=0$ 讨论该方程组有非零解时,a,b,c 应满足的关系,并对应地求出非零解.

精解 由于 $|\boldsymbol{A}|=\begin{vmatrix}1&1&1\\a&b&c\\a^2&b^2&c^2\end{vmatrix}=(a-b)(a-c)(b-c)$,所以,当 a,b,c 中至少有两个相

等时,有$|\mathbf{A}|=0$,故此时所给方程组有非零解. 下面分 4 种情形计算非零通解.

(1) 当 $a=b=c$ 时,$\mathbf{A}=\begin{pmatrix}1&1&1\\a&a&a\\a^2&a^2&a^2\end{pmatrix}\xrightarrow{\text{初等行变换}}\begin{pmatrix}1&1&1\\0&0&0\\0&0&0\end{pmatrix}$. 故此时所给方程组与方程 $x_1+x_2+x_3=0$ 同解,从而所求的非零通解为

$(x_1,x_2,x_3)^{\mathrm{T}}=C_1(-1,1,0)^{\mathrm{T}}+C_2(-1,0,1)^{\mathrm{T}}$(其中,$C_1,C_2$ 是不全为零的任意常数).

(2) 当 $a=b\neq c$ 时,

$$\mathbf{A}=\begin{pmatrix}1&1&1\\a&a&c\\a^2&a^2&c^2\end{pmatrix}\xrightarrow[\text{(以下同)}]{\text{初等行变换}}\begin{pmatrix}1&1&1\\0&0&c-a\\0&0&c^2-a^2\end{pmatrix}\to\begin{pmatrix}1&1&1\\0&0&c-a\\0&0&0\end{pmatrix}\to\begin{pmatrix}1&1&1\\0&0&1\\0&0&0\end{pmatrix},$$

故此时所给的方程组与方程组$\begin{cases}x_1+x_2+x_3=0,\\ x_3=0\end{cases}$同解,从而所求的非零通解为$(x_1,x_2,x_3)^{\mathrm{T}}=B_1(-1,1,0)^{\mathrm{T}}$(其中,$B_1$ 是不为零的任意常数).

(3) 当 $a=c\neq b$ 时,同样可得所求的非零通解$(x_1,x_2,x_3)^{\mathrm{T}}=B_2(-1,0,1)^{\mathrm{T}}$(其中 B_2 是不为零的任意常数).

(4) 当 $b=c\neq a$ 时,也同样可得所求的非零通解$(x_1,x_2,x_3)^{\mathrm{T}}=B_3(0,-1,1)^{\mathrm{T}}$(其中 B_3 是不为零的任意常数).

附注　由于 $a=b=c,a=b\neq c,a=c\neq b,b=c\neq a$ 是使$|\mathbf{A}|=0$,即使得所给方程组有非零解的 4 种情形,故在计算非零通解时,应分上述 4 种情形分别计算.

例 3.2　已知 $\sum\limits_{i=1}^{n}a_i\neq 0$,问 $a_1,a_2,\cdots,a_n$ 及 b 满足何种关系时,

齐次线性方程组(Ⅰ)$\begin{cases}(a_1+b)x_1+a_2x_2+a_3x_3+\cdots+a_nx_n=0,\\ a_1x_1+(a_2+b)x_2+a_3x_3+\cdots+a_nx_n=0,\\ a_1x_1+a_2x_2+(a_3+b)x_3+\cdots+a_nx_n=0,\\ a_1x_1+a_2x_2+a_3x_3+\cdots+(a_n+b)x_n=0\end{cases}$有非零解,并求通解.

分析　记(Ⅰ)的系数矩阵为 **A**. 算出$|\mathbf{A}|$即可得所求的 $a_1,a_2,\cdots,a_n$ 及 b 的关系,并得到对应的通解.

精解　由于$|\mathbf{A}|=\begin{vmatrix}a_1+b&a_2&a_3&\cdots&a_n\\a_1&a_2+b&a_3&\cdots&a_n\\a_1&a_2&a_3+b&\cdots&a_n\\\vdots&\vdots&\vdots&&\vdots\\a_1&a_2&a_3&\cdots&a_n+b\end{vmatrix}=b^{n-1}(b+\sum\limits_{i=1}^{n}a_i)$,所以,当 $b=0$ 或 $b=-\sum\limits_{i=1}^{n}a_i(\neq 0)$时,$|\mathbf{A}|=0$,从而所给方程组有非零解.

(1) 当 $b=0$ 时,所给方程组与方程 $a_1x_1+a_2x_2+\cdots+a_nx_n=0$ 同解. 由于 $\sum\limits_{i=1}^{n}a_i\neq 0$,所以 $a_1,a_2,\cdots,a_n$ 不全为零,不妨设 $a_1\neq 0$,则上述方程,即所给方程组的一个基础解系为

$$\left(-\frac{a_2}{a_1},1,0,\cdots,0\right)^{\mathrm{T}},\left(-\frac{a_3}{a_1},0,1,\cdots,0\right)^{\mathrm{T}},\cdots,\left(-\frac{a_n}{a_1},0,0,\cdots,1\right)^{\mathrm{T}}.$$

从而通解为

$$(x_1,x_2,\cdots,x_n)^{\mathrm{T}}=C_2\left(-\frac{a_2}{a_1},1,0,\cdots,0\right)^{\mathrm{T}}+C_3\left(-\frac{a_3}{a_1},0,1,\cdots,0\right)^{\mathrm{T}}+\cdots+C_n\left(-\frac{a_n}{a_1},0,0,\cdots,1\right)^{\mathrm{T}}$$

(其中,$C_2,C_3,\cdots,C_n$ 是任意常数).

(2) 当 $b=-\sum\limits_{i=1}^{n}a_i$ 时,容易知道此时(Ⅰ)有解$(1,1,\cdots,1)^{\mathrm{T}}$,它即为基础解系,因此,此时(Ⅰ)的通解为

$$(x_1,x_2,\cdots,x_n)^{\mathrm{T}}=C(1,1,\cdots,1)^{\mathrm{T}}(其中,C 是任意常数).$$

附注 $|\boldsymbol{A}|$是常见的行列式,应能直接写出$|\boldsymbol{A}|=b^{n-1}\left(b+\sum\limits_{i=1}^{n}a_i\right)$(见例 1.2 附注).

例 3.3 已知非齐次线性方程组(Ⅰ)$\begin{cases}\lambda x_1+x_2+x_3=\lambda-3,\\x_1+\lambda x_2+x_3=-2,\\x_1+x_2+\lambda x_3=-2,\end{cases}$问 λ 取何值时,(Ⅰ)有无穷多解,并求通解.

分析 记(Ⅰ)的系数矩阵为 $\boldsymbol{A}$,则从$|\boldsymbol{A}|=0$ 入手计算使(Ⅰ)有无穷多解的 λ,并求出通解.

精解

$$|\boldsymbol{A}|=\begin{vmatrix}\lambda & 1 & 1\\1 & \lambda & 1\\1 & 1 & \lambda\end{vmatrix}=(\lambda+2)(\lambda-1)^2=0,即\ \lambda=-2,1.$$

当 $\lambda=-2$ 时,(Ⅰ)成为$\begin{cases}-2x_1+x_2+x_3=-5,\\x_1-2x_2+x_3=-2,\\x_1+x_2-2x_3=-2.\end{cases}$将此方程组的各个方程左边与右边分别相加,得 $0=-9$,矛盾.所以 $\lambda=-2$ 不是所求的.

当 $\lambda=1$ 时,(Ⅰ)成为 $x_1+x_2+x_3=-2$,它有无穷多解,故所求的 $\lambda=1$.

当 $\lambda=1$ 时,(Ⅰ)的导出组 $x_1+x_2+x_3=0$ 有基础解系$(-1,1,0)^{\mathrm{T}}$,$(-1,0,1)^{\mathrm{T}}$,此外,(Ⅰ)有特解$(-2,0,0)^{\mathrm{T}}$.所以,此时(Ⅰ)的通解为

$$(x_1,x_2,x_3)^{\mathrm{T}}=C_1(-1,1,0)^{\mathrm{T}}+C_2(-1,0,1)^{\mathrm{T}}+(-2,0,0)^{\mathrm{T}}(其中\ C_1,C_2\ 是任意常数).$$

附注 使(Ⅰ)有无穷多解的 λ 应满足

$$r(\boldsymbol{A})=r(\bar{\boldsymbol{A}})<3,$$

因此,使$|\boldsymbol{A}|=0$,即 $r(\boldsymbol{A})<3$ 的 λ 未必能使(Ⅰ)有无穷多解.故对于由$|\boldsymbol{A}|=0$ 得到的值,应该进行检验,从中确定能使(Ⅰ)有无穷多解的 λ.

例 3.4 已知非齐次线性方程组(Ⅰ)$\begin{cases}x_1+\lambda x_2+\mu x_3+x_4=0,\\2x_1+x_2+x_3+2x_4=0,\\3x_1+(2+\lambda)x_2+(4+\mu)x_3+4x_4=1\end{cases}$有解$(1,-1,1,-1)^{\mathrm{T}}$,求该方程组的通解.

分析 利用(Ⅰ)有解$(1,-1,1,-1)^{\mathrm{T}}$确定常数 λ 与 μ 之间的一个关系式,然后将它代入(Ⅰ)计算通解.

精解 将$(1,-1,1,-1)^{\mathrm{T}}$代入(Ⅰ)的第一个方程,得

$$-\lambda+\mu=0,即\ \mu=\lambda.$$

于是,(Ⅰ)与(Ⅱ)$\begin{cases} x_1+\lambda x_2+\lambda x_3+x_4=0, \\ 2x_1+x_2+x_3+2x_4=0, \\ 3x_1+(2+\lambda)x_2+(4+\lambda)x_3+4x_4=1 \end{cases}$同解. 对(Ⅱ)的增广矩阵 $\overline{\boldsymbol{B}}$ 施行初等行变换,得

$$\overline{\boldsymbol{B}}=\left(\begin{array}{cccc:c} 1 & \lambda & \lambda & 1 & 0 \\ 2 & 1 & 1 & 2 & 0 \\ 3 & 2+\lambda & 4+\lambda & 4 & 1 \end{array}\right) \rightarrow \left(\begin{array}{cccc:c} 1 & \lambda & \lambda & 1 & 0 \\ 0 & 1-2\lambda & 1-2\lambda & 0 & 0 \\ 0 & 2-2\lambda & 4-2\lambda & 1 & 1 \end{array}\right).$$

由此可知,

(1) 当 $\lambda=\mu=\frac{1}{2}$ 时,(Ⅰ)与$\begin{cases} 2x_1+x_2+x_3+2x_4=0, \\ x_2+3x_3+x_4=1 \end{cases}$同解,从而(Ⅰ)的导出组有基础解系 $(1,-3,1,0)^{\mathrm{T}}$,$\left(-\frac{1}{2},-1,0,1\right)^{\mathrm{T}}$,且(Ⅰ)有特解$\left(-\frac{1}{2},1,0,0\right)^{\mathrm{T}}$因此,(Ⅰ)的通解为

$(x_1,x_2,x_3,x_4)^{\mathrm{T}}=C_1(1,-3,1,0)^{\mathrm{T}}+C_2\left(-\frac{1}{2},-1,0,1\right)^{\mathrm{T}}+\left(-\frac{1}{2},1,0,0\right)^{\mathrm{T}}$(其中,$C_1$,$C_2$ 是任意常数).

(2) 当 $\lambda=\mu\neq\frac{1}{2}$ 时,对 $\overline{\boldsymbol{B}}$ 继续施行初等行变换,得

$$\overline{\boldsymbol{B}}\rightarrow\left(\begin{array}{cccc:c} 1 & \lambda & \lambda & 1 & 0 \\ 0 & 1 & 1 & 0 & 0 \\ 0 & 2-2\lambda & 4-2\lambda & 1 & 1 \end{array}\right) \rightarrow \left(\begin{array}{cccc:c} 1 & 0 & 0 & 1 & 0 \\ 0 & 1 & 1 & 0 & 0 \\ 0 & 0 & 2 & 1 & 1 \end{array}\right).$$

所以,(Ⅰ)与$\begin{cases} x_1+x_4=0, \\ x_2+x_3=0, \\ 2x_3+x_4=1 \end{cases}$同解. 从而(Ⅰ)的导出组有基础解系$\left(-1,\frac{1}{2},-\frac{1}{2},1\right)^{\mathrm{T}}$,且(Ⅰ)有特解$\left(0,-\frac{1}{2},\frac{1}{2},0\right)^{\mathrm{T}}$. 因此,通解为

$(x_1,x_2,x_3,x_4)^{\mathrm{T}}=C\left(-1,\frac{1}{2},-\frac{1}{2},1\right)^{\mathrm{T}}+\left(0,-\frac{1}{2},\frac{1}{2},0\right)^{\mathrm{T}}$(其中 C 是任意常数).

附注 由(Ⅰ)有解 $(1,-1,1,-1)^{\mathrm{T}}$ 确定 $\lambda=\mu$. 因此(Ⅰ)的通解是在 $\lambda=\mu$ 的条件下计算的.

例 3.5 设向量 $\boldsymbol{\alpha}=(1,2,1)^{\mathrm{T}}$,$\boldsymbol{\beta}=\left(1,\frac{1}{2},0\right)^{\mathrm{T}}$,$\boldsymbol{\gamma}=(0,0,8)^{\mathrm{T}}$. 记 $\boldsymbol{A}=\boldsymbol{\alpha\beta}^{\mathrm{T}}$,$b=\boldsymbol{\beta}^{\mathrm{T}}\boldsymbol{\alpha}$. 求线性方程组(Ⅰ)$2b^2\boldsymbol{A}^2\boldsymbol{x}=\boldsymbol{A}^4\boldsymbol{x}+b^4\boldsymbol{x}+\boldsymbol{\gamma}$ 的通解.

分析 先通过矩阵运算化简所给的方程组(Ⅰ),然后求解.

精解

$$\boldsymbol{A}=\boldsymbol{\alpha\beta}^{\mathrm{T}}=\begin{pmatrix}1\\2\\1\end{pmatrix}\left(1,\frac{1}{2},0\right)=\begin{pmatrix}1 & \frac{1}{2} & 0\\ 2 & 1 & 0\\ 1 & \frac{1}{2} & 0\end{pmatrix},$$

$$b=\boldsymbol{\beta}^{\mathrm{T}}\boldsymbol{\alpha}=\left(1,\frac{1}{2},0\right)\begin{pmatrix}1\\2\\1\end{pmatrix}=2,$$

$$A^2=(\boldsymbol{\alpha\beta}^T)(\boldsymbol{\alpha\beta}^T)=\boldsymbol{\alpha}(\boldsymbol{\beta}^T\boldsymbol{\alpha})\boldsymbol{\beta}^T=2(\boldsymbol{\alpha\beta}^T)=2\boldsymbol{A},$$
$$\boldsymbol{A}^4=(2\boldsymbol{A})^2=4\cdot 2\boldsymbol{A}=8\boldsymbol{A}.$$

将它们代入(Ⅰ),得

$$2\cdot 2^2\cdot(2\boldsymbol{A})\boldsymbol{x}=8\boldsymbol{A}\boldsymbol{x}+2^4\boldsymbol{x}+\boldsymbol{\gamma},$$

即
$$(\boldsymbol{A}-2\boldsymbol{E}_3)\boldsymbol{x}=\begin{pmatrix}0\\0\\1\end{pmatrix}. \tag{1}$$

对式(1)的增广矩阵 $\bar{\boldsymbol{A}}$ 施行初等行变换,得

$$\left(\boldsymbol{A}-2\boldsymbol{E}_3\,\begin{array}{|c}0\\0\\1\end{array}\right)=\left(\begin{array}{ccc|c}-1&\frac{1}{2}&0&0\\2&-1&0&0\\1&\frac{1}{2}&-2&1\end{array}\right)\to\left(\begin{array}{ccc|c}-1&\frac{1}{2}&0&0\\0&0&0&0\\0&1&-2&1\end{array}\right).$$

所以,式(1)与 $\begin{cases}x_1-\frac{1}{2}x_2 &=0,\\ \qquad x_2-2x_3=1\end{cases}$ 同解,因此式(1)有基础解系 $\left(\frac{1}{2},1,\frac{1}{2}\right)^T$,且式(1)有特解 $\left(0,0,-\frac{1}{2}\right)^T$. 因此所给方程组(Ⅰ)的通解为

$$(x_1,x_2,x_3)^T=C\left(\frac{1}{2},1,\frac{1}{2}\right)^T+\left(0,0,-\frac{1}{2}\right)^T\text{(其中,}C\text{是任意常数)}.$$

附注 应注意:$\boldsymbol{\alpha\beta}^T$ 是 3 阶矩阵,而 $\boldsymbol{\beta}^T\boldsymbol{\alpha}$ 是数,由此可快速算得

$$\boldsymbol{A}^2=(\boldsymbol{\alpha\beta}^T)(\boldsymbol{\alpha\beta}^T)=\boldsymbol{\alpha}(\boldsymbol{\beta}^T\boldsymbol{\alpha})\boldsymbol{\beta}^T=2\boldsymbol{A}.$$

例 3.6 已知矩阵 $\boldsymbol{A}=(\boldsymbol{\alpha}_1,\boldsymbol{\alpha}_2,\boldsymbol{\alpha}_3,\boldsymbol{\alpha}_4)$,其中 $\boldsymbol{\alpha}_1,\boldsymbol{\alpha}_2,\boldsymbol{\alpha}_3,\boldsymbol{\alpha}_4$ 是 4 维列向量组,$\boldsymbol{\alpha}_2,\boldsymbol{\alpha}_3,\boldsymbol{\alpha}_4$ 线性无关,$\boldsymbol{\alpha}_1=2\boldsymbol{\alpha}_2-\boldsymbol{\alpha}_3$. 记 $\boldsymbol{\beta}=\boldsymbol{\alpha}_1+\boldsymbol{\alpha}_2+\boldsymbol{\alpha}_3+\boldsymbol{\alpha}_4$,求非齐次线性方程组 $\boldsymbol{Ax}=\boldsymbol{\beta}$ 的通解.

分析 先算出 $\boldsymbol{Ax}=\boldsymbol{0}$ 的一个基础解系,然后计算 $\boldsymbol{Ax}=\boldsymbol{\beta}$ 的一个特解,由此即得到 $\boldsymbol{Ax}=\boldsymbol{\beta}$ 的通解.

精解 由于 $\boldsymbol{A}=(\boldsymbol{\alpha}_1,\boldsymbol{\alpha}_2,\boldsymbol{\alpha}_3,\boldsymbol{\alpha}_4)$,其中 $\boldsymbol{\alpha}_2,\boldsymbol{\alpha}_3,\boldsymbol{\alpha}_4$ 线性无关,$\boldsymbol{\alpha}_1$ 可由 $\boldsymbol{\alpha}_2,\boldsymbol{\alpha}_3,\boldsymbol{\alpha}_4$ 线性表示,所以$r(\boldsymbol{A})=3$. 此外,由 $\boldsymbol{\alpha}_1=2\boldsymbol{\alpha}_2-\boldsymbol{\alpha}_3$,得

$$\boldsymbol{A}\begin{pmatrix}1\\-2\\1\\0\end{pmatrix}=(\boldsymbol{\alpha}_1,\boldsymbol{\alpha}_2,\boldsymbol{\alpha}_3,\boldsymbol{\alpha}_4)\begin{pmatrix}1\\-2\\1\\0\end{pmatrix}=\boldsymbol{0},$$

所以,$\boldsymbol{Ax}=\boldsymbol{0}$ 有解$(1,-2,1,0)^T$,且它是 $\boldsymbol{Ax}=\boldsymbol{0}$ 的一个基础解系.

此外,由 $\boldsymbol{\beta}=\boldsymbol{\alpha}_1+\boldsymbol{\alpha}_2+\boldsymbol{\alpha}_3+\boldsymbol{\alpha}_4=(\boldsymbol{\alpha}_1,\boldsymbol{\alpha}_2,\boldsymbol{\alpha}_3,\boldsymbol{\alpha}_4)\begin{pmatrix}1\\1\\1\\1\end{pmatrix}$,即 $\boldsymbol{A}\begin{pmatrix}1\\1\\1\\1\end{pmatrix}=\boldsymbol{\beta}$ 知,$\boldsymbol{Ax}=\boldsymbol{\beta}$ 有特解$(1,1,1,1)^T$,因此 $\boldsymbol{Ax}=\boldsymbol{\beta}$ 的通解为

$$\boldsymbol{x}=C(1,-2,1,0)^T+(1,1,1,1)^T\text{(其中,}C\text{是任意常数)}.$$

附注 本题是利用向量组的线性表示直接得到 $\boldsymbol{Ax}=\boldsymbol{0}$ 的一个基础解系与 $\boldsymbol{Ax}=\boldsymbol{\beta}$ 的一个

特解，从而得到 $\boldsymbol{Ax}=\boldsymbol{\beta}$ 的通解.

例 3.7　设 $\boldsymbol{\alpha}_1,\boldsymbol{\alpha}_2,\boldsymbol{\alpha}_3,\boldsymbol{\alpha}_4$ 为 4 维列向量组，其中 $\boldsymbol{\alpha}_1,\boldsymbol{\alpha}_2,\boldsymbol{\alpha}_3$ 线性无关，$\boldsymbol{\alpha}_4=\boldsymbol{\alpha}_1+\boldsymbol{\alpha}_2+2\boldsymbol{\alpha}_3$. 已知方程组

$$(\boldsymbol{\alpha}_1-\boldsymbol{\alpha}_2,\boldsymbol{\alpha}_2+\boldsymbol{\alpha}_3,-\boldsymbol{\alpha}_1+a\boldsymbol{\alpha}_2+\boldsymbol{\alpha}_3)\boldsymbol{x}=\boldsymbol{\alpha}_4 \tag{$*$}$$

有无穷多解.

（Ⅰ）求常数 a 的值；

（Ⅱ）对求得的 a 值，计算方程组（$*$）的通解.

分析　设 $\boldsymbol{x}=(x_1,x_2,x_3)^{\mathrm{T}}$，将它代入方程组（$*$），并利用 $\boldsymbol{\alpha}_1,\boldsymbol{\alpha}_2,\boldsymbol{\alpha}_3$ 线性无关将其转化为数字线性方程组，然后求 a 的值及通解.

精解　（Ⅰ）设 $\boldsymbol{x}=(x_1,x_2,x_3)^{\mathrm{T}}$，则方程组（$*$）成为

$$x_1(\boldsymbol{\alpha}_1-\boldsymbol{\alpha}_2)+x_2(\boldsymbol{\alpha}_2+\boldsymbol{\alpha}_3)+x_3(-\boldsymbol{\alpha}_1+a\boldsymbol{\alpha}_2+\boldsymbol{\alpha}_3)=\boldsymbol{\alpha}_1+\boldsymbol{\alpha}_2+2\boldsymbol{\alpha}_3,$$

即

$$(x_1-x_3)\boldsymbol{\alpha}_1+(-x_1+x_2+ax_3)\boldsymbol{\alpha}_2+(x_2+x_3)\boldsymbol{\alpha}_3=\boldsymbol{\alpha}_1+\boldsymbol{\alpha}_2+2\boldsymbol{\alpha}_3.$$

由于 $\boldsymbol{\alpha}_1,\boldsymbol{\alpha}_2,\boldsymbol{\alpha}_3$ 线性无关，所以有

$$\begin{cases} x_1 \qquad\quad -x_3=1, \\ -x_1+x_2+ax_3=1, \\ \qquad\ \ x_2+\ x_3=2. \end{cases} \tag{1}$$

于是，由方程组（$*$）有无穷多解知，方程组(1)也有无穷多解，即 $r(\boldsymbol{B})=r(\overline{\boldsymbol{B}})<3$（其中，$\boldsymbol{B},\overline{\boldsymbol{B}}$ 分别是式(1)的系数矩阵与增广矩阵），对 $\overline{\boldsymbol{B}}$ 施行初等行变换：

$$\overline{\boldsymbol{B}}=\left(\begin{array}{ccc:c} 1 & 0 & -1 & 1 \\ -1 & 1 & a & 1 \\ 0 & 1 & 1 & 2 \end{array}\right)\to\left(\begin{array}{ccc:c} 1 & 0 & -1 & 1 \\ 0 & 1 & a-1 & 2 \\ 0 & 1 & 1 & 2 \end{array}\right)\to\left(\begin{array}{ccc:c} 1 & 0 & -1 & 1 \\ 0 & 1 & a-1 & 2 \\ 0 & 0 & 2-a & 0 \end{array}\right).$$

所以 $2-a=0$，即 $a=2$.

（Ⅱ）将 $a=2$ 代入方程组(1)，得它的同解方程组 $\begin{cases} x_1 \qquad -x_3=1, \\ \qquad x_2+x_3=2. \end{cases}$ 由此算得方程组（$*$）的通解为

$$(x_1,x_2,x_3)^{\mathrm{T}}=C(1,-1,1)^{\mathrm{T}}+(1,2,0)^{\mathrm{T}}\text{（其中，}C\text{ 是任意常数）}.$$

附注　如果 $\boldsymbol{\alpha}_1,\boldsymbol{\alpha}_2,\boldsymbol{\alpha}_3,\boldsymbol{\alpha}_4$ 是 3 维列向量组，则也可以用以下方法将方程组（$*$）化为数字线性方程组.

由于方程组（$*$）可以表示为

$$(\boldsymbol{\alpha}_1,\boldsymbol{\alpha}_2,\boldsymbol{\alpha}_3)\begin{pmatrix} 1 & 0 & -1 \\ -1 & 1 & a \\ 0 & 1 & 1 \end{pmatrix}\boldsymbol{x}=(\boldsymbol{\alpha}_1,\boldsymbol{\alpha}_2,\boldsymbol{\alpha}_3)\begin{pmatrix} 1 \\ 1 \\ 2 \end{pmatrix},$$

所以，由 $(\boldsymbol{\alpha}_1,\boldsymbol{\alpha}_2,\boldsymbol{\alpha}_3)$ 可逆，得

$$\begin{pmatrix} 1 & 0 & -1 \\ -1 & 1 & a \\ 0 & 1 & 1 \end{pmatrix}\boldsymbol{x}=\begin{pmatrix} 1 \\ 1 \\ 2 \end{pmatrix}.$$

例 3.8　已知线性方程组（Ⅰ）$\begin{cases} x_1+x_2-2x_3=1, \\ x_1-2x_2+x_3=2, \\ ax_1+bx_2+cx_3=0 \end{cases}$ 有两个不同解，且 a 为系数矩阵的秩，

求(Ⅰ)的通解及向量 $\boldsymbol{\xi}=(a,b,c)$ 在基 $\boldsymbol{\eta}_1=(1,0,-1)^{\mathrm{T}}$, $\boldsymbol{\eta}_2=(-1,1,1)^{\mathrm{T}}$, $\boldsymbol{\eta}_3=(1,1,0)^{\mathrm{T}}$ 下的坐标.

分析 由题设知,(Ⅰ)的导出组有非零解,由此算出常数 a,b,c 及(Ⅰ)的通解. 然后计算 $\boldsymbol{\xi}$ 的坐标.

精解 记(Ⅰ)的系数矩阵为 $\boldsymbol{A}$,则由(Ⅰ)有两个不同的解知,(Ⅰ)的导出组的系数矩阵秩 $r(\boldsymbol{A})\leqslant 2$. 此外由 $\boldsymbol{A}$ 的具体表示知,$r(\boldsymbol{A})\geqslant 2$. 因此 $r(\boldsymbol{A})=2$,即 $a=2$. 将其代入(Ⅰ)的增广矩阵 $\bar{\boldsymbol{A}}$,并对它施行初等行变换:

$$\bar{\boldsymbol{A}}=\left(\begin{array}{ccc:c}1&1&-2&1\\1&-2&1&2\\2&b&c&0\end{array}\right)\to\left(\begin{array}{ccc:c}1&1&-2&1\\0&-3&3&1\\0&b-2&c+4&-2\end{array}\right)\to\left(\begin{array}{ccc:c}1&1&-2&1\\0&1&-1&-\frac{1}{3}\\0&b-2&c+4&-2\end{array}\right)$$

$$\to\left(\begin{array}{ccc:c}1&0&-1&\frac{4}{3}\\0&1&-1&-\frac{1}{3}\\0&b-2&c+4&-2\end{array}\right)\to\left(\begin{array}{ccc:c}1&0&-1&\frac{4}{3}\\0&1&-1&-\frac{1}{3}\\0&0&b+c+2&\frac{1}{3}b-\frac{8}{3}\end{array}\right).$$

于是,由 $r(\bar{\boldsymbol{A}})=r(\boldsymbol{A})=2$,得 $\begin{cases}b+c+2=0,\\ \frac{1}{3}b-\frac{8}{3}=0,\end{cases}$ 即 $b=8,c=-10$,且(Ⅰ)与 $\begin{cases}x_1-x_3=\frac{4}{3},\\ x_2-x_3=-\frac{1}{3}\end{cases}$ 同解. 所以,(Ⅰ)的通解为

$$(x_1,x_2,x_3)^{\mathrm{T}}=C(1,1,1)^{\mathrm{T}}+\left(\frac{4}{3},-\frac{1}{3},0\right)^{\mathrm{T}}(\text{其中},C\text{是任意常数}).$$

下面计算 $\boldsymbol{\xi}=(a,b,c)^{\mathrm{T}}=(2,8,-10)^{\mathrm{T}}$ 在基 $\boldsymbol{\eta}_1,\boldsymbol{\eta}_2,\boldsymbol{\eta}_3$ 下的坐标 y_1,y_2,y_3.

由 $\boldsymbol{\xi}=y_1\boldsymbol{\eta}_1+y_2\boldsymbol{\eta}_2+y_3\boldsymbol{\eta}_3=(\boldsymbol{\eta}_1,\boldsymbol{\eta}_2,\boldsymbol{\eta}_3)\begin{pmatrix}y_1\\y_2\\y_3\end{pmatrix}$,得

$$\begin{pmatrix}y_1\\y_2\\y_3\end{pmatrix}=(\boldsymbol{\eta}_1,\boldsymbol{\eta}_2,\boldsymbol{\eta}_3)^{-1}\boldsymbol{\xi}=\begin{pmatrix}1&-1&1\\0&1&1\\-1&1&0\end{pmatrix}^{-1}\begin{pmatrix}2\\8\\-10\end{pmatrix}=\begin{pmatrix}-1&1&-2\\-1&1&-1\\1&0&1\end{pmatrix}\begin{pmatrix}2\\8\\-10\end{pmatrix}=\begin{pmatrix}26\\16\\-8\end{pmatrix}.$$

附注 本题获解的关键是确定 $r(\boldsymbol{A})=2$,如此不仅得到 $a=2$,而且也得到 $r(\bar{\boldsymbol{A}})=2$.

例 3.9 设 $\boldsymbol{A}=\begin{pmatrix}1&1&2\\-1&1&0\\1&0&1\end{pmatrix}$, $\boldsymbol{B}=\begin{pmatrix}1&4&0\\-1&0&-2\\a&b&c\end{pmatrix}$,问 a,b,c 取何值时,矩阵方程 $\boldsymbol{AX}=\boldsymbol{B}$ 有无穷多解? 并求出此时的所有解.

分析 对 $(\boldsymbol{A}\,\vdots\,\boldsymbol{B})$ 施行初等行变换,求出使得 $r(\boldsymbol{A}\,\vdots\,\boldsymbol{B})=r(\boldsymbol{A})<3$ 的 a,b,c. 对此 a,b,c 的值,计算 $\boldsymbol{AX}=\boldsymbol{B}$ 的所有解.

精解 $(\boldsymbol{A}\,\vdots\,\boldsymbol{B})\to\left(\begin{array}{ccc:ccc}1&1&2&1&4&0\\-1&1&0&-1&0&-2\\1&0&1&a&b&c\end{array}\right)\to\left(\begin{array}{ccc:ccc}1&1&2&1&4&0\\0&2&2&0&4&-2\\0&-1&-1&a-1&b-4&c\end{array}\right)$

$$\rightarrow\begin{pmatrix}1&1&2&\vdots&1&4&0\\0&1&1&\vdots&0&2&-1\\0&-1&-1&\vdots&a-1&b-4&c\end{pmatrix}\rightarrow\begin{pmatrix}1&0&1&\vdots&1&2&1\\0&1&1&\vdots&0&2&-1\\0&0&0&\vdots&a-1&b-2&c-1\end{pmatrix},$$

由此可知，使得 $r(\boldsymbol{A}\vdots\boldsymbol{B})=r(\boldsymbol{A})<3$ 的 a,b,c 应满足 $a-1=b-2=c-1=0$，即 $a=1,b=2,c=1$.

将上述求得的 a,b,c 的值代入 $\boldsymbol{AX}=\boldsymbol{B}$，且记 $\boldsymbol{X}=\begin{pmatrix}x_1&x_2&x_3\\y_1&y_2&y_3\\z_1&z_2&z_3\end{pmatrix}$，则得到它的同解矩阵方程

$$\begin{pmatrix}1&0&1\\0&1&1\end{pmatrix}\begin{pmatrix}x_1&x_2&x_3\\y_1&y_2&y_3\\z_1&z_2&z_3\end{pmatrix}=\begin{pmatrix}1&2&1\\0&2&-1\end{pmatrix},$$

其中 $\begin{pmatrix}1&0&1\\0&1&1\end{pmatrix}\begin{pmatrix}x_1\\y_1\\z_1\end{pmatrix}=\begin{pmatrix}1\\0\end{pmatrix}$ 的通解为

$$(x_1,y_1,z_1)^{\mathrm{T}}=C_1(-1,-1,1)^{\mathrm{T}}+(1,0,0)^{\mathrm{T}}=(1-C_1,-C_1,C_1)^{\mathrm{T}},$$

$\begin{pmatrix}1&0&1\\0&1&1\end{pmatrix}\begin{pmatrix}x_2\\y_2\\z_2\end{pmatrix}=\begin{pmatrix}2\\2\end{pmatrix}$ 的通解为

$$(x_2,y_2,z_2)^{\mathrm{T}}=C_2(-1,-1,1)^{\mathrm{T}}+(2,2,0)^{\mathrm{T}}=(2-C_2,2-C_2,C_2)^{\mathrm{T}},$$

$\begin{pmatrix}1&0&1\\0&1&1\end{pmatrix}\begin{pmatrix}x_3\\y_3\\z_3\end{pmatrix}=\begin{pmatrix}1\\-1\end{pmatrix}$ 的通解为

$$(x_3,y_3,z_3)^{\mathrm{T}}=C_3(-1,-1,1)^{\mathrm{T}}+(1,-1,0)^{\mathrm{T}}=(1-C_3,-1-C_3,C_3)^{\mathrm{T}}.$$

故所求的通解为

$$\boldsymbol{X}=\begin{pmatrix}1-C_1&2-C_2&1-C_3\\-C_1&2-C_2&-1-C_3\\C_1&C_2&C_3\end{pmatrix}\text{(其中,}C_1,C_2,C_3\text{ 是任意常数).}$$

附注　对于矩阵方程 $\boldsymbol{PX}=\boldsymbol{Q}$，当 $\boldsymbol{P}$ 可逆时，$\boldsymbol{X}=\boldsymbol{P}^{-1}\boldsymbol{Q}$；当 $\boldsymbol{P}$ 不可逆时，应如题解中那样，将矩阵方程转化成若干个非齐次线性方程组，逐一求解，得到矩阵 $\boldsymbol{X}$.

例 3.10　设矩阵 $\boldsymbol{A}=\begin{pmatrix}1&-2&0&1\\3&1&-1&0\end{pmatrix}$，$\boldsymbol{B}=\begin{pmatrix}1&-1\\2&0\end{pmatrix}$，$\boldsymbol{C}=\begin{pmatrix}1&-1\\0&2\end{pmatrix}$，求解矩阵方程 $\boldsymbol{AXB}=\boldsymbol{C}$.

分析　记 $\boldsymbol{Y}=\boldsymbol{XB}$，先求解 $\boldsymbol{AY}=\boldsymbol{C}$，算出 $\boldsymbol{Y}$，然后，求解 $\boldsymbol{Y}=\boldsymbol{XB}$，(注意：$\boldsymbol{B}$ 是可逆矩阵)，即得 $\boldsymbol{X}$.

精解　记 $\boldsymbol{Y}=\boldsymbol{XB}$，则所给矩阵方程成为

$$\boldsymbol{AY}=\boldsymbol{C}.\tag{1}$$

对式(1)的增广矩阵施行初等行变换：

$$(\boldsymbol{A}\vdots\boldsymbol{C})=\begin{pmatrix}1&-2&0&1&\vdots&1&-1\\3&1&-1&0&\vdots&0&2\end{pmatrix}\rightarrow\begin{pmatrix}1&-2&0&1&\vdots&1&-1\\0&7&-1&-3&\vdots&-3&5\end{pmatrix}$$

$$\to\left(\begin{array}{cccc:cc}1&-2&0&1&1&-1\\0&1&-\frac{1}{7}&-\frac{3}{7}&-\frac{3}{7}&\frac{5}{7}\end{array}\right)\to\left(\begin{array}{cccc:cc}1&0&-\frac{2}{7}&\frac{1}{7}&\frac{1}{7}&\frac{3}{7}\\0&1&-\frac{1}{7}&-\frac{3}{7}&-\frac{3}{7}&\frac{5}{7}\end{array}\right),$$

所以,式(1)的通解为

$$\boldsymbol{Y}=\begin{pmatrix}\frac{2}{7}C_1^{(1)}-\frac{1}{7}C_2^{(1)}+\frac{1}{7} & \frac{2}{7}C_1^{(2)}-\frac{1}{7}C_2^{(2)}+\frac{3}{7}\\ \frac{1}{7}C_1^{(1)}+\frac{3}{7}C_2^{(1)}-\frac{3}{7} & \frac{1}{7}C_1^{(2)}+\frac{3}{7}C_2^{(2)}+\frac{5}{7}\\ C_1^{(1)} & C_1^{(2)}\\ C_2^{(1)} & C_2^{(2)}\end{pmatrix},$$

将它代入 $\boldsymbol{Y}=\boldsymbol{XB}$,得

$$\boldsymbol{X}=\boldsymbol{YB}^{-1}=\boldsymbol{Y}\begin{pmatrix}0&\frac{1}{2}\\-1&\frac{1}{2}\end{pmatrix}=\begin{pmatrix}-\frac{2}{7}C_1^{(2)}+\frac{1}{7}C_2^{(2)}-\frac{3}{7} & \frac{1}{7}(C_1^{(1)}+C_1^{(2)})-\frac{1}{14}(C_2^{(1)}+C_2^{(2)})+\frac{2}{7}\\ -\frac{1}{7}C_1^{(2)}-\frac{3}{7}C_2^{(2)}-\frac{5}{7} & \frac{1}{14}(C_1^{(1)}+C_1^{(2)})+\frac{3}{14}(C_2^{(1)}+C_2^{(2)})+\frac{1}{7}\\ -C_1^{(2)} & \frac{1}{2}(C_1^{(1)}+C_1^{(2)})\\ -C_2^{(2)} & \frac{1}{2}(C_2^{(1)}+C_2^{(2)})\end{pmatrix}$$

其中,$C_1^{(1)},C_1^{(2)},C_2^{(1)},C_2^{(2)}$ 都是任意常数.

附注　本题分两步求解,先算出 $\boldsymbol{AY}=\boldsymbol{C}$ 中的 $\boldsymbol{Y}$,由于 $\boldsymbol{A}$ 不可逆,所以应通过求解相应的线性方程组算出 $\boldsymbol{Y}$. 由于 $\boldsymbol{B}$ 可逆,所以可由 $\boldsymbol{X}=\boldsymbol{YB}^{-1}$ 算出 $\boldsymbol{X}$.

例 3.11　求使得下列两个齐次线性方程组同解的常数 a,b,c.

$$(\mathrm{I})\begin{cases}x_1+2x_2+3x_3=0,\\2x_1+3x_2+5x_3=0,\\x_1+\ x_2+ax_3=0,\end{cases}\qquad(\mathrm{II})\begin{cases}x_1+bx_2+cx_3=0,\\2x_1+b^2x_2+(c+1)x_3=0.\end{cases}$$

分析　按(Ⅰ)与(Ⅱ)有相同的基础解系计算 a,b,c 的值.

精解　分别记(Ⅰ)与(Ⅱ)的系数矩阵为 $\boldsymbol{A}$ 与 $\boldsymbol{B}$,则欲使(Ⅰ)与(Ⅱ)同解,必有(Ⅰ)与(Ⅱ)具有相同基础解系,从而由 $2\leqslant r(\boldsymbol{A})=r(\boldsymbol{B})\leqslant 2$,得 $r(\boldsymbol{A})=r(\boldsymbol{B})=2$.

对 $\boldsymbol{A}$ 施行初等行变换:

$$\boldsymbol{A}=\begin{pmatrix}1&2&3\\2&3&5\\1&1&a\end{pmatrix}\to\begin{pmatrix}1&2&3\\0&-1&-1\\0&-1&a-3\end{pmatrix}\to\begin{pmatrix}1&2&3\\0&1&1\\0&0&a-2\end{pmatrix}\to\begin{pmatrix}1&0&1\\0&1&1\\0&0&a-2\end{pmatrix},$$

所以,$a-2=0$,即 $a=2$. 此时(Ⅰ)的基础解系为 $(-1,-1,1)^{\mathrm{T}}$,它也应是(Ⅱ)的基础解系,代入(Ⅱ),得

$$\begin{cases}-1-b+c=0,\\-2-b^2+c+1=0,\end{cases}$$ 即 $b=0,1$;对应有 $c=1,2$.

当 $b=0,c=1$ 时,(Ⅱ)成为 $x_1+x_3=0$,显然 $(-1,-1,1)^{\mathrm{T}}$ 不是(Ⅱ)的基础解系.

当 $b=1,c=2$ 时,(Ⅱ)成为 $\begin{cases}x_1+x_2+2x_3=0,\\2x_1+x_2+3x_3=0,\end{cases}$ 即 $\begin{cases}x_1\qquad\ +x_3=0,\\\qquad x_2+x_3=0.\end{cases}$

显然 $(-1,-1,1)^{\mathrm{T}}$ 是它的基础解系. 因此所求 $a=2,b=1,c=2$.

附注　本题也可以按以下方法计算：

当 $a=2$ 时，(Ⅰ)与 $\begin{cases} x_1 \quad +x_3=0, \\ x_2+x_3=0 \end{cases}$ 同解，此外(Ⅱ)与 $\begin{cases} x_1+\quad bx_2+\quad cx_3=0, \\ (b^2-2b)x_2+(-c+1)x_3=0, \end{cases}$ 即 $\begin{cases} x_1+(b^2-b)x_2+\quad x_3=0, \\ (b^2-2b)x_2+(-c+1)x_3=0 \end{cases}$ 同解，故由(Ⅰ)、(Ⅱ)同解，必有 $b^2-b=0$，即 $b=0,b=1$. 显然，当 $b=0$ 时，上述两个方程组不同解. 当 $b=1,c=2$ 时，上述两个方程组同解. 因此 $a=2$，$b=1,c=2$.

例 3.12　设 4 元线性方程组(Ⅰ) $\begin{cases} x_1+x_2=1, \\ x_2-x_4=-2 \end{cases}$ 及另一个具有通解 $(x_1,x_2,x_3,x_4)^{\mathrm{T}}=k_1(0,1,1,0)^{\mathrm{T}}+k_2(-1,2,2,1)^{\mathrm{T}}+(3,1,0,0)^{\mathrm{T}}$ (k_1,k_2 为任意常数)的线性方程组(Ⅱ)，求(Ⅰ)与(Ⅱ)的所有公共解.

分析　先算出(Ⅰ)的通解，然后令它与(Ⅱ)的通解相等，最后再算出所有的公共解.

精解　(Ⅰ)的导出组有基础解系 $(0,0,1,0)^{\mathrm{T}},(-1,1,0,1)^{\mathrm{T}}$. 此外，(Ⅰ)有特解 $(1,0,0,2)^{\mathrm{T}}$，所以(Ⅰ)的通解为

$$C_1(0,0,1,0)^{\mathrm{T}}+C_2(-1,1,0,1)^{\mathrm{T}}+(1,0,0,2)^{\mathrm{T}}, \tag{1}$$

于是，令 $C_1(0,0,1,0)^{\mathrm{T}}+C_2(-1,1,0,1)^{\mathrm{T}}+(1,0,0,2)^{\mathrm{T}}$

$$=k_1(0,1,1,0)^{\mathrm{T}}+k_2(-1,2,2,1)^{\mathrm{T}}+(3,1,0,0)^{\mathrm{T}},$$

得

$$\begin{cases} -C_2+1=-k_2+3, \\ C_2=k_1+2k_2+1, \\ C_1 \quad =k_1+2k_2, \\ C_2+2=k_2, \end{cases}$$

即

$$\begin{cases} C_2 \quad -k_2=-2 \\ C_2-k_1 \quad -2k_2=1, \\ C_1 \quad -k_1 \quad -2k_2=0, \end{cases} \tag{2}$$

对方程组(2)的增广矩阵施行初等行变换：

$$\left(\begin{array}{cccc|c} 0 & 1 & 0 & -1 & -2 \\ 0 & 1 & -1 & -2 & 1 \\ 1 & 0 & -1 & -2 & 0 \end{array}\right) \to \left(\begin{array}{cccc|c} 1 & 0 & -1 & -2 & 0 \\ 0 & 1 & -1 & -2 & 1 \\ 0 & 1 & 0 & -1 & -2 \end{array}\right) \to$$

$$\left(\begin{array}{cccc|c} 1 & 0 & -1 & -2 & 0 \\ 0 & 1 & -1 & -2 & 1 \\ 0 & 0 & 1 & 1 & -3 \end{array}\right) \to \left(\begin{array}{cccc|c} 1 & 0 & 0 & -1 & -3 \\ 0 & 1 & 0 & -1 & -2 \\ 0 & 0 & 1 & 1 & -3 \end{array}\right),$$

所以，方程组(2)的通解为

$$(C_1,C_2,k_1,k_2)^{\mathrm{T}}=(C-3,C-2,-C-3,C)^{\mathrm{T}}\ (C\text{ 是任意常数}),$$

即 $C_1=C-3,C_2=C-2,k_1=-C-3,k_2=C$. 将它们代入式(1)得所求的所有公共解为

$$(x_1,x_2,x_3,x_4)^{\mathrm{T}}=(C-3)(0,0,1,0)^{\mathrm{T}}+(C-2)(-1,1,0,1)^{\mathrm{T}}+(1,0,0,2)^{\mathrm{T}}$$

$$=(-C+3,C-2,C-3,C)^{T}.$$

附注　要寻找两个线性方程组 $\boldsymbol{A}_1\boldsymbol{x}=\boldsymbol{b}_1,\boldsymbol{A}_2\boldsymbol{x}=\boldsymbol{b}_2$(其中,$\boldsymbol{A}_1,\boldsymbol{A}_2$ 分别是 $l\times n$ 与 $m\times n$ 矩阵,$\boldsymbol{b}_1,\boldsymbol{b}_2$ 分别是 l 维与 m 维列向量),可以从求解线性方程组 $\begin{cases}\boldsymbol{A}_1\boldsymbol{x}=\boldsymbol{b}_1,\\ \boldsymbol{A}_2\boldsymbol{x}=\boldsymbol{b}_2\end{cases}$ 入手. 但本题是在已知一个线性方程组与另一个线性方程组的通解的条件下,寻找这两个方程组的公共解,所以可从令两个方程组的通解相等入手.

例 3.13　设齐次线性方程组(Ⅰ)$\begin{cases}x_1+x_2+x_3=0,\\ x_1+2x_2+ax_3=0,\\ x_1+4x_2+a^2x_3=0\end{cases}$ 与方程(Ⅱ)$x_1+2x_2+x_3=a-1$ 有公共解,求 a 的值及所有公共解.

分析　由(Ⅰ)与(Ⅱ)构成方程组(Ⅲ)$\begin{cases}x_1+x_2+x_3=0,\\ x_1+2x_2+ax_3=0,\\ x_1+4x_2+a^2x_3=0,\\ x_1+2x_2+x_3=a-1.\end{cases}$ 因此问题转化为求使(Ⅲ)有解的 a 值,并且对这个 a 值计算(Ⅲ)的通解.

精解　记(Ⅲ)的系数矩阵为 $\boldsymbol{C}$,对(Ⅲ)的增广矩阵 $\overline{\boldsymbol{C}}$ 施行初等行变换:

$$\overline{\boldsymbol{C}}=\left(\begin{array}{ccc|c}1&1&1&0\\1&2&a&0\\1&4&a^2&0\\1&2&1&a-1\end{array}\right)\to\left(\begin{array}{ccc|c}1&1&1&0\\0&1&a-1&0\\0&3&a^2-1&0\\0&1&0&a-1\end{array}\right)\to\left(\begin{array}{ccc|c}1&1&1&0\\0&1&a-1&0\\0&0&(a-1)(a-2)&0\\0&0&-(a-1)&a-1\end{array}\right),$$

由此可知,当 $a=1,2$ 时,(Ⅲ)都有解.

当 $a=1$ 时,$r(\boldsymbol{C})=r(\overline{\boldsymbol{C}})=2$,此时(Ⅲ)成为$\begin{cases}x_1+x_2+x_3=0,\\ x_2=0.\end{cases}$ 它的通解,即(Ⅰ)与(Ⅱ)的公共解为 $(x_1,x_2,x_3)^{T}=C(-1,0,1)^{T}$(其中,$C$ 是任意常数).

当 $a=2$ 时,$r(\boldsymbol{C})=r(\overline{\boldsymbol{C}})=3$,此时(Ⅲ)成为$\begin{cases}x_1+x_2+x_3=0,\\ x_2+x_3=0,\\ x_3=-1.\end{cases}$ 它的解即(Ⅰ)与(Ⅱ)的公共解为 $(x_1,x_2,x_3)^{T}=(0,1,-1)^{T}$.

附注　本题也可解答如下:

记(Ⅰ)的系数矩阵为 $\boldsymbol{A}$,则 $|\boldsymbol{A}|=-(1-a)(2-a)$. 显然当 $a\neq1$ 且 $a\neq2$ 时,(Ⅰ)只有零解,而它不是(Ⅱ)的解. 故此时(Ⅰ)与(Ⅱ)无公共解.

当 $a=1$ 时,(Ⅰ)成为$\begin{cases}x_1+x_2+x_3=0,\\ x_1+2x_2+x_3=0,\\ x_1+4x_2+x_3=0,\end{cases}$ 即$\begin{cases}x_1+x_2+x_3=0,\\ x_2=0.\end{cases}$ 它的通解为

$(x_1,x_2,x_3)^{T}=C_1(-1,0,1)^{T}=(-C_1,0,C_1)^{T}$. 显然它满足此时的方程(Ⅱ)$x_1+2x_2+x_3=0$. 故此时(Ⅰ)与(Ⅱ)的公共解为

$$(x_1,x_2,x_3)^{T}=(-C_1,0,C_1)^{T}(C_1\text{ 是任意常数}).$$

当 $a=2$ 时,(Ⅰ)成为$\begin{cases}x_1+x_2+x_3=0,\\x_1+2x_2+2x_3=0,\\x_1+4x_2+4x_3=0,\end{cases}$即$\begin{cases}x_1=0,\\x_2+x_3=0.\end{cases}$它的通解为

$$(x_1,x_2,x_3)^{\mathrm{T}}=C_2(0,1,-1)^{\mathrm{T}}=(0,C_2,-C_2)^{\mathrm{T}}.$$

将它代入此时的方程(Ⅱ)$x_1+2x_2+x_3=1$,得 $C_2=1$. 故此时(Ⅰ)与(Ⅱ)的公共解为 $(x_1,x_2,x_3)^{\mathrm{T}}=(0,1,-1)^{\mathrm{T}}$.

例 3.14　设向量组 $\boldsymbol{\alpha}_1=(1,2,0)^{\mathrm{T}},\boldsymbol{\alpha}_2=(1,a+2,-3a)^{\mathrm{T}},\boldsymbol{\alpha}_3=(-1,-b-2,a+2b)^{\mathrm{T}}$, $\boldsymbol{\beta}=(1,3,-3)^{\mathrm{T}}$. 求 a,b 的值,使得 $\boldsymbol{\beta}$ 可由 $\boldsymbol{\alpha}_1,\boldsymbol{\alpha}_2,\boldsymbol{\alpha}_3$ 线性表示,但表示式不是唯一的,并写出这个线性表示式.

分析　$\boldsymbol{\beta}$ 可由 $\boldsymbol{\alpha}_1,\boldsymbol{\alpha}_2,\boldsymbol{\alpha}_3$ 线性表示,而表示式不是唯一的充分必要条件是线性方程组 $x_1\boldsymbol{\alpha}_1+x_2\boldsymbol{\alpha}_2+x_3\boldsymbol{\alpha}_3=\boldsymbol{\beta}$ 有无穷多解. 由此即可求出 a,b 的值以及 $\boldsymbol{\beta}$ 关于 $\boldsymbol{\alpha}_1,\boldsymbol{\alpha}_2,\boldsymbol{\alpha}_3$ 的线性表示式.

精解　构造线性方程组

$$x_1\boldsymbol{\alpha}_1+x_2\boldsymbol{\alpha}_2+x_3\boldsymbol{\alpha}_3=\boldsymbol{\beta},\tag{1}$$

分别记它的系数矩阵与增广矩阵为 $\boldsymbol{A}$ 与 $\overline{\boldsymbol{A}}$,对 $\overline{\boldsymbol{A}}$ 施行初等行变换:

$$\overline{\boldsymbol{A}}=(\boldsymbol{\alpha}_1,\boldsymbol{\alpha}_2,\boldsymbol{\alpha}_3\mid\boldsymbol{\beta})=\left(\begin{array}{ccc|c}1&1&-1&1\\2&a+2&-b-2&3\\0&-3a&a+2b&-3\end{array}\right)$$

$$\to\left(\begin{array}{ccc|c}1&1&-1&1\\0&a&-b&1\\0&-3a&a+2b&-3\end{array}\right)\to\left(\begin{array}{ccc|c}1&1&-1&1\\0&a&-b&1\\0&0&a-b&0\end{array}\right).$$

由此可知,当 $a=b\neq0$ 时,$r(\boldsymbol{A})=r(\overline{\boldsymbol{A}})=2<3$,所以,此时式(1)有无穷多解,从而 $\boldsymbol{\beta}$ 可由 $\boldsymbol{\alpha}_1,\boldsymbol{\alpha}_2,\boldsymbol{\alpha}_3$ 线性表示,且表示式不是唯一的. 下面计算这个表示式,即求解式(1).

当 $a=b\neq0$ 时,对 $\overline{\boldsymbol{A}}$ 继续施行初等行变换:

$$\overline{\boldsymbol{A}}\to\left(\begin{array}{ccc|c}1&1&-1&1\\0&1&-1&\frac{1}{a}\\0&0&0&0\end{array}\right)\to\left(\begin{array}{ccc|c}1&0&0&1-\frac{1}{a}\\0&1&-1&\frac{1}{a}\\0&0&0&0\end{array}\right),$$

所以式(1)的通解为

$$(x_1,x_2,x_3)^{\mathrm{T}}=C(0,1,1)^{\mathrm{T}}+\left(1-\frac{1}{a},\frac{1}{a},0\right)^{\mathrm{T}}=\left(1-\frac{1}{a},C+\frac{1}{a},C\right)^{\mathrm{T}}.$$

因此,所求的 $\boldsymbol{\beta}$ 关于 $\boldsymbol{\alpha}_1,\boldsymbol{\alpha}_2,\boldsymbol{\alpha}_3$ 的线性表示式为

$$\boldsymbol{\beta}=\left(1-\frac{1}{a}\right)\boldsymbol{\alpha}_1+\left(C+\frac{1}{a}\right)\boldsymbol{\alpha}_2+C\boldsymbol{\alpha}_3\text{(其中,}C\text{ 是任意常数)}.$$

附注　当 $a=b\neq0$ 时,$\boldsymbol{\beta}$ 关于 $\boldsymbol{\alpha}_1,\boldsymbol{\alpha}_2,\boldsymbol{\alpha}_3$ 的线性表示式也可计算如下:题解中已知,

$$(\boldsymbol{\alpha}_1,\boldsymbol{\alpha}_2,\boldsymbol{\alpha}_3\mid\boldsymbol{\beta})\xrightarrow[\text{(以下同)}]{\text{初等行变换}}\left(\begin{array}{ccc|c}1&1&-1&1\\0&a&-b&1\\0&0&a-b&0\end{array}\right)$$

$$\xlongequal{\text{当 } a=b\neq 0 \text{ 时}}\left(\begin{array}{ccc:c}1&1&1&1\\0&a&-a&1\\0&0&0&0\end{array}\right)\to\begin{array}{c}\begin{matrix}\alpha_1' & \alpha_2' & \alpha_3' & \beta'\end{matrix}\\ \left(\begin{array}{ccc:c}1&1&-1&1\\0&1&-1&\frac{1}{a}\\0&0&0&0\end{array}\right)\end{array}$$

显然

$$\boldsymbol{\beta}'=\left(1-\frac{1}{a}\right)\boldsymbol{\alpha}_1'+\frac{1}{a}\boldsymbol{\alpha}_2'+0\cdot\boldsymbol{\alpha}_3'$$

$$=\left(1-\frac{1}{a}\right)\boldsymbol{\alpha}_1'+\left(C+\frac{1}{a}\right)\boldsymbol{\alpha}_2'+C\boldsymbol{\alpha}_3'.$$

由于初等行变换不会改变 $\boldsymbol{\alpha}_1,\boldsymbol{\alpha}_2,\boldsymbol{\alpha}_3,\boldsymbol{\beta}$ 之间的线性关系，所以 $\boldsymbol{\beta}$ 关于 $\boldsymbol{\alpha}_1,\boldsymbol{\alpha}_2,\boldsymbol{\alpha}_3$ 的线性表示式为

$$\boldsymbol{\beta}=\left(1-\frac{1}{a}\right)\boldsymbol{\alpha}_1+\left(C+\frac{1}{a}\right)\boldsymbol{\alpha}_2+C\boldsymbol{\alpha}_3\text{（其中，}C\text{ 是任意常数）}.$$

例 3.15　设向量组(A)：$\boldsymbol{\alpha}_1=(1,0,1)^{\mathrm{T}},\boldsymbol{\alpha}_2=(0,1,1)^{\mathrm{T}},\boldsymbol{\alpha}_3=(1,3,5)^{\mathrm{T}}$ 与向量组(B)：$\boldsymbol{\beta}_1=(1,1,1)^{\mathrm{T}},\boldsymbol{\beta}_2=(1,2,3)^{\mathrm{T}},\boldsymbol{\beta}_3=(3,4,a)^{\mathrm{T}}$ 等价.

（Ⅰ）求常数 a；

（Ⅱ）对上述 a 的值，求(A)由(B)的线性表示式.

分析　（Ⅰ）由于(A)与(B)等价，所以它们的秩相等，由此算出 a 的值.

（Ⅱ）对上述算得的 a 值，解矩阵方程组

$$\boldsymbol{BX}=\boldsymbol{A}\text{（其中 }\boldsymbol{A}=(\boldsymbol{\alpha}_1,\boldsymbol{\alpha}_2,\boldsymbol{\alpha}_3),\boldsymbol{B}=(\boldsymbol{\beta}_1,\boldsymbol{\beta}_2,\boldsymbol{\beta}_3)\text{）},$$

即可得到(A)由(B)的线性表示式.

精解　（Ⅰ）由向量组(A)与向量组(B)等价知，$r(\boldsymbol{B})=r(\boldsymbol{A})$. 由于

$$|\boldsymbol{A}|=\begin{vmatrix}1&0&1\\0&1&3\\1&1&5\end{vmatrix}=1\neq 0,$$

所以 $r(\boldsymbol{B})=r(\boldsymbol{A})=3$，即

$$|\boldsymbol{B}|=\begin{vmatrix}1&1&3\\1&2&4\\1&3&a\end{vmatrix}=\begin{vmatrix}1&1&3\\0&1&1\\0&2&a-3\end{vmatrix}=\begin{vmatrix}1&1&3\\0&1&1\\0&0&a-5\end{vmatrix}=a-5\neq 0,$$

因此，$a\neq 5$.

（Ⅱ）当 $a\neq 5$ 时，由矩阵方程 $\boldsymbol{BX}=\boldsymbol{A}$，得

$$\boldsymbol{X}=\begin{pmatrix}x_{11}&x_{12}&x_{13}\\x_{21}&x_{22}&x_{23}\\x_{31}&x_{32}&x_{33}\end{pmatrix}=\boldsymbol{B}^{-1}\boldsymbol{A}=\begin{pmatrix}1&1&3\\1&2&4\\1&3&a\end{pmatrix}^{-1}\begin{pmatrix}1&0&1\\0&1&3\\1&1&5\end{pmatrix},$$

由于

$$\left(\begin{array}{ccc:ccc}1&1&3&1&0&0\\1&2&4&0&1&0\\1&3&a&0&0&1\end{array}\right)\xrightarrow[\text{（以下同）}]{\text{初等行变换}}\left(\begin{array}{ccc:ccc}1&1&3&1&0&0\\0&1&1&-1&1&0\\0&2&a-3&-1&0&1\end{array}\right)$$

$$\to\left(\begin{array}{ccc:ccc}1&1&3&1&0&0\\0&1&1&-1&1&0\\0&0&a-5&1&-2&1\end{array}\right)\to\left(\begin{array}{ccc:ccc}1&0&2&2&-1&0\\0&1&1&-1&1&0\\0&0&1&\frac{1}{a-5}&\frac{-2}{a-5}&\frac{1}{a-5}\end{array}\right)$$

$$\to\left(\begin{array}{ccc:ccc}1&0&0&\frac{2a-12}{a-5}&\frac{-a+9}{a-5}&\frac{-2}{a-5}\\0&1&0&\frac{-a+4}{a-5}&\frac{a-3}{a-5}&\frac{-1}{a-5}\\0&0&1&\frac{1}{a-5}&\frac{-2}{a-5}&\frac{1}{a-5}\end{array}\right),$$

所以，$\begin{pmatrix}1&1&3\\1&2&4\\1&3&a\end{pmatrix}^{-1}=\begin{pmatrix}\frac{2a-12}{a-5}&\frac{-a+9}{a-5}&\frac{-2}{a-5}\\\frac{-a+4}{a-5}&\frac{a-3}{a-5}&\frac{-1}{a-5}\\\frac{1}{a-5}&\frac{-2}{a-5}&\frac{1}{a-5}\end{pmatrix}$. 因此

$$\begin{pmatrix}x_{11}&x_{12}&x_{13}\\x_{21}&x_{22}&x_{23}\\x_{31}&x_{32}&x_{33}\end{pmatrix}=\begin{pmatrix}\frac{2a-12}{a-5}&\frac{-a+9}{a-5}&\frac{-2}{a-5}\\\frac{-a+4}{a-5}&\frac{a-3}{a-5}&\frac{-1}{a-5}\\\frac{1}{a-5}&\frac{-2}{a-5}&\frac{1}{a-5}\end{pmatrix}\begin{pmatrix}1&0&1\\0&1&3\\1&1&5\end{pmatrix}=\begin{pmatrix}\frac{2a-14}{a-5}&\frac{-a+7}{a-5}&-1\\\frac{-a+3}{a-5}&\frac{a-4}{a-5}&2\\\frac{2}{a-5}&\frac{-1}{a-5}&0\end{pmatrix}.$$

由此得到，向量组(A)由向量组(B)的线性表示式：

$$\boldsymbol{\alpha}_1=x_{11}\boldsymbol{\beta}_1+x_{21}\boldsymbol{\beta}_2+x_{31}\boldsymbol{\beta}_3=\frac{2a-14}{a-5}\boldsymbol{\beta}_1+\frac{-a+3}{a-5}\boldsymbol{\beta}_2+\frac{2}{a-5}\boldsymbol{\beta}_3,$$

$$\boldsymbol{\alpha}_2=x_{12}\boldsymbol{\beta}_1+x_{22}\boldsymbol{\beta}_2+x_{32}\boldsymbol{\beta}_3=\frac{-a+7}{a-5}\boldsymbol{\beta}_1+\frac{a-4}{a-5}\boldsymbol{\beta}_2+\frac{-1}{a-5}\boldsymbol{\beta}_3,$$

$$\boldsymbol{\alpha}_3=x_{13}\boldsymbol{\beta}_1+x_{23}\boldsymbol{\beta}_2+x_{33}\boldsymbol{\beta}_3=-\boldsymbol{\beta}_1+2\boldsymbol{\beta}_2.$$

附注　当 $\boldsymbol{B}$ 是可逆矩阵时，矩阵方程 $\boldsymbol{BX}=\boldsymbol{A}$ 之解为 $\boldsymbol{X}=\boldsymbol{B}^{-1}\boldsymbol{A}$；矩阵方程 $\boldsymbol{XB}=\boldsymbol{A}$ 之解为 $\boldsymbol{X}=\boldsymbol{AB}^{-1}$.

例 3.16　已知向量组(Ⅰ)：$\boldsymbol{\alpha}_1=(1,0,2,4)^{\mathrm{T}}$，$\boldsymbol{\alpha}_2=(1,1,3,0)^{\mathrm{T}}$，$\boldsymbol{\alpha}_3=(2,1,a+2,4)^{\mathrm{T}}$，$\boldsymbol{\alpha}_4=(2,-1,3,a+7)^{\mathrm{T}}$，此外有向量 $\boldsymbol{\beta}_1=(3,-1,a+6,a+11)^{\mathrm{T}}$，$\boldsymbol{\beta}_2=(0,1,2,a)^{\mathrm{T}}$. 如果 $\boldsymbol{\beta}_1$ 可由(Ⅰ)线性表示，但 $\boldsymbol{\beta}_2$ 不能由(Ⅰ)线性表示，求常数 a，并对此 a 值，判定(Ⅰ)能否用 $\boldsymbol{\beta}_1$，$\boldsymbol{\beta}_2$ 线性表示. 若能表示，写出线性表示式；若不能表示，说明理由.

分析　记 $\boldsymbol{A}=(\boldsymbol{\alpha}_1,\boldsymbol{\alpha}_2,\boldsymbol{\alpha}_3,\boldsymbol{\alpha}_4)$，$\boldsymbol{B}=(\boldsymbol{\beta}_1,\boldsymbol{\beta}_2)$，则可从方程组 $\boldsymbol{A}\begin{pmatrix}x_1\\x_2\\x_3\\x_4\end{pmatrix}=\boldsymbol{\beta}_1$ 有解，而方程组 $\boldsymbol{B}\begin{pmatrix}y_1\\y_2\\y_3\\y_4\end{pmatrix}=\boldsymbol{\beta}_2$ 无解求得 a 的值. 然后对上述求得的 a 值，考虑矩阵方程 $\boldsymbol{BX}=\boldsymbol{A}$ 是否有解.

精解　为计算 a 的值，考虑下列初等行变换：

$$(\boldsymbol{\alpha}_1,\boldsymbol{\alpha}_2,\boldsymbol{\alpha}_3,\boldsymbol{\alpha}_4\ \vdots\ \boldsymbol{\beta}_1,\boldsymbol{\beta}_2)=\left(\begin{array}{cccc:cc}1&1&2&2&3&0\\0&1&1&-1&-1&1\\2&3&a+2&3&a+6&2\\4&0&4&a+7&a+11&a\end{array}\right)$$

$$\rightarrow\left(\begin{array}{cccc:cc}1&1&2&2&3&0\\0&1&1&-1&-1&1\\0&1&a-2&-1&a&2\\0&-4&-4&a-1&a-1&a\end{array}\right)\rightarrow\left(\begin{array}{cccc:cc}1&1&2&2&3&0\\0&1&1&-1&-1&1\\0&0&a-3&0&a+1&1\\0&0&0&a-5&a-5&a+4\end{array}\right)$$

由此可知,使得 $\boldsymbol{A}\begin{pmatrix}x_1\\x_2\\x_3\\x_4\end{pmatrix}=\boldsymbol{\beta}_1$ 有解的 a 应满足 $a-3\neq0$(这是由于 $r(\boldsymbol{A})=r(\boldsymbol{A}\mid\boldsymbol{\beta}_1)$),即 $a\neq3$;使得 $\boldsymbol{A}\begin{pmatrix}y_1\\y_2\\y_3\\y_4\end{pmatrix}=\boldsymbol{\beta}_2$ 无解的 a 应满足 $a=3$ 或 $a=5$. 因此所求的 $a=5$.

将 $a=5$ 代入($\boldsymbol{B}\mid\boldsymbol{A}$),并对它施行初等行变换:

$$\left(\begin{array}{cc:cccc}3&0&1&1&2&2\\-1&1&0&1&1&-1\\11&2&2&3&7&3\\16&5&4&0&4&12\end{array}\right)\rightarrow\left(\begin{array}{cc:cccc}1&-1&0&-1&-1&1\\3&0&1&1&2&2\\11&2&2&3&7&3\\16&5&4&0&4&12\end{array}\right)$$

$$\rightarrow\left(\begin{array}{cc:cccc}1&-1&0&-1&-1&-1\\0&3&1&4&5&-1\\0&13&2&14&18&-8\\0&21&4&16&20&-4\end{array}\right)\rightarrow\left(\begin{array}{cc:cccc}1&-1&0&-1&-1&1\\0&3&1&4&5&-1\\0&1&-2&-2&-2&-4\\0&0&-3&-12&-15&3\end{array}\right),$$

由此可知,$r(\boldsymbol{B})<r(\boldsymbol{B}\mid\boldsymbol{A})$,所以 $\boldsymbol{BX}=\boldsymbol{A}$ 无解. 因此(Ⅰ)不能由 $\boldsymbol{\beta}_1,\boldsymbol{\beta}_2$ 线性表示.

附注　题解中利用了以下结论:

$\boldsymbol{\alpha}_1,\boldsymbol{\alpha}_2,\boldsymbol{\alpha}_3,\boldsymbol{\alpha}_4$ 可由 $\boldsymbol{\beta}_1,\boldsymbol{\beta}_2$ 线性表示的充分必要条件是,矩阵方程 $\boldsymbol{BX}=\boldsymbol{A}$ 有解,即 $r(\boldsymbol{B})=r(\boldsymbol{B}\mid\boldsymbol{A})$.

(Ⅱ)

例 3.17　已知 3 阶矩阵 $\boldsymbol{A}$ 的第一行是 (a,b,c)(其中,a,b,c 不全为零),矩阵 $\boldsymbol{B}=\begin{pmatrix}1&2&3\\2&4&6\\3&6&k\end{pmatrix}$($k$ 为常数),且 $\boldsymbol{AB}=\boldsymbol{O}$,求齐次线性方程组 $\boldsymbol{Ax}=\boldsymbol{0}$ 的通解.

分析　由 $\boldsymbol{AB}=\boldsymbol{O}$ 及 $\boldsymbol{B}\neq\boldsymbol{O}$ 知,$r(\boldsymbol{A})\leqslant2$. 因此按 $r(\boldsymbol{A})=1$ 或 2 两种情形计算 $\boldsymbol{Ax}=\boldsymbol{0}$ 的通解.

精解　由 $\boldsymbol{AB}=\boldsymbol{O}$ 及 $\boldsymbol{B}\neq\boldsymbol{O}$ 知,方程组 $\boldsymbol{Ax}=\boldsymbol{0}$ 有非零解,所以 $r(\boldsymbol{A})\leqslant2$. 因此由 $\boldsymbol{A}\neq\boldsymbol{O}$ 知,$r(\boldsymbol{A})=1$ 或 2.

由于 a,b,c 不全为零,所以不妨设 $a\neq0$.

(1) 当 $r(\boldsymbol{A})=1$ 时,$\boldsymbol{Ax}=\boldsymbol{0}$ 的基础解系中应有两个线性无关的解向量.

$\boldsymbol{\xi}_1=(1,2,3)^{\mathrm{T}}$(由于 $\boldsymbol{AB}=\boldsymbol{O}$,所以 $\boldsymbol{A}\begin{pmatrix}1\\2\\3\end{pmatrix}=\boldsymbol{0}$,从而可取 $\boldsymbol{\xi}_1=(1,2,3)^{\mathrm{T}}$);

$\boldsymbol{\xi}_2=(-b,a,0)^{\mathrm{T}}$(由于当 $r(\boldsymbol{A})=1$ 时,$\boldsymbol{Ax}=\boldsymbol{0}$ 与 $ax_1+bx_2+cx_3=0$ 同解,而后者有解 $(-b,a,0)^{\mathrm{T}}$. 从而可取 $\boldsymbol{\xi}_2=(-b,a,0)^{\mathrm{T}}$).

因此,$r(\boldsymbol{A})=1$ 时,$\boldsymbol{Ax}=\boldsymbol{0}$ 的通解为

$$\boldsymbol{x}=C_1\boldsymbol{\xi}_1+C_2\boldsymbol{\xi}_2=C_1(1,2,3)^{\mathrm{T}}+C_2(-b,a,0)^{\mathrm{T}}(\text{其中},C_1,C_2\text{ 是任意常数}).$$

(2) 当 $r(\boldsymbol{A})=2$ 时,$\boldsymbol{Ax}=\boldsymbol{0}$ 的基础解系中只有一个非零向量 $\boldsymbol{\xi}_1=(1,2,3)^{\mathrm{T}}$,所以,此时 $\boldsymbol{Ax}=\boldsymbol{0}$的通解为

$$\boldsymbol{x}=C\boldsymbol{\xi}_1=C(1,2,3)^{\mathrm{T}}(\text{其中},C\text{ 是任意常数}).$$

附注 当 $r(\boldsymbol{A})=1$ 时,

(i) 如果 $k=9$,则 $\boldsymbol{Ax}=\boldsymbol{0}$ 的基础解系也可以取为

$(1,2,3)^{\mathrm{T}},(-c,0,a)^{\mathrm{T}}$;或者$(-b,a,0)^{\mathrm{T}},(-c,0,a)^{\mathrm{T}}$.

(ii) 如果 $k\neq9$,则 $\boldsymbol{Ax}=\boldsymbol{0}$ 的基础解系也可以取为

$(1,2,3)^{\mathrm{T}},(3,6,k)^{\mathrm{T}}$;$(1,2,3)^{\mathrm{T}},(-c,0,a)^{\mathrm{T}}$;或者$(-b,a,0)^{\mathrm{T}},(-c,0,a)^{\mathrm{T}}$.

例 3.18 已知非齐次线性方程组(Ⅰ)$\begin{cases}x_1+x_2-2x_3+3x_4=0,\\2x_1+x_2-6x_3+4x_4=-1,\\3x_1+2x_2+px_3+7x_4=-1,\\x_1-x_2-6x_3-x_4=t\end{cases}$有无穷多解,求 p,t 的值及该方程组的通解.

分析 记(Ⅰ)的系数矩阵为 $\boldsymbol{A}$,增广矩阵为 $\overline{\boldsymbol{A}}$,则可由 $r(\boldsymbol{A})=r(\overline{\boldsymbol{A}})<4$ 确定 p,t 的值,然后将求得的 p,t 值代入(Ⅰ)计算其通解.

精解 对(Ⅰ)的增广矩阵 $\overline{\boldsymbol{A}}$ 施行初等行变换:

$$\overline{\boldsymbol{A}}=\left(\begin{array}{cccc:c}1&1&-2&3&0\\2&1&-6&4&-1\\3&2&p&7&-1\\1&-1&-6&-1&t\end{array}\right)\to\left(\begin{array}{cccc:c}1&1&-2&3&0\\0&-1&-2&-2&-1\\0&-1&p+6&-2&-1\\0&-2&-4&-4&t\end{array}\right)\to\left(\begin{array}{cccc:c}1&1&-2&3&0\\0&-1&-2&-2&-1\\0&0&p+8&0&0\\0&0&0&0&t+2\end{array}\right).$$

由此可知,当(Ⅰ)有无穷多解时,$t+2=0$,即 $t=-2$,而 p 可为任意实数. 为求(Ⅰ)的通解,应分$t=-2,p=-8$ 与 $t=-2,p\neq-8$ 两种情形.

(1) 当 $t=-2,p=-8$ 时,(Ⅰ)与方程组$\begin{cases}x_1-4x_3+x_4=-1,\\x_2+2x_3+2x_4=1\end{cases}$同解,所以(Ⅰ)的通解为

$(x_1,x_2,x_3,x_4)^{\mathrm{T}}=C_1(4,-2,1,0)^{\mathrm{T}}+C_2(-1,-2,0,1)^{\mathrm{T}}+(-1,1,0,0)^{\mathrm{T}}$(其中,$C_1,C_2$ 是任意常数).

(2) 当 $t=-2,p\neq-8$ 时,(Ⅰ)与方程组$\begin{cases}x_1-4x_3+x_4=-1,\\x_2+2x_3+2x_4=1,\\x_3=0\end{cases}$同解,所以(Ⅰ)的通解为

$(x_1,x_2,x_3,x_4)^{\mathrm{T}}=C(-1,-2,0,1)^{\mathrm{T}}+(-1,1,0,0)^{\mathrm{T}}$(其中,$C$ 是任意常数).

附注 本题不能从计算(Ⅰ)的系数行列式入手,因为这样算不出使(Ⅰ)有无穷多解的 t,p 值. 故需从增广矩阵 $\overline{\boldsymbol{A}}$ 入手,按 $r(\boldsymbol{A})=r(\overline{\boldsymbol{A}})<4$ 计算使(Ⅰ)有无穷多解的 t,p 值.

例 3.19　设 $n(\geqslant 3)$ 阶矩阵 $\boldsymbol{A}_n=\begin{pmatrix}2a & 1 & & & \\ a^2 & 2a & 1 & & \\ & \ddots & \ddots & \ddots & \\ & & a^2 & 2a & 1 \\ & & & a^2 & 2a\end{pmatrix}$ 及 n 维列向量 $\boldsymbol{b}=\begin{pmatrix}1\\0\\\vdots\\0\end{pmatrix}$. 问 a 为何值时,非齐次线性方程组 $\boldsymbol{A}_n\boldsymbol{x}=\boldsymbol{b}$ 有无穷多解? 并求出通解.

分析　从计算满足 $|\boldsymbol{A}_n|=0$ 入手,确定使 $\boldsymbol{A}_n\boldsymbol{x}=\boldsymbol{b}$ 有无穷多解的 a,然后将它代入 $\boldsymbol{A}_n\boldsymbol{x}=\boldsymbol{b}$ 算出通解.

精解　记 $D_n=|\boldsymbol{A}_n|$,则对 $n\geqslant 3$ 有

$$D_n=\begin{vmatrix}2a & 1 & & & & \\ a^2 & 2a & 1 & & & \\ & a^2 & 2a & 1 & & \\ & \ddots & \ddots & \ddots & & \\ & & a^2 & 2a & 1 \\ & & & a^2 & 2a\end{vmatrix}\xlongequal{\text{按第 1 行展开}}$$

$$2aD_{n-1}-\underbrace{\begin{vmatrix}a^2 & 1 & & & & \\ & 2a & 1 & & & \\ & & a^2 & 2a & 1 & \\ & & \ddots & \ddots & & \ddots \\ & & & & & 1 \\ & & & & a^2 & 2a\end{vmatrix}}_{(n-1)\text{阶}}=2aD_{n-1}-a^2D_{n-2},$$

即 $D_n=2aD_{n-1}-a^2D_{n-2}$,由此得到

$$\begin{aligned}D_n-aD_{n-1}&=a(D_{n-1}-aD_{n-2})=a^2(D_{n-2}-aD_{n-3})\\&=\cdots=a^{n-2}(D_2-aD_1)=a^n.\end{aligned}$$

于是,$D_n=aD_{n-1}+a^n=a(aD_{n-2}+a^{n-1})+a^n=a^2D_{n-2}+2a^n$

$$=\cdots=a^{n-1}D_1+(n-1)a^n=2a^n+(n-1)a^n=(n+1)a^n.$$

由此可知,仅当 $a=0$ 时,$|\boldsymbol{A}_n|=0$,且此时 $\boldsymbol{A}_n\boldsymbol{x}=\boldsymbol{b}$ 的增广矩阵的秩

$$r\left(\begin{array}{ccccc:c}0 & 1 & 0 & \cdots & 0 & 1\\ 0 & 0 & 1 & \cdots & 0 & 0\\ \vdots & \vdots & \vdots & & \vdots & \vdots\\ 0 & 0 & 0 & \cdots & 1 & 0\\ 0 & 0 & 0 & \cdots & 0 & 0\end{array}\right)=r(\boldsymbol{A})=n-1<n,$$

所以,仅当 $a=0$ 时,$\boldsymbol{A}_n\boldsymbol{x}=\boldsymbol{b}$ 有无穷多解. 此时 $\boldsymbol{A}_n\boldsymbol{x}=\boldsymbol{b}$ 与方程组

$$\begin{cases}x_2=1,\\ x_3=0,\\ \vdots\\ x_n=0\end{cases}$$

同解，从而通解为

$$(x_1,x_2,\cdots,x_n)^{\mathrm{T}}=C(1,0,0,\cdots,0)^{\mathrm{T}}+(0,1,0,\cdots,0)^{\mathrm{T}},$$

其中，C 是任意常数.

附注　本题获解的关键是计算 D_n. 但是由 $D_n=0$ 算出 $a=0$ 是否能使 $\boldsymbol{Ax}=\boldsymbol{b}$ 有无穷多解，还需检验，即检验 $r(\overline{\boldsymbol{A}})=r(\boldsymbol{A})<n-1$ 是否成立.

例 3.20　已知 $\boldsymbol{\alpha}_1,\boldsymbol{\alpha}_2,\boldsymbol{\alpha}_3,\boldsymbol{\alpha}_4$ 都是 4 维列向量，记 $\boldsymbol{A}=(\boldsymbol{\alpha}_1,\boldsymbol{\alpha}_2,\boldsymbol{\alpha}_3,\boldsymbol{\alpha}_4)$. 设非齐次线性方程组（Ⅰ）$\boldsymbol{Ax}=\boldsymbol{\beta}$ 的通解为 $(1,2,2,1)^{\mathrm{T}}+k(1,-2,4,0)^{\mathrm{T}}$（$k$ 为任意常数），求非齐次线性方程组（Ⅱ）$\boldsymbol{Bx}=\boldsymbol{\alpha}_1-\boldsymbol{\alpha}_2$ 的通解，其中矩阵 $\boldsymbol{B}=(\boldsymbol{\alpha}_3,\boldsymbol{\alpha}_2,\boldsymbol{\alpha}_1,\boldsymbol{\beta}-\boldsymbol{\alpha}_4)$.

分析　由题设知 $(1,-2,4,0)^{\mathrm{T}}$ 是（Ⅰ）的导出组的一个基础解系，从而 $r(\boldsymbol{A})=3$，由此推出 $\boldsymbol{\alpha}_2,\boldsymbol{\alpha}_3,\boldsymbol{\alpha}_4$ 线性无关，据此将（Ⅱ）转化成同解的数字线性方程组，由此即可得到（Ⅱ）的通解.

精解　由于 $(1,-2,4,0)^{\mathrm{T}}$ 是 $\boldsymbol{Ax}=\boldsymbol{0}$ 的一个基础解系，由此得到 $r(\boldsymbol{A})=3$，且 $\boldsymbol{\alpha}_1-2\boldsymbol{\alpha}_2+4\boldsymbol{\alpha}_3=\boldsymbol{0}$，即

$$\boldsymbol{\alpha}_1=2\boldsymbol{\alpha}_2-4\boldsymbol{\alpha}_3. \tag{1}$$

所以，$\boldsymbol{\alpha}_2,\boldsymbol{\alpha}_3,\boldsymbol{\alpha}_4$ 线性无关.

由于 $(1,2,2,1)^{\mathrm{T}}$ 是（Ⅰ）的一个特解，所以

$$\boldsymbol{\alpha}_1+2\boldsymbol{\alpha}_2+2\boldsymbol{\alpha}_3+\boldsymbol{\alpha}_4=\boldsymbol{\beta}.$$

将式(1)代入，得 $\boldsymbol{\beta}=4\boldsymbol{\alpha}_2-2\boldsymbol{\alpha}_3+\boldsymbol{\alpha}_4$，即

$$\boldsymbol{\beta}-\boldsymbol{\alpha}_4=4\boldsymbol{\alpha}_2-2\boldsymbol{\alpha}_3. \tag{2}$$

将式(1)和式(2)代入（Ⅱ），得

$$(\boldsymbol{\alpha}_3,\boldsymbol{\alpha}_2,2\boldsymbol{\alpha}_2-4\boldsymbol{\alpha}_3,4\boldsymbol{\alpha}_2-2\boldsymbol{\alpha}_3)\begin{pmatrix}x_1\\x_2\\x_3\\x_4\end{pmatrix}=\boldsymbol{\alpha}_2-4\boldsymbol{\alpha}_3,$$

即
$$(x_2+2x_3+4x_4)\boldsymbol{\alpha}_2+(x_1-4x_3-2x_4)\boldsymbol{\alpha}_3=\boldsymbol{\alpha}_2-4\boldsymbol{\alpha}_3.$$

于是由 $\boldsymbol{\alpha}_2,\boldsymbol{\alpha}_3$ 线性无关，得

$$\begin{cases}\quad x_2+2x_3+4x_4=1,\\ x_1\quad\ -4x_3-2x_4=-4.\end{cases} \tag{3}$$

方程组(3)的导出组的基础解系为 $(4,-2,1,0)^{\mathrm{T}},(2,-4,0,1)^{\mathrm{T}}$. 此外，方程组(3)有特解 $(-4,1,0,0)^{\mathrm{T}}$. 所以方程组(3)，即（Ⅱ）的通解为

$$\boldsymbol{x}=(x_1,x_2,x_3,x_4)^{\mathrm{T}}=C_1(4,-2,1,0)^{\mathrm{T}}+C_2(2,-4,0,1)^{\mathrm{T}}+(-4,1,0,0)^{\mathrm{T}},$$

其中，C_1,C_2 是任意常数.

附注　$\boldsymbol{\alpha}_1,\boldsymbol{\alpha}_2,\boldsymbol{\alpha}_3,\boldsymbol{\alpha}_4$ 是线性相关的向量组，由式(1)知，其中的极大线性无关组为 $\boldsymbol{\alpha}_2,\boldsymbol{\alpha}_3,\boldsymbol{\alpha}_4$；$\boldsymbol{\alpha}_1,\boldsymbol{\alpha}_3,\boldsymbol{\alpha}_4$；$\boldsymbol{\alpha}_1,\boldsymbol{\alpha}_2,\boldsymbol{\alpha}_4$. 题解中取极大线性无关组为 $\boldsymbol{\alpha}_2,\boldsymbol{\alpha}_3,\boldsymbol{\alpha}_4$. 实际上取 $\boldsymbol{\alpha}_1,\boldsymbol{\alpha}_3,\boldsymbol{\alpha}_4$ 或 $\boldsymbol{\alpha}_1,\boldsymbol{\alpha}_2,\boldsymbol{\alpha}_4$ 都可以. 现以 $\boldsymbol{\alpha}_1,\boldsymbol{\alpha}_3,\boldsymbol{\alpha}_4$ 为例重解本题.

由式(1)，得 $\boldsymbol{\alpha}_2=\dfrac{1}{2}\boldsymbol{\alpha}_1+2\boldsymbol{\alpha}_3$，以及

$$\boldsymbol{\beta}-\boldsymbol{\alpha}_4=2\boldsymbol{\alpha}_1+6\boldsymbol{\alpha}_3,\qquad \boldsymbol{\alpha}_1-\boldsymbol{\alpha}_2=\frac{1}{2}\boldsymbol{\alpha}_1-2\boldsymbol{\alpha}_3.$$

于是(Ⅱ)成为

$$(\boldsymbol{\alpha}_3,\frac{1}{2}\boldsymbol{\alpha}_1+2\boldsymbol{\alpha}_3,\boldsymbol{\alpha}_1,2\boldsymbol{\alpha}_1+6\boldsymbol{\alpha}_3)\begin{pmatrix}x_1\\x_2\\x_3\\x_4\end{pmatrix}=\frac{1}{2}\boldsymbol{\alpha}_1-2\boldsymbol{\alpha}_3,$$

即$\left(\frac{1}{2}x_2+x_3+2x_4\right)\boldsymbol{\alpha}_1+(x_1+2x_2+6x_4)\boldsymbol{\alpha}_3=\frac{1}{2}\boldsymbol{\alpha}_1-2\boldsymbol{\alpha}_3$.

由于$\boldsymbol{\alpha}_1,\boldsymbol{\alpha}_3$线性无关,所以有

$$\begin{cases}x_2+2x_3+4x_4=1,\\x_1+2x_2+6x_4=-2,\end{cases}\quad 即\begin{cases}x_2+2x_3+4x_4=1,\\x_1-4x_3-2x_4=-4.\end{cases}$$

它与式(3)相同.

例 3.21　求一个以$k(2,1,-4,3)^{\mathrm{T}}+(1,2,-3,4)^{\mathrm{T}}$($k$为任意常数)为通解的线性方程组,并求该方程组与方程组(Ⅰ)$\begin{cases}x_1+x_2+x_3-x_4=0,\\3x_2+x_4=4\end{cases}$的非零公共解.

分析　所求的方程组可设为由3个4元线性方程组成的非齐次线性方程组$\boldsymbol{Ax}=\boldsymbol{b}$(其中$\boldsymbol{x}=(x_1,x_2,x_3,x_4)^{\mathrm{T}}$),然后按题设确定$\boldsymbol{A}$与$\boldsymbol{b}$,算出方程组$\boldsymbol{Ax}=\boldsymbol{b}$.

将$\boldsymbol{x}=k(2,1,-4,3)^{\mathrm{T}}+(1,2,-3,4)^{\mathrm{T}}$代入(Ⅰ)即可得到所求的非零公共解.

精解　由所给通解知,$\boldsymbol{Ax}=\boldsymbol{0}$的基础解系为$(2,1,-4,3)^{\mathrm{T}}$,可取$x_2$为自由未知数,并将其赋值为1.因此可取

$$\boldsymbol{A}=\begin{pmatrix}1&-2&0&0\\0&4&1&0\\0&-3&0&1\end{pmatrix}.$$

由于$k(2,1,-4,3)^{\mathrm{T}}+(1,2,-3,4)^{\mathrm{T}}=(k+2)(2,1,-4,3)^{\mathrm{T}}+(-3,0,5,-2)^{\mathrm{T}}$,即$\boldsymbol{Ax}=\boldsymbol{b}$有特解$(-3,0,5,-2)^{\mathrm{T}}$.由于现取$x_2$为自由未知数(此时,$x_2$应赋值为零),所以可取这个方程组的自由项为$(-3,5,-2)^{\mathrm{T}}$.因此$\boldsymbol{Ax}=\boldsymbol{b}$为

$$\begin{pmatrix}1&-2&0&0\\0&4&1&0\\0&-3&0&1\end{pmatrix}\begin{pmatrix}x_1\\x_2\\x_3\\x_4\end{pmatrix}=\begin{pmatrix}-3\\5\\-2\end{pmatrix},即\begin{cases}x_1-2x_2=-3,\\4x_2+x_3=5,\\-3x_2+x_4=-2.\end{cases}$$

将题中所给的$\boldsymbol{Ax}=\boldsymbol{b}$的通解

$(x_1,x_2,x_3,x_4)^{\mathrm{T}}=k(2,1,-4,3)^{\mathrm{T}}+(1,2,-3,4)^{\mathrm{T}}=(2k+1,k+2,-4k-3,3k+4)^{\mathrm{T}}$

代入(Ⅰ),得$\begin{cases}(2k+1)+(k+2)+(-4k-3)-(3k+4)=0,\\3(k+2)+(3k+4)=4,\end{cases}$即$k=-1$.

因此所求的非零公共解为$(x_1,x_2,x_3,x_4)^{\mathrm{T}}=(-1,1,1,1)^{\mathrm{T}}$.

附注　题解中给出了由通解确定一个线性方程组的方法.

例 3.22　已知3阶矩阵$\boldsymbol{B}\neq\boldsymbol{O}_3$,且$\boldsymbol{B}$的每个列向量都是齐次线性方程组

$$(\text{Ⅰ})\begin{cases}x_1+2x_2-2x_3=0,\\2x_1-x_2+\lambda x_3=0,\\3x_1+x_2-x_3=0\end{cases}$$

的解，求 λ 的值及矩阵 $\boldsymbol{B}$.

分析 由题设可知，矩阵方程 $\boldsymbol{AX}=\boldsymbol{O}_3$（其中 $\boldsymbol{A}=\begin{pmatrix}1&2&-2\\2&-1&\lambda\\3&1&-1\end{pmatrix}$ 是（Ⅰ）的系数矩阵）有非零解，因此 $r(\boldsymbol{A})\leqslant 2$. 由此可得 λ 的值，并解上述矩阵方程即得 $\boldsymbol{B}$.

精解 由于 $\boldsymbol{B}$ 的每个列向量都是（Ⅰ）的解，且 $\boldsymbol{B}$ 是非零矩阵，所以矩阵方程 $\boldsymbol{AX}=\boldsymbol{O}_3$ 有非零解，从而 $r(\boldsymbol{A})\leqslant 2$，即

$$|\boldsymbol{A}|=\begin{vmatrix}1&2&-2\\2&-1&\lambda\\3&1&-1\end{vmatrix}=5(\lambda-1)=0.$$

由此得到 $\lambda=1$. 将 $\lambda=1$ 代入 $\boldsymbol{A}$，并对它施行初等行变换：

$$\boldsymbol{A}=\begin{pmatrix}1&2&-2\\2&-1&1\\3&1&-1\end{pmatrix}\to\begin{pmatrix}1&2&-2\\0&-5&5\\0&-5&5\end{pmatrix}\to\begin{pmatrix}1&2&-2\\0&1&-1\\0&0&0\end{pmatrix}\to\begin{pmatrix}1&0&0\\0&1&-1\\0&0&0\end{pmatrix},$$

所以，$\boldsymbol{AX}=\boldsymbol{O}_3$ 与 $\begin{pmatrix}1&0&0\\0&1&-1\\0&0&0\end{pmatrix}\boldsymbol{X}=\boldsymbol{O}_3$ 同解.

由于 $\begin{pmatrix}1&0&0\\0&1&-1\\0&0&0\end{pmatrix}\begin{pmatrix}x\\y\\z\end{pmatrix}=\boldsymbol{0}$ 的通解为 $\begin{pmatrix}x\\y\\z\end{pmatrix}=C\begin{pmatrix}0\\1\\1\end{pmatrix}=\begin{pmatrix}0\\C\\C\end{pmatrix}$，

所以 $\boldsymbol{AX}=\boldsymbol{O}_3$ 的通解为 $\begin{pmatrix}0&0&0\\C_1&C_2&C_3\\C_1&C_2&C_3\end{pmatrix}$，它即为所求的 $\boldsymbol{B}$，$\boldsymbol{B}=\begin{pmatrix}0&0&0\\C_1&C_2&C_3\\C_1&C_2&C_3\end{pmatrix}$，其中 C_1,C_2,C_3 是不全为零的任意常数.

附注 设矩阵方程 $\boldsymbol{AX}=\boldsymbol{O}$（其中 $\boldsymbol{A}$ 是 $m\times n$ 矩阵，$\boldsymbol{O}$ 是 $m\times l$ 零矩阵），则当 $r(\boldsymbol{A})=r<n$ 时，该矩阵方程的通解为

$$\boldsymbol{X}=(C_1^{(1)}\boldsymbol{\xi}_1+C_2^{(1)}\boldsymbol{\xi}_2+\cdots+C_{n-r}^{(1)}\boldsymbol{\xi}_{n-r},C_1^{(2)}\boldsymbol{\xi}_1+C_2^{(2)}\boldsymbol{\xi}_2+\cdots+C_{n-r}^{(2)}\boldsymbol{\xi}_{n-r},\cdots,$$
$$C_1^{(l)}\boldsymbol{\xi}_1+C_2^{(l)}\boldsymbol{\xi}_2+\cdots+C_{n-r}^{(l)}\boldsymbol{\xi}_{n-r}),$$

其中，$\boldsymbol{\xi}_1,\boldsymbol{\xi}_2,\cdots,\boldsymbol{\xi}_{n-r}$ 是齐次线性方程组 $\boldsymbol{Ax}=\boldsymbol{0}$（$\boldsymbol{0}$ 是 m 维零列向量）的一个基础解系.

例 3.23 设 3 阶矩阵 $\boldsymbol{A}=\begin{pmatrix}2&-2&-4\\-1&3&4\\1&-2&-3\end{pmatrix}$，求所有满足 $\boldsymbol{AB}=\boldsymbol{A}$，但不为 $\boldsymbol{E}_3$ 的 3 阶矩阵 $\boldsymbol{B}$.

分析 记 $\boldsymbol{X}=\boldsymbol{B}-\boldsymbol{E}_3$，则 $\boldsymbol{AB}=\boldsymbol{A}$ 成为 $\boldsymbol{AX}=\boldsymbol{O}$. 因此算出这个矩阵方程的所有非零解即可.

精解 由于

$$\boldsymbol{A}=\begin{pmatrix}2&-2&-4\\-1&3&4\\1&-2&-3\end{pmatrix}\xrightarrow[\text{(以下同)}]{\text{初等行变换}}\begin{pmatrix}1&-1&-2\\-1&3&4\\1&-2&-3\end{pmatrix}$$
$$\to\begin{pmatrix}1&-1&-2\\0&2&2\\0&-1&-1\end{pmatrix}\to\begin{pmatrix}1&-1&-2\\0&1&1\\0&-1&-1\end{pmatrix}\to\begin{pmatrix}1&0&-1\\0&1&1\\0&0&0\end{pmatrix},$$

所以，$AX=O$ 与矩阵方程 $\begin{pmatrix}1&0&-1\\0&1&1\end{pmatrix}X=O$ 同解.

显然，$\begin{pmatrix}1&0&-1\\0&1&1\end{pmatrix}\begin{pmatrix}x\\y\\z\end{pmatrix}=\mathbf{0}$ 的通解为 $\begin{pmatrix}x\\y\\z\end{pmatrix}=C\begin{pmatrix}1\\-1\\1\end{pmatrix}=\begin{pmatrix}C\\-C\\C\end{pmatrix}$，从而 $X=\begin{pmatrix}C_1&C_2&C_3\\-C_1&-C_2&-C_3\\C_1&C_2&C_3\end{pmatrix}$.

因此 $B=X+E_3=\begin{pmatrix}C_1+1&C_2&C_3\\-C_1&-C_2+1&-C_3\\C_1&C_2&C_3+1\end{pmatrix}$，(其中 C_1,C_2,C_3 是不全为零的常数).

附注　本题获解的关键是将求解满足 $AB=A$ 的 B 转化成求解矩阵方程 $AX=O$ 的非零解.

例 3.24　已知非齐次线性方程组

$$(\text{Ⅰ})\begin{cases}x_1+x_2-2x_4=-6,\\4x_1-x_2-x_3-x_4=1,\\3x_1-x_2-x_3=3,\end{cases}\quad(\text{Ⅱ})\begin{cases}x_1+mx_2-x_3-x_4=-5,\\nx_2-x_3-2x_4=-11,\\x_3-2x_4=-t+1.\end{cases}$$

问 m,n,t 为何值时，(Ⅰ)与(Ⅱ)同解，并求它们的通解.

分析　先算出(Ⅰ)的通解，然后将其中一个特解代入(Ⅱ)即可算出 m,n,t 的值，并利用算出的 m,n,t 值检验(Ⅰ)与(Ⅱ)是否同解.

精解　对(Ⅰ)的增广矩阵 $\overline{A}$ 施行初等行变换：

$$\overline{A}=\left(\begin{array}{cccc:c}1&1&0&-2&-6\\4&-1&-1&-1&1\\3&-1&-1&0&3\end{array}\right)\to\left(\begin{array}{cccc:c}1&1&0&-2&-6\\1&0&0&-1&-2\\3&-1&-1&0&3\end{array}\right)$$

$$\to\left(\begin{array}{cccc:c}1&0&0&-1&-2\\1&1&0&-2&-6\\3&-1&-1&0&3\end{array}\right)\to\left(\begin{array}{cccc:c}1&0&0&-1&-2\\0&1&0&-1&-4\\0&-1&-1&3&9\end{array}\right)$$

$$\to\left(\begin{array}{cccc:c}1&0&0&-1&-2\\0&1&0&-1&-4\\0&0&1&-2&-5\end{array}\right),$$

所以，(Ⅰ)的导出组的基础解系为$(1,1,2,1)^{\mathrm T}$，此外(Ⅰ)有特解

$$(-2,-4,-5,0)^{\mathrm T}.\tag{1}$$

因此(Ⅰ)的通解为

$x=(x_1,x_2,x_3,x_4)^{\mathrm T}=C(1,1,2,1)^{\mathrm T}+(-2,-4,-5,0)^{\mathrm T}=(C-2,C-4,2C-5,C)^{\mathrm T}$.(其中，$C$ 为任意常数)　(2)

由于 $C=0$ 的式(2)也是(Ⅱ)的解，故将它代入(Ⅱ)，得

$$\begin{cases}-2-4m+5=-5,\\-4n+5=-11,\\-5=-t+1\end{cases}\quad\text{即 } m=2,n=4,t=6.$$

下面检验当 $m=2,n=4,t=6$ 时，(Ⅰ)与(Ⅱ)是否同解，即将它们代入(Ⅱ)所得的方程组 $\begin{cases}x_1+2x_2-x_3-x_4=-5,\\4x_2-x_3-2x_4=-11,\\x_3-2x_4=-5,\end{cases}$ 的通解是否与式(2)相同.

对上述方程组的增广矩阵 $\overline{\boldsymbol{B}}$ 施行初等行变换,得

$$\overline{\boldsymbol{B}}=\left(\begin{array}{cccc:c}1&2&-1&-1&-5\\0&4&-1&-2&-11\\0&0&1&-2&-5\end{array}\right)\to\left(\begin{array}{cccc:c}1&2&0&-3&-10\\0&4&0&-4&-16\\0&0&1&-2&-5\end{array}\right)$$

$$\to\left(\begin{array}{cccc:c}1&2&0&-3&-10\\0&1&0&-1&-4\\0&0&1&-2&-5\end{array}\right)\to\left(\begin{array}{cccc:c}1&0&0&-1&-2\\0&1&0&-1&-4\\0&0&1&-2&-5\end{array}\right).$$

由此可知(Ⅰ)与(Ⅱ)同解.因此,式(2)是(Ⅰ)与(Ⅱ)的通解.

附注 (1)题中将(Ⅰ)的一个特解代入(Ⅱ)确定 m,n,t,但是如此确定的 m,n,t 是否能使(Ⅰ),(Ⅱ)同解还需进行检验.

(2)两个齐次线性方程组同解的充分必要条件是它们具有一个相同的基础解系.

两个非齐次线性方程组同解的充分必要条件是它们具有一个相同的特解,并且它们的导出组具有一个相同的基础解系.

例 3.25 设齐次线性方程组(Ⅰ)$\begin{cases}x_1+3x_3+x_4+2x_5=0,\\-x_1+3x_2-x_4+x_5=0,\\2x_1+x_2+7x_3+2x_4+tx_5=0\end{cases}$

的基础解系中含有 3 个解,求 t 的值及(Ⅰ)与线性方程组

$$(\text{Ⅱ})\begin{cases}x_1+2x_2+x_3+2x_4+3x_5=0,\\x_2-3x_3+x_4=0,\\2x_2+x_5=1\end{cases}$$

的公共解.

分析 由题设知 $r(\boldsymbol{A})=2$,据此算出 t 值,然后对此 t 值计算(Ⅰ)与(Ⅱ)的公共解.

精解 记(Ⅰ)的系数矩阵为 $\boldsymbol{A}$,则由 $\boldsymbol{Ax}=\boldsymbol{0}$(其中 $\boldsymbol{x}=(x_1,x_2,\cdots,x_5)^{\mathrm{T}}$)的基础解系中有 3 个解知,$r(\boldsymbol{A})=5-3=2$.对 $\boldsymbol{A}$ 施行初等行变换:

$$\boldsymbol{A}=\begin{pmatrix}1&0&3&1&2\\-1&3&0&-1&1\\2&1&7&2&t\end{pmatrix}\to\begin{pmatrix}1&0&3&1&2\\0&1&1&0&1\\0&1&1&0&t-4\end{pmatrix}\to\begin{pmatrix}1&0&3&1&2\\0&1&1&0&1\\0&0&0&0&t-5\end{pmatrix},$$

所以有 $t-5=0$,即 $t=5$.

将 $t=5$ 代入(Ⅰ),于是由上述的初等行变换知,(Ⅰ)与方程组

$$\begin{cases}x_1+3x_3+x_4+2x_5=0,\\x_2+x_3+x_5=0\end{cases}\qquad(1)$$

同解.下面计算(Ⅰ)与(Ⅱ),即式(1)与(Ⅱ)的公共解:

将(Ⅱ)与式(1)联立组成方程组

$$(\text{Ⅲ})\begin{cases}x_1+2x_2+x_3+2x_4+3x_5=0,\\x_2-3x_3+x_4=0,\\2x_2+x_5=1,\\x_1+3x_3+x_4+2x_5=0,\\x_2+x_3+x_5=0.\end{cases}$$

对(Ⅲ)的增广矩阵施行初等行变换:

$$\left(\begin{array}{ccccc:c}1&2&1&2&3&0\\0&1&-3&1&0&0\\0&2&0&0&1&1\\1&0&3&1&2&0\\0&1&1&0&1&0\end{array}\right)\to\left(\begin{array}{ccccc:c}1&2&1&2&3&0\\0&1&-3&1&0&0\\0&2&0&0&1&1\\0&-2&2&-1&-1&0\\0&1&1&0&1&0\end{array}\right)$$

$$\to\left(\begin{array}{ccccc:c}1&2&1&2&3&0\\0&1&-3&1&0&0\\0&0&6&-2&1&1\\0&0&-4&1&-1&0\\0&0&4&-1&1&0\end{array}\right)\to\left(\begin{array}{ccccc:c}1&2&1&2&3&0\\0&1&-3&1&0&0\\0&0&6&-2&1&1\\0&0&-4&1&-1&0\\0&0&0&0&0&0\end{array}\right)$$

$$\to\left(\begin{array}{ccccc:c}1&2&1&2&3&0\\0&1&-3&1&0&0\\0&0&2&-1&0&1\\0&0&-4&1&-1&0\\0&0&0&0&0&0\end{array}\right)\to\left(\begin{array}{ccccc:c}1&2&1&2&3&0\\0&1&-3&1&0&0\\0&0&-2&0&-1&1\\0&0&-4&1&-1&0\\0&0&0&0&0&0\end{array}\right)$$

$$\to\left(\begin{array}{ccccc:c}1&2&1&2&3&0\\0&1&-3&1&0&0\\0&0&-2&0&-1&1\\0&0&0&1&1&-2\\0&0&0&0&0&0\end{array}\right),$$

所以,(Ⅲ)的通解,即(Ⅰ)与(Ⅱ)的公共解为

$$(x_1,x_2,x_3,x_4,x_5)^{\mathrm T}=C\left(\frac{1}{2},-\frac{1}{2},-\frac{1}{2},-1,1\right)^{\mathrm T}+\left(\frac{7}{2},\frac{1}{2},-\frac{1}{2},-2,0\right)^{\mathrm T}$$

$$=\left(\frac{1}{2}C+\frac{7}{2},-\frac{1}{2}C+\frac{1}{2},-\frac{1}{2}C-\frac{1}{2},-C-2,C\right)^{\mathrm T}\text{(其中,}C\text{ 是任意常数)}.$$

附注　(Ⅰ)与(Ⅱ)的公共解也可以用以下两种方法计算:

方法一:式(1),即 $t=5$ 时的(Ⅰ)有基础解系

$$(-3,-1,1,0,0)^{\mathrm T},(-1,0,0,1,0)^{\mathrm T},(-2,-1,0,0,1)^{\mathrm T}.$$

所以(Ⅰ)的通解为

$$(x_1,x_2,x_3,x_4,x_5)^{\mathrm T}=C_1(-3,-1,1,0,0)^{\mathrm T}+C_2(-1,0,0,1,0)^{\mathrm T}+C_3(-2,-1,0,0,1)^{\mathrm T}$$

$$=(-3C_1-C_2-2C_3,-C_1-C_3,C_1,C_2,C_3),\tag{2}$$

即

$$x_1=-3C_1-C_2-2C_3,x_2=-C_1-C_3,x_3=C_1,x_4=C_2,x_5=C_3.\tag{3}$$

将它们代入(Ⅱ),得

$$\begin{cases}4C_1-C_2+C_3=0,\\2C_1\qquad+C_3=-1,\end{cases}\text{即}\begin{cases}C_2+C_3=-2,\\2C_1+C_3=-1.\end{cases}$$

解此方程组,得

$$(C_1,C_2,C_3)^{\mathrm T}=C\left(-\frac{1}{2},-1,1\right)^{\mathrm T}+\left(-\frac{1}{2},-2,0\right)^{\mathrm T}=\left(-\frac{1}{2}C-\frac{1}{2},-C-2,C\right)^{\mathrm T},$$

或 $C_1=-\frac{1}{2}C-\frac{1}{2},C_2=-C-2,C_3=C.$

将它们代入(2)，得(Ⅰ)与(Ⅱ)的公共解

$$(x_1,x_2,x_3,x_4,x_5)^{\mathrm{T}}=\left(\frac{1}{2}C+\frac{7}{2},-\frac{1}{2}C+\frac{1}{2},-\frac{1}{2}C-\frac{1}{2},-C-2,C\right)^{\mathrm{T}},$$

其中，C 是任意常数.

方法二：(Ⅰ)的通解如式(2)所示，下面计算(Ⅱ)的通解：

对(Ⅱ)的增广矩阵施行初等行变换：

$$\left(\begin{array}{ccccc:c}1&2&1&2&3&0\\0&1&-3&1&0&0\\0&2&0&0&1&1\end{array}\right)\to\left(\begin{array}{ccccc:c}1&0&1&2&2&-1\\0&1&-3&1&0&0\\0&0&6&-2&1&1\end{array}\right)$$

$$\to\left(\begin{array}{ccccc:c}1&0&1&2&2&-1\\0&1&-3&1&0&0\\0&0&1&-\frac{1}{3}&\frac{1}{6}&\frac{1}{6}\end{array}\right)\to\left(\begin{array}{ccccc:c}1&0&0&\frac{7}{3}&\frac{11}{6}&-\frac{7}{6}\\0&1&0&0&\frac{1}{2}&\frac{1}{2}\\0&0&1&-\frac{1}{3}&\frac{1}{6}&\frac{1}{6}\end{array}\right),$$

所以(Ⅱ)的通解为

$$(x_1,x_2,x_3,x_4,x_5)^{\mathrm{T}}=D_1\left(-\frac{7}{3},0,\frac{1}{3},1,0\right)^{\mathrm{T}}+D_2\left(-\frac{11}{6},-\frac{1}{2},-\frac{1}{6},0,1\right)^{\mathrm{T}}+\left(-\frac{7}{6},\frac{1}{2},\frac{1}{6},0,0\right)^{\mathrm{T}}$$

$$=\left(-\frac{7}{3}D_1-\frac{11}{6}D_2-\frac{7}{6},-\frac{1}{2}D_2+\frac{1}{2},\frac{1}{3}D_1-\frac{1}{6}D_2+\frac{1}{6},D_1,D_2\right)^{\mathrm{T}},\qquad(4)$$

即 $x_1=-\frac{7}{3}D_1-\frac{11}{6}D_2-\frac{7}{6},x_2=-\frac{1}{2}D_2+\frac{1}{2},x_3=\frac{1}{3}D_1-\frac{1}{6}D_2+\frac{1}{6},x_4=D_1,x_5=D_2.\qquad(5)$

由式(3)与式(5)，得

$$\begin{cases}-3C_1-C_2-2C_3=-\frac{7}{3}D_1-\frac{11}{6}D_2-\frac{7}{6},\\-C_1-C_3=-\frac{1}{2}D_2+\frac{1}{2},\\C_1=\frac{1}{3}D_1-\frac{1}{6}D_2+\frac{1}{6},\\C_2=D_1,\\C_3=D_2,\end{cases}$$

即

$$\begin{cases}3C_1+C_2+2C_3-\frac{7}{3}D_1-\frac{11}{6}D_2=\frac{7}{6},\\C_1+C_3-\frac{1}{2}D_2=-\frac{1}{2},\\C_1-\frac{1}{3}D_1+\frac{1}{6}D_2=\frac{1}{6},\\C_2-D_1=0,\\C_3-D_2=0.\end{cases}\qquad(6)$$

对式(6)的增广矩阵施行初等行变换

$$\left(\begin{array}{ccccc:c} 3 & 1 & 2 & -\frac{7}{3} & -\frac{11}{6} & \frac{7}{6} \\ 1 & 0 & 1 & 0 & -\frac{1}{2} & -\frac{1}{2} \\ 1 & 0 & 0 & -\frac{1}{3} & \frac{1}{6} & \frac{1}{6} \\ 0 & 1 & 0 & -1 & 0 & 0 \\ 0 & 0 & 1 & 0 & -1 & 0 \end{array}\right) \to \left(\begin{array}{ccccc:c} 0 & 1 & 2 & -\frac{4}{3} & -\frac{7}{3} & \frac{2}{3} \\ 0 & 0 & 1 & \frac{1}{3} & -\frac{2}{3} & -\frac{2}{3} \\ 1 & 0 & 0 & -\frac{1}{3} & \frac{1}{6} & \frac{1}{6} \\ 0 & 1 & 0 & -1 & 0 & 0 \\ 0 & 0 & 1 & 0 & -1 & 0 \end{array}\right)$$

$$\to \left(\begin{array}{ccccc:c} 0 & 0 & 2 & -\frac{1}{3} & -\frac{7}{3} & \frac{2}{3} \\ 0 & 0 & 0 & \frac{1}{3} & \frac{1}{3} & -\frac{2}{3} \\ 1 & 0 & 0 & -\frac{1}{3} & \frac{1}{6} & \frac{1}{6} \\ 0 & 1 & 0 & -1 & 0 & 0 \\ 0 & 0 & 1 & 0 & -1 & 0 \end{array}\right) \to \left(\begin{array}{ccccc:c} 0 & 0 & 0 & -\frac{1}{3} & -\frac{1}{3} & \frac{2}{3} \\ 0 & 0 & 0 & \frac{1}{3} & \frac{1}{3} & -\frac{2}{3} \\ 1 & 0 & 0 & -\frac{1}{3} & \frac{1}{6} & \frac{1}{6} \\ 0 & 1 & 0 & -1 & 0 & 0 \\ 0 & 0 & 1 & 0 & -1 & 0 \end{array}\right)$$

$$\to \left(\begin{array}{ccccc:c} 0 & 0 & 0 & 0 & 0 & 0 \\ 0 & 0 & 0 & 1 & 1 & -2 \\ 1 & 0 & 0 & \frac{1}{3} & \frac{1}{6} & \frac{1}{6} \\ 0 & 1 & 0 & -1 & 0 & 0 \\ 0 & 0 & 1 & 0 & -1 & 0 \end{array}\right).$$

由此可知,式(6)的通解为

$$(C_1,C_2,C_3,D_1,D_2)^{\mathrm{T}}=C\left(\frac{1}{6},-1,1,-1,1\right)^{\mathrm{T}}+\left(-\frac{1}{2},-2,0,-2,0\right)^{\mathrm{T}}$$
$$=\left(\frac{1}{6}C-\frac{1}{2},-C-2,C,-C-2,C\right)^{\mathrm{T}},$$

将其中的 $D_1=-C-2,D_2=C$ 代入式(4)得所求的公共解

$$(x_1,x_2,x_3,x_4,x_5)^{\mathrm{T}}=\left(\frac{1}{2}C+\frac{7}{2},-\frac{1}{2}C+\frac{1}{2},-\frac{1}{2}C-\frac{1}{2},-C-2,C\right)^{\mathrm{T}},$$

其中,C 是任意常数.

例 3.26　设矩阵 $\boldsymbol{A}_1=\begin{pmatrix} 2 & 1 & 1 \\ -1 & 1 & 0 \\ 1 & 0 & 2 \\ 0 & -2 & 1 \end{pmatrix}$, $\boldsymbol{B}_1=\begin{pmatrix} 1 & 2 \\ 0 & 1 \\ -1 & 1 \\ -2 & -2 \end{pmatrix}$, $\boldsymbol{A}_2=\begin{pmatrix} 0 & 1 & -\frac{1}{2} \\ 1 & 0 & 2 \end{pmatrix}$, $\boldsymbol{B}_2=\begin{pmatrix} 1 & 1 \\ -1 & 1 \end{pmatrix}$,求矩阵方程(Ⅰ)$\boldsymbol{A}_1\boldsymbol{X}=\boldsymbol{B}_1$ 与(Ⅱ)$\boldsymbol{A}_2\boldsymbol{X}=\boldsymbol{B}_2$ 的公共解.

分析　本题实际上是计算矩阵方程(Ⅲ)$\begin{pmatrix} \boldsymbol{A}_1 \\ \boldsymbol{A}_2 \end{pmatrix}\boldsymbol{X}=\begin{pmatrix} \boldsymbol{B}_1 \\ \boldsymbol{B}_2 \end{pmatrix}$的通解. 因此从对(Ⅲ)的增广矩阵 $\left(\begin{array}{c:c} \boldsymbol{A}_1 & \boldsymbol{B}_1 \\ \boldsymbol{A}_2 & \boldsymbol{B}_2 \end{array}\right)$施行初等行变换入手.

精解　由于

$$
\begin{pmatrix} A_1 & \vdots & B_1 \\ A_2 & \vdots & B_2 \end{pmatrix} \to \left(\begin{array}{ccc:cc} 2 & 1 & 1 & 1 & 2 \\ -1 & 1 & 0 & 0 & 1 \\ 1 & 0 & 2 & -1 & 1 \\ 0 & -2 & 1 & -2 & -2 \\ 0 & 1 & -\frac{1}{2} & 1 & 1 \\ 1 & 0 & 2 & -1 & 1 \end{array}\right) \to \left(\begin{array}{ccc:cc} 1 & 2 & 1 & 1 & 3 \\ -1 & 1 & 0 & 0 & 1 \\ 1 & 0 & 2 & -1 & 1 \\ 0 & -2 & 1 & -2 & -2 \\ 0 & 1 & -\frac{1}{2} & 1 & 1 \\ 1 & 0 & 2 & -1 & 1 \end{array}\right)
$$

$$
\to \left(\begin{array}{ccc:cc} 1 & 2 & 1 & 1 & 3 \\ 0 & 3 & 1 & 1 & 4 \\ 0 & -2 & 1 & -2 & -2 \\ 0 & -2 & 1 & -2 & -2 \\ 0 & 1 & -\frac{1}{2} & 1 & 1 \\ 0 & -2 & 1 & -2 & -2 \end{array}\right) \to \left(\begin{array}{ccc:cc} 1 & 2 & 1 & 1 & 3 \\ 0 & 3 & 1 & 1 & 4 \\ 0 & -2 & 1 & -2 & -2 \\ 0 & 0 & 0 & 0 & 0 \\ 0 & 0 & 0 & 0 & 0 \\ 0 & 0 & 0 & 0 & 0 \end{array}\right)
$$

$$
\to \left(\begin{array}{ccc:cc} 1 & 0 & 2 & -1 & 1 \\ 0 & 3 & 1 & 1 & 4 \\ 0 & -2 & 1 & -2 & -2 \\ 0 & 0 & 0 & 0 & 0 \\ 0 & 0 & 0 & 0 & 0 \\ 0 & 0 & 0 & 0 & 0 \end{array}\right) \to \left(\begin{array}{ccc:cc} 1 & 0 & 2 & -1 & 1 \\ 0 & 1 & 2 & -1 & 2 \\ 0 & -2 & 1 & -2 & -2 \\ 0 & 0 & 0 & 0 & 0 \\ 0 & 0 & 0 & 0 & 0 \\ 0 & 0 & 0 & 0 & 0 \end{array}\right)
$$

$$
\to \left(\begin{array}{ccc:cc} 1 & 0 & 2 & -1 & 1 \\ 0 & 1 & 2 & -1 & 2 \\ 0 & 0 & 5 & -4 & 2 \\ 0 & 0 & 0 & 0 & 0 \\ 0 & 0 & 0 & 0 & 0 \\ 0 & 0 & 0 & 0 & 0 \end{array}\right) \to \left(\begin{array}{ccc:cc} 1 & 0 & 2 & -1 & 1 \\ 0 & 1 & 2 & -1 & 2 \\ 0 & 0 & 1 & -\frac{4}{5} & \frac{2}{5} \\ 0 & 0 & 0 & 0 & 0 \\ 0 & 0 & 0 & 0 & 0 \\ 0 & 0 & 0 & 0 & 0 \end{array}\right)
$$

$$
\to \left(\begin{array}{ccc:cc} 1 & 0 & 0 & \frac{3}{5} & \frac{1}{5} \\ 0 & 1 & 0 & \frac{3}{5} & \frac{6}{5} \\ 0 & 0 & 1 & -\frac{4}{5} & \frac{2}{5} \\ 0 & 0 & 0 & 0 & 0 \\ 0 & 0 & 0 & 0 & 0 \\ 0 & 0 & 0 & 0 & 0 \end{array}\right),
$$

由此可知,矩阵方程(Ⅲ)与$\begin{pmatrix}1&0&0\\0&1&0\\0&0&1\end{pmatrix}X=\begin{pmatrix}\frac{3}{5}&\frac{1}{5}\\\frac{3}{5}&\frac{6}{5}\\-\frac{4}{5}&\frac{2}{5}\end{pmatrix}$同解,所以所求的公共解为$X=\begin{pmatrix}\frac{3}{5}&\frac{1}{5}\\\frac{3}{5}&\frac{6}{5}\\-\frac{4}{5}&\frac{2}{5}\end{pmatrix}$.

附注　由题解可知,计算两个矩阵方程$\boldsymbol{A}_1\boldsymbol{X}=\boldsymbol{B}_1$与$\boldsymbol{A}_2\boldsymbol{X}=\boldsymbol{B}_2$的公共解,与计算两个线性方程组的公共解方法相同,可以转化为计算矩阵方程组

$$\begin{cases}\boldsymbol{A}_1\boldsymbol{X}=\boldsymbol{B}_1,\\\boldsymbol{A}_2\boldsymbol{X}=\boldsymbol{B}_2\end{cases}$$

的通解.

例 3.27　设3元线性方程组(Ⅰ)的通解为

$$(x_1,x_2,x_3)^{\mathrm{T}}=C_1(1,2,-1)^{\mathrm{T}}+C_2(0,-2,1)^{\mathrm{T}}+(-1,0,0)^{\mathrm{T}}$$

(其中,C_1,C_2是任意常数).求(Ⅰ)与线性方程组

$$(\text{Ⅱ})\begin{cases}x_1+x_2+x_3=0,\\x_2+2x_3=0,\\x_1-x_3=0\end{cases}\text{及(Ⅲ)}3x_1+2x_2+x_3=0$$

的公共解.

分析　将(Ⅰ)的通解代入(Ⅱ)与(Ⅲ),确定C_1与C_2应满足的关系,即可得到它们的公共解.

精解　将(Ⅰ)的通解,即

$$x_1=C_1-1,x_2=2C_1-2C_2,x_3=-C_1+C_2$$

代入(Ⅱ)与(Ⅲ),得

$$2C_1-C_2=1,\text{即 }C_2=-1+2C_1.\tag{1}$$

将式(1)代入(Ⅰ)的通解表达式,即可得到所求的公共解

$$\begin{aligned}(x_1,x_2,x_3)^{\mathrm{T}}&=C_1(1,2,-1)^{\mathrm{T}}+(-1+2C_1)(0,-2,1)^{\mathrm{T}}+(-1,0,0)^{\mathrm{T}}\\&=(C_1-1,-2C_1+2,C_1-1)^{\mathrm{T}}\end{aligned}$$

附注　本题实际上是计算(Ⅰ)与方程组

$$\begin{cases}x_1+x_2+x_3=0,\\x_2+2x_3=0,\\x_1-x_3=0,\\3x_1+2x_2+x_3=0\end{cases}$$

的公共解,后者是由(Ⅱ)与(Ⅲ)联立而成的方程组.

例 3.28　设向量组$\boldsymbol{\alpha}_1=(1,0,1)^{\mathrm{T}}$,$\boldsymbol{\alpha}_2=(0,1,1)^{\mathrm{T}}$,$\boldsymbol{\alpha}_3=(1,3,5)^{\mathrm{T}}$不能由向量组$\boldsymbol{\beta}_1=(1,1,1)^{\mathrm{T}}$,$\boldsymbol{\beta}_2=(1,2,3)^{\mathrm{T}}$,$\boldsymbol{\beta}_3=(3,4,a)^{\mathrm{T}}$线性表示,求$a$的值,并对此$a$值,判断$\boldsymbol{\beta}_1$,$\boldsymbol{\beta}_2$,$\boldsymbol{\beta}_3$能否用$\boldsymbol{\alpha}_1$,$\boldsymbol{\alpha}_2$,$\boldsymbol{\alpha}_3$线性表示?如果能表示,写出表示式;如果不能表示,说明理由.

分析　记$\boldsymbol{A}=(\boldsymbol{\alpha}_1,\boldsymbol{\alpha}_2,\boldsymbol{\alpha}_3)$,$\boldsymbol{B}=(\boldsymbol{\beta}_1,\boldsymbol{\beta}_2,\boldsymbol{\beta}_3)$,于是可从矩阵方程$\boldsymbol{BX}=\boldsymbol{A}$无解,即$r(\boldsymbol{B})<r(\boldsymbol{B}\,\vdots\,\boldsymbol{A})$入手计算$a$的值.然后考虑矩阵方程$\boldsymbol{AX}=\boldsymbol{B}$是否有解.

精解　对矩阵方程$\boldsymbol{BX}=\boldsymbol{A}$的增广矩阵$(\boldsymbol{B}\,\vdots\,\boldsymbol{A})$施行初等行变换:

$$(\boldsymbol{B}\,\vdots\,\boldsymbol{A})=\left(\begin{array}{ccc:ccc}1&1&3&1&0&1\\1&2&4&0&1&3\\1&3&a&1&1&5\end{array}\right)\to\left(\begin{array}{ccc:ccc}1&1&3&1&0&1\\0&1&1&-1&1&2\\0&2&a-3&0&1&4\end{array}\right)$$

$$\to\left(\begin{array}{ccc:ccc}1&1&3&1&0&1\\0&1&1&-1&1&2\\0&0&a-5&2&-1&0\end{array}\right),$$

当 $\boldsymbol{\alpha}_1,\boldsymbol{\alpha}_2,\boldsymbol{\alpha}_3$ 不能由 $\boldsymbol{\beta}_1,\boldsymbol{\beta}_2,\boldsymbol{\beta}_3$ 线性表示时，$\boldsymbol{BX}=\boldsymbol{A}$ 无解，因此 $r(\boldsymbol{B})<r(\boldsymbol{B}\,\vdots\,\boldsymbol{A})$. 于是由以上的$(\boldsymbol{B}\,\vdots\,\boldsymbol{A})$的初等行变换知，$a-5=0$，即 $a=5$.

由于$|\boldsymbol{A}|=\begin{vmatrix}1&0&1\\0&1&3\\1&1&5\end{vmatrix}=1\neq0$，即 $\boldsymbol{A}$ 可逆，所以 $\boldsymbol{AX}=\boldsymbol{B}$ 的解为

$$\boldsymbol{X}=\begin{pmatrix}x_{11}&x_{12}&x_{13}\\x_{21}&x_{22}&x_{23}\\x_{31}&x_{32}&x_{33}\end{pmatrix}=\boldsymbol{A}^{-1}\boldsymbol{B}=\begin{pmatrix}1&0&1\\0&1&3\\1&1&5\end{pmatrix}^{-1}\begin{pmatrix}1&1&3\\1&2&4\\1&3&5\end{pmatrix}\text{（已将 }a=5\text{ 代入）}$$

$$=\begin{pmatrix}2&1&-1\\3&4&-3\\-1&-1&1\end{pmatrix}\begin{pmatrix}1&1&3\\1&2&4\\1&3&5\end{pmatrix}=\begin{pmatrix}2&1&5\\4&2&10\\-1&0&-2\end{pmatrix}.$$

因此 $\boldsymbol{\beta}_1,\boldsymbol{\beta}_2,\boldsymbol{\beta}_3$ 可由 $\boldsymbol{\alpha}_1,\boldsymbol{\alpha}_2,\boldsymbol{\alpha}_3$ 线性表示，表示式为

$$\boldsymbol{\beta}_1=x_{11}\boldsymbol{\alpha}_1+x_{21}\boldsymbol{\alpha}_2+x_{31}\boldsymbol{\alpha}_3=2\boldsymbol{\alpha}_1+4\boldsymbol{\alpha}_2-\boldsymbol{\alpha}_3,$$
$$\boldsymbol{\beta}_2=x_{12}\boldsymbol{\alpha}_1+x_{22}\boldsymbol{\alpha}_2+x_{32}\boldsymbol{\alpha}_3=\boldsymbol{\alpha}_1+2\boldsymbol{\alpha}_2,$$
$$\boldsymbol{\beta}_3=x_{13}\boldsymbol{\alpha}_1+x_{23}\boldsymbol{\alpha}_2+x_{33}\boldsymbol{\alpha}_3=5\boldsymbol{\alpha}_1+10\boldsymbol{\alpha}_2-2\boldsymbol{\alpha}_3.$$

附注　要寻求列向量 $\boldsymbol{\beta}$ 关于列向量组 $\boldsymbol{\alpha}_1,\boldsymbol{\alpha}_2,\cdots,\boldsymbol{\alpha}_s$ 的线性表示式，可用求解线性方程组$(\boldsymbol{\alpha}_1,\boldsymbol{\alpha}_2,\cdots,\boldsymbol{\alpha}_s)\boldsymbol{x}=\boldsymbol{\beta}$(其中 $\boldsymbol{x}=(x_1,x_2,\cdots,x_s)^{\mathrm{T}}$)解决. 要寻求列向量组 $\boldsymbol{\beta}_1,\boldsymbol{\beta}_2,\cdots,\boldsymbol{\beta}_r$ 关于列向量组 $\boldsymbol{\alpha}_1,\boldsymbol{\alpha}_2,\cdots,\boldsymbol{\alpha}_s$ 的线性表示式，可用求解矩阵方程$(\boldsymbol{\alpha}_1,\boldsymbol{\alpha}_2,\cdots,\boldsymbol{\alpha}_s)\boldsymbol{X}=(\boldsymbol{\beta}_1,\boldsymbol{\beta}_2,\cdots,\boldsymbol{\beta}_r)$（其中 $\boldsymbol{X}=(x_{ij})_{s\times r}$）解决.

B　组

例 3.29　设 $\boldsymbol{A},\boldsymbol{B}$ 都是 n 阶矩阵，且 $r(\boldsymbol{A})=r(\boldsymbol{B})$. 如果齐次线性方程组 $\boldsymbol{Ax}=\boldsymbol{0}$ 的任一解都是齐次线性方程组 $\boldsymbol{Bx}=\boldsymbol{0}$ 的解，证明：$\boldsymbol{Ax}=\boldsymbol{0}$ 与 $\boldsymbol{Bx}=\boldsymbol{0}$ 同解.

分析　只要证明 $\boldsymbol{Ax}=\boldsymbol{0}$ 与 $\boldsymbol{Bx}=\boldsymbol{0}$ 有相同的基础解系即可.

证明　记 $r=r(\boldsymbol{A})$，如果 $r=n$，则 $\boldsymbol{Ax}=\boldsymbol{0}$ 与 $\boldsymbol{Bx}=\boldsymbol{0}$ 都只有零解. 因此它们同解.

如果 $r<n$，则 $\boldsymbol{Ax}=\boldsymbol{0}$ 有基础解系，设 $\xi_1,\xi_2,\cdots,\xi_{n-r}$ 为它的一个基础解系，则由题设知它们都是 $\boldsymbol{Bx}=\boldsymbol{0}$ 的解，从而由 $\xi_1,\xi_2,\cdots,\xi_{n-r}$ 线性无关及 $r(\boldsymbol{B})=r$ 知，$\xi_1,\xi_2,\cdots,\xi_{n-r}$ 也是 $\boldsymbol{Bx}=\boldsymbol{0}$ 的一个基础解系.

由此得到 $\boldsymbol{Ax}=\boldsymbol{0}$ 与 $\boldsymbol{Bx}=\boldsymbol{0}$ 有相同的基础解系，所以它们同解.

附注　两个 n 元齐次线性方程组 $\boldsymbol{Ax}=\boldsymbol{0}$ 与 $\boldsymbol{Bx}=\boldsymbol{0}$ 同解的充分必要条件有多种形式，常用的有：

(1)$\boldsymbol{Ax}=\boldsymbol{0}$ 的任一解都是 $\boldsymbol{Bx}=\boldsymbol{0}$ 的任一解，反之亦对.

(2)$\boldsymbol{Ax}=\boldsymbol{0}$ 与 $\boldsymbol{Bx}=\boldsymbol{0}$ 有相同(或等价)的基础解系.

(3)$r(\boldsymbol{A})=r(\boldsymbol{B})$,且 $\boldsymbol{Ax}=\boldsymbol{0}$ 的任一解都是 $\boldsymbol{Bx}=\boldsymbol{0}$ 的解.

例 3.30 设 $a_{ij}(i,j=1,2,\cdots,n)$ 都为整数,证明:线性方程组

$$(\text{I})\begin{cases}\dfrac{1}{2}x_1=a_{11}x_1+a_{12}x_2+\cdots+a_{1n}x_n,\\ \dfrac{1}{2^2}x_2=a_{21}x_1+a_{22}x_2+\cdots+a_{2n}x_n,\\ \qquad\vdots\\ \dfrac{1}{2^n}x_n=a_{n1}x_1+a_{n2}x_2+\cdots+a_{nn}x_n\end{cases}$$

仅有零解.

分析 将(Ⅰ)改写成

$$(\text{II})\begin{cases}(2a_{11}-1)x_1+2a_{12}x_2+\cdots+2a_{1n}x_n=0,\\ 2^2a_{21}x_1+(2^2a_{22}-1)x_2+\cdots+2^2a_{2n}x_n=0,\\ \qquad\vdots\\ 2^na_{n1}x_1+2^na_{n2}x_2+\cdots+(2^na_{nn}-1)x_n=0.\end{cases}$$

显然(Ⅰ)与(Ⅱ)同解,故只要证明(Ⅱ)的系数行列式 $D\neq 0$ 即可.

证明 记 $f(x)=\begin{vmatrix}2a_{11}-x & 2a_{12} & \cdots & 2a_{1n}\\ 2^2a_{21} & 2^2a_{22}-x & \cdots & 2^2a_{2n}\\ \vdots & \vdots & & \vdots\\ 2^na_{n1} & 2^na_{n2} & \cdots & 2^na_{nn}-x\end{vmatrix}$,

则 $f(x)=(-1)^nx^n+b_1x^{n-1}+b_2x^{n-2}+\cdots+b_n$(其中,$b_1,b_2,\cdots,b_n$ 都为偶数,不必算出).

由此得到

$$D=f(1)=(-1)^n+(\underbrace{b_1+b_2+\cdots+b_n}_{\text{偶数}})\neq 0,$$

即齐次线性方程组(Ⅱ)的系数行列式不为零,所以该方程组,即(Ⅰ)仅有零解.

附注 由于(Ⅰ),即(Ⅱ)是由 n 个 n 元线性方程组成的齐次线性方程组,所以要证其只有零解,只要证明它的系数行列式不为零即可.

例 3.31 已知平面上三条不同直线的方程分别为

$$l_1:ax+2by+3c=0,$$
$$l_2:bx+2cy+3a=0,$$
$$l_3:cx+2ay+3b=0.$$

证明:这三条直线相交于一点的充分必要条件为 $a+b+c=0$.

分析 本题只要证明方程组(Ⅰ)$\begin{cases}ax+2by=-3c,\\ bx+2cy=-3a,\\ cx+2ay=-3b\end{cases}$有唯一解的充分必要条件为 $a+b+c=0$.

证明 必要性:设三直线相交于一点,即(Ⅰ)有唯一解,则(Ⅰ)的增广矩阵 $\overline{\boldsymbol{A}}$ 的秩为 2,所以有

$$|\overline{\boldsymbol{A}}|=\begin{vmatrix}a & 2b & -3c\\ b & 2c & -3a\\ c & 2a & -3b\end{vmatrix}=0. \tag{1}$$

由于$|\overline{\mathbf{A}}|=-6\begin{vmatrix} a & b & c \\ b & c & a \\ c & a & b \end{vmatrix}=-6\begin{vmatrix} a & b & c \\ b & c & a \\ a+b+c & a+b+c & a+b+c \end{vmatrix}$

$$=-6(a+b+c)\begin{vmatrix} a & b & c \\ b & c & a \\ 1 & 1 & 1 \end{vmatrix}=-6(a+b+c)(a^2+b^2+c^2-ab-bc-ac)$$

$$=-3(a+b+c)(2a^2+2b^2+2c^2-2ab-2bc-2ac)$$

$$=-3(a+b+c)[(a-b)^2+(b-c)^2+(c-a)^2]. \qquad (2)$$

由 l_1,l_2,l_3 互不相同知,a,b,c 不全相等.因此由式(1)和式(2),得 $a+b+c=0$.

充分性:设 $a+b+c=0$,则由式(2)知,$|\overline{\mathbf{A}}|=0$.此外,由

$$\begin{vmatrix} a & 2b \\ b & 2c \end{vmatrix}=2(ac-b^2)=-2[a(a+b)+b^2]$$

$$=-2\left[\left(a^2+ab+\frac{1}{4}b^2\right)+\frac{3}{4}b^2\right]$$

$$=-2\left[\left(a+\frac{1}{2}b\right)^2+\frac{3}{4}b^2\right]\neq 0$$

知 $r(\mathbf{A})=r(\overline{\mathbf{A}})=2$.从而(Ⅰ)有唯一解,即所给的三条直线 l_1,l_2,l_3 相交于一点.

附注　由于 l_1,l_2,l_3 相交于一点的充分必要条件为(Ⅰ)有唯一解,而(Ⅰ)有唯一解的充分必要条件是 $r(\mathbf{A})=r(\overline{\mathbf{A}})=2$.因此只要证明 $r(\mathbf{A})=r(\overline{\mathbf{A}})=2$ 的充分必要条件是 $a+b+c=0$ 即可.本题就是按此想法证明的.

例 3.32　设齐次线性方程组 $\mathbf{Ax}=\mathbf{0}$(其中,$\mathbf{A}$ 是$(n-1)\times n$ 矩阵),记从 $\mathbf{A}$ 中划去第 j 列后剩下的 $n-1$ 阶子矩阵行列式为 $M_j(j=1,2,\cdots,n)$.证明:$(M_1,-M_2,\cdots,(-1)^{n-1}M_n)^{\mathrm{T}}$ 是 $\mathbf{Ax}=\mathbf{0}$ 的一个解,特别当 $r(\mathbf{A})=n-1$ 时,$(M_1,-M_2,\cdots,(-1)^{n-1}M_n)^{\mathrm{T}}$ 是 $\mathbf{Ax}=\mathbf{0}$ 的一个基础解系.

分析　设$\mathbf{A}=\begin{pmatrix} a_{11} & a_{12} & \cdots & a_{1n} \\ a_{21} & a_{22} & \cdots & a_{2n} \\ \vdots & \vdots & & \vdots \\ a_{n-1,1} & a_{n-1,2} & \cdots & a_{n-1,n} \end{pmatrix}$,构造行列式

$$D_i=\begin{vmatrix} a_{i1} & a_{i2} & \cdots & a_{ij} & \cdots & a_{in} \\ a_{11} & a_{12} & \cdots & a_{1j} & \cdots & a_{1n} \\ a_{21} & a_{22} & \cdots & a_{2j} & \cdots & a_{2n} \\ \vdots & \vdots & & \vdots & & \vdots \\ a_{n-1,1} & a_{n-1,2} & \cdots & a_{n-1,j} & \cdots & a_{n-1,n} \end{vmatrix}(i=1,2,\cdots,n).$$

然后将 D_i 按第 1 行展开即可证明各个结论.

证明　显然 $D_i=0$.将 D_i 按第 1 行展开得

$$a_{i1}A_1+a_{i2}A_2+\cdots+a_{in}A_n=0, \qquad (1)$$

其中 A_j 是 a_{ij}(D_i 的第 1 行元素)的代数余子式,故 $A_j=(-1)^{1+j}M_j(j=1,2,\cdots,n)$,所以有

$$a_{i1}(-1)^{1+1}M_1+a_{i2}(-1)^{1+2}M_2+\cdots+a_{in}(-1)^{1+n}M_n=0,$$

即

$$a_{i1}M_1+a_{i2}\cdot(-1)M_2+\cdots+a_{in}\cdot(-1)^{n-1}M_n=0. \qquad (2)$$

显然，对 $i=1,2,\cdots,n-1$，式(2)都成立，由此可知$(M_1,-M_2,\cdots,(-1)^{n-1}M_n)^{\mathrm{T}}$是$\boldsymbol{Ax}=\boldsymbol{0}$的一个解.

当$r(\boldsymbol{A})=n-1$时，$\boldsymbol{Ax}=\boldsymbol{0}$的任一非零解都是它的一个基础解系. 由于此时，$M_1,M_2,\cdots,M_n$中至少有一个不为零，因此$\boldsymbol{Ax}=\boldsymbol{0}$的非零解$(M_1,-M_2,\cdots,(-1)^{n-1}M_n)^{\mathrm{T}}$是它的一个基础解系.

附注　本题获解的关键是构造n阶行列式$D_i(i=1,2,\cdots,n-1)$.

例 3.33　设$\boldsymbol{A}$是n阶非零矩阵. 证明：存在一个n阶非零矩阵$\boldsymbol{B}$，使得$\boldsymbol{AB}=\boldsymbol{O}$的充分必要条件是$|\boldsymbol{A}|=0$.

分析　可利用齐次线性方程组$\boldsymbol{Ax}=\boldsymbol{0}$有非零解的充分必要条件是$|\boldsymbol{A}|=0$证明本题.

证明　必要性：设存在n阶非零矩阵$\boldsymbol{B}=(\boldsymbol{b}_1,\boldsymbol{b}_2,\cdots,\boldsymbol{b}_n)$(其中，$\boldsymbol{b}_1,\boldsymbol{b}_2,\cdots,\boldsymbol{b}_n$是$\boldsymbol{B}$的列向量组)，使得$\boldsymbol{AB}=\boldsymbol{O}$，则$\boldsymbol{Ax}=\boldsymbol{0}$有非零解，从而$|\boldsymbol{A}|=0$.

充分性：设$|\boldsymbol{A}|=0$，所以$\boldsymbol{Ax}=\boldsymbol{0}$有非零解，记为$\boldsymbol{b}$，又记$\boldsymbol{B}=(\boldsymbol{b},\boldsymbol{0},\boldsymbol{0},\cdots,\boldsymbol{0})$(其中$\boldsymbol{0}$是$n$维零列向量)，则$\boldsymbol{B}$是$n$阶非零矩阵，且$\boldsymbol{AB}=\boldsymbol{O}$.

附注　设$\boldsymbol{A}$是n阶非零矩阵，则齐次线性方程组$\boldsymbol{Ax}=\boldsymbol{0}$有非零解的充分必要条件是$|\boldsymbol{A}|=0$.

证明了本题后，上述结论可以推广如下：

设$\boldsymbol{A}$是n阶非零矩阵，则矩阵方程$\boldsymbol{AX}=\boldsymbol{O}$有非零解的充分必要条件是$|\boldsymbol{A}|=0$.

例 3.34　设$m\times n$矩阵$\boldsymbol{A}$的秩为r，非齐次线性方程组$\boldsymbol{Ax}=\boldsymbol{b}$有特解$\boldsymbol{\xi}_0$，它的导出组的一个基础解系为$\boldsymbol{\xi}_1,\boldsymbol{\xi}_2,\cdots,\boldsymbol{\xi}_{n-r}$，证明：向量组$\boldsymbol{\eta}_0=\boldsymbol{\xi}_0,\boldsymbol{\eta}_1=\boldsymbol{\xi}_0+\boldsymbol{\xi}_1,\cdots,\boldsymbol{\eta}_{n-r}=\boldsymbol{\xi}_0+\boldsymbol{\xi}_{n-r}$是$\boldsymbol{Ax}=\boldsymbol{b}$的线性无关解向量组，且$\boldsymbol{Ax}=\boldsymbol{b}$的任一解向量都可由$\boldsymbol{\eta}_0,\boldsymbol{\eta}_1,\cdots,\boldsymbol{\eta}_{n-r}$的线性组合$k_0\boldsymbol{\eta}_0+k_1\boldsymbol{\eta}_1+\cdots+k_{n-r}\boldsymbol{\eta}_{n-r}$(其中，$k_0+k_1+\cdots+k_{n-r}=1$)表示.

分析　用线性无关与线性组合定义证明题中的结论.

证明　设有数$\lambda_0,\lambda_1,\cdots,\lambda_{n-r}$使得

$$\lambda_0\boldsymbol{\eta}_0+\lambda_1\boldsymbol{\eta}_1+\cdots+\lambda_{n-r}\boldsymbol{\eta}_{n-r}=\boldsymbol{0},$$

即

$$\lambda_0\boldsymbol{\xi}_0+\lambda_1\boldsymbol{\xi}_0+\lambda_1\boldsymbol{\xi}_1+\cdots+\lambda_{n-r}\boldsymbol{\xi}_0+\lambda_{n-r}\boldsymbol{\xi}_{n-r}=\boldsymbol{0},\tag{1}$$

或

$$(\lambda_0+\lambda_1+\cdots+\lambda_{n-r})\boldsymbol{\xi}_0+\lambda_1\boldsymbol{\xi}_1+\cdots+\lambda_{n-r}\boldsymbol{\xi}_{n-r}=\boldsymbol{0}.\tag{2}$$

式(2)两边同时左乘$\boldsymbol{A}$，得

$$(\lambda_0+\lambda_1+\cdots+\lambda_{n-r})\boldsymbol{A\xi}_0+\lambda_1\boldsymbol{A\xi}_1+\cdots+\lambda_{n-r}\boldsymbol{A\xi}_{n-r}=\boldsymbol{0},$$

即

$$(\lambda_0+\lambda_1+\cdots+\lambda_{n-r})\boldsymbol{b}=\boldsymbol{0}.$$

由于$\boldsymbol{b}\neq\boldsymbol{0}$，所以$\lambda_0+\lambda_1+\cdots+\lambda_{n-r}=0$.　　(3)

将它代入式(2)，得

$$\lambda_1\boldsymbol{\xi}_1+\lambda_2\boldsymbol{\xi}_2+\cdots+\lambda_{n-r}\boldsymbol{\xi}_{n-r}=\boldsymbol{0}.\tag{4}$$

由于$\boldsymbol{\xi}_1,\boldsymbol{\xi}_2,\cdots,\boldsymbol{\xi}_{n-r}$是$\boldsymbol{Ax}=\boldsymbol{0}$的一个基础解系，必线性无关，所以由式(4)，得$\lambda_1=\lambda_2=\cdots=\lambda_{n-r}=0$. 将它们代入式(3)，得$\lambda_0=0$. 于是$\boldsymbol{\eta}_0,\boldsymbol{\eta}_1,\cdots,\boldsymbol{\eta}_{n-r}$(显然，它们都是$\boldsymbol{Ax}=\boldsymbol{b}$的解)线性无关.

设$\boldsymbol{\beta}$是$\boldsymbol{Ax}=\boldsymbol{b}$的任一解，则存在数$C_1,C_2,\cdots,C_{n-r}$，使得

$$\begin{aligned}\boldsymbol{\beta}&=\boldsymbol{\xi}_0+C_1\boldsymbol{\xi}_1+C_2\boldsymbol{\xi}_2+\cdots+C_{n-r}\boldsymbol{\xi}_{n-r}\\&=\boldsymbol{\xi}_0+C_1(\boldsymbol{\eta}_1-\boldsymbol{\xi}_0)+C_2(\boldsymbol{\eta}_2-\boldsymbol{\xi}_0)+\cdots+C_{n-r}(\boldsymbol{\eta}_{n-r}-\boldsymbol{\xi}_0)\\&=(1-C_1-C_2-\cdots-C_{n-r})\boldsymbol{\xi}_0+C_1\boldsymbol{\eta}_1+C_2\boldsymbol{\eta}_2+\cdots+C_{n-r}\boldsymbol{\eta}_{n-r}\\&=k_0\boldsymbol{\eta}_0+k_1\boldsymbol{\eta}_1+k_2\boldsymbol{\eta}_2+\cdots+k_{n-r}\boldsymbol{\eta}_{n-r}\end{aligned}$$

其中 $k_0=1-C_1-C_2-\cdots-C_{n-r}$，$k_1=C_1$，$k_2=C_2$，…，$k_{n-r}=C_{n-r}$，所以有 $k_0+k_1+\cdots+k_{n-r}=1$. 故 $\boldsymbol{Ax}=\boldsymbol{b}$ 的任一解都可由 $\boldsymbol{\eta}_0,\boldsymbol{\eta}_1,\cdots,\boldsymbol{\eta}_{n-r}$ 的线性组合表示.

附注　本题的结论是很有用的，应记住.

例 3.35　设 $m\times n$ 矩阵 $\boldsymbol{A}$ 及 m 维列向量 $\boldsymbol{b}$. 证明：非齐次线性方程组 $\boldsymbol{Ax}=\boldsymbol{b}$ 有解的充分必要条件是，如果存在 m 维列向量 $\boldsymbol{\alpha}$，使得 $\boldsymbol{A}^{\mathrm{T}}\boldsymbol{\alpha}=\boldsymbol{0}$，则 $\boldsymbol{b}^{\mathrm{T}}\boldsymbol{\alpha}=0$.

分析　利用 $\boldsymbol{Ax}=\boldsymbol{b}$，即 $\boldsymbol{x}^{\mathrm{T}}\boldsymbol{A}^{\mathrm{T}}=\boldsymbol{b}^{\mathrm{T}}$ 有解的充分必要条件是 $\boldsymbol{b}^{\mathrm{T}}$ 可用 $\boldsymbol{A}^{\mathrm{T}}$ 的行向量组线性表示证明.

证明　充分性：当存在 m 维列向量 $\boldsymbol{\alpha}$，使得 $\boldsymbol{A}^{\mathrm{T}}\boldsymbol{\alpha}=\boldsymbol{0}$ 时，有 $\boldsymbol{b}^{\mathrm{T}}\boldsymbol{\alpha}=0$，则齐次线性方程组 $\boldsymbol{A}^{\mathrm{T}}\boldsymbol{\eta}=\boldsymbol{0}$ 与 $\begin{pmatrix}\boldsymbol{A}^{\mathrm{T}}\\ \boldsymbol{b}^{\mathrm{T}}\end{pmatrix}\boldsymbol{\eta}=\boldsymbol{0}$（这里 $\boldsymbol{\eta}=(\eta_1,\eta_2,\cdots,\eta_m)^{\mathrm{T}}$）同解，于是 $r(\boldsymbol{A}^{\mathrm{T}})=r\begin{pmatrix}\boldsymbol{A}^{\mathrm{T}}\\ \boldsymbol{b}^{\mathrm{T}}\end{pmatrix}$，即 $r(\boldsymbol{A})=r(\boldsymbol{A}\,\vdots\,\boldsymbol{b})$. 由此可知 $\boldsymbol{Ax}=\boldsymbol{b}$ 有解.

必要性：如果 $\boldsymbol{Ax}=\boldsymbol{b}$ 有解，则 $r(\boldsymbol{A})=r(\boldsymbol{A}\,\vdots\,\boldsymbol{b})$，即 $r(\boldsymbol{A}^{\mathrm{T}})=r\begin{pmatrix}\boldsymbol{A}^{\mathrm{T}}\\ \boldsymbol{b}^{\mathrm{T}}\end{pmatrix}$. 由此可知，$\boldsymbol{b}^{\mathrm{T}}$ 可由 $\boldsymbol{A}^{\mathrm{T}}$ 的行向量组（记为 $\boldsymbol{\alpha}_1,\boldsymbol{\alpha}_2,\cdots,\boldsymbol{\alpha}_n$）线性表示，于是存在数 $k_1,k_2,\cdots,k_n$，使得

$$\boldsymbol{b}^{\mathrm{T}}=k_1\boldsymbol{\alpha}_1+k_2\boldsymbol{\alpha}_2+\cdots+k_n\boldsymbol{\alpha}_n=(k_1,k_2,\cdots,k_n)\begin{pmatrix}\boldsymbol{\alpha}_1\\ \boldsymbol{\alpha}_2\\ \vdots\\ \boldsymbol{\alpha}_n\end{pmatrix}=(k_1,k_2,\cdots,k_n)\boldsymbol{A}^{\mathrm{T}} \tag{1}$$

因此，如果存在 m 维列向量 $\boldsymbol{\alpha}$，使得 $\boldsymbol{A}^{\mathrm{T}}\boldsymbol{\alpha}=\boldsymbol{0}$，则由式(1)，得

$$\boldsymbol{b}^{\mathrm{T}}\boldsymbol{\alpha}=(k_1,k_2,\cdots,k_n)\boldsymbol{A}^{\mathrm{T}}\boldsymbol{\alpha}=\boldsymbol{0}.$$

附注　非齐次线性方程组 $\boldsymbol{Ax}=\boldsymbol{b}$ 有解的充分必要条件有多种表达形式，常用的有：

(1) $r(\boldsymbol{A})=r(\overline{\boldsymbol{A}})$（其中 $\overline{\boldsymbol{A}}=(\boldsymbol{A}\,\vdots\,\boldsymbol{b})$ 是 $\boldsymbol{Ax}=\boldsymbol{b}$ 的增广矩阵）.

(2) $\boldsymbol{b}$ 可由 $\boldsymbol{A}$ 的列向量组线性表示，或者 $\boldsymbol{b}^{\mathrm{T}}$ 可由 $\boldsymbol{A}^{\mathrm{T}}$ 的行向量组线性表示.

例 3.36　设 $\boldsymbol{A}$ 是 $n\times r$ 矩阵，它的 r 个列向量是齐次线性方程组（Ⅰ）的一个基础解系. 又设 $\boldsymbol{B}$ 是 r 阶可逆矩阵. 证明：$\boldsymbol{AB}$ 的 r 个列向量也是（Ⅰ）的一个基础解系.

分析　只要证明 $\boldsymbol{A}$ 的列向量组与 $\boldsymbol{AB}$ 的列向量组等价即可.

证明　记 $\boldsymbol{A}$ 的列向量组为 $\boldsymbol{\alpha}_1,\boldsymbol{\alpha}_2,\cdots,\boldsymbol{\alpha}_r$，$\boldsymbol{AB}$ 的列向量组为 $\boldsymbol{\beta}_1,\boldsymbol{\beta}_2,\cdots,\boldsymbol{\beta}_r$，则

$$(\boldsymbol{\beta}_1,\boldsymbol{\beta}_2,\cdots,\boldsymbol{\beta}_r)=(\boldsymbol{\alpha}_1,\boldsymbol{\alpha}_2,\cdots,\boldsymbol{\alpha}_r)\boldsymbol{B},$$

即 $\boldsymbol{\beta}_1,\boldsymbol{\beta}_2,\cdots,\boldsymbol{\beta}_r$ 可由 $\boldsymbol{\alpha}_1,\boldsymbol{\alpha}_2,\cdots,\boldsymbol{\alpha}_r$ 线性表示. 由 $\boldsymbol{B}$ 可逆知，

$$(\boldsymbol{\alpha}_1,\boldsymbol{\alpha}_2,\cdots,\boldsymbol{\alpha}_r)=(\boldsymbol{\beta}_1,\boldsymbol{\beta}_2,\cdots,\boldsymbol{\beta}_r)\boldsymbol{B}^{-1},$$

即 $\boldsymbol{\alpha}_1,\boldsymbol{\alpha}_2,\cdots,\boldsymbol{\alpha}_r$ 也可由 $\boldsymbol{\beta}_1,\boldsymbol{\beta}_2,\cdots,\boldsymbol{\beta}_r$ 线性表示. 由此可知，$\boldsymbol{\alpha}_1,\boldsymbol{\alpha}_2,\cdots,\boldsymbol{\alpha}_r$ 与 $\boldsymbol{\beta}_1,\boldsymbol{\beta}_2,\cdots,\boldsymbol{\beta}_r$ 等价.

因此由 $\boldsymbol{\alpha}_1,\boldsymbol{\alpha}_2,\cdots,\boldsymbol{\alpha}_r$ 是（Ⅰ）的一个基础解系知，$\boldsymbol{\beta}_1,\boldsymbol{\beta}_2,\cdots,\boldsymbol{\beta}_r$ 也是（Ⅰ）的一个基础解系.

附注　如果向量组(A)：$\boldsymbol{\alpha}_1,\boldsymbol{\alpha}_2,\cdots,\boldsymbol{\alpha}_r$ 与向量组(B)：$\boldsymbol{\beta}_1,\boldsymbol{\beta}_2,\cdots,\boldsymbol{\beta}_r$ 等价，则当(A)是齐次线性方程组 $\boldsymbol{Ax}=\boldsymbol{b}$ 的一个基础解系时，(B)也是该方程组的一个基础解系.

例 3.37　设 $\boldsymbol{A}$ 是 n 阶实矩阵，$\boldsymbol{b}$ 是 n 维实列向量. 证明：线性方程组 $\boldsymbol{A}^{\mathrm{T}}\boldsymbol{Ax}=\boldsymbol{A}^{\mathrm{T}}\boldsymbol{b}$ 必有解.

分析　只要证明方程组 $\boldsymbol{A}^{\mathrm{T}}\boldsymbol{Ax}=\boldsymbol{A}^{\mathrm{T}}\boldsymbol{b}$ 的系数矩阵的秩与增广矩阵的秩相等即可.

证明　由于当 $\boldsymbol{A}$ 是 n 阶实矩阵时，齐次线性方程组 $\boldsymbol{A}^{\mathrm{T}}\boldsymbol{Ax}=\boldsymbol{0}$ 与 $\boldsymbol{Ax}=\boldsymbol{0}$ 同解，所以 $r(\boldsymbol{A}^{\mathrm{T}}\boldsymbol{A})=r(\boldsymbol{A})$.

于是,由 $r(\boldsymbol{A}^{\mathrm{T}}\boldsymbol{A} \mid \boldsymbol{A}^{\mathrm{T}}\boldsymbol{b})=r(\boldsymbol{A}^{\mathrm{T}}(\boldsymbol{A} \mid \boldsymbol{b}))\leqslant r(\boldsymbol{A}^{\mathrm{T}})=r(\boldsymbol{A})=r(\boldsymbol{A}^{\mathrm{T}}\boldsymbol{A})$ 知,

$$r(\boldsymbol{A}^{\mathrm{T}}\boldsymbol{A} \mid \boldsymbol{A}^{\mathrm{T}}\boldsymbol{b})\leqslant r(\boldsymbol{A}^{\mathrm{T}}\boldsymbol{A}).$$

此外,显然有

$$r(\boldsymbol{A}^{\mathrm{T}}\boldsymbol{A} \mid \boldsymbol{A}^{\mathrm{T}}\boldsymbol{b})\geqslant r(\boldsymbol{A}^{\mathrm{T}}\boldsymbol{A}).$$

所以 $r(\boldsymbol{A}^{\mathrm{T}}\boldsymbol{A} \mid \boldsymbol{A}^{\mathrm{T}}\boldsymbol{b})=r(\boldsymbol{A}^{\mathrm{T}}\boldsymbol{A})$. 因此,方程组 $\boldsymbol{A}^{\mathrm{T}}\boldsymbol{A}\boldsymbol{x}=\boldsymbol{A}^{\mathrm{T}}\boldsymbol{b}$ 有解.

附注　当 $\boldsymbol{A}$ 是 n 阶实矩阵时,齐次线性方程组 $\boldsymbol{A}^{\mathrm{T}}\boldsymbol{A}\boldsymbol{x}=\boldsymbol{0}$ 与 $\boldsymbol{A}\boldsymbol{x}=\boldsymbol{0}$ 是同解方程组. 这一结论的证明如下:

$\boldsymbol{A}\boldsymbol{x}=\boldsymbol{0}$ 的任一解都是 $\boldsymbol{A}^{\mathrm{T}}\boldsymbol{A}\boldsymbol{x}=\boldsymbol{0}$ 的解,这一结论是显然的,下面证明 $\boldsymbol{A}^{\mathrm{T}}\boldsymbol{A}\boldsymbol{x}=\boldsymbol{0}$ 的任一解都是 $\boldsymbol{A}\boldsymbol{x}=\boldsymbol{0}$ 的解

设 $\boldsymbol{x}_0$ 是 $\boldsymbol{A}^{\mathrm{T}}\boldsymbol{A}\boldsymbol{x}=\boldsymbol{0}$ 的任一解,即 $\boldsymbol{A}^{\mathrm{T}}\boldsymbol{A}\boldsymbol{x}_0=\boldsymbol{0}$,则 $\boldsymbol{x}_0^{\mathrm{T}}\boldsymbol{A}^{\mathrm{T}}\boldsymbol{A}\boldsymbol{x}_0=0$,即 $(\boldsymbol{A}\boldsymbol{x}_0)^{\mathrm{T}}(\boldsymbol{A}\boldsymbol{x}_0)=0$. 记 $\boldsymbol{A}\boldsymbol{x}_0=(y_1, y_2,\cdots,y_n)$,则有 $y_1^2+y_2^2+\cdots+y_n^2=0$. 由于 $y_1,y_2,\cdots,y_n$ 都是实数,所以 $y_1=y_2=\cdots=y_n=0$. 由此得到 $\boldsymbol{A}\boldsymbol{x}_0=\boldsymbol{0}$,即 $\boldsymbol{A}^{\mathrm{T}}\boldsymbol{A}\boldsymbol{x}=\boldsymbol{0}$ 的任一解都是 $\boldsymbol{A}\boldsymbol{x}=\boldsymbol{0}$ 的解.

例 3.38　证明:非齐次线性方程组 $\boldsymbol{A}\boldsymbol{x}=\boldsymbol{b}$(其中 $\boldsymbol{A}$ 是 $m\times n$ 矩阵,$\boldsymbol{b}$ 是 m 维列向量)无解的充分必要条件是,存在 m 维列向量 $\boldsymbol{c}$,使得

$$\boldsymbol{c}^{\mathrm{T}}\boldsymbol{A}=\boldsymbol{0},\boldsymbol{c}^{\mathrm{T}}\boldsymbol{b}=1.$$

分析　从 $\boldsymbol{A}\boldsymbol{x}=\boldsymbol{b}$ 无解的充分必要条件是 $r(\boldsymbol{A} \mid \boldsymbol{b})=r(\boldsymbol{A})+1$ 入手证明.

证明　必要性:设 $\boldsymbol{A}\boldsymbol{x}=\boldsymbol{b}$ 无解,则 $r(\overline{\boldsymbol{A}})=r+1$,其中 $r=r(\boldsymbol{A})>0$,$\overline{\boldsymbol{A}}=(\boldsymbol{A} \mid \boldsymbol{b})$ 是 $\boldsymbol{A}\boldsymbol{x}=\boldsymbol{b}$ 的增广矩阵. 对 $\overline{\boldsymbol{A}}$ 施行初等行变换可化为阶梯形矩阵

$$\boldsymbol{M}=\left(\begin{array}{ccccccc|c} c_{11} & c_{12} & \cdots & c_{1r} & \cdots & c_{1n} & & d_1 \\ 0 & c_{22} & \cdots & c_{2r} & \cdots & c_{2n} & & d_2 \\ \vdots & \vdots & & \vdots & & \vdots & & \vdots \\ 0 & 0 & \cdots & c_{rr} & \cdots & c_{rn} & & d_r \\ 0 & 0 & \cdots & 0 & \cdots & 0 & & 1 \\ \vdots & \vdots & & \vdots & & \vdots & & \vdots \\ 0 & 0 & \cdots & 0 & \cdots & 0 & & 0 \end{array}\right)(\text{其中 } c_{11},c_{22},\cdots,c_{rr} \text{ 都不为零}).$$

于是,存在 m 阶可逆矩阵 $\boldsymbol{P}$,使得 $\boldsymbol{P}\boldsymbol{A}=\boldsymbol{M}$. 记 $\boldsymbol{P}$ 的第 $r+1$ 行为 $\boldsymbol{p}_{r+1}$,则有 $\boldsymbol{p}_{r+1}(\boldsymbol{A} \mid \boldsymbol{b})=(\boldsymbol{0} \mid 1)$(其中 $\boldsymbol{0}$ 为 n 维零行向量). 故存在 $\boldsymbol{c}=\boldsymbol{p}_{r+1}^{\mathrm{T}}$,使得 $\boldsymbol{c}^{\mathrm{T}}\boldsymbol{A}=\boldsymbol{0}$. $\boldsymbol{c}^{\mathrm{T}}\boldsymbol{b}=1$.

充分性:即在存在 m 维列向量 $\boldsymbol{c}$ 使得 $\boldsymbol{c}^{\mathrm{T}}\boldsymbol{A}=\boldsymbol{0}$,$\boldsymbol{c}^{\mathrm{T}}\boldsymbol{b}=1$ 的条件下,证明 $\boldsymbol{A}\boldsymbol{x}=\boldsymbol{b}$ 无解. 用反证法证之.

设 $\boldsymbol{A}\boldsymbol{x}=\boldsymbol{b}$ 有解 $(k_1,k_2,\cdots,k_n)^{\mathrm{T}}$,则

$$\boldsymbol{b}=\boldsymbol{A}\begin{pmatrix} k_1 \\ k_2 \\ \vdots \\ k_n \end{pmatrix}.$$

上式两边左乘 $\boldsymbol{c}^{\mathrm{T}}$,得

$$\boldsymbol{c}^{\mathrm{T}}\boldsymbol{b}=\boldsymbol{c}^{\mathrm{T}}\boldsymbol{A}\begin{pmatrix} k_1 \\ k_2 \\ \vdots \\ k_n \end{pmatrix},\text{即 } 1=0.$$

这是矛盾的，所以 $\boldsymbol{Ax}=\boldsymbol{b}$ 无解.

附注　本题获证的关键是，当 $\boldsymbol{Ax}=\boldsymbol{b}$ 无解时，对其增广矩阵 $\overline{\boldsymbol{A}}$ 施行初等行变换可以得到 $\boldsymbol{M}$，即存在 m 阶可逆矩阵 $\boldsymbol{P}$，使得 $\boldsymbol{PA}=\boldsymbol{M}$. 要特别注意，$\boldsymbol{M}$ 的第 $r+1$ 行与 $n+1$ 列交界处的元素为 1.

例 3.39　设 $m\times n$ 矩阵 $\boldsymbol{A}$，证明：

（Ⅰ）存在 $n\times m$ 矩阵 $\boldsymbol{B}$，使得 $\boldsymbol{BA}=\boldsymbol{E}_n$ 的充分必要条件是 $\boldsymbol{A}$ 的列向量组线性无关.

（Ⅱ）存在唯一的 $n\times m$ 矩阵 $\boldsymbol{B}$，使得 $\boldsymbol{BA}=\boldsymbol{E}_n$ 的充分必要条件是 $m=n$，且 $\boldsymbol{A}$ 可逆.

分析　（Ⅰ）的必要性可按向量组线性无关的定义证明，而充分性可利用以下结论证明：

对于 $m\times n$ 矩阵 $\boldsymbol{A}$，存在 m 阶可逆矩阵 $\boldsymbol{P}$ 与 n 阶可逆矩阵 $\boldsymbol{Q}$，使得

$\boldsymbol{PAQ}=\begin{pmatrix}\boldsymbol{E}_n\\ \boldsymbol{O}\end{pmatrix}$（其中，$\boldsymbol{O}$ 是 $(m-n)\times n$ 零矩阵）.

（Ⅱ）的必要性可从证明 $\boldsymbol{A}$ 的行向量组线性无关入手，而充分性是明显的.

证明　（Ⅰ）必要性：设存在 $n\times m$ 矩阵 $\boldsymbol{B}$，使得 $\boldsymbol{BA}=\boldsymbol{E}_n$. 记 $\boldsymbol{A}$ 的列向量组为 $\boldsymbol{\alpha}_1,\boldsymbol{\alpha}_2,\cdots,\boldsymbol{\alpha}_n$，设有数 $k_1,k_2,\cdots,k_n$ 使得

$$k_1\boldsymbol{\alpha}_1+k_2\boldsymbol{\alpha}_2+\cdots+k_n\boldsymbol{\alpha}_n=\boldsymbol{0},\tag{1}$$

即 $(\boldsymbol{\alpha}_1,\boldsymbol{\alpha}_2,\cdots,\boldsymbol{\alpha}_n)\begin{pmatrix}k_1\\k_2\\ \vdots\\k_n\end{pmatrix}=\boldsymbol{0}$，或 $\boldsymbol{A}\begin{pmatrix}k_1\\k_2\\ \vdots\\k_n\end{pmatrix}=\boldsymbol{0}$.

由此得到 $(\boldsymbol{BA})\begin{pmatrix}k_1\\k_2\\ \vdots\\k_n\end{pmatrix}=\boldsymbol{0}$，即 $\begin{pmatrix}k_1\\k_2\\ \vdots\\k_n\end{pmatrix}=\boldsymbol{0}$. 所以 $k_1=k_2=\cdots=k_n=0$.

故由式(1)知 $\boldsymbol{\alpha}_1,\boldsymbol{\alpha}_2,\cdots,\boldsymbol{\alpha}_n$ 线性无关，即 $\boldsymbol{A}$ 的列向量组线性无关.

充分性：设 $\boldsymbol{A}$ 的列向量组 $\boldsymbol{\alpha}_1,\boldsymbol{\alpha}_2,\cdots,\boldsymbol{\alpha}_n$ 线性无关，则 $r(\boldsymbol{A})=n\leqslant m$.

由此可知，存在 m 阶可逆矩阵 $\boldsymbol{P}$ 和 n 阶可逆矩阵 $\boldsymbol{Q}$，使得

$$\boldsymbol{PAQ}=\begin{pmatrix}\boldsymbol{E}_n\\ \hdashline \boldsymbol{O}\end{pmatrix}（其中 \boldsymbol{O} 是(m-n)\times n 零矩阵）.\tag{2}$$

记 $\boldsymbol{P}=\begin{pmatrix}\boldsymbol{P}_1\\ \hdashline \boldsymbol{P}_2\end{pmatrix}$ 其中 $\boldsymbol{P}_1,\boldsymbol{P}_2$ 分别是 $n\times m$ 与 $(m-n)\times m$ 矩阵），则式(2)成为

$$\begin{pmatrix}\boldsymbol{P}_1\\ \hdashline \boldsymbol{P}_2\end{pmatrix}\boldsymbol{AQ}=\begin{pmatrix}\boldsymbol{E}_n\\ \hdashline \boldsymbol{O}\end{pmatrix}，即\begin{pmatrix}\boldsymbol{P}_1\boldsymbol{AQ}\\ \hdashline \boldsymbol{P}_2\boldsymbol{AQ}\end{pmatrix}=\begin{pmatrix}\boldsymbol{E}_n\\ \hdashline \boldsymbol{O}\end{pmatrix}.$$

由此得到 $\boldsymbol{P}_1\boldsymbol{AQ}=\boldsymbol{E}_n$，即 $\boldsymbol{QP}_1\boldsymbol{AQ}=\boldsymbol{Q}$，故有 $\boldsymbol{QP}_1\boldsymbol{A}=\boldsymbol{E}_n$.

于是，存在矩阵 $\boldsymbol{B}=\boldsymbol{QP}_1$，使得 $\boldsymbol{BA}=\boldsymbol{E}_n$.

（Ⅱ）必要性：记 $\boldsymbol{A}$ 的行向量组为 $\boldsymbol{\beta}_1,\boldsymbol{\beta}_2,\cdots,\boldsymbol{\beta}_m$. 如果存在唯一的 $n\times m$ 矩阵 $\boldsymbol{B}$，使得

$\boldsymbol{BA}=\boldsymbol{E}_n=\begin{pmatrix}\boldsymbol{e}_1^{\mathrm{T}}\\ \boldsymbol{e}_2^{\mathrm{T}}\\ \vdots\\ \boldsymbol{e}_n^{\mathrm{T}}\end{pmatrix}$(其中 $\boldsymbol{e}_1,\boldsymbol{e}_2,\cdots,\boldsymbol{e}_n$ 是 $\boldsymbol{E}_n$ 的 n 个列向量,即

$$\boldsymbol{e}_1=(1,0,0,\cdots,0)^{\mathrm{T}},\boldsymbol{e}_2=(0,1,0,\cdots,0)^{\mathrm{T}},\cdots,\boldsymbol{e}_n=(0,0,0,\cdots,1)^{\mathrm{T}}).$$

故对 $i=1,2,\cdots,n$,非齐次线性方程组

$$\boldsymbol{x}^{\mathrm{T}}\boldsymbol{A}=\boldsymbol{e}_i^{\mathrm{T}},\text{或 }\boldsymbol{A}^{\mathrm{T}}\boldsymbol{x}=\boldsymbol{e}_i(\text{其中 }\boldsymbol{x}=(x_1,x_2,\cdots,x_n)^{\mathrm{T}})$$

都有唯一解,从而 $$r(\boldsymbol{A})=r(\boldsymbol{A}^{\mathrm{T}})=m. \tag{3}$$

另一方面,在(Ⅰ)中已证 $$r(\boldsymbol{A})=n. \tag{4}$$

所以,由式(3)与式(4),得 $m=n$,且由 $r(\boldsymbol{A})=n$ 知 $\boldsymbol{A}$ 可逆.

充分性:如果 $\boldsymbol{A}$ 可逆,则根据可逆矩阵的定义知,存在唯一的 n 阶矩阵 $\boldsymbol{B}$,使得 $\boldsymbol{BA}=\boldsymbol{E}_n$.

附注 本题的(Ⅰ)及(Ⅱ)的充分性,是由矩阵和向量知识直接得到的,但(Ⅱ)的必要性则是利用齐次线性方程组解的性质证明的.

三、主要方法梳理

1. 齐次线性方程组通解的计算方法

设齐次线性方程组 $\boldsymbol{Ax}=\boldsymbol{0}$(其中,$\boldsymbol{A}$ 是 $m\times n$ 矩阵),则当 $r(\boldsymbol{A})=r<n$ 时,$\boldsymbol{Ax}=\boldsymbol{0}$ 的通解可按以下步骤计算:

(1)算出 $\boldsymbol{Ax}=\boldsymbol{0}$ 的一个基础解系:$\boldsymbol{\xi}_1,\boldsymbol{\xi}_2,\cdots,\boldsymbol{\xi}_{n-r}$;

(2)写出 $\boldsymbol{Ax}=\boldsymbol{0}$ 的通解

$$\boldsymbol{x}=C_1\boldsymbol{\xi}_1+C_2\boldsymbol{\xi}_2+\cdots+C_{n-r}\boldsymbol{\xi}_{n-r}(\text{其中},C_1,C_2,\cdots,C_{n-r}\text{是任意常数}).$$

注 上述方法可以推广到矩阵方程 $\boldsymbol{AX}=\boldsymbol{O}$ 的求解:

设矩阵方程 $\boldsymbol{AX}=\boldsymbol{O}$,其中 $\boldsymbol{A}$ 是 $m\times n$ 矩阵,$\boldsymbol{X}$ 是 $n\times s$ 未知矩阵,则当 $r(\boldsymbol{A})=r<n$ 时,$\boldsymbol{AX}=\boldsymbol{O}$ 的通解可按以下步骤计算:

(1)算出齐次线性方程组 $\boldsymbol{Ax}=\boldsymbol{0}$ 的一个基础解系 $\boldsymbol{\xi}_1,\boldsymbol{\xi}_2,\cdots,\boldsymbol{\xi}_{n-r}$.

(2)写出 $\boldsymbol{AX}=\boldsymbol{O}$ 的通解

$$\boldsymbol{X}=(C_1^{(1)}\boldsymbol{\xi}_1+C_2^{(1)}\boldsymbol{\xi}_2+\cdots+C_{n-r}^{(1)}\boldsymbol{\xi}_{n-r},\cdots,C_1^{(s)}\boldsymbol{\xi}_1+C_2^{(s)}\boldsymbol{\xi}_2+\cdots+C_{n-r}^{(s)}\boldsymbol{\xi}_{n-r}),$$

其中 $C_1^{(1)},C_2^{(1)},\cdots,C_{n-r}^{(1)},\cdots,C_1^{(s)},C_2^{(s)},\cdots,C_{n-r}^{(s)}$ 都是任意常数.

2. 非齐次线性方程组通解的计算方法

设非齐次线性方程组 $\boldsymbol{Ax}=\boldsymbol{b}$(其中 $\boldsymbol{A}$ 是 $m\times n$ 矩阵,$\boldsymbol{b}$ 是 m 维非零列向量),则当 $r(\overline{\boldsymbol{A}})=r(\boldsymbol{A})=r<n$(其中 $\overline{\boldsymbol{A}}=(\boldsymbol{A}\mid\boldsymbol{b})$ 是 $\boldsymbol{Ax}=\boldsymbol{b}$ 的增广矩阵)时,$\boldsymbol{Ax}=\boldsymbol{b}$ 的通解可按以下步骤计算:

(1)算出 $\boldsymbol{Ax}=\boldsymbol{0}$ 的一个基础解系:$\boldsymbol{\xi}_1,\boldsymbol{\xi}_2,\cdots,\boldsymbol{\xi}_{n-r}$;

(2)算出 $\boldsymbol{Ax}=\boldsymbol{b}$ 的一个特解 $\boldsymbol{\eta}$;

(3)写出 $\boldsymbol{Ax}=\boldsymbol{b}$ 的通解

$$x=\boldsymbol{\eta}+c_1\boldsymbol{\xi}_1+c_2\boldsymbol{\xi}_2+\cdots+c_{n-r}\boldsymbol{\xi}_{n-r}(\text{其中},C_1,C_2,\cdots,C_{n-r}\text{是任意常数}).$$

注 上述方法可以推广到矩阵方程 $\boldsymbol{AX}=\boldsymbol{B}$ 的求解.

设矩阵方程 $\boldsymbol{AX}=\boldsymbol{B}$,其中 $\boldsymbol{A},\boldsymbol{B}$ 分别是 $m\times n$ 与 $m\times s$ 矩阵,$\boldsymbol{B}\neq\boldsymbol{O}$,$\boldsymbol{X}$ 是 $n\times s$ 未知矩阵,则当 $r(\boldsymbol{A})=r(\boldsymbol{A}\mid\boldsymbol{B})=r<n$ 时,$\boldsymbol{AX}=\boldsymbol{B}$ 的通解可按以下步骤计算:

(1)算出齐次线性方程组 $\boldsymbol{Ax}=\mathbf{0}$ 的一个基础解系：$\boldsymbol{\xi}_1,\boldsymbol{\xi}_2,\cdots,\boldsymbol{\xi}_{n-r}$，

(2)计算各个线性方程组 $\boldsymbol{Ax}=\boldsymbol{b}_i$（其中 $\boldsymbol{b}_i$ 是 $\boldsymbol{B}$ 的第 i 个列向量）的一个特解 $\boldsymbol{\eta}_i(i=1,2,\cdots,s)$；

(3)写出 $\boldsymbol{AX}=\boldsymbol{B}$ 的通解

$$\boldsymbol{X}=(\boldsymbol{\eta}_1+C_1^{(1)}\boldsymbol{\xi}_1+C_2^{(1)}\boldsymbol{\xi}_2+\cdots+C_{n-r}^{(1)}\boldsymbol{\xi}_{n-r},\cdots,\boldsymbol{\eta}_s+C_1^{(s)}\boldsymbol{\xi}_1+C_2^{(s)}\boldsymbol{\xi}_2+\cdots+C_{n-r}^{(s)}\boldsymbol{\xi}_{n-r}),$$

其中，$C_1^{(1)},C_2^{(1)},\cdots,C_{n-r}^{(1)},\cdots,C_1^{(s)},C_2^{(s)},\cdots,C_{n-r}^{(s)}$ 都是任意常数.

3. 两个线性方程组的公共解的计算方法

设线性方程组 $\boldsymbol{A}_1\boldsymbol{x}=\boldsymbol{b}_1$ 与 $\boldsymbol{A}_2\boldsymbol{x}=\boldsymbol{b}_2$（其中 $\boldsymbol{A}_1$ 与 $\boldsymbol{A}_2$ 分别是 $m_1\times n$ 与 $m_2\times n$ 矩阵，$\boldsymbol{b}_1$ 与 $\boldsymbol{b}_2$ 分别是 m_1 维与 m_2 维列向量），则计算它们的公共解，通常有以下三种方法：

(1)通过计算线性方程组 $\begin{cases}\boldsymbol{A}_1\boldsymbol{x}=\boldsymbol{b}_1,\\ \boldsymbol{A}_2\boldsymbol{x}=\boldsymbol{b}_2\end{cases}$ 的解，得到 $\boldsymbol{A}_1\boldsymbol{x}=\boldsymbol{b}_1$ 与 $\boldsymbol{A}_2\boldsymbol{x}=\boldsymbol{b}_2$ 的公共解.

(2)先求出 $\boldsymbol{A}_1\boldsymbol{x}=\boldsymbol{b}_1$ 的通解，设为

$$\boldsymbol{x}=\boldsymbol{\eta}+C_1\boldsymbol{\xi}_1+C_2\boldsymbol{\xi}_2+\cdots+C_s\boldsymbol{\xi}_s. \tag{1}$$

然后将它代入 $\boldsymbol{A}_2\boldsymbol{x}=\boldsymbol{b}_2$ 得到关于 $C_1,C_2,\cdots,C_s$ 的线性方程组，并将求出的关于 $C_1,C_2,\cdots,C_s$ 的通解代入式(1)，即得 $\boldsymbol{A}_1\boldsymbol{x}=\boldsymbol{b}_1$ 与 $\boldsymbol{A}_2\boldsymbol{x}=\boldsymbol{b}_2$ 的公共解.

(3)先分别求出 $\boldsymbol{A}_1\boldsymbol{x}=\boldsymbol{b}_1$ 与 $\boldsymbol{A}_2\boldsymbol{x}=\boldsymbol{b}_2$ 的通解，分别记为

$$\begin{aligned}\boldsymbol{x}&=\boldsymbol{\xi}+C_1\boldsymbol{\xi}_1+C_2\boldsymbol{\xi}_2+\cdots+C_p\boldsymbol{\xi}_p,\\ \boldsymbol{x}&=\boldsymbol{\eta}+D_1\boldsymbol{\eta}_1+D_2\boldsymbol{\eta}_2+\cdots+D_q\boldsymbol{\eta}_q.\end{aligned} \tag{2}$$

然后令 $\boldsymbol{\xi}+C_1\boldsymbol{\xi}_1+C_2\boldsymbol{\xi}_2+\cdots+C_p\boldsymbol{\xi}_p=\boldsymbol{\eta}+D_1\boldsymbol{\eta}_1+D_2\boldsymbol{\eta}_2+\cdots+D_q\boldsymbol{\eta}_q$.

解此以 $C_1,C_2,\cdots,C_p,D_1,D_2,\cdots,D_q$ 为未知量的线性方程组，将所得的 $C_1,C_2,\cdots,C_p$ 代入式(2)即得 $\boldsymbol{A}_1\boldsymbol{x}=\boldsymbol{b}_1$ 与 $\boldsymbol{A}_2\boldsymbol{x}=\boldsymbol{b}_2$ 的公共解.

4. 向量组之间的线性表示计算方法

设向量组 $\boldsymbol{\alpha}_1,\boldsymbol{\alpha}_2,\cdots,\boldsymbol{\alpha}_n$ 与向量 $\boldsymbol{\beta}$，记 $\boldsymbol{A}=(\boldsymbol{\alpha}_1,\boldsymbol{\alpha}_2,\cdots,\boldsymbol{\alpha}_n)$，则当 $r(\boldsymbol{A}\mid\boldsymbol{\beta})=r(\boldsymbol{A})=r\leqslant n$ 时，$\boldsymbol{\beta}$ 可由 $\boldsymbol{\alpha}_1,\boldsymbol{\alpha}_2,\cdots,\boldsymbol{\alpha}_n$ 线性表示，其表示式可按以下步骤计算：

(1)求出线性方程组 $\boldsymbol{Ax}=\boldsymbol{\beta}$ 的通解 $\boldsymbol{x}=(x_1,x_2,\cdots,x_n)^{\mathrm{T}}$.

(2)将(1)求得的 $x_1,x_2,\cdots,x_n$ 代入 $\boldsymbol{\beta}=x_1\boldsymbol{\alpha}_1+x_2\boldsymbol{\alpha}_2+\cdots+x_n\boldsymbol{\alpha}_n$，即得 $\boldsymbol{\beta}$ 用 $\boldsymbol{\alpha}_1,\boldsymbol{\alpha}_2,\cdots,\boldsymbol{\alpha}_n$ 线性表示的表示式.

设向量组（Ⅰ）：$\boldsymbol{\alpha}_1,\boldsymbol{\alpha}_2,\cdots,\boldsymbol{\alpha}_n$ 与（Ⅱ）$\boldsymbol{\beta}_1,\boldsymbol{\beta}_2,\cdots,\boldsymbol{\beta}_m$. 记 $\boldsymbol{A}=(\boldsymbol{\alpha}_1,\boldsymbol{\alpha}_2,\cdots,\boldsymbol{\alpha}_n)$，$\boldsymbol{B}=(\boldsymbol{\beta}_1,\boldsymbol{\beta}_2,\cdots,\boldsymbol{\beta}_m)$，则当 $r(\boldsymbol{A}\mid\boldsymbol{B})=r(\boldsymbol{A})=r\leqslant n$ 时，（Ⅱ）可由（Ⅰ）线性表示，其表示式可按以下步骤计算：

(1)求出矩阵方程 $\boldsymbol{AX}=\boldsymbol{B}$ 的通解 $\boldsymbol{X}=\begin{pmatrix}x_{11}&x_{12}&\cdots&x_{1m}\\ x_{21}&x_{22}&\cdots&x_{2m}\\ \vdots&\vdots&&\vdots\\ x_{n1}&x_{n2}&\cdots&x_{nm}\end{pmatrix}$；

(2)将(1)求得的 $\boldsymbol{X}$ 代入 $(\boldsymbol{\beta}_1,\boldsymbol{\beta}_2,\cdots,\boldsymbol{\beta}_m)=(\boldsymbol{\alpha}_1,\boldsymbol{\alpha}_2,\cdots,\boldsymbol{\alpha}_n)\boldsymbol{X}$，即得（Ⅱ）用（Ⅰ）线性表示的表示式.

5. 有关矩阵秩问题的证明方法

在第二章的主要方法梳理中，已给出了证明矩阵秩的三种方法，这里叙述第四种方法，即利用齐次线性方程组的有关性质和结论证明：

(1)设齐次线性方程组 $\boldsymbol{Ax}=\mathbf{0}$（其中，$\boldsymbol{A}$ 是 $m\times n$ 矩阵）有基础解系 $\boldsymbol{\xi}_1,\boldsymbol{\xi}_2,\cdots,\boldsymbol{\xi}_s$，则 $r(\boldsymbol{A})=n-s$.

(2)设齐次线性方程组 $\boldsymbol{Ax}=\boldsymbol{0}$ 与 $\boldsymbol{Bx}=\boldsymbol{0}$ 同解,则 $r(\boldsymbol{A})=r(\boldsymbol{B})$.

四、精选备赛练习题

A　组

3.1　已知向量组 $\boldsymbol{\alpha}_1=(1,2,0,-2)^{\mathrm{T}},\boldsymbol{\alpha}_2=(0,3,1,0)^{\mathrm{T}},\boldsymbol{\alpha}_3=(-1,4,2,a)^{\mathrm{T}}$ 和向量组 $\boldsymbol{\beta}_1=(1,8,2,-2)^{\mathrm{T}},\boldsymbol{\beta}_2=(1,5,1,-a)^{\mathrm{T}},\boldsymbol{\beta}_3=(-5,2,b,10)^{\mathrm{T}}$ 都是齐次线性方程组 $\boldsymbol{Ax}=\boldsymbol{0}$(其中 $\boldsymbol{x}=(x_1,x_2,x_3)^{\mathrm{T}}$)的基础解系,求常数 a,b 的值,并且写出 $\boldsymbol{\beta}_1,\boldsymbol{\beta}_2,\boldsymbol{\beta}_3$ 关于 $\boldsymbol{\alpha}_1,\boldsymbol{\alpha}_2,\boldsymbol{\alpha}_3$ 的线性表示式.

3.2　设三阶矩阵 $\boldsymbol{A}$ 的第 1 行是 (a,b,c)(其中 a,b,c 是不全为零的常数),实对称矩阵 $\boldsymbol{B}=\begin{pmatrix}1&2&3\\2&4&6\\3&6&k\end{pmatrix}$(其中,$k$ 为常数)满足 $\boldsymbol{AB}=\boldsymbol{O}$.

(Ⅰ)求齐次线性方程组 $\boldsymbol{Ax}=\boldsymbol{0}$ 的通解;

(Ⅱ)当 $r(\boldsymbol{A})=1$ 且 $k=0$ 时,将(Ⅰ)中求得的 $\boldsymbol{Ax}=\boldsymbol{0}$ 的一个基础解系扩充为一个标准正交基 $\boldsymbol{e}_1,\boldsymbol{e}_2,\boldsymbol{e}_3$(要求它们符合右手法则).

3.3　已知齐次线性方程组(Ⅰ)的基础解系为 $\boldsymbol{\xi}_1=(1,0,1,1)^{\mathrm{T}},\boldsymbol{\xi}_2=(2,1,0,-1)^{\mathrm{T}},\boldsymbol{\xi}_3=(0,2,1,-1)^{\mathrm{T}}$. 现添加两个方程:$x_1+x_2+x_3+x_4=0$ 与 $x_1+2x_2+2x_4=0$ 于(Ⅰ),得到方程组(Ⅱ),求(Ⅱ)的通解.

3.4　已知 n 阶矩阵 $\boldsymbol{A}$ 的秩为 $n-1$.

(Ⅰ)如果 $\boldsymbol{A}$ 的各行元素之和都为零,求齐次线性方程组 $\boldsymbol{Ax}=\boldsymbol{0}$ 的通解;

(Ⅱ)如果 $A_{11}\neq0$(A_{11} 是 $|\boldsymbol{A}|$ 的元素 a_{11} 的代数余子式),求齐次线性方程组 $\boldsymbol{Ax}=\boldsymbol{0}$ 的通解.

3.5　设齐次线性方程组 $\boldsymbol{Ax}=\boldsymbol{0}$ 的基础解系中有两个解向量,其中,矩阵 $\boldsymbol{A}=\begin{pmatrix}1&2&1&2\\0&1&t&t\\1&t&0&1\end{pmatrix}$,求该方程组的通解.

3.6　已知齐次线性方程组(Ⅰ)$\begin{cases}a_{11}x_1+a_{12}x_2+\cdots+a_{1,2n}x_{2n}=0,\\ \qquad\vdots\\ a_{n1}x_1+a_{n2}x_2+\cdots+a_{n,2n}x_{2n}=0\end{cases}$ 的一个基础解系为 $(b_{11},b_{12},\cdots,b_{1,2n})^{\mathrm{T}},\cdots,(b_{n1},b_{n2},\cdots,b_{n,2n})^{\mathrm{T}}$. 求齐次线性方程组

(Ⅱ)$\begin{cases}b_{11}y_1+b_{12}y_2+\cdots+b_{1,2n}y_{2n}=0,\\ \qquad\vdots\\ b_{n1}y_1+b_{n2}y_2+\cdots+b_{n,2n}y_{2n}=0\end{cases}$ 的通解.

3.7　求解非齐次线性方程组 $\boldsymbol{A}^{\mathrm{T}}\boldsymbol{x}=\boldsymbol{b}$,其中

$$\boldsymbol{A}=\begin{pmatrix}1&1&\cdots&1\\a_1&a_2&\cdots&a_n\\a_1^2&a_2^2&\cdots&a_n^2\\\vdots&\vdots&&\vdots\\a_1^{n-1}&a_2^{n-1}&\cdots&a_n^{n-1}\end{pmatrix},\boldsymbol{b}=\begin{pmatrix}2\\2\\2\\\vdots\\2\end{pmatrix},$$

且 $a_1,a_2,\cdots,a_n$ 是互不相同的实数.

3.8　求解非齐次线性方程组

$$\begin{cases} x_1-x_2-x_3-\cdots-x_n=2a, \\ -x_1+3x_2-x_3-\cdots-x_n=4a, \\ -x_1-x_2+7x_3-\cdots-x_n=8a, \\ \quad\vdots \\ -x_1-x_2+x_3-\cdots+(2^n-1)x_n=2^na. \end{cases}$$

3.9　求解方程组

$$(\text{I})\begin{cases} 9xy-2xz-2yz=0, \\ 36xy-12xz-5yz=xyz, \\ 9xy-8xz-3yz=-4xyz. \end{cases}$$

3.10　求解非齐次线性方程组

$$(\text{I})\begin{cases} ax_1+bx_{2n}=1, \\ ax_2+bx_{2n-1}=1, \\ \quad\ddots \qquad \iddots \\ ax_n+bx_{n+1}=1, \\ bx_n+ax_{n+1}=1, \\ \quad\iddots \qquad \ddots \\ bx_2+ax_{2n-1}=1, \\ bx_1+ax_{2n}=1, \end{cases}$$

其中 a,b 是全不为零的实数.

3.11　已知非齐次线性方程组$(\text{I})\begin{cases} x_1+x_2+x_3+x_4=-1, \\ 4x_1+3x_2+5x_3-x_4=-1, \\ ax_1+x_2+3x_3+bx_4=1 \end{cases}$有 3 个线性无关的解，求 a,b 的值及该方程组的通解.

3.12　设非齐次线性方程组$(\text{I})\begin{cases} x_1+x_2+2x_3+3x_4=1, \\ x_1+3x_2+6x_3+x_4=3, \\ 3x_1-x_2-k_1x_3+15x_4=3, \\ x_1-5x_2-10x_3+12x_4=k_2 \end{cases}$有无穷多解，求常数 k_1,k_2 及该方程组的通解.

3.13　设向量组 $\boldsymbol{\alpha}_1,\boldsymbol{\alpha}_2,\boldsymbol{\alpha}_4$ 线性无关，且 $\boldsymbol{\alpha}_3=3\boldsymbol{\alpha}_1-\boldsymbol{\alpha}_2-2\boldsymbol{\alpha}_4$，$\boldsymbol{\beta}=\boldsymbol{\alpha}_1+2\boldsymbol{\alpha}_2+3\boldsymbol{\alpha}_3$. 记 $\boldsymbol{A}=(\boldsymbol{\alpha}_1,\boldsymbol{\alpha}_2,\boldsymbol{\alpha}_3,\boldsymbol{\alpha}_4)$，求非齐次线性方程组 $\boldsymbol{Ax}=\boldsymbol{\beta}$ 的通解.

3.14　设非齐次线性方程组 $\boldsymbol{Ax}=\boldsymbol{\beta}$ 有解 $(1,2,2,1)^{\mathrm{T}}$ 和 $(1,-2,4,0)^{\mathrm{T}}$，其中，$\boldsymbol{A}=(\boldsymbol{\alpha}_1,\boldsymbol{\alpha}_2,\boldsymbol{\alpha}_3,\boldsymbol{\alpha}_4)$的秩为 3，且 $\boldsymbol{\alpha}_1,\boldsymbol{\alpha}_2,\boldsymbol{\alpha}_3,\boldsymbol{\alpha}_4$ 都是 4 维向量，求非齐次线性方程组 $\boldsymbol{By}=\boldsymbol{\alpha}_1+2\boldsymbol{\alpha}_2$ 的通解，其中矩阵 $\boldsymbol{B}=(\boldsymbol{\alpha}_3,\boldsymbol{\alpha}_2,\boldsymbol{\alpha}_1,\boldsymbol{\beta}-\boldsymbol{\alpha}_4)$.

3.15　设非齐次线性方程组 $\boldsymbol{Ax}=(1,1,1)^{\mathrm{T}}$ 有三个解：$\boldsymbol{\alpha}_1=(1,0,0)^{\mathrm{T}}$，$\boldsymbol{\alpha}_2=(-1,2,0)^{\mathrm{T}}$，$\boldsymbol{\alpha}_3=(-1,1,1)^{\mathrm{T}}$. 求矩阵 $\boldsymbol{A}$.

3.16　求解矩阵方程

$$\begin{pmatrix}1&2&0&1\\1&1&0&2\\2&1&2&3\end{pmatrix}\begin{pmatrix}x_{11}&x_{12}\\x_{21}&x_{22}\\x_{31}&x_{32}\\x_{41}&x_{42}\end{pmatrix}=\begin{pmatrix}6&1\\5&1\\11&4\end{pmatrix}.$$

3.17 设矩阵 $\boldsymbol{A}=\begin{pmatrix}2&1&-1&1\\1&2&1&-1\\1&1&2&1\end{pmatrix}$，$\boldsymbol{B}=\begin{pmatrix}b_{11}&b_{12}\\b_{21}&b_{22}\\0&0\\b_{41}&b_{42}\end{pmatrix}$，$\boldsymbol{C}=\begin{pmatrix}1&4\\2&-1\\3&5\end{pmatrix}$ 满足 $\boldsymbol{AB}=\boldsymbol{C}$，求 $\boldsymbol{B}$.

3.18 已知齐次线性方程组(Ⅰ) $\begin{cases}x_1-x_2+3x_3-2x_4=0,\\x_1+x_2-x_3-6x_4=0\end{cases}$ 与

(Ⅱ) $\begin{cases}3x_1+ax_2+x_3-2x_4=0,\\2x_2-5x_3+(a-1)x_4=0\\x_1-x_2+2x_3=0\end{cases}$，有非零公共解，求常数 a 及所有非零公共解.

3.19 设齐次线性方程组(Ⅰ) $\boldsymbol{Ax}=\boldsymbol{0}$ 的基础解系为

$$\boldsymbol{\alpha}_1=(1,1,1,0,2)^{\mathrm{T}},\boldsymbol{\alpha}_2=(1,1,0,1,1)^{\mathrm{T}},\boldsymbol{\alpha}_3=(1,0,1,1,2)^{\mathrm{T}};$$

齐次线性方程组(Ⅱ) $\boldsymbol{Bx}=\boldsymbol{0}$ 的基础解系为

$\boldsymbol{\beta}_1=(1,1,-1,-1,1)^{\mathrm{T}}$，$\boldsymbol{\beta}_2=(1,-1,1,-1,2)^{\mathrm{T}}$，$\boldsymbol{\beta}_3=(1,-1,-1,1,1)^{\mathrm{T}}$. 求(Ⅰ)与(Ⅱ)的所有公共解.

3.20 已知线性方程组(A) $\begin{cases}x_1+2x_2+x_3=3,\\2x_1+(a+4)x_2-x_3=6,\\-x_1-2x_2+ax_3=-3\end{cases}$ 有无穷多解.

(Ⅰ)求常数 a 的值；

(Ⅱ)对上述算得的 a 值，求方程组(A)与(B) $\begin{cases}x_1+x_2+x_3=0,\\2x_1+\lambda x_2=1\end{cases}$ 有公共解时的 λ 值及所有公共解.

3.21 已知非齐次线性方程组

$$(\text{Ⅰ})\begin{cases}x_1+x_2-2x_4=-6,\\4x_1-x_2-x_3-x_4=1,\\3x_1-x_2-x_3=3\end{cases}\quad 与(\text{Ⅱ})\begin{cases}x_1+mx_2-x_3-x_4=-5,\\nx_2-x_3-2x_4=-11,\\x_3-2x_4=-t+1\end{cases}$$

同解，求常数 m,n,t.

3.22 设方程组

(Ⅰ) $\begin{cases}x_1+2x_2-x_3+x_4=r,\\3x_1+px_2+3x_3+2x_4=-11,\\2x_1+2x_2+qx_3+x_4=-4\end{cases}$ 与(Ⅱ) $\begin{cases}x_1+3x_3=-2,\\x_2-2x_3=5,\\x_4=-10\end{cases}$ 同解，求常数 p,q,r.

3.23 设向量组 $\boldsymbol{\alpha}_1=(1,0,a)^{\mathrm{T}}$，$\boldsymbol{\alpha}_2=(0,1,1)^{\mathrm{T}}$，$\boldsymbol{\alpha}_3=(b,3,5)^{\mathrm{T}}$ 不能由向量组 $\boldsymbol{\beta}_1=(1,1,1)^{\mathrm{T}}$，$\boldsymbol{\beta}_2=(1,2,3)^{\mathrm{T}}$，$\boldsymbol{\beta}_3=(3,4,b)^{\mathrm{T}}$ 线性表示，但 $\boldsymbol{\beta}_1,\boldsymbol{\beta}_2,\boldsymbol{\beta}_3$ 可由向量组 $\boldsymbol{\alpha}_1,\boldsymbol{\alpha}_1+\boldsymbol{\alpha}_2,\boldsymbol{\alpha}_1+\boldsymbol{\alpha}_2+\boldsymbol{\alpha}_3$ 线性表示，求常数 a,b.

B　组

3.24　设 $\boldsymbol{\alpha}_i=(a_{i1},a_{i2},\cdots,a_{in})^{\mathrm{T}}(i=1,2,\cdots,r,r<n)$ 是线性无关的，n 维实向量 $\boldsymbol{\beta}=(b_1,b_2,\cdots,b_n)^{\mathrm{T}}$ 是齐次线性方程组

$$(\mathrm{I})\begin{cases}a_{11}x_1+a_{12}x_2+\cdots+a_{1n}x_n=0,\\a_{21}x_1+a_{22}x_2+\cdots+a_{2n}x_n=0,\\\quad\vdots\\a_{r1}x_1+a_{r2}x_2+\cdots+a_{rn}x_n=0\end{cases}$$

的非零解. 证明：$\boldsymbol{\alpha}_1,\boldsymbol{\alpha}_2,\cdots,\boldsymbol{\alpha}_r,\boldsymbol{\beta}$ 线性无关.

3.25　设非齐次线性方程组

$$(\mathrm{I})\begin{cases}a_{11}x_1+a_{12}x_2+\cdots+a_{1n}x_n=b_1,\\a_{21}x_1+a_{22}x_2+\cdots+a_{2n}x_n=b_2,\\\quad\vdots\\a_{m1}x_1+a_{m2}x_2+\cdots+a_{mn}x_n=b_m\end{cases}$$

有解. 在(Ⅰ)中最后添加一个方程 $a_1x_1+a_2x_2+\cdots+a_nx_n=b$ 后所得到的方程组记为(Ⅱ). 如果(Ⅰ)与(Ⅱ)同解，证明：(Ⅱ)的增广矩阵的最后一个行向量是前 n 个行向量的线性组合.

3.26　方程组$(\mathrm{I})\begin{cases}a_{11}x_1+a_{12}x_2+\cdots+a_{1n}x_n=b_1,\\a_{21}x_1+a_{22}x_2+\cdots+a_{2n}x_n=b_2,\\\quad\vdots\\a_{m1}x_1+a_{m2}x_2+\cdots+a_{mn}x_n=b_m\end{cases}$有解的充分必要条件是方程组

$(\mathrm{II})\begin{cases}a_{11}y_1+a_{21}y_2+\cdots+a_{m1}y_m=0,\\a_{12}y_1+a_{22}y_2+\cdots+a_{m2}y_m=0,\\\quad\vdots\\a_{1n}y_1+a_{2n}y_2+\cdots+a_{mn}y_m=0\end{cases}$的每个非零解 $(c_1,c_2,\cdots,c_m)^{\mathrm{T}}$ 满足 $\sum\limits_{i=1}^{n}c_ib_i=0$.

3.27　设 $\boldsymbol{A}=\begin{pmatrix}a_{11}&a_{12}&\cdots&a_{1n}\\a_{21}&a_{22}&\cdots&a_{2n}\\\vdots&\vdots&&\vdots\\a_{n1}&a_{n2}&\cdots&a_{nn}\end{pmatrix}$是 n 阶实矩阵. 证明：

(Ⅰ)如果 $|a_{ii}|>\sum\limits_{j\neq i}|a_{ij}|(i=1,2,\cdots,n)$，则 $|\boldsymbol{A}|\neq0$；

(Ⅱ)如果 $a_{ii}>\sum\limits_{j\neq i}|a_{ij}|(i=1,2,\cdots,n)$，则 $|\boldsymbol{A}|>0$.

3.28　设 $\boldsymbol{A}$ 是 $m\times n(n<m)$ 矩阵，且方程组 $\boldsymbol{Ax}=\boldsymbol{b}$ 有唯一解，证明：$\boldsymbol{A}^{\mathrm{T}}\boldsymbol{A}$ 可逆，且其解为 $(\boldsymbol{A}^{\mathrm{T}}\boldsymbol{A})^{-1}(\boldsymbol{A}^{\mathrm{T}}\boldsymbol{b})$.

3.29　设 $\boldsymbol{A},\boldsymbol{B}$ 分别是 $m\times n$ 与 $n\times(n-m)$ 矩阵，且 $r(\boldsymbol{A})=m,r(\boldsymbol{B})=n-m,\boldsymbol{AB}=\boldsymbol{O}$，证明：对满足 $\boldsymbol{A\alpha}=\boldsymbol{0}$ 的 n 维列向量 $\boldsymbol{\alpha}$，存在唯一的 $n-m$ 维列向量 $\boldsymbol{\beta}$，使得 $\boldsymbol{\alpha}=\boldsymbol{B\beta}$.

3.30　设 $\boldsymbol{A},\boldsymbol{B}$ 分别为 $m\times n$ 与 $n\times s$ 矩阵. 证明：齐次线性方程组 $(\boldsymbol{AB})\boldsymbol{x}=\boldsymbol{0}$ 与 $\boldsymbol{Bx}=\boldsymbol{0}$ 同解的充分必要条件是 $r(\boldsymbol{AB})=r(\boldsymbol{B})$.

3.31　设任意 n 阶实矩阵 $\boldsymbol{A},\boldsymbol{B},\boldsymbol{C}$ 满足 $\boldsymbol{CAA}^{\mathrm{T}}=\boldsymbol{BAA}^{\mathrm{T}}$. 证明：$\boldsymbol{CA}=\boldsymbol{BA}$.

附:解答

3.1　由于 $\boldsymbol{\alpha}_1,\boldsymbol{\alpha}_2,\boldsymbol{\alpha}_3$ 与 $\boldsymbol{\beta}_1,\boldsymbol{\beta}_2,\boldsymbol{\beta}_3$ 都是 $\boldsymbol{Ax}=\boldsymbol{0}$ 的基础解系,所以它们都是线性无关的向量组,从而有

$$r(\boldsymbol{\alpha}_1,\boldsymbol{\alpha}_2,\boldsymbol{\alpha}_3 \mid \boldsymbol{\beta}_1,\boldsymbol{\beta}_2,\boldsymbol{\beta}_3)=r(\boldsymbol{\alpha}_1,\boldsymbol{\alpha}_2,\boldsymbol{\alpha}_3)=3.$$

对矩阵$(\boldsymbol{\alpha}_1,\boldsymbol{\alpha}_2,\boldsymbol{\alpha}_3 \mid \boldsymbol{\beta}_1,\boldsymbol{\beta}_2,\boldsymbol{\beta}_3)$施行初等行变换:

$$(\boldsymbol{\alpha}_1,\boldsymbol{\alpha}_2,\boldsymbol{\alpha}_3 \mid \boldsymbol{\beta}_1,\boldsymbol{\beta}_2,\boldsymbol{\beta}_3)\to\left(\begin{array}{ccc|ccc}1&0&-1&1&1&-5\\2&3&4&8&5&2\\0&1&2&2&1&b\\-2&0&a&-2&-a&10\end{array}\right)\to\left(\begin{array}{ccc|ccc}1&0&-1&1&1&-5\\0&3&6&6&3&12\\0&1&2&2&1&b\\0&0&a-2&0&-a+2&0\end{array}\right)$$

$$\to\left(\begin{array}{ccc|ccc}1&0&-1&1&1&-5\\0&1&2&2&1&4\\0&1&2&2&1&b\\0&0&a-2&0&-a+2&0\end{array}\right)\to\left(\begin{array}{ccc|ccc}1&0&-1&1&1&-5\\0&1&2&2&1&4\\0&0&0&0&0&b-4\\0&0&a-2&0&-(a-2)&0\end{array}\right),\tag{1}$$

所以,由 $r(\boldsymbol{\alpha}_1,\boldsymbol{\alpha}_2,\boldsymbol{\alpha}_3)=3$,得 $a-2\neq0$,即 $a\neq2$. 从而由 $r(\boldsymbol{\alpha}_1,\boldsymbol{\alpha}_2,\boldsymbol{\alpha}_3 \mid \boldsymbol{\beta}_1,\boldsymbol{\beta}_2,\boldsymbol{\beta}_3)=3$,得 $b=4$.

记 $\boldsymbol{\beta}_1,\boldsymbol{\beta}_2,\boldsymbol{\beta}_3$ 关于 $\boldsymbol{\alpha}_1,\boldsymbol{\alpha}_2,\boldsymbol{\alpha}_3$ 的线性表示式为

$$(\boldsymbol{\alpha}_1,\boldsymbol{\alpha}_2,\boldsymbol{\alpha}_3)\boldsymbol{X}=(\boldsymbol{\beta}_1,\boldsymbol{\beta}_2,\boldsymbol{\beta}_3).\tag{2}$$

将 $a\neq2,b=4$ 代入式(1),则式(2)与以下矩阵方程同解:

$$\begin{pmatrix}1&0&-1\\0&1&2\\0&0&1\end{pmatrix}\boldsymbol{X}=\begin{pmatrix}1&1&-5\\2&1&4\\0&-1&0\end{pmatrix}.$$

所以 $\boldsymbol{X}=\begin{pmatrix}1&0&-1\\0&1&2\\0&0&1\end{pmatrix}^{-1}\begin{pmatrix}1&1&-5\\2&1&4\\0&-1&0\end{pmatrix}=\begin{pmatrix}1&0&1\\0&1&-2\\0&0&1\end{pmatrix}\begin{pmatrix}1&1&-5\\2&1&4\\0&-1&0\end{pmatrix}=\begin{pmatrix}1&0&-5\\2&3&4\\0&-1&0\end{pmatrix}.$

将它代入式(2)得所求的线性表示式

$$\boldsymbol{\beta}_1=\boldsymbol{\alpha}_1+2\boldsymbol{\alpha}_2,$$
$$\boldsymbol{\beta}_2=3\boldsymbol{\alpha}_2-\boldsymbol{\alpha}_3,$$
$$\boldsymbol{\beta}_3=-5\boldsymbol{\alpha}_1+4\boldsymbol{\alpha}_2.$$

3.2　由题设知 $r(\boldsymbol{A})\geqslant1$.

(Ⅰ)(1)设 $k=9$,则由题设知 $\boldsymbol{Ax}=\boldsymbol{0}$ 的基础解系中至少有一个解 $\boldsymbol{\xi}_1=(1,2,3)^{\mathrm{T}}$,从而 $r(\boldsymbol{A})\leqslant3-1=2$. 因此,此时 $r(\boldsymbol{A})=1$ 或 2.

当 $r(\boldsymbol{A})=1$ 时,$\boldsymbol{A}$ 与 $\begin{pmatrix}a&b&c\\0&0&0\\0&0&0\end{pmatrix}$ 等价,所以此时 $\boldsymbol{Ax}=\boldsymbol{0}$ 与方程

$$ax_1+bx_2+cx_3=0$$

同解. 由于 a,b,c 不全为零(不妨设 $a\neq0$),所以此时 $\boldsymbol{Ax}=\boldsymbol{0}$ 还有解 $\boldsymbol{\xi}_2=(-b,a,0)^{\mathrm{T}}$. 显然 $\boldsymbol{\xi}_1$ 与 $\boldsymbol{\xi}_2$ 线性无关,它们是此时 $\boldsymbol{Ax}=\boldsymbol{0}$ 的一个基础解系,所以通解为

$\boldsymbol{x}=C_1\boldsymbol{\xi}_1+C_2\boldsymbol{\xi}_2=C_1(1,2,3)^{\mathrm{T}}+C_2(-b,a,0)^{\mathrm{T}}$(其中,$C_1,C_2$ 是任意常数).

当 $r(\boldsymbol{A})=2$ 时,$\boldsymbol{\xi}_1=(1,2,3)^{\mathrm{T}}$ 即为 $\boldsymbol{Ax}=\boldsymbol{0}$ 的一个基础解系,所以通解为

$\boldsymbol{x}=C_3\boldsymbol{\xi}_1=C_3(1,2,3)^{\mathrm{T}}$(其中,$C_3$ 是任意常数).

(2)设 $k\neq 9$,则 $\boldsymbol{A}\boldsymbol{x}=\boldsymbol{0}$ 有两个线性无关的特解 $\boldsymbol{\xi}_1=(1,2,3)^{\mathrm{T}}$,$\boldsymbol{\eta}=(3,6,k)^{\mathrm{T}}$.而此时 $r(\boldsymbol{A})=1$,所以 $\boldsymbol{\xi}_1$,$\boldsymbol{\eta}$ 是 $\boldsymbol{A}\boldsymbol{x}=\boldsymbol{0}$ 的一个基础解系,从而通解为

$$\boldsymbol{x}=C_4\boldsymbol{\xi}_1+C_5\boldsymbol{\eta}=C_4(1,2,3)^{\mathrm{T}}+C_5(3,6,k)^{\mathrm{T}}(\text{其中},C_4,C_5\text{ 是任意常数}).$$

(Ⅱ)由(Ⅰ)知,$r(\boldsymbol{A})=1$ 且 $k=0$ 时,$\boldsymbol{A}\boldsymbol{x}=\boldsymbol{0}$ 的一个基础解系为

$$\boldsymbol{\xi}_1=(1,2,3)^{\mathrm{T}},\boldsymbol{\eta}=(3,6,0)^{\mathrm{T}}.$$

现将它们正交化:

$$\boldsymbol{\alpha}=\boldsymbol{\xi}_1=(1,2,3)^{\mathrm{T}},$$

$$\boldsymbol{\beta}=\boldsymbol{\eta}-\frac{(\boldsymbol{\eta},\boldsymbol{\alpha})}{(\boldsymbol{\alpha},\boldsymbol{\alpha})}\boldsymbol{\alpha}=\left(\frac{27}{14},\frac{27}{7},-\frac{45}{14}\right)^{\mathrm{T}},$$

单位化:

$$\boldsymbol{e}_1=\frac{\boldsymbol{\alpha}}{\|\boldsymbol{\alpha}\|}=\left(\frac{1}{\sqrt{14}},\frac{2}{\sqrt{14}},\frac{3}{\sqrt{14}}\right)^{\mathrm{T}},$$

$$\boldsymbol{e}_2=\frac{\boldsymbol{\beta}}{\|\boldsymbol{\beta}\|}=\left(\frac{3}{\sqrt{70}},\frac{6}{\sqrt{70}},-\frac{5}{\sqrt{70}}\right)^{\mathrm{T}}.$$

设 $\boldsymbol{\gamma}=(y_1,y_2,y_3)^{\mathrm{T}}$ 与 $\boldsymbol{e}_1$,$\boldsymbol{e}_2$ 都正交,则

$$\begin{cases}(\boldsymbol{\gamma},\boldsymbol{e}_1)=0,\\(\boldsymbol{\gamma},\boldsymbol{e}_2)=0,\end{cases}\text{即}\begin{cases}y_1+2y_2+3y_3=0,\\3y_1+6y_2-5y_3=0.\end{cases}$$

可取 $\boldsymbol{\gamma}$ 为它的特解 $(-2,1,0)^{\mathrm{T}}$,将它单位化,得

$$\boldsymbol{e}_3=\left(-\frac{2}{\sqrt5},\frac{1}{\sqrt5},0\right)^{\mathrm{T}}\text{ 或}\left(\frac{2}{\sqrt5},-\frac{1}{\sqrt5},0\right)^{\mathrm{T}}.$$

由于 $\begin{vmatrix}\frac{1}{\sqrt{14}}&\frac{3}{\sqrt{70}}&-\frac{2}{\sqrt5}\\\frac{2}{\sqrt{14}}&\frac{6}{\sqrt{70}}&\frac{1}{\sqrt5}\\\frac{3}{\sqrt{14}}&-\frac{5}{\sqrt{70}}&0\end{vmatrix}=\frac{1}{70}\begin{vmatrix}1&3&-2\\2&6&1\\3&-5&0\end{vmatrix}=1>0$,所以符合右手法则的 $\boldsymbol{e}_1,\boldsymbol{e}_2,\boldsymbol{e}_3=\left(-\frac{2}{\sqrt5},\frac{1}{\sqrt5},0\right)^{\mathrm{T}}$ 即为所求的标准正交基.

3.3　(Ⅰ)的通解为

$$(x_1,x_2,x_3,x_4)^{\mathrm{T}}=C_1\boldsymbol{\xi}_1+C_2\boldsymbol{\xi}_2+C_3\boldsymbol{\xi}_3=(C_1+2C_2,C_2+2C_3,C_1+C_3,C_1-C_2-C_3)^{\mathrm{T}},\quad(1)$$

即 $x_1=C_1+2C_2$,$x_2=C_2+2C_3$,$x_3=C_1+C_3$,$x_4=C_1-C_2-C_3$. 将它们代入 $\begin{cases}x_1+x_2+x_3+x_4=0,\\x_1+2x_2+2x_4=0,\end{cases}$ 得 $3C_1+2C_2+2C_3=0$. 所以,

$$(C_1,C_2,C_3)^{\mathrm{T}}=k_1\left(-\frac{2}{3},1,0\right)^{\mathrm{T}}+k_2\left(-\frac{2}{3},0,1\right)^{\mathrm{T}}=\left(-\frac{2}{3}(k_1+k_2),k_1,k_2\right)^{\mathrm{T}},$$

即 $C_1=-\frac{2}{3}(k_1+k_2)$,$C_2=k_1$,$C_3=k_2$,将它们代入式(1)得所求的通解

$$(x_1,x_2,x_3,x_4)^{\mathrm{T}}=\left(\frac{4}{3}k_1-\frac{2}{3}k_2,k_1+2k_2,-\frac{2}{3}k_1+\frac{1}{3}k_2,-\frac{5}{3}(k_1+k_2)\right)^{\mathrm{T}},$$

其中,k_1,k_2 是任意常数.

3.4　由 $r(\boldsymbol{A})=n-1$ 知 $\boldsymbol{Ax}=\boldsymbol{0}$ 的基础解系中只有一个解向量.

(Ⅰ)由于 $\boldsymbol{A}$ 的各行元素之和都为 0,所以此时 $\boldsymbol{Ax}=\boldsymbol{0}$ 有非零解 $(1,1,\cdots,1)^{\mathrm{T}}$,它即为一个基础解系.因此通解为 $\boldsymbol{x}=C_1(1,1,\cdots,1)^{\mathrm{T}}$(其中,$C_1$ 是任意常数).

(Ⅱ)由于 $A_{11}\neq 0$,所以 $\boldsymbol{\xi}=(A_{11},A_{12},\cdots,A_{1n})^{\mathrm{T}}$(其中,$A_{1j}$ 是 $|\boldsymbol{A}|$ 的元素 a_{1j} 的代数余子式,$j=1,2,\cdots,n$)是非零向量,而且由

$$\boldsymbol{AA}^*=|\boldsymbol{A}|\boldsymbol{E}_n=\boldsymbol{O}(\text{由于 } r(\boldsymbol{A})=n-1,\text{所以 } |\boldsymbol{A}|=0)$$

知,$\boldsymbol{A\xi}=\boldsymbol{0}$,从而 $\boldsymbol{\xi}$ 是 $\boldsymbol{Ax}=\boldsymbol{0}$ 的一个基础解系.因此通解为

$$\boldsymbol{x}=C_2\boldsymbol{\xi}=C_2(A_{11},A_{12},\cdots,A_{1n})^{\mathrm{T}}(\text{其中,}C_2\text{ 是任意常数}).$$

3.5　由题设知 $r(\boldsymbol{A})=4-2=2$,对 $\boldsymbol{A}$ 施行初等行变换:

$$\boldsymbol{A}=\begin{pmatrix}1&2&1&2\\0&1&t&t\\1&t&0&1\end{pmatrix}\to\begin{pmatrix}1&2&1&2\\0&1&t&t\\0&t-2&-1&-1\end{pmatrix}\to\begin{pmatrix}1&2&1&2\\0&1&t&t\\0&0&-(t-1)^2&-(t-1)^2\end{pmatrix}$$

$$\to\begin{pmatrix}1&0&1-2t&2-2t\\0&1&t&t\\0&0&-(t-1)^2&-(t-1)^2\end{pmatrix}.$$

由此可知 $t=1$.将 $t=1$ 代入 $\boldsymbol{A}$ 得 $\boldsymbol{Ax}=\boldsymbol{0}$ 的同解方程组

$$\begin{cases}x_1-x_3=0,\\x_2+x_3+x_4=0,\end{cases}$$

所以 $\boldsymbol{Ax}=\boldsymbol{0}$ 的通解为

$$\boldsymbol{x}=(x_1,x_2,x_3,x_4)^{\mathrm{T}}=C_1(1,-1,1,0)^{\mathrm{T}}+C_2(0,-1,0,1)^{\mathrm{T}},$$

其中,C_1,C_2 是任意常数.

3.6　记 $\boldsymbol{A}=\begin{pmatrix}a_{11}&a_{12}&\cdots&a_{1,2n}\\a_{21}&a_{22}&\cdots&a_{2,2n}\\\vdots&\vdots&&\vdots\\a_{n1}&a_{n2}&\cdots&a_{n,2n}\end{pmatrix},\boldsymbol{B}=\begin{pmatrix}b_{11}&b_{21}&\cdots&b_{n1}\\b_{12}&b_{22}&\cdots&b_{n2}\\\vdots&\vdots&&\vdots\\b_{1,2n}&b_{2,2n}&\cdots&b_{n,2n}\end{pmatrix}$.

由于 $\boldsymbol{B}$ 的 n 个列向量是(Ⅱ)的一个基础解系,所以 $\boldsymbol{A},\boldsymbol{B}$ 的秩都为 n.

由 $\boldsymbol{AB}=\boldsymbol{O}$ 知 $\boldsymbol{B}^{\mathrm{T}}\boldsymbol{A}^{\mathrm{T}}=\boldsymbol{O}$,即 $\boldsymbol{A}$ 的线性无关的行向量组是 $\boldsymbol{B}^{\mathrm{T}}\boldsymbol{y}=\boldsymbol{0}$(其中 $\boldsymbol{y}=(y_1,y_2,\cdots,y_{2n})^{\mathrm{T}}$ 的一个基础解系,所以通解

$\boldsymbol{y}=C_1(a_{11},a_{12},\cdots,a_{1,2n})^{\mathrm{T}}+C_2(a_{21},a_{22},\cdots,a_{2,2n})^{\mathrm{T}}+\cdots+C_n(a_{n1},a_{n2},\cdots,a_{n,2n})^{\mathrm{T}}$(其中,$C_1$,$C_2,\cdots,C_n$ 是任意常数).

3.7　由于 $a_1,a_2,\cdots,a_n$ 是互不相同的数,所以

$$|\boldsymbol{A}|=\underbrace{\begin{vmatrix}1&1&\cdots&1\\a_1&a_2&\cdots&a_n\\a_1^2&a_2^2&\cdots&a_n^2\\\vdots&\vdots&&\vdots\\a_1^{n-1}&a_2^{n-1}&\cdots&a_n^{n-1}\end{vmatrix}}_{\text{(范德蒙行列式)}}\neq 0,$$

即 $|\boldsymbol{A}^{\mathrm{T}}|\neq 0$,所以 $\boldsymbol{A}^{\mathrm{T}}\boldsymbol{x}=\boldsymbol{b}$ 有唯一解.

由于 $\boldsymbol{b}=2(1,1,\cdots,1)^{\mathrm{T}}+0(a_1,a_2,\cdots,a_n)^{\mathrm{T}}+\cdots+0(a_1^{n-1},(a_2^{n-1},\cdots,a_n^{n-1})^{\mathrm{T}}$,

所以，$\boldsymbol{A}^{\mathrm{T}}\boldsymbol{x}=\boldsymbol{b}$ 有解 $(2,0,\cdots,0)^{\mathrm{T}}$.

3.8　令 $s=x_1+x_2+\cdots+x_n$，则所给方程组成为

$$\begin{cases}-s+2x_1=2\cdot a,\\ -s+2^2x_2=2^2\cdot a,\\ \quad\vdots\\ -s+2^nx_n=2^n\cdot a,\end{cases}\text{即}\begin{cases}-2^{n-1}s+2^nx_1=2^na,\\ -2^{n-2}s+2^nx_2=2^na,\\ \quad\vdots\\ -2^0s+2^nx_n=2^na.\end{cases}$$

由此可得 $-s(1+2+\cdots+2^{n-2}+2^{n-1})+2^ns=n\cdot 2^na$. 从而 $s=n\cdot 2^na$.

因此，

$$x_1=a+\frac{1}{2}s=a(1+n\cdot 2^{n-1}),$$
$$x_2=a+\frac{1}{4}s=a(1+n\cdot 2^{n-2}),$$
$$\vdots$$
$$x_n=a+\frac{1}{2^n}s=a(1+n\cdot 2^0).$$

3.9　显然，$(x,y,z)=(k,0,0),(0,k,0),(0,0,k)$（其中，$k$ 是任意常数）都是（Ⅰ）的解. 下面计算满足 $xyz\neq 0$ 的解. 此时（Ⅰ）与方程组

$$\begin{cases}9\cdot\dfrac{1}{z}-2\cdot\dfrac{1}{y}-2\cdot\dfrac{1}{x}=0,\\ 36\cdot\dfrac{1}{z}-12\cdot\dfrac{1}{y}-5\cdot\dfrac{1}{x}=1,\\ 9\cdot\dfrac{1}{z}-8\cdot\dfrac{1}{y}-3\cdot\dfrac{1}{x}=-4\end{cases}$$

同解. 由克莱姆法则得 $\dfrac{1}{x}=1,\dfrac{1}{y}=\dfrac{1}{2},\dfrac{1}{z}=\dfrac{1}{3}$，即 $x=1,y=2,z=3$.

3.10　考虑

$$\begin{cases}ax+by=1,\\ bx+ay=1.\end{cases}\tag{1}$$

如果 $a=-b$，则式(1)成为 $\begin{cases}x-y=-\dfrac{1}{b},\\ x-y=\dfrac{1}{b},\end{cases}$ 显然无解.

如果 $a=b$，则式(1)成为 $x+y=\dfrac{1}{b}$. 此时式(1)的通解为

$$(x,y)^{\mathrm{T}}=\left(k,\frac{1}{b}-k\right)^{\mathrm{T}}(k\text{ 是任意常数}).$$

如果 $|a|\neq|b|$，则式(1)有唯一解 $(x,y)^{\mathrm{T}}=\left(\dfrac{1}{a+b},\dfrac{1}{a+b}\right)^{\mathrm{T}}$.

由于（Ⅰ）是由 n 个方程组 $\begin{cases}ax_i+bx_{2n-i+1}=1,\\ bx_i+ax_{2n-i+1}=1\end{cases}(i=1,2,\cdots,n)$

联立而成，所以，

当 $a=-b$ 时，（Ⅰ）无解.

当 $a=b$ 时，（Ⅰ）有无穷多解，通解为

$$\left(x_1,x_2,\cdots,x_n,x_{n+1},\cdots,x_{2n-1},x_{2n}\right)^{\mathrm{T}}=\left(k_1,k_2,\cdots,k_n,\frac{1}{b}-k_n,\cdots,\frac{1}{b}-k_2,\frac{1}{b}-k_1\right)^{\mathrm{T}}，\text{其中，}$$

$k_1,k_2,\cdots,k_n$ 是任意常数.

当 $|a|\neq|b|$ 时,(Ⅰ)有唯一解

$$(x_1,x_2,\cdots,x_{2n-1},x_{2n})^{\mathrm{T}}=\left(\frac{1}{a+b},\frac{1}{a+b},\cdots,\frac{1}{a+b},\frac{1}{a+b}\right)^{\mathrm{T}}.$$

3.11 由题设知(Ⅰ)的导出组至少有两个线性无关的解,所以(Ⅰ)的系数矩阵 $\boldsymbol{A}$ 的秩 $r(\boldsymbol{A})\leqslant 4-2=2$,此外,由(Ⅰ)的表达式知,$r(\boldsymbol{A})\geqslant 2$. 从而 $r(\boldsymbol{A})=2$. 对(Ⅰ)的增广矩阵 $\overline{\boldsymbol{A}}$ 施行初等行变换:

$$\overline{\boldsymbol{A}}=\left(\begin{array}{cccc:c}1&1&1&1&-1\\4&3&5&-1&-1\\a&1&3&b&1\end{array}\right)\to\left(\begin{array}{cccc:c}1&1&1&1&-1\\0&-1&1&-5&3\\0&1-a&3-a&b-a&1+a\end{array}\right)$$

$$\to\left(\begin{array}{cccc:c}1&1&1&1&-1\\0&-1&1&-5&3\\0&0&4-2a&-5+4a+b&4-2a\end{array}\right).$$

由此得到,$\begin{cases}4-2a=0,\\-5+4a+b=0,\end{cases}$ 即 $a=2,b=-3$.

将 $a=2,b=-3$ 代入(Ⅰ)的增广矩阵 $\overline{\boldsymbol{A}}$,并施行初等行变换:

$$\overline{\boldsymbol{A}}=\left(\begin{array}{cccc:c}1&1&1&1&-1\\4&3&5&-1&-1\\2&1&3&-3&1\end{array}\right)\to\left(\begin{array}{cccc:c}1&1&1&1&-1\\0&-1&1&-5&3\\0&0&0&0&0\end{array}\right)\to\left(\begin{array}{cccc:c}1&0&2&-4&2\\0&1&-1&5&-3\\0&0&0&0&0\end{array}\right).$$

由此得到,(Ⅰ)的通解

$$(x_1,x_2,x_3,x_4)^{\mathrm{T}}=C_1(-2,1,1,0)^{\mathrm{T}}+C_2(4,-5,0,1)^{\mathrm{T}}+(2,-3,0,0)^{\mathrm{T}},$$

其中,C_1,C_2 是任意常数.

3.12 记(Ⅰ)的系数矩阵与增广矩阵分别为 $\boldsymbol{A},\overline{\boldsymbol{A}}$,则由题设知,$r(\overline{\boldsymbol{A}})=r(\boldsymbol{A})<4$.

对 $\overline{\boldsymbol{A}}$ 施行初等行变换:

$$\overline{\boldsymbol{A}}=\left(\begin{array}{cccc:c}1&1&2&3&1\\1&3&6&1&3\\3&-1&-k_1&15&3\\1&-5&-10&12&k_2\end{array}\right)\to\left(\begin{array}{cccc:c}1&1&2&3&1\\0&2&4&-2&2\\0&-4&-k_1-6&6&0\\0&-6&-12&9&k_2-1\end{array}\right)$$

$$\to\left(\begin{array}{cccc:c}1&1&2&3&1\\0&1&2&-1&1\\0&-1&-\frac{k_1+6}{4}&\frac{3}{2}&0\\0&-1&-2&\frac{3}{2}&\frac{k_2-1}{6}\end{array}\right)\to\left(\begin{array}{cccc:c}1&1&2&3&1\\0&1&2&-1&1\\0&0&\frac{-k_1+2}{4}&\frac{1}{2}&1\\0&0&0&\frac{1}{2}&\frac{k_2+5}{6}\end{array}\right)$$

$$\to\left(\begin{array}{cccc:c}1&1&2&3&1\\0&1&2&-1&1\\0&0&\frac{-k_1+2}{4}&0&\frac{1-k_2}{6}\\0&0&0&\frac{1}{2}&\frac{k_2+5}{6}\end{array}\right).$$

于是，得$\begin{cases}\dfrac{-k_1+2}{4}=0,\\ \dfrac{1-k_2}{6}=0,\end{cases}$ 即 $k_1=2,k_2=1$.

将 $k_1=2,k_2=1$ 代入 $\overline{\boldsymbol{A}}$，并继续对 $\overline{\boldsymbol{A}}$ 施行初等行变换：

$$\overline{\boldsymbol{A}}\to\left(\begin{array}{cccc:c}1&1&2&3&1\\0&1&2&-1&1\\0&0&0&0&0\\0&0&0&\frac{1}{2}&1\end{array}\right)\to\left(\begin{array}{cccc:c}1&1&2&3&1\\0&1&2&-1&1\\0&0&0&1&2\\0&0&0&0&0\end{array}\right)$$

$$\to\left(\begin{array}{cccc:c}1&0&0&4&0\\0&1&2&0&3\\0&0&0&1&2\\0&0&0&0&0\end{array}\right)\to\left(\begin{array}{cccc:c}1&0&0&0&-8\\0&1&2&0&3\\0&0&0&1&2\\0&0&0&0&0\end{array}\right),$$

因此，(Ⅰ)的通解为

$(x_1,x_2,x_3,x_4)^{\mathrm{T}}=C(0,-2,1,0)^{\mathrm{T}}+(-8,3,0,2)^{\mathrm{T}}$(其中，$C$ 是任意常数).

3.13 将 $\boldsymbol{\alpha}_3=3\boldsymbol{\alpha}_1-\boldsymbol{\alpha}_2-2\boldsymbol{\alpha}_4$ 代入 $\boldsymbol{Ax}=\boldsymbol{\beta}$，并记 $\boldsymbol{x}=(x_1,x_2,x_3,x_4)^{\mathrm{T}}$，得

$$(\boldsymbol{\alpha}_1,\boldsymbol{\alpha}_2,3\boldsymbol{\alpha}_1-\boldsymbol{\alpha}_2-2\boldsymbol{\alpha}_4,\boldsymbol{\alpha}_4)\begin{pmatrix}x_1\\x_2\\x_3\\x_4\end{pmatrix}=10\boldsymbol{\alpha}_1-\boldsymbol{\alpha}_2-6\boldsymbol{\alpha}_4,$$

即 $(x_1+3x_3)\boldsymbol{\alpha}_1+(x_2-x_3)\boldsymbol{\alpha}_2+(-2x_3+x_4)\boldsymbol{\alpha}_4=10\boldsymbol{\alpha}_1-\boldsymbol{\alpha}_2-6\boldsymbol{\alpha}_4$.

由于 $\boldsymbol{\alpha}_1,\boldsymbol{\alpha}_2,\boldsymbol{\alpha}_4$ 线性无关，所以有

$$\begin{cases}x_1\quad+3x_3\quad=10,\\ \quad x_2-x_3\quad=-1,\\ \quad\quad-2x_3+x_4=-6.\end{cases}\tag{1}$$

对式(1)的增广矩阵 $\overline{\boldsymbol{A}}$ 施行初等行变换：

$$\overline{\boldsymbol{A}}=\left(\begin{array}{cccc:c}1&0&3&0&10\\0&1&-1&0&-1\\0&0&-2&1&-6\end{array}\right)\to\left(\begin{array}{cccc:c}1&0&3&0&10\\0&1&-1&0&-1\\0&0&1&-\frac{1}{2}&3\end{array}\right)$$

$$\to\left(\begin{array}{cccc:c}1&0&0&\frac{3}{2}&1\\0&1&0&-\frac{1}{2}&2\\0&0&1&-\frac{1}{2}&3\end{array}\right),$$

所以，式(1)，即 $\boldsymbol{Ax}=\boldsymbol{\beta}$ 的通解为

$$\boldsymbol{x}=(x_1,x_2,x_3,x_4)^{\mathrm{T}}=C\left(-\frac{3}{2},\frac{1}{2},\frac{1}{2},1\right)^{\mathrm{T}}+(1,2,3,0)^{\mathrm{T}}\text{(其中，}C\text{ 是任意常数).}$$

3.14 由题设知，$(1,2,2,1)^T$ 是 $\boldsymbol{Ax}=\boldsymbol{\beta}$ 的解，且
$(1,2,2,1)^T-(1,-2,4,0)^T=(0,4,-2,1)^T$ 是 $\boldsymbol{Ax}=\boldsymbol{0}$ 的解，

故有
$$\begin{cases}\boldsymbol{\alpha}_1+2\boldsymbol{\alpha}_2+2\boldsymbol{\alpha}_3+\boldsymbol{\alpha}_4=\boldsymbol{\beta},\\ 4\boldsymbol{\alpha}_2-2\boldsymbol{\alpha}_3+\boldsymbol{\alpha}_4=\boldsymbol{0},\end{cases} \tag{1}$$

即
$$\boldsymbol{\alpha}_4=-4\boldsymbol{\alpha}_2+2\boldsymbol{\alpha}_3,$$
$$\boldsymbol{\beta}=\boldsymbol{\alpha}_1-2\boldsymbol{\alpha}_2+4\boldsymbol{\alpha}_3.$$

记 $\boldsymbol{y}=(y_1,y_2,y_3,y_4)^T$，则由 $\boldsymbol{By}=\boldsymbol{\alpha}_1+2\boldsymbol{\alpha}_2$，得

$$(\boldsymbol{\alpha}_3,\boldsymbol{\alpha}_2,\boldsymbol{\alpha}_1,\boldsymbol{\alpha}_1+2\boldsymbol{\alpha}_2+2\boldsymbol{\alpha}_3)\begin{pmatrix}y_1\\y_2\\y_3\\y_4\end{pmatrix}=\boldsymbol{\alpha}_1+2\boldsymbol{\alpha}_2,$$

即 $\quad (y_3+y_4)\boldsymbol{\alpha}_1+(y_2+2y_4)\boldsymbol{\alpha}_2+(y_1+2y_4)\boldsymbol{\alpha}_3=\boldsymbol{\alpha}_1+2\boldsymbol{\alpha}_2.$

由 $\boldsymbol{\alpha}_1,\boldsymbol{\alpha}_2,\boldsymbol{\alpha}_3$ 线性无关(由于 $r(\boldsymbol{A})=3$，于是由式(1)知 $\boldsymbol{\alpha}_1,\boldsymbol{\alpha}_2,\boldsymbol{\alpha}_3$ 线性无关)，得

$$\begin{cases}y_3+y_4=1,\\ y_2+2y_4=2,\\ y_1+2y_4=0.\end{cases} \tag{2}$$

式(2)的通解为 $\boldsymbol{y}=(y_1,y_2,y_3,y_4)^T=C(-2,-2,-1,1)^T+(0,2,1,0)^T$(其中，$C$ 为任意常数).

3.15 由题设知

$$\boldsymbol{A}\begin{pmatrix}1&-1&-1\\0&2&1\\0&0&1\end{pmatrix}=\begin{pmatrix}1&1&1\\1&1&1\\1&1&1\end{pmatrix},$$

所以，$\boldsymbol{A}=\begin{pmatrix}1&1&1\\1&1&1\\1&1&1\end{pmatrix}\begin{pmatrix}1&-1&-1\\0&2&1\\0&0&1\end{pmatrix}^{-1}=\begin{pmatrix}1&1&1\\1&1&1\\1&1&1\end{pmatrix}\begin{pmatrix}1&\frac{1}{2}&\frac{1}{2}\\0&\frac{1}{2}&-\frac{1}{2}\\0&0&1\end{pmatrix}=\begin{pmatrix}1&1&1\\1&1&1\\1&1&1\end{pmatrix}.$

3.16 对所给矩阵方程的增广矩阵施行初等行变换：

$$\left(\begin{array}{cccc:cc}1&2&0&1&6&1\\1&1&0&2&5&1\\2&1&2&3&11&4\end{array}\right)\to\left(\begin{array}{cccc:cc}1&2&0&1&6&1\\0&-1&0&1&-1&0\\0&-3&2&1&-1&2\end{array}\right)$$
$$\to\left(\begin{array}{cccc:cc}1&2&0&1&6&1\\0&1&0&-1&1&0\\0&-3&2&1&-1&2\end{array}\right)\to\left(\begin{array}{cccc:cc}1&0&0&3&4&1\\0&1&0&-1&1&0\\0&0&2&-2&2&2\end{array}\right)$$
$$\to\left(\begin{array}{cccc:cc}1&0&0&3&4&1\\0&1&0&-1&1&0\\0&0&1&-1&1&1\end{array}\right).$$

由此可知，$\begin{pmatrix} x_{11} \\ x_{21} \\ x_{31} \\ x_{41} \end{pmatrix} = C_1 \begin{pmatrix} -3 \\ 1 \\ 1 \\ 1 \end{pmatrix} + \begin{pmatrix} 4 \\ 1 \\ 1 \\ 0 \end{pmatrix} = \begin{pmatrix} -3C_1+4 \\ C_1+1 \\ C_1+1 \\ C_1 \end{pmatrix}$，

$$\begin{pmatrix} x_{12} \\ x_{22} \\ x_{32} \\ x_{42} \end{pmatrix} = C_2 \begin{pmatrix} -3 \\ 1 \\ 1 \\ 1 \end{pmatrix} + \begin{pmatrix} 1 \\ 0 \\ 1 \\ 0 \end{pmatrix} = \begin{pmatrix} -3C_2+1 \\ C_2 \\ C_2+1 \\ C_2 \end{pmatrix}.$$

因此$\begin{pmatrix} x_{11} & x_{12} \\ x_{21} & x_{22} \\ x_{31} & x_{32} \\ x_{41} & x_{42} \end{pmatrix} = \begin{pmatrix} -3C_1+4 & -3C_2+1 \\ C_1+1 & C_2 \\ C_1+1 & C_2+1 \\ C_1 & C_2 \end{pmatrix}$，其中，$C_1$，$C_2$ 是任意常数.

3.17 对矩阵$(\boldsymbol{A} \mid \boldsymbol{C})$施行初等行变换：

$$(\boldsymbol{A} \mid \boldsymbol{C}) = \left(\begin{array}{cccc|cc} 2 & 1 & -1 & 1 & 1 & 4 \\ 1 & 2 & 1 & -1 & 2 & -1 \\ 1 & 1 & 2 & 1 & 3 & 5 \end{array}\right) \to \left(\begin{array}{cccc|cc} 1 & 1 & 2 & 1 & 3 & 5 \\ 1 & 2 & 1 & -1 & 2 & -1 \\ 2 & 1 & -1 & 1 & 1 & 4 \end{array}\right)$$

$$\to \left(\begin{array}{cccc|cc} 1 & 1 & 2 & 1 & 3 & 5 \\ 0 & 1 & -1 & -2 & -1 & -6 \\ 0 & -1 & -5 & -1 & -5 & -6 \end{array}\right) \to \left(\begin{array}{cccc|cc} 1 & 1 & 2 & 1 & 3 & 5 \\ 0 & 1 & -1 & -2 & -1 & -6 \\ 0 & 0 & -6 & -3 & -6 & -12 \end{array}\right)$$

$$\to \left(\begin{array}{cccc|cc} 1 & 1 & 2 & 1 & 3 & 5 \\ 0 & 1 & -1 & -2 & -1 & -6 \\ 0 & 0 & 1 & \frac{1}{2} & 1 & 2 \end{array}\right) \to \left(\begin{array}{cccc|cc} 1 & 0 & 3 & 3 & 4 & 11 \\ 0 & 1 & -1 & -2 & -1 & -6 \\ 0 & 0 & 1 & \frac{1}{2} & 1 & 2 \end{array}\right)$$

$$\to \left(\begin{array}{cccc|cc} 1 & 0 & 0 & \frac{3}{2} & 1 & 5 \\ 0 & 1 & 0 & -\frac{3}{2} & 0 & -4 \\ 0 & 0 & 1 & \frac{1}{2} & 1 & 2 \end{array}\right),$$

所以，
$$\begin{pmatrix} b_{11} \\ b_{21} \\ 0 \\ b_{41} \end{pmatrix} = C_1 \begin{pmatrix} -\frac{3}{2} \\ \frac{3}{2} \\ -\frac{1}{2} \\ 1 \end{pmatrix} + \begin{pmatrix} 1 \\ 0 \\ 1 \\ 0 \end{pmatrix} = \begin{pmatrix} -\frac{3}{2}C_1+1 \\ \frac{3}{2}C_1 \\ -\frac{1}{2}C_1+1 \\ C_1 \end{pmatrix}, \tag{1}$$

$$\begin{pmatrix} b_{12} \\ b_{22} \\ 0 \\ b_{42} \end{pmatrix} = C_2 \begin{pmatrix} -\frac{3}{2} \\ \frac{3}{2} \\ -\frac{1}{2} \\ 1 \end{pmatrix} + \begin{pmatrix} 5 \\ -4 \\ 2 \\ 0 \end{pmatrix} = \begin{pmatrix} -\frac{3}{2}C_2+5 \\ \frac{3}{2}C_2-4 \\ -\frac{1}{2}C_2+2 \\ C_2 \end{pmatrix}, \tag{2}$$

由此可得$\begin{cases} -\frac{1}{2}C_1+1=0, \\ -\frac{1}{2}C_2+2=0, \end{cases}$即 $C_1=2, C_2=4$. 将它们代入式(1)与式(2),得

$$\boldsymbol{B} = \begin{pmatrix} b_{11} & b_{12} \\ b_{21} & b_{22} \\ 0 & 0 \\ b_{41} & b_{42} \end{pmatrix} = \begin{pmatrix} -2 & -1 \\ 3 & 2 \\ 0 & 0 \\ 2 & 4 \end{pmatrix}.$$

3.18 将(Ⅰ)与(Ⅱ)联立组成方程组

$$(\text{Ⅲ})\begin{cases} x_1 - x_2 + 3x_3 - 2x_4 = 0, \\ x_1 + x_2 - x_3 - 6x_4 = 0, \\ 3x_1 + ax_2 + x_3 - 2x_4 = 0, \\ 2x_2 - 5x_3 + (a-1)x_4 = 0, \\ x_1 - x_2 + 2x_3 = 0. \end{cases}$$

对(Ⅲ)的系数矩阵 $\boldsymbol{C}$ 施行初等行变换:

$$\boldsymbol{C} = \begin{pmatrix} 1 & -1 & 3 & -2 \\ 1 & 1 & -1 & -6 \\ 3 & a & 1 & -2 \\ 0 & 2 & -5 & a-1 \\ 1 & -1 & 2 & 0 \end{pmatrix} \to \begin{pmatrix} 1 & -1 & 3 & -2 \\ 0 & 2 & -4 & -4 \\ 0 & a+3 & -8 & 4 \\ 0 & 2 & -5 & a-1 \\ 0 & 0 & -1 & 2 \end{pmatrix} \to \begin{pmatrix} 1 & -1 & 3 & -2 \\ 0 & 1 & -2 & -2 \\ 0 & a+3 & -8 & 4 \\ 0 & 2 & -5 & a-1 \\ 0 & 0 & -1 & 2 \end{pmatrix}$$

$$\to \begin{pmatrix} 1 & -1 & 3 & -2 \\ 0 & 1 & -2 & -2 \\ 0 & 0 & 2a-2 & 2a+10 \\ 0 & 0 & -1 & a+3 \\ 0 & 0 & -1 & 2 \end{pmatrix} \to \begin{pmatrix} 1 & -1 & 3 & -2 \\ 0 & 1 & -2 & -2 \\ 0 & 0 & 0 & 6a+6 \\ 0 & 0 & 0 & a+1 \\ 0 & 0 & -1 & 2 \end{pmatrix} \to \begin{pmatrix} 1 & -1 & 3 & -2 \\ 0 & 1 & -2 & -2 \\ 0 & 0 & 0 & 0 \\ 0 & 0 & 0 & a+1 \\ 0 & 0 & -1 & 2 \end{pmatrix} \overset{\text{记}}{=} \boldsymbol{M}.$$

由题设知(Ⅲ)有非零解,因此 $r(\boldsymbol{C})<4$,从而 $a+1=0$,即 $a=-1$.

将 $a=-1$ 代入 $\boldsymbol{M}$,并继续施行初等行变换:

$$\boldsymbol{C} \to \begin{pmatrix} 1 & -1 & 3 & -2 \\ 0 & 1 & -2 & -2 \\ 0 & 0 & -1 & 2 \\ 0 & 0 & 0 & 0 \\ 0 & 0 & 0 & 0 \end{pmatrix} \to \begin{pmatrix} 1 & 0 & 1 & -4 \\ 0 & 1 & -2 & -2 \\ 0 & 0 & 1 & -2 \\ 0 & 0 & 0 & 0 \\ 0 & 0 & 0 & 0 \end{pmatrix} \to \begin{pmatrix} 1 & 0 & 0 & -2 \\ 0 & 1 & 0 & -6 \\ 0 & 0 & 1 & -2 \\ 0 & 0 & 0 & 0 \\ 0 & 0 & 0 & 0 \end{pmatrix}.$$

由此可知,(Ⅲ)的通解为

$$(x_1,x_2,x_3,x_4)^{\mathrm{T}}=C(2,6,2,1)^{\mathrm{T}}.$$

从而,(Ⅰ)与(Ⅱ)的所有非零公共解为

$$(x_1,x_2,x_3,x_4)^{\mathrm{T}}=C(2,6,2,1)^{\mathrm{T}}\text{(其中,}C\text{ 是任意非零常数)}.$$

3.19　(Ⅰ)的通解为

$$\boldsymbol{x}=C_1\boldsymbol{\alpha}_1+C_2\boldsymbol{\alpha}_2+C_3\boldsymbol{\alpha}_3, \tag{1}$$

(Ⅱ)的通解为

$$\boldsymbol{x}=D_1\boldsymbol{\beta}_1+D_2\boldsymbol{\beta}_2+D_3\boldsymbol{\beta}_3,$$

所以,(Ⅰ)与(Ⅱ)的公共解应满足

$$C_1\boldsymbol{\alpha}_1+C_2\boldsymbol{\alpha}_2+C_3\boldsymbol{\alpha}_3=D_1\boldsymbol{\beta}_1+D_2\boldsymbol{\beta}_2+D_3\boldsymbol{\beta}_3,$$

即

$$\begin{cases} C_1+C_2+C_3-D_1-D_2-D_3=0, \\ C_1+C_2-D_1+D_2+D_3=0, \\ C_1+C_3+D_1-D_2+D_3=0, \\ C_2+C_3+D_1+D_2-D_3=0, \\ 2C_1+C_2+2C_3-D_1-2D_2-D_3=0. \end{cases} \tag{2}$$

对式(2)的系数矩阵施行初等行变换:

$$\begin{pmatrix} 1 & 1 & 1 & -1 & -1 & -1 \\ 1 & 1 & 0 & -1 & 1 & 1 \\ 1 & 0 & 1 & 1 & -1 & 1 \\ 0 & 1 & 1 & 1 & 1 & -1 \\ 2 & 1 & 2 & -1 & -2 & -1 \end{pmatrix} \to \begin{pmatrix} 1 & 1 & 1 & -1 & -1 & -1 \\ 0 & 0 & -1 & 0 & 2 & 2 \\ 0 & -1 & 0 & 2 & 0 & 2 \\ 0 & 1 & 1 & 1 & 1 & -1 \\ 0 & -1 & 0 & 1 & 0 & 1 \end{pmatrix}$$

$$\to \begin{pmatrix} 1 & 0 & 1 & 1 & -1 & 1 \\ 0 & 0 & -1 & 0 & 2 & 2 \\ 0 & -1 & 0 & 2 & 0 & 2 \\ 0 & 0 & 1 & 3 & 1 & 1 \\ 0 & 0 & 0 & -1 & 0 & -1 \end{pmatrix} \to \begin{pmatrix} 1 & 0 & 0 & 1 & 1 & 3 \\ 0 & 0 & -1 & 0 & 2 & 2 \\ 0 & -1 & 0 & 2 & 0 & 2 \\ 0 & 0 & 0 & 3 & 3 & 3 \\ 0 & 0 & 0 & -1 & 0 & -1 \end{pmatrix}$$

$$\to \begin{pmatrix} 1 & 0 & 0 & 1 & 1 & 3 \\ 0 & 0 & 1 & 0 & -2 & -2 \\ 0 & 1 & 0 & -2 & 0 & -2 \\ 0 & 0 & 0 & 1 & 1 & 1 \\ 0 & 0 & 0 & -1 & 0 & -1 \end{pmatrix} \to \begin{pmatrix} 1 & 0 & 0 & 0 & 0 & 2 \\ 0 & 0 & 1 & 0 & -2 & -2 \\ 0 & 1 & 0 & 0 & 0 & 0 \\ 0 & 0 & 0 & 1 & 1 & 1 \\ 0 & 0 & 0 & 0 & 1 & 0 \end{pmatrix}$$

$$\to \begin{pmatrix} 1 & 0 & 0 & 0 & 0 & 2 \\ 0 & 0 & 1 & 0 & -2 & -2 \\ 0 & 1 & 0 & 0 & 0 & 0 \\ 0 & 0 & 0 & 1 & 0 & 1 \\ 0 & 0 & 0 & 0 & 1 & 0 \end{pmatrix} \to \begin{pmatrix} 1 & 0 & 0 & 0 & 0 & 2 \\ 0 & 1 & 0 & 0 & 0 & 0 \\ 0 & 0 & 1 & 0 & 0 & -2 \\ 0 & 0 & 0 & 1 & 0 & 1 \\ 0 & 0 & 0 & 0 & 1 & 0 \end{pmatrix}$$

由此得到,

$$(C_1,C_2,C_3,D_1,D_2,D_3)^{\mathrm{T}}=C(-2,0,2,-1,0,1)^{\mathrm{T}}=(-2C,0,2C,-C,0,C)^{\mathrm{T}}.$$

将其中的 $C_1=-2C,C_2=0,C_3=2C$ 代入式(1)得所求的公共解为

$$x=-2C\boldsymbol{\alpha}_1+2C\boldsymbol{\alpha}_3=(0,-2C,0,2C,0)^{\mathrm{T}}(\text{其中},C\text{是任意常数}).$$

3.20　(Ⅰ)对线性方程组(A)的增广矩阵$\overline{\boldsymbol{A}}$施行初等行变换：

$$\overline{\boldsymbol{A}}=\left(\begin{array}{ccc:c}1&2&1&3\\2&a+4&-1&6\\-1&-2&a&-3\end{array}\right)\to\left(\begin{array}{ccc:c}1&2&1&3\\0&a&-3&0\\0&0&a+1&0\end{array}\right).$$

于是,由线性方程组(A)有无穷多解知,$r(\overline{\boldsymbol{A}})=r(\boldsymbol{A})<3$(其中$\boldsymbol{A}$是线性方程组($A$)的系数矩阵),即$a+1=0$,所以$a=-1$

(Ⅱ)将$a=-1$代入线性方程组(A),并与线性方程组(B)联立,得

$$(C)\begin{cases}x_1+2x_2+x_3=3,\\2x_1+3x_2-x_3=6,\\-x_1-2x_2-x_3=-3,\\x_1+\ x_2+x_3=0,\\2x_1+\lambda x_2\qquad=1.\end{cases}$$

对方程组(C)的增广矩阵$\overline{\boldsymbol{C}}$施行初等行变换：

$$\overline{\boldsymbol{C}}=\left(\begin{array}{ccc:c}1&2&1&3\\2&3&-1&6\\-1&-2&-1&-3\\1&1&1&0\\2&\lambda&0&1\end{array}\right)\to\left(\begin{array}{ccc:c}1&2&1&3\\0&-1&-3&0\\0&0&0&0\\0&-1&0&-3\\0&\lambda-4&-2&-5\end{array}\right)$$

$$\to\left(\begin{array}{ccc:c}1&0&-5&3\\0&-1&-3&0\\0&0&0&0\\0&0&3&-3\\0&0&-3\lambda+10&-5\end{array}\right)\to\left(\begin{array}{ccc:c}1&0&-5&3\\0&1&3&0\\0&0&0&0\\0&0&1&-1\\0&0&0&-3\lambda+5\end{array}\right),$$

于是,当方程组(A)与方程组(B)有公共解,即方程组(C)有解时,$-3\lambda+5=0$,即$\lambda=\frac{5}{3}$.

将$\lambda=\frac{5}{3}$代入$\overline{\boldsymbol{C}}$,并继续施行初等行变换：

$$\overline{\boldsymbol{C}}\to\left(\begin{array}{ccc:c}1&0&-5&3\\0&1&3&0\\0&0&0&0\\0&0&1&-1\\0&0&0&0\end{array}\right)\to\left(\begin{array}{ccc:c}1&0&0&-2\\0&1&0&3\\0&0&0&0\\0&0&1&-1\\0&0&0&0\end{array}\right),$$

所以,方程组(C)的解,即方程组(A)与方程组(B)的公共解为$x_1=-2,x_2=3,x_3=-1$.

3.21　对(Ⅰ)的增广矩阵施行初等行变换：

$$\left(\begin{array}{cccc:c}1&1&0&-2&-6\\4&-1&-1&-1&1\\3&-1&-1&0&3\end{array}\right)\to\left(\begin{array}{cccc:c}1&1&0&-2&-6\\1&0&0&-1&-2\\3&-1&-1&0&3\end{array}\right)$$

$$\rightarrow\left(\begin{array}{cccc:c}1&0&0&-1&-2\\1&1&0&-2&-6\\3&-1&-1&0&3\end{array}\right)\rightarrow\left(\begin{array}{cccc:c}1&0&0&-1&-2\\0&1&0&-1&-4\\0&-1&-1&3&9\end{array}\right)$$

$$\rightarrow\left(\begin{array}{cccc:c}1&0&0&-1&-2\\0&1&0&-1&-4\\0&0&-1&2&5\end{array}\right)\rightarrow\left(\begin{array}{cccc:c}1&0&0&-1&-2\\0&1&0&-1&-4\\0&0&1&-2&-5\end{array}\right),$$

所以,(Ⅰ)的通解为

$$(x_1,x_2,x_3,x_4)^T=C(1,1,2,1)^T+(-2,-4,-5,0)^T=(C-2,C-4,2C-5,C)^T,$$

即 $x_1=C-2,x_2=C-4,x_3=2C-5,x_4=C$. 将它们代入(Ⅱ),得

$$\begin{cases}(m-2)C+(-4m+8)=0, & (1)\\(n-4)C+(-4n+16)=0, & (2)\\-5=-t+1. & (3)\end{cases}$$

由于 C 是任意常数,所以由式(1)与式(2),得

$$\begin{cases}m-2=0,\\n-4=0,\\-4m+8=0,\\-4n+16=0,\end{cases}\qquad 即\ m=2,n=4.$$

此外,由式(3),得 $t=6$.

3.22 取 x_3 为自由未知量,即可得(Ⅱ)的通解

$$(x_1,x_2,x_3,x_4)^T=C(-3,2,1,0)^T+(-2,5,0,-10)^T=(-3C-2,2C+5,C,-10)^T.$$

即 $x_1=-3C-2,x_2=2C+5,x_3=C,x_4=-10$,其中 C 是任意常数.

将它们代入(Ⅰ)得

$$\begin{cases}-2=r,\\(-6+2p)C+(5p-15)=0,\\(-2+q)C=0.\end{cases}$$

显然,$r=-2$. 此外,由 C 是任意常数得 $p=3,q=2$.

3.23 由题设知,矩阵方程

$$(\boldsymbol{\beta}_1,\boldsymbol{\beta}_2,\boldsymbol{\beta}_3)\boldsymbol{X}=(\boldsymbol{\alpha}_1,\boldsymbol{\alpha}_2,\boldsymbol{\alpha}_3)$$

无解. 从而 $$r(\boldsymbol{\beta}_1,\boldsymbol{\beta}_2,\boldsymbol{\beta}_3)<r(\boldsymbol{\beta}_1,\boldsymbol{\beta}_2,\boldsymbol{\beta}_3 \mid \boldsymbol{\alpha}_1,\boldsymbol{\alpha}_2,\boldsymbol{\alpha}_3). \qquad (1)$$

对 $(\boldsymbol{\beta}_1,\boldsymbol{\beta}_2,\boldsymbol{\beta}_3 \mid \boldsymbol{\alpha}_1,\boldsymbol{\alpha}_2,\boldsymbol{\alpha}_3)$ 施行初等行变换:

$$(\boldsymbol{\beta}_1,\boldsymbol{\beta}_2,\boldsymbol{\beta}_3 \mid \boldsymbol{\alpha}_1,\boldsymbol{\alpha}_2,\boldsymbol{\alpha}_3)=\left(\begin{array}{ccc:ccc}1&1&3&1&0&b\\1&2&4&0&1&3\\1&3&b&a&1&5\end{array}\right)$$

$$\rightarrow\left(\begin{array}{ccc:ccc}1&1&3&1&0&b\\0&1&1&-1&1&3-b\\0&2&b-3&a-1&1&5-b\end{array}\right)\rightarrow\left(\begin{array}{ccc:ccc}1&1&3&1&0&b\\0&1&1&-1&1&3-b\\0&0&b-5&a+1&-1&b-1\end{array}\right),$$

所以,由式(1)知 $b-5=0$,即 $b=5$.

由题设知,矩阵方程

$$(\boldsymbol{\alpha}_1,\boldsymbol{\alpha}_1+\boldsymbol{\alpha}_2,\boldsymbol{\alpha}_1+\boldsymbol{\alpha}_2+\boldsymbol{\alpha}_3)\boldsymbol{Y}=(\boldsymbol{\beta}_1,\boldsymbol{\beta}_2,\boldsymbol{\beta}_3),$$

即$(\boldsymbol{\alpha}_1,\boldsymbol{\alpha}_2,\boldsymbol{\alpha}_3)\begin{pmatrix}1&1&1\\0&1&1\\0&0&1\end{pmatrix}\boldsymbol{Y}=(\boldsymbol{\beta}_1,\boldsymbol{\beta}_2,\boldsymbol{\beta}_3)$有解,即

$(\boldsymbol{\alpha}_1,\boldsymbol{\alpha}_2,\boldsymbol{\alpha}_3)\boldsymbol{Z}=(\boldsymbol{\beta}_1,\boldsymbol{\beta}_2,\boldsymbol{\beta}_3)$有解(这里$\boldsymbol{Z}=\begin{pmatrix}1&1&1\\0&1&1\\0&0&1\end{pmatrix}\boldsymbol{Y}$,而$\begin{pmatrix}1&1&1\\0&1&1\\0&0&1\end{pmatrix}$可逆).

从而
$$r(\boldsymbol{\alpha}_1,\boldsymbol{\alpha}_2,\boldsymbol{\alpha}_3)=r(\boldsymbol{\alpha}_1,\boldsymbol{\alpha}_2,\boldsymbol{\alpha}_3\mid\boldsymbol{\beta}_1,\boldsymbol{\beta}_2,\boldsymbol{\beta}_3).\tag{2}$$

将$b=5$代入$(\boldsymbol{\alpha}_1,\boldsymbol{\alpha}_2,\boldsymbol{\alpha}_3\mid\boldsymbol{\beta}_1,\boldsymbol{\beta}_2,\boldsymbol{\beta}_3)$,并对其施行初等行变换:

$$\left(\begin{array}{ccc|ccc}1&0&5&1&1&3\\0&1&3&1&2&4\\a&1&5&1&3&5\end{array}\right)\to\left(\begin{array}{ccc|ccc}1&0&5&1&1&3\\0&1&3&1&2&4\\0&1&5-5a&1-a&3-a&5-3a\end{array}\right)$$
$$\to\left(\begin{array}{ccc|ccc}1&0&5&1&1&3\\0&1&3&1&2&4\\0&0&2-5a&-a&1-a&1-3a\end{array}\right),$$

所以,由式(2),得$2-5a\neq0$,即$a\neq\dfrac{2}{5}$.

3.24 由于$\boldsymbol{\beta}$是(Ⅰ)的非零解,所以有

$$\begin{pmatrix}(\boldsymbol{\alpha}_1,\boldsymbol{\beta})\\(\boldsymbol{\alpha}_2,\boldsymbol{\beta})\\\vdots\\(\boldsymbol{\alpha}_r,\boldsymbol{\beta})\end{pmatrix}=\begin{pmatrix}\boldsymbol{\alpha}_1^{\mathrm T}\\\boldsymbol{\alpha}_2^{\mathrm T}\\\vdots\\\boldsymbol{\alpha}_r^{\mathrm T}\end{pmatrix}\boldsymbol{\beta}=\boldsymbol{0},$$

即$(\boldsymbol{\alpha}_1,\boldsymbol{\beta})=(\boldsymbol{\alpha}_2,\boldsymbol{\beta})=\cdots=(\boldsymbol{\alpha}_r,\boldsymbol{\beta})=0.$ (1)

设有实数$k_1,k_2,\cdots,k_r,k$使得
$$k_1\boldsymbol{\alpha}_1+k_2\boldsymbol{\alpha}_2+\cdots+k_r\boldsymbol{\alpha}_r+k\boldsymbol{\beta}=\boldsymbol{0},\tag{2}$$
则$0=(\boldsymbol{\beta},k_1\boldsymbol{\alpha}_1+k_2\boldsymbol{\alpha}_2+\cdots+k_r\boldsymbol{\alpha}_r+k\boldsymbol{\beta})$
$$=k_1(\boldsymbol{\alpha}_1,\boldsymbol{\beta})+k_2(\boldsymbol{\alpha}_2,\boldsymbol{\beta})+\cdots+k_r(\boldsymbol{\alpha}_r,\boldsymbol{\beta})+k(\boldsymbol{\beta},\boldsymbol{\beta}).$$

于是,由式(1),得$k(\boldsymbol{\beta},\boldsymbol{\beta})=0$. 由于$\boldsymbol{\beta}$是非零实向量,所以$(\boldsymbol{\beta},\boldsymbol{\beta})\neq0$,从而有$k=0$. 将它代入式(2),得
$$k_1\boldsymbol{\alpha}_1+k_2\boldsymbol{\alpha}_2+\cdots+k_r\boldsymbol{\alpha}_r=\boldsymbol{0}.$$

因此,由$\boldsymbol{\alpha}_1,\boldsymbol{\alpha}_2,\cdots,\boldsymbol{\alpha}_r$线性无关知,$k_1=k_2=\cdots=k_r=0$. 由此得到,仅当$k_1=k_2=\cdots=k_r=k=0$时,式(2)成立,故$\boldsymbol{\alpha}_1,\boldsymbol{\alpha}_2,\cdots,\boldsymbol{\alpha}_r,\boldsymbol{\beta}$线性无关.

3.25 记(Ⅰ)的系数矩阵的行向量为$\boldsymbol{\alpha}_1,\boldsymbol{\alpha}_2,\cdots,\boldsymbol{\alpha}_m$,(Ⅱ)的系数矩阵的第$m+1$个的行向量为$\boldsymbol{\alpha}$,则由(Ⅰ)与(Ⅱ)是同解方程组知
$$r(\boldsymbol{\alpha}_1,\boldsymbol{\alpha}_2,\cdots,\boldsymbol{\alpha}_m)=r(\boldsymbol{\alpha}_1,\boldsymbol{\alpha}_2,\cdots,\boldsymbol{\alpha}_m,\boldsymbol{\alpha}),$$
从而$\boldsymbol{\alpha}$可由$\boldsymbol{\alpha}_1,\boldsymbol{\alpha}_2,\cdots,\boldsymbol{\alpha}_m$线性表示,即存在实数$k_1,k_2,\cdots,k_m$,使得
$$\boldsymbol{\alpha}=k_1\boldsymbol{\alpha}_1+k_2\boldsymbol{\alpha}_2+\cdots+k_m\boldsymbol{\alpha}_m.$$

记(Ⅰ)的增广矩阵的行向量组为$\overline{\boldsymbol{\alpha}}_1,\overline{\boldsymbol{\alpha}}_2,\cdots,\overline{\boldsymbol{\alpha}}_m$;(Ⅱ)的增广矩阵的第$m+1$个行向量为$\overline{\boldsymbol{\alpha}}$,则
$$\overline{\boldsymbol{\alpha}}=(\boldsymbol{\alpha}\mid b)=(k_1\boldsymbol{\alpha}_1+k_2\boldsymbol{\alpha}_2+\cdots+k_m\boldsymbol{\alpha}_m\mid b).\tag{1}$$

由于(Ⅰ)有解,设为 $\boldsymbol{\xi}=(x_1^0,x_2^0,\cdots,x_n^0)^{\mathrm{T}}$,则 $(\boldsymbol{\alpha}_1,\boldsymbol{\xi})=b_1,(\boldsymbol{\alpha}_2,\boldsymbol{\xi})=b_2,\cdots,(\boldsymbol{\alpha}_m,\boldsymbol{\xi})=b_m$. 此外,由(Ⅰ)与(Ⅱ)同解知,$\boldsymbol{\xi}$ 也是(Ⅱ)的解,所以有

$$\begin{aligned}b&=a_1x_1^0+a_2x_2^0+\cdots+a_nx_n^0=(\boldsymbol{\alpha},\boldsymbol{\xi})\\&=(k_1\boldsymbol{\alpha}_1+k_2\boldsymbol{\alpha}_2+\cdots+k_m\boldsymbol{\alpha}_m,\boldsymbol{\xi})\\&=k_1(\boldsymbol{\alpha}_1,\boldsymbol{\xi})+k_2(\boldsymbol{\alpha}_2,\boldsymbol{\xi})+\cdots+k_m(\boldsymbol{\alpha}_m,\boldsymbol{\xi})\\&=k_1b_1+k_2b_2+\cdots+k_mb_m.\end{aligned}\tag{2}$$

将式(2)代入式(1),得

$$\begin{aligned}\overline{\boldsymbol{\alpha}}&=(k_1\boldsymbol{\alpha}_1+k_2\boldsymbol{\alpha}_2+\cdots+k_m\boldsymbol{\alpha}_m \mid k_1b_1+k_2b_2+\cdots+k_mb_m)\\&=k_1(\boldsymbol{\alpha}_1 \mid b_1)+k_2(\boldsymbol{\alpha}_2 \mid b_2)+\cdots+k_m(\boldsymbol{\alpha}_m \mid b_m)\\&=k_1\overline{\boldsymbol{\alpha}}_1+k_2\overline{\boldsymbol{\alpha}}_2+\cdots+k_m\overline{\boldsymbol{\alpha}}_m,\end{aligned}$$

即(Ⅱ)的增广矩阵的最后一个行向量是前 m 个行向量的线性组合.

3.26　必要性:设(Ⅰ)有解$(x_1^0,x_2^0,\cdots,x_n^0)^{\mathrm{T}}$,则

$$\begin{cases}a_{11}x_1^0+a_{12}x_2^0+\cdots+a_{1n}x_n^0=b_1,\\a_{21}x_1^0+a_{22}x_2^0+\cdots+a_{2n}x_n^0=b_2,\\\qquad\vdots\\a_{m1}x_1^0+a_{m2}x_2^0+\cdots+a_{mn}x_n^0=b_m.\end{cases}$$

于是,对于(Ⅱ)的任一个非零解$(c_1,c_2,\cdots,c_m)^{\mathrm{T}}$,有

$$\begin{aligned}\sum_{i=1}^{n}c_ib_i&=\sum_{i=1}^{n}c_i(a_{i1}x_1^0+a_{i2}x_2^0+\cdots+a_{in}x_n^0)\\&=\left(\sum_{i=1}^{n}a_{i1}c_i\right)x_1^0+\left(\sum_{i=1}^{n}a_{i2}c_i\right)x_2^0+\cdots+\left(\sum_{i=1}^{n}a_{in}c_i\right)x_n^0=0.\end{aligned}$$

充分性:记(Ⅰ)的系数矩阵为 $\boldsymbol{A}$,增广矩阵为 $\overline{\boldsymbol{A}}$.

当 $r(\boldsymbol{A})=m$ 时,$r(\overline{\boldsymbol{A}})=m$. 此时(Ⅰ)有解.

当 $r(\boldsymbol{A})=r<m$ 时,不妨设 $\boldsymbol{\alpha}_1,\boldsymbol{\alpha}_2,\cdots,\boldsymbol{\alpha}_r$ 线性无关(其中 $\boldsymbol{A}$ 的行向量顺序记为 $\boldsymbol{\alpha}_1,\boldsymbol{\alpha}_2,\cdots,\boldsymbol{\alpha}_m$),则对 $\boldsymbol{\alpha}_j\,(r<j\leqslant m)$可用 $\boldsymbol{\alpha}_1,\boldsymbol{\alpha}_2,\cdots,\boldsymbol{\alpha}_r$ 线性表示,即存在实数 $c_1,c_2,\cdots,c_r$,使得

$$\boldsymbol{\alpha}_j=c_1\boldsymbol{\alpha}_1+c_2\boldsymbol{\alpha}_2+\cdots+c_r\boldsymbol{\alpha}_r,\tag{1}$$

即 $c_1\boldsymbol{\alpha}_1+c_2\boldsymbol{\alpha}_2+\cdots+c_r\boldsymbol{\alpha}_r+0\cdot\boldsymbol{\alpha}_{r+1}+\cdots+(-1)\cdot\boldsymbol{\alpha}_j+\cdots+0\cdot\boldsymbol{\alpha}_m=\boldsymbol{0}$.

由此可知,$(c_1,c_2,\cdots,c_r,0,\cdots,-1,\cdots,0)^{\mathrm{T}}$ 是(Ⅱ)的一个非零解,所以由充分性的假定,它满足

$$c_1b_1+c_2b_2+\cdots+c_rb_r-b_j=0,\text{即 } c_1b_1+c_2b_2+\cdots+c_rb_r=b_j.\tag{2}$$

由式(1)与式(2)知

$$\begin{aligned}(\boldsymbol{\alpha}_j \mid b_j)&=(c_1\boldsymbol{\alpha}_1+c_2\boldsymbol{\alpha}_2+\cdots+c_r\boldsymbol{\alpha}_r \mid c_1b_1+c_2b_2+\cdots+c_rb_r)\\&=c_1(\boldsymbol{\alpha}_1 \mid b_1)+c_2(\boldsymbol{\alpha}_2 \mid b_2)+\cdots+c_r(\boldsymbol{\alpha}_r \mid b_r),\end{aligned}$$

即 $\overline{\boldsymbol{A}}$ 的第 $j\,(r<j\leqslant m)$个行向量都可用 $\overline{\boldsymbol{A}}$ 的前 r 个行向量线性表示,而 $\overline{\boldsymbol{A}}$ 的前 r 个行向量线性无关,因此 $r(\overline{\boldsymbol{A}})=r$.

综上所述,$r(\boldsymbol{A})=r(\overline{\boldsymbol{A}})$,因此(Ⅰ)有解.

3.27　(Ⅰ)用反证法证明.

设$|\boldsymbol{A}|=0$,则方程组 $\boldsymbol{Ax}=\boldsymbol{0}$ 有非零解,设为$(k_1,k_2,\cdots,k_n)^{\mathrm{T}}$.

记$|k_i|=\max\{|k_1|,|k_2|,\cdots,|k_n|\}$,则$|k_i|>0$.将该非零解代入$\boldsymbol{Ax}=\boldsymbol{0}$的第$i$个方程得

$$a_{i1}k_1+a_{i2}k_2+\cdots+a_{ii}k_i+\cdots+a_{in}k_n=0,$$

即

$$-a_{ii}k_i=a_{i1}k_1+a_{i2}k_2+\cdots+a_{i,i-1}k_{i-1}+a_{i,i+1}k_{i+1}+\cdots+a_{in}k_n.$$

从而有

$$|a_{ii}||k_i|\leqslant|a_{i1}||k_1|+|a_{i2}||k_2|+\cdots+|a_{i,i-1}||k_{i-1}|+|a_{i,i+1}||k_{i+1}|+\cdots+|a_{in}||k_n|$$
$$=\sum_{j\neq i}|a_{ij}||k_j|\leqslant\sum_{j\neq i}|a_{ij}||k_i|,$$

即$|a_{ii}|\leqslant\sum\limits_{j\neq i}|a_{ij}|$.这与假设矛盾,所以$|\boldsymbol{A}|\neq0$.

(Ⅱ)记$\boldsymbol{A}(x)=\begin{pmatrix}a_{11}&a_{12}x&\cdots&a_{1n}x\\a_{21}x&a_{22}&\cdots&a_{2n}x\\\vdots&\vdots&&\vdots\\a_{n1}x&a_{n2}x&\cdots&a_{nn}\end{pmatrix}$,则对$x\in[0,1]$,由题设$a_{ii}>\sum\limits_{j\neq i}|a_{ij}|$

$(i=1,2,\cdots,n)$,得

$|a_{ii}|=a_{ii}>\sum\limits_{j\neq i}|a_{ij}|>\sum\limits_{j\neq i}|a_{ij}|x=\sum\limits_{j\neq i}|a_{ij}x|(i=1,2,\cdots,n)$,所以对$x\in[0,1]$有$|\boldsymbol{A}(x)|\neq0$(利用(Ⅰ)的结论).

由此即可利用反证法证明$|\boldsymbol{A}|=|\boldsymbol{A}(1)|>0$,具体如下:

由于$|\boldsymbol{A}(x)|$是x的多项式,必是连续函数,且$|\boldsymbol{A}(0)|=a_{11},a_{22},\cdots,a_{nn}>0$.如果$|\boldsymbol{A}(1)|<0$,则由连续函数零点定理知,存在$x_0\in(0,1)$,使得$|\boldsymbol{A}(x_0)|=0$.这与上面已证的$|\boldsymbol{A}(x)|\neq0$ $(x\in[0,1])$矛盾,所以$|\boldsymbol{A}|>0$.

3.28 由$\boldsymbol{Ax}=\boldsymbol{b}$有唯一解知,$\boldsymbol{Ax}=\boldsymbol{O}$只有零解.从而由$\boldsymbol{A}^{\mathrm{T}}\boldsymbol{Ax}=\boldsymbol{0}$与$\boldsymbol{Ax}=\boldsymbol{0}$同解知,$\boldsymbol{A}^{\mathrm{T}}\boldsymbol{Ax}=\boldsymbol{0}$也只有零解.因此$\boldsymbol{A}^{\mathrm{T}}\boldsymbol{A}$可逆.

设$\boldsymbol{Ax}=\boldsymbol{b}$的唯一解为$\boldsymbol{x}_0$,则$\boldsymbol{Ax}_0=\boldsymbol{b}$.它的两边同时左乘$\boldsymbol{A}^{\mathrm{T}}$,得$\boldsymbol{A}^{\mathrm{T}}\boldsymbol{Ax}_0=\boldsymbol{A}^{\mathrm{T}}\boldsymbol{b}$.于是由$\boldsymbol{A}^{\mathrm{T}}\boldsymbol{A}$可逆,得$\boldsymbol{x}_0=(\boldsymbol{A}^{\mathrm{T}}\boldsymbol{A})^{-1}(\boldsymbol{A}^{\mathrm{T}}\boldsymbol{b})$.

3.29 由$r(\boldsymbol{B})=n-m$及$\boldsymbol{AB}=\boldsymbol{0}$知,$\boldsymbol{B}$的$n-m$个列向量$\boldsymbol{\eta}_1,\boldsymbol{\eta}_2,\cdots,\boldsymbol{\eta}_{n-m}$是方程$\boldsymbol{Ax}=\boldsymbol{0}$的线性无关解.由于$r(\boldsymbol{A})=m$,所以$\boldsymbol{\eta}_1,\boldsymbol{\eta}_2,\cdots,\boldsymbol{\eta}_{n-m}$是$\boldsymbol{Ax}=\boldsymbol{0}$的一个基础解系,从而$\boldsymbol{\alpha}$可由$\boldsymbol{\eta}_1,\boldsymbol{\eta}_2,\cdots,\boldsymbol{\eta}_{n-m}$线性表示,即存在实数$k_1,k_2,\cdots,k_{n-m}$,使得

$$\boldsymbol{\alpha}=k_1\boldsymbol{\eta}_1+k_2\boldsymbol{\eta}_2+\cdots+k_{n-m}\boldsymbol{\eta}_{n-m}$$
$$=(\boldsymbol{\eta}_1,\boldsymbol{\eta}_2,\cdots,\boldsymbol{\eta}_{n-m})\begin{pmatrix}k_1\\k_2\\\vdots\\k_{n-m}\end{pmatrix}$$
$$=\boldsymbol{B\beta}(\text{其中},\boldsymbol{\beta}=(k_1,k_2,\cdots,k_{n-m})^{\mathrm{T}}),$$

即存在一个$n-m$维列向量$\boldsymbol{\beta}$,使得$\boldsymbol{\alpha}=\boldsymbol{B\beta}$.

下面证明$\boldsymbol{\beta}$的唯一性.

设还有$n-m$维列向量$\boldsymbol{\eta}$,使得$\boldsymbol{\alpha}=\boldsymbol{B\eta}$,则有

$$\boldsymbol{B}(\boldsymbol{\eta}-\boldsymbol{\beta})=\boldsymbol{0}.$$

于是由$r(\boldsymbol{B})=n-m$知,方程组$\boldsymbol{Bx}=\boldsymbol{0}$只有零解,得证$\boldsymbol{\eta}=\boldsymbol{\beta}$.

3.30 充分性:显然,$\boldsymbol{Bx}=\boldsymbol{0}$的解都是$(\boldsymbol{AB})\boldsymbol{x}=\boldsymbol{0}$的解.于是,当$r(\boldsymbol{AB})=r(\boldsymbol{B})$时,$\boldsymbol{Bx}=\boldsymbol{0}$与

$(\boldsymbol{AB})\boldsymbol{x}=\boldsymbol{0}$ 有相同的基础解系，从而 $(\boldsymbol{AB})\boldsymbol{x}=\boldsymbol{0}$ 与 $\boldsymbol{Bx}=\boldsymbol{0}$ 同解.

必要性：设 $(\boldsymbol{AB})\boldsymbol{x}=\boldsymbol{0}$ 与 $\boldsymbol{Bx}=\boldsymbol{0}$ 同解，则它们有相同的基础解系，从而 $n-r(\boldsymbol{AB})=n-r(\boldsymbol{B})$，即 $r(\boldsymbol{AB})=r(\boldsymbol{B})$.

3.31　由 $\boldsymbol{AA}^{\mathrm{T}}\boldsymbol{x}=\boldsymbol{0}$ 与 $\boldsymbol{A}^{\mathrm{T}}\boldsymbol{x}=\boldsymbol{0}$ 是同解方程组知，

$$\boldsymbol{x}^{\mathrm{T}}\boldsymbol{AA}^{\mathrm{T}}=\boldsymbol{0} \text{ 与 } \boldsymbol{x}^{\mathrm{T}}\boldsymbol{A}=\boldsymbol{0}$$

是同解方程组. 因此由题设 $\boldsymbol{CAA}^{\mathrm{T}}=\boldsymbol{BAA}^{\mathrm{T}}$，即 $(\boldsymbol{C}-\boldsymbol{B})\boldsymbol{AA}^{\mathrm{T}}=\boldsymbol{O}$ 知，$\boldsymbol{C}-\boldsymbol{B}$ 的每个行向量都是方程组 $\boldsymbol{x}^{\mathrm{T}}\boldsymbol{AA}^{\mathrm{T}}=\boldsymbol{0}$ 的解，从而也是 $\boldsymbol{x}^{\mathrm{T}}\boldsymbol{A}=\boldsymbol{0}$ 的解. 故有 $(\boldsymbol{C}-\boldsymbol{B})\boldsymbol{A}=\boldsymbol{O}$，即 $\boldsymbol{CA}=\boldsymbol{BA}$.

第四章 矩阵的特征值与特征向量

一、核心内容提要

1. 矩阵相似

设 $\boldsymbol{A},\boldsymbol{B}$ 都是 n 阶矩阵，如果存在 n 阶可逆矩阵 $\boldsymbol{P}$，使得 $\boldsymbol{P}^{-1}\boldsymbol{A}\boldsymbol{P}=\boldsymbol{B}$，则称 $\boldsymbol{A}$ 与 $\boldsymbol{B}$ 相似，记为 $\boldsymbol{A}\sim\boldsymbol{B}$.

矩阵相似的性质：

(1) 如果 $\boldsymbol{A}\sim\boldsymbol{B},\boldsymbol{B}\sim\boldsymbol{C}$，则 $\boldsymbol{A}\sim\boldsymbol{C}$.

(2) 如果 $\boldsymbol{A}\sim\boldsymbol{B}$，则 $k\boldsymbol{A}\sim k\boldsymbol{B},\boldsymbol{A}^m\sim\boldsymbol{B}^m,\varphi(\boldsymbol{A})\sim\varphi(\boldsymbol{B})$（其中，$k$ 是数，m 是正整数，$\varphi(x)$是 x 的多项式）.

(3) 如果 $\boldsymbol{A}\sim\boldsymbol{B}$，则 $\boldsymbol{A}^{\mathrm{T}}\sim\boldsymbol{B}^{\mathrm{T}}$.

(4) 如果 $\boldsymbol{A}\sim\boldsymbol{B}$，且 $\boldsymbol{A}$ 可逆，则 $\boldsymbol{B}$ 可逆，且 $\boldsymbol{A}^{-1}\sim\boldsymbol{B}^{-1},\boldsymbol{A}^*\sim\boldsymbol{B}^*$.

(5) 如果 $\boldsymbol{A}\sim\boldsymbol{B}$，则 $|\boldsymbol{A}|=|\boldsymbol{B}|$，$\mathrm{tr}\boldsymbol{A}=\mathrm{tr}\boldsymbol{B}$，且 $r(\boldsymbol{A})=r(\boldsymbol{B})$，从而 $\boldsymbol{A}\leftrightarrow\boldsymbol{B}$.

(6) $\boldsymbol{AB}\sim\boldsymbol{BA}$.

(7) 如果 $\boldsymbol{A}\sim\boldsymbol{C},\boldsymbol{B}\sim\boldsymbol{D}$，则 $\begin{pmatrix}\boldsymbol{A}&\boldsymbol{O}\\\boldsymbol{O}&\boldsymbol{B}\end{pmatrix}\sim\begin{pmatrix}\boldsymbol{C}&\boldsymbol{O}\\\boldsymbol{O}&\boldsymbol{D}\end{pmatrix}$.

2. 矩阵的特征值与特征向量

设 $\boldsymbol{A}$ 是 n 阶矩阵，λ 是数，如果存在 n 维非零向量 $\boldsymbol{x}$，使得 $\boldsymbol{A}\boldsymbol{x}=\lambda\boldsymbol{x}$，则称 λ 是 $\boldsymbol{A}$ 的一个特征值，称 $\boldsymbol{x}$ 是 $\boldsymbol{A}$ 的对应 λ 的特征向量.

称 $\lambda\boldsymbol{E}_n-\boldsymbol{A}$ 是 $\boldsymbol{A}$ 的特征矩阵；称 $f(\lambda)=|\lambda\boldsymbol{E}_n-\boldsymbol{A}|$ 是 $\boldsymbol{A}$ 的特征多项式，它有两个性质：

(1) $f(\boldsymbol{A})=\boldsymbol{O}$（哈密顿-凯莱定理）；

(2) $f(\lambda)=\lambda^n+b_1\lambda^{n-1}+b_2\lambda^{n-2}+\cdots+b_{n-1}\lambda+b_n$，其中 $b_k=(-1)^k\cdot$（$\boldsymbol{A}$ 的所有 k 阶主子式之和）$(k=1,2,\cdots,n)$.

称 $|\lambda\boldsymbol{E}_n-\boldsymbol{A}|=0$ 是 $\boldsymbol{A}$ 的特征方程. $\boldsymbol{A}$ 的特征值是它的特征方程之根，$\boldsymbol{A}$ 的对应于 λ 的特征向量的极大线性无关组是齐次线性方程组 $(\lambda\boldsymbol{E}_n-\boldsymbol{A})\boldsymbol{x}=\boldsymbol{0}$ 的一个基础解系.

3. 矩阵特征值的性质

设 $\boldsymbol{A},\boldsymbol{B}$ 都是 n 阶矩阵.

(1) 如果 $\boldsymbol{A}$ 有特征值 λ，k 是数，则 $k\boldsymbol{A}$ 有特征值 $k\lambda$.

(2) 如果 $\boldsymbol{A}$ 有特征值 λ，则 A^m 有特征值 λ^m，$\varphi(\boldsymbol{A})$有特征值 $\varphi(\lambda)$（其中，m 是正整数，$\varphi(x)$ 是 x 的多项式）.

(3) $\boldsymbol{A}^{\mathrm{T}}$ 与 $\boldsymbol{A}$ 有相同的特征值，$\boldsymbol{AB}$ 与 $\boldsymbol{BA}$ 有相同的特征值.

(4) $\boldsymbol{A}$ 有零特征值的充分必要条件是 $|\boldsymbol{A}|=0$ 或 $r(\boldsymbol{A})<n$.

(5) 如果可逆矩阵 $\boldsymbol{A}$ 有特征值 λ,则 $\boldsymbol{A}^{-1}$ 有特征值 $\frac{1}{\lambda}$,$\boldsymbol{A}^*$ 有特征值 $\frac{|\boldsymbol{A}|}{\lambda}$,$(\boldsymbol{A}^*)^*$ 有特征值 $\lambda|\boldsymbol{A}|^{n-2}$(这里要求 $n\geqslant 2$).

(6) 如果 $\boldsymbol{A}$ 的 n 个特征值为 $\lambda_1,\lambda_2,\cdots,\lambda_n$,则 $\lambda_1+\lambda_2+\cdots+\lambda_n=\mathrm{tr}\boldsymbol{A}$,$\lambda_1\lambda_2\cdots\lambda_n=|\boldsymbol{A}|$.

(7) 如果 $\boldsymbol{A}$ 是实对称矩阵,则 $\boldsymbol{A}$ 的特征值都为实数.

4. 矩阵特征向量的性质

设 $\boldsymbol{A}$ 是 n 阶矩阵.

(1) 如果 $\boldsymbol{\xi}_1,\boldsymbol{\xi}_2$ 是 $\boldsymbol{A}$ 的对应于特征值 λ 的特征向量,则对任意常数 k_1,k_2,当 $k_1\boldsymbol{\xi}_1+k_2\boldsymbol{\xi}_2\neq\boldsymbol{0}$ 时,$k_1\boldsymbol{\xi}_1+k_2\boldsymbol{\xi}_2$ 是 $\boldsymbol{A}$ 的对应 λ 的特征向量.

(2) 如果 $\boldsymbol{\xi}_1,\boldsymbol{\xi}_2$ 是 $\boldsymbol{A}$ 的分别对应特征值 λ_1 与 $\lambda_2(\lambda_1\neq\lambda_2)$ 的特征向量,则 $\boldsymbol{\xi}_1,\boldsymbol{\xi}_2$ 线性无关.特别当 $\boldsymbol{A}$ 是实对称矩阵时,$\boldsymbol{\xi}_1$ 与 $\boldsymbol{\xi}_2$ 正交.

(3) 如果 λ 是 $\boldsymbol{A}$ 的 r 重特征值,则 $\boldsymbol{A}$ 的对应 λ 的线性无关特征向量至多有 r 个.

(4) 如果 $\boldsymbol{\xi}$ 是 $\boldsymbol{A}$ 的对应特征值 λ 的特征向量,则 $\boldsymbol{\xi}$ 是 $\boldsymbol{A}^{\mathrm{T}}$ 的对应特征值 λ 的特征向量,也是 $\boldsymbol{A}^m$(m 是正整数)的对应 λ^m 的特征向量.

(5) 如果 $\boldsymbol{\xi}$ 是 $\boldsymbol{A}$ 的对应特征值 λ 的特征向量,则 $\boldsymbol{\xi}$ 是 $\varphi(\boldsymbol{A})$(其中 $\varphi(x)$ 是 x 的多项式)的对应特征值 $\varphi(\lambda)$ 的特征向量.

(6) 如果 $\boldsymbol{\xi}$ 是可逆矩阵 $\boldsymbol{A}$ 的对应特征值 λ 的特征向量,则 $\boldsymbol{\xi}$ 是 $\boldsymbol{A}^{-1}$ 的对应特征值 $\frac{1}{\lambda}$ 的特征向量,也是 $\boldsymbol{A}^*$ 的对应特征值 $\frac{|\boldsymbol{A}|}{\lambda}$ 的特征向量.

5. 相似矩阵特征值与特征向量的性质

设 $\boldsymbol{A}$ 与 $\boldsymbol{B}$ 都是 n 阶矩阵.

(1) $\boldsymbol{A}$ 与 $\boldsymbol{B}$ 相似的必要而非充分条件是 $|\lambda\boldsymbol{E}_n-\boldsymbol{A}|=|\lambda\boldsymbol{E}_n-\boldsymbol{B}|$(即 $\boldsymbol{A}$ 与 $\boldsymbol{B}$ 有相同的特征值).

(2) $\boldsymbol{A}$ 与 $\boldsymbol{B}$ 相似的必要而非充分条件是 $\boldsymbol{A}$ 与 $\boldsymbol{B}$ 有相同的特征值.当 $\boldsymbol{A},\boldsymbol{B}$ 都是实对称矩阵时,$\boldsymbol{A}$ 与 $\boldsymbol{B}$ 相似的充分必要条件是 $|\lambda\boldsymbol{E}_n-\boldsymbol{A}|=|\lambda\boldsymbol{E}_n-\boldsymbol{B}|$(即 $\boldsymbol{A},\boldsymbol{B}$ 有相同的特征值).

(3) $\boldsymbol{A}$ 与 $\boldsymbol{B}$ 相似的充分而非必要条件是 $\boldsymbol{A},\boldsymbol{B}$ 有相同的特征值,而 $\boldsymbol{A}$ 的特征值互异.

(4) 设 $\boldsymbol{A}\sim\boldsymbol{B}$,即存在 n 阶可逆矩阵 $\boldsymbol{P}$,使得 $\boldsymbol{P}^{-1}\boldsymbol{A}\boldsymbol{P}=\boldsymbol{B}$,则 $\boldsymbol{A}$ 有对应特征值 λ 的特征向量 $\boldsymbol{\xi}$ 的充分必要条件是 $\boldsymbol{B}$ 有对应特征值 λ 的特征向量 $\boldsymbol{P}^{-1}\boldsymbol{\xi}$.

6. 矩阵相似对角化的条件

设 $\boldsymbol{A}$ 是 n 阶矩阵.如果 $\boldsymbol{A}\sim\boldsymbol{\Lambda}$($n$ 阶对角矩阵),则称 $\boldsymbol{A}$ 可相似对角化.

$\boldsymbol{A}$ 可相似对角化的条件:

(1) $\boldsymbol{A}$ 有 n 个线性无关特征向量是 $\boldsymbol{A}$ 可相似对角化的充分必要条件.

(2) $\boldsymbol{A}$ 的每个 $n_i(n_i>1)$ 重的特征值 λ_i,都有 $r(\lambda_i\boldsymbol{E}_n-\boldsymbol{A})=n-n_i$ 是 $\boldsymbol{A}$ 可相似对角化的充分必要条件.

(3) $\boldsymbol{A}$ 有 n 个不同的特征值是 $\boldsymbol{A}$ 可相似对角化的充分而非必要条件.

(4) $\boldsymbol{A}$ 是实对称矩阵是 $\boldsymbol{A}$ 可相似对角化的充分而非必要条件.

二、典型例题精解

A　组

(Ⅰ)

例 4.1　设三阶矩阵 $\boldsymbol{A}$ 的特征值为 $-2,-1,2$. 求矩阵 $\boldsymbol{B}=(\boldsymbol{A}^2)^*+(\boldsymbol{A}^{-1})^*+(\boldsymbol{A}^*)^*$ 的所有特征值.

分析　对应 $\boldsymbol{A}$ 的特征值 $-2,-1,2$，分别求 $(\boldsymbol{A}^2)^*$，$(\boldsymbol{A}^{-1})^*$，$(\boldsymbol{A}^*)^*$ 的特征值，然后相加，即得 $\boldsymbol{B}$ 的所有特征值.

精解　由 $\boldsymbol{A}$ 的特征值为 $-2,-1,2$，得 $\boldsymbol{A}^2$ 的特征值为 $4,1,4$. 从而 $(\boldsymbol{A}^2)^*$ 的特征值 $\lambda_1=4$，$\lambda_2=16$，$\lambda_3=4$.

由 $\boldsymbol{A}$ 的特征值为 $-2,-1,2$，得 $\boldsymbol{A}^{-1}$ 的特征值为 $-\frac{1}{2},-1,\frac{1}{2}$. 从而 $(\boldsymbol{A}^{-1})^*$ 的特征值 $\mu_1=-\frac{1}{2}$，$\mu_2=-\frac{1}{4}$，$\mu_3=\frac{1}{2}$.

由 $\boldsymbol{A}$ 的特征值为 $-2,-1,2$，得 $\boldsymbol{A}^*$ 的特征值为 $-2,-4,2$，从而 $(\boldsymbol{A}^*)^*$ 的特征值为 $\nu_1=-8$，$\nu_2=-4$，$\nu_3=8$.

于是 $\boldsymbol{B}=(\boldsymbol{A}^2)^*+(\boldsymbol{A}^{-1})^*+(\boldsymbol{A}^*)^*$ 的特征值为

$$p_1=\lambda_1+\mu_1+\nu_1=-\frac{9}{2},\ p_2=\lambda_2+\mu_2+\nu_2=\frac{47}{4},\ p_3=\lambda_3+\mu_3+\nu_3=\frac{25}{2}.$$

附注　应记住 $\boldsymbol{A}^m$（m 是正整数），$\boldsymbol{A}^{-1}$，$\boldsymbol{A}^*$ 的特征值与 n 阶矩阵 $\boldsymbol{A}$ 的特征值之间的关系：

设 $\boldsymbol{A}$ 有特征值 λ，则 $\boldsymbol{A}^m$ 有特征值 λ^m；

设 $\boldsymbol{A}$ 是可逆矩阵，有特征值 λ，则 $\boldsymbol{A}^{-1}$ 有特征值 $\frac{1}{\lambda}$，$\boldsymbol{A}^*$ 有特征值 $\frac{|\boldsymbol{A}|}{\lambda}$.

例 4.2　设三阶矩阵 $\boldsymbol{B}$ 满足 $\boldsymbol{AB}=\boldsymbol{A}^2+2\boldsymbol{B}$，其中 $\boldsymbol{A}=\begin{pmatrix}1&0&-1\\0&3&0\\-3&0&1\end{pmatrix}$，求 $\boldsymbol{B}$ 的所有特征值，并计算 $\boldsymbol{B}$ 的最大特征值对应的所有特征向量.

分析　先计算 $\boldsymbol{B}$，然后计算它的所有特征值及最大特征值对应的所有特征向量.

精解　由 $\boldsymbol{AB}=\boldsymbol{A}^2+2\boldsymbol{B}$，得

$$\boldsymbol{B}=(\boldsymbol{A}-2\boldsymbol{E}_3)^{-1}\boldsymbol{A}^2=\begin{pmatrix}-1&0&-1\\0&1&0\\-3&0&-1\end{pmatrix}^{-1}\begin{pmatrix}1&0&-1\\0&3&0\\-3&0&1\end{pmatrix}^2$$

$$=\begin{pmatrix}\frac{1}{2}&0&-\frac{1}{2}\\0&1&0\\-\frac{3}{2}&0&\frac{1}{2}\end{pmatrix}\begin{pmatrix}4&0&-2\\0&9&0\\-6&0&4\end{pmatrix}=\begin{pmatrix}5&0&-3\\0&9&0\\-9&0&5\end{pmatrix}.$$

于是，由 $|\lambda E_3-B|=\begin{vmatrix}\lambda-5&0&3\\0&\lambda-9&0\\9&0&\lambda-5\end{vmatrix}=(\lambda-9)[\lambda-(5-3\sqrt{3})][\lambda-(5+3\sqrt{3})]$ 知，B 的特征值为 $\lambda_1=9,\lambda_2=5-3\sqrt{3},\lambda_3=5+3\sqrt{3}$. 显然，$B$ 的最大特征值为 $\lambda_3=5+3\sqrt{3}$. 设它对应的特征向量为 $x=(x_1,x_2,x_3)^T$，则 x 满足

$\begin{pmatrix}3\sqrt{3}&0&3\\0&3\sqrt{3}-4&0\\9&0&3\sqrt{3}\end{pmatrix}\begin{pmatrix}x_1\\x_2\\x_3\end{pmatrix}=\mathbf{0}$，它的基础解系为 $(-1,0,\sqrt{3})^T$，故 B 的与其最大特征值 $\lambda_3=5+3\sqrt{3}$ 对应的所有特征向量为 $C(-1,0,\sqrt{3})^T$（其中 C 是任意非零常数）.

附注　本题获解的关键是由所给的矩阵方程 $AB=A^2+2B$ 算出 B.

例 4.3　设三阶矩阵 $A=\begin{pmatrix}3&2&2\\2&3&2\\2&2&3\end{pmatrix}$ 与 $P=\begin{pmatrix}0&1&0\\1&0&1\\0&0&1\end{pmatrix}$，记 $B=P^{-1}A^*P$，求矩阵 $B+2E_3$ 的所有特征值与特征向量.

分析　算出 A 的特征值与特征向量，即可得到 $B+2E_3$ 的所有特征值与特征向量.

精解　由 $|\lambda E_3-A|=\begin{vmatrix}\lambda-3&-2&-2\\-2&\lambda-3&-2\\-2&-2&\lambda-3\end{vmatrix}=(\lambda-7)(\lambda-1)^2$ 知 A 有特征值 $\lambda_1=7,\lambda_2=\lambda_3=1$，且 $|A|=7\times1\times1=7$.

设对应 $\lambda_1=7$ 的特征向量为 $\xi_1=(x_1,x_2,x_3)^T$，则 ξ_1 满足

$$\begin{pmatrix}4&-2&-2\\-2&4&-2\\-2&-2&4\end{pmatrix}\begin{pmatrix}x_1\\x_2\\x_3\end{pmatrix}=\mathbf{0},$$

它的基础解系是 $(1,1,1)^T$，故可取 $\xi_1=(1,1,1)^T$.

设对应 $\lambda_2=\lambda_3=1$ 的特征向量为 $\xi=(y_1,y_2,y_3)^T$，则由 A 是实对称矩阵知，$(\xi,\xi_1)=0$，即 $y_1+y_2+y_3=0$. 它的基础解系为 $(-1,1,0)^T,(-1,0,1)^T$，故可取 $\xi=\xi_2=(-1,1,0)^T,\xi=\xi_3=(-1,0,1)^T$.

由此可知，A^* 有特征值 $\mu_1=\dfrac{|A|}{\lambda_1}=1,\mu_2=\dfrac{|A|}{\lambda_2}=7,\mu_3=\dfrac{|A|}{\lambda_3}=7$，它们也是 B 的特征值，且分别对应的特征向量为

$$P^{-1}\xi_1=\begin{pmatrix}0&1&-1\\1&0&0\\0&0&1\end{pmatrix}\begin{pmatrix}1\\1\\1\end{pmatrix}=\begin{pmatrix}0\\1\\1\end{pmatrix},$$

$$P^{-1}\xi_2=\begin{pmatrix}0&1&-1\\1&0&0\\0&0&1\end{pmatrix}\begin{pmatrix}-1\\1\\0\end{pmatrix}=\begin{pmatrix}1\\-1\\0\end{pmatrix},$$

$$P^{-1}\xi_3=\begin{pmatrix}0&1&-1\\1&0&0\\0&0&1\end{pmatrix}\begin{pmatrix}-1\\0\\1\end{pmatrix}=\begin{pmatrix}-1\\-1\\1\end{pmatrix}.$$

于是矩阵 $\boldsymbol{B}+2\boldsymbol{E}_3$ 的所有特征值为 $\mu_1+2=3,\mu_2+2=9,\mu_3+2=9$，对应的所有特征向量为 $C_1(0,1,1)^{\mathrm{T}}=(0,C_1,C_1)^{\mathrm{T}},C_2(1,-1,0)=(C_2,-C_2,0)^{\mathrm{T}},C_3(-1,-1,1)^{\mathrm{T}}=(-C_3,-C_3,C_3)$(其中 C_1,C_2,C_3 是全不为零的常数).

附注 如果 $\boldsymbol{A},\boldsymbol{B}$ 都是 n 阶矩阵，且 $\boldsymbol{A}$ 的特征值 λ 对应的特征向量为 $\boldsymbol{\xi}$，则当 $\boldsymbol{A}\sim\boldsymbol{B}$(即存在 n 阶可逆矩阵 $\boldsymbol{P}$，使得 $\boldsymbol{P}^{-1}\boldsymbol{AP}=\boldsymbol{B}$)时，$\boldsymbol{B}$ 有特征值 λ，它对应的特征向量为 $\boldsymbol{P}^{-1}\boldsymbol{\xi}$.

题解中使用了这一结论，应记住.

例 4.4 设 $\boldsymbol{A}$ 是三阶矩阵，$\boldsymbol{A}=\boldsymbol{E}_3+\boldsymbol{\alpha}\boldsymbol{\beta}^{\mathrm{T}}$，其中 $\boldsymbol{\alpha}$ 与 $\boldsymbol{\beta}$ 都是三维列向量，且 $\boldsymbol{\alpha}^{\mathrm{T}}\boldsymbol{\beta}=k\neq 0$，求 $\boldsymbol{A}$ 的所有特征值与特征向量.

分析 记 $\boldsymbol{B}=\boldsymbol{\alpha}\boldsymbol{\beta}^{\mathrm{T}}$，从计算它的所有特征值与特征向量入手.

精解 由于 $\boldsymbol{B}^2=(\boldsymbol{\alpha}\boldsymbol{\beta}^{\mathrm{T}})(\boldsymbol{\alpha}\boldsymbol{\beta}^{\mathrm{T}})=\boldsymbol{\alpha}(\boldsymbol{\beta}^{\mathrm{T}}\boldsymbol{\alpha})\boldsymbol{\beta}^{\mathrm{T}}=k\boldsymbol{\alpha}\boldsymbol{\beta}^{\mathrm{T}}=k\boldsymbol{B}$，所以 $\boldsymbol{B}$ 的特征值 λ 必满足 $\lambda^2-k\lambda=0$. 因此 $\boldsymbol{B}$ 的特征值仅有 $\lambda=k,0$.

由 $\boldsymbol{\beta}\boldsymbol{\alpha}^{\mathrm{T}}=k\neq 0$ 知，$\boldsymbol{\alpha}\neq\mathbf{0}$，因此由

$$(k\boldsymbol{E}_3-\boldsymbol{B})\boldsymbol{\alpha}=k\boldsymbol{\alpha}-\boldsymbol{\alpha}\boldsymbol{\beta}^{\mathrm{T}}\boldsymbol{\alpha}=k\boldsymbol{\alpha}-\boldsymbol{\alpha}(\boldsymbol{\beta}^{\mathrm{T}}\boldsymbol{\alpha})=k\boldsymbol{\alpha}-k\boldsymbol{\alpha}=\mathbf{0}$$

知，$\boldsymbol{\alpha}$ 是 $\boldsymbol{B}$ 的对应 $\lambda=k$ 的特征向量.

记 $\boldsymbol{\alpha}=(a_1,a_2,a_3)^{\mathrm{T}},\boldsymbol{\beta}=(b_1,b_2,b_3)^{\mathrm{T}}$. 由 $\boldsymbol{\alpha}^{\mathrm{T}}\boldsymbol{\beta}\neq 0$ 可设 $a_1b_1\neq 0$,

设 $\boldsymbol{B}$ 的对应 $\lambda=0$ 的特征向量为 $\boldsymbol{x}=(x_1,x_2,x_3)^{\mathrm{T}}$，则 $\boldsymbol{x}$ 满足

$$\begin{pmatrix}a_1b_1 & a_1b_2 & a_1b_3\\ a_2b_1 & a_2b_2 & a_2b_3\\ a_3b_1 & a_3b_2 & a_3b_3\end{pmatrix}\begin{pmatrix}x_1\\x_2\\x_3\end{pmatrix}=\mathbf{0}. \tag{1}$$

它与方程 $a_1b_1x_1+a_1b_2x_2+a_1b_3x_3=0$，即 $b_1x_1+b_2x_2+b_3x_3=0$ 同解. 所以式(1)有基础解系 $(-b_2,b_1,0)^{\mathrm{T}},(-b_3,0,b_1)^{\mathrm{T}}$，它们都是 $\boldsymbol{B}$ 的对应特征值 $\lambda=0$ 的特征向量.

由此可知，三阶矩阵 $\boldsymbol{B}$ 有线性无关的特征向量

$$\boldsymbol{\xi}_1=\boldsymbol{\alpha},\boldsymbol{\xi}_2=(-b_2,b_1,0)^{\mathrm{T}},\boldsymbol{\xi}_3=(-b_3,0,b_1)^{\mathrm{T}}.$$

从而 $\boldsymbol{A}$ 有特征值 $\mu=1+k,1$，且对应 $\mu=1+k$ 的所有特征向量为 $C_1\boldsymbol{\xi}_1=C_1\boldsymbol{\alpha}$，对应 $\mu=1$ 的所有特征向量为

$$C_2\boldsymbol{\xi}_2+C_3\boldsymbol{\xi}_3=C_2(-b_2,b_1,0)^{\mathrm{T}}+C_3(-b_3,0,b_1)^{\mathrm{T}},$$

其中 C_1 是任意非零常数，C_2,C_3 任意不全为零的常数.

附注 当 $\boldsymbol{\alpha},\boldsymbol{\beta}$ 分别是 n 维列向量时，应注意：

$\boldsymbol{\alpha}^{\mathrm{T}}\boldsymbol{\beta}=\boldsymbol{\beta}^{\mathrm{T}}\boldsymbol{\alpha}$ 是数，而 $\boldsymbol{\alpha}\boldsymbol{\beta}^{\mathrm{T}}$ 是 n 阶矩阵，且 $r(\boldsymbol{\alpha}\boldsymbol{\beta}^{\mathrm{T}})\leqslant 1,\mathrm{tr}(\boldsymbol{\alpha}\boldsymbol{\beta}^{\mathrm{T}})=\boldsymbol{\alpha}^{\mathrm{T}}\boldsymbol{\beta}$.

例 4.5 设 $\boldsymbol{\alpha}=(1,k,1)^{\mathrm{T}}$ 是矩阵 $\boldsymbol{A}=\begin{pmatrix}2&1&1\\1&2&1\\1&1&2\end{pmatrix}$ 的逆矩阵 $\boldsymbol{A}^{-1}$ 的特征向量，求常数 k，以及与 $\boldsymbol{\alpha}$ 对应的 $\boldsymbol{A}^{-1}$ 的特征值.

分析 从 $\boldsymbol{\alpha}$ 也是 $\boldsymbol{A}$ 的特征向量入手.

精解 由 $|\lambda\boldsymbol{E}_3-\boldsymbol{A}|=\begin{vmatrix}\lambda-2&-1&-1\\-1&\lambda-2&-1\\-1&-1&\lambda-2\end{vmatrix}=(\lambda-4)(\lambda-1)^2$ 知，$\boldsymbol{A}$ 有特征值 $\lambda_1=4,\lambda_2=\lambda_3=1$.

由题设知 $\boldsymbol{\alpha}$ 也是 $\boldsymbol{A}$ 的特征向量，设其对应的特征值为 λ_0，则有

$$(\lambda_0 \boldsymbol{E}_3-\boldsymbol{A})\boldsymbol{\alpha}=\boldsymbol{0},\text{即}\begin{pmatrix}\lambda_0-2 & -1 & -1\\ -1 & \lambda_0-2 & -1\\ -1 & -1 & \lambda_0-2\end{pmatrix}\begin{pmatrix}1\\k\\1\end{pmatrix}=\boldsymbol{0}.$$

它与方程组$\begin{cases}\lambda_0=k+3,\\ k(k+1)=2\end{cases}$同解，所以 $k=1,-2$，对应地 $\lambda_0=4,1$.

由此可知，当 $k=1$ 时，$\boldsymbol{\alpha}$ 对应 $\boldsymbol{A}^{-1}$ 的特征值为$\frac{1}{4}$；$k=-2$ 时，$\boldsymbol{\alpha}$ 对应 $\boldsymbol{A}^{-1}$ 的特征值为 1.

附注　本题获解的关键是，对可逆矩阵 $\boldsymbol{A}$，$\boldsymbol{A}$ 有对应特征值 λ_0 的特征向量 $\boldsymbol{\xi}$ 的充分必要条件是 $\boldsymbol{A}^{-1}$ 有对应特征值$\frac{1}{\lambda_0}$的特征向量 $\boldsymbol{\xi}$.

例 4.6　设三阶矩阵 $\boldsymbol{A}$ 的特征值 $\lambda_1=1,\lambda_2=2,\lambda_3=3$，它们对应的特征向量分别为 $\boldsymbol{\xi}_1=(1,1,1)^{\mathrm{T}}$，$\boldsymbol{\xi}_2=(1,2,4)^{\mathrm{T}}$，$\boldsymbol{\xi}_3=(1,3,9)^{\mathrm{T}}$，求 $\boldsymbol{A}^n\boldsymbol{\beta}$，其中 $\boldsymbol{\beta}=(1,1,3)^{\mathrm{T}}$，$n$ 是正整数.

分析　写出 $\boldsymbol{\beta}$ 的关于 $\boldsymbol{\xi}_1,\boldsymbol{\xi}_2,\boldsymbol{\xi}_3$ 的线性表示式，再利用 $\boldsymbol{A}^n\boldsymbol{\xi}_i=\lambda_i^n\boldsymbol{\xi}_i(i=1,2,3)$ 计算 $\boldsymbol{A}^n\boldsymbol{\beta}$.

精解　设 $\boldsymbol{\beta}=x_1\boldsymbol{\xi}_1+x_2\boldsymbol{\xi}_2+x_3\boldsymbol{\xi}_3=(\boldsymbol{\xi}_1,\boldsymbol{\xi}_2,\boldsymbol{\xi}_3)\begin{pmatrix}x_1\\x_2\\x_3\end{pmatrix}$，则

$$\begin{pmatrix}x_1\\x_2\\x_3\end{pmatrix}=(\boldsymbol{\xi}_1,\boldsymbol{\xi}_2,\boldsymbol{\xi}_3)^{-1}\boldsymbol{\beta}=\begin{pmatrix}1&1&1\\1&2&3\\1&4&9\end{pmatrix}^{-1}\begin{pmatrix}1\\1\\3\end{pmatrix}$$

$$=\begin{pmatrix}3&-\frac{5}{2}&\frac{1}{2}\\-3&4&-1\\1&-\frac{3}{2}&\frac{1}{2}\end{pmatrix}\begin{pmatrix}1\\1\\3\end{pmatrix}=\begin{pmatrix}2\\-2\\1\end{pmatrix},$$

所以　$\boldsymbol{\beta}=2\boldsymbol{\xi}_1-2\boldsymbol{\xi}_2+\boldsymbol{\xi}_3$.

由于 $\boldsymbol{\xi}_1,\boldsymbol{\xi}_2,\boldsymbol{\xi}_3$ 是 $\boldsymbol{A}$ 的分别对应 $\lambda_1=1,\lambda_2=2,\lambda_3=3$ 的特征向量，也是 $\boldsymbol{A}^n$ 的对应特征值 $1^n,2^n,3^n$ 的特征向量，所以有

$$\boldsymbol{A}^n\boldsymbol{\xi}_1=1^n\cdot\boldsymbol{\xi}_1=\boldsymbol{\xi}_1,\boldsymbol{A}^n\boldsymbol{\xi}_2=2^n\cdot\boldsymbol{\xi}_2,\boldsymbol{A}^n\boldsymbol{\xi}_3=3^n\cdot\boldsymbol{\xi}_3.$$

从而

$$\begin{aligned}\boldsymbol{A}^n\boldsymbol{\beta}&=2\boldsymbol{A}^n\boldsymbol{\xi}_1-2\boldsymbol{A}^n\boldsymbol{\xi}_2+\boldsymbol{A}^n\boldsymbol{\xi}_3=2\boldsymbol{\xi}_1-2^{n+1}\cdot\boldsymbol{\xi}_2+3^n\cdot\boldsymbol{\xi}_3\\&=(2-2^{n+1}+3^n,2-2^{n+2}+3^{n+1},2-2^{n+3}+3^{n+2}).\end{aligned}$$

附注　本题获解的关键有两点：

(1) 写出 $\boldsymbol{\beta}$ 的关于 $\boldsymbol{\xi}_1,\boldsymbol{\xi}_2,\boldsymbol{\xi}_3$ 的线性表示式；

(2) 利用 $\boldsymbol{A}^n\boldsymbol{\xi}_i=\lambda_i^n\boldsymbol{\xi}_i(i=1,2,3)$.

例 4.7　设 4 阶矩阵 $\boldsymbol{A}=\begin{pmatrix}1&0&0&0\\a&1&0&0\\2&b&2&0\\2&3&c&2\end{pmatrix}$，求使 $\boldsymbol{A}$ 可相似对角化的常数 a,b,c 之值，并对求得的 a,b,c，计算使得 $\boldsymbol{P}^{-1}\boldsymbol{A}\boldsymbol{P}=\boldsymbol{\Lambda}$ 的 4 阶可逆矩阵 $\boldsymbol{P}$ 及对角矩阵 $\boldsymbol{\Lambda}$，

分析　利用 $\boldsymbol{A}$ 可相似对角化算出 a,b,c 的值，然后按矩阵相似对角化方法计算可逆矩阵

$\boldsymbol{P}$ 及对角矩阵 $\boldsymbol{\Lambda}$.

精解　由 $|\lambda\boldsymbol{E}_3-\boldsymbol{A}|=\begin{vmatrix}\lambda-1&0&0&0\\-a&\lambda-1&0&0\\-2&-b&\lambda-2&0\\-2&-3&-c&\lambda-2\end{vmatrix}=(\lambda-1)^2(\lambda-2)^2=0$ 得 $\boldsymbol{A}$ 的特征值 $\lambda=1$(二重),$\lambda=2$(二重).

由于 $\boldsymbol{A}$ 可相似对角化,所以

$$\begin{cases}r(1\cdot\boldsymbol{E}_3-\boldsymbol{A})=4-2,\\r(2\cdot\boldsymbol{E}_3-\boldsymbol{A})=4-2,\end{cases}$$

即

$$\begin{cases}r\left(\begin{pmatrix}0&0&0&0\\-a&0&0&0\\-2&-b&-1&0\\-2&-3&-c&-1\end{pmatrix}\right)=2, & (1)\\ r\left(\begin{pmatrix}1&0&0&0\\-a&1&0&0\\-2&-b&0&0\\-2&-3&-c&0\end{pmatrix}\right)=2, & (2)\end{cases}$$

由式(1)得 $a=0$,并将它代入式(2)得 b 是任意实数,$c=0$,由此可知,

$$\boldsymbol{A}=\begin{pmatrix}1&0&0&0\\0&1&0&0\\2&b&2&0\\2&3&0&2\end{pmatrix}.$$

设 $\boldsymbol{A}$ 的对应 $\lambda=1$ 的特征向量为 $\boldsymbol{\alpha}=(a_1,a_2,a_3,a_4)^{\mathrm{T}}$,则 $\boldsymbol{\alpha}$ 满足

$$\begin{pmatrix}0&0&0&0\\0&0&0&0\\-2&-b&-1&0\\-2&-3&0&-1\end{pmatrix}\begin{pmatrix}a_1\\a_2\\a_3\\a_4\end{pmatrix}=\boldsymbol{0},\tag{3}$$

式(3)有基础解系 $(1,0,-2,-2)^{\mathrm{T}}$,$(0,1,-b,-3)^{\mathrm{T}}$,故可取 $\boldsymbol{\alpha}=\boldsymbol{\alpha}_1=(1,0,-2,-2)^{\mathrm{T}}$,$\boldsymbol{\alpha}=\boldsymbol{\alpha}_2=(0,1,-b,-3)^{\mathrm{T}}$.

设 $\boldsymbol{A}$ 的对应 $\lambda=2$ 的特征向量为 $\boldsymbol{\beta}=(b_1,b_2,b_3,b_4)^{\mathrm{T}}$,则 $\boldsymbol{\beta}$ 满足

$$\begin{pmatrix}1&0&0&0\\0&1&0&0\\-2&-b&0&0\\-2&-3&0&0\end{pmatrix}\begin{pmatrix}b_1\\b_2\\b_3\\b_4\end{pmatrix}=\boldsymbol{0}.\tag{4}$$

式(4)有基础解系 $(0,0,1,0)^{\mathrm{T}}$,$(0,0,0,1)^{\mathrm{T}}$,故可取 $\boldsymbol{\beta}=\boldsymbol{\beta}_1=(0,0,1,0)^{\mathrm{T}}$,$\boldsymbol{\beta}=\boldsymbol{\beta}_2=(0,0,0,1)^{\mathrm{T}}$.

于是　$\boldsymbol{P}=(\boldsymbol{\alpha}_1,\boldsymbol{\alpha}_2,\boldsymbol{\beta}_1,\boldsymbol{\beta}_2)=\begin{pmatrix}1&0&0&0\\0&1&0&0\\-2&-b&1&0\\-2&-3&0&1\end{pmatrix}$(可逆矩阵),并且

$$P^{-1}AP=\Lambda=\begin{pmatrix}1&&&\\&1&&\\&&2&\\&&&2\end{pmatrix}.$$

附注　n 阶矩阵 A 可相似对角化的充分条件主要有以下 4 种：

(1) A 有 n 个不同的特征值.

(2) A 有 n 个线性无关的特征向量.

(3) A 的每个 $n_i(n_i>1)$ 重特征值 λ_i 都满足 $r(\lambda_i E_n-A)=n-n_i$.

(4) A 是实对称矩阵.

通常，在由 A 可相似对角化来确定 A 中的未知常数时，使用条件(3)是比较适宜的，本题就是如此确定 a,b,c 的.

例 4.8　设三阶矩阵 $A=\begin{pmatrix}1&1&a\\1&a&1\\a&1&1\end{pmatrix}$ 及三维列向量 $\beta=\begin{pmatrix}1\\1\\-2\end{pmatrix}$，求使得线性方程组 $Ax=\beta$ 有无穷多解的 a 值，并将 A 相似对角化，即求三阶可逆矩阵 P，使得 $P^{-1}AP=\Lambda$(对角矩阵).

分析　利用 $Ax=\beta$ 有无穷多解来确定 a 的值，然后通过计算 A 的特征值与特征向量得到 P 与 Λ.

精解　由于 $Ax=\beta$ 有无穷多解，所以 $r(\overline{A})=r(A)<3$.　　(1)

现对该方程组的增广矩阵 $\overline{A}=(A\,\vdots\,\beta)$ 施行初等行变换：

$$\overline{A}=\left(\begin{array}{ccc:c}1&1&a&1\\1&a&1&1\\a&1&1&-2\end{array}\right)\to\left(\begin{array}{ccc:c}1&1&a&1\\0&a-1&1-a&0\\0&1-a&1-a^2&-2-a\end{array}\right)$$

$$\to\left(\begin{array}{ccc:c}1&1&a&1\\0&a-1&1-a&0\\0&0&(a+2)(1-a)&-(2+a)\end{array}\right).$$

由式(1)知，$a=-2$，于是，$A=\begin{pmatrix}1&1&-2\\1&-2&1\\-2&1&1\end{pmatrix}$.

由
$$|\lambda E_3-A|=\begin{vmatrix}\lambda-1&-1&2\\-1&\lambda+2&-1\\2&-1&\lambda-1\end{vmatrix}=\lambda\begin{vmatrix}1&-1&2\\1&\lambda+2&-1\\1&-1&\lambda-1\end{vmatrix}$$

$$=\lambda\begin{vmatrix}1&-1&2\\0&\lambda+3&-3\\0&0&\lambda-3\end{vmatrix}=\lambda(\lambda-3)(\lambda+3)$$

知，A 的特征值为 $\lambda=0,3,-3$.

设对应 $\lambda=0$ 的特征值为 $\alpha=(a_1,a_2,a_3)^{\mathrm{T}}$，则 α 满足

$$\begin{pmatrix}-1&-1&2\\-1&2&-1\\2&-1&-1\end{pmatrix}\begin{pmatrix}a_1\\a_2\\a_3\end{pmatrix}=\mathbf{0}.$$

它有基础解系$(1,1,1)^{\mathrm{T}}$,故可取$\boldsymbol{\alpha}=(1,1,1)^{\mathrm{T}}$.

设对应$\lambda=3$的特征值为$\boldsymbol{\beta}=(b_1,b_2,b_3)^{\mathrm{T}}$,则$\boldsymbol{\beta}$满足

$$\begin{pmatrix}2&-1&2\\-1&5&-1\\2&-1&2\end{pmatrix}\begin{pmatrix}b_1\\b_2\\b_3\end{pmatrix}=\boldsymbol{0}.$$

它有基础解系$(-1,0,1)^{\mathrm{T}}$,故可取$\boldsymbol{\beta}=(-1,0,1)$.

设对应$\lambda=-3$的特征向量为$\boldsymbol{\gamma}=(c_1,c_2,c_3)^{\mathrm{T}}$,则由$\boldsymbol{A}$是实对称矩阵知,$\boldsymbol{\gamma}$与$\boldsymbol{\alpha},\boldsymbol{\beta}$都正交,所以

$$\begin{cases}(\boldsymbol{\gamma},\boldsymbol{\alpha})=0,\\(\boldsymbol{\gamma},\boldsymbol{\beta})=0,\end{cases}\quad 即\begin{cases}C_1+C_2+C_3=0,\\-C_1\qquad+C_3=0.\end{cases}$$

它有基础解系$(1,0,1)^{\mathrm{T}}$,故可取$\boldsymbol{\gamma}=(1,0,1)^{\mathrm{T}}$.

由此得到可逆矩阵$\boldsymbol{P}=(\boldsymbol{\alpha},\boldsymbol{\beta},\boldsymbol{\gamma})=\begin{pmatrix}1&-1&1\\1&0&0\\1&1&1\end{pmatrix}$,它使得

$$\boldsymbol{P}^{-1}\boldsymbol{AP}=\boldsymbol{\Lambda}=\begin{pmatrix}0&&\\&3&\\&&-3\end{pmatrix}.$$

附注 设$\boldsymbol{A}=(a_{ij})$是n阶矩阵,它可相似对角化,即存在n阶可逆矩$\boldsymbol{P}$,使得$\boldsymbol{P}^{-1}\boldsymbol{AP}=\boldsymbol{\Lambda}$,那么如何计算$\boldsymbol{P}$与$\boldsymbol{\Lambda}$?它们可以按以下步骤计算:

(1) 解特征方程$|\lambda\boldsymbol{E}_n-\boldsymbol{A}|=0$确定$\boldsymbol{A}$的特征值$\lambda_1,\lambda_2,\cdots,\lambda_s$(它们分别是$n_1$重,$n_2$重,…,$n_s$重,其中$n_1+n_2+\cdots+n_s=n$).

(2) 对λ_1确定与它对应的线性无关的特征向量$\boldsymbol{\xi}_1^{(1)},\boldsymbol{\xi}_2^{(1)},\cdots,\boldsymbol{\xi}_{n1}^{(1)}$.对$\lambda_2,\cdots,\lambda_s$同样处理.将得到的$n$个线性无关特征向量重新编号,记为$\boldsymbol{\xi}_1,\boldsymbol{\xi}_2,\cdots,\boldsymbol{\xi}_n$.

(3) $\boldsymbol{P}=(\boldsymbol{\xi}_1,\boldsymbol{\xi}_2,\cdots,\boldsymbol{\xi}_n)$,

$$\boldsymbol{\Lambda}=\begin{pmatrix}\lambda_1&&&&&&&&\\&\ddots&&&&&&&\\&&\lambda_1&&&&&&\\&&&\lambda_2&&&&&\\&&&&\ddots&&&&\\&&&&&\lambda_2&&&\\&&&&&&\ddots&&\\&&&&&&&\lambda_s&\\&&&&&&&&\ddots\\&&&&&&&&&\lambda_s\end{pmatrix}\begin{matrix}\}n_1个\\ \}n_2个\\ \}n_s个\end{matrix}$$

例 4.9 已知三阶矩阵$\boldsymbol{A}$的各行元素之和都为5,且$\boldsymbol{AB}=\boldsymbol{O}$,其中$\boldsymbol{B}=\begin{pmatrix}1&2&1\\2&3&1\\1&3&2\end{pmatrix}$,问是否存在三阶可逆矩阵$\boldsymbol{P}$,使得$\boldsymbol{P}^{-1}\boldsymbol{AP}=\boldsymbol{\Lambda}$(对角矩阵).如果存在,求$\boldsymbol{P},\boldsymbol{\Lambda},\boldsymbol{A}$及$\boldsymbol{A}^*$.

分析　设法找到 $\boldsymbol{A}$ 的三个线性无关的特征向量及与它们对应的特征值即可.

精解　由于 $\boldsymbol{A}$ 的各行元素之和都为 5,所以有

$$\boldsymbol{A}\begin{pmatrix}1\\1\\1\end{pmatrix}=5\begin{pmatrix}1\\1\\1\end{pmatrix},$$

即 $\boldsymbol{\alpha}=(1,1,1)^{\mathrm{T}}$ 是 $\boldsymbol{A}$ 的对应特征值 5 的特征向量.

此外,由 $\boldsymbol{AB}=\boldsymbol{O}$ 知 $\boldsymbol{A}\begin{pmatrix}1\\2\\1\end{pmatrix}=0\begin{pmatrix}1\\2\\1\end{pmatrix}$,$\boldsymbol{A}\begin{pmatrix}2\\3\\3\end{pmatrix}=0\begin{pmatrix}2\\3\\3\end{pmatrix}$,所以 $\boldsymbol{\beta}=(1,2,1)^{\mathrm{T}}$,$\boldsymbol{\gamma}=(2,3,3)^{\mathrm{T}}$ 都是 $\boldsymbol{A}$ 的对应特征值 O 的特征向量.

记 $\boldsymbol{P}=(\boldsymbol{\alpha},\boldsymbol{\beta},\boldsymbol{\gamma})$,则由 $\boldsymbol{\alpha},\boldsymbol{\beta},\boldsymbol{\gamma}$ 线性无关知 $\boldsymbol{P}$ 可逆,且

$$\boldsymbol{P}^{-1}\boldsymbol{AP}=\boldsymbol{\Lambda}=\begin{pmatrix}5&&\\&0&\\&&0\end{pmatrix}.$$

从而,$\boldsymbol{A}=\boldsymbol{P\Lambda P}^{-1}=\begin{pmatrix}1&1&2\\1&2&3\\1&3&3\end{pmatrix}\begin{pmatrix}5&&\\&0&\\&&0\end{pmatrix}\begin{pmatrix}1&1&2\\1&2&3\\1&3&3\end{pmatrix}^{-1}$

$$=\begin{pmatrix}5&0&0\\5&0&0\\5&0&0\end{pmatrix}\begin{pmatrix}3&-3&1\\0&-1&1\\-1&2&-1\end{pmatrix}=\begin{pmatrix}15&-15&5\\15&-15&5\\15&-15&-5\end{pmatrix}.$$

由 $\boldsymbol{A}\sim\boldsymbol{\Lambda}$ 知,$r(\boldsymbol{A})=r(\boldsymbol{\Lambda})=1<3-1$,所以 $r(\boldsymbol{A}^*)=0$,即 $\boldsymbol{A}^*=\boldsymbol{O}$.

附注　当 n 阶矩阵 $\boldsymbol{A}$ 的各行元素之和为常数 k 时,$\boldsymbol{A}$ 必有特征值 k,且 $\underbrace{(1,1,\cdots,1)^{\mathrm{T}}}_{n个1}$ 为其对应的特征向量.应记住这一结论.

例 4.10　设三维向量空间有两个基:$\boldsymbol{e}_1,\boldsymbol{e}_2,\boldsymbol{e}_3$;$\boldsymbol{e}_1',\boldsymbol{e}_2',\boldsymbol{e}_3'$,它们满足

$$\begin{cases}\boldsymbol{e}_1'=\boldsymbol{e}_1-\boldsymbol{e}_2,\\ \boldsymbol{e}_2'=2\boldsymbol{e}_1+\boldsymbol{e}_2+2\boldsymbol{e}_3,\\ \boldsymbol{e}_3'=\boldsymbol{e}_1+\boldsymbol{e}_2+2\boldsymbol{e}_3,\end{cases}$$

如果向量 $\boldsymbol{\beta}=2\boldsymbol{e}_1-\boldsymbol{e}_2+2\boldsymbol{e}_3$ 在基 $\boldsymbol{e}_1',\boldsymbol{e}_2',\boldsymbol{e}_3'$ 下的坐标 x_1,x_2,x_3 组成的三维列向量 $\boldsymbol{\xi}$ 是三阶矩阵 $\boldsymbol{A}=\begin{pmatrix}2&0&0\\-2&a&0\\0&b&2\end{pmatrix}$ 的一个特征向量,求常数 a,b,并问 $\boldsymbol{A}$ 与 $\boldsymbol{A}^{\mathrm{T}}\boldsymbol{A}^{-1}$ 能否相似对角化?说明理由.

分析　利用 $\boldsymbol{\beta}=(\boldsymbol{e}_1,\boldsymbol{e}_2,\boldsymbol{e}_3)\begin{pmatrix}2\\-1\\2\end{pmatrix}$ 和 $(\boldsymbol{e}_1',\boldsymbol{e}_2',\boldsymbol{e}_3')=(\boldsymbol{e}_1,\boldsymbol{e}_2,\boldsymbol{e}_3)\begin{pmatrix}1&2&1\\-1&1&1\\0&2&2\end{pmatrix}$ 可以算出 x_1,x_2,x_3,确定 $\boldsymbol{\xi}$.然后由 $\boldsymbol{A\xi}=\lambda_0\boldsymbol{\xi}$($\lambda_0$ 是 $\boldsymbol{A}$ 的对应 $\boldsymbol{\xi}$ 的特征值),求出 a,b 的值.由此确定 $\boldsymbol{A}$ 与 $\boldsymbol{A}^{\mathrm{T}}\boldsymbol{A}^{-1}$,并考虑它们能否对角化问题.

精解　由 $(\boldsymbol{e}_1',\boldsymbol{e}_2',\boldsymbol{e}_3')=(\boldsymbol{e}_1,\boldsymbol{e}_2,\boldsymbol{e}_3)\begin{pmatrix}1&2&1\\-1&1&1\\0&2&2\end{pmatrix}$,得

$$(\boldsymbol{e}_1,\boldsymbol{e}_2,\boldsymbol{e}_3)=(\boldsymbol{e}_1',\boldsymbol{e}_2',\boldsymbol{e}_3')\begin{pmatrix}1&2&1\\-1&1&1\\0&2&2\end{pmatrix}^{-1}=(\boldsymbol{e}_1',\boldsymbol{e}_2',\boldsymbol{e}_3')\begin{pmatrix}0&-1&\frac{1}{2}\\1&1&-1\\-1&-1&\frac{3}{2}\end{pmatrix},$$

所以，$\boldsymbol{\beta}=(\boldsymbol{e}_1,\boldsymbol{e}_2,\boldsymbol{e}_3)\begin{pmatrix}2\\-1\\2\end{pmatrix}=(\boldsymbol{e}_1',\boldsymbol{e}_2',\boldsymbol{e}_3')\begin{pmatrix}0&-1&\frac{1}{2}\\1&1&-1\\-1&-1&\frac{3}{2}\end{pmatrix}\begin{pmatrix}2\\-1\\2\end{pmatrix}$

$$=(\boldsymbol{e}_1',\boldsymbol{e}_2',\boldsymbol{e}_3')\begin{pmatrix}2\\-1\\2\end{pmatrix},$$

即$\boldsymbol{\beta}$在基$\boldsymbol{e}_1',\boldsymbol{e}_2',\boldsymbol{e}_3'$下的坐标$x_1=2,x_2=-1,x_3=2$，从而$\boldsymbol{\xi}=(2,-1,2)^{\mathrm{T}}$.

由于$\boldsymbol{\xi}$是$\boldsymbol{A}$的一个特征向量，设其对应的特征值为λ_0，则有

$$(\lambda_0\boldsymbol{E}_3-\boldsymbol{A})\boldsymbol{\xi}=\boldsymbol{0}，\text{即}\begin{pmatrix}\lambda_0-2&0&0\\2&\lambda_0-a&0\\0&-b&\lambda_0-2\end{pmatrix}\begin{pmatrix}2\\-1\\2\end{pmatrix}=\boldsymbol{0}.$$

由此得到，$a=-2,b=0$，所以

$$\boldsymbol{A}=\begin{pmatrix}2&0&0\\-2&-2&0\\0&0&2\end{pmatrix},\boldsymbol{A}^{\mathrm{T}}\boldsymbol{A}^{-1}=\begin{pmatrix}2&-2&0\\0&-2&0\\0&0&2\end{pmatrix}\begin{pmatrix}\frac{1}{2}&0&0\\-\frac{1}{2}&-\frac{1}{2}&0\\0&0&\frac{1}{2}\end{pmatrix}=\begin{pmatrix}2&1&0\\1&1&0\\0&0&1\end{pmatrix}.$$

由$|\lambda\boldsymbol{E}_3-\boldsymbol{A}|=\begin{vmatrix}\lambda-2&0&0\\2&\lambda+2&0\\0&0&\lambda-2\end{vmatrix}=(\lambda+2)(\lambda-2)^2$知，$\boldsymbol{A}$有特征值$\lambda_1=-2,\lambda_2=2$(二重)．由于

$$r(2\boldsymbol{E}_3-\boldsymbol{A})=r\left(\begin{pmatrix}0&0&0\\2&4&0\\0&0&0\end{pmatrix}\right)=3-2，\text{所以}\boldsymbol{A}\text{可相似对角化}.$$

由$|\lambda\boldsymbol{E}_3-\boldsymbol{A}^{\mathrm{T}}\boldsymbol{A}^{-1}|=\begin{vmatrix}\lambda-2&-1&0\\-1&\lambda-1&0\\0&0&\lambda-1\end{vmatrix}=(\lambda-1)(\lambda^2-3\lambda+1)$知，$\boldsymbol{A}^{\mathrm{T}}\boldsymbol{A}^{-1}$有3个互异的特征值$\mu_1=1,\mu_2=\frac{1}{2}(3+\sqrt{5}),\mu_3=\frac{1}{2}(3-\sqrt{5})$，所以$\boldsymbol{A}^{\mathrm{T}}\boldsymbol{A}^{-1}$可相似对角化.

附注　题解中，$\boldsymbol{A}$可相似对角化是由于它的二重特征值2满足$r(2\boldsymbol{E}_3-\boldsymbol{A})=3-2$；$\boldsymbol{A}^{\mathrm{T}}\boldsymbol{A}^{-1}$可相似对角化是由于它有3个互异的特征值. 所以它们的可相似对角化是用不同方法判断的.

例 4.11　设三阶矩阵$\boldsymbol{A}=\begin{pmatrix}1&-1&-a\\2&a&-2\\-a&-1&1\end{pmatrix}$，求$\boldsymbol{A}$的所有特征值与特征向量，并指出在$a$

满足何种条件时,**A** 可相似对角化,并将 **A** 相似对角化.

分析　按定义计算 **A** 的所有特征值和特征向量.然后确定能使 **A** 对角化的 a 应满足的条件,并在此条件下,将 **A** 相似对角化.

精解　由

$$|\lambda \boldsymbol{E}_3-\boldsymbol{A}|=\begin{vmatrix}\lambda-1 & 1 & a\\ -2 & \lambda-a & 2\\ a & 1 & \lambda-1\end{vmatrix}=\begin{vmatrix}\lambda+a & 1 & a\\ \lambda-a & \lambda-a & 2\\ \lambda+a & 1 & \lambda-1\end{vmatrix}$$

$$=\begin{vmatrix}\lambda+a & 1 & a\\ \lambda-a & \lambda-a & 2\\ 0 & 0 & \lambda-a-1\end{vmatrix}=(\lambda-a-1)(\lambda+a-1)(\lambda-a)=0$$

知,**A** 有特征值 $\lambda_1=1-a,\lambda_2=1+a,\lambda_3=a$.由此可知,当 $a\neq0$ 且 $a\neq\frac{1}{2}$ 时,A 有 3 个互异的特征值,此时 **A** 可相似对角化.

当 $a=0$ 时,**A** 有特征值 $\lambda=1$(二重),0.此时由

$$r(1\cdot\boldsymbol{E}_3-\boldsymbol{A})=r\left(\begin{pmatrix}0 & 1 & 0\\ -2 & 1 & 2\\ 0 & 1 & 0\end{pmatrix}\right)=2\neq3-2$$

知,**A** 不可相似对角化.

当 $a=\frac{1}{2}$ 时,**A** 有特征值 $\lambda=\frac{1}{2}$(二重),$\frac{3}{2}$.此时由

$$r\left(\frac{1}{2}\cdot\boldsymbol{E}_3-\boldsymbol{A}\right)=r\left(\begin{pmatrix}-\frac{1}{2} & 1 & \frac{1}{2}\\ -2 & 0 & 2\\ \frac{1}{2} & 1 & -\frac{1}{2}\end{pmatrix}\right)=2\neq3-2$$

知,**A** 不可相似对角化.

综上所述,当且仅当 $a\neq0$ 且 $a\neq\frac{1}{2}$ 时,**A** 可相似对角化.

下面在 $a\neq0$ 且 $a\neq\frac{1}{2}$ 的条件下,将 **A** 相似对角化.

设 $\lambda_1=1-a$ 对应的特征向量为 $\boldsymbol{\alpha}=(a_1,a_2,a_3)^{\mathrm{T}}$,则 $\boldsymbol{\alpha}$ 满足

$$(\lambda_1\boldsymbol{E}_3-\boldsymbol{A})\boldsymbol{\alpha}=\boldsymbol{0},\text{即}\begin{pmatrix}-a & 1 & a\\ -2 & 1-2a & 2\\ a & 1 & -a\end{pmatrix}\begin{pmatrix}a_1\\ a_2\\ a_3\end{pmatrix}=\boldsymbol{0}.$$

显然,该方程组有基础解系 $(1,0,1)^{\mathrm{T}}$,故可取 $\boldsymbol{\alpha}=(1,0,1)^{\mathrm{T}}$.

设 $\lambda_2=1+a$ 对应的特征向量为 $\boldsymbol{\beta}=(b_1,b_2,b_3)^{\mathrm{T}}$,则 $\boldsymbol{\beta}$ 满足

$$(\lambda_2\boldsymbol{E}_3-\boldsymbol{A})\boldsymbol{\beta}=\boldsymbol{0},\text{即}\begin{pmatrix}a & 1 & a\\ -2 & 1 & 2\\ a & 1 & a\end{pmatrix}\begin{pmatrix}b_1\\ b_2\\ b_3\end{pmatrix}=\boldsymbol{0}. \qquad (1)$$

由于

$$\begin{pmatrix}a & 1 & a\\ -2 & 1 & 2\\ a & 1 & a\end{pmatrix}\xrightarrow[\text{(以下同)}]{\text{初等行变换}}\begin{pmatrix}a & 1 & a\\ -2 & 1 & 2\\ 0 & 0 & 0\end{pmatrix}\longrightarrow\begin{pmatrix}a+2 & 0 & a-2\\ -2 & 1 & 2\\ 0 & 0 & 0\end{pmatrix},$$

所以,式(1)与方程组$\begin{cases}(a+2)b_1 \qquad +(a-2)b_3=0,\\ \qquad -2b_1+b_2+\qquad 2b_3=0\end{cases}$同解. 由此可知,式(1)的基础解系为$(-a+2,-4a,a+2)^{\mathrm{T}}$,故可取$\boldsymbol{\beta}=(-a+2,-4a,a+2)^{\mathrm{T}}$.

设$\lambda_3=a$对应的特征向量为$\boldsymbol{\gamma}=(c_1,c_2,c_3)^{\mathrm{T}}$,则$\boldsymbol{\gamma}$满足

$$(\lambda_3\boldsymbol{E}_3-\boldsymbol{A})\boldsymbol{\gamma}=\boldsymbol{0},\text{即}\begin{pmatrix}a-1 & 1 & a\\ -2 & 0 & 2\\ a & 1 & a-1\end{pmatrix}\begin{pmatrix}c_1\\ c_2\\ c_3\end{pmatrix}=\boldsymbol{0}. \tag{2}$$

由于$\begin{pmatrix}a-1 & 1 & a\\ -2 & 0 & 2\\ a & 1 & a-1\end{pmatrix}\xrightarrow[\text{(以下同)}]{\text{初等行变换}}\begin{pmatrix}a-1 & 1 & a\\ -1 & 0 & 1\\ 1 & 0 & -1\end{pmatrix}\longrightarrow\begin{pmatrix}a-1 & 1 & a\\ -1 & 0 & 1\\ 0 & 0 & 0\end{pmatrix}$,所以,式(2)的基础解系为$(1,1-2a,1)^{\mathrm{T}}$,故可取$\boldsymbol{\gamma}=(1,1-2a,1)^{\mathrm{T}}$.

当$a\neq 0$且$a\neq\frac{1}{2}$时,$\boldsymbol{\alpha},\boldsymbol{\beta},\boldsymbol{\gamma}$线性无关,记$\boldsymbol{P}=(\boldsymbol{\alpha},\boldsymbol{\beta},\boldsymbol{\gamma})$,则$\boldsymbol{P}$可逆,且

$$\boldsymbol{P}^{-1}\boldsymbol{A}\boldsymbol{P}=\begin{pmatrix}1-a & & \\ & 1+a & \\ & & a\end{pmatrix}.$$

附注　题解中的$a\neq 0$且$a\neq\frac{1}{2}$的条件是按以下步骤计算得到的:

(1) 使$\boldsymbol{A}$有3个互异的特征值. 此时a应满足

$$\begin{cases}\lambda_1\neq\lambda_2,\\ \lambda_1\neq\lambda_3,\end{cases}\text{即}\begin{cases}1-a\neq 1+a,\\ 1-a\neq a.\end{cases}$$

由此得到$a\neq 0$且$a\neq\frac{1}{2}$.

(2) 当$a=0$或$a=\frac{1}{2}$时,$\boldsymbol{A}$不可相似对角化. 这一步是必不可少的,因为当矩阵有重特征值时,未必不能相似对角化.

经过这样两步后,才有结论:当$a\neq 0$且$a\neq\frac{1}{2}$时,$\boldsymbol{A}$可相似对角化.

例 4.12　设$\boldsymbol{\xi}=(1,1,-1)^{\mathrm{T}}$是三阶矩阵$\boldsymbol{A}=\begin{pmatrix}2 & -1 & 2\\ 5 & a & 3\\ -1 & b & -2\end{pmatrix}$的一个特征向量,求常数$a,b$及$\boldsymbol{\xi}$所对应的特征值$\lambda_0$,并求使得矩阵$\boldsymbol{B}=\boldsymbol{A}-\begin{pmatrix}t & -1 & 2\\ 0 & 0 & 3\\ -1 & 0 & 0\end{pmatrix}$可相似对角化的$t$值.

分析　由题设得$(\lambda_0\boldsymbol{E}_3-\boldsymbol{A})\boldsymbol{\xi}=\boldsymbol{0}$,由此即可算得$a,b,\lambda_0$. 将$a,b$的值代入$\boldsymbol{B}$,计算它的特征值,并由此确定$t$值.

精解　由题设$(\lambda_0\boldsymbol{E}_3-\boldsymbol{A})\boldsymbol{\xi}=\boldsymbol{0}$,即

$$\begin{pmatrix}\lambda_0-2 & 1 & -2\\ -5 & \lambda_0-a & -3\\ 1 & -b & \lambda_0+2\end{pmatrix}\begin{pmatrix}1\\ 1\\ -1\end{pmatrix}=\boldsymbol{0}.$$

得 $\lambda_0=-1, a=-3, b=0$. 所以

$$B=A-\begin{pmatrix} t & -1 & 2 \\ 0 & 0 & 3 \\ -1 & 0 & 0 \end{pmatrix}=\begin{pmatrix} 2 & -1 & 2 \\ 5 & -3 & 3 \\ -1 & 0 & -2 \end{pmatrix}-\begin{pmatrix} t & -1 & 2 \\ 0 & 0 & 3 \\ -1 & 0 & 0 \end{pmatrix}=\begin{pmatrix} 2-t & 0 & 0 \\ 5 & -3 & 0 \\ 0 & 0 & -2 \end{pmatrix}.$$

$$由|\lambda E_3-B|=\begin{vmatrix} \lambda-2+t & 0 & 0 \\ -5 & \lambda+3 & 0 \\ 0 & 0 & \lambda+2 \end{vmatrix}=(\lambda+2)(\lambda+3)[\lambda+(t-2)]$$

知，B 有特征值 $-2,-3,-(t-2)$.

当 $t=4$ 时，$\lambda=-2$ 是 B 的二重特征值. 由于

$$r(-2E_3-B)=r\begin{pmatrix} 0 & 0 & 0 \\ -5 & 1 & 0 \\ 0 & 0 & 0 \end{pmatrix}=1=3-2,$$

所以，$t=4$ 时，B 能相似对角化.

当 $t=5$ 时，$\lambda=-3$ 是 B 的二重特征值. 由于

$$r(-3E_3-B)=r\begin{pmatrix} 0 & 0 & 0 \\ -5 & 0 & 0 \\ 1 & 0 & -1 \end{pmatrix}=2\neq 3-2,$$

所以，$t=5$ 时，B 能相似对角化.

综上所述，t 不为 5 时，B 可相似对角化.

附注　当 t 不为 4 与 5 时，B 有 3 个互异的特征值，故可相似对角化，所以只要检验 $t=4$ 或 5(此时 B 有二重特征值)时，B 是否可相似对角化即可.

例 4.13　设三阶矩阵

$$A=\begin{pmatrix} 2 & 0 & 0 \\ 1 & 3 & -1 \\ 1 & 0 & 1 \end{pmatrix}, B=\begin{pmatrix} -2 & 0 & 1 \\ 0 & 2 & 0 \\ -4 & 1 & 3 \end{pmatrix}, C=\begin{pmatrix} 1 & 1 & 0 \\ 0 & 2 & 1 \\ 0 & 0 & 1 \end{pmatrix}$$

(Ⅰ) 验证 A,B 都可相似对角化，C 不能相似对角化；

(Ⅱ) 问 $A+B$ 与 $A+C$ 是否相似？说明理由.

分析　(Ⅰ)利用矩阵可相似对角化的充分必要条件进行判定.

(Ⅱ) 可以从 $A+B$ 与 $A+C$ 是否有相同的特征值入手.

精解　(Ⅰ) 由 $|\lambda E_3-A|=\begin{vmatrix} \lambda-2 & 0 & 0 \\ -1 & \lambda-3 & 1 \\ -1 & 0 & \lambda-1 \end{vmatrix}=(\lambda-1)(\lambda-2)(\lambda-3)$

知，A 有 3 个互异的特征值 1,2,3，所以 A 可相似对角化.

$$由|\lambda E_3-B|=\begin{vmatrix} \lambda+2 & -1 & -1 \\ 0 & \lambda-2 & 0 \\ 4 & -1 & \lambda-3 \end{vmatrix}=(\lambda+2)(\lambda+1)(\lambda-2)$$

知，B 有 3 个互异的特征值 $-2,-1,2$，所以 B 可相似对角化.

由 $|\lambda E_3-C|=\begin{vmatrix} \lambda-1 & -1 & 0 \\ 0 & \lambda-2 & -1 \\ 0 & 0 & \lambda-1 \end{vmatrix}=(\lambda-1)^2(\lambda-2)$ 知，C 有特征值 1(二重)和 2. 由于

$r(1\cdot \boldsymbol{E}_3-\boldsymbol{C})=r\left(\begin{pmatrix}0&-1&0\\0&-1&-1\\0&0&0\end{pmatrix}\right)=2\neq 3-2$，所以 $\boldsymbol{C}$ 不能相似对角化.

(Ⅱ) 由于 $|\lambda\boldsymbol{E}_3-(\boldsymbol{A}+\boldsymbol{B})|=\begin{vmatrix}\lambda&-1&-1\\-1&\lambda-5&1\\3&-1&\lambda-4\end{vmatrix}=\begin{vmatrix}\lambda-2&-1&-1\\\lambda-5&\lambda-5&1\\\lambda-2&-1&\lambda-4\end{vmatrix}$

$$=\begin{vmatrix}\lambda-2&-1&-1\\\lambda-5&\lambda-5&1\\0&0&\lambda-3\end{vmatrix}=(\lambda-3)\begin{vmatrix}\lambda-2&-1\\\lambda-5&\lambda-5\end{vmatrix}$$

$$=(\lambda-1)(\lambda-3)(\lambda-5),$$

所以，$\boldsymbol{A}+\boldsymbol{B}$ 有特征值 1,3,5.

但是，由 $|\lambda\boldsymbol{E}_3-(\boldsymbol{A}+\boldsymbol{C})|_{\lambda=1}=\begin{vmatrix}-2&-1&0\\-1&-4&0\\-1&0&-1\end{vmatrix}=-7\neq 0$ 知，$\lambda=1$ 不是 $\boldsymbol{A}+\boldsymbol{C}$ 的特征值，即 $\boldsymbol{A}+\boldsymbol{C}$ 与 $\boldsymbol{A}+\boldsymbol{B}$ 有不同的特征值，所以，$\boldsymbol{A}+\boldsymbol{B}$ 与 $\boldsymbol{A}+\boldsymbol{C}$ 不相似.

附注 当 n 阶矩阵 $\boldsymbol{M}_1$ 与 $\boldsymbol{M}_2$ 有相同特征值时，$\boldsymbol{M}_1$ 与 $\boldsymbol{M}_2$ 未必相似，但当它们有不同特征值时，$\boldsymbol{M}_1$ 与 $\boldsymbol{M}_2$ 必不相似.

例 4.14 设三阶矩阵 $\boldsymbol{A}=\begin{pmatrix}0&a&a^2\\\frac{1}{a}&0&a\\\frac{1}{a^2}&\frac{1}{a}&0\end{pmatrix}(a\neq 0)$，求三阶可逆矩阵 $\boldsymbol{P}$，使得 $\boldsymbol{P}^{-1}\boldsymbol{A}\boldsymbol{P}$ 为对角矩阵 $\boldsymbol{\Lambda}$，并计算 $\boldsymbol{A}^n$（n 是正整数）.

分析 按三阶矩阵相似对角化方法计算 $\boldsymbol{P}$ 和 $\boldsymbol{\Lambda}$，由此算出 $\boldsymbol{A}^n$.

精解 由 $|\lambda\boldsymbol{E}_3-\boldsymbol{A}|=\begin{vmatrix}\lambda&-a&-a^2\\-\frac{1}{a}&\lambda&-a\\-\frac{1}{a^2}&-\frac{1}{a}&\lambda\end{vmatrix}=\lambda^3-3\lambda-2=(\lambda-2)(\lambda+1)^2$

知，$\boldsymbol{A}$ 有特征值 $\lambda=2,-1$（二重）.

设 $\lambda=2$ 对应的特征向量为 $\boldsymbol{\alpha}=(a_1,a_2,a_3)^{\mathrm{T}}$，则 $\boldsymbol{\alpha}$ 满足

$$\begin{pmatrix}2&-a&-a^2\\-\frac{1}{a}&2&-a\\-\frac{1}{a^2}&-\frac{1}{a}&2\end{pmatrix}\begin{pmatrix}a_1\\a_2\\a_3\end{pmatrix}=\boldsymbol{0}.$$

它有基础解系 $(a^2,a,1)^{\mathrm{T}}$，故可取 $\boldsymbol{\alpha}=(a^2,a,1)^{\mathrm{T}}$.

设 $\lambda=-1$ 对应的特征向量为 $\boldsymbol{\beta}=(b_1,b_2,b_3)^{\mathrm{T}}$，则 $\boldsymbol{\beta}$ 满足

$$\begin{pmatrix}-1 & -a & -a^2\\ -\frac{1}{a} & -1 & -a\\ -\frac{1}{a^2} & -\frac{1}{a} & -1\end{pmatrix}\begin{pmatrix}b_1\\ b_2\\ b_3\end{pmatrix}=\mathbf{0},$$

它与方程 $b_1+ab_2+a^2b_3=0$ 同解，从而有基础解系 $(a,-1,0)^{\mathrm{T}}$，$(a^2,0,-1)^{\mathrm{T}}$. 故可取 $\boldsymbol{\beta}=\boldsymbol{\beta}_1(a,-1,0)^{\mathrm{T}}$，$\boldsymbol{\beta}=\boldsymbol{\beta}_2=(a^2,0,-1)^{\mathrm{T}}$.

记 $\boldsymbol{P}=(\boldsymbol{\alpha},\boldsymbol{\beta}_1,\boldsymbol{\beta}_2)=\begin{pmatrix}a^2 & a & a^2\\ a & -1 & 0\\ 1 & 0 & -1\end{pmatrix}$（可逆矩阵），则

$$\boldsymbol{P}^{-1}\boldsymbol{AP}=\begin{pmatrix}2 & & \\ & -1 & \\ & & -1\end{pmatrix}（对角矩阵）. \qquad (1)$$

由式(1)，得　$\boldsymbol{A}=\boldsymbol{P}\begin{pmatrix}2 & & \\ & -1 & \\ & & -1\end{pmatrix}\boldsymbol{P}^{-1}$，所以

$$\boldsymbol{A}^n=\boldsymbol{P}\begin{pmatrix}2 & & \\ & -1 & \\ & & -1\end{pmatrix}^n\boldsymbol{P}^{-1}=\begin{pmatrix}a^2 & a & a^2\\ a & -1 & 0\\ 1 & 0 & -1\end{pmatrix}\begin{pmatrix}2^n & & \\ & (-1)^n & \\ & & (-1)^n\end{pmatrix}\begin{pmatrix}\frac{1}{3a^2} & \frac{1}{3a} & \frac{1}{3}\\ \frac{1}{3a} & -\frac{2}{3} & \frac{a}{3}\\ \frac{1}{3a^2} & \frac{1}{3a} & -\frac{2}{3}\end{pmatrix}$$

$$=\begin{pmatrix}2^na^2 & (-1)^na & (-1)^na^2\\ 2^na & (-1)^{n+1} & 0\\ 2^n & 0 & (-1)^{n+1}\end{pmatrix}\begin{pmatrix}\frac{1}{3a^2} & \frac{1}{3a} & \frac{1}{3}\\ \frac{1}{3a} & -\frac{2}{3} & \frac{a}{3}\\ \frac{1}{3a^2} & \frac{1}{3a} & -\frac{2}{3}\end{pmatrix}$$

$$=\begin{pmatrix}\frac{2}{3}[2^{n-1}+(-1)^n] & \frac{a}{3}[2^n-(-1)^n] & \frac{a^2}{3}[2^n-(-1)^n]\\ \frac{1}{3a}[2^n-(-1)^n] & \frac{2}{3}[2^{n-1}+(-1)^n] & \frac{a}{3}[2^n-(-1)^n]\\ \frac{1}{3a^2}[2^n-(-1)^n] & \frac{1}{3a}[2^n-(-1)^n] & \frac{2}{3}[2^{n-1}+(-1)^n]\end{pmatrix}.$$

附注　计算 $\boldsymbol{A}^n$，通常先将 $\boldsymbol{A}$ 相似对角化，即寻找可逆矩阵 $\boldsymbol{P}$，使得 $\boldsymbol{P}^{-1}\boldsymbol{AP}=\boldsymbol{\Lambda}$（对角矩阵），即 $\boldsymbol{A}=\boldsymbol{P\Lambda P}^{-1}$. 于是有

$$\boldsymbol{A}^n=\boldsymbol{P\Lambda}^n\boldsymbol{P}^{-1}（其中，\boldsymbol{\Lambda}^n 是很容易计算的）.$$

例 4.15　设 $\boldsymbol{A}$ 是三阶矩阵，$\boldsymbol{\alpha}_1,\boldsymbol{\alpha}_2,\boldsymbol{\alpha}_3$ 是线性无关的三维列向量，且满足

$$\boldsymbol{A\alpha}_1=\boldsymbol{\alpha}_1+\boldsymbol{\alpha}_2+\boldsymbol{\alpha}_3,\ \boldsymbol{A\alpha}_2=2\boldsymbol{\alpha}_2+\boldsymbol{\alpha}_3,\ \boldsymbol{A\alpha}_3=2\boldsymbol{\alpha}_2+3\boldsymbol{\alpha}_3.$$

求 $\boldsymbol{A}$ 的特征值，并将 $\boldsymbol{A}^3$ 相似对角化，即求出使得 $\boldsymbol{P}^{-1}\boldsymbol{A}^3\boldsymbol{P}=\boldsymbol{\Lambda}$ 的三阶可逆矩阵 $\boldsymbol{P}$ 与三阶对角矩阵 $\boldsymbol{\Lambda}$.

分析　先由所给等式确定与 $\boldsymbol{A}$ 相似的数字矩阵 $\boldsymbol{B}$，即存在可逆矩阵 $\boldsymbol{P}$，使得 $\boldsymbol{P}_1^{-1}\boldsymbol{AP}_1=\boldsymbol{B}$. 然后将 $\boldsymbol{B}$ 相似对角化，即确定可逆矩阵 $\boldsymbol{P}_2$，使得 $\boldsymbol{P}_2^{-1}\boldsymbol{BP}_2=\boldsymbol{\Lambda}$（对角矩阵）. 由此即可以算得题目

要求的 $\boldsymbol{P}$ 及 $\boldsymbol{\Lambda}$.

精解 $\boldsymbol{A}(\boldsymbol{\alpha}_1,\boldsymbol{\alpha}_2,\boldsymbol{\alpha}_3)=(\boldsymbol{A\alpha}_1,\boldsymbol{A\alpha}_2,\boldsymbol{A\alpha}_3)$

$$=(\boldsymbol{\alpha}_1+\boldsymbol{\alpha}_2+\boldsymbol{\alpha}_3,2\boldsymbol{\alpha}_2+\boldsymbol{\alpha}_3,2\boldsymbol{\alpha}_2+3\boldsymbol{\alpha}_3)$$

$$=(\boldsymbol{\alpha}_1,\boldsymbol{\alpha}_2,\boldsymbol{\alpha}_3)\begin{pmatrix}1&0&0\\1&2&2\\1&1&3\end{pmatrix}.$$

记 $\boldsymbol{P}_1=(\boldsymbol{\alpha}_1,\boldsymbol{\alpha}_2,\boldsymbol{\alpha}_3)$,则由 $\boldsymbol{\alpha}_1,\boldsymbol{\alpha}_2,\boldsymbol{\alpha}_3$ 线性无关知 $\boldsymbol{P}_1$ 可逆,且

$$\boldsymbol{P}_1^{-1}\boldsymbol{AP}_1=\begin{pmatrix}1&0&0\\1&2&2\\1&1&3\end{pmatrix}\xlongequal{\text{记}}\boldsymbol{B}.$$

由 $|\lambda\boldsymbol{E}_3-\boldsymbol{B}|=\begin{vmatrix}\lambda-1&0&0\\-1&\lambda-2&-2\\-1&-1&\lambda-3\end{vmatrix}=(\lambda-1)^2(\lambda-4)$ 知,$\boldsymbol{B}$ 有特征值 $\lambda=1$(二重),4.

设 $\boldsymbol{B}$ 的对应 $\lambda=1$ 的特征向量为 $\boldsymbol{\alpha}=(a_1,a_2,a_3)^{\mathrm{T}}$,则 $\boldsymbol{\alpha}$ 满足

$$\begin{pmatrix}0&0&0\\-1&-1&-2\\-1&-1&-2\end{pmatrix}\begin{pmatrix}a_1\\a_2\\a_3\end{pmatrix}=\boldsymbol{0},\text{即 } a_1+a_2+2a_3=0.$$

它有基础解系 $(-1,1,0)^{\mathrm{T}},(-2,0,1)^{\mathrm{T}}$,故可取 $\boldsymbol{\alpha}=\boldsymbol{\xi}_1=(-1,1,0)^{\mathrm{T}},\boldsymbol{\alpha}=\boldsymbol{\xi}_2=(-2,0,1)^{\mathrm{T}}$.

设 $\boldsymbol{B}$ 的对应 $\lambda=4$ 的特征向量为 $\boldsymbol{\beta}=(b_1,b_2,b_3)^{\mathrm{T}}$,则 $\boldsymbol{\beta}$ 满足

$$\begin{pmatrix}3&0&0\\-1&2&-2\\-1&-1&1\end{pmatrix}\begin{pmatrix}b_1\\b_2\\b_3\end{pmatrix}=\boldsymbol{0},\text{即}\begin{cases}b_1&=0,\\ b_2-b_3&=0.\end{cases}$$

它有基础解系 $(0,1,1)^{\mathrm{T}}$,故可取 $\boldsymbol{\beta}=(0,1,1)^{\mathrm{T}}$.

记 $\boldsymbol{P}_2=(\boldsymbol{\xi}_1,\boldsymbol{\xi}_2,\boldsymbol{\beta})$(可逆矩阵),则

$$\boldsymbol{P}_2^{-1}\boldsymbol{BP}_2=\begin{pmatrix}1&&\\&1&\\&&4\end{pmatrix},$$

即

$$\boldsymbol{P}_2^{-1}\boldsymbol{P}_1^{-1}\boldsymbol{AP}_1\boldsymbol{P}_2=\begin{pmatrix}1&&\\&1&\\&&4\end{pmatrix}.$$

于是,所求的可逆矩阵

$$\boldsymbol{P}=\boldsymbol{P}_1\boldsymbol{P}_2=(\boldsymbol{\alpha}_1,\boldsymbol{\alpha}_2,\boldsymbol{\alpha}_3)(\boldsymbol{\xi}_1,\boldsymbol{\xi}_2,\boldsymbol{\beta})=(-\boldsymbol{\alpha}_1+\boldsymbol{\alpha}_2,-2\boldsymbol{\alpha}_1+\boldsymbol{\alpha}_3,\boldsymbol{\alpha}_2+\boldsymbol{\alpha}_3),$$

它使得

$$\boldsymbol{P}^{-1}\boldsymbol{AP}=\begin{pmatrix}1&&\\&1&\\&&4\end{pmatrix},$$

从而 $\boldsymbol{P}^{-1}\boldsymbol{A}^3\boldsymbol{P}=\begin{pmatrix}1^3&&\\&1^3&\\&&4^3\end{pmatrix}=\begin{pmatrix}1&&\\&1&\\&&64\end{pmatrix}$(即为所求的 $\boldsymbol{\Lambda}$).

附注 本题先寻找与 $\boldsymbol{A}$ 相似的数字矩阵 $\boldsymbol{B}$，即存在可逆矩阵 $\boldsymbol{P}_1^{-1}\boldsymbol{A}\boldsymbol{P}_1=\boldsymbol{B}$；然后将 $\boldsymbol{B}$ 相似对角化，即存在可逆矩阵 $\boldsymbol{P}_2$，使得 $\boldsymbol{P}_2^{-1}\boldsymbol{B}\boldsymbol{P}_2=\boldsymbol{\Lambda}$，从而求得可逆矩阵 $\boldsymbol{P}=\boldsymbol{P}_1\boldsymbol{P}_2$ 及 $\boldsymbol{\Lambda}$.

上述方法，是将抽象矩阵 $\boldsymbol{A}$ 或 $\boldsymbol{A}^m$（m 是正整数）等相似对角化的常用方法.

例 4.16 设三阶实对称矩阵 $\boldsymbol{A}=\begin{pmatrix}1&1&1\\1&3&a\\1&a&a\end{pmatrix}$ 的秩为 2，求使 $\boldsymbol{A}$ 的特征值之和为最小时的 a 值，并对求得的 a 值，计算使得 $\boldsymbol{P}^{\mathrm{T}}(\boldsymbol{A}+\boldsymbol{A}^*)\boldsymbol{P}=\boldsymbol{\Lambda}$ 的三阶可逆矩阵 $\boldsymbol{P}$ 与对角矩阵 $\boldsymbol{\Lambda}$.

分析 先由题设确定 a 的值，由于 $\boldsymbol{A}+\boldsymbol{A}^*$ 是实对称矩阵，所以使得 $\boldsymbol{P}^{\mathrm{T}}(\boldsymbol{A}+\boldsymbol{A}^*)\boldsymbol{P}=\boldsymbol{\Lambda}$ 的 $\boldsymbol{P}$ 可取为正交矩阵.

精解 由 $\boldsymbol{A}$ 的秩为 2 知

$$|\boldsymbol{A}|=\begin{vmatrix}1&1&1\\1&3&a\\1&a&a\end{vmatrix}=\begin{vmatrix}1&1&1\\0&2&a-1\\0&a-1&a-1\end{vmatrix}=(a-1)(3-a)=0,$$

所以，$a=1,3$（显然 $a=1,3$ 时，$r(\boldsymbol{A})=2$）.

由于 $\boldsymbol{A}$ 的特征值之和 $S=\operatorname{tr}\boldsymbol{A}=1+3+a=4+a$，所以使得 S 取最小的 $a=1$.

将 $a=1$ 代入 $\boldsymbol{A}$，得 $\boldsymbol{A}=\begin{pmatrix}1&1&1\\1&3&1\\1&1&1\end{pmatrix}$. 由于

$$|\lambda\boldsymbol{E}_3-\boldsymbol{A}|=\begin{vmatrix}\lambda-1&-1&-1\\-1&\lambda-3&-1\\-1&-1&\lambda-1\end{vmatrix}=\begin{vmatrix}\lambda-3&-1&-1\\\lambda-5&\lambda-3&-1\\\lambda-3&-1&\lambda-1\end{vmatrix}$$

$$=\begin{vmatrix}\lambda-3&-1&-1\\\lambda-5&\lambda-3&-1\\0&0&\lambda\end{vmatrix}=\lambda(\lambda-1)(\lambda-4),$$

所以，$\boldsymbol{A}$ 有特征值 $\lambda=0,1,4$.

设 $\boldsymbol{A}$ 的对应 $\lambda=0$ 的特征向量为 $\boldsymbol{\alpha}=(a_1,a_2,a_3)^{\mathrm{T}}$，则 $\boldsymbol{\alpha}$ 满足

$$\begin{pmatrix}-1&-1&-1\\-1&-3&-1\\-1&-1&-1\end{pmatrix}\begin{pmatrix}a_1\\a_2\\a_3\end{pmatrix}=\mathbf{0},$$

它有基础解系 $(-1,0,1)^{\mathrm{T}}$，故可取 $\boldsymbol{\alpha}=(1,0,-1)^{\mathrm{T}}$.

设 $\boldsymbol{A}$ 的对应 $\lambda=1$ 的特征向量为 $\boldsymbol{\beta}=(b_1,b_2,b_3)^{\mathrm{T}}$，则 $\boldsymbol{\beta}$ 满足

$$\begin{pmatrix}0&-1&-1\\-1&-2&-1\\-1&-1&0\end{pmatrix}\begin{pmatrix}b_1\\b_2\\b_3\end{pmatrix}=\mathbf{0},$$

它有基础解系 $(1,-1,1)^{\mathrm{T}}$，故可取 $\boldsymbol{\beta}=(1,-1,1)^{\mathrm{T}}$.

设 $\boldsymbol{A}$ 的对应 $\lambda=4$ 的特征向量为 $\boldsymbol{\gamma}=(c_1,c_2,c_3)^{\mathrm{T}}$，则由 $\boldsymbol{A}$ 是实对称矩阵知，$\boldsymbol{\gamma}$ 与 $\boldsymbol{\alpha}$，$\boldsymbol{\beta}$ 都正交，所以

$$\begin{cases}(\boldsymbol{\alpha},\boldsymbol{\gamma})=0,\\(\boldsymbol{\beta},\boldsymbol{\gamma})=0,\end{cases}\text{即}\begin{cases}c_1\qquad-c_3=0,\\c_1-c_2+c_3=0.\end{cases}$$

它有基础解系$(1,2,1)^{\mathrm{T}}$,故可取$\boldsymbol{\gamma}=(1,2,1)^{\mathrm{T}}$.

显然,$\boldsymbol{\alpha},\boldsymbol{\beta},\boldsymbol{\gamma}$是正交向量组,现将它们单位化:

$$\boldsymbol{e}_1=\frac{\boldsymbol{\alpha}}{\|\boldsymbol{\alpha}\|}=\left(\frac{1}{\sqrt{2}},0,-\frac{1}{\sqrt{2}}\right)^{\mathrm{T}},$$

$$\boldsymbol{e}_2=\frac{\boldsymbol{\beta}}{\|\boldsymbol{\beta}\|}=\left(\frac{1}{\sqrt{3}},-\frac{1}{\sqrt{3}},\frac{1}{\sqrt{3}}\right)^{\mathrm{T}},$$

$$\boldsymbol{e}_3=\frac{\boldsymbol{\gamma}}{\|\boldsymbol{\gamma}\|}=\left(\frac{1}{\sqrt{6}},\frac{2}{\sqrt{6}},\frac{1}{\sqrt{6}}\right)^{\mathrm{T}}.$$

记 $\boldsymbol{P}=(\boldsymbol{e}_1,\boldsymbol{e}_2,\boldsymbol{e}_3)=\begin{pmatrix}\frac{1}{\sqrt{2}} & \frac{1}{\sqrt{3}} & \frac{1}{\sqrt{6}}\\ 0 & -\frac{1}{\sqrt{3}} & \frac{2}{\sqrt{6}}\\ -\frac{1}{\sqrt{2}} & \frac{1}{\sqrt{3}} & \frac{1}{\sqrt{6}}\end{pmatrix}$(这里$|\boldsymbol{P}|=-1$),则$\boldsymbol{P}$是正交矩阵,且

$$\boldsymbol{P}^{\mathrm{T}}\boldsymbol{A}\boldsymbol{P}=\begin{pmatrix}0 & & \\ & 1 & \\ & & 4\end{pmatrix},\text{即 }\boldsymbol{A}=\boldsymbol{P}\begin{pmatrix}0 & & \\ & 1 & \\ & & 4\end{pmatrix}\boldsymbol{P}^{\mathrm{T}}.$$

于是,由 $\boldsymbol{P}^{\mathrm{T}}\boldsymbol{A}^*\boldsymbol{P}=\boldsymbol{P}^{\mathrm{T}}\left(\boldsymbol{P}\begin{pmatrix}0 & & \\ & 1 & \\ & & 4\end{pmatrix}\boldsymbol{P}^{\mathrm{T}}\right)^*\boldsymbol{P}$

$$=\boldsymbol{P}^{\mathrm{T}}(\boldsymbol{P}^*)^{\mathrm{T}}\begin{pmatrix}0 & & \\ & 1 & \\ & & 4\end{pmatrix}^*\boldsymbol{P}^*\boldsymbol{P}$$

$$=(\boldsymbol{P}^*\boldsymbol{P})^{\mathrm{T}}\begin{pmatrix}0 & & \\ & 1 & \\ & & 4\end{pmatrix}^*(\boldsymbol{P}^*\boldsymbol{P})$$

$$=(|\boldsymbol{P}|\boldsymbol{E}_3)^{\mathrm{T}}\begin{pmatrix}0 & & \\ & 1 & \\ & & 4\end{pmatrix}^*(|\boldsymbol{P}|\boldsymbol{E}_3)=\begin{pmatrix}4 & & \\ & 0 & \\ & & 0\end{pmatrix}.$$

得 $\boldsymbol{P}^{\mathrm{T}}(\boldsymbol{A}+\boldsymbol{A}^*)\boldsymbol{P}=\boldsymbol{P}^{\mathrm{T}}\boldsymbol{A}\boldsymbol{P}+\boldsymbol{P}^{\mathrm{T}}\boldsymbol{A}^*\boldsymbol{P}=\begin{pmatrix}0 & & \\ & 1 & \\ & & 4\end{pmatrix}+\begin{pmatrix}4 & & \\ & 0 & \\ & & 0\end{pmatrix}=\begin{pmatrix}4 & & \\ & 1 & \\ & & 4\end{pmatrix}$.

所以,上述的$\boldsymbol{P}$及$\boldsymbol{\Lambda}=\begin{pmatrix}4 & & \\ & 1 & \\ & & 4\end{pmatrix}$即为所求的可逆矩阵与对角矩阵.

附注 从题解可见,能使实对称矩阵$\boldsymbol{A}$对角化的正交矩阵$\boldsymbol{P}$,也必能使$\boldsymbol{A}^*$对角化.这一结论对利用正交变换将二次型化为标准形是很有用的.

(Ⅱ)

例 4.17　设 n 阶矩阵 $\boldsymbol{A}$ 有 n 个特征值 $\lambda_1,\lambda_2,\cdots,\lambda_n$，对应的线性无关特征向量分别为 $\boldsymbol{\xi}_1$，$\boldsymbol{\xi}_2,\cdots,\boldsymbol{\xi}_n$. 求 $2n$ 阶矩阵 $\boldsymbol{C}=\begin{pmatrix}\boldsymbol{O}&\boldsymbol{A}\\\boldsymbol{A}&\boldsymbol{O}\end{pmatrix}$的所有特征值与特征向量.

分析　先将分块矩阵 $\boldsymbol{C}$ 相似地化为 $\boldsymbol{C}_1=\begin{pmatrix}-\boldsymbol{A}&\boldsymbol{O}\\\boldsymbol{O}&\boldsymbol{A}\end{pmatrix}$，然后计算它的特征值与特征向量即可.

精解　记 $\boldsymbol{T}=\begin{bmatrix}\boldsymbol{E}_n&\boldsymbol{E}_n\\-\boldsymbol{E}_n&\boldsymbol{E}_n\end{bmatrix}$，则 $\boldsymbol{T}$ 可逆，且 $\boldsymbol{T}^{-1}=\dfrac{1}{2}\begin{bmatrix}\boldsymbol{E}_n&-\boldsymbol{E}_n\\\boldsymbol{E}_n&\boldsymbol{E}_n\end{bmatrix}$. 于是

$$\begin{aligned}\boldsymbol{T}^{-1}\boldsymbol{C}\boldsymbol{T}&=\frac{1}{2}\begin{bmatrix}\boldsymbol{E}_n&-\boldsymbol{E}_n\\\boldsymbol{E}_n&\boldsymbol{E}_n\end{bmatrix}\begin{pmatrix}\boldsymbol{O}&\boldsymbol{A}\\\boldsymbol{A}&\boldsymbol{O}\end{pmatrix}\begin{bmatrix}\boldsymbol{E}_n&\boldsymbol{E}_n\\-\boldsymbol{E}_n&\boldsymbol{E}_n\end{bmatrix}\\&=\frac{1}{2}\begin{pmatrix}-\boldsymbol{A}&\boldsymbol{A}\\\boldsymbol{A}&\boldsymbol{A}\end{pmatrix}\begin{bmatrix}\boldsymbol{E}_n&\boldsymbol{E}_n\\-\boldsymbol{E}_n&\boldsymbol{E}_n\end{bmatrix}=\frac{1}{2}\begin{pmatrix}-2\boldsymbol{A}&\boldsymbol{O}\\\boldsymbol{O}&2\boldsymbol{A}\end{pmatrix}=\begin{pmatrix}-\boldsymbol{A}&\boldsymbol{O}\\\boldsymbol{O}&\boldsymbol{A}\end{pmatrix}\end{aligned}$$

即　$\boldsymbol{C}\sim\boldsymbol{C}_1=\begin{pmatrix}-\boldsymbol{A}&\boldsymbol{O}\\\boldsymbol{O}&\boldsymbol{A}\end{pmatrix}$.

记 $\boldsymbol{P}=(\boldsymbol{\xi}_1,\boldsymbol{\xi}_2,\cdots,\boldsymbol{\xi}_n)$，则由题设知，$\boldsymbol{P}$ 可逆且

$$\boldsymbol{P}^{-1}\boldsymbol{A}\boldsymbol{P}=\begin{bmatrix}\lambda_1&&&\\&\lambda_2&&\\&&\ddots&\\&&&\lambda_n\end{bmatrix}\xlongequal{\text{记}}\boldsymbol{\Lambda}.$$

于是

$$\begin{aligned}\begin{pmatrix}\boldsymbol{P}&\boldsymbol{O}\\\boldsymbol{O}&\boldsymbol{P}\end{pmatrix}^{-1}\boldsymbol{T}^{-1}\boldsymbol{C}\boldsymbol{T}\begin{pmatrix}\boldsymbol{P}&\boldsymbol{O}\\\boldsymbol{O}&\boldsymbol{P}\end{pmatrix}&=\begin{bmatrix}\boldsymbol{P}^{-1}&\boldsymbol{O}\\\boldsymbol{O}&\boldsymbol{P}^{-1}\end{bmatrix}\begin{pmatrix}-\boldsymbol{A}&\boldsymbol{O}\\\boldsymbol{O}&\boldsymbol{A}\end{pmatrix}\begin{pmatrix}\boldsymbol{P}&\boldsymbol{O}\\\boldsymbol{O}&\boldsymbol{P}\end{pmatrix}\\&=\begin{bmatrix}-\boldsymbol{P}^{-1}\boldsymbol{A}\boldsymbol{P}&\boldsymbol{O}\\\boldsymbol{O}&\boldsymbol{P}^{-1}\boldsymbol{A}\boldsymbol{P}\end{bmatrix}=\begin{pmatrix}-\boldsymbol{\Lambda}&\boldsymbol{O}\\\boldsymbol{O}&\boldsymbol{\Lambda}\end{pmatrix}.\end{aligned}\tag{1}$$

记 $\boldsymbol{Q}=\boldsymbol{T}\begin{pmatrix}\boldsymbol{P}&\boldsymbol{O}\\\boldsymbol{O}&\boldsymbol{P}\end{pmatrix}=\begin{bmatrix}\boldsymbol{E}_n&\boldsymbol{E}_n\\-\boldsymbol{E}_n&\boldsymbol{E}_n\end{bmatrix}\begin{pmatrix}\boldsymbol{P}&\boldsymbol{O}\\\boldsymbol{O}&\boldsymbol{P}\end{pmatrix}=\begin{pmatrix}\boldsymbol{P}&\boldsymbol{P}\\-\boldsymbol{P}&\boldsymbol{P}\end{pmatrix}$，则由式(1)知，可逆矩阵 $\boldsymbol{Q}$，使得

$$\boldsymbol{Q}^{-1}\boldsymbol{C}\boldsymbol{Q}=\begin{bmatrix}-\lambda_1&&&&&&&\\&-\lambda_2&&&&&&\\&&\ddots&&&&&\\&&&-\lambda_n&&&&\\&&&&\lambda_1&&&\\&&&&&\lambda_2&&\\&&&&&&\ddots&\\&&&&&&&\lambda_n\end{bmatrix},$$

所以，$\boldsymbol{C}$ 的特征值为 $-\lambda_1,-\lambda_2,\cdots,-\lambda_n,\lambda_1,\lambda_2,\cdots,\lambda_n$，且 $-\lambda_i$ 对应的所有特征向量为 $C_i\begin{bmatrix}-\boldsymbol{\xi}_i\\\boldsymbol{\xi}_i\end{bmatrix}$（即 $\boldsymbol{Q}$ 的第 i 个列向量）；λ_i 对应的所有特征向量为 $C_{n+i}\begin{bmatrix}\boldsymbol{\xi}_i\\\boldsymbol{\xi}_i\end{bmatrix}$（即 $\boldsymbol{Q}$ 的第 $n+i$ 个列向量），其中

$C_i,C_{n+i}(i=1,2,\cdots,n)$是全不为零的任意常数.

附注 题解中有两点值得说明:

(1) $\boldsymbol{T}$是如何确定的?

要把$\boldsymbol{C}$相似变换成$\begin{pmatrix}-\boldsymbol{A} & \boldsymbol{O}\\ \boldsymbol{O} & \boldsymbol{A}\end{pmatrix}$,其相似变换矩阵$\boldsymbol{T}=\begin{bmatrix}\boldsymbol{T}_1 & \boldsymbol{T}_2\\ \boldsymbol{T}_3 & \boldsymbol{T}_4\end{bmatrix}$应满足$\begin{pmatrix}\boldsymbol{O} & \boldsymbol{A}\\ \boldsymbol{A} & \boldsymbol{O}\end{pmatrix}\begin{bmatrix}\boldsymbol{T}_1 & \boldsymbol{T}_2\\ \boldsymbol{T}_3 & \boldsymbol{T}_4\end{bmatrix}=\begin{bmatrix}\boldsymbol{T}_1 & \boldsymbol{T}_2\\ \boldsymbol{T}_3 & \boldsymbol{T}_4\end{bmatrix}\begin{pmatrix}-\boldsymbol{A} & \boldsymbol{O}\\ \boldsymbol{O} & \boldsymbol{A}\end{pmatrix}$,即

$$\boldsymbol{AT}_3=-\boldsymbol{T}_1\boldsymbol{A},\boldsymbol{AT}_4=\boldsymbol{T}_2\boldsymbol{A},$$
$$\boldsymbol{AT}_1=-\boldsymbol{T}_3\boldsymbol{A},\boldsymbol{AT}_2=\boldsymbol{T}_4\boldsymbol{A},$$

于是取$\boldsymbol{T}_1=\boldsymbol{E}_n$,则$\boldsymbol{T}_3=-\boldsymbol{E}_n$,取$\boldsymbol{T}_4=\boldsymbol{E}_n$,则$\boldsymbol{T}_2=\boldsymbol{E}_n$,故$\boldsymbol{T}=\begin{bmatrix}\boldsymbol{E}_n & \boldsymbol{E}_n\\ -\boldsymbol{E}_n & \boldsymbol{E}_n\end{bmatrix}$.

(2) 将$\boldsymbol{C}$相似变换成$\begin{pmatrix}\boldsymbol{A} & \boldsymbol{O}\\ \boldsymbol{O} & \boldsymbol{A}\end{pmatrix}$行吗?

不行,由于$\begin{vmatrix}\boldsymbol{A} & \boldsymbol{O}\\ \boldsymbol{O} & \boldsymbol{A}\end{vmatrix}\neq\begin{vmatrix}\boldsymbol{O} & \boldsymbol{A}\\ \boldsymbol{A} & \boldsymbol{O}\end{vmatrix}$,所以$\begin{pmatrix}\boldsymbol{O} & \boldsymbol{A}\\ \boldsymbol{A} & \boldsymbol{O}\end{pmatrix}$不能与$\begin{pmatrix}\boldsymbol{A} & \boldsymbol{O}\\ \boldsymbol{O} & \boldsymbol{A}\end{pmatrix}$相似.

例 4.18 设$\boldsymbol{J}_n$是元素全为1的n阶矩阵.求$2n$阶矩阵$\boldsymbol{A}=\begin{bmatrix}\boldsymbol{O} & \boldsymbol{J}_n\\ \boldsymbol{J}_n & \boldsymbol{O}\end{bmatrix}$的所有特征值与特征向量.

分析 由例4.17知,只要算出$\boldsymbol{J}_n$的特征值与特征向量即可.

精解 由于$|\lambda\boldsymbol{E}_n-\boldsymbol{J}_n|=\begin{vmatrix}\lambda-1 & -1 & \cdots & -1\\ -1 & \lambda-1 & \cdots & -1\\ \vdots & \vdots & & \vdots\\ -1 & -1 & \cdots & \lambda-1\end{vmatrix}=\lambda^{n-1}(\lambda-n)$,所以$\boldsymbol{J}$的特征值为$\lambda=n,0(n-1$重).

设$\boldsymbol{J}_n$的对应$\lambda=n$的特征向量为$\boldsymbol{\xi}$,则$\boldsymbol{\xi}$满足

$$\begin{pmatrix}n-1 & -1 & \cdots & -1\\ -1 & n-1 & \cdots & -1\\ \vdots & \vdots & & \vdots\\ -1 & -1 & \cdots & n-1\end{pmatrix}\boldsymbol{\xi}=\boldsymbol{0}.$$

它有基础解系为$(1,1,\cdots,1)^{\mathrm{T}}$,故可取$\boldsymbol{\xi}=(1,1,\cdots,1)^{\mathrm{T}}$.

设$\boldsymbol{J}_n$的对应$\lambda=0$的特征向量为$\boldsymbol{\eta}=(x_1,x_2,\cdots,x_n)^{\mathrm{T}}$,则$\boldsymbol{\eta}$满足

$$x_1+x_2+\cdots+x_n=0.$$

它有基础解系$(-1,1,0,0,\cdots,0,0)^{\mathrm{T}},(-1,0,1,0,\cdots,0,0)^{\mathrm{T}},\cdots,(-1,0,0,0,\cdots,0,1)^{\mathrm{T}}$,故可取$\boldsymbol{\eta}=\boldsymbol{\eta}_1=(-1,1,0,0,\cdots,0,0)^{\mathrm{T}},\boldsymbol{\eta}=\boldsymbol{\eta}_2=(-1,0,1,0,\cdots,0,0)^{\mathrm{T}},\cdots,\boldsymbol{\eta}=\boldsymbol{\eta}_{n-1}=(-1,0,0,0,\cdots,0,1)^{\mathrm{T}}$.

由例4.17知,$\boldsymbol{A}$的特征值共有$2n$个:$-n,0,0,\cdots,0,n,0,0,\cdots,0$,所有特征向量(分别与上述特征值相对应)为

$C_1\begin{pmatrix}-\boldsymbol{\xi}\\ \boldsymbol{\xi}\end{pmatrix},C_2\begin{bmatrix}-\boldsymbol{\eta}_1\\ \boldsymbol{\eta}_1\end{bmatrix},\cdots,C_n\begin{bmatrix}-\boldsymbol{\eta}_{n-1}\\ \boldsymbol{\eta}_{n-1}\end{bmatrix},C_{n+1}\begin{pmatrix}\boldsymbol{\xi}\\ \boldsymbol{\xi}\end{pmatrix},C_{n+2}\begin{bmatrix}\boldsymbol{\eta}_1\\ \boldsymbol{\eta}_1\end{bmatrix},\cdots,C_{2n}\begin{bmatrix}\boldsymbol{\eta}_{n-1}\\ \boldsymbol{\eta}_{n-1}\end{bmatrix}$,其中$C_i(i=1,$

$2,\cdots,2n$)是全不为零的任意常数.

附注　本题快捷获解的关键是利用了例 4.17 的结果,因此应记住例 4.17 的结果.

例 4.19　设 $\boldsymbol{A}$ 是 n 阶实对称幂等矩阵(即 $\boldsymbol{A}^2=\boldsymbol{A}$),且 $r(\boldsymbol{A})=r$. 求 $\boldsymbol{A}$ 的相似对角矩阵 $\boldsymbol{\Lambda}$,并计算行列式 $|3\boldsymbol{E}_n-\boldsymbol{A}|$.

分析　由题设知,$\boldsymbol{A}$ 可相似对角化,且其特征值为 1 和 0,由此即可得到 $\boldsymbol{A}$ 的相似对角矩阵,并算出 $|3\boldsymbol{E}_n-\boldsymbol{A}|$.

精解　设 λ 是 $\boldsymbol{A}$ 的特征值,则由 $\boldsymbol{A}^2=\boldsymbol{A}$,得 $\lambda^2=\lambda$,所以 $\lambda=1,0$.

由于 $\boldsymbol{A}$ 是实对称矩阵,$r(\boldsymbol{A})=r$,所以 A 可相似对角化为

$$\boldsymbol{\Lambda}=\begin{pmatrix}1&&&&&&\\&1&&&&&\\&&\ddots&&&&\\&&&1&&&\\&&&&0&&\\&&&&&\ddots&\\&&&&&&0\end{pmatrix}\begin{matrix}\left.\begin{matrix}\\ \\ \\ \\ \end{matrix}\right\}r\text{个}\\ \\ \\ \\ \end{matrix}$$

由于 $\boldsymbol{A}\sim\boldsymbol{\Lambda}$,所以

$$|3\boldsymbol{E}_n-\boldsymbol{A}|=|3\boldsymbol{E}_n-\boldsymbol{\Lambda}|=\begin{vmatrix}2&&&&&&&\\&2&&&&&&\\&&\ddots&&&&&\\&&&2&&&&\\&&&&3&&&\\&&&&&3&&\\&&&&&&\ddots&\\&&&&&&&3\end{vmatrix}\begin{matrix}\left.\begin{matrix}\\ \\ \\ \\ \end{matrix}\right\}r\text{个}\\ \left.\begin{matrix}\\ \\ \\ \\ \end{matrix}\right\}(n-r)\text{个}\end{matrix}=2^r\cdot3^{n-r}.$$

附注　题中的"$\boldsymbol{A}$ 是实对称"条件可以去掉,即

设 $\boldsymbol{A}$ 是 n 阶幂等矩阵,$r(\boldsymbol{A})=r<n$,则 $\boldsymbol{A}$ 可相似对角化.

下面证明这一命题.

题解中已证,$\boldsymbol{A}$ 只有特征值 0 与 1.

由于 $r(0\cdot\boldsymbol{E}_n-\boldsymbol{A})=r(\boldsymbol{A})=r$,所以方程组 $(0\cdot\boldsymbol{E}_n-\boldsymbol{A})\boldsymbol{x}=\boldsymbol{0}$ 的基础解系中有 $n-r$ 个线性无关的解,故 $\boldsymbol{A}$ 的对应特征值零的线性无关特征向量共有 $n-r$ 个,记为 $\boldsymbol{\xi}_1,\boldsymbol{\xi}_2,\cdots,\boldsymbol{\xi}_{n-r}$.

由 $\boldsymbol{A}^2=\boldsymbol{A}$ 知 $r(\boldsymbol{A})+r(\boldsymbol{E}_n-\boldsymbol{A})=n$,即 $r(1\cdot\boldsymbol{E}_n-\boldsymbol{A})=n-r$,所以方程组 $(1\cdot\boldsymbol{E}_n-\boldsymbol{A})\boldsymbol{x}=\boldsymbol{0}$ 的基础解系中有 $n-r$ 个线性无关的解,故 $\boldsymbol{A}$ 的对应特征值 1 的线性无关的特征向量共有 r 个,记为 $\boldsymbol{\xi}_{n-r+1},\boldsymbol{\xi}_{n-r+2},\cdots,\boldsymbol{\xi}_n$.

由此可知,$\boldsymbol{A}$ 有 n 个线性无关的特征向量 $\boldsymbol{\xi}_1,\boldsymbol{\xi}_2,\cdots,\boldsymbol{\xi}_n$. 因此 $\boldsymbol{A}$ 可相似对角化.

例 4.20　设 n 维列向量 $\boldsymbol{\alpha}=(a_1,a_2,\cdots,a_n)^{\mathrm{T}}$(其中 $a_1,a_2,\cdots,a_n$ 都是非零实数),记 $\boldsymbol{B}=\boldsymbol{\alpha}\boldsymbol{\alpha}^{\mathrm{T}}$,求 n 阶可逆矩阵 $\boldsymbol{P}$ 及对角矩阵 $\boldsymbol{\Lambda}$,使得 $\boldsymbol{P}^{-1}\boldsymbol{A}\boldsymbol{P}=\boldsymbol{\Lambda}$.

分析　按矩阵相似对角化方法计算 $\boldsymbol{P}$ 与 $\boldsymbol{\Lambda}$.

精解　由于 $\boldsymbol{B}=\boldsymbol{\alpha}\boldsymbol{\alpha}^{\mathrm{T}}=\begin{pmatrix} a_1^2 & a_1a_2 & \cdots & a_1a_n \\ a_2a_1 & a_2^2 & \cdots & a_2a_n \\ \vdots & \vdots & & \vdots \\ a_na_1 & a_na_2 & \cdots & a_n^2 \end{pmatrix}$,所以

$$|\lambda\boldsymbol{E}_n-\boldsymbol{B}|=\begin{vmatrix} \lambda-a_1^2 & -a_1a_2 & \cdots & -a_1a_n \\ -a_2a_1 & \lambda-a_2^2 & \cdots & -a_2a_n \\ \vdots & \vdots & & \vdots \\ -a_na_1 & -a_na_2 & \cdots & \lambda-a_n^2 \end{vmatrix}$$

$$\xlongequal[(i=2,3,\cdots,n)]{\text{第 1 行乘以}\left(-\frac{a_i}{a_1}\right)\text{加到第 } i \text{ 行}}\begin{vmatrix} \lambda-a_1^2 & -a_1a_2 & -a_1a_3 & \cdots & -a_1a_n \\ -\frac{a_2}{a_1}\lambda & \lambda & 0 & \cdots & 0 \\ -\frac{a_3}{a_1}\lambda & 0 & \lambda & \cdots & 0 \\ \vdots & \vdots & \vdots & & \vdots \\ -\frac{a_n}{a_1}\lambda & 0 & 0 & \cdots & \lambda \end{vmatrix}$$

$$\xlongequal[(j=2,3,\cdots,n)]{\text{第 } i \text{ 列乘以}\frac{a_j}{a_1}\text{ 加到第 1 列}}\begin{vmatrix} \lambda-\sum_{i=1}^{n}a_i^2 & -a_1a_2 & -a_1a_3 & \cdots & -a_1a_n \\ 0 & \lambda & 0 & \cdots & 0 \\ 0 & 0 & \lambda & \cdots & 0 \\ \vdots & \vdots & \vdots & & \vdots \\ 0 & 0 & 0 & \cdots & \lambda \end{vmatrix}$$

$$=\lambda^{n-1}\left(\lambda-\sum_{i=1}^{n}a_i^2\right).$$

由此可知,$\boldsymbol{B}$ 的特征值为 $\lambda=\sum_{i=1}^{n}a_i^2,0(n-1\text{ 重})$.

由 $\boldsymbol{\alpha}\neq\boldsymbol{0}$,且

$$\left[\left(\sum_{i=1}^{n}a_i^2\right)\boldsymbol{E}_n-\boldsymbol{B}\right]\boldsymbol{\alpha}=\left(\sum_{i=1}^{n}a_i^2\right)\boldsymbol{\alpha}-\boldsymbol{\alpha}(\boldsymbol{\alpha}^{\mathrm{T}}\boldsymbol{\alpha})$$
$$=\left(\sum_{i=1}^{n}a_i^2\right)\boldsymbol{\alpha}-\left(\sum_{i=1}^{n}a_i^2\right)\boldsymbol{\alpha}=\boldsymbol{0}$$

知,$\boldsymbol{\alpha}$ 是 $\boldsymbol{B}$ 的对应特征值 $\sum_{i=1}^{n}a_i^2$ 的特征向量.

设 $\boldsymbol{B}$ 的对应 $\lambda=0$ 的特征向量为 $\boldsymbol{\xi}=(x_1,x_2,\cdots,x_n)^{\mathrm{T}}$,则由 $\boldsymbol{B}$ 是实对称矩阵知,$\boldsymbol{\xi}$ 与 $\boldsymbol{\alpha}$ 正交,故有

$$a_1x_1+a_2x_2+\cdots+a_nx_n=0.$$

由于 $a_1,a_2,\cdots,a_n$ 都是非零实数,所以该方程有基础解系

$$(-a_2,a_1,0,0,\cdots,0)^{\mathrm{T}},(-a_3,0,a_1,0,\cdots,0)^{\mathrm{T}},\cdots,(-a_n,0,0,0,\cdots,a_1)^{\mathrm{T}}.$$

它们都是 $\boldsymbol{B}$ 的对应 $\lambda=0$ 的线性无关特征向量,记为 $\boldsymbol{\xi}_2,\boldsymbol{\xi}_3,\cdots,\boldsymbol{\xi}_n$.

由于 $\boldsymbol{\alpha},\boldsymbol{\xi}_2,\boldsymbol{\xi}_3,\cdots,\boldsymbol{\xi}_n$ 线性无关，所以所求的可逆矩阵 $\boldsymbol{P}$ 及对角矩阵 $\boldsymbol{\Lambda}$ 分别为

$$\boldsymbol{P}=(\boldsymbol{\alpha},\boldsymbol{\xi}_2,\boldsymbol{\xi}_3,\cdots,\boldsymbol{\xi}_n),$$

$$\boldsymbol{\Lambda}=\begin{pmatrix}\sum\limits_{i=1}^{n}a_i^2 & & & & \\ & 0 & & & \\ & & 0 & & \\ & & & \ddots & \\ & & & & 0\end{pmatrix}\left.\vphantom{\begin{matrix}0\\0\\ \ddots\\0\end{matrix}}\right\}(n-1)\text{个},$$

它们成立 $\boldsymbol{P}^{-1}\boldsymbol{B}\boldsymbol{P}=\boldsymbol{\Lambda}$.

附注　应记住本题中 $\boldsymbol{B}=\boldsymbol{\alpha}\boldsymbol{\alpha}^{\mathrm{T}}$ 的特征值为 $\sum\limits_{i=1}^{n}a_i^2=\boldsymbol{\alpha}^{\mathrm{T}}\boldsymbol{\alpha}$ 及 $0(n-1$ 重)，也应记住它们对应的特征向量的计算方法.

例 4.21　设 $\boldsymbol{A}=\begin{pmatrix}a & -1 & c\\ 5 & b & 3\\ 1-c & 0 & -a\end{pmatrix}$，且 $|\boldsymbol{A}|=-1$，又设 $\boldsymbol{\alpha}=(-1,-1,1)^{\mathrm{T}}$ 是 $\boldsymbol{A}^*$ 的对应 λ_0 的特征向量. 求常数 a,b,c 及 λ_0，并问 $\boldsymbol{A}$ 能否相似对角化，说明理由.

分析　由题设知 $-\dfrac{1}{\lambda_0}$ 是 $\boldsymbol{A}$ 的特征值，由此算出 a,b,c 及 λ. 然后计算 $\boldsymbol{A}$ 的特征值，判断 $\boldsymbol{A}$ 能否相似对角化.

精解　由 $|\boldsymbol{A}|=-1$ 得 $|\boldsymbol{A}^*|=|\boldsymbol{A}|^{3-1}=1\neq0$，所以 $\lambda_0\neq0$. 因此 $\boldsymbol{\alpha}$ 是 $\boldsymbol{A}$ 的对应特征值 $\dfrac{|\boldsymbol{A}|}{\lambda_0}=-\dfrac{1}{\lambda_0}$ 的特征向量，从而有

$$\begin{pmatrix}-\dfrac{1}{\lambda_0}-a & 1 & -c\\ -5 & -\dfrac{1}{\lambda_0}-b & -3\\ -1+c & 0 & -\dfrac{1}{\lambda_0}+a\end{pmatrix}\begin{pmatrix}-1\\-1\\1\end{pmatrix}=0,\text{即}\begin{cases}\dfrac{1}{\lambda_0}+a-c=1,\\ \dfrac{1}{\lambda_0}+b=-2,\\ -\dfrac{1}{\lambda_0}+a-c=-1.\end{cases}$$

由此得到　$\lambda_0=1,a=c,b=-3$. 于是由

$$-1=|\boldsymbol{A}|=\begin{vmatrix}a & -1 & a\\ 5 & -3 & 3\\ 1-a & 0 & -a\end{vmatrix}$$

得 $a=c=2$. 所以，$\boldsymbol{A}=\begin{pmatrix}2 & -1 & 2\\ 5 & -3 & 3\\ -1 & 0 & -2\end{pmatrix}$.

由 $|\lambda\boldsymbol{E}_3-\boldsymbol{A}|=\begin{vmatrix}\lambda-2 & 1 & -2\\ -5 & \lambda+3 & -3\\ 1 & 0 & \lambda+2\end{vmatrix}=(\lambda+1)^3$ 知，$\boldsymbol{A}$ 有 3 重特征值 -1，所以 $\boldsymbol{A}$ 不可对角化.

附注　设 n 阶矩阵 $\boldsymbol{A}$ 不为数量矩阵(如果对 n 阶矩阵 $\boldsymbol{M}$，存在常数 k，使得 $\boldsymbol{M}=k\boldsymbol{E}_n$，则称

$\boldsymbol{M}$ 为数量矩阵),则当 $\boldsymbol{A}$ 有 n 重特征值 λ_0 时,$\boldsymbol{A}$ 必不能相似对角化.

这是因为,如果此时,$\boldsymbol{A}$ 可相似对角化,则

$$r(\lambda_0\boldsymbol{E}_n-\boldsymbol{A})=n-n=0, \text{即 } \boldsymbol{A}=\lambda_0\boldsymbol{E}_n.$$

这与 $\boldsymbol{A}$ 不是数量矩阵矛盾. 所以 $\boldsymbol{A}$ 不可相似对角化.

例 4.22　设三阶矩阵 $\boldsymbol{A}=\begin{pmatrix}2&0&0\\0&0&1\\0&1&0\end{pmatrix}$, $\boldsymbol{B}=\begin{pmatrix}2&0&0\\0&3&4\\0&-2&-3\end{pmatrix}$,问 $\boldsymbol{A}$ 与 $\boldsymbol{B}$ 是否相似? 如果相似,则求三阶可逆矩阵 $\boldsymbol{P}$,使得 $\boldsymbol{P}^{-1}\boldsymbol{AP}=\boldsymbol{B}$;如果不相似,说明理由.

分析　先从 $\boldsymbol{A},\boldsymbol{B}$ 相似对角化入手,判断 $\boldsymbol{A},\boldsymbol{B}$ 能否相似. 如果能够相似,则 $\boldsymbol{P}$ 也可利用 $\boldsymbol{AP}=\boldsymbol{PB}$ 计算.

精解　由 $|\lambda\boldsymbol{E}_3-\boldsymbol{A}|=\begin{vmatrix}\lambda-2&0&0\\0&\lambda&-1\\0&-1&\lambda\end{vmatrix}=(\lambda+1)(\lambda-1)(\lambda-2)$ 知,$\boldsymbol{A}$ 有互异特征值 $\lambda_1=-1,\lambda_2=1,\lambda_3=2$. 故

$$\boldsymbol{A}\sim\begin{pmatrix}-1&&\\&1&\\&&2\end{pmatrix}.$$

由 $|\mu\boldsymbol{E}_3-\boldsymbol{B}|=\begin{vmatrix}\mu-2&0&0\\0&\mu-3&-4\\0&2&\mu+3\end{vmatrix}=(\mu+1)(\mu-1)(\mu-2)$ 知,$\boldsymbol{B}$ 有互异特征值 $\mu_1=-1,\mu_2=1,\mu_3=2$,故

$$\boldsymbol{B}\sim\begin{pmatrix}-1&&\\&1&\\&&2\end{pmatrix}.$$

由此可知,$\boldsymbol{A}\sim\boldsymbol{B}$.

下面计算 $\boldsymbol{P}$,使得 $\boldsymbol{P}^{-1}\boldsymbol{AP}=\boldsymbol{B}$,即　$\boldsymbol{AP}=\boldsymbol{PB}$.　(1)

将 $\boldsymbol{P}=\begin{pmatrix}p_{11}&p_{12}&p_{13}\\p_{21}&p_{22}&p_{23}\\p_{31}&p_{32}&p_{33}\end{pmatrix}$ 代入式(1),得

$$\begin{pmatrix}2&0&0\\0&0&1\\0&1&0\end{pmatrix}\begin{pmatrix}p_{11}&p_{12}&p_{13}\\p_{21}&p_{22}&p_{23}\\p_{31}&p_{32}&p_{33}\end{pmatrix}=\begin{pmatrix}p_{11}&p_{12}&p_{13}\\p_{21}&p_{22}&p_{23}\\p_{31}&p_{32}&p_{33}\end{pmatrix}\begin{pmatrix}2&0&0\\0&3&4\\0&-2&-3\end{pmatrix}.$$

由矩阵乘法,得

$$2p_{12}=3p_{12}-2p_{13}, \tag{2}$$
$$2p_{13}=4p_{12}-3p_{13}, \tag{3}$$
$$p_{31}=2p_{21}, \tag{4}$$
$$p_{32}=3p_{22}-2p_{23}, \tag{5}$$
$$p_{33}=4p_{22}-3p_{23}, \tag{6}$$
$$p_{21}=2p_{31}, \tag{7}$$

$$p_{22}=3p_{32}-2p_{33}, \tag{8}$$

$$p_{23}=4p_{32}-3p_{33}. \tag{9}$$

由式(2),式(3),式(4),式(7)得 $p_{12}=p_{13}=p_{21}=p_{31}=0$. 取 $p_{11}=1$,此外,取 $p_{32}=1,p_{33}=0$,则由式(5)、式(6)、式(8),式(9)得 $p_{22}=3,p_{23}=4$,于是所求的可逆矩阵

$$\boldsymbol{P}=\begin{pmatrix}1&0&0\\0&3&4\\0&1&0\end{pmatrix},$$

它使 $\boldsymbol{P}^{-1}\boldsymbol{AP}=\boldsymbol{B}$.

附注　$\boldsymbol{P}$ 也可以按以下方法计算:

设 $\boldsymbol{A}$ 的对应 $\lambda_1=-1$ 的特征向量为 $\boldsymbol{\alpha}=(a_1,a_2,a_3)^{\mathrm{T}}$,则 $\boldsymbol{\alpha}$ 满足

$$\begin{pmatrix}-3&0&0\\0&-1&-1\\0&-1&-1\end{pmatrix}\begin{pmatrix}a_1\\a_2\\a_3\end{pmatrix}=\boldsymbol{0},$$

它有基础解系 $(0,-1,1)^{\mathrm{T}}$,故可取 $\boldsymbol{\alpha}=(0,-1,1)^{\mathrm{T}}$.

设 $\boldsymbol{A}$ 的对应 $\lambda_2=1$ 的特征向量为 $\boldsymbol{\beta}=(b_1,b_2,b_3)^{\mathrm{T}}$,则 $\boldsymbol{\beta}$ 满足

$$\begin{pmatrix}-1&0&0\\0&1&-1\\0&-1&1\end{pmatrix}\begin{pmatrix}b_1\\b_2\\b_3\end{pmatrix}=\boldsymbol{0},$$

它有基础解系 $(0,1,1)^{\mathrm{T}}$,故可取 $\boldsymbol{\beta}=(0,1,1)^{\mathrm{T}}$.

设 $\boldsymbol{A}$ 的对应 $\lambda_3=2$ 的特征向量为 $\boldsymbol{\gamma}=(c_1,c_2,c_3)^{\mathrm{T}}$,则 $\boldsymbol{\gamma}$ 满足

$$\begin{pmatrix}0&0&0\\0&2&-1\\0&-1&2\end{pmatrix}\begin{pmatrix}c_1\\c_2\\c_3\end{pmatrix}=\boldsymbol{0},$$

它有基础解系 $(1,0,0)^{\mathrm{T}}$,故可取 $\boldsymbol{\gamma}=(1,0,0)^{\mathrm{T}}$.

记　$\boldsymbol{P}_1=(\boldsymbol{\alpha},\boldsymbol{\beta},\boldsymbol{\gamma})=\begin{pmatrix}0&0&1\\-1&1&0\\1&1&0\end{pmatrix}$(可逆矩阵),它使得

$$\boldsymbol{P}_1^{-1}\boldsymbol{AP}_1=\begin{pmatrix}-1&&\\&1&\\&&2\end{pmatrix}. \tag{10}$$

设 $\boldsymbol{B}$ 对应 $\mu=-1$ 的特征向量为 $\boldsymbol{x}=(x_1,x_2,x_3)^{\mathrm{T}}$,则 $\boldsymbol{x}$ 满足

$$\begin{pmatrix}-3&0&0\\0&-4&-4\\0&2&2\end{pmatrix}\begin{pmatrix}x_1\\x_2\\x_3\end{pmatrix}=\boldsymbol{0},$$

它有基础解系 $(0,-1,1)^{\mathrm{T}}$,故可取 $\boldsymbol{x}=(0,-1,1)^{\mathrm{T}}$.

设 $\boldsymbol{B}$ 对应 $\mu=1$ 的特征向量为 $\boldsymbol{y}=(y_1,y_2,y_3)^{\mathrm{T}}$,则 $\boldsymbol{y}$ 满足

$$\begin{pmatrix}-1&0&0\\0&-2&-4\\0&2&4\end{pmatrix}\begin{pmatrix}y_1\\y_2\\y_3\end{pmatrix}=\boldsymbol{0},$$

它有基础解系$(0,-2,1)^{\mathrm{T}}$,故可取$\boldsymbol{y}=(0,-2,1)^{\mathrm{T}}$.

设$\boldsymbol{B}$对应$\mu=2$的特征向量为$\boldsymbol{z}=(z_1,z_2,z_3)^{\mathrm{T}}$,则$\boldsymbol{z}$满足

$$\begin{pmatrix}0&0&0\\0&-1&-4\\0&2&5\end{pmatrix}\begin{pmatrix}c_1\\c_2\\c_3\end{pmatrix}=\boldsymbol{0},$$

它有基础解系$(1,0,0)^{\mathrm{T}}$,故可取$\boldsymbol{z}=(1,0,0)^{\mathrm{T}}$.

记$\boldsymbol{P}_2=(\boldsymbol{x},\boldsymbol{y},\boldsymbol{z})=\begin{pmatrix}0&0&1\\-1&-2&0\\1&1&0\end{pmatrix}$(可逆矩阵),它使得

$$\boldsymbol{P}_2^{-1}\boldsymbol{B}\boldsymbol{P}_2=\begin{pmatrix}-1&&\\&1&\\&&2\end{pmatrix}. \tag{11}$$

由式(10)与式(11),得

$$\boldsymbol{P}_1^{-1}\boldsymbol{A}\boldsymbol{P}_1=\boldsymbol{P}_2^{-1}\boldsymbol{B}\boldsymbol{P}_2\text{,即}(\boldsymbol{P}_1\boldsymbol{P}_2^{-1})^{-1}\boldsymbol{A}(\boldsymbol{P}_1\boldsymbol{P}_2^{-1})=\boldsymbol{B}.$$

记 $\boldsymbol{P}=\boldsymbol{P}_1\boldsymbol{P}_2^{-1}=\begin{pmatrix}0&0&1\\-1&1&0\\1&1&0\end{pmatrix}\begin{pmatrix}0&0&1\\-1&-2&0\\1&1&0\end{pmatrix}^{-1}=\begin{pmatrix}0&0&1\\-1&1&0\\1&1&0\end{pmatrix}\begin{pmatrix}0&1&2\\0&-1&-1\\1&0&0\end{pmatrix}=$
$\begin{pmatrix}1&0&0\\0&-2&-3\\0&0&1\end{pmatrix}$,则它使$\boldsymbol{P}^{-1}\boldsymbol{A}\boldsymbol{P}=\boldsymbol{B}$.

例 4.23　设三阶矩阵$\boldsymbol{A}$与三维列向量$\boldsymbol{x}$,使得$\boldsymbol{x},\boldsymbol{A}\boldsymbol{x},\boldsymbol{A}^2\boldsymbol{x}$线性无关,且满足$\boldsymbol{A}^3\boldsymbol{x}=3\boldsymbol{A}\boldsymbol{x}-2\boldsymbol{A}^2\boldsymbol{x}$. 记$\boldsymbol{P}=(\boldsymbol{x},\boldsymbol{A}\boldsymbol{x},\boldsymbol{A}^2\boldsymbol{x})$,求三阶矩阵$\boldsymbol{B}$,使得$\boldsymbol{A}=\boldsymbol{P}\boldsymbol{B}\boldsymbol{P}^{-1}$,并计算行列式$|\boldsymbol{A}-(\boldsymbol{A}+\boldsymbol{E}_3)^*+\boldsymbol{E}_3|$.

分析　记$\boldsymbol{B}=\begin{pmatrix}a_1&a_2&a_3\\b_1&b_2&b_3\\c_1&c_2&c_3\end{pmatrix}$,利用题设$\boldsymbol{P}\boldsymbol{B}=\boldsymbol{A}\boldsymbol{P}$算出$\boldsymbol{B}$的各元素,即得$\boldsymbol{B}$,利用$\boldsymbol{A}\sim\boldsymbol{B}$计算$|\boldsymbol{A}+(\boldsymbol{A}+\boldsymbol{E}_3)^*+\boldsymbol{E}_3|$.

精解　由题设$\boldsymbol{A}=\boldsymbol{P}\boldsymbol{B}\boldsymbol{P}^{-1}$,得

$$\begin{aligned}\boldsymbol{P}\boldsymbol{B}&=\boldsymbol{A}\boldsymbol{P}=\boldsymbol{A}(\boldsymbol{x},\boldsymbol{A}\boldsymbol{x},\boldsymbol{A}^2\boldsymbol{x})=(\boldsymbol{A}\boldsymbol{x},\boldsymbol{A}^2\boldsymbol{x},\boldsymbol{A}^3\boldsymbol{x})\\&=(\boldsymbol{A}\boldsymbol{x},\boldsymbol{A}^2\boldsymbol{x},3\boldsymbol{A}\boldsymbol{x}-2\boldsymbol{A}^2\boldsymbol{x})=(\boldsymbol{x},\boldsymbol{A}\boldsymbol{x},\boldsymbol{A}^2\boldsymbol{x})\begin{pmatrix}0&0&0\\1&0&3\\0&1&-2\end{pmatrix}=\boldsymbol{P}\begin{pmatrix}0&0&0\\1&0&3\\0&1&-2\end{pmatrix},\end{aligned}$$

即$\boldsymbol{P}\boldsymbol{B}=\boldsymbol{P}\begin{pmatrix}0&0&0\\1&0&3\\0&1&-2\end{pmatrix}$. 由$\boldsymbol{x},\boldsymbol{A}\boldsymbol{x},\boldsymbol{A}^2\boldsymbol{x}$线性无关知,$\boldsymbol{P}$可逆. 所以

$$\boldsymbol{B}=\begin{pmatrix}0&0&0\\1&0&3\\0&1&-2\end{pmatrix}.$$

由 $|\lambda \boldsymbol{E}_3-\boldsymbol{B}|=\begin{vmatrix}\lambda & 0 & 0\\ -1 & \lambda & -3\\ 0 & -1 & \lambda+2\end{vmatrix}=\lambda(\lambda+3)(\lambda-1)$ 知，$\boldsymbol{B}$ 有特征值 $\lambda=-3,0,1$. 从而由 $\boldsymbol{A}\sim\boldsymbol{B}$，得 $\boldsymbol{A}$ 的特征值为 $-3,0,1$；$\boldsymbol{A}+\boldsymbol{E}_3$ 的特征值为 $-2,1,2$. 由此可得 $\boldsymbol{A}-(\boldsymbol{A}+\boldsymbol{E}_3)^*+\boldsymbol{E}_3=(\boldsymbol{A}+\boldsymbol{E}_3)-(\boldsymbol{A}+\boldsymbol{E}_3)^*$ 有 3 个不同的特征值：

$$-2-\frac{|\boldsymbol{A}+\boldsymbol{E}_3|}{-2}=-4,$$

$$1-\frac{|\boldsymbol{A}+\boldsymbol{E}_3|}{1}=5,$$

$$2-\frac{|\boldsymbol{A}+\boldsymbol{E}_3|}{2}=4,$$

因此，$\boldsymbol{A}-(\boldsymbol{A}+\boldsymbol{E}_3)^*+\boldsymbol{E}_3\sim\begin{pmatrix}-4 & & \\ & 5 & \\ & & 4\end{pmatrix}$. 于是

$$|\boldsymbol{A}-(\boldsymbol{A}+\boldsymbol{E}_3)^*+\boldsymbol{E}_3|=-4\times5\times4=-80.$$

附注　本题获解的关键是，寻找与 $\boldsymbol{A}$ 相似的数字矩阵 $\boldsymbol{B}$. 于是通过计算 $\boldsymbol{B}$ 的特征值得到 $\boldsymbol{A}+\boldsymbol{E}_3$ 与 $(\boldsymbol{A}+\boldsymbol{E}_3)^*$ 的特征值，算出所给的行列式.

例 4.24　设三阶实对称矩阵 $\boldsymbol{A}$ 有特征值 $1,2,-1$，它们对应的特征向量分别为 $\boldsymbol{\alpha}_1=(a-1,1,1)^{\mathrm{T}}$，$\boldsymbol{\alpha}_2=(4,-a,1)^{\mathrm{T}}$，$\boldsymbol{\alpha}_3=(a,2,b)^{\mathrm{T}}$. 求常数 a,b 及非齐次线性方程组 $(\boldsymbol{A}^*-\boldsymbol{E}_3)\boldsymbol{x}=(a,b+2,3)^{\mathrm{T}}$ 的解.

分析　由实对称矩阵性质知，$\boldsymbol{\alpha}_1,\boldsymbol{\alpha}_2,\boldsymbol{\alpha}_3$ 是正交向量组，由此确定 a,b 的值. 然后对 $\boldsymbol{A}^*$ 做相似变换，使之对角化，化简所给的方程组，求出通解.

精解　由于 $\boldsymbol{A}$ 是实对称矩阵，所以 $\boldsymbol{\alpha}_1,\boldsymbol{\alpha}_2,\boldsymbol{\alpha}_3$ 两两正交，故有

$$\begin{cases}(\boldsymbol{\alpha}_1,\boldsymbol{\alpha}_2)=0,\\ (\boldsymbol{\alpha}_2,\boldsymbol{\alpha}_3)=0,\end{cases}\quad 即\begin{cases}4(a-1)-a+1=0,\\ 4a-2a+b=0.\end{cases}$$

解此方程组得　$a=1,b=-2$.

$\boldsymbol{A}^*$ 的特征值为 $\mu_1=\dfrac{|\boldsymbol{A}|}{1}=-2$，$\mu_2=\dfrac{|\boldsymbol{A}|}{2}=-1$，$\mu_3=\dfrac{|\boldsymbol{A}|}{-1}=2$，它们对应的特征向量分别为 $\boldsymbol{\alpha}_1=(0,1,1)^{\mathrm{T}}$，$\boldsymbol{\alpha}_2=(4,-1,1)^{\mathrm{T}}$，$\boldsymbol{\alpha}_3=(1,2,-2)^{\mathrm{T}}$.

记　$\boldsymbol{P}=(\boldsymbol{\alpha}_1,\boldsymbol{\alpha}_2,\boldsymbol{\alpha}_3)=\begin{pmatrix}0 & 4 & 1\\ 1 & -1 & 2\\ 1 & 1 & -2\end{pmatrix}$，则

$$\boldsymbol{P}^{-1}\boldsymbol{A}^*\boldsymbol{P}=\begin{pmatrix}-2 & & \\ & -1 & \\ & & 2\end{pmatrix}，即\ \boldsymbol{A}^*=\boldsymbol{P}\begin{pmatrix}-2 & & \\ & -1 & \\ & & 2\end{pmatrix}\boldsymbol{P}^{-1}.$$

于是，所给的方程组化为

$$\left[\boldsymbol{P}\begin{pmatrix}-2 & & \\ & -1 & \\ & & 2\end{pmatrix}\boldsymbol{P}^{-1}-\boldsymbol{E}_3\right]\boldsymbol{x}=\begin{pmatrix}1\\0\\3\end{pmatrix},$$

即

$$\left[\begin{pmatrix}-2&&\\&-1&\\&&2\end{pmatrix}-\begin{pmatrix}1&&\\&1&\\&&1\end{pmatrix}\right](\boldsymbol{P}^{-1}\boldsymbol{x})=\boldsymbol{P}^{-1}\begin{pmatrix}1\\0\\3\end{pmatrix}. \tag{1}$$

记　$\boldsymbol{P}^{-1}\boldsymbol{x}=(y_1,y_2,y_3)^{\mathrm{T}}$,且由计算得

$$\boldsymbol{P}^{-1}\begin{pmatrix}1\\0\\3\end{pmatrix}=\begin{pmatrix}0&4&1\\1&-1&2\\1&1&-2\end{pmatrix}^{-1}\begin{pmatrix}1\\0\\3\end{pmatrix}=\begin{pmatrix}0&\frac{1}{2}&\frac{1}{2}\\\frac{2}{9}&-\frac{1}{18}&\frac{1}{18}\\\frac{1}{9}&\frac{2}{9}&-\frac{2}{9}\end{pmatrix}\begin{pmatrix}1\\0\\3\end{pmatrix}=\begin{pmatrix}\frac{3}{2}\\\frac{7}{18}\\-\frac{5}{9}\end{pmatrix},$$

将它们代入式(1),得

$$\begin{pmatrix}-3&&\\&-2&\\&&1\end{pmatrix}\begin{pmatrix}y_1\\y_2\\y_3\end{pmatrix}=\begin{pmatrix}\frac{3}{2}\\\frac{7}{18}\\-\frac{5}{9}\end{pmatrix}. \tag{2}$$

所以式(2)即为式(1)的解.

$$(y_1,y_2,y_3)^{\mathrm{T}}=\left(-\frac{1}{2},-\frac{7}{36},-\frac{5}{9}\right)^{\mathrm{T}}.$$

因此,题中所给方程组的解为

$$\boldsymbol{x}=(x_1,x_2,x_3)^{\mathrm{T}}=\boldsymbol{P}\begin{pmatrix}y_1\\y_2\\y_3\end{pmatrix}$$

$$=\begin{pmatrix}0&4&1\\1&-1&2\\1&1&-2\end{pmatrix}\begin{pmatrix}-\frac{1}{2}\\-\frac{7}{36}\\-\frac{5}{9}\end{pmatrix}=\begin{pmatrix}-\frac{4}{3}\\-\frac{17}{12}\\\frac{5}{12}\end{pmatrix}.$$

附注　设 $\boldsymbol{A}$ 是 n 阶可逆矩阵,且存在 n 阶可逆矩阵 $\boldsymbol{P}$,使得

$$\boldsymbol{P}^{-1}\boldsymbol{A}\boldsymbol{P}=\begin{pmatrix}\lambda_1&&&\\&\lambda_2&&\\&&\ddots&\\&&&\lambda_n\end{pmatrix}$$

则 $\boldsymbol{P}^{-1}\boldsymbol{A}^*\boldsymbol{P}=\begin{pmatrix}\mu_1&&&\\&\mu_2&&\\&&\ddots&\\&&&\mu_n\end{pmatrix}$,其中 $\mu_i=\dfrac{|\boldsymbol{A}|}{\lambda_i}(i=1,2,\cdots)$.

应记住这一结论.

例 4.25 设齐次线性方程组(Ⅰ)$\begin{cases} ax_1 - 5x_2 + 8x_3 = 0, \\ (a+1)x_2 + 8x_3 = 0, \\ (3a+3)x_2 + 25x_3 = 0 \end{cases}$有非零解，而三阶矩阵 $\boldsymbol{A}$ 有三个特征值 $1,-1,0$，它们对应的特征向量分别为 $\boldsymbol{\beta}_1=(1,2a,-1)^{\mathrm{T}}$，$\boldsymbol{\beta}_2=(a,a+3,a+2)^{\mathrm{T}}$，$\boldsymbol{\beta}_3=(a-2,-1,a+1)^{\mathrm{T}}$. 求常数 a 及 $\boldsymbol{A}$.

分析 先由(Ⅰ)有非零解及 $\boldsymbol{\beta}_1,\boldsymbol{\beta}_2,\boldsymbol{\beta}_3$ 线性无关算出 a 的值. 然后由

$$\boldsymbol{P}^{-1}\boldsymbol{A}\boldsymbol{P}=\begin{pmatrix}1 & & \\ & -1 & \\ & & 0\end{pmatrix}\text{（其中 }\boldsymbol{P}=(\boldsymbol{\beta}_1,\boldsymbol{\beta}_2,\boldsymbol{\beta}_3)\text{）}$$

算出 $\boldsymbol{A}$.

精解 由于(Ⅰ)有非零解，所以它的系数行列式为零，即

$$\begin{vmatrix}a & -5 & 8 \\ 0 & a+1 & 8 \\ 0 & 3a+3 & 25\end{vmatrix}=\begin{vmatrix}a & -5 & 8 \\ 0 & a+1 & 8 \\ 0 & 0 & 1\end{vmatrix}=a(a+1)=0,$$

所以 $a=-1$ 或 0.

当 $a=-1$ 时，$|(\boldsymbol{\beta}_1,\boldsymbol{\beta}_2,\boldsymbol{\beta}_3)|=\begin{vmatrix}1 & -1 & -3 \\ -2 & 2 & -1 \\ -1 & 1 & 0\end{vmatrix}=0$，这与 $\boldsymbol{\beta}_1,\boldsymbol{\beta}_2,\boldsymbol{\beta}_3$ 线性无关矛盾. 因此 $a=-1$ 不合题意. 故 $a=0$.

记 $\boldsymbol{P}=(\boldsymbol{\beta}_1,\boldsymbol{\beta}_2,\boldsymbol{\beta}_3)\Big|_{a=0}=\begin{pmatrix}1 & 0 & -2 \\ 0 & 3 & -1 \\ -1 & 2 & 1\end{pmatrix}$，则 $\boldsymbol{P}$ 可逆，且

$$\boldsymbol{P}^{-1}\boldsymbol{A}\boldsymbol{P}=\begin{pmatrix}1 & & \\ & -1 & \\ & & 0\end{pmatrix},$$

所以
$$\boldsymbol{A}=\boldsymbol{P}\begin{pmatrix}1 & & \\ & -1 & \\ & & 0\end{pmatrix}\boldsymbol{P}^{-1}=\begin{pmatrix}1 & 0 & -2 \\ 0 & 3 & -1 \\ -1 & 2 & 1\end{pmatrix}\begin{pmatrix}1 & & \\ & -1 & \\ & & 0\end{pmatrix}\begin{pmatrix}1 & 0 & -2 \\ 0 & 3 & -1 \\ -1 & 2 & 1\end{pmatrix}^{-1}$$
$$=\begin{pmatrix}1 & 0 & 0 \\ 0 & -3 & 0 \\ -1 & -2 & 0\end{pmatrix}\begin{pmatrix}-5 & 4 & -6 \\ -1 & 1 & -1 \\ -3 & 2 & -3\end{pmatrix}=\begin{pmatrix}-5 & 4 & -6 \\ 3 & -3 & 3 \\ 7 & -6 & 8\end{pmatrix}.$$

附注 题解中 a 的值应按以下两方面来确定：

(1) 使(Ⅰ)有非零解，即(Ⅰ)的系数行列式为零；

(2) 使 $\boldsymbol{\beta}_1,\boldsymbol{\beta}_2,\boldsymbol{\beta}_3$ 线性无关.

例 4.26 设 4 阶矩阵 $\boldsymbol{A}=\begin{pmatrix}0 & 1 & 0 & 0 \\ 1 & 0 & 0 & 0 \\ 0 & 0 & y & 1 \\ 0 & 0 & 1 & 2\end{pmatrix}$ 有特征值 3，求使得 $(\boldsymbol{A}\boldsymbol{P})^{\mathrm{T}}(\boldsymbol{A}\boldsymbol{P})$ 为对角矩阵的可逆矩阵 $\boldsymbol{P}$.

分析　先利用 3 是 $\boldsymbol{A}$ 的特征值来确定 y 的值，然后确定正交矩阵 $\boldsymbol{P}$(当然是可逆矩阵)，使得 $(\boldsymbol{AP})^{\mathrm{T}}(\boldsymbol{AP})$ 为对角矩阵.

精解　由于 3 是 $\boldsymbol{A}$ 的特征值，所以由

$$0=|3\boldsymbol{E}_4-\boldsymbol{A}|=\begin{vmatrix}3&-1&0&0\\-1&3&0&0\\0&0&3-y&-1\\0&0&-1&1\end{vmatrix}=8(2-y)$$

得 $y=2$.

由于 $\boldsymbol{A}$ 是实对称矩阵，所以只要寻找一个正交矩阵 $\boldsymbol{P}$，使得

$$\boldsymbol{P}^{-1}\boldsymbol{A}^2\boldsymbol{P}=\boldsymbol{\Lambda}(\text{对角矩阵}),$$

就有 $(\boldsymbol{AP})^{\mathrm{T}}(\boldsymbol{AP})=\boldsymbol{\Lambda}$. 将 $y=2$ 代入 $\boldsymbol{A}$，由

$$\boldsymbol{A}^2=\begin{pmatrix}\begin{matrix}0&1\\1&0\end{matrix}&\boldsymbol{O}\\\boldsymbol{O}&\begin{matrix}2&1\\1&2\end{matrix}\end{pmatrix}^2=\begin{pmatrix}\begin{pmatrix}0&1\\1&0\end{pmatrix}^2&\boldsymbol{O}\\\boldsymbol{O}&\begin{pmatrix}2&1\\1&2\end{pmatrix}^2\end{pmatrix}=\begin{pmatrix}\begin{matrix}1&0\\0&1\end{matrix}&\boldsymbol{O}\\\boldsymbol{O}&\begin{matrix}5&4\\4&5\end{matrix}\end{pmatrix},$$

得 $|\lambda\boldsymbol{E}_4-\boldsymbol{A}^2|=\begin{vmatrix}\lambda-1&0&0&0\\0&\lambda-1&0&0\\0&0&\lambda-5&-4\\0&0&-4&\lambda-5\end{vmatrix}=(\lambda-1)^3(\lambda-9)$，从而 $\boldsymbol{A}^2$ 有特征值 $\lambda=9,1$(三重).

设 $\lambda=9$ 对应的特征向量为 $\boldsymbol{\alpha}=(a_1,a_2,a_3,a_4)^{\mathrm{T}}$，则 $\boldsymbol{\alpha}$ 满足

$$\begin{pmatrix}8&0&0&0\\0&8&0&0\\0&0&4&-4\\0&0&-4&4\end{pmatrix}\begin{pmatrix}a_1\\a_2\\a_3\\a_4\end{pmatrix}=\boldsymbol{0},$$

它有基础解系 $(0,0,1,1)^{\mathrm{T}}$，故可取 $\boldsymbol{\alpha}=(0,0,1,1)^{\mathrm{T}}$.

设 $\lambda=1$ 对应的特征向量为 $\boldsymbol{\beta}=(b_1,b_2,b_3,b_4)^{\mathrm{T}}$，则 $\boldsymbol{\beta}$ 满足

$$\begin{pmatrix}0&0&0&0\\0&0&0&0\\0&0&-4&-4\\0&0&-4&-4\end{pmatrix}\begin{pmatrix}b_1\\b_2\\b_3\\b_4\end{pmatrix}=\boldsymbol{0},$$

它有基础解系 $(1,0,0,0)^{\mathrm{T}},(0,1,0,0)^{\mathrm{T}},(0,0,1,-1)^{\mathrm{T}}$，故可取

$$\boldsymbol{\beta}=\boldsymbol{\beta}_1=(1,0,0,0)^{\mathrm{T}},\boldsymbol{\beta}=\boldsymbol{\beta}_2=(0,1,0,0)^{\mathrm{T}},\boldsymbol{\beta}=\boldsymbol{\beta}_3=(0,0,1,-1)^{\mathrm{T}}.$$

显然，$\boldsymbol{\alpha},\boldsymbol{\beta}_1,\boldsymbol{\beta}_2,\boldsymbol{\beta}_3$ 是正交单位向量组，现将它们单位化：

$$\boldsymbol{e}_1=\frac{\boldsymbol{\alpha}}{\|\boldsymbol{\alpha}\|}=\left(0,0,\frac{1}{\sqrt{2}},\frac{1}{\sqrt{2}}\right)^{\mathrm{T}},$$

$$\boldsymbol{e}_2=\boldsymbol{\beta}_1=(1,0,0,0)^{\mathrm{T}},$$

$$\boldsymbol{e}_3=\boldsymbol{\beta}_2=(0,1,0,0)^{\mathrm{T}},$$

$$e_4=\frac{\boldsymbol{\beta}_3}{\|\boldsymbol{\beta}_3\|}=\left(0,0,\frac{1}{\sqrt{2}},-\frac{1}{\sqrt{2}}\right)^{\mathrm{T}}.$$

因此 $\boldsymbol{P}=(\boldsymbol{e}_1,\boldsymbol{e}_2,\boldsymbol{e}_3,\boldsymbol{e}_4)$是正交矩阵，且有

$$(\boldsymbol{AP})^{\mathrm{T}}(\boldsymbol{AP})=\boldsymbol{P}^{\mathrm{T}}\boldsymbol{A}^2\boldsymbol{P}=\boldsymbol{P}^{-1}\boldsymbol{A}^2\boldsymbol{P}=\begin{pmatrix}9&&&\\&1&&\\&&1&\\&&&1\end{pmatrix}.$$

附注　将 $\boldsymbol{P}$ 理解为正交矩阵，则本题就是一个将实对称矩阵 $\boldsymbol{A}^2$ 正交相似对角化的问题.

例 4.27　设 $\boldsymbol{A}$ 是三阶实对称矩阵，且存在可逆矩阵 $\boldsymbol{P}=\begin{pmatrix}1&b&-2\\a&a+1&-5\\2&1&1\end{pmatrix}$，使得 $\boldsymbol{P}^{-1}\boldsymbol{AP}=\begin{pmatrix}1&&\\&2&\\&&-1\end{pmatrix}$，求使得 $\boldsymbol{Q}^{\mathrm{T}}(\boldsymbol{A}+\boldsymbol{A}^*)^3\boldsymbol{Q}=\boldsymbol{\Lambda}$ 的三阶正交矩阵 $\boldsymbol{Q}$ 与三阶对角矩阵 $\boldsymbol{\Lambda}$.

分析　先由题设算出 $\boldsymbol{A}$ 与 $\boldsymbol{A}^*$ 的特征值及对应的特征向量 $\boldsymbol{\xi}_1,\boldsymbol{\xi}_2,\boldsymbol{\xi}_3$，然后将 $\boldsymbol{\xi}_1,\boldsymbol{\xi}_2,\boldsymbol{\xi}_3$ 正交单位化即可得到 $\boldsymbol{Q}$ 及 $\boldsymbol{\Lambda}$.

精解　由题设知 $\boldsymbol{A}$ 有特征值 $1,2,-1$，从而 $\boldsymbol{A}^*$ 有特征值

$$\frac{|\boldsymbol{A}|}{1}=-2,\frac{|\boldsymbol{A}|}{2}=-1,\frac{|\boldsymbol{A}|}{-1}=2.$$

于是，$\boldsymbol{A}+\boldsymbol{A}^*$ 有特征值 $1-2=-1,2-1=1,-1+2=1$，它们对应的特征向量分别$(1,a,2)^{\mathrm{T}}$，$(b,a+1,1)^{\mathrm{T}}$，$(-2,-5,1)^{\mathrm{T}}$，即 $\boldsymbol{P}$ 的 3 个列向量. 由于 $\boldsymbol{A}+\boldsymbol{A}^*$ 是实对称矩阵，所以这 3 个特征向量两两正交，故有

$$\begin{cases}1\times(-2)+a\times(-5)+2\times1=0,\\b\times(-2)+(a+1)\times(-5)+1\times1=0,\end{cases}\text{即 } a=0,b=-2.$$

将 $a=0,b=-2$ 代入上述的 3 个特征向量，得

$\boldsymbol{\alpha}_1=(1,0,2)^{\mathrm{T}},\boldsymbol{\alpha}_2=(-2,1,1)^{\mathrm{T}},\boldsymbol{\alpha}_3=(-2,-5,1)^{\mathrm{T}}.$

显然，它们是正交向量组，现将它们单位化得

$$\boldsymbol{e}_1=\frac{\boldsymbol{\alpha}_1}{\|\boldsymbol{\alpha}_1\|}=\left(\frac{1}{\sqrt{5}},0,\frac{2}{\sqrt{5}}\right)^{\mathrm{T}},$$

$$\boldsymbol{e}_2=\frac{\boldsymbol{\alpha}_2}{\|\boldsymbol{\alpha}_2\|}=\left(-\frac{2}{\sqrt{6}},\frac{1}{\sqrt{6}},\frac{1}{\sqrt{6}}\right)^{\mathrm{T}},$$

$$\boldsymbol{e}_3=\frac{\boldsymbol{\alpha}_3}{\|\boldsymbol{\alpha}_3\|}=\left(-\frac{2}{\sqrt{30}},-\frac{5}{\sqrt{30}},\frac{1}{\sqrt{30}}\right)^{\mathrm{T}}.$$

记 $\boldsymbol{Q}=(\boldsymbol{e}_1,\boldsymbol{e}_2,\boldsymbol{e}_3)$（正交矩阵），它使得

$$\boldsymbol{Q}^{\mathrm{T}}(\boldsymbol{A}+\boldsymbol{A}^*)\boldsymbol{Q}=\begin{pmatrix}-1&&\\&1&\\&&1\end{pmatrix},$$

从而使得 $\boldsymbol{Q}^{\mathrm{T}}(\boldsymbol{A}+\boldsymbol{A}^*)^3\boldsymbol{Q}=\begin{pmatrix}-1&&\\&1&\\&&1\end{pmatrix}^3=\begin{pmatrix}-1&&\\&1&\\&&1\end{pmatrix}$（即为所求的 $\boldsymbol{\Lambda}$）.

附注 由题设容易知道

$$P^{-1}(A+A^*)P=\begin{pmatrix}-1&&\\&1&\\&&1\end{pmatrix}.$$

因此,P 的 3 个列向量 $\alpha_1,\alpha_2,\alpha_3$ 是 $A+A^*$ 的分别对应特征值 -1,1(二重)的特征向量,因此只要将 $\alpha_1,\alpha_2,\alpha_3$ 单位正交化就可以得到正交矩阵 Q,使得 $Q^T(A+A^*)Q=\begin{pmatrix}-1&&\\&1&\\&&1\end{pmatrix}$,从而

$$Q^T(A+A^*)^3Q=\begin{pmatrix}-1&&\\&1&\\&&1\end{pmatrix}.$$

例 4.28 求一个三阶实对称矩阵 A,使它的特征值为 $1,1,-1$,且有特征向量 $\xi_1=(1,1,1)^T$,$\xi_2=(2,2,1)^T$.

分析 先确定 ξ_1,ξ_2 都是特征值 1 对应的特征向量,然后求出对应于特征值 -1 的特征向量 ξ_3. 记 $P=(\xi_1,\xi_2,\xi_3)$,则可按 $P^{-1}AP=\begin{pmatrix}1&&\\&1&\\&&-1\end{pmatrix}$ 算出 A.

精解 由于 A 是实对称矩阵,所以对应不同特征值的特征向量正交. 故由 $(\xi_1,\xi_2)=1\times2+1\times2+1\times1=5\neq0$ 知,ξ_1,ξ_2 都是 A 的对应特征值 $\lambda_1=\lambda_2=1$ 的线性无关特征向量.

设对应特征值 $\lambda_3=-1$ 的特征向量为 $\xi_3=(c_1,c_2,c_3)^T$,则它与 ξ_1 与 ξ_2 都正交,故有

$$\begin{cases}(\xi_3,\xi_1)=0,\\(\xi_3,\xi_2)=0,\end{cases}\quad 即\begin{cases}c_1+c_2+c_3=0,\\2c_1+2c_2+c_3=0,\end{cases}\tag{1}$$

它与方程组 $\begin{cases}c_1+c_2=0,\\c_3=0\end{cases}$ 同解. 因此式(1)有基础解系 $(-1,1,0)^T$,故可取 $\xi_3=(-1,1,0)^T$.

记 $P=(\xi_1,\xi_2,\xi_3)$,则 P 可逆,且 $P^{-1}AP=\begin{pmatrix}1&&\\&1&\\&&-1\end{pmatrix}$,所以

$$A=P\begin{pmatrix}1&&\\&1&\\&&-1\end{pmatrix}P^{-1}=\begin{pmatrix}1&2&-1\\1&2&1\\1&1&0\end{pmatrix}\begin{pmatrix}1&&\\&1&\\&&-1\end{pmatrix}\begin{pmatrix}1&2&-1\\1&2&1\\1&1&0\end{pmatrix}^{-1}$$

$$=\begin{pmatrix}1&2&1\\1&2&-1\\1&1&0\end{pmatrix}\begin{pmatrix}-\frac{1}{2}&-\frac{1}{2}&2\\\frac{1}{2}&\frac{1}{2}&-1\\-\frac{1}{2}&\frac{1}{2}&0\end{pmatrix}=\begin{pmatrix}0&1&0\\1&0&0\\0&0&1\end{pmatrix},$$

这个实对称矩阵即为所求.

附注 由于 A 是实对称矩阵,所以也可用正交变换矩阵 Q 将 A 对角化,即

$$Q^{T}AQ=\begin{pmatrix}1&&\\&1&\\&&-1\end{pmatrix},$$

所以　$A=Q\begin{pmatrix}1&&\\&1&\\&&-1\end{pmatrix}Q^{T}$，$Q$ 的计算如下：

题解中已算出 A 的与特征值 1，1，－1 对应的特征向量分别为 ξ_1,ξ_2,ξ_3，先将 ξ_1,ξ_2 正交化：

$$\eta_1=\xi_1=(1,1,1)^{T},$$

$$\eta_2=\xi_2-\frac{(\xi_2,\eta_1)}{(\eta_1,\eta_1)}\eta_1=(2,2,1)^{T}-\frac{5}{3}(1,1,1)^{T}=\left(\frac{1}{3},\frac{1}{3},-\frac{2}{3}\right)^{T}.$$

再将 η_1,η_2,ξ_3 单位化：

$$e_1=\frac{\eta_1}{\|\eta_1\|}=\left(\frac{1}{\sqrt{3}},\frac{1}{\sqrt{3}},\frac{1}{\sqrt{3}}\right)^{T}$$

$$e_2=\frac{\eta_2}{\|\eta_2\|}=\left(\frac{1}{\sqrt{6}},\frac{1}{\sqrt{6}},-\frac{2}{\sqrt{6}}\right)^{T},$$

$$e_3=\frac{\xi_3}{\|\xi_3\|}=\left(-\frac{1}{\sqrt{2}},\frac{1}{\sqrt{2}},0\right)^{T},$$

则所求的正交矩阵为

$$Q=(e_1,e_2,e_3)=\begin{pmatrix}\frac{1}{\sqrt{3}}&\frac{1}{\sqrt{6}}&-\frac{1}{\sqrt{2}}\\\frac{1}{\sqrt{3}}&\frac{1}{\sqrt{6}}&\frac{1}{\sqrt{2}}\\\frac{1}{\sqrt{3}}&-\frac{2}{\sqrt{6}}&0\end{pmatrix},$$

它使 $Q^{T}AQ=\begin{pmatrix}1&&\\&1&\\&&-1\end{pmatrix}$，从而

$$A=Q\begin{pmatrix}1&&\\&1&\\&&-1\end{pmatrix}Q^{T}=\begin{pmatrix}\frac{1}{\sqrt{3}}&\frac{1}{\sqrt{6}}&-\frac{1}{\sqrt{2}}\\\frac{1}{\sqrt{3}}&\frac{1}{\sqrt{6}}&\frac{1}{\sqrt{2}}\\\frac{1}{\sqrt{3}}&-\frac{2}{\sqrt{6}}&0\end{pmatrix}\begin{pmatrix}1&&\\&1&\\&&-1\end{pmatrix}\begin{pmatrix}\frac{1}{\sqrt{3}}&\frac{1}{\sqrt{3}}&\frac{1}{\sqrt{3}}\\\frac{1}{\sqrt{6}}&\frac{1}{\sqrt{6}}&-\frac{2}{\sqrt{6}}\\-\frac{1}{\sqrt{2}}&\frac{1}{\sqrt{2}}&0\end{pmatrix}$$

$$=\begin{pmatrix}\frac{1}{\sqrt{3}}&\frac{1}{\sqrt{6}}&\frac{1}{\sqrt{2}}\\\frac{1}{\sqrt{3}}&\frac{1}{\sqrt{6}}&-\frac{1}{\sqrt{2}}\\\frac{1}{\sqrt{3}}&-\frac{2}{\sqrt{6}}&0\end{pmatrix}\begin{pmatrix}\frac{1}{\sqrt{3}}&\frac{1}{\sqrt{3}}&\frac{1}{\sqrt{3}}\\\frac{1}{\sqrt{6}}&\frac{1}{\sqrt{6}}&-\frac{2}{\sqrt{6}}\\-\frac{1}{\sqrt{2}}&\frac{1}{\sqrt{2}}&0\end{pmatrix}=\begin{pmatrix}0&1&0\\1&0&0\\0&0&1\end{pmatrix}.$$

例 4.29　设三阶实对称矩阵 $\boldsymbol{A}$ 的秩为 2，且 6 是 $\boldsymbol{A}$ 的二重特征值. 又设 $\boldsymbol{\alpha}_1=(1,1,0)^{\mathrm{T}}$，$\boldsymbol{\alpha}_2=(2,1,1)^{\mathrm{T}}$，$\boldsymbol{\alpha}_3=(-1,2,-3)^{\mathrm{T}}$ 都是 $\boldsymbol{A}$ 的对应特征值 6 的特征向量，求 $\boldsymbol{A}^*$.

分析　先从 $\boldsymbol{\alpha}_1,\boldsymbol{\alpha}_2,\boldsymbol{\alpha}_3$ 中找出两个线性无关的特征向量，然后寻找与特征值 $\lambda_3=0$ 对应的特征向量 $\boldsymbol{\xi}$，由此可将 $\boldsymbol{A}$ 相似对角化，算出 $\boldsymbol{A}$，进而算出 $\boldsymbol{A}^*$.

精解　显然 $\boldsymbol{\alpha}_1,\boldsymbol{\alpha}_2$ 是 $\boldsymbol{A}$ 的对应特征值 $\lambda_1=\lambda_2=6$ 的两个线性无关的特征向量. 由于 $r(\boldsymbol{A})=2$，所以 $\boldsymbol{A}$ 还有特征值 $\lambda_3=0$. 设其对应的特征向量为 $\boldsymbol{\xi}=(a_1,a_2,a_3)^{\mathrm{T}}$，则由 $\boldsymbol{A}$ 是实对称矩阵知，$\boldsymbol{\xi}$ 与 $\boldsymbol{\alpha}_1,\boldsymbol{\alpha}_2$ 都正交，所以有

$$\begin{cases}(\boldsymbol{\xi},\boldsymbol{\alpha}_1)=0,\\(\boldsymbol{\xi},\boldsymbol{\alpha}_2)=0,\end{cases}\quad\text{即}\begin{cases}a_1+a_2=0,\\2a_1+a_2+a_3=0.\end{cases}$$

它有基础解系 $(-1,1,1)^{\mathrm{T}}$，故可取 $\boldsymbol{\xi}=(-1,1,1)^{\mathrm{T}}$.

记 $\boldsymbol{P}=(\boldsymbol{\alpha}_1,\boldsymbol{\alpha}_2,\boldsymbol{\xi})$，则 $\boldsymbol{P}$ 是可逆矩阵，且 $\boldsymbol{P}^{-1}\boldsymbol{AP}=\begin{pmatrix}6&&\\&6&\\&&0\end{pmatrix}$. 所以

$$\boldsymbol{A}=\boldsymbol{P}\begin{pmatrix}6&&\\&6&\\&&0\end{pmatrix}\boldsymbol{P}^{-1}=\begin{pmatrix}1&2&-1\\1&1&1\\0&1&1\end{pmatrix}\begin{pmatrix}6&&\\&6&\\&&0\end{pmatrix}\begin{pmatrix}1&2&-1\\1&1&1\\0&1&1\end{pmatrix}^{-1}$$

$$=\begin{pmatrix}6&12&0\\6&6&0\\0&6&0\end{pmatrix}\begin{pmatrix}0&1&-1\\\frac{1}{3}&-\frac{1}{3}&\frac{2}{3}\\-\frac{1}{3}&\frac{1}{3}&\frac{1}{3}\end{pmatrix}=\begin{pmatrix}4&2&2\\2&4&-2\\2&-2&4\end{pmatrix}.$$

由于 $\boldsymbol{A}^*=\begin{pmatrix}A_{11}&A_{21}&A_{31}\\A_{12}&A_{22}&A_{32}\\A_{13}&A_{23}&A_{33}\end{pmatrix}$，其中 A_{ij} 是 $\boldsymbol{A}=(a_{ij})_{3\times3}$ 的元素 a_{ij} 的代数余子式（$i,j=1,2,3$），且

$$A_{11}=\begin{vmatrix}4&-2\\-2&4\end{vmatrix}=12,\quad A_{21}=-\begin{vmatrix}2&2\\-2&4\end{vmatrix}=-12,\quad A_{31}=\begin{vmatrix}2&2\\4&-2\end{vmatrix}=-12,$$

$$A_{12}=-\begin{vmatrix}2&-2\\2&4\end{vmatrix}=-12,\quad A_{22}=\begin{vmatrix}4&2\\2&4\end{vmatrix}=12,\quad A_{32}=-\begin{vmatrix}4&2\\2&-2\end{vmatrix}=12,$$

$$A_{13}=\begin{vmatrix}2&4\\2&-2\end{vmatrix}=-12,\quad A_{23}=-\begin{vmatrix}4&2\\2&-2\end{vmatrix}=12,\quad A_{33}=\begin{vmatrix}4&2\\2&4\end{vmatrix}=12,$$

所以　$\boldsymbol{A}^*=\begin{pmatrix}12&-12&-12\\-12&12&12\\-12&12&12\end{pmatrix}$.

附注　题中的 $\boldsymbol{A}^*$ 也可按以下方法计算：

由 $\boldsymbol{P}^{-1}\boldsymbol{AP}=\begin{pmatrix}6&&\\&6&\\&&0\end{pmatrix}$（其中 $\boldsymbol{P}$ 已如题解中算出）得

$$A=P\begin{pmatrix}6&&\\&6&\\&&0\end{pmatrix}P^{-1},$$

所以 $A^*=(P^{-1})^*\begin{pmatrix}6&&\\&6&\\&&0\end{pmatrix}^*P^*=(P^*)^{-1}\begin{pmatrix}6&&\\&6&\\&&0\end{pmatrix}^*P^*$

$$=(|P|P^{-1})^{-1}\begin{pmatrix}0&&\\&0&\\&&36\end{pmatrix}|P|P^{-1}$$

$$=P\begin{pmatrix}0&&\\&0&\\&&36\end{pmatrix}P^{-1}$$

$$=\begin{pmatrix}1&2&-1\\1&1&1\\0&1&1\end{pmatrix}\begin{pmatrix}0&&\\&0&\\&&36\end{pmatrix}\begin{pmatrix}1&2&-1\\1&1&1\\0&1&1\end{pmatrix}^{-1}$$

$$=\begin{pmatrix}0&0&-36\\0&0&36\\0&0&36\end{pmatrix}\begin{pmatrix}0&1&-1\\\frac{1}{3}&-\frac{1}{3}&\frac{2}{3}\\-\frac{1}{3}&\frac{1}{3}&\frac{1}{3}\end{pmatrix}=\begin{pmatrix}12&-12&-12\\-12&12&12\\-12&12&12\end{pmatrix}.$$

例 4.30　设三阶矩阵 $A=\begin{pmatrix}13&14&4\\14&24&18\\4&18&29\end{pmatrix}$，求特征值全为正的，且满足 $B^2=A$ 的三阶矩阵 B.

分析　利用 A 相似对角化，计算 B.

精解　由 $|\lambda E_3-A|=\begin{vmatrix}\lambda-13&-14&-4\\-14&\lambda-24&-18\\-4&-18&\lambda-29\end{vmatrix}=\lambda^3-66\lambda^2+849\lambda-784$

$$=(\lambda-1)(\lambda^2-65\lambda+784)=(\lambda-1)(\lambda-16)(\lambda-49)$$

知，A 有特征值 $\lambda_1=1,\lambda_2=16,\lambda_3=49$.

设 A 的对应 $\lambda_1=1$ 的特征向量为 $\boldsymbol{\alpha}=(a_1,a_2,a_3)^{\mathrm T}$，则 $\boldsymbol{\alpha}$ 满足

$$\begin{pmatrix}-12&-14&-4\\-14&-23&-18\\-4&-18&-28\end{pmatrix}\begin{pmatrix}a_1\\a_2\\a_3\end{pmatrix}=\mathbf{0},$$

它有基础解系 $(2,-2,1)^{\mathrm T}$，故可取 $\boldsymbol{\alpha}=(2,-2,1)^{\mathrm T}$.

设 A 的对应 $\lambda_2=16$ 的特征向量为 $\boldsymbol{\beta}=(b_1,b_2,b_3)^{\mathrm T}$，则 $\boldsymbol{\beta}$ 满足

$$\begin{pmatrix}3&-14&-4\\-14&-8&-18\\-4&-18&-13\end{pmatrix}\begin{pmatrix}b_1\\b_2\\b_3\end{pmatrix}=\mathbf{0},$$

它有基础解系$(2,1,-2)^{T}$,故可取$\boldsymbol{\beta}=(2,1,-2)^{T}$.

设$\boldsymbol{A}$的对应$\lambda_3=49$的特征向量为$\boldsymbol{\gamma}=(c_1,c_2,c_3)^{T}$,则$\boldsymbol{\gamma}$满足

$$\begin{pmatrix}36&-14&-4\\-14&25&-18\\-4&-18&20\end{pmatrix}\begin{pmatrix}c_1\\c_2\\c_3\end{pmatrix}=\mathbf{0},$$

它有基础解系$(1,2,2)^{T}$,故可取$\boldsymbol{\gamma}=(1,2,2)^{T}$.

记$\boldsymbol{P}=(\boldsymbol{\alpha},\boldsymbol{\beta},\boldsymbol{\gamma})$,则$\boldsymbol{P}$是可逆矩阵,且

$$\boldsymbol{P}^{-1}\boldsymbol{A}\boldsymbol{P}=\begin{pmatrix}1&&\\&16&\\&&49\end{pmatrix},$$

即
$$\boldsymbol{A}=\boldsymbol{P}\begin{pmatrix}1&&\\&16&\\&&49\end{pmatrix}\boldsymbol{P}^{-1}=\boldsymbol{P}\begin{pmatrix}1&&\\&4&\\&&7\end{pmatrix}\boldsymbol{P}^{-1}\cdot\boldsymbol{P}\begin{pmatrix}1&&\\&4&\\&&7\end{pmatrix}\boldsymbol{P}^{-1}$$
$$=\left[\boldsymbol{P}\begin{pmatrix}1&&\\&4&\\&&7\end{pmatrix}\boldsymbol{P}^{-1}\right]^2.$$

所以,使得$\boldsymbol{B}^2=\boldsymbol{A}$的$\boldsymbol{B}$(要求$\boldsymbol{B}$的特征值全大于零)为

$$\boldsymbol{B}=\boldsymbol{P}\begin{pmatrix}1&&\\&4&\\&&7\end{pmatrix}\boldsymbol{P}^{-1}$$
$$=\begin{pmatrix}2&2&1\\-2&1&2\\1&-2&2\end{pmatrix}\begin{pmatrix}1&&\\&4&\\&&7\end{pmatrix}\begin{pmatrix}2&2&1\\-2&1&2\\1&-2&2\end{pmatrix}^{-1}$$
$$=\begin{pmatrix}2&8&7\\-2&4&14\\1&-8&14\end{pmatrix}\begin{pmatrix}\frac{2}{9}&-\frac{2}{9}&\frac{1}{9}\\\frac{2}{9}&\frac{1}{9}&-\frac{2}{9}\\\frac{1}{9}&\frac{2}{9}&\frac{2}{9}\end{pmatrix}=\begin{pmatrix}3&2&0\\2&4&2\\0&2&5\end{pmatrix}.$$

附注　不是对每个n阶矩阵$\boldsymbol{A}$,都存在特征值全为正的n阶矩阵$\boldsymbol{B}$,使得$\boldsymbol{B}^2=\boldsymbol{A}$,只有当$\boldsymbol{A}$是正定矩阵(见第五章)时,才存在特征值全为正的,满足$\boldsymbol{B}^2=\boldsymbol{A}$的$\boldsymbol{B}$.

本题给出了如何由$\boldsymbol{A}$(n阶正定矩阵)寻求特征值全为正的且满足$\boldsymbol{B}^2=\boldsymbol{A}$的$\boldsymbol{B}$的方法.

B　组

例 4.31　设n阶矩阵$\boldsymbol{A}=\begin{pmatrix}1&\varphi&\cdots&\varphi\\\varphi&1&\cdots&\varphi\\\vdots&\vdots&&\vdots\\\varphi&\varphi&\cdots&1\end{pmatrix}$(其中$0<\varphi\leqslant1$),证明:$\boldsymbol{A}$的最大特征值是$\lambda=1+(n-1)\varphi$.

分析　算出 $\boldsymbol{A}$ 的所有特征值，即可得到最大特征值.

精解　由 $|\lambda\boldsymbol{E}_n-\boldsymbol{A}|=\begin{vmatrix}\lambda-1 & -\varphi & \cdots & -\varphi\\ -\varphi & \lambda-1 & \cdots & -\varphi\\ \vdots & \vdots & & \vdots\\ -\varphi & -\varphi & \cdots & \lambda-1\end{vmatrix}$

$$=[\lambda-1-(n-1)\varphi](\lambda-1+\varphi)^{n-1}$$

知，$\boldsymbol{A}$ 的所有特征值为 $1+(n-1)\varphi,1-\varphi(n-1$ 重). 所以 $\boldsymbol{A}$ 的最大特征值为 $1+(n-1)\varphi$.

附注　$|\lambda\boldsymbol{E}_n-\boldsymbol{A}|$ 是按 n 阶行列式 $\begin{vmatrix}a & b & \cdots & b\\ b & a & \cdots & b\\ \vdots & \vdots & & \vdots\\ b & b & \cdots & a\end{vmatrix}=[a+(n-1)b](a-b)^{n-1}$ 计算的.

例 4.32　设 $\boldsymbol{\alpha}_1,\boldsymbol{\alpha}_2,\cdots,\boldsymbol{\alpha}_s(s\geqslant2)$ 是 n 阶矩阵 $\boldsymbol{A}$ 的对应于互异特征值 $\lambda_1,\lambda_2,\cdots,\lambda_s$ 的特征向量. 证明：当实数 $k_1,k_2,\cdots,k_s$ 中至少有两个不为零时，$k_1\boldsymbol{\alpha}_1+k_2\boldsymbol{\alpha}_2+\cdots+k_s\boldsymbol{\alpha}_s$ 必不是 $\boldsymbol{A}$ 的特征向量.

分析　用反证法证明.

精解　不失一般性，设 k_1 与 k_2 不为零，且 $k_1\boldsymbol{\alpha}_1+k_2\boldsymbol{\alpha}_2+\cdots+k_s\boldsymbol{\alpha}_s$ 是 $\boldsymbol{A}$ 的对应于特征值 λ 的特征向量，则

$$\boldsymbol{A}(k_1\boldsymbol{\alpha}_1+k_2\boldsymbol{\alpha}_2+\cdots+k_s\boldsymbol{\alpha}_s)=\lambda(k_1\boldsymbol{\alpha}_1+k_2\boldsymbol{\alpha}_2+\cdots+k_s\boldsymbol{\alpha}_s),$$

即

$$k_1\boldsymbol{A}\boldsymbol{\alpha}_1+k_2\boldsymbol{A}\boldsymbol{\alpha}_2+\cdots+k_s\boldsymbol{A}\boldsymbol{\alpha}_s=k_1\lambda\boldsymbol{\alpha}_1+k_2\lambda\boldsymbol{\alpha}_2+\cdots+k_s\lambda\boldsymbol{\alpha}_s.$$

将　$\boldsymbol{A}\boldsymbol{\alpha}_i=\lambda_i\boldsymbol{\alpha}_i(i=1,2,\cdots,s)$ 代入上式，得

$$\lambda_1k_1\boldsymbol{\alpha}_1+\lambda_2k_2\boldsymbol{\alpha}_2+\cdots+\lambda_sk_s\boldsymbol{\alpha}_s=\lambda k_1\boldsymbol{\alpha}_1+\lambda k_2\boldsymbol{\alpha}_2+\cdots+\lambda k_s\boldsymbol{\alpha}_s,$$

即

$$(\lambda_1-\lambda)k_1\boldsymbol{\alpha}_1+(\lambda_2-\lambda)k_2\boldsymbol{\alpha}_2+\cdots+(\lambda_s-\lambda)k_s\boldsymbol{\alpha}_s=\boldsymbol{0}.\tag{1}$$

由于 $\boldsymbol{\alpha}_1,\boldsymbol{\alpha}_2,\cdots,\boldsymbol{\alpha}_s$ 是对应于互异特征值的特征向量，所以它们线性无关，于是由式(1)，得

$$(\lambda_1-\lambda)k_1=0,(\lambda_2-\lambda)k_2=0.$$

于是由 k_1,k_2 都不为零得 $\lambda_1=\lambda,\lambda_2=\lambda$，即 $\lambda_1=\lambda_2$. 这与题设矛盾. 因此当 $k_1,k_2,\cdots,k_s$ 中至少有两个不为零时，$k_1\boldsymbol{\alpha}_1+k_2\boldsymbol{\alpha}_2+\cdots+k_3\boldsymbol{\alpha}_3$ 必不是 $\boldsymbol{A}$ 的特征向量.

附注　在线性代数中，反证法往往是解证明题常用的好方法.

例 4.33　设三阶矩阵 $\boldsymbol{A}=\begin{pmatrix}b & c & a\\ c & a & b\\ a & b & c\end{pmatrix},\boldsymbol{B}=\begin{pmatrix}c & a & b\\ a & b & c\\ b & c & a\end{pmatrix},\boldsymbol{C}=\begin{pmatrix}a & b & c\\ b & c & a\\ c & a & b\end{pmatrix}$,

(Ⅰ) 证明 $\boldsymbol{A},\boldsymbol{B},\boldsymbol{C}$ 有相同的特征多项式；

(Ⅱ) 如果 $\boldsymbol{BC}=\boldsymbol{CB}$，证明：$\boldsymbol{A}$ 至少有两个特征值为零.

分析　(Ⅰ) 分别计算 $\boldsymbol{A},\boldsymbol{B},\boldsymbol{C}$ 的特征多项式即可.

(Ⅱ) 计算 $\boldsymbol{BC}=\boldsymbol{CB}$ 时，$\boldsymbol{A}$ 的特征多项式即可.

精解　(Ⅰ) $\boldsymbol{A}$ 的特征多项式

$$f(\lambda)=|\lambda\boldsymbol{E}_3-\boldsymbol{A}|=\begin{vmatrix}\lambda-b & -c & -a\\ -c & \lambda-a & -b\\ -a & -b & \lambda-c\end{vmatrix}$$

$$=(\lambda-a)(\lambda-b)(\lambda-c)-2ab-a^2(\lambda-a)-b^2(\lambda-b)-c^2(\lambda-c)$$

$$=\lambda^3-(a+b+c)\lambda^2+(ab+bc+ca-a^2-b^2-c^2)\lambda+(a^3+b^3+c^3-3abc).\quad(1)$$

由于当 a,b,c 对应地换成 b,c,a 时，$\boldsymbol{A}$ 成为 $\boldsymbol{B}$，但 $f(\lambda)$ 不变，所以 $\boldsymbol{B}$ 的特征多项式也为 $f(\lambda)$. 同理可证，$\boldsymbol{C}$ 的特征多项式也是 $f(\lambda)$. 因此 $\boldsymbol{A},\boldsymbol{B},\boldsymbol{C}$ 有相同的特征多项式.

(Ⅱ) 当 $\boldsymbol{BC}=\boldsymbol{CB}$，即 $\begin{pmatrix}c&a&b\\a&b&c\\b&c&a\end{pmatrix}\begin{pmatrix}a&b&c\\b&c&a\\c&a&b\end{pmatrix}=\begin{pmatrix}a&b&c\\b&c&a\\c&a&b\end{pmatrix}\begin{pmatrix}c&a&b\\a&b&c\\b&c&a\end{pmatrix}$ 时有

$$\begin{pmatrix}ab+bc+ca&ab+bc+ca&a^2+b^2+c^2\\a^2+b^2+c^2&ab+bc+ca&ab+bc+ca\\ab+bc+ca&a^2+b^2+c^2&ab+bc+ca\end{pmatrix}=\begin{pmatrix}ab+bc+ca&a^2+b^2+c^2&ab+bc+ca\\ab+bc+ca&ab+bc+ca&a^2+b^2+c^2\\a^2+b^2+c^2&ab+bc+ca&ab+bc+ca\end{pmatrix}.$$

由此得到
$$a^2+b^2+c^2=ab+bc+ca,\quad(2)$$
并且有
$$a^3+ab^2+ac^2=a^2b+abc+ca^2,\quad(3)$$
$$a^2b+b^3+bc^2=ab^2+b^2c+abc,\quad(4)$$
$$a^2c+b^2c+c^3=abc+bc^2+c^2a.\quad(5)$$
式(3)～式(5)的两边分别相加得 $a^3+b^3+c^3=3abc$.　(6)

将式(2)与式(6)代入式(1)，得
$$f(\lambda)=\lambda^3-(a+b+c)\lambda^2=\lambda^2[\lambda-(a+b+c)].$$
由此可知，$\boldsymbol{A}$ 至少有两个零特征值.

附注　(Ⅱ)获证的关键是：由式(2)推出式(6).

例 4.34　设 n 阶矩阵 $\boldsymbol{A}$ 的秩为 $n-1$，证明：$\boldsymbol{A}^*$ 有特征值 $\lambda_1=0(n-1$ 重$)$及非零单重特征值 $\lambda_2=\mathrm{tr}\boldsymbol{A}^*$.

分析　由题式知，$r(\boldsymbol{A}^*)=1$. 于是 $\boldsymbol{A}^*$ 的第 j 行$(j=2,3,\cdots,n)$的各个元素与第 1 行对应元素成比例. 由此即可证明 $\boldsymbol{A}^*$ 有特征值 $\lambda_1=0(n-1$ 重$)$和 $\lambda_2=\mathrm{tr}\boldsymbol{A}^*\neq0$.

精解　由 $r(\boldsymbol{A})=n-1$ 知 $r(\boldsymbol{A}^*)=1$，所以 $\boldsymbol{A}^*$ 是非零矩阵，不妨设 $\boldsymbol{A}^*$ 的第 1 行不是零向量，则由 $r(\boldsymbol{A}^*)=1$ 知，$\boldsymbol{A}^*$ 的各行与第 1 行成比例，即存在数 $k_2,\cdots,k_n$，使得

$$\boldsymbol{A}^*=\begin{pmatrix}A_{11}&A_{21}&\cdots&A_{n1}\\A_{12}&A_{22}&\cdots&A_{n2}\\\vdots&\vdots&&\vdots\\A_{1n}&A_{2n}&\cdots&A_{nn}\end{pmatrix}\text{(其中 }A_{ij}\text{ 是}|\boldsymbol{A}|=|a_{ij}|_{n\times n}\text{的元素 }a_{ij}\text{ 的代数余子式)}$$
$$=\begin{pmatrix}A_{11}&A_{21}&\cdots&A_{n1}\\k_2A_{11}&k_2A_{21}&\cdots&k_2A_{n1}\\\vdots&\vdots&&\vdots\\k_nA_{11}&k_nA_{21}&\cdots&k_nA_{n1}\end{pmatrix}$$
$$=\begin{pmatrix}1\\k_2\\\vdots\\k_n\end{pmatrix}(A_{11},A_{21},\cdots,A_{n1}).\quad(1)$$

由此可得

$$|\lambda E_n-A^*|=\begin{vmatrix}\lambda-A_{11} & -A_{21} & \cdots & -A_{n1}\\ -k_2A_{11} & \lambda-k_2A_{21} & \cdots & -k_2A_{n1}\\ \vdots & \vdots & & \vdots\\ -k_nA_{11} & -k_nA_{21} & \cdots & \lambda-k_nA_{n1}\end{vmatrix}$$

$$\xlongequal[(i=2,3,\cdots,n)]{\text{第 1 行}\times(-k_i)\text{加到第 } i \text{ 行}}\begin{vmatrix}\lambda-A_{11} & -A_{21} & \cdots & -A_{n1}\\ -k_2\lambda & \lambda & \cdots & 0\\ \vdots & \vdots & & \vdots\\ -k_n\lambda & 0 & \cdots & \lambda\end{vmatrix}$$

$$\xlongequal[(j=2,3,\cdots,n)]{\text{第 } j \text{ 列}\times k_j \text{ 加到第 1 列}}\begin{vmatrix}\lambda-A_{11}-k_2A_{21}-\cdots-k_nA_{n1} & -A_{21} & \cdots & -A_{n1}\\ 0 & \lambda & & 0\\ \vdots & \vdots & & \vdots\\ 0 & 0 & \cdots & \lambda\end{vmatrix}$$

$$=\lambda^{n-1}[\lambda-(A_{11}+k_2A_{21}+\cdots+k_nA_{n1})],$$

所以，A 有 $n-1$ 重特征值 $\lambda_1=0$ 及另一个特征值

$$\begin{aligned}\lambda_2&=A_{11}+k_2A_{21}+\cdots+k_nA_{n1}\\&=A_{11}+A_{22}+\cdots+A_{nn}=\mathrm{tr}A^*.\end{aligned}$$

由 A^* 的第一行不是零向量知，$(A^*)^2\neq O$，所以由式(1)得

$$\begin{aligned}(A^*)^2&=\begin{pmatrix}1\\k_2\\\vdots\\k_n\end{pmatrix}(A_{11},A_{21},\cdots,A_{n1})\cdot\begin{pmatrix}1\\k_1\\\vdots\\k_n\end{pmatrix}(A_{11},A_{21},\cdots,A_{n1})\\&=(A_{11}+k_1A_{21}+\cdots+k_nA_{n1})A^*=\lambda_2A^*,\end{aligned}$$

从而 $\lambda_2\neq0$，即 A 还有一个非零的单重特征值 $\lambda_2=\mathrm{tr}A^*$.

附注　设 $A=(a_{ij})$ 是 n 阶矩阵.

当 $r(A)=n$ 时，$r(A^*)=n$，A^* 的特征值 μ 可按公式 $\dfrac{|A|}{\lambda}$（其中 λ 是 A 的特征值）计算.

当 $r(A)=n-1$ 时，$r(A^*)=1$，则 A^* 有特征值 $\lambda_1=0$（$n-1$ 重）与 $\lambda_2=\mathrm{tr}A^*\neq0$.

记住以上结论，便于快捷解题.

例 4.35　设矩阵 $A=(a_{ij})_{n\times n}$ 有特征值 λ，证明：

（Ⅰ）当 $\sum\limits_{j=1}^{n}|a_{ij}|<1(i=1,2,\cdots,n)$ 时，$|\lambda|<1$；

（Ⅱ）当 $a_{ij}\geqslant0(i,j=1,2,\cdots,n)$ 及 $\sum\limits_{j=1}^{n}a_{ij}=1(i=1,2,\cdots,n)$ 时，$|\lambda|\leqslant1$，且 1 是 A 的一个特征值.

分析　（Ⅰ）与（Ⅱ）都可按特征值定义证明.

精解　设 $x=(x_1,x_2,\cdots,x_n)^{\mathrm T}$ 是 A 的对应特征值 λ 的特征向量. 记 $|x_k|=\max\{|x_1|,|x_2|,\cdots,|x_n|\}$，则由 $x\neq0$ 知存在某个 $k(1\leqslant k\leqslant n)$，使得 $|x_k|\neq0$. 此外，由 $(\lambda E_n-A)x=0$ 得

$$(\lambda-a_{kk})x_k=\sum_{j\neq k}a_{kj}x_j.$$

故有$(|\lambda|-|a_{kk}|)|x_k|\leqslant|\lambda-a_{kk}||x_k|=\left|\sum\limits_{j\neq k}a_{kj}x_j\right|\leqslant|x_k|\sum\limits_{j\neq k}|a_{kj}|$,

即
$$|\lambda|\leqslant\sum_{j\neq k}|a_{kj}|+|a_{kk}|=\sum_{j=1}^{n}|a_{kj}|. \tag{1}$$

(Ⅰ) 由题设知 $\sum\limits_{j=1}^{n}|a_{kj}|<1$,所以由式(1)得证$|\lambda|<1$.

(Ⅱ) 由题设知 $a_{kj}\geqslant 0(j=1,2,\cdots,n)$,且$\sum\limits_{j=1}^{n}a_{kj}=1$,所以由式(1)得
$$|\lambda|\leqslant\sum_{j=1}^{n}a_{kj}=1.$$

记$\boldsymbol{\xi}$为n维列向量$(1,1,\cdots,1)^{\mathrm{T}}$,则
$$\boldsymbol{A\xi}=\left(\sum_{j=1}^{n}a_{1j},\sum_{j=1}^{n}a_{2j},\cdots,\sum_{j=1}^{n}a_{nj}\right)^{\mathrm{T}}=(1,1,\cdots,1)^{\mathrm{T}}=1\cdot\boldsymbol{\xi},$$
所以1是$\boldsymbol{A}$的一个特征值.

附注 在(Ⅰ)与(Ⅱ)的不同条件下,得到1不是$\boldsymbol{A}$的特征值与1是$\boldsymbol{A}$的特征值的不同结论.

例 4.36 (Ⅰ)设$\boldsymbol{A},\boldsymbol{B}$都是$n$阶矩阵.证明:$\boldsymbol{AB}$与$\boldsymbol{BA}$的特征多项式$f_{\boldsymbol{AB}}(\lambda)$与$f_{\boldsymbol{BA}}(\lambda)$彼此相等.

(Ⅱ) 设$\boldsymbol{A},\boldsymbol{B}$分别是$m\times n$与$n\times m(m\neq n)$矩阵,证明:$\boldsymbol{AB}$与$\boldsymbol{BA}$的特征多项式$f_{\boldsymbol{AB}}(\lambda)$与$f_{\boldsymbol{BA}}(\lambda)$满足$\lambda^n f_{\boldsymbol{AB}}(\lambda)=\lambda^m f_{\boldsymbol{BA}}(\lambda)$.

分析 (Ⅰ)利用例2.19中的结论证明 $f_{\boldsymbol{AB}}(\lambda)=f_{\boldsymbol{BA}}(\lambda)$.

(Ⅱ) 不妨设$m>n$.引入分块矩阵$\boldsymbol{A}_1=(\boldsymbol{A}\ \vdots\ \boldsymbol{O}_{m\times(m-n)})$和$\boldsymbol{B}_1=\begin{pmatrix}\boldsymbol{B}\\ \hdashline \boldsymbol{O}_{(m-n)\times m}\end{pmatrix}$,然后对$\boldsymbol{A}_1$与$\boldsymbol{B}_1$应用(Ⅰ)的结论.

精解 (Ⅰ)例2.19中证明了下列命题:

设$\boldsymbol{M}_1,\boldsymbol{M}_2,\boldsymbol{M}_3,\boldsymbol{M}_4$都是$n$阶矩阵,且满足$\boldsymbol{M}_1\boldsymbol{M}_3=\boldsymbol{M}_3\boldsymbol{M}_1$,则$\begin{vmatrix}\boldsymbol{M}_1&\boldsymbol{M}_2\\\boldsymbol{M}_3&\boldsymbol{M}_4\end{vmatrix}=|\boldsymbol{M}_1\boldsymbol{M}_4-\boldsymbol{M}_3\boldsymbol{M}_2|$.

由这一命题,对题中的$\boldsymbol{A},\boldsymbol{B}$可得
$$\begin{vmatrix}\boldsymbol{E}_n&\boldsymbol{B}\\\boldsymbol{A}&\lambda\boldsymbol{E}_n\end{vmatrix}=|\lambda\boldsymbol{E}_n-\boldsymbol{AB}|,\text{即 }f_{\boldsymbol{AB}}(\lambda)=\begin{vmatrix}\boldsymbol{E}_n&\boldsymbol{B}\\\boldsymbol{A}&\lambda\boldsymbol{E}_n\end{vmatrix}; \tag{1}$$
$$\begin{vmatrix}\lambda\boldsymbol{E}_n&\boldsymbol{A}\\\boldsymbol{B}&\boldsymbol{E}_n\end{vmatrix}=|\lambda\boldsymbol{E}_n-\boldsymbol{BA}|,\text{即 }f_{\boldsymbol{BA}}(\lambda)=|\lambda\boldsymbol{E}_n-\boldsymbol{BA}|. \tag{2}$$

现对分块矩阵$\begin{pmatrix}\boldsymbol{E}_n&\boldsymbol{B}\\\boldsymbol{A}&\lambda\boldsymbol{E}_n\end{pmatrix}$施行初等"行"变换(先交换第1、2"行",然后交换第1、2"列")得
$$\begin{pmatrix}\boldsymbol{O}&\boldsymbol{E}_n\\\boldsymbol{E}_n&\boldsymbol{O}\end{pmatrix}\begin{pmatrix}\boldsymbol{E}_n&\boldsymbol{B}\\\boldsymbol{A}&\lambda\boldsymbol{E}_n\end{pmatrix}\begin{pmatrix}\boldsymbol{O}&\boldsymbol{E}_n\\\boldsymbol{E}_n&\boldsymbol{O}\end{pmatrix}=\begin{pmatrix}\lambda\boldsymbol{E}_n&\boldsymbol{A}\\\boldsymbol{B}&\boldsymbol{E}_n\end{pmatrix}.$$

上式两边取行列式,得
$$(-1)^{n^2}\cdot\begin{vmatrix}\boldsymbol{E}_n&\boldsymbol{B}\\\boldsymbol{A}&\lambda\boldsymbol{E}_n\end{vmatrix}\cdot(-1)^{n^2}=\begin{vmatrix}\lambda\boldsymbol{E}_n&\boldsymbol{A}\\\boldsymbol{B}&\boldsymbol{E}_n\end{vmatrix},$$

即
$$\begin{vmatrix} \boldsymbol{E}_n & \boldsymbol{B} \\ \boldsymbol{A} & \lambda\boldsymbol{E}_n \end{vmatrix}=\begin{vmatrix} \lambda\boldsymbol{E}_n & \boldsymbol{A} \\ \boldsymbol{B} & \boldsymbol{E}_n \end{vmatrix}. \tag{3}$$

于是，由式(1)、式(2)及式(3)得证　$f_{\boldsymbol{AB}}(\lambda)=f_{\boldsymbol{BA}}(\lambda)$.

(Ⅱ) 不妨设 $m>n$(当 $m<n$ 时同样可证). 引入分块矩阵

$$\boldsymbol{A}_1=(\boldsymbol{A} \mid \boldsymbol{O}_{m\times(m-n)}),\boldsymbol{B}_1=\begin{pmatrix} \boldsymbol{B} \\ \hdashline \boldsymbol{O}_{(m-n)\times m} \end{pmatrix},$$

则由(Ⅰ)知
$$f_{\boldsymbol{A}_1\boldsymbol{B}_1}(\lambda)=f_{\boldsymbol{B}_1\boldsymbol{A}_1}(\lambda), \tag{4}$$

其中
$$\begin{aligned} f_{\boldsymbol{A}_1\boldsymbol{B}_1}(\lambda)&=|\lambda E_m-\boldsymbol{A}_1\boldsymbol{B}_1|=\left|\lambda\boldsymbol{E}_m-(\boldsymbol{A} \mid \boldsymbol{O}_{m\times(m-n)})\begin{pmatrix} \boldsymbol{B} \\ \hdashline \boldsymbol{O}_{(m-n)\times m} \end{pmatrix}\right| \\ &=|\lambda\boldsymbol{E}_m-\boldsymbol{AB}|, \end{aligned} \tag{5}$$

$$\begin{aligned} f_{\boldsymbol{B}_1\boldsymbol{A}_1}(\lambda)&=|\lambda\boldsymbol{E}_m-\boldsymbol{B}_1\boldsymbol{A}_1|=\left|\lambda\boldsymbol{E}_m-\begin{pmatrix} \boldsymbol{B} \\ \hdashline \boldsymbol{O}_{(m-n)\times m} \end{pmatrix}(\boldsymbol{A} \mid \boldsymbol{O}_{m\times(m-n)})\right| \\ &=\left|\lambda\boldsymbol{E}_m-\begin{pmatrix} \boldsymbol{BA} & \boldsymbol{O} \\ \boldsymbol{O} & \boldsymbol{O} \end{pmatrix}\right|=\begin{vmatrix} \lambda\boldsymbol{E}_n-\boldsymbol{BA} & \boldsymbol{O} \\ \boldsymbol{O} & \lambda\boldsymbol{E}_{m-n} \end{vmatrix} \\ &=|\lambda\boldsymbol{E}_n-\boldsymbol{BA}|\lambda^{m-n}=\lambda^{m-n}f_{\boldsymbol{BA}}(\lambda). \end{aligned} \tag{6}$$

将式(5)、式(6)代入式(4)，得

$$\lambda^n f_{\boldsymbol{AB}}(\lambda)=\lambda^m f_{\boldsymbol{BA}}(\lambda).$$

附注　设 $\boldsymbol{M}_1,\boldsymbol{M}_2,\boldsymbol{M}_3,\boldsymbol{M}_4$ 都是 n 阶矩阵，则在一般情况下

$$\begin{vmatrix} \boldsymbol{M}_1 & \boldsymbol{M}_2 \\ \boldsymbol{M}_3 & \boldsymbol{M}_4 \end{vmatrix}=|\boldsymbol{M}_1\boldsymbol{M}_4-\boldsymbol{M}_3\boldsymbol{M}_2|$$

是不成立的，但当 $\boldsymbol{M}_1\boldsymbol{M}_3=\boldsymbol{M}_3\boldsymbol{M}_1$ 时，上式成立. 应记住这一结论，它将有助于抽象型分块矩阵等问题的求解.

例 4.37　设 n 阶矩阵 $\boldsymbol{A}$ 相似于 n 阶对角矩阵 $\boldsymbol{D}$，证明：

(Ⅰ) 如果存在实数 λ_0 及 n 维列向量 $\boldsymbol{x}_0$，使得 $(\lambda_0\boldsymbol{E}_n-\boldsymbol{A})^2\boldsymbol{x}_0=\boldsymbol{0}$，则 $(\lambda_0\boldsymbol{E}_n-\boldsymbol{A})\boldsymbol{x}_0=\boldsymbol{0}$；

(Ⅱ) 如果 $\boldsymbol{\xi}$ 是 $\boldsymbol{A}$ 的对应于特征值 λ_0 的特征向量，则不存在 n 维列向量 $\boldsymbol{\eta}$，使得 $(\lambda_0\boldsymbol{E}_n-\boldsymbol{A})\cdot\boldsymbol{\eta}=\boldsymbol{\xi}$.

分析　(Ⅰ) 只要证明齐次线性方程组 $(\lambda_0\boldsymbol{E}_n-\boldsymbol{A})^2\boldsymbol{x}=\boldsymbol{0}$ 与 $(\lambda_0\boldsymbol{E}_n-\boldsymbol{A})\boldsymbol{x}=0$ 同解即可.

(Ⅱ) 用反证法证明.

精解　(Ⅰ) 显然齐次线性方程组 $(\lambda_0\boldsymbol{E}_n-\boldsymbol{A})\boldsymbol{x}=\boldsymbol{0}$ 的基础解系中每一个解都是齐次线性方程组 $(\lambda_0\boldsymbol{E}_n-\boldsymbol{A})^2\boldsymbol{x}=\boldsymbol{0}$ 的解. 此外，由

$$\boldsymbol{A}\sim\boldsymbol{D}\xlongequal{\text{记}}\begin{pmatrix} d_1 & & & \\ & d_2 & & \\ & & \ddots & \\ & & & d_n \end{pmatrix}$$
知，存在 n 阶可逆矩阵 $\boldsymbol{P}$，使得

$$\boldsymbol{P}^{-1}\boldsymbol{AP}=\boldsymbol{D}\text{，即 }\boldsymbol{A}=\boldsymbol{PDP}^{-1}；$$

于是
$$\lambda_0\boldsymbol{E}_n-\boldsymbol{A}=\lambda_0\boldsymbol{E}_n-\boldsymbol{PDP}^{-1}=\boldsymbol{P}\begin{pmatrix} \lambda_0-d_1 & & & \\ & \lambda_0-d_2 & & \\ & & \ddots & \\ & & & \lambda_0-d_n \end{pmatrix}\boldsymbol{P}^{-1},$$

$$(\lambda_0 E_n - \boldsymbol{A})^2 = \boldsymbol{P}\begin{pmatrix} (\lambda_0 - d_1)^2 & & & \\ & (\lambda_0 - d_2)^2 & & \\ & & \ddots & \\ & & & (\lambda_0 - d_n)^2 \end{pmatrix}\boldsymbol{P}^{-1}.$$

由此可知,$r(\lambda_0 \boldsymbol{E}_n - \boldsymbol{A}) = r((\lambda_0 \boldsymbol{E}_n - \boldsymbol{A})^2)$,所以齐次线性方程组$(\lambda_0 \boldsymbol{E}_n - \boldsymbol{A})^2 \boldsymbol{x} = \boldsymbol{0}$与$(\lambda_0 \boldsymbol{E} - \boldsymbol{A})\boldsymbol{x} = \boldsymbol{0}$同解. 从而当存在实数$\lambda_0$及$n$维列向量$\boldsymbol{x}_0$使得$(\lambda_0 \boldsymbol{E}_n - \boldsymbol{A})^2 \boldsymbol{x}_0 = \boldsymbol{0}$时,必有$(\lambda_0 \boldsymbol{E}_n - \boldsymbol{A})\boldsymbol{x}_0 = \boldsymbol{0}$.

(Ⅱ) 设存在n维列向量$\boldsymbol{\eta}$,使得

$$(\lambda_0 \boldsymbol{E}_n - \boldsymbol{A})\boldsymbol{\eta} = \boldsymbol{\xi}, \tag{1}$$

则$(\lambda_0 \boldsymbol{E}_n - \boldsymbol{A})^2 \boldsymbol{\eta} = (\lambda_0 \boldsymbol{E}_n - \boldsymbol{A})\boldsymbol{\xi} = \boldsymbol{0}$. 于是(Ⅰ)知,

$$(\lambda_0 \boldsymbol{E}_n - \boldsymbol{A})\boldsymbol{\eta} = \boldsymbol{0}. \tag{2}$$

式(1)与式(2)比较得$\boldsymbol{\xi} = \boldsymbol{0}$. 这与$\boldsymbol{\xi}$是特征向量矛盾. 所以,当$\boldsymbol{A}$有与特征值$\lambda_0$对应的特征向量$\boldsymbol{\xi}$时,不存在使得$(\lambda_0 \boldsymbol{E}_n - \boldsymbol{A})\boldsymbol{\eta} = \boldsymbol{\xi}$的$\boldsymbol{\eta}$.

附注　本题获证的关键是由$r(\lambda_0 \boldsymbol{E}_n - \boldsymbol{A}) = r((\lambda_0 \boldsymbol{E}_n - \boldsymbol{A})^2)$推出齐次线性方程组$(\lambda_0 \boldsymbol{E}_n - \boldsymbol{A})^2 \boldsymbol{x} = \boldsymbol{0}$与$(\lambda_0 \boldsymbol{E}_n - \boldsymbol{A})\boldsymbol{x} = \boldsymbol{0}$同解.

例 4.38　设$\boldsymbol{A}, \boldsymbol{B}$都是$n$阶矩阵,$\boldsymbol{B}$的特征多项式为$f_{\boldsymbol{B}}(\lambda)$. 证明:$f_{\boldsymbol{B}}(\boldsymbol{A})$可逆的充分必要条件是$\boldsymbol{A}$与$\boldsymbol{B}$无相同的特征值.

分析　设$\boldsymbol{B}$有n个特征值$\lambda_1, \lambda_2, \cdots, \lambda_n$(其中可能有复数),则$f_{\boldsymbol{B}}(\lambda) = (\lambda - \lambda_1)(\lambda - \lambda_2)\cdots(\lambda - \lambda_n)$.

于是,只要证明行列式

$$|f_{\boldsymbol{B}}(\boldsymbol{A})| = |\boldsymbol{A} - \lambda_1 \boldsymbol{E}_n||\boldsymbol{A} - \lambda_2 \boldsymbol{E}_n|\cdots|\boldsymbol{A} - \lambda_n \boldsymbol{E}_n| \neq 0 \tag{1}$$

的充分必要条件是$\boldsymbol{A}, \boldsymbol{B}$无相同的特征值即可.

精解　必要性:设$f_{\boldsymbol{B}}(\boldsymbol{A})$可逆,即$|f_{\boldsymbol{B}}(\boldsymbol{A})| \neq 0$,则由式(1)知

$$|\boldsymbol{A} - \lambda_1 \boldsymbol{E}_n|, |\boldsymbol{A} - \lambda_2 \boldsymbol{E}_n|, \cdots, |\boldsymbol{A} - \lambda_n \boldsymbol{E}_n|$$

都不为零. 由此可知,$\lambda_1, \lambda_2, \cdots, \lambda_n$都不是$\boldsymbol{A}$的特征值,即$\boldsymbol{A}$与$\boldsymbol{B}$无相同的特征值.

充分性:设$\boldsymbol{A}$与$\boldsymbol{B}$无相同的特征值,则对于$\boldsymbol{B}$的所有特征值$\lambda_1, \lambda_2, \cdots, \lambda_n$都不是$\boldsymbol{A}$的特征值. 于是有

$$|\lambda_1 \boldsymbol{E}_n - \boldsymbol{A}| \neq 0, |\lambda_2 \boldsymbol{E}_n - \boldsymbol{A}| \neq 0, \cdots, |\lambda_n \boldsymbol{E}_n - \boldsymbol{A}| \neq 0.$$

故由式(1)知$|f_{\boldsymbol{B}}(\boldsymbol{A})| \neq 0$,即$f_{\boldsymbol{B}}(\boldsymbol{A})$可逆.

附注　(1) 由于$\boldsymbol{B}$的特征多项式$f_{\boldsymbol{B}}(\lambda)$是$\lambda$的$n$次多项式,所以$f_{\boldsymbol{B}}(\lambda) = 0$有$n$个根,即$\boldsymbol{B}$有$n$个特征值(但未必都是实数).

(2) 利用本题结论,很容易证明以下问题.

设$\boldsymbol{A}, \boldsymbol{B}, \boldsymbol{C}$都是$n$阶矩阵,$\boldsymbol{A}$和$\boldsymbol{B}$各有$n$个互异的特征值,且$f_{\boldsymbol{A}}(\boldsymbol{B})$可逆(其中$f_{\boldsymbol{A}}(\lambda)$是$\boldsymbol{A}$的特征多项式). 证明:分块矩阵$\boldsymbol{M} = \begin{pmatrix} \boldsymbol{A} & \boldsymbol{C} \\ \boldsymbol{O} & \boldsymbol{B} \end{pmatrix}$可相似对角化. 证明如下:

由于$f_{\boldsymbol{A}}(\boldsymbol{B})$可逆,所以由本题的结论知,$\boldsymbol{A}, \boldsymbol{B}$无相同的特征值,从而$\boldsymbol{M}$有$2n$个互异的特征值. 因此$\boldsymbol{M}$可相似对角化.

例 4.39　设$\boldsymbol{A}, \boldsymbol{B}$都是$n$阶矩阵,且它们无公共特征值,证明:矩阵方程$\boldsymbol{AX} = \boldsymbol{XB}$只有零解.

分析　所给矩阵方程$\boldsymbol{AX} = \boldsymbol{XB}$有零解是显然的. 用反证法证明该矩阵方程只有零解.

精解　首先指出，$\boldsymbol{X}=\boldsymbol{O}$ 是 $\boldsymbol{AX}=\boldsymbol{XB}$ 的解. 如果该矩阵方程还有解 $\boldsymbol{X}_0(\boldsymbol{X}_0\neq\boldsymbol{O})$，则 $\boldsymbol{AX}_0=\boldsymbol{X}_0\boldsymbol{B}$. 于是

$$\boldsymbol{A}^2\boldsymbol{X}_0=\boldsymbol{A}(\boldsymbol{AX}_0)=\boldsymbol{A}(\boldsymbol{X}_0\boldsymbol{B})=(\boldsymbol{AX}_0)\boldsymbol{B}=\boldsymbol{X}_0\boldsymbol{B}^2.$$

同理可证，$\boldsymbol{A}^i\boldsymbol{X}_0=\boldsymbol{X}_0\boldsymbol{B}^i(i=3,4,\cdots,n)$.

设 $\boldsymbol{B}$ 的特征多项式为 $f_{\boldsymbol{B}}(\lambda)=\lambda^n+b_1\lambda^{n-1}+b_2\lambda^{n-2}+\cdots+b_{n-1}\lambda+b_n$，则 $f_{\boldsymbol{B}}(\boldsymbol{B})=\boldsymbol{O}$(哈密顿-凯莱定理). 于是

$$\begin{aligned}f_{\boldsymbol{B}}(\boldsymbol{A})\boldsymbol{X}_0&=(\boldsymbol{A}^n+b_1\boldsymbol{A}^{n-1}+b_2\boldsymbol{A}^{n-2}+\cdots+b_{n-1}\boldsymbol{A}+b_n)\boldsymbol{X}_0\\&=\boldsymbol{A}^n\boldsymbol{X}_0+b_1(\boldsymbol{A}^{n-1}\boldsymbol{X}_0)+b_2(\boldsymbol{A}^{n-2}\boldsymbol{X}_0)+\cdots+b_{n-1}(\boldsymbol{AX}_0)+b_n\boldsymbol{X}_0\\&=\boldsymbol{X}_0\boldsymbol{B}^n+b_1(\boldsymbol{X}_0\boldsymbol{B}^{n-1})+b_2(\boldsymbol{X}_0\boldsymbol{B}^{n-2})+\cdots+b_{n-1}(\boldsymbol{X}_0\boldsymbol{B})+b_n\boldsymbol{X}_0\\&=\boldsymbol{X}_0f_{\boldsymbol{B}}(\boldsymbol{B})=\boldsymbol{O},\end{aligned}$$

即 $f_{\boldsymbol{B}}(\boldsymbol{A})\boldsymbol{X}_0=\boldsymbol{O}$.

由于 $\boldsymbol{A}$ 与 $\boldsymbol{B}$ 无公共特征值，所以由例 4.38 知，$f_{\boldsymbol{B}}(\boldsymbol{A})$可逆，从而 $\boldsymbol{X}_0=\boldsymbol{O}$. 这与反证法假定矛盾. 所以矩阵方程 $\boldsymbol{AX}=\boldsymbol{XB}$ 只有零解.

附注　哈密顿-凯莱定理是：

设 n 阶矩阵 $\boldsymbol{A}$ 的特征多项式为 $f(\lambda)$，则 $f(\boldsymbol{A})=\boldsymbol{O}$.

这是矩阵特征多项式的重要性质，应记住.

例 4.40　设 $\boldsymbol{A},\boldsymbol{B}$ 都是 n 阶矩阵，且 $\boldsymbol{A}$ 有 n 个互异特征值. 证明：$\boldsymbol{A}$ 的特征向量都为 $\boldsymbol{B}$ 的特征向量的充分必要条件是 $\boldsymbol{AB}=\boldsymbol{BA}$.

分析　由题设知，存在可逆矩阵 $\boldsymbol{P}=(\boldsymbol{\xi}_1,\boldsymbol{\xi}_1,\cdots,\boldsymbol{\xi}_n)$，使得

$$\boldsymbol{P}^{-1}\boldsymbol{AP}=\begin{pmatrix}\lambda_1&&&\\&\lambda_2&&\\&&\ddots&\\&&&\lambda_n\end{pmatrix},$$

其中 $\boldsymbol{\xi}_i$ 是 $\boldsymbol{A}$ 的对应特征值 $\lambda_i(i=1,2,\cdots,n)$ 的特征向量，由此入手即可证明 $\boldsymbol{A}$ 的特征向量都为 $\boldsymbol{B}$ 的特征向量的充分必要条件是 $\boldsymbol{AB}=\boldsymbol{BA}$.

精解　必要性：设 $\boldsymbol{A}$ 的特征向量都为 $\boldsymbol{B}$ 的特征向量，则线性无关的 n 个特征向量 $\boldsymbol{\xi}_1,\boldsymbol{\xi}_2,\cdots,\boldsymbol{\xi}_n$ 也是 $\boldsymbol{B}$ 的特征向量，记它们分别对应特征值 $\mu_1,\mu_2,\cdots,\mu_n$，则

$$\boldsymbol{P}^{-1}\boldsymbol{BP}=\begin{pmatrix}\mu_1&&&\\&\mu_2&&\\&&\ddots&\\&&&\mu_n\end{pmatrix},$$

于是，$\boldsymbol{AB}=\boldsymbol{APP}^{-1}\boldsymbol{B}=\boldsymbol{P}(\boldsymbol{P}^{-1}\boldsymbol{AP})(\boldsymbol{P}^{-1}\boldsymbol{BP})\boldsymbol{P}^{-1}$

$$=\boldsymbol{P}\begin{pmatrix}\lambda_1&&&\\&\lambda_2&&\\&&\ddots&\\&&&\lambda_n\end{pmatrix}\begin{pmatrix}\mu_1&&&\\&\mu_2&&\\&&\ddots&\\&&&\mu_n\end{pmatrix}\boldsymbol{P}^{-1}$$

$$=\boldsymbol{P}\begin{pmatrix}\mu_1&&&\\&\mu_2&&\\&&\ddots&\\&&&\mu_n\end{pmatrix}\begin{pmatrix}\lambda_1&&&\\&\lambda_2&&\\&&\ddots&\\&&&\lambda_n\end{pmatrix}\boldsymbol{P}^{-1}$$

$=(\boldsymbol{BP})(\boldsymbol{P}^{-1}\boldsymbol{A})=\boldsymbol{BA}.$

充分性：设 $\boldsymbol{AB}=\boldsymbol{BA}$. 对 $i=1,2,\cdots,n$，$\boldsymbol{A}$ 的对应 λ_i 的所有特征向量为 $C_i\boldsymbol{\xi}_i$（其中，C_i 是任意不为零的常数）. 所以由

$$\begin{aligned}\boldsymbol{AB}(C_i\boldsymbol{\xi}_i)&=\boldsymbol{BA}(C_i\boldsymbol{\xi}_i)=\boldsymbol{B}[C_i(\boldsymbol{A}\boldsymbol{\xi}_i)]=\boldsymbol{B}[\lambda_i(C_i\boldsymbol{\xi}_i)]\\&=\lambda_i\boldsymbol{B}(C_i\boldsymbol{\xi}_i)\end{aligned}$$

知，$\boldsymbol{B}(C_i\boldsymbol{\xi}_i)$ 也是 $\boldsymbol{A}$ 的对应 λ_i 的特征向量. 因此存在常数 k_i，使得 $\boldsymbol{B}(C_i\boldsymbol{\xi}_i)=k_i\boldsymbol{\xi}_i=\mu_i(C_i\boldsymbol{\xi}_i)$ $\left(\text{其中 }\mu_i=\dfrac{k_i}{C_i}\right)$，即 $C_i\boldsymbol{\xi}_i$ 也是 $\boldsymbol{B}$ 的特征向量 $(i=1,2,\cdots,n)$.

由此证明，$\boldsymbol{A}$ 的特征向量都是 $\boldsymbol{B}$ 的特征向量.

附注　题设中，$\boldsymbol{A}$ 的互异特征值未必全是实数.

例 4.41　设 $\boldsymbol{A}$ 是 $n(n>1)$ 阶矩阵，$\boldsymbol{\xi}_1,\boldsymbol{\xi}_2,\cdots,\boldsymbol{\xi}_n$ 是 n 维列向量组，满足 $\boldsymbol{\xi}_n\neq\boldsymbol{0}$，$\boldsymbol{A}\boldsymbol{\xi}_1=\boldsymbol{\xi}_2$，$\boldsymbol{A}\boldsymbol{\xi}_2=\boldsymbol{\xi}_3,\cdots,\boldsymbol{A}\boldsymbol{\xi}_{n-1}=\boldsymbol{\xi}_n$，$\boldsymbol{A}\boldsymbol{\xi}_n=\boldsymbol{0}$. 证明：

（Ⅰ）$\boldsymbol{\xi}_1,\boldsymbol{\xi}_2,\cdots,\boldsymbol{\xi}_n$ 线性无关；

（Ⅱ）$\boldsymbol{A}$ 不能相似对角化.

分析　（Ⅰ）按向量组线性无关定义证明.

（Ⅱ）先按题设寻找与 $\boldsymbol{A}$ 相似的数字矩阵 $\boldsymbol{B}$，然后证明 $\boldsymbol{B}$ 不能相似对角化.

精解　（Ⅰ）设数 $k_1,k_2,\cdots,k_n$，使得

$$k_1\boldsymbol{\xi}_1+k_2\boldsymbol{\xi}_2+\cdots+k_{n-1}\boldsymbol{\xi}_{n-1}+k_n\boldsymbol{\xi}_n=\boldsymbol{0}.\tag{1}$$

式(1)的两边同时左乘 $\boldsymbol{A}^{n-1}$，得

$$\boldsymbol{A}^{n-1}(k_1\boldsymbol{\xi}_1+k_2\boldsymbol{\xi}_2+\cdots+k_{n-1}\boldsymbol{\xi}_{n-1}+k_n\boldsymbol{\xi}_n)=\boldsymbol{0},$$

即
$$k_1\boldsymbol{A}^{n-1}\boldsymbol{\xi}_1+k_2\boldsymbol{A}^{n-1}\boldsymbol{\xi}_2+\cdots+k_{n-1}\boldsymbol{A}^{n-1}\boldsymbol{\xi}_{n-1}+k_n\boldsymbol{A}^{n-1}\boldsymbol{\xi}_n=\boldsymbol{0},\tag{2}$$

其中，$\boldsymbol{A}^{n-1}\boldsymbol{\xi}_1=\boldsymbol{A}^{n-2}\boldsymbol{\xi}_2=\cdots=\boldsymbol{A}\boldsymbol{\xi}_{n-1}=\boldsymbol{\xi}_n$，

$$\begin{aligned}&\boldsymbol{A}^{n-1}\boldsymbol{\xi}_2=\boldsymbol{A}^{n-2}\boldsymbol{\xi}_3=\cdots=\boldsymbol{A}\boldsymbol{\xi}_n=\boldsymbol{0},\\&\quad\vdots\\&\boldsymbol{A}^{n-1}\boldsymbol{\xi}_{n-1}=\boldsymbol{A}^{n-2}\boldsymbol{\xi}_n=\boldsymbol{0}.\end{aligned}$$

将它们代入式(2)，得 $k_1\boldsymbol{\xi}_n=\boldsymbol{0}$. 由于 $\boldsymbol{\xi}_n\neq\boldsymbol{0}$，所以 $k_1=0$，将它代入式(1)，得

$$k_2\boldsymbol{\xi}_2+k_3\boldsymbol{\xi}_3+\cdots+k_n\boldsymbol{\xi}_n=\boldsymbol{0}.\tag{3}$$

式(3)的两边同时左乘 $\boldsymbol{A}^{n-2}$，与上面同样计算得 $k_2=0$. 类似地可得 $k_3=\cdots=k_n=0$.

于是由向量组线性无关定义证得 $\boldsymbol{\xi}_1,\boldsymbol{\xi}_2,\cdots,\boldsymbol{\xi}_n$ 线性无关.

（Ⅱ）由于

$$\begin{aligned}\boldsymbol{A}(\boldsymbol{\xi}_1,\boldsymbol{\xi}_2,\cdots,\boldsymbol{\xi}_n)&=(\boldsymbol{A}\boldsymbol{\xi}_1,\boldsymbol{A}\boldsymbol{\xi}_2,\cdots,\boldsymbol{A}\boldsymbol{\xi}_n)=(\boldsymbol{\xi}_2,\boldsymbol{\xi}_3,\cdots,\boldsymbol{\xi}_n,\boldsymbol{0})\\&=(\boldsymbol{\xi}_1,\boldsymbol{\xi}_2,\cdots,\boldsymbol{\xi}_n)\begin{pmatrix}0&0&\cdots&0&0\\1&0&\cdots&0&0\\0&1&\cdots&0&0\\\vdots&\vdots&&\vdots&\vdots\\0&0&\cdots&0&0\\0&0&\cdots&1&0\end{pmatrix}.\end{aligned}$$

由 $\boldsymbol{\xi}_1,\boldsymbol{\xi}_2,\cdots,\boldsymbol{\xi}_n$ 线性无关知，$(\boldsymbol{\xi}_1,\boldsymbol{\xi}_2,\cdots,\boldsymbol{\xi}_n)$ 可逆，所以

$$A\sim\begin{pmatrix}0&0&\cdots&0&0\\1&0&\cdots&0&0\\0&1&\cdots&0&0\\\vdots&\vdots&&\vdots&\vdots\\0&0&\cdots&0&0\\0&0&\cdots&1&0\end{pmatrix}\overset{记}{=}B.$$

由 $|\lambda E_n-B|=\begin{vmatrix}\lambda&0&\cdots&0&0\\-1&\lambda&\cdots&0&0\\0&-1&\cdots&0&0\\\vdots&\vdots&&\vdots&\vdots\\0&0&\cdots&\lambda&0\\0&0&\cdots&-1&\lambda\end{vmatrix}=\lambda^n$ 知，B 仅有特征值 0（n 重）. 由于

$$r(0\cdot E_n-B)=r\begin{pmatrix}0&0&\cdots&0&0\\-1&0&\cdots&0&0\\0&-1&\cdots&0&0\\\vdots&\vdots&&\vdots&\vdots\\0&0&\cdots&0&0\\0&0&\cdots&-1&0\end{pmatrix}=n-1\neq n-n,$$

所以，B 不能相似对角化，于是由 $A\sim B$ 知，A 不能相似对角化.

附注　由于 A 是抽象型矩阵，所以需要根据题设条件寻找一个与 A 相似的数字矩阵 B，由 B 能否相似对角化来确定 A 能否相似对角化. 这是证明 A 这种抽象型矩阵相似对角化等问题的常用方法.

例 4.42　设 n 阶矩阵 A 与 B 满足 $AB=A-B$.

（Ⅰ）证明：$\lambda=1$ 不是 B 的特征值；

（Ⅱ）如果 B 可相似对角化，证明：存在 n 阶可逆矩阵 P，使得 $P^{-1}AP$ 与 $P^{-1}BP$ 同时为对角矩阵.

分析　（Ⅰ）用反证法证明.

（Ⅱ）由于对于 B，存在逆矩阵 P 使得 $P^{-1}BP$ 为对角矩阵，所以可从计算 $P^{-1}AP$ 是否为对角矩阵入手.

精解　（Ⅰ）设 $\lambda=1$ 是 B 的特征值，其对应的特征向量为 ξ，则 $B\xi=\xi$. 于是，由 $AB\xi=(A-B)\xi$，即 $A\xi=A\xi-\xi$. 由此得到 $\xi=0$，这与 ξ 是特征向量矛盾. 故 $\lambda=1$ 不是 B 的特征值.

（Ⅱ）由题设知，存在 n 阶可逆矩阵 P，使得 $P^{-1}BP=\Lambda=\begin{pmatrix}\lambda_1&&&\\&\lambda_2&&\\&&\ddots&\\&&&\lambda_n\end{pmatrix}$

（其中 $\lambda_1,\lambda_2,\cdots,\lambda_n$ 都是 B 的特征值，且都不为 1）. 下面证明：P 即为所求的可逆矩阵.

由 $AB=A-B$，得 $A(E_n-B)=B$. 由于 $\lambda=1$ 不是 B 的特征值，即 $|1\cdot E_n-B|\neq0$，所以 E_n-B 可逆. 于是有 $A=B(E_0-B)^{-1}$. 对于上述的可逆矩阵 P，有

$$\begin{aligned}\boldsymbol{P}^{-1}\boldsymbol{AP} &= \boldsymbol{P}^{-1}\boldsymbol{B}(\boldsymbol{E}_n-\boldsymbol{B})^{-1}\boldsymbol{P}=(\boldsymbol{P}^{-1}\boldsymbol{BP})[\boldsymbol{P}^{-1}(\boldsymbol{E}_n-\boldsymbol{B})\boldsymbol{P}]^{-1}\\ &=\boldsymbol{\Lambda}[\boldsymbol{P}^{-1}(\boldsymbol{E}_n-\boldsymbol{B})\boldsymbol{P}]^{-1}=\boldsymbol{\Lambda}[\boldsymbol{E}_n-(\boldsymbol{P}^{-1}\boldsymbol{BP})]^{-1}\\ &=\boldsymbol{\Lambda}(\boldsymbol{E}_n-\boldsymbol{\Lambda})^{-1}\\ &=\begin{pmatrix}\lambda_1&&&\\&\lambda_2&&\\&&\ddots&\\&&&\lambda_n\end{pmatrix}\begin{pmatrix}1-\lambda_1&&&\\&1-\lambda_2&&\\&&\ddots&\\&&&1-\lambda_n\end{pmatrix}^{-1}\\ &=\begin{pmatrix}\lambda_1&&&\\&\lambda_2&&\\&&\ddots&\\&&&\lambda_n\end{pmatrix}\begin{pmatrix}\frac{1}{1-\lambda_1}&&&\\&\frac{1}{1-\lambda_2}&&\\&&\ddots&\\&&&\frac{1}{1-\lambda_n}\end{pmatrix}\\ &=\begin{pmatrix}\frac{\lambda_1}{1-\lambda_1}&&&\\&\frac{\lambda_2}{1-\lambda_2}&&\\&&\ddots&\\&&&\frac{\lambda_n}{1-\lambda_n}\end{pmatrix},\end{aligned}$$

由此表明:存在可逆矩阵 $\boldsymbol{P}$,使得 $\boldsymbol{P}^{-1}\boldsymbol{AP}$ 与 $\boldsymbol{P}^{-1}\boldsymbol{BP}$ 同为对角矩阵.

附注　题解中有两点值得注意:

(1)(Ⅰ)中证明的 $\lambda=1$ 不是 $\boldsymbol{B}$ 的特征值,保证了 $\boldsymbol{E}_n-\boldsymbol{B}$ 与 $\boldsymbol{E}_n-\boldsymbol{P}^{-1}\boldsymbol{BP}$ 可逆,且 $1-\lambda_i\neq 0(i=1,2,\cdots,n)$,使得(Ⅱ)的证明可以顺利进行.

(2) 由于所求的可逆矩阵 $\boldsymbol{P}$,要使 $\boldsymbol{P}^{-1}\boldsymbol{AP}$ 与 $\boldsymbol{P}^{-1}\boldsymbol{BP}$ 同时为对角矩阵,当然首先要保证 $\boldsymbol{P}^{-1}\boldsymbol{BP}$为对角矩阵,而 $\boldsymbol{B}$ 可相似对角化,因此存在可逆矩阵 $\boldsymbol{P}$,使得 $\boldsymbol{P}^{-1}\boldsymbol{BP}$. 从而取只要证明 $\boldsymbol{P}^{-1}\boldsymbol{AP}$ 是否为对角矩阵即可.

例 4.43　设 $\boldsymbol{A}$ 是二阶矩阵,满足 $\boldsymbol{A}^2=\boldsymbol{B}^2=\boldsymbol{E}_2$,$\boldsymbol{AB}+\boldsymbol{BA}=\boldsymbol{O}$,证明:存在二阶可逆矩阵 $\boldsymbol{P}$,使得 $\boldsymbol{P}^{-1}\boldsymbol{AP}=\begin{pmatrix}1&0\\0&-1\end{pmatrix}$和 $\boldsymbol{P}^{-1}\boldsymbol{BP}=\begin{pmatrix}0&1\\1&0\end{pmatrix}$.

分析　先证明 $\boldsymbol{A}$ 有特征值-1,1,故 $\boldsymbol{A}$ 可相似对角化,即存在可逆矩阵 $\boldsymbol{P}_1$,使得 $\boldsymbol{P}_1^{-1}\boldsymbol{AP}_1=\begin{pmatrix}1&0\\0&-1\end{pmatrix}$,然后再由题设寻找可逆矩阵 $\boldsymbol{P}$.

精解　设 $\boldsymbol{A}$ 有特征值λ,则由 $\boldsymbol{A}^2=\boldsymbol{E}_2$,知 $\lambda=-1,1$. 故 $\boldsymbol{A}$ 可相似对角化,即存在二阶可逆矩阵 $\boldsymbol{P}_1$,使得 $\boldsymbol{P}_1^{-1}\boldsymbol{AP}_1=\begin{pmatrix}1&0\\0&-1\end{pmatrix}$.

对 $\boldsymbol{AB}+\boldsymbol{BA}=\boldsymbol{O}$ 的两边都左乘 $\boldsymbol{P}_1^{-1}$ 和右乘 $\boldsymbol{P}_1$,得

$\boldsymbol{P}_1^{-1}(\boldsymbol{AB}+\boldsymbol{BA})\boldsymbol{P}_1=\boldsymbol{O}$, 即 $(\boldsymbol{P}_1^{-1}\boldsymbol{AP}_1)(\boldsymbol{P}_1^{-1}\boldsymbol{BP}_1)+(\boldsymbol{P}_1^{-1}\boldsymbol{BP}_1)(\boldsymbol{P}_1^{-1}\boldsymbol{AP}_1)=\boldsymbol{O}$, 或

$\begin{pmatrix}1&0\\0&-1\end{pmatrix}\begin{bmatrix}C_1&C_2\\C_3&C_4\end{bmatrix}+\begin{bmatrix}C_1&C_2\\C_3&C_4\end{bmatrix}\begin{pmatrix}1&0\\0&-1\end{pmatrix}=\boldsymbol{O}$(其中，$\boldsymbol{P}_1^{-1}\boldsymbol{B}\boldsymbol{P}_1=\begin{bmatrix}C_1&C_2\\C_3&C_4\end{bmatrix}$).

解此矩阵方程得 $C_1=C_4=0$，所以 $\boldsymbol{P}_1^{-1}\boldsymbol{B}\boldsymbol{P}_1=\begin{bmatrix}0&C_2\\C_3&0\end{bmatrix}$，即 $\boldsymbol{B}=\boldsymbol{P}_1\begin{bmatrix}O&C_2\\C_3&O\end{bmatrix}\boldsymbol{P}^{-1}$. 于是，由 $\boldsymbol{B}^2=\boldsymbol{E}_2$，得 $\boldsymbol{P}_1\begin{bmatrix}0&C_2\\C_3&0\end{bmatrix}^2\boldsymbol{P}_1^{-1}=\boldsymbol{E}_2$，即 $\boldsymbol{E}_2=\begin{bmatrix}0&C_2\\C_3&0\end{bmatrix}^2=\begin{bmatrix}C_2C_3&0\\0&C_2C_3\end{bmatrix}$. 由此得到 $C_2C_3=1$(显然 $C_2\neq 0$). 因此

$$\boldsymbol{P}_1^{-1}\boldsymbol{B}\boldsymbol{P}_1=\begin{bmatrix}0&C_2\\\dfrac{1}{C_2}&0\end{bmatrix}.$$

记 $\boldsymbol{Q}=\begin{pmatrix}C_2&0\\0&1\end{pmatrix}$，则 $\boldsymbol{Q}^{-1}(\boldsymbol{P}_1^{-1}\boldsymbol{B}\boldsymbol{P}_1)\boldsymbol{Q}=\begin{pmatrix}0&1\\1&0\end{pmatrix}$. 记 $\boldsymbol{P}=\boldsymbol{P}_1\boldsymbol{Q}$(二阶可逆矩阵)，则 $\boldsymbol{P}^{-1}\boldsymbol{B}\boldsymbol{P}=\begin{pmatrix}0&1\\1&0\end{pmatrix}$，此外，

$$\boldsymbol{P}^{-1}\boldsymbol{A}\boldsymbol{P}=\boldsymbol{Q}^{-1}(\boldsymbol{P}_1^{-1}\boldsymbol{A}\boldsymbol{P}_1)\boldsymbol{Q}=\begin{bmatrix}\dfrac{1}{C_2}&0\\0&1\end{bmatrix}\begin{pmatrix}1&0\\0&-1\end{pmatrix}\begin{pmatrix}C_2&0\\0&1\end{pmatrix}=\begin{pmatrix}1&0\\0&-1\end{pmatrix}.$$

所以 $\boldsymbol{P}$ 是所求的二阶可逆矩阵.

附注　由于由 $\boldsymbol{A}$ 找到的 $\boldsymbol{P}_1$ 不能使得 $\boldsymbol{P}_1^{-1}\boldsymbol{B}\boldsymbol{P}_1=\begin{pmatrix}0&1\\1&0\end{pmatrix}$，所以需要根据 $\boldsymbol{B}$ 来对 $\boldsymbol{P}_1$ 进行修正，找到能使 $\boldsymbol{P}^{-1}\boldsymbol{A}\boldsymbol{P}=\begin{pmatrix}1&0\\0&-1\end{pmatrix}$ 和 $\boldsymbol{P}^{-1}\boldsymbol{B}\boldsymbol{P}=\begin{pmatrix}0&1\\1&0\end{pmatrix}$ 的二阶可逆矩阵 $\boldsymbol{P}$. 题解中就是如此进行的.

例 4.44　设 n 阶矩阵 $\boldsymbol{A}$ 满足 $\boldsymbol{A}^2-3\boldsymbol{A}+2\boldsymbol{E}_n=\boldsymbol{0}$. 证明：$\boldsymbol{A}$ 可相似对角化.

分析　先确定 $\boldsymbol{A}$ 的特征值为 $\lambda=1,2$，然后证明 $\lambda=1$ 与 $\lambda=2$ 所对应的线性无关特征向量个数之和为 n 即可.

精解　设 λ 是 $\boldsymbol{A}$ 的特征值，则由 $\boldsymbol{A}^2-3\boldsymbol{A}+2\boldsymbol{E}_n=\boldsymbol{O}$ 知，λ 满足 $\lambda^2-3\lambda+2=0$，所以 $\lambda=1,2$.

由 $\boldsymbol{A}^2-3\boldsymbol{A}+2\boldsymbol{E}_n=\boldsymbol{0}$ 得 $(2\boldsymbol{E}_n-\boldsymbol{A})(\boldsymbol{E}_n-\boldsymbol{A})=\boldsymbol{O}$，所以

$$r(2\boldsymbol{E}_n-\boldsymbol{A})+r(\boldsymbol{E}_n-\boldsymbol{A})-n\leqslant 0，即\ r(2\boldsymbol{E}_n-\boldsymbol{A})+r(\boldsymbol{E}_n-\boldsymbol{A})\leqslant n. \tag{1}$$

另一方面，$r(2\boldsymbol{E}_n-\boldsymbol{A})+r(\boldsymbol{E}_n-\boldsymbol{A})=r(2\boldsymbol{E}_n-\boldsymbol{A})+r(\boldsymbol{A}-\boldsymbol{E}_n)\geqslant r(2\boldsymbol{E}_n-\boldsymbol{A}+\boldsymbol{A}-\boldsymbol{E}_n)=r(\boldsymbol{E}_n)=n$，即

$$r(2\boldsymbol{E}_n-\boldsymbol{A})+r(\boldsymbol{E}_n-\boldsymbol{A})\geqslant n. \tag{2}$$

由式(1)与式(2)，得 $r(2\boldsymbol{E}_n-\boldsymbol{A})+r(\boldsymbol{E}_n-\boldsymbol{A})=n$.

记 $r(\boldsymbol{E}_n-\boldsymbol{A})=r_1$，则 $r(2\boldsymbol{E}_n-A)=n-r_1$. 所以 $\boldsymbol{A}$ 的对应于 $\lambda=1$ 的线性无关特征向量个数(即齐次线性方程组 $(\boldsymbol{E}_n-\boldsymbol{A})\boldsymbol{x}=\boldsymbol{0}$ 的基础解系中解的个数)为 $n-r_1$；同理，$\boldsymbol{A}$ 的对应于 $\lambda=2$ 的线性无关特征向量个数为 $n-(n-r_1)=r_1$ 个. 于是 $\boldsymbol{A}$ 总共有 n 个线性无关的特征向量，从而 $\boldsymbol{A}$ 可相似对角化.

附注　对于抽象型的 n 阶矩阵，要证明它可相似对角化，通常总是按题设条件，从证明 $\boldsymbol{A}$ 有 n 个线性无关特征向量入手.

例 4.45 设 $\boldsymbol{\alpha}$ 与 $\boldsymbol{\beta}$ 是两个正交的 n 维单位列向量，证明：

$$\boldsymbol{\alpha\beta}^{\mathrm{T}}+\boldsymbol{\beta\alpha}^{\mathrm{T}}\sim\begin{pmatrix}1&&&&\\&-1&&&\\&&0&&\\&&&\ddots&\\&&&&0\end{pmatrix}.$$

分析 由于 $\boldsymbol{A}=\boldsymbol{\alpha\beta}^{\mathrm{T}}+\boldsymbol{\beta\alpha}^{\mathrm{T}}$ 是实对称矩阵，所以必定可以相似对角化. 因此只需要确定与 $\boldsymbol{A}$ 相似的对角矩阵 $\boldsymbol{\Lambda}$ 即可.

精解 记 $\boldsymbol{A}=\boldsymbol{\alpha\beta}^{\mathrm{T}}+\boldsymbol{\beta\alpha}^{\mathrm{T}}$，则

$$\boldsymbol{A}^{\mathrm{T}}=(\boldsymbol{\alpha\beta}^{\mathrm{T}}+\boldsymbol{\beta\alpha}^{\mathrm{T}})^{\mathrm{T}}=\boldsymbol{\beta\alpha}^{\mathrm{T}}+\boldsymbol{\alpha\beta}^{\mathrm{T}}=\boldsymbol{A},$$

所以，$\boldsymbol{A}$ 是实对称矩阵，故它必定可以相似对角化. 由于

$$\boldsymbol{A}(\boldsymbol{\alpha}+\boldsymbol{\beta})=\boldsymbol{\alpha\beta}^{\mathrm{T}}\boldsymbol{\alpha}+\boldsymbol{\beta\alpha}^{\mathrm{T}}\boldsymbol{\alpha}+\boldsymbol{\alpha\beta}^{\mathrm{T}}\boldsymbol{\beta}+\boldsymbol{\beta\alpha}^{\mathrm{T}}\boldsymbol{\beta}=\boldsymbol{\alpha}+\boldsymbol{\beta},$$

$$\boldsymbol{A}(\boldsymbol{\alpha}-\boldsymbol{\beta})=\boldsymbol{\alpha\beta}^{\mathrm{T}}\boldsymbol{\alpha}+\boldsymbol{\beta\alpha}^{\mathrm{T}}\boldsymbol{\alpha}-\boldsymbol{\beta\alpha}^{\mathrm{T}}\boldsymbol{\beta}-\boldsymbol{\alpha\beta}^{\mathrm{T}}\boldsymbol{\beta}=-(\boldsymbol{\alpha}-\boldsymbol{\beta}),$$

所以，$\lambda=1,-1$ 是 $\boldsymbol{A}$ 的特征值.

由以上计算知 $r(\boldsymbol{A})\geqslant 2$，此外，

$r(\boldsymbol{A})=r(\boldsymbol{\alpha\beta}^{\mathrm{T}}+\boldsymbol{\beta\alpha}^{\mathrm{T}})\leqslant r(\boldsymbol{\alpha\beta}^{\mathrm{T}})+r(\boldsymbol{\beta\alpha}^{\mathrm{T}})=2$(由于 $\boldsymbol{\alpha},\boldsymbol{\beta}$ 都是非零向量，所以 $r(\boldsymbol{\alpha\beta}^{\mathrm{T}})=r(\boldsymbol{\beta\alpha}^{\mathrm{T}})=1$)，从而 $r(\boldsymbol{A})=2$. 因此与 $\boldsymbol{A}$ 相似的对角矩阵为

$$\boldsymbol{\Lambda}=\begin{pmatrix}1&&&&\\&-1&&&\\&&0&&\\&&&\ddots&\\&&&&0\end{pmatrix}，即\ \boldsymbol{\alpha\beta}^{\mathrm{T}}+\boldsymbol{\beta\alpha}^{\mathrm{T}}\sim\begin{pmatrix}1&&&&\\&-1&&&\\&&0&&\\&&&\ddots&\\&&&&0\end{pmatrix}.$$

附注 对于 $\boldsymbol{A}=\boldsymbol{\alpha\beta}^{\mathrm{T}}+\boldsymbol{\beta\alpha}^{\mathrm{T}}$ 这样的矩阵，在计算其特征值时，可以从 $\boldsymbol{A}^2$ 入手来考虑. 但本题不行，故改从计算 $\boldsymbol{A}(\boldsymbol{\alpha}+\boldsymbol{\beta})$ 和 $\boldsymbol{A}(\boldsymbol{\alpha}-\boldsymbol{\beta})$ 入手.

此外，本题是证明题，在找到特征值 $\lambda=1,-1$ 后，只要证明 $r(\boldsymbol{A})=2$ 即可使本题获证.

例 4.46 设 $\boldsymbol{A}$ 是三阶实对称矩阵，$|\lambda\boldsymbol{E}_3-\boldsymbol{A}|=\lambda^3+a\lambda^2+b\lambda+c$，证明：

(Ⅰ) $(\mathrm{tr}\boldsymbol{A})^2\geqslant 3b$；

(Ⅱ) $\boldsymbol{A}$ 至少有一个特征值小于 $-\dfrac{a}{3}$.

分析 利用 $\boldsymbol{A}$ 的特征多项式 $\lambda^3+a\lambda^2+b\lambda+c$ 的系数与 $\boldsymbol{A}$ 的特征值 $\lambda_1,\lambda_2,\lambda_3$ 之间的关系：$\lambda_1+\lambda_2+\lambda_3=-a,\lambda_1\lambda_2+\lambda_1\lambda_3+\lambda_2\lambda_3=b$ 证明题中欲证的不等式.

精解 (Ⅰ) $(\mathrm{tr}\boldsymbol{A})^2$

$$\begin{aligned}(\mathrm{tr}\boldsymbol{A})^2&=(\lambda_1+\lambda_2+\lambda_3)^2=(\lambda_1^2+\lambda_2^2+\lambda_3^2)+2(\lambda_1\lambda_2+\lambda_1\lambda_3+\lambda_2\lambda_3)\\&=\frac{1}{2}[(\lambda_1^2+\lambda_2^2)+(\lambda_1^2+\lambda_3^2)+(\lambda_2^2+\lambda_3^2)]+2(\lambda_1\lambda_2+\lambda_1\lambda_3+\lambda_2\lambda_3)\\&\geqslant\frac{1}{2}(2\lambda_1\lambda_2+2\lambda_1\lambda_3+2\lambda_2\lambda_3)+2(\lambda_1\lambda_2+\lambda_1\lambda_3+\lambda_2\lambda_3)\\&=3(\lambda_1\lambda_2+\lambda_1\lambda_3+\lambda_2\lambda_3)=3b.\end{aligned}$$

(Ⅱ) 由 $\min\{\lambda_1,\lambda_2,\lambda_3\}\leqslant\dfrac{1}{3}(\lambda_1+\lambda_2+\lambda_3)=-\dfrac{a}{3}$ 知，$\boldsymbol{A}$ 至少有一个特征值小于 $-\dfrac{a}{3}$.

附注 设 n 阶矩阵 $\boldsymbol{A}$ 的特征多项式

$$f(\lambda)=\lambda^n+a_1\lambda^{n-1}+a_2\lambda^{n-2}+\cdots+a_{n-1}\lambda+a_n$$

的系数 $a_i(i=1,2,\cdots,n)$ 有以下性质：

$$(-1)^1a_1=\sum_{i=1}^{n}\lambda_i=\boldsymbol{A}\text{ 的 1 阶主子式之和(通常改为 tr}\boldsymbol{A}\text{)},$$

$$(-1)^2a_2=\sum_{1\leqslant i_1<i_2\leqslant n}^{n}\lambda_{i_1}\lambda_{i_2}=\boldsymbol{A}\text{ 的 2 阶主子式之和},$$

$$\vdots$$

$$(-1)^ka_k=\sum_{1\leqslant i_1<i_2<\cdots<i_k\leqslant n}\lambda_{i_1}\lambda_{i_2}\cdots\lambda_{i_k}=\boldsymbol{A}\text{ 的 }k\text{ 阶主子式之和},$$

$$\vdots$$

$$(-1)^na_n=\lambda_1\lambda_2\cdots\lambda_n=|\boldsymbol{A}|,$$

其中 $\lambda_1,\lambda_2,\cdots,\lambda_n$ 是 $\boldsymbol{A}$ 的 n 个特征值，即 $f(\lambda)=0$ 的 n 个根.

例 4.47　设有三阶矩阵 $\boldsymbol{A}$ 满足 $|3\boldsymbol{E}_3\pm\boldsymbol{A}|=0$，$\boldsymbol{A}\boldsymbol{A}^{\mathrm{T}}=2\boldsymbol{E}_3$ 以及 $|\boldsymbol{A}|<0$. 求行列式 $|2\boldsymbol{E}_3+\boldsymbol{A}^*|$ 的值.

分析　算出 $\boldsymbol{A}^*$ 的所有特征值，即可得到 $2\boldsymbol{E}_3+\boldsymbol{A}^*$ 的所有特征值，从而算得 $|2\boldsymbol{E}_3+\boldsymbol{A}^*|$ 的值.

精解　由题设 $|3\boldsymbol{E}_3+\boldsymbol{A}|=0$，即 $|-3\boldsymbol{E}_3-\boldsymbol{A}|=0$ 知，$\lambda_1=-3$ 是 $\boldsymbol{A}$ 的一个特征值. 同样，由题设 $|3\boldsymbol{E}_3-\boldsymbol{A}|=0$ 知，$\lambda_2=3$ 是 $\boldsymbol{A}$ 的特征值. 设 $\boldsymbol{A}$ 的第 3 个特征值为 λ_3，则

$\lambda_1\lambda_2\lambda_3=|\boldsymbol{A}|=-2\sqrt{2}$（由 $\boldsymbol{A}\boldsymbol{A}^{\mathrm{T}}=2\boldsymbol{E}_3$，得 $|\boldsymbol{A}|^2=8$. 于是由 $|\boldsymbol{A}|<0$，得 $|\boldsymbol{A}|=-2\sqrt{2}$），即 $(-3)\times3\times\lambda_3=-2\sqrt{2}$，所以 $\lambda_3=\dfrac{2}{9}\sqrt{2}$.

由此可知，$2\boldsymbol{E}_3+\boldsymbol{A}^*$ 有三个特征值

$$\mu_1=2+\frac{|\boldsymbol{A}|}{\lambda_1}=2+\frac{2}{3}\sqrt{2},$$

$$\mu_2=2+\frac{|\boldsymbol{A}|}{\lambda_2}=2-\frac{2}{3}\sqrt{2},$$

$$\mu_3=2+\frac{|\boldsymbol{A}|}{\lambda_3}=2-9=-7.$$

从而　$|2\boldsymbol{E}_3+\boldsymbol{A}^*|=\mu_1\mu_2\mu_3=\left(2+\dfrac{2}{3}\sqrt{2}\right)\times\left(2-\dfrac{2}{3}\sqrt{2}\right)\times(-7)=-\dfrac{196}{9}$.

附注　由题设 $\boldsymbol{A}\boldsymbol{A}^{\mathrm{T}}=2\boldsymbol{E}_3$，即 $\left(\dfrac{1}{\sqrt{2}}\boldsymbol{A}\right)\left(\dfrac{1}{\sqrt{2}}\boldsymbol{A}\right)^{\mathrm{T}}=\boldsymbol{E}_3$ 知，$\dfrac{1}{\sqrt{2}}\boldsymbol{A}$ 是正交矩阵.

三、主要方法梳理

1. 矩阵特征值与特征向量的计算方法

(1) 设 $\boldsymbol{A}$ 是 n 阶矩阵，则计算方程 $|\lambda\boldsymbol{E}_n-\boldsymbol{A}|=0$ 的根，算出 $\boldsymbol{A}$ 的所有特征值；求解齐次线性方程组 $(\lambda\boldsymbol{E}_n-\boldsymbol{A})\boldsymbol{x}=\boldsymbol{0}$ 的一个基础解系，算出对应特征值 λ 的一组线性无关特征向量.

(2) 设 $\boldsymbol{A}$ 是 n 阶矩阵，λ 是它的一个特征值，$\boldsymbol{\xi}$ 是对应的特征向量，则矩阵 $f(\boldsymbol{A})$（其中 $f(x)$ 是 x 的多项式）有特征值 $f(\lambda)$ 及对应的特征向量 $\boldsymbol{\xi}$.

(3) 设 $\boldsymbol{A}$ 是 n 阶可逆矩阵，λ 是它的特征值，$\boldsymbol{\xi}$ 是对应的特征向量，则矩阵 $\boldsymbol{A}^{-1}$ 有特征值 $\frac{1}{\lambda}$ 及对应的特征向量 $\boldsymbol{\xi}$.

(4) 设 $\boldsymbol{A}$ 是 n 阶矩阵，λ 是它的特征值，$\boldsymbol{\xi}$ 是对应的特征向量，则

① 当 $r(\boldsymbol{A})=n$(即 $\boldsymbol{A}$ 可逆)时，矩阵 $\boldsymbol{A}^*$ 有特征值 $\frac{|\boldsymbol{A}|}{\lambda}$ 及对应的特征向量 $\boldsymbol{\xi}$；

② 当 $r(\boldsymbol{A})=n-1$(即 $\boldsymbol{A}$ 不可逆，但 $\boldsymbol{A}^*\neq\boldsymbol{O}$)时，矩阵 $\boldsymbol{A}^*$ 有特征值 0($n-1$ 重)及 $\mathrm{tr}\boldsymbol{A}^*\neq 0$.

(5) 设 $\boldsymbol{A}$ 是 n 阶矩阵，λ 是它的特征值，$\boldsymbol{\xi}$ 是对应的特征向量，则与 $\boldsymbol{A}$ 相似的矩阵 $\boldsymbol{B}$，即 $\boldsymbol{B}=\boldsymbol{P}^{-1}\boldsymbol{AP}$(其中，$\boldsymbol{P}$ 是 n 阶可逆矩阵)有特征值 λ 及对应的特征向量 $\boldsymbol{P}^{-1}\boldsymbol{\xi}$.

2. 矩阵可相似对角化的判别方法

(1) 设 $\boldsymbol{A}$ 是 n 阶数字型矩阵.

如果 $\boldsymbol{A}$ 是实对称矩阵，则 $\boldsymbol{A}$ 可相似对角化.

如果 $\boldsymbol{A}$ 不是实对称矩阵，则计算 $\boldsymbol{A}$ 的所有特征值. 当 $\boldsymbol{A}$ 的所有特征值都是单重(即 $\boldsymbol{A}$ 的特征值两两互异)时，$\boldsymbol{A}$ 可相似对角化；当 $\boldsymbol{A}$ 的特征值有多重时，对每个多重特征值 λ_i(n_i 重，$n_i>1$)逐一检验 $r(\lambda_i\boldsymbol{E}_n-\boldsymbol{A})=n-n_i$ 是否成立. 如果成立，则 $\boldsymbol{A}$ 可相似对角化；如果至少有一个 λ_i 使得 $r(\lambda_i\boldsymbol{E}_n-\boldsymbol{A})=n-n_i$ 不成立，则 $\boldsymbol{A}$ 不能相似对角化.

(2) 设 $\boldsymbol{A}$ 是 n 阶抽象型矩阵.

如果 $\boldsymbol{A}$ 是实对称矩阵，则 $\boldsymbol{A}$ 可相似对角化.

如果 $\boldsymbol{A}$ 不是实对称矩阵，但有 n 个线性无关的特征向量，则 $\boldsymbol{A}$ 可相似对角化；如果 $\boldsymbol{A}$ 没有 n 个线性无关的特征向量，则 $\boldsymbol{A}$ 不可相似对角化.

3. 矩阵相似对角化的方法

设 $\boldsymbol{A}$ 是 n 阶矩阵，可相似对角化，即存在 n 阶可逆矩阵 $\boldsymbol{P}$，使得 $\boldsymbol{P}^{-1}\boldsymbol{AP}=\boldsymbol{\Lambda}$(对角矩阵)，则可按以下步骤计算 $\boldsymbol{P}$ 与 $\boldsymbol{\Lambda}$：

(1) 计算 $\boldsymbol{A}$ 的所有特征值，设为 $\lambda_1,\lambda_2,\cdots,\lambda_s$(它的分别为 $n_1,n_2,\cdots,n_s$ 重，且 $n_1+n_2+\cdots+n_s=n$)；

(2) 计算与各个特征值对应的线性无关特征向量，记为 $\boldsymbol{\xi}_1,\cdots,\boldsymbol{\xi}_{n_1},\boldsymbol{\xi}_{n_1+1},\cdots,\boldsymbol{\xi}_{n_2},\cdots,\boldsymbol{\xi}_{n_{s-1}+1},\cdots,\boldsymbol{\xi}_{n_s}$；

(3) 所求的 $\boldsymbol{P}=(\boldsymbol{\xi}_1,\cdots,\boldsymbol{\xi}_{n_1},\boldsymbol{\xi}_{n_1+1},\cdots,\boldsymbol{\xi}_{n_2},\cdots,\boldsymbol{\xi}_{n_{s-1}+1},\cdots,\boldsymbol{\xi}_{n_s})$，

$$\boldsymbol{\Lambda}=\begin{pmatrix}\lambda_1&&&&&&&&\\&\ddots&&&&&&&\\&&\lambda_1&&&&&&\\&&&\lambda_2&&&&&\\&&&&\ddots&&&&\\&&&&&\lambda_2&&&\\&&&&&&\lambda_s&&\\&&&&&&&\ddots&\\&&&&&&&&\lambda_s\end{pmatrix}\begin{matrix}\left.\vphantom{\begin{matrix}a\\a\\a\end{matrix}}\right\}n_1\\\left.\vphantom{\begin{matrix}a\\a\\a\end{matrix}}\right\}n_2\\\left.\vphantom{\begin{matrix}a\\a\\a\end{matrix}}\right\}n_s\end{matrix}$$

4. 两个矩阵相似的判别方法

如果 $\boldsymbol{A},\boldsymbol{B}$ 都是 n 阶实对称矩阵，则当它们的特征多项式相等时，$\boldsymbol{A}\sim\boldsymbol{B}$.

如果 $\boldsymbol{A},\boldsymbol{B}$ 不都是 n 阶实对称矩阵，但都可相似对角化，则当它们的相似对角矩阵相等时，$\boldsymbol{A}\sim\boldsymbol{B}$.

5. 两个相似矩阵的相似变换矩阵的计算方法

设 $\boldsymbol{A},\boldsymbol{B}$ 都是 n 阶矩阵，且它们相似.

如果 $\boldsymbol{A},\boldsymbol{B}$ 都可相似对角化，即存在可逆矩阵 $\boldsymbol{P}_1,\boldsymbol{P}_2$ 使得

$$\boldsymbol{P}_1^{-1}\boldsymbol{A}\boldsymbol{P}_1=\boldsymbol{\Lambda}\text{(对角矩阵)},\boldsymbol{P}_2^{-1}\boldsymbol{B}\boldsymbol{P}_2=\boldsymbol{\Lambda},$$

则 $\boldsymbol{A}$ 与 $\boldsymbol{B}$ 的相似变换矩阵 $\boldsymbol{P}$（即使 $\boldsymbol{P}^{-1}\boldsymbol{A}\boldsymbol{P}=\boldsymbol{B}$ 的 n 阶可逆矩阵）为 $\boldsymbol{P}_1\boldsymbol{P}_2^{-1}$.

如果 $\boldsymbol{A},\boldsymbol{B}$ 不都可相似对角化，此时解矩阵方程

$$\boldsymbol{P}^{-1}\boldsymbol{A}\boldsymbol{P}=\boldsymbol{B}\text{，即 }\boldsymbol{A}\boldsymbol{P}=\boldsymbol{P}\boldsymbol{B}$$

算出相似变换矩阵 $\boldsymbol{P}$.

四、精选备赛练习题

A　组

4.1　设三阶矩阵 $\boldsymbol{A}=\begin{pmatrix}2&1&1\\1&2&1\\1&1&a\end{pmatrix}$ 可逆，向量 $\boldsymbol{\eta}=(1,b,1)^{\mathrm{T}}$ 是 $\boldsymbol{A}^*$ 的对应于特征值 λ 的特征向量，求常数 a,b 和 λ 的值.

4.2　设三阶矩阵 $\boldsymbol{A}=\begin{pmatrix}a&-1&c\\5&b&3\\1-c&0&-a\end{pmatrix}$ 的行列式为 -1，$\boldsymbol{\alpha}=(-1,-1,1)^{\mathrm{T}}$ 是 $\boldsymbol{A}^*$ 的对应于特征值 λ_0 的特征向量. 求 a,b,c 和 λ_0 的值，并对求得的 a,b,c，问 $\boldsymbol{A}$ 能否相似对角化？并说明理由.

4.3　设三阶矩阵 $\boldsymbol{A}$ 的特征值为 $1,-1,\frac{1}{2}$，三阶矩阵 $\boldsymbol{B}\sim\boldsymbol{A}$，求行列式 $\left|\left(\frac{1}{2}\boldsymbol{B}^2\right)^{-1}+2\boldsymbol{B}^*-(\boldsymbol{B}^*)^*-\boldsymbol{E}_3\right|$.

4.4　设 n 阶矩阵 $\boldsymbol{A}=\begin{pmatrix}1&2&3&\cdots&n-1&n\\n&1&2&\cdots&n-2&n-1\\\vdots&\vdots&\vdots&&\vdots&\vdots\\3&4&5&\cdots&1&2\\2&3&4&\cdots&n&1\end{pmatrix}$，求 $\boldsymbol{A}$ 的特征值.

4.5　设 n 阶矩阵 $\boldsymbol{A}=(a_{ij})$，其中 $a_{ij}=\begin{cases}a,i=j,\\b,i\neq j\end{cases}$（其中 a,b 都不为零，且 $a\neq b$），求 $\boldsymbol{A}$ 的所有特征值与特征向量.

4.6　设$\boldsymbol{A}$都是三阶矩阵，λ_i^{-1}（λ_i是正整数）是$\boldsymbol{A}$的特征值（$i=1,2,3$），又设$\boldsymbol{B}=(\boldsymbol{A}^{-1})^2-6\boldsymbol{A}$有特征值$-5,1,7$. 求$\lambda_1,\lambda_2,\lambda_3$，并写出$\boldsymbol{A}^{-1},\boldsymbol{A}^*$及$\boldsymbol{B}$的相似对角矩阵.

4.7　设$\boldsymbol{\alpha}=(1,k,1)^{\mathrm{T}}$是三阶矩阵$\boldsymbol{A}=\begin{pmatrix}2&1&1\\1&2&1\\1&1&m\end{pmatrix}$的逆矩阵$\boldsymbol{A}^{-1}$的特征向量，求常数$k$与$m$，并计算使得$\boldsymbol{P}^{-1}\boldsymbol{A}\boldsymbol{P}=\boldsymbol{\Lambda}$的可逆矩阵$\boldsymbol{P}$与对角矩阵$\boldsymbol{\Lambda}$.

4.8　设三阶矩阵$\boldsymbol{A}=\begin{pmatrix}1&-1&1\\x&4&y\\-3&-3&5\end{pmatrix}$有二重特征值$\lambda=2$，求常数$x,y$，并求使得$\boldsymbol{P}^{-1}\boldsymbol{A}\boldsymbol{P}=\boldsymbol{\Lambda}$的可逆矩阵$\boldsymbol{P}$及对角矩阵$\boldsymbol{\Lambda}$.

4.9　设三阶矩阵$\boldsymbol{A}=\begin{pmatrix}2&1&1\\-1&2&1\\1&1&1\end{pmatrix}$，$\boldsymbol{B}=\frac{1}{2}(\boldsymbol{A}+\boldsymbol{A}^{\mathrm{T}})$，求使得$\boldsymbol{P}^{-1}(\boldsymbol{B}+\boldsymbol{B}^*)\boldsymbol{P}=\boldsymbol{\Lambda}$的三阶可逆矩阵$\boldsymbol{P}$与对角矩阵$\boldsymbol{\Lambda}$.

4.10　设三阶矩阵$\boldsymbol{A}=\begin{pmatrix}1&0&1\\0&2&0\\1&0&1\end{pmatrix}$，$\boldsymbol{B}=(k\boldsymbol{E}_3+\boldsymbol{A})^2$，其中$k$是实数，求使得$\boldsymbol{P}^{-1}\boldsymbol{B}\boldsymbol{P}=\boldsymbol{\Lambda}$的可逆矩阵$\boldsymbol{P}$与对角矩阵$\boldsymbol{\Lambda}$.

4.11　设$\boldsymbol{A}$是n阶矩阵，满足$\boldsymbol{A}^2=\boldsymbol{E}_n$，$r(\boldsymbol{E}_n+\boldsymbol{A})=2$. 求使得$\boldsymbol{P}^{-1}\boldsymbol{A}\boldsymbol{P}=\boldsymbol{\Lambda}$的$n$阶可逆矩阵$\boldsymbol{P}$与对角矩阵$\boldsymbol{\Lambda}$.

4.12　已知$\boldsymbol{A}$是三阶矩阵，线性无关的三维列向量$\boldsymbol{\alpha}_1,\boldsymbol{\alpha}_2,\boldsymbol{\alpha}_3$满足

$$\begin{cases}\boldsymbol{A}\boldsymbol{\alpha}_1=-\boldsymbol{\alpha}_1-3\boldsymbol{\alpha}_2-3\boldsymbol{\alpha}_3,\\ \boldsymbol{A}\boldsymbol{\alpha}_2=\ 4\boldsymbol{\alpha}_1+4\boldsymbol{\alpha}_2+\boldsymbol{\alpha}_3,\\ \boldsymbol{A}\boldsymbol{\alpha}_3=-2\boldsymbol{\alpha}_1+\quad 3\boldsymbol{\alpha}_3.\end{cases}$$

求$\boldsymbol{A}$的所有特征值与特征向量，并计算矩阵$\boldsymbol{A}^*-6\boldsymbol{E}_3$的秩.

4.13　设三阶实对称矩阵$\boldsymbol{A}$的各行元素都为3，$\boldsymbol{\alpha}_1=(-1,2,-1)^{\mathrm{T}}$，$\boldsymbol{\alpha}_2=(0,-1,1)^{\mathrm{T}}$是齐次线性方程组$\boldsymbol{A}\boldsymbol{x}=\boldsymbol{0}$的两个解，求$\boldsymbol{A}$的所有特征值与特征向量，并计算$\boldsymbol{A}$与$\left(\boldsymbol{A}-\frac{3}{2}\boldsymbol{E}_3\right)^6$.

4.14　设三阶矩阵$\boldsymbol{A}=\begin{pmatrix}1&-1&1\\2&4&-2\\-3&-3&a\end{pmatrix}$与$\boldsymbol{B}=\begin{pmatrix}2&&\\&2&\\&&b\end{pmatrix}$相似，求常数$a,b$的值，并求使得$\boldsymbol{P}^{-1}\boldsymbol{A}\boldsymbol{P}=\boldsymbol{B}$的可逆矩阵$\boldsymbol{P}$.

4.15　设三阶矩阵$\boldsymbol{A}=\begin{pmatrix}2&1&0\\1&2&0\\0&0&1\end{pmatrix}$与$\boldsymbol{B}=\begin{pmatrix}x&y&z\\0&1&0\\-1&-2&4\end{pmatrix}$相似，求常数$x,y,z$，并求使得$\boldsymbol{P}^{-1}\boldsymbol{A}\boldsymbol{P}=\boldsymbol{B}$的可逆矩阵$\boldsymbol{P}$.

4.16　已知$\boldsymbol{\xi}=(1,1,-1)^{\mathrm{T}}$是三阶矩阵$\boldsymbol{A}=\begin{pmatrix}2&-1&2\\5&a&3\\-1&b&-2\end{pmatrix}$的一个特征向量，求常数

a,b 及 $\boldsymbol{\xi}$ 对应的特征值 λ. 并问 $\boldsymbol{A}$ 能否相似对角化？如果能，求使得 $\boldsymbol{P}^{-1}\boldsymbol{AP}=\boldsymbol{\Lambda}$（对角矩阵）的可逆矩阵 $\boldsymbol{P}$；如果不能，说明理由.

4.17 设三阶矩阵 $\boldsymbol{A}=\begin{pmatrix}1&2&-3\\-1&4&-3\\1&a&5\end{pmatrix}$ 有二重特征值，求 a 的值，并确定 $\boldsymbol{A}$ 是否可以相似对角化？如果可以对角化，求使得 $\boldsymbol{P}^{-1}\boldsymbol{AP}=\boldsymbol{\Lambda}$ 的可逆矩阵 $\boldsymbol{P}$ 与对角矩阵 $\boldsymbol{\Lambda}$；如果不可对角化，说明理由.

4.18 设三阶实对称矩阵 $\boldsymbol{A}$ 的特征值是 1,2,3，其中 1,2 对应的特征向量分别为 $\boldsymbol{\alpha}_1=(-1,-1,1)^{\mathrm{T}}$，$\boldsymbol{\alpha}_2=(1,-2,-1)^{\mathrm{T}}$. 求解非齐次线性方程组 $\boldsymbol{A}^*\boldsymbol{x}=\boldsymbol{\alpha}_1+2\boldsymbol{\alpha}_2$.

4.19 设线性方程组(A)：$\begin{cases}x_1+2x_2+x_3=3,\\2x_1+(a+4)x_2-5x_3=6,\\-x_1-2x_2+ax_3=-3\end{cases}$ 有无穷多解，又设 $\boldsymbol{A}$ 是三阶矩阵，$\boldsymbol{\alpha}_1=(1,2a,-1)^{\mathrm{T}}$，$\boldsymbol{\alpha}_2=(a,a+3,a+2)^{\mathrm{T}}$，$\boldsymbol{\alpha}_3=(a-2,-1,a+1)^{\mathrm{T}}$ 是 $\boldsymbol{A}$ 的特征向量，它们分别对应特征值 $\lambda_1=1,\lambda_2=-1,\lambda_3=0$. 求方程组(A)的通解及 $\boldsymbol{A}$.

4.20 设 $\boldsymbol{A}$ 是三阶实对称矩阵，$\boldsymbol{\xi}_1=(-1,1,0)^{\mathrm{T}}$，$\boldsymbol{\xi}_2=(-1,0,1)^{\mathrm{T}}$ 是齐次线性方程组 $\boldsymbol{Ax}=\boldsymbol{0}$ 的两个解. 又设非零向量 $\boldsymbol{\xi}_3$ 使得 $\boldsymbol{A\xi}_3=3\boldsymbol{\xi}_3$. 求 $\boldsymbol{A}$，并计算 $\boldsymbol{A}^{100}$.

4.21 设三阶矩阵 $\boldsymbol{A}=\begin{pmatrix}a&b&c\\-3&3&-1\\-15&8&-6\end{pmatrix}$ 与 $\boldsymbol{B}=\begin{pmatrix}1&0&2\\0&2&0\\0&4&-1\end{pmatrix}$ 相似，求常数 a,b,c. 记

$\boldsymbol{C}=\begin{pmatrix}a&c&0&0\\a&b&0&0\\0&0&0&c\\0&0&-a&0\end{pmatrix}$，求解矩阵方程 $\left[\left(\frac{1}{10}\boldsymbol{C}\right)^*\right]^{-1}\boldsymbol{XC}^{-1}=\boldsymbol{CX}+2\boldsymbol{E}_4$.

4.22 设三阶实对称矩阵 $\boldsymbol{A}$ 满足 $\boldsymbol{A}^2-2\boldsymbol{A}=\boldsymbol{O}$，且 $r(\boldsymbol{A})=2$，又设 $\boldsymbol{\xi}=(1,0,1)^{\mathrm{T}}$ 是齐次方程 $\boldsymbol{Ax}=\boldsymbol{0}$ 的一个解. 求 $\boldsymbol{A}$ 及方程组 $\boldsymbol{A}^*\boldsymbol{x}=\boldsymbol{0}$ 的通解.

4.23 设三阶实对称矩阵 $\boldsymbol{A}$ 的特征值 $\lambda_1=1,\lambda_2=2,\lambda_3=-2$，且 $\boldsymbol{\xi}=(1,-1,1)^{\mathrm{T}}$ 是 $\boldsymbol{A}$ 的对应于 λ_1 的特征向量，求矩阵 $\boldsymbol{B}=\boldsymbol{A}^5-4\boldsymbol{A}^3+\boldsymbol{E}_3$.

B 组

4.24 设二阶矩阵 $\boldsymbol{A}=\begin{pmatrix}a&b\\c&d\end{pmatrix}$ $(b\neq0)$ 有两个相等的特征值 λ_0. 证明：存在二阶可逆矩阵 $\boldsymbol{P}$，使得

$$\boldsymbol{P}^{-1}\boldsymbol{AP}=\begin{pmatrix}\lambda_0&1\\0&\lambda_0\end{pmatrix}.$$

4.25 设三阶矩阵 $\boldsymbol{A}$ 有特征向量 $\boldsymbol{\alpha}_1,\boldsymbol{\alpha}_2$，它们分别对应特征值 -1 与 1，又设三维列向量 $\boldsymbol{\alpha}_3$ 满足 $\boldsymbol{A}\boldsymbol{\alpha}_3=\boldsymbol{\alpha}_2+\boldsymbol{\alpha}_3$. 证明：$\boldsymbol{P}=(\boldsymbol{\alpha}_1,\boldsymbol{\alpha}_2,\boldsymbol{\alpha}_3)$ 是三阶可逆矩阵，并计算 $\boldsymbol{P}^{-1}\boldsymbol{A}^*\boldsymbol{P}$.

4.26 设 $\boldsymbol{A}_1,\boldsymbol{A}_2,\boldsymbol{A}_3$ 都是 n 阶矩阵，它们满足 $\boldsymbol{A}_i^2=\boldsymbol{A}_i\ (i=1,2,3)$，且 $\boldsymbol{A}_i\boldsymbol{A}_j=\boldsymbol{O}\ (i,j=1,2,3,i\neq j)$. 证明：

(Ⅰ) $\boldsymbol{A}_i(i=1,2,3)$都仅有特征值 0,1;

(Ⅱ) $\boldsymbol{A}_i$ 的对应特征值 1 的特征向量是 $\boldsymbol{A}_j$ 的对应特征值 0 的特征向量($i,j=1,2,3,i\neq j$);

(Ⅲ) 如果$\boldsymbol{\alpha}_1,\boldsymbol{\alpha}_2,\boldsymbol{\alpha}_3$ 分别是$\boldsymbol{A}_1,\boldsymbol{A}_2,\boldsymbol{A}_3$ 的对应特征值 1 的特征向量,则向量$\boldsymbol{\alpha}_1,\boldsymbol{\alpha}_2,\boldsymbol{\alpha}_3$ 线性无关.

4.27　设$\boldsymbol{A}$是 n 阶矩阵,$f(x)$是常数项不为零的多项式,且 $f(\boldsymbol{A})=\boldsymbol{O}$. 证明:$\boldsymbol{A}$ 的特征值都不为零.

4.28　设$\boldsymbol{A}$是 n 阶可逆矩阵,其特征多项式为

$$f(\lambda)=\lambda^n+a_1\lambda^{n-1}+\cdots+a_{n-1}\lambda+a_n.$$

证明:$\boldsymbol{A}^*=(-1)^{n-1}(\boldsymbol{A}^{n-1}+a_1\boldsymbol{A}^{n-2}+\cdots+a_{n-1}\boldsymbol{E}_n)$.

4.29　设$\boldsymbol{A}$是 n 阶矩阵,记互换$\boldsymbol{A}$ 的第 i,j 两行,同时互换$\boldsymbol{A}$ 的第 i,j 两列后的矩阵为$\boldsymbol{B}$,证明:$\boldsymbol{A}\sim\boldsymbol{B}$.

4.30　设$\boldsymbol{A}_1,\boldsymbol{A}_2,\boldsymbol{B}_1,\boldsymbol{B}_2$ 都是 n 阶矩阵,其中$\boldsymbol{A}_2,\boldsymbol{B}_2$ 可逆. 证明:存在 n 阶可逆矩阵$\boldsymbol{P},\boldsymbol{Q}$,使得$\boldsymbol{P}\boldsymbol{A}_i\boldsymbol{Q}=\boldsymbol{B}_i(i=1,2)$的充分必要条件为$\boldsymbol{A}_1\boldsymbol{A}_2^{-1}\sim\boldsymbol{B}_1\boldsymbol{B}_2^{-1}$.

4.31　设 n 阶矩阵$\boldsymbol{A}=(a_{ij})$满足 $a_{ij}=a\neq0(i,j=1,2,\cdots,n)$. 证明:存在实系数多项式 $\varphi(x)$,使得 $\varphi(\boldsymbol{A})=(\boldsymbol{A}+na\boldsymbol{E}_n)^{-1}$.

4.32　设 n 阶矩阵$\boldsymbol{A}$ 满足$\boldsymbol{A}^2=\boldsymbol{A}=(a_{ij})$. 证明:$r(\boldsymbol{A}^3)=\mathrm{tr}\boldsymbol{A}$.

4.33　设 n 阶矩阵$\boldsymbol{A}$ 有 n 个互异的特征值$\lambda_1,\lambda_2,\cdots,\lambda_n$,又设 n 阶矩阵$\boldsymbol{B}$ 满足$\boldsymbol{AB}=\boldsymbol{BA}$. 证明:$\boldsymbol{B}$ 可相似对角化.

附:解答

4.1　由于$\boldsymbol{A}$ 可逆,所以$\boldsymbol{\eta}$ 是$\boldsymbol{A}$ 的对应于特征值$\dfrac{|\boldsymbol{A}|}{\lambda}=\dfrac{3a-2}{\lambda}$的特征向量,故有

$$\begin{pmatrix}2&1&1\\1&2&1\\1&1&a\end{pmatrix}\begin{pmatrix}1\\b\\1\end{pmatrix}=\frac{3a-2}{\lambda}\begin{pmatrix}1\\b\\1\end{pmatrix},\text{即}\begin{cases}3+b=\dfrac{3a-2}{\lambda},\\2+2b=\dfrac{3a-2}{\lambda}b,\\1+a+b=\dfrac{3a-2}{\lambda}.\end{cases}$$

解方程组得 $a=2,b=-2,1$. 于是当 $a=2,b=-2$ 时,$\lambda=4$;当 $a=2,b=1$ 时,$\lambda=1$.

4.2　由题设知,$\boldsymbol{\alpha}$ 是$\boldsymbol{A}$ 的对应于特征值$\dfrac{|\boldsymbol{A}|}{\lambda_0}=-\dfrac{1}{\lambda_0}$的特征向量,所以有 $\boldsymbol{A\alpha}=-\dfrac{1}{\lambda_0}\boldsymbol{\alpha}$,

$$\text{即}\begin{pmatrix}a&-1&c\\5&b&3\\1-c&0&-a\end{pmatrix}\begin{pmatrix}-1\\-1\\1\end{pmatrix}=-\frac{1}{\lambda_0}\begin{pmatrix}-1\\-1\\1\end{pmatrix},\text{或}\begin{cases}-a+c+1=\dfrac{1}{\lambda_0},\\-b-2=\dfrac{1}{\lambda_0},\\c-a-1=-\dfrac{1}{\lambda_0}.\end{cases}$$

解此方程组得 $a=c,b=-3,\lambda_0=1$. 将它们代入$|\boldsymbol{A}|=-1$ 有

$$\begin{vmatrix}a&-1&a\\5&-3&3\\1-a&0&-a\end{vmatrix}=-1.$$

解此方程得 $a=2$. 所以 $a=2,b=-3,c=2,\lambda_0=1$. 由此可知，

$\boldsymbol{A}=\begin{pmatrix}2&-1&2\\5&-3&3\\-1&0&-2\end{pmatrix}$. 于是由 $|\lambda\boldsymbol{E}_3-\boldsymbol{A}|=\begin{vmatrix}\lambda-2&1&-2\\-5&\lambda+3&-3\\1&0&\lambda+2\end{vmatrix}=\lambda^3+3\lambda^2+3\lambda+1=(\lambda+1)^3$

知，$\boldsymbol{A}$ 仅有特征值 $\lambda=-1$，因此 $\boldsymbol{A}$ 不能相似对角化.

4.3　由题设知 $|\boldsymbol{B}|=-\dfrac{1}{2}$，且存在三阶可逆矩阵 $\boldsymbol{P}$，使得

$$\boldsymbol{P}^{-1}\boldsymbol{B}\boldsymbol{P}=\begin{pmatrix}1&&\\&-1&\\&&\frac{1}{2}\end{pmatrix},$$

因此，$\boldsymbol{P}^{-1}\left(\dfrac{1}{2}\boldsymbol{B}^2\right)^{-1}\boldsymbol{P}=2(\boldsymbol{P}^{-1}\boldsymbol{B}^{-1}\boldsymbol{P})^2=2\begin{pmatrix}1&&\\&-1&\\&&2\end{pmatrix}^2=2\begin{pmatrix}1&&\\&1&\\&&4\end{pmatrix}=\begin{pmatrix}2&&\\&2&\\&&8\end{pmatrix}$,

$$\boldsymbol{P}^{-1}(2\boldsymbol{B}^*)\boldsymbol{P}=2(\boldsymbol{P}^{-1}\boldsymbol{B}^*\boldsymbol{P})=2\begin{pmatrix}\frac{-\frac{1}{2}}{1}&&\\&\frac{-\frac{1}{2}}{-1}&\\&&\frac{-\frac{1}{2}}{\frac{1}{2}}\end{pmatrix}=\begin{pmatrix}-1&&\\&1&\\&&-2\end{pmatrix},$$

$$\boldsymbol{P}^{-1}(\boldsymbol{B}^*)^*\boldsymbol{P}=|\boldsymbol{B}|^{3-2}(\boldsymbol{P}^{-1}\boldsymbol{B}\boldsymbol{P})=-\frac{1}{2}\begin{pmatrix}1&&\\&-1&\\&&\frac{1}{2}\end{pmatrix}=\begin{pmatrix}-\frac{1}{2}&&\\&\frac{1}{2}&\\&&-\frac{1}{4}\end{pmatrix},$$

$$\boldsymbol{P}^{-1}\boldsymbol{E}_3\boldsymbol{P}=\boldsymbol{E}_3=\begin{pmatrix}1&&\\&1&\\&&1\end{pmatrix},$$

所以，$\left|\left(\dfrac{1}{2}\boldsymbol{B}^2\right)^{-1}+2\boldsymbol{B}^*-(\boldsymbol{B}^*)^*-\boldsymbol{E}_3\right|=\left|\boldsymbol{P}^{-1}\left[\left(\dfrac{1}{2}\boldsymbol{B}^2\right)^{-1}+2\boldsymbol{B}^*-(\boldsymbol{B}^*)^*-\boldsymbol{E}_3\right]\boldsymbol{P}\right|$

$$=\left|\begin{pmatrix}2&&\\&2&\\&&8\end{pmatrix}+\begin{pmatrix}-1&&\\&1&\\&&-2\end{pmatrix}-\begin{pmatrix}-\frac{1}{2}&&\\&\frac{1}{2}&\\&&-\frac{1}{4}\end{pmatrix}-\begin{pmatrix}1&&\\&1&\\&&1\end{pmatrix}\right|$$

$$=\begin{vmatrix} \frac{1}{2} & 0 & 0 \\ 0 & \frac{3}{2} & 0 \\ 0 & 0 & \frac{21}{4} \end{vmatrix}=\frac{63}{16}.$$

4.4 $\boldsymbol{A}=\boldsymbol{E}_n+2\boldsymbol{C}+3\boldsymbol{C}^2+\cdots+n\boldsymbol{C}^{n-1}\xlongequal{\text{记}}f(\boldsymbol{C})$，其中，$\boldsymbol{C}=\begin{pmatrix} 0 & 1 & 0 & 0 & \cdots & 0 \\ 0 & 0 & 1 & 0 & \cdots & 0 \\ \vdots & \vdots & \vdots & \vdots & & \vdots \\ 0 & 0 & 0 & 0 & \cdots & 1 \\ 1 & 0 & 0 & 0 & \cdots & 0 \end{pmatrix}$.

由于 $|\lambda\boldsymbol{E}_n-\boldsymbol{C}|=\begin{vmatrix} \lambda & -1 & 0 & 0 & \cdots & 0 & 0 \\ 0 & \lambda & -1 & 0 & \cdots & 0 & 0 \\ \vdots & \vdots & \vdots & \vdots & & \vdots & \vdots \\ 0 & 0 & 0 & 0 & \cdots & \lambda & -1 \\ -1 & 0 & 0 & 0 & \cdots & 0 & \lambda \end{vmatrix}$

$$\xlongequal{\text{按第1行展开}}\lambda^n+\underbrace{\begin{vmatrix} 0 & -1 & 0 & \cdots & 0 & 0 \\ 0 & \lambda & -1 & \cdots & 0 & 0 \\ \vdots & \vdots & \vdots & & \vdots & \vdots \\ 0 & 0 & 0 & \cdots & \lambda & -1 \\ -1 & 0 & 0 & \cdots & 0 & \lambda \end{vmatrix}}_{(n-1)\text{阶}}$$

$$\xlongequal{\text{按第1列展开}}\lambda^n+(-1)^n(-1)\underbrace{\begin{vmatrix} -1 & 0 & \cdots & 0 & 0 \\ \lambda & -1 & \cdots & 0 & 0 \\ \vdots & \vdots & & \vdots & \vdots \\ 0 & 0 & \cdots & \lambda & -1 \end{vmatrix}}_{(n-2)\text{阶}}=\lambda^n-1,$$

所以，$\boldsymbol{C}$ 有特征值 $\omega_k=\cos\frac{2k\pi}{n}+\mathrm{i}\sin\frac{2k\pi}{n}(k=0,1,2,\cdots,n-1)$. 从而 $\boldsymbol{A}$ 有特征值 $\lambda_k=f(\omega_k)$ $(k=0,1,2,\cdots,n-1)$.

4.5 由于 $|\lambda\boldsymbol{E}_n-\boldsymbol{A}|=\begin{vmatrix} \lambda-a & -b & -b & \cdots & -b \\ -b & \lambda-a & -b & \cdots & -b \\ \vdots & \vdots & \vdots & & \vdots \\ -b & -b & -b & \cdots & \lambda-a \end{vmatrix}=[\lambda-a-(n-1)b](\lambda-a+b)^{n-1}$,

所以，$\boldsymbol{A}$ 有特征值 $\lambda_1=a-b(n-1\text{ 重})$，$\lambda_2=a+(n-1)b$.

设特征值 $\lambda_1=a-b$ 对应的特征向量为 $\boldsymbol{\alpha}=(a_1,a_2,\cdots,a_n)^{\mathrm{T}}$，则 $\boldsymbol{\alpha}$ 满足

$$\begin{pmatrix} -b & -b & -b & \cdots & -b \\ -b & -b & -b & \cdots & -b \\ \vdots & \vdots & \vdots & & \vdots \\ -b & -b & -b & \cdots & -b \end{pmatrix}\begin{pmatrix} a_1 \\ a_2 \\ \vdots \\ a_n \end{pmatrix}=\boldsymbol{0}\text{，即 } a_1+a_2+\cdots+a_n=0.$$

它有基础解系$(-1,1,0,\cdots,0)^{\mathrm{T}},(-1,0,1,\cdots,0)^{\mathrm{T}},\cdots,(-1,0,0,\cdots,1)^{\mathrm{T}}$，它们即为$\boldsymbol{A}$的对应于$\lambda_1=0$的$n-1$个线性无关的特征向量.

设对应于$\lambda_2=a+(n-1)b$的特征向量为$\boldsymbol{\beta}=(b_1,b_2,\cdots,b_n)^{\mathrm{T}}$，则$\boldsymbol{\beta}$满足

$$\begin{pmatrix}(n-1)b & -b & -b & \cdots & -b\\ -b & (n-1)b & -b & \cdots & -b\\ \vdots & \vdots & \vdots & & \vdots\\ -b & -b & -b & \cdots & (n-1)b\end{pmatrix}\begin{pmatrix}b_1\\ b_2\\ \vdots\\ b_n\end{pmatrix}=\boldsymbol{0},$$

显然该方程组有非零解$(1,1,\cdots,1)^{\mathrm{T}}$，它即为$\boldsymbol{A}$的对应于$\lambda_2=a+(n-1)b$的特征向量.

因此，$\boldsymbol{A}$的所有特征向量为

$$C_1(-1,1,0,\cdots,0)^{\mathrm{T}}+C_2(-1,0,1,\cdots,0)^{\mathrm{T}}+\cdots+C_{n-1}(-1,0,0,\cdots,1)^{\mathrm{T}}$$

(其中，$C_1,C_2,\cdots,C_{n-1}$是不全为零的任意常数)以及$C(1,1,1,\cdots,1)^{\mathrm{T}}$(其中，$C$是不为零的任意常数).

4.6　由题设，得

$-5=\lambda_1^2-6\lambda_1^{-1}$，即$\lambda_1^3+5\lambda_1-6=0$，或$(\lambda_1-1)(\lambda_1^2+\lambda_1+6)=0$，

$1=\lambda_2^2-6\lambda_2^{-1}$，即$\lambda_2^3-\lambda_2-6=0$，或$(\lambda_2-2)(\lambda_2^2+2\lambda_2+3)=0$，

$7=\lambda_3^2-6\lambda_3^{-1}$，即$\lambda_3^3-7\lambda_3-6=0$，或$(\lambda_3-3)(\lambda_3^2+3\lambda_2+2)=0$.

由于$\lambda_1,\lambda_2,\lambda_3$都是正整数，所以，$\lambda_1=1,\lambda_2=2,\lambda_3=3$. 因此

$$\boldsymbol{A}^{-1}\sim\begin{pmatrix}1 & & \\ & \frac{1}{2} & \\ & & \frac{1}{3}\end{pmatrix},\boldsymbol{A}^*\sim\begin{pmatrix}6 & & \\ & 3 & \\ & & 2\end{pmatrix},\boldsymbol{B}\sim\begin{pmatrix}-5 & & \\ & 1 & \\ & & 7\end{pmatrix}.$$

4.7　设$\boldsymbol{\alpha}$对应的$\boldsymbol{A}^{-1}$的特征值λ_0，则$\boldsymbol{\alpha}$也是$\boldsymbol{A}$的对应于特征值$\dfrac{1}{\lambda_0}$的特征向量，故有

$$\begin{pmatrix}2 & 1 & 1\\ 1 & 2 & 1\\ 1 & 1 & m\end{pmatrix}\begin{pmatrix}1\\ k\\ 1\end{pmatrix}=\frac{1}{\lambda_0}\begin{pmatrix}1\\ k\\ 1\end{pmatrix}, 即\begin{cases}3+k=\dfrac{1}{\lambda_0},\\ 2+2k=\dfrac{k}{\lambda_0},\\ 1+k+m=\dfrac{1}{\lambda_0}.\end{cases}$$

解此方程组得$m=2,k=1,-2$. 于是，$\boldsymbol{A}=\begin{pmatrix}2 & 1 & 1\\ 1 & 2 & 1\\ 1 & 1 & 2\end{pmatrix}$. 由于

$$|\lambda\boldsymbol{E}_3-\boldsymbol{A}|=\begin{vmatrix}\lambda-2 & -1 & -1\\ -1 & \lambda-2 & -1\\ -1 & -1 & \lambda-2\end{vmatrix}=(\lambda-4)(\lambda-1)^2,$$

所以，$\boldsymbol{A}$有特征值$\lambda=4,1$(二重).

设$\lambda=4$对应的特征向量为$\boldsymbol{\alpha}_1=(a_1,a_2,a_3)^{\mathrm{T}}$，则$\boldsymbol{\alpha}$满足

$$\begin{pmatrix}2 & -1 & -1\\ -1 & 2 & -1\\ -1 & -1 & 2\end{pmatrix}\begin{pmatrix}a_1\\ a_2\\ a_3\end{pmatrix}=\boldsymbol{0}.$$

它有基础解系$(1,1,1)^{\mathrm{T}}$,故可取$\boldsymbol{\alpha}_1=(1,1,1)^{\mathrm{T}}$.

设$\lambda=1$对应的特征向量为$\boldsymbol{\beta}=(b_1,b_2,b_3)^{\mathrm{T}}$,则$\boldsymbol{\beta}$满足

$$\begin{pmatrix}-1&-1&-1\\-1&-1&-1\\-1&-1&-1\end{pmatrix}\begin{pmatrix}b_1\\b_2\\b_3\end{pmatrix}=\mathbf{0},\text{即 } b_1+b_2+b_3=0.$$

它有基础解系$(-1,1,0)^{\mathrm{T}},(-1,0,1)^{\mathrm{T}}$,故可取$\boldsymbol{\beta}=\boldsymbol{\beta}_1=(-1,1,0)^{\mathrm{T}},\boldsymbol{\beta}=\boldsymbol{\beta}_2=(-1,0,1)^{\mathrm{T}}$.

由此可知,$k=1$(即$k=-2$不合题意),$m=2$.

记$\boldsymbol{P}=(\boldsymbol{\alpha}_1,\boldsymbol{\beta}_1,\boldsymbol{\beta}_2)$,则$\boldsymbol{P}$可逆,且

$$\boldsymbol{P}^{-1}\boldsymbol{AP}=\boldsymbol{\Lambda}=\begin{pmatrix}4&&\\&1&\\&&1\end{pmatrix}.$$

4.8 由题设知,$\boldsymbol{A}$可相似对角化,因此

$$r(2\boldsymbol{E}_3-\boldsymbol{A})=3-2=1.$$

于是,由$2\boldsymbol{E}_3-\boldsymbol{A}=\begin{pmatrix}1&1&-1\\-x&-2&-y\\3&3&-3\end{pmatrix}\xrightarrow[\text{(以下同)}]{\text{初等行变换}}\begin{pmatrix}1&1&-1\\-x&-2&-y\\0&0&0\end{pmatrix}\to\begin{pmatrix}1&1&-1\\-x+2&0&-y-2\\0&0&0\end{pmatrix}$

得$x=2,y=-2$.将它们代入$\boldsymbol{A}$,得$\boldsymbol{A}=\begin{pmatrix}1&-1&1\\2&4&-2\\-3&-3&5\end{pmatrix}$.于是由

$$|\lambda\boldsymbol{E}_3-\boldsymbol{A}|=\begin{vmatrix}\lambda-1&1&-1\\-2&\lambda-4&3\\3&3&\lambda-5\end{vmatrix}=(\lambda-2)^2(\lambda-6)\text{知},\boldsymbol{A}\text{有特征值}\lambda=6,2(\text{二重}).$$

设$\lambda=6$对应的特征向量为$\boldsymbol{\alpha}=(a_1,a_2,a_3)^{\mathrm{T}}$,则$\boldsymbol{\alpha}$满足$\begin{pmatrix}5&1&-1\\-2&2&2\\3&3&1\end{pmatrix}\begin{pmatrix}a_1\\a_2\\a_3\end{pmatrix}=\mathbf{0}$.

它有基础解系$(1,-2,3)^{\mathrm{T}}$,故可取$\boldsymbol{\alpha}=(1,-2,3)^{\mathrm{T}}$.

设$\lambda=2$对应的特征向量为$\boldsymbol{\beta}=(b_1,b_2,b_3)^{\mathrm{T}}$,则$\boldsymbol{\beta}$满足

$$\begin{pmatrix}1&1&-1\\-2&-2&2\\3&3&-3\end{pmatrix}\begin{pmatrix}b_1\\b_2\\b_3\end{pmatrix}=\mathbf{0},\text{即 } b_1+b_2-b_3=0.$$

它有基础解系$(-1,1,0)^{\mathrm{T}},(1,0,1)^{\mathrm{T}}$,故可取$\boldsymbol{\beta}=\boldsymbol{\beta}_1=(-1,1,0)^{\mathrm{T}},\boldsymbol{\beta}=\boldsymbol{\beta}_2=(1,0,1)^{\mathrm{T}}$.

由此可知,所求的可逆矩阵$\boldsymbol{P}=(\boldsymbol{\alpha},\boldsymbol{\beta}_1,\boldsymbol{\beta}_2)=\begin{pmatrix}1&-1&1\\-2&1&0\\3&0&1\end{pmatrix}$,对角矩阵$\boldsymbol{\Lambda}=\begin{pmatrix}6&&\\&2&\\&&2\end{pmatrix}$,它们使得$\boldsymbol{P}^{-1}\boldsymbol{AP}=\boldsymbol{\Lambda}$成立.

4.9 由于$\boldsymbol{B}=\dfrac{1}{2}(\boldsymbol{A}+\boldsymbol{A}^{\mathrm{T}})=\begin{pmatrix}2&0&1\\0&2&1\\1&1&1\end{pmatrix}$,所以由

$$|\lambda E_3-B|=\begin{vmatrix}\lambda-2&0&-1\\0&\lambda-2&-1\\-1&-1&\lambda-1\end{vmatrix}=\lambda(\lambda-2)(\lambda-3)$$知，B 有特征值 $\lambda=0,2,3$.

设 $\lambda=0$ 对应的特征向量为 $\boldsymbol{\alpha}=(a_1,a_2,a_3)^{\mathrm{T}}$，则 $\boldsymbol{\alpha}$ 满足 $\begin{pmatrix}-2&0&-1\\0&-2&-1\\-1&-1&-1\end{pmatrix}\begin{pmatrix}a_1\\a_2\\a_3\end{pmatrix}=\mathbf{0}$.

它有基础解系 $(1,1,-2)^{\mathrm{T}}$，故可取 $\boldsymbol{\alpha}=(1,1,-2)^{\mathrm{T}}$.

设 $\lambda=2$ 对应的特征向量为 $\boldsymbol{\beta}=(b_1,b_2,b_3)^{\mathrm{T}}$，则 $\boldsymbol{\beta}$ 满足 $\begin{pmatrix}0&0&-1\\0&0&-1\\-1&-1&1\end{pmatrix}\begin{pmatrix}b_1\\b_2\\b_3\end{pmatrix}=\mathbf{0}$.

它有基础解系 $(1,-1,0)^{\mathrm{T}}$，故可取 $\boldsymbol{\beta}=(1,-1,0)^{\mathrm{T}}$.

由于 B 是实对称矩阵，所以 $\lambda=3$ 对应的特征向量 $\boldsymbol{\gamma}=(c_1,c_2,c_3)^{\mathrm{T}}$ 与 $\boldsymbol{\alpha},\boldsymbol{\beta}$ 都正交，因此有

$$\begin{cases}c_1+c_2-2c_3=0,\\c_1-c_2=0.\end{cases}$$

它有基础解系 $(1,1,1)^{\mathrm{T}}$，故可取 $\boldsymbol{\gamma}=(1,1,1)^{\mathrm{T}}$.

记 $P=(\boldsymbol{\alpha},\boldsymbol{\beta},\boldsymbol{\gamma})$，则 P 可逆，且 $P^{-1}BP=\begin{pmatrix}0&&\\&2&\\&&3\end{pmatrix}$，即 $B=P\begin{pmatrix}0&&\\&2&\\&&3\end{pmatrix}P^{-1}$.

于是，$B^*=(P^{-1})^*\begin{pmatrix}0&&\\&2&\\&&3\end{pmatrix}^*(P)^*=|P^{-1}|P\begin{pmatrix}8&&\\&0&\\&&0\end{pmatrix}|P|P^{-1}=P\begin{pmatrix}8&&\\&0&\\&&0\end{pmatrix}P^{-1}$，

即　$P^{-1}B^*P=\begin{pmatrix}8&&\\&0&\\&&0\end{pmatrix}$.

由此可知，$P^{-1}(B+B^*)P=\begin{pmatrix}8&&\\&2&\\&&3\end{pmatrix}$，所以 P 即为所求的可逆矩阵，且 $\boldsymbol{\Lambda}=\begin{pmatrix}8&&\\&2&\\&&3\end{pmatrix}$.

4.10 由 $|\lambda E_3-A|=\begin{vmatrix}\lambda-1&0&-1\\0&\lambda-2&0\\-1&0&\lambda-1\end{vmatrix}=\lambda(\lambda-2)^2$ 知 A 有特征值 $\lambda=0,2$(二重).

设 $\lambda=0$ 对应的特征向量为 $\boldsymbol{\alpha}=(a_1,a_2,a_3)^{\mathrm{T}}$，则 $\boldsymbol{\alpha}$ 满足

$$\begin{pmatrix}-1&0&-1\\0&-2&0\\-1&0&-1\end{pmatrix}\begin{pmatrix}a_1\\a_2\\a_3\end{pmatrix}=\mathbf{0},$$

它有基础解系 $(1,0,-1)^{\mathrm{T}}$，故可取 $\boldsymbol{\alpha}=(1,0,-1)^{\mathrm{T}}$.

设 $\lambda=2$ 对应的特征向量为 $\boldsymbol{\beta}=(b_1,b_2,b_3)^{\mathrm{T}}$，则 $\boldsymbol{\beta}$ 满足

$$\begin{pmatrix}1&0&-1\\0&0&0\\-1&0&1\end{pmatrix}\begin{pmatrix}b_1\\b_2\\b_3\end{pmatrix}=\mathbf{0}，即\ y_1-y_3=0.$$

它有基础解系$(0,1,0)^{\mathrm{T}}$,$(1,0,1)^{\mathrm{T}}$,故可取$\boldsymbol{\beta}=\boldsymbol{\beta}_1(0,1,0)^{\mathrm{T}}$,$\boldsymbol{\beta}=\boldsymbol{\beta}_2=(1,0,1)^{\mathrm{T}}$.

记$\boldsymbol{P}=(\boldsymbol{\alpha},\boldsymbol{\beta}_1,\boldsymbol{\beta}_2)$,则$\boldsymbol{P}$是可逆矩阵,且$\boldsymbol{P}^{-1}\boldsymbol{AP}=\begin{pmatrix}0&&\\&2&\\&&2\end{pmatrix}$.

故
$$\boldsymbol{P}^{-1}\boldsymbol{BP}=\boldsymbol{P}^{-1}(k\boldsymbol{E}_3+\boldsymbol{A})^2\boldsymbol{P}=[\boldsymbol{P}^{-1}(k\boldsymbol{E}_3+\boldsymbol{A})\boldsymbol{P}]^2$$
$$=\left[\begin{pmatrix}k&&\\&k&\\&&k\end{pmatrix}+\begin{pmatrix}0&&\\&2&\\&&2\end{pmatrix}\right]^2=\begin{pmatrix}k^2&&\\&(k+2)^2&\\&&(k+2)^2\end{pmatrix}.$$

故$\boldsymbol{P}=\begin{pmatrix}1&0&1\\0&1&0\\-1&0&1\end{pmatrix}$,$\boldsymbol{\Lambda}=\begin{pmatrix}k^2&&\\&(k+2)^2&\\&&(k+2)^2\end{pmatrix}$.

4.11 由题设$(\boldsymbol{E}_n-\boldsymbol{A})(\boldsymbol{E}_n+\boldsymbol{A})=\boldsymbol{0}$,得
$$r(\boldsymbol{E}_n-\boldsymbol{A})+r(\boldsymbol{E}_n+\boldsymbol{A})\leqslant n.$$
另一方面,$r(\boldsymbol{E}_n-\boldsymbol{A})+r(\boldsymbol{E}_n+\boldsymbol{A})\geqslant r(\boldsymbol{E}_n-\boldsymbol{A}+\boldsymbol{E}_n+\boldsymbol{A})=r(2\boldsymbol{E}_n)=n$.
所以$r(\boldsymbol{E}_n-\boldsymbol{A})+r(\boldsymbol{E}_n+\boldsymbol{A})=n$.从而由题设$r(\boldsymbol{E}_n+\boldsymbol{A})=2$,得$r(\boldsymbol{E}_n-\boldsymbol{A})=n-2$.

再由题设$\boldsymbol{A}^2=\boldsymbol{E}_n$知$\boldsymbol{A}$仅有特征值$\lambda=-1,1$.

由$r(-\boldsymbol{E}_n-\boldsymbol{A})=r(\boldsymbol{E}_n+\boldsymbol{A})=2$知方程组$(-\boldsymbol{E}_n-\boldsymbol{A})\boldsymbol{x}=\boldsymbol{0}$的基础解系中有$n-2$个线性无关的解,即$\boldsymbol{A}$的对应$\lambda=-1$的线性无关特征向量有$n-2$个,记为$\boldsymbol{\xi}_1,\boldsymbol{\xi}_2,\cdots,\boldsymbol{\xi}_{n-2}$.

同理可知,$\boldsymbol{A}$的对应$\lambda=1$的线性无关特征向量有2个,记为$\boldsymbol{\eta}_1,\boldsymbol{\eta}_2$.记$\boldsymbol{P}=(\boldsymbol{\xi}_1,\boldsymbol{\xi}_2,\cdots,\boldsymbol{\xi}_{n-2},\boldsymbol{\eta}_1,\boldsymbol{\eta}_2)$,则$\boldsymbol{P}$是可逆矩阵,且
$$\boldsymbol{P}^{-1}\boldsymbol{AP}=\boldsymbol{\Lambda}=\begin{pmatrix}-1&&&&&\\&-1&&&&\\&&\ddots&&&\\&&&-1&&\\&&&&1&\\&&&&&1\end{pmatrix}\begin{matrix}\left.\begin{matrix}\\\\\\\\\end{matrix}\right\}n-2\text{ 个}\\\left.\begin{matrix}\\\\\end{matrix}\right\}2\text{ 个}\end{matrix}.$$

4.12 由题设知,
$$\boldsymbol{A}(\boldsymbol{\alpha}_1,\boldsymbol{\alpha}_2,\boldsymbol{\alpha}_3)=(\boldsymbol{\alpha}_1,\boldsymbol{\alpha}_2,\boldsymbol{\alpha}_3)\begin{pmatrix}-1&4&-2\\-3&4&0\\-3&1&3\end{pmatrix}.$$
记$\boldsymbol{P}=(\boldsymbol{\alpha}_1,\boldsymbol{\alpha}_2,\boldsymbol{\alpha}_3)$,则$\boldsymbol{P}$是可逆矩阵,且
$$\boldsymbol{P}^{-1}\boldsymbol{AP}=\begin{pmatrix}-1&4&-2\\-3&4&0\\-3&1&3\end{pmatrix}\xlongequal{\text{记}}\boldsymbol{B},\text{即 }\boldsymbol{A}\sim\boldsymbol{B}.$$
由
$$|\lambda\boldsymbol{E}_3-\boldsymbol{B}|=\begin{vmatrix}\lambda+1&-4&2\\3&\lambda-4&0\\3&-1&\lambda-3\end{vmatrix}=\begin{vmatrix}\lambda+1&-4&2\\3&\lambda-4&0\\0&3-\lambda&\lambda-3\end{vmatrix}$$
$$=\begin{vmatrix}\lambda+1&-2&2\\3&\lambda-4&0\\0&0&\lambda-3\end{vmatrix}=(\lambda-1)(\lambda-2)(\lambda-3)$$

知,$\boldsymbol{A}$ 有特征值 $\lambda=1,2,3$.

设 $\lambda=1$ 对应的特征向量为 $\boldsymbol{\alpha}=(a_1,a_2,a_3)^{\mathrm{T}}$,则 $\boldsymbol{\alpha}$ 满足 $\begin{pmatrix}2&-4&2\\3&-3&0\\3&-1&-2\end{pmatrix}\begin{pmatrix}a_1\\a_2\\a_3\end{pmatrix}=\boldsymbol{0}$,它有基础解系 $(1,1,1)^{\mathrm{T}}$,故可取 $\boldsymbol{\alpha}=(1,1,1)^{\mathrm{T}}$.

设 $\lambda=2$ 对应的特征向量为 $\boldsymbol{\beta}=(b_1,b_2,b_3)^{\mathrm{T}}$,则 $\boldsymbol{\beta}$ 满足 $\begin{pmatrix}3&-4&2\\3&-2&0\\3&-1&-1\end{pmatrix}\begin{pmatrix}b_1\\b_2\\b_3\end{pmatrix}=\boldsymbol{0}$,它有基础解系 $(2,3,3)^{\mathrm{T}}$,故可取 $\boldsymbol{\beta}=(2,3,3)^{\mathrm{T}}$.

设 $\lambda=3$ 对应的特征向量为 $\boldsymbol{\gamma}=(c_1,c_2,c_3)^{\mathrm{T}}$,则 $\boldsymbol{\gamma}$ 满足 $\begin{pmatrix}4&-4&2\\3&-1&0\\3&-1&0\end{pmatrix}\begin{pmatrix}c_1\\c_2\\c_3\end{pmatrix}=\boldsymbol{0}$,它有基础解系 $(1,3,4)^{\mathrm{T}}$,故可取 $\boldsymbol{\gamma}=(1,3,4)^{\mathrm{T}}$.

由以上计算知,$\boldsymbol{A}$ 的所有特征向量为

$$C_1(1,1,1)^{\mathrm{T}},C_2(2,3,3)^{\mathrm{T}},C_3(1,3,4)^{\mathrm{T}}$$

其中,C_1,C_2,C_3 都是任意不为零的常数.

由于 $\boldsymbol{A}^*$ 有特征值 $\frac{|\boldsymbol{A}|}{1}=6,\frac{|\boldsymbol{A}|}{2}=3,\frac{|\boldsymbol{A}|}{3}=2$,故 $\boldsymbol{A}^*\sim\begin{pmatrix}6&&\\&3&\\&&2\end{pmatrix}$. 从而

$$\boldsymbol{A}^*-6\boldsymbol{E}_3\sim\begin{pmatrix}6&&\\&3&\\&&2\end{pmatrix}-\begin{pmatrix}6&&\\&6&\\&&6\end{pmatrix}=\begin{pmatrix}0&&\\&-3&\\&&-4\end{pmatrix}.$$

由此得到 $r(\boldsymbol{A}^*-6\boldsymbol{E}_3)=r\begin{pmatrix}0&&\\&-3&\\&&-4\end{pmatrix}=2.$

4.13 由于 $\boldsymbol{\alpha}_1,\boldsymbol{\alpha}_2$ 是 $\boldsymbol{Ax}=\boldsymbol{0}$ 的线性无关的两个解,

$$\boldsymbol{A\alpha}_1=0\cdot\boldsymbol{\alpha},\boldsymbol{A\alpha}_2=0\cdot\boldsymbol{\alpha},$$

所以,$\lambda=0$ 是 $\boldsymbol{A}$ 的特征值,它对应的所有特征向量为 $C_1\boldsymbol{\alpha}_1+C_2\boldsymbol{\alpha}_2$(其中,$C_1,C_2$ 是不全为零的任意常数). 此外,由 $\boldsymbol{A}$ 的各行元素之和都为 3 知,

$$\boldsymbol{A}\begin{pmatrix}1\\1\\1\end{pmatrix}=3\begin{pmatrix}1\\1\\1\end{pmatrix}\text{(记 }\boldsymbol{\alpha}_3=(1,1,1)^{\mathrm{T}}\text{)},$$

所以 $\lambda=3$ 是 $\boldsymbol{A}$ 的特征值,它对应的所有特征向量为 $C_3\boldsymbol{\alpha}_3$(其中,C_3 是任意非零常数).

记 $\boldsymbol{P}=(\boldsymbol{\alpha}_1,\boldsymbol{\alpha}_2,\boldsymbol{\alpha}_3)$,则 $\boldsymbol{P}$ 可逆,且 $\boldsymbol{P}^{-1}\boldsymbol{AP}=\begin{pmatrix}0&&\\&0&\\&&3\end{pmatrix}$,所以

$$\boldsymbol{A}=\boldsymbol{P}\begin{pmatrix}0&&\\&0&\\&&3\end{pmatrix}\boldsymbol{P}^{-1}=\begin{pmatrix}-1&0&1\\2&-1&1\\-1&1&1\end{pmatrix}\begin{pmatrix}0&&\\&0&\\&&3\end{pmatrix}\begin{pmatrix}-1&0&1\\2&-1&1\\-1&1&1\end{pmatrix}^{-1}$$

$$=\begin{pmatrix}0&0&3\\0&0&3\\0&0&3\end{pmatrix}\begin{pmatrix}-\frac{2}{3}&\frac{1}{3}&\frac{1}{3}\\-1&0&1\\\frac{1}{3}&\frac{1}{3}&\frac{1}{3}\end{pmatrix}=\begin{pmatrix}1&1&1\\1&1&1\\1&1&1\end{pmatrix},$$

$$\left(\boldsymbol{A}-\frac{3}{2}\boldsymbol{E}_3\right)^6=\left(\boldsymbol{P}\left(\begin{pmatrix}0&&\\&0&\\&&3\end{pmatrix}-\begin{pmatrix}\frac{3}{2}&&\\&\frac{3}{2}&\\&&\frac{3}{2}\end{pmatrix}\right)\boldsymbol{P}^{-1}\right)^6$$

$$=\left(\boldsymbol{P}\begin{pmatrix}-\frac{3}{2}&&\\&-\frac{3}{2}&\\&&\frac{3}{2}\end{pmatrix}\boldsymbol{P}^{-1}\right)^6$$

$$=\boldsymbol{P}\begin{pmatrix}-\frac{3}{2}&&\\&-\frac{3}{2}&\\&&\frac{3}{2}\end{pmatrix}^6\boldsymbol{P}^{-1}=\left(\frac{3}{2}\right)^6\boldsymbol{P}\boldsymbol{E}_3\boldsymbol{P}^{-1}=\left(\frac{3}{2}\right)^6\boldsymbol{E}_3.$$

4.14 由于 $\boldsymbol{A}\sim\boldsymbol{B}$,所以$\begin{cases}\mathrm{tr}\boldsymbol{A}=\mathrm{tr}\boldsymbol{B},\\|\boldsymbol{A}|=|\boldsymbol{B}|,\end{cases}$即$\begin{cases}1+4+a=2+2+b,\\6a-6=4b.\end{cases}$

解此方程组得 $a=5,b=6$. 于是 $\boldsymbol{A}=\begin{pmatrix}1&-1&1\\2&4&-2\\-3&-3&5\end{pmatrix}$,且它有特征值 $\lambda=2$(二重),6.

设 $\boldsymbol{A}$ 的对应于 $\lambda=2$ 的特征向量为 $\boldsymbol{\alpha}=(a_1,a_2,a_3)^{\mathrm{T}}$,则 $\boldsymbol{\alpha}$ 满足 $\begin{pmatrix}1&1&-1\\-2&-2&2\\3&3&-3\end{pmatrix}\begin{pmatrix}a_1\\a_2\\a_3\end{pmatrix}=\boldsymbol{0}$,

即 $a_1+a_2-a_3=0$. 它有基础解系 $(-1,0,1)^{\mathrm{T}},(1,0,1)^{\mathrm{T}}$,故可取 $\boldsymbol{\alpha}=\boldsymbol{\alpha}_1=(-1,0,1)^{\mathrm{T}}$,$\boldsymbol{\alpha}=\boldsymbol{\alpha}_2=(1,0,1)^{\mathrm{T}}$.

设 $\boldsymbol{A}$ 的对应于 $\lambda=6$ 的特征向量为 $\boldsymbol{\beta}=(b_1,b_2,b_3)^{\mathrm{T}}$,则 $\boldsymbol{\beta}$ 满足 $\begin{pmatrix}5&1&-1\\-2&2&2\\3&3&1\end{pmatrix}\begin{pmatrix}b_1\\b_2\\b_3\end{pmatrix}=\boldsymbol{0}$.

它有基础解系 $(1,-2,3)^{\mathrm{T}}$,故可取 $\boldsymbol{\beta}=(1,-2,3)^{\mathrm{T}}$.

于是,所求的可逆矩阵 $\boldsymbol{P}=(\boldsymbol{\alpha}_1,\boldsymbol{\alpha}_2,\boldsymbol{\beta})$,它使得 $\boldsymbol{P}^{-1}\boldsymbol{A}\boldsymbol{P}=\boldsymbol{B}$.

4.15 由 $\boldsymbol{A}\sim\boldsymbol{B}$ 知$\begin{cases}\mathrm{tr}\boldsymbol{A}=\mathrm{tr}\boldsymbol{B},\\|\boldsymbol{A}|=|\boldsymbol{B}|,\end{cases}$即$\begin{cases}5=x+5,\\3=4x+z.\end{cases}$

解此方程组得 $x=0,z=3$.

由 $|\lambda\boldsymbol{E}_3-\boldsymbol{A}|=\begin{vmatrix}\lambda-2 & -1 & 0\\ -1 & \lambda-2 & 0\\ 0 & 0 & \lambda-1\end{vmatrix}=(\lambda-1)^2(\lambda-3)$ 知，$\boldsymbol{A}$ 有特征值 $\lambda=1$(二重)，3.

由于 $r(1\cdot\boldsymbol{E}_3-\boldsymbol{A})=r\left(\begin{pmatrix}-1 & -1 & 0\\ -1 & -1 & 0\\ 0 & 0 & 0\end{pmatrix}\right)=1=3-2$，所以 $\boldsymbol{A}$ 可相似对角化，从而 $\boldsymbol{B}=\begin{pmatrix}0 & y & 3\\ 0 & 1 & 0\\ -1 & -2 & 4\end{pmatrix}$ 也可以相似对角化，且有特征值 $\lambda=1$(二重)，3.

因此由 $r(1\cdot\boldsymbol{E}_3-\boldsymbol{B})=r\left(\begin{pmatrix}1 & -y & -3\\ 0 & 0 & 0\\ 1 & 2 & -3\end{pmatrix}\right)=3-2=1$ 得 $y=-2$.

下面计算可逆矩阵 $\boldsymbol{P}$.

设 $\boldsymbol{A}$ 的对应于 $\lambda=3$ 的特征向量为 $\boldsymbol{\alpha}=(a_1,a_2,a_3)^{\mathrm{T}}$，则 $\boldsymbol{\alpha}$ 满足 $\begin{pmatrix}1 & -1 & 0\\ -1 & 1 & 0\\ 0 & 0 & 2\end{pmatrix}\begin{pmatrix}a_1\\ a_2\\ a_3\end{pmatrix}=\boldsymbol{0}$，它有基础解系 $(1,1,0)^{\mathrm{T}}$，故可取 $\boldsymbol{\alpha}=(1,1,0)^{\mathrm{T}}$.

设 $\boldsymbol{A}$ 的对应于 $\lambda=1$ 的特征向量为 $\boldsymbol{\beta}=(b_1,b_2,b_3)^{\mathrm{T}}$，则由 $\boldsymbol{A}$ 是实对称矩阵知，$\boldsymbol{\beta}$ 与 $\boldsymbol{\alpha}$ 正交，故有 $b_1+b_2=0$. 该方程有基础解系 $(-1,1,0)^{\mathrm{T}}$，$(0,0,1)^{\mathrm{T}}$，故可取 $\boldsymbol{\beta}=\boldsymbol{\beta}_1=(-1,1,0)^{\mathrm{T}}$，$\boldsymbol{\beta}=\boldsymbol{\beta}_2=(0,0,1)^{\mathrm{T}}$.

记 $\boldsymbol{P}_1=(\boldsymbol{\alpha},\boldsymbol{\beta}_1,\boldsymbol{\beta}_2)$，则 $\boldsymbol{P}_1$ 是可逆矩阵，且

$$\boldsymbol{P}_1^{-1}\boldsymbol{A}\boldsymbol{P}_1=\begin{pmatrix}3 & & \\ & 1 & \\ & & 1\end{pmatrix}. \tag{1}$$

将 $x=0,y=-2,z=3$ 代入 $\boldsymbol{B}$ 得 $\boldsymbol{B}=\begin{pmatrix}0 & -2 & 3\\ 0 & 1 & 0\\ -1 & -2 & 4\end{pmatrix}$.

设 $\boldsymbol{B}$ 的对应于 $\lambda=3$ 的特征向量为 $\boldsymbol{\xi}=(c_1,c_2,c_3)^{\mathrm{T}}$，则 $\boldsymbol{\xi}$ 满足 $\begin{pmatrix}3 & 2 & -3\\ 0 & 2 & 0\\ 1 & 2 & -1\end{pmatrix}\begin{pmatrix}c_1\\ c_2\\ c_3\end{pmatrix}=\boldsymbol{0}$，它有基础解系 $(1,0,1)^{\mathrm{T}}$，故可取 $\boldsymbol{\xi}=(1,0,1)^{\mathrm{T}}$.

设 $\boldsymbol{B}$ 的对应于 $\lambda=1$ 的特征向量为 $\boldsymbol{\eta}=(d_1,d_2,d_3)^{\mathrm{T}}$，则 $\boldsymbol{\eta}$ 满足 $\begin{pmatrix}1 & 2 & -3\\ 0 & 0 & 0\\ 1 & 2 & -3\end{pmatrix}\begin{pmatrix}d_1\\ d_2\\ d_3\end{pmatrix}=\boldsymbol{0}$，即 $d_1+2d_2-3d_3=0$，它有基础解系 $(-2,1,0)^{\mathrm{T}}$，$(3,0,1)^{\mathrm{T}}$，故可取 $\boldsymbol{\eta}=\boldsymbol{\eta}_1=(-2,1,0)^{\mathrm{T}}$，$\boldsymbol{\eta}=\boldsymbol{\eta}_2=(3,0,1)^{\mathrm{T}}$.

记 $\boldsymbol{P}_2=(\boldsymbol{\xi},\boldsymbol{\eta}_1,\boldsymbol{\eta}_2)$，则 $\boldsymbol{P}_2$ 是可逆矩阵，且

$$\boldsymbol{P}_2^{-1}\boldsymbol{B}\boldsymbol{P}_2=\begin{pmatrix}3&&\\&1&\\&&1\end{pmatrix}. \tag{2}$$

由式(1)与式(2),得

$$\boldsymbol{P}_1^{-1}\boldsymbol{A}\boldsymbol{P}_1=\boldsymbol{P}_2^{-1}\boldsymbol{B}\boldsymbol{P}_2,\text{即}(\boldsymbol{P}_1\boldsymbol{P}_2^{-1})^{-1}\boldsymbol{A}(\boldsymbol{P}_1\boldsymbol{P}_2^{-1})=\boldsymbol{B},$$

所以,所求的可逆矩阵

$$\boldsymbol{P}=\boldsymbol{P}_1\boldsymbol{P}_2^{-1}=\begin{pmatrix}1&-1&0\\1&1&0\\0&0&1\end{pmatrix}\begin{pmatrix}1&-2&3\\0&1&0\\1&0&1\end{pmatrix}^{-1}$$

$$=\begin{pmatrix}1&-1&0\\1&1&0\\0&0&1\end{pmatrix}\begin{pmatrix}-\frac{1}{2}&-1&\frac{3}{2}\\0&1&0\\\frac{1}{2}&1&-\frac{1}{2}\end{pmatrix}=\begin{pmatrix}-\frac{1}{2}&-2&\frac{3}{2}\\-\frac{1}{2}&0&\frac{3}{2}\\\frac{1}{2}&1&-\frac{1}{2}\end{pmatrix}$$

4.16 设对应于 $\boldsymbol{\xi}$ 的特征值为 λ_0,则有

$$\begin{pmatrix}\lambda_0-2&1&-2\\-5&\lambda_0-a&-3\\1&-b&\lambda_0+2\end{pmatrix}\begin{pmatrix}1\\1\\-1\end{pmatrix}=\boldsymbol{0},\text{即}\begin{cases}\lambda_0+1=0,\\\lambda_0-a-2=0,\\\lambda_0+b+1=0.\end{cases}$$

所以 $a=-3,b=0,\lambda_0=-1$.

将 $a=-3,b=0$ 代入 $\boldsymbol{A}$,得 $\boldsymbol{A}=\begin{pmatrix}2&-1&2\\5&-3&3\\-1&0&-2\end{pmatrix}$.

由 $|\lambda\boldsymbol{E}_3-\boldsymbol{A}|=\begin{vmatrix}\lambda-2&1&-2\\-5&\lambda+3&-3\\1&0&\lambda+2\end{vmatrix}=(\lambda+1)^3$ 知,$\boldsymbol{A}$ 仅有特征值 $\lambda=-1$(三重),所以 $\boldsymbol{A}$ 不能相似对角化.

4.17 $\boldsymbol{A}$ 的特征多项式

$$f(\lambda)=|\lambda\boldsymbol{E}_3-\boldsymbol{A}|=\begin{vmatrix}\lambda-1&-2&3\\1&\lambda-4&3\\-1&-a&\lambda-5\end{vmatrix}=\begin{vmatrix}\lambda-2&-\lambda+2&0\\1&\lambda-4&3\\-1&-a&\lambda-5\end{vmatrix}$$

$$=\begin{vmatrix}\lambda-2&0&0\\1&\lambda-3&3\\-1&-1-a&\lambda-5\end{vmatrix}=(\lambda-2)(\lambda^2-8\lambda+18+3a). \tag{1}$$

(Ⅰ) 如果 $\lambda=2$ 是 $f(\lambda)=0$ 的重根,则 $(\lambda^2-8\lambda+18+3a)|_{\lambda=2}=0$,因此得到 $a=-2$,此时 $\boldsymbol{A}=\begin{pmatrix}1&2&-3\\-1&4&-3\\1&-2&5\end{pmatrix}$,且由式(1)知,$\boldsymbol{A}$ 的特征值为 $\lambda=2$(二重),6.

设 $\lambda=2$ 对应的特征向量为 $\boldsymbol{\alpha}=(a_1,a_2,a_3)^{\mathrm{T}}$，则 $\boldsymbol{\alpha}$ 满足 $\begin{pmatrix}1&-2&3\\1&-2&3\\-1&2&-3\end{pmatrix}\begin{pmatrix}a_1\\a_2\\a_3\end{pmatrix}=\mathbf{0}$，即 $a_1-2a_2+a_3=0$，它有基础解系 $(2,1,0)^{\mathrm{T}},(-1,0,1)^{\mathrm{T}}$，故可取 $\boldsymbol{\alpha}=\boldsymbol{\alpha}_1=(2,1,0)^{\mathrm{T}}$，$\boldsymbol{\alpha}=\boldsymbol{\alpha}_2=(-1,0,1)^{\mathrm{T}}$.

设 $\lambda=6$ 对应的特征向量为 $\boldsymbol{\beta}=(b_1,b_2,b_3)^{\mathrm{T}}$，则 $\boldsymbol{\beta}$ 满足 $\begin{pmatrix}5&-2&3\\1&2&3\\-1&2&1\end{pmatrix}\begin{pmatrix}b_1\\b_2\\b_3\end{pmatrix}=\mathbf{0}$，它有基础解系 $(1,1,-1)^{\mathrm{T}}$，故可取 $\boldsymbol{\beta}=(1,1,-1)^{\mathrm{T}}$.

记 $\boldsymbol{P}=(\boldsymbol{\alpha}_1,\boldsymbol{\alpha}_2,\boldsymbol{\alpha}_3)$，则 $\boldsymbol{P}$ 是可逆矩阵，且 $\boldsymbol{P}^{-1}\boldsymbol{A}\boldsymbol{P}=\boldsymbol{\Lambda}=\begin{pmatrix}2&&\\&2&\\&&6\end{pmatrix}$.

（Ⅱ）如果 $\lambda=2$ 不是 $f(\lambda)=0$ 的二重根，则 $\lambda^2-8\lambda+18+3a=0$ 有二重根，故判别式 $(-8)^2-4\times(18+3a)=0$，即 $a=-\dfrac{2}{3}$（此时二重特征值为 $\lambda=4$）.

将 $a=-\dfrac{2}{3}$ 代入 $\boldsymbol{A}$，得 $\boldsymbol{A}=\begin{pmatrix}1&2&-3\\-1&4&-3\\1&-\frac{2}{3}&5\end{pmatrix}$. 此时

$$r(4\cdot\boldsymbol{E}_3-\boldsymbol{A})=r\left(\begin{pmatrix}3&-2&3\\1&0&3\\-1&\frac{2}{3}&-1\end{pmatrix}\right)=r\left(\begin{pmatrix}3&-2&3\\1&0&3\\0&0&0\end{pmatrix}\right)=2\neq3-2,$$ $\boldsymbol{A}$ 不可相似对角化.

4.18　设 $\lambda=3$ 对应的特征向量为 $\boldsymbol{\alpha}_3=(a_1,a_2,a_3)^{\mathrm{T}}$，则由 $\boldsymbol{A}$ 是实对称矩阵知，$\boldsymbol{\alpha}_3$ 与 $\boldsymbol{\alpha}_1,\boldsymbol{\alpha}_2$ 都正交，故有

$$\begin{cases}(\boldsymbol{\alpha}_3,\boldsymbol{\alpha}_1)=0,\\(\boldsymbol{\alpha}_3,\boldsymbol{\alpha}_2)=0,\end{cases}\text{即}\begin{cases}-a_1-a_2+a_3=0,\\a_1-2a_2-a_3=0,\end{cases}$$

它有基础解系 $(1,0,1)^{\mathrm{T}}$，故可取 $\boldsymbol{\alpha}_3=(1,0,1)^{\mathrm{T}}$.

记 $\boldsymbol{P}=(\boldsymbol{\alpha}_1,\boldsymbol{\alpha}_2,\boldsymbol{\alpha}_3)$，则 $\boldsymbol{P}$ 是可逆矩阵，且由 $\boldsymbol{A}^*$ 的特征值为 $\dfrac{|\boldsymbol{A}|}{1}=6,\dfrac{|\boldsymbol{A}|}{2}=3,\dfrac{|\boldsymbol{A}|}{3}=2$ 知，

$$\boldsymbol{P}^{-1}\boldsymbol{A}^*\boldsymbol{P}=\begin{pmatrix}6&&\\&3&\\&&2\end{pmatrix}.$$

故 $$\boldsymbol{A}^*=\boldsymbol{P}\begin{pmatrix}6&&\\&3&\\&&2\end{pmatrix}\boldsymbol{P}^{-1}=\begin{pmatrix}-1&1&1\\-1&-2&0\\1&-1&1\end{pmatrix}\begin{pmatrix}6&&\\&3&\\&&2\end{pmatrix}\begin{pmatrix}-1&1&1\\-1&-2&0\\1&-1&1\end{pmatrix}^{-1}$$

$$=\begin{pmatrix}-6&3&2\\-6&-6&0\\6&-3&2\end{pmatrix}\begin{pmatrix}-\frac{1}{3}&-\frac{1}{3}&\frac{1}{3}\\\frac{1}{6}&-\frac{1}{3}&-\frac{1}{6}\\\frac{1}{2}&0&\frac{1}{2}\end{pmatrix}=\begin{pmatrix}\frac{7}{2}&1&-\frac{3}{2}\\1&4&-1\\-\frac{3}{2}&-1&\frac{7}{2}\end{pmatrix}.$$

于是 $\boldsymbol{A}^{*}x=\boldsymbol{\alpha}_1+2\boldsymbol{\alpha}_2$ 成为

$$\begin{pmatrix} \frac{7}{2} & 1 & -\frac{3}{2} \\ 1 & 4 & -1 \\ -\frac{3}{2} & -1 & \frac{7}{2} \end{pmatrix}\boldsymbol{x}=\begin{pmatrix} 1 \\ -5 \\ -1 \end{pmatrix},$$

即 $\boldsymbol{x}=\begin{pmatrix} \frac{7}{2} & 1 & -\frac{3}{2} \\ 1 & 4 & -1 \\ -\frac{3}{2} & -1 & \frac{7}{2} \end{pmatrix}^{-1}\begin{pmatrix} 1 \\ -5 \\ -1 \end{pmatrix}=2\begin{pmatrix} \frac{13}{72} & -\frac{1}{18} & \frac{5}{72} \\ -\frac{1}{36} & \frac{5}{18} & \frac{1}{36} \\ \frac{5}{72} & \frac{1}{18} & \frac{13}{72} \end{pmatrix}\begin{pmatrix} 1 \\ -5 \\ -1 \end{pmatrix}=\begin{pmatrix} \frac{7}{9} \\ -\frac{26}{9} \\ -\frac{7}{9} \end{pmatrix}.$

由此得到，所求的解为 $x_1=\frac{7}{9}, x_2=-\frac{26}{9}, x_3=-\frac{7}{9}$.

4.19 线性方程组(A)的系数矩阵 $\boldsymbol{A}$ 的行列式

$|\boldsymbol{A}|=\begin{vmatrix} 1 & 2 & 1 \\ 2 & a+4 & -5 \\ -1 & -2 & a \end{vmatrix}=\begin{vmatrix} 1 & 2 & 1 \\ 0 & a & -7 \\ 0 & 0 & a+1 \end{vmatrix}=a(a+1)$，所以，当线性方程组(A)有无穷多解时，$|\boldsymbol{A}|=0$，即 $a=0,-1$.

当 $a=-1$ 时，由

$$|(\boldsymbol{\alpha}_1,\boldsymbol{\alpha}_2,\boldsymbol{\alpha}_3)|=\begin{vmatrix} 1 & -1 & -3 \\ -2 & 2 & -1 \\ -1 & 1 & 0 \end{vmatrix}=\begin{vmatrix} 1 & -1 & -3 \\ 0 & 0 & -7 \\ -1 & 1 & 0 \end{vmatrix}=0,$$

知，$\boldsymbol{\alpha}_1,\boldsymbol{\alpha}_2,\boldsymbol{\alpha}_3$ 线性相关，这与 $\boldsymbol{\alpha}_1,\boldsymbol{\alpha}_2,\boldsymbol{\alpha}_3$ 是 $\boldsymbol{A}$ 的对应不同特征值的特征向量矛盾. 因此 $a=-1$ 不合题意.

当 $a=0$ 时，由 $|(\boldsymbol{\alpha}_1,\boldsymbol{\alpha}_2,\boldsymbol{\alpha}_3)|=\begin{vmatrix} 1 & 0 & -2 \\ 0 & 3 & -1 \\ -1 & 2 & 1 \end{vmatrix}\neq 0$ 知，$\boldsymbol{\alpha}_1,\boldsymbol{\alpha}_2,\boldsymbol{\alpha}_3$ 线性无关，因此题中的 $a=0$.

当 $a=0$ 时，对线性方程组(A)的增广矩阵 $\overline{\boldsymbol{A}}$ 施行初等行变换：

$\overline{\boldsymbol{A}}=\left(\begin{array}{ccc:c} 1 & 2 & 1 & 3 \\ 2 & 4 & -5 & 6 \\ -1 & -2 & 0 & -3 \end{array}\right)\to\left(\begin{array}{ccc:c} 1 & 2 & 1 & 3 \\ 0 & 0 & -7 & 0 \\ 0 & 0 & 1 & 0 \end{array}\right)\to\left(\begin{array}{ccc:c} 1 & 2 & 0 & 3 \\ 0 & 0 & 0 & 0 \\ 0 & 0 & 1 & 0 \end{array}\right)$，所以，线性方程组(A)的通解为

$(x_1,x_2,x_3)^{\mathrm{T}}=C(-2,1,0)^{\mathrm{T}}+(3,0,0)^{\mathrm{T}}=(-2C+3,C,0)^{\mathrm{T}}$ 其中，C 是任意常数.

记 $\boldsymbol{P}=(\boldsymbol{\alpha}_1,\boldsymbol{\alpha}_2,\boldsymbol{\alpha}_3)|_{a=0}=\begin{pmatrix} 1 & 0 & -2 \\ 0 & 3 & -1 \\ -1 & 2 & 1 \end{pmatrix}$，则 $\boldsymbol{P}$ 是可逆矩阵，且 $\boldsymbol{P}^{-1}\boldsymbol{AP}=\begin{pmatrix} 1 & & \\ & -1 & \\ & & 0 \end{pmatrix}$，

所以，$\boldsymbol{A}=\boldsymbol{P}\begin{pmatrix} 1 & & \\ & -1 & \\ & & 0 \end{pmatrix}\boldsymbol{P}^{-1}=\begin{pmatrix} 1 & 0 & -2 \\ 0 & 3 & -1 \\ -1 & 2 & 1 \end{pmatrix}\begin{pmatrix} 1 & & \\ & -1 & \\ & & 0 \end{pmatrix}\begin{pmatrix} 1 & 0 & -2 \\ 0 & 3 & -1 \\ -1 & 2 & 1 \end{pmatrix}^{-1}$

$$=\begin{pmatrix}1&0&0\\0&-3&0\\-1&-2&0\end{pmatrix}\begin{pmatrix}-5&4&-6\\-1&1&-1\\-3&2&-3\end{pmatrix}=\begin{pmatrix}-5&4&-6\\3&-3&3\\7&-6&8\end{pmatrix}.$$

4.20　由于 $\boldsymbol{\xi}_1,\boldsymbol{\xi}_2$ 是 $\boldsymbol{Ax}=\boldsymbol{0}$ 的两个解，所以 $\boldsymbol{A}$ 有特征值 $\lambda=0$，$\boldsymbol{\xi}_1,\boldsymbol{\xi}_2$ 是它对应的两个线性无关的特征向量.

此外，由 $\boldsymbol{A\xi}_3=3\boldsymbol{\xi}_3$ 知，非零向量 $\boldsymbol{\xi}_3$ 是 $\boldsymbol{A}$ 的对应于 $\lambda=3$ 的特征向量. 由于 $\boldsymbol{A}$ 是实对称矩阵，所以 $\boldsymbol{\xi}_3$ 与 $\boldsymbol{\xi}_1,\boldsymbol{\xi}_2$ 都正交，记 $\boldsymbol{\xi}_3=(c_1,c_2,c_3)^{\mathrm{T}}$，则有 $\begin{cases}-c_1+c_2=0,\\-c_1+c_3=0.\end{cases}$ 它有基础解系 $(1,1,1)^{\mathrm{T}}$，故可取 $\boldsymbol{\xi}_3=(1,1,1)^{\mathrm{T}}$.

记 $\boldsymbol{P}=(\boldsymbol{\xi}_1,\boldsymbol{\xi}_2,\boldsymbol{\xi}_3)$，则 $\boldsymbol{P}$ 是可逆矩阵，且 $\boldsymbol{P}^{-1}\boldsymbol{AP}=\begin{pmatrix}0&&\\&0&\\&&3\end{pmatrix}$，所以，

$$\boldsymbol{A}=\boldsymbol{P}\begin{pmatrix}0&&\\&0&\\&&3\end{pmatrix}\boldsymbol{P}^{-1}$$

$$=\begin{pmatrix}-1&-1&1\\1&0&1\\0&1&1\end{pmatrix}\begin{pmatrix}0&&\\&0&\\&&3\end{pmatrix}\begin{pmatrix}-1&-1&1\\1&0&1\\0&1&1\end{pmatrix}^{-1}$$

$$=\begin{pmatrix}0&0&3\\0&0&3\\0&0&3\end{pmatrix}\begin{pmatrix}-\frac{1}{3}&\frac{2}{3}&-\frac{1}{3}\\-\frac{1}{3}&-\frac{1}{3}&\frac{2}{3}\\\frac{1}{3}&\frac{1}{3}&\frac{1}{3}\end{pmatrix}=\begin{pmatrix}1&1&1\\1&1&1\\1&1&1\end{pmatrix},$$

$$\boldsymbol{A}^{100}=\boldsymbol{P}\begin{pmatrix}0&&\\&0&\\&&3\end{pmatrix}^{100}\boldsymbol{P}^{-1}$$

$$=\begin{pmatrix}-1&-1&1\\1&0&1\\0&1&1\end{pmatrix}\begin{pmatrix}0&&\\&0&\\&&3^{100}\end{pmatrix}\begin{pmatrix}-1&-1&1\\1&0&1\\0&1&1\end{pmatrix}^{-1}$$

$$=\begin{pmatrix}0&0&3^{100}\\0&0&3^{100}\\0&0&3^{100}\end{pmatrix}\begin{pmatrix}-\frac{1}{3}&\frac{2}{3}&-\frac{1}{3}\\-\frac{1}{3}&-\frac{1}{3}&\frac{2}{3}\\\frac{1}{3}&\frac{1}{3}&\frac{1}{3}\end{pmatrix}=3^{99}\begin{pmatrix}1&1&1\\1&1&1\\1&1&1\end{pmatrix}.$$

4.21　由于 $|\lambda\boldsymbol{E}_3-\boldsymbol{A}|=\begin{vmatrix}\lambda-a&-b&-c\\3&\lambda-3&1\\15&-8&\lambda+6\end{vmatrix}$

$$=\lambda^3+(3-a)\lambda^2+(-3a+3b+15c-10)\lambda+(10a+3b-21c),$$

$$|\lambda \boldsymbol{E}_3-\boldsymbol{B}|=\begin{vmatrix}\lambda-1 & 0 & -2\\ 0 & \lambda-2 & 0\\ 0 & -4 & \lambda+1\end{vmatrix}=\lambda^3-2\lambda^2-\lambda+2,$$

所以,由 $\boldsymbol{A}\sim\boldsymbol{B}$ 知,$\boldsymbol{A},\boldsymbol{B}$ 的特征多项式相等,即

$$\lambda^3+(3-a)\lambda^2+(-3a+3b+15c-10)\lambda+(10a+3b-21c)=\lambda^3-2\lambda^2-\lambda+2.$$

比较 λ 的同次幂系数,得

$$\begin{cases}3-a=-2,\\ -3a+3b+15c-10=-1,\\ 10a+3b-21c=2.\end{cases}$$

解此方程组得 $a=5,b=-2,c=2$. 将它们代入 $\boldsymbol{C}$,得

$$\boldsymbol{C}=\begin{pmatrix}5 & 2 & 0 & 0\\ 5 & -2 & 0 & 0\\ 0 & 0 & 0 & 2\\ 0 & 0 & -5 & 0\end{pmatrix},|\boldsymbol{C}|=\begin{vmatrix}5 & 2\\ 5 & -2\end{vmatrix}\cdot\begin{vmatrix}0 & 2\\ -5 & 0\end{vmatrix}=-200.$$

由于 $\left[\left(\frac{1}{10}\boldsymbol{C}\right)^*\right]^{-1}=\left[\left|\frac{1}{10}\boldsymbol{C}\right|\left(\frac{1}{10}\boldsymbol{C}\right)^{-1}\right]^{-1}=\left(\frac{1}{10^4}|\boldsymbol{C}|\cdot 10\boldsymbol{C}^{-1}\right)^{-1}=\left(-\frac{1}{5}\boldsymbol{C}^{-1}\right)^{-1}=-5\boldsymbol{C}$,

所以,所给的矩阵方程成为

$$-5\boldsymbol{CXC}^{-1}=\boldsymbol{CX}+2\boldsymbol{E}_4,$$

即　$\boldsymbol{X}=-\frac{1}{5}\boldsymbol{C}^{-1}(\boldsymbol{CX}+2\boldsymbol{E}_4)\boldsymbol{C}=-\frac{1}{5}\boldsymbol{XC}-\frac{2}{5}\boldsymbol{E}_4$,或者 $\boldsymbol{X}\left(\boldsymbol{E}_4+\frac{1}{5}\boldsymbol{C}\right)=-\frac{2}{5}\boldsymbol{E}_4$.

因此,$\boldsymbol{X}=-\frac{2}{5}\left(\boldsymbol{E}_4+\frac{1}{5}\boldsymbol{C}\right)^{-1}=-\frac{2}{5}\times 5(5\boldsymbol{E}_4+\boldsymbol{C})^{-1}$

$$=-2\begin{pmatrix}10 & 2 & 0 & 0\\ 5 & 3 & 0 & 0\\ 0 & 0 & 5 & 2\\ 0 & 0 & -5 & 5\end{pmatrix}^{-1}=-2\begin{pmatrix}\begin{pmatrix}10 & 2\\ 5 & 3\end{pmatrix}^{-1} & \\ & \begin{pmatrix}5 & 2\\ -5 & 5\end{pmatrix}^{-1}\end{pmatrix}$$

$$=-2\begin{pmatrix}\frac{3}{20} & -\frac{1}{10} & & \\ -\frac{1}{4} & \frac{1}{2} & & \\ & & \frac{1}{7} & -\frac{2}{35}\\ & & \frac{1}{7} & \frac{1}{7}\end{pmatrix}=\begin{pmatrix}-\frac{3}{10} & \frac{1}{5} & 0 & 0\\ \frac{1}{2} & -1 & 0 & 0\\ 0 & 0 & -\frac{2}{7} & \frac{4}{35}\\ 0 & 0 & -\frac{2}{7} & -\frac{2}{7}\end{pmatrix}.$$

4.22　设 λ 是 $\boldsymbol{A}$ 的特征值,则 λ 满足 $\lambda^2-2\lambda=0$,即 $\lambda=0,2$. 由于 $\boldsymbol{A}$ 是实对称矩阵,所以 $\boldsymbol{A}$ 可相似对角化,故由 $r(\boldsymbol{A})=2$ 知

$$\boldsymbol{A}\sim\begin{pmatrix}0 & & \\ & 2 & \\ & & 2\end{pmatrix},$$

且由 $\boldsymbol{\xi}$ 是 $\boldsymbol{Ax}=\boldsymbol{0}$ 的非零解知,$\boldsymbol{\xi}$ 是 $\boldsymbol{A}$ 的对应于 $\lambda=0$ 的特征向量.

设 $\boldsymbol{A}$ 的对应 $\lambda=2$ 的特征向量为 $\boldsymbol{\eta}=(b_1,b_2,b_3)^{\mathrm{T}}$，则 $\boldsymbol{\eta}$ 与 $\boldsymbol{\xi}$ 正交，即 $b_1+b_3=0$. 它有基础解系 $(0,1,0)^{\mathrm{T}},(-1,0,1)^{\mathrm{T}}$，故取 $\boldsymbol{\eta}=\boldsymbol{\eta}_1=(0,1,0)^{\mathrm{T}},\boldsymbol{\eta}=\boldsymbol{\eta}_2=(-1,0,1)^{\mathrm{T}}$.

记 $\boldsymbol{P}=(\boldsymbol{\xi},\boldsymbol{\eta}_1,\boldsymbol{\eta}_2)$，则 $\boldsymbol{P}$ 可逆，且 $\boldsymbol{P}^{-1}\boldsymbol{AP}=\begin{pmatrix}0&&\\&2&\\&&2\end{pmatrix}$，所以

$$\boldsymbol{A}=\boldsymbol{P}\begin{pmatrix}0&&\\&2&\\&&2\end{pmatrix}\boldsymbol{P}^{-1}=\begin{pmatrix}1&0&-1\\0&1&0\\1&0&1\end{pmatrix}\begin{pmatrix}0&&\\&2&\\&&2\end{pmatrix}\begin{pmatrix}1&0&-1\\0&1&0\\1&0&1\end{pmatrix}^{-1}$$

$$=\begin{pmatrix}0&0&-2\\0&2&0\\0&0&2\end{pmatrix}\begin{pmatrix}\frac{1}{2}&0&\frac{1}{2}\\0&1&0\\-\frac{1}{2}&0&\frac{1}{2}\end{pmatrix}=\begin{pmatrix}1&0&-1\\0&2&0\\-1&0&1\end{pmatrix},$$

$$\boldsymbol{A}^*=\begin{pmatrix}2&0&2\\0&0&0\\2&0&2\end{pmatrix}.$$

因此 $\boldsymbol{A}^*\boldsymbol{x}=\boldsymbol{0}$ 即为 $x_1+x_3=0$. 它的通解为 $C_1(0,1,0)^{\mathrm{T}}+C_2(-1,0,1)^{\mathrm{T}}$（其中 C_1,C_2 是任意常数）.

4.23　$\boldsymbol{A}$ 的特征多项式为 $f(\lambda)=(\lambda-1)(\lambda-2)(\lambda+2)=\lambda^3-\lambda^2-4\lambda+4$. 由哈密顿-凯莱定理知 $f(\boldsymbol{A})=\boldsymbol{O}$. 由此可以化简 $\boldsymbol{B}$：

$\boldsymbol{B}=\boldsymbol{A}^5-4\boldsymbol{A}^3+4\boldsymbol{E}_3=(\boldsymbol{A}^3-\boldsymbol{A}^2-4\boldsymbol{A}+4\boldsymbol{E}_3)(\boldsymbol{A}^2+\boldsymbol{A}+\boldsymbol{E}_3)+\boldsymbol{A}^2-3\boldsymbol{E}_3=\boldsymbol{A}^2-3\boldsymbol{E}_3$.

于是 $\boldsymbol{B}$ 有特征值 $\mu_1=\lambda_1^2-3=1^2-3=-2,\mu_2=\lambda_2^2-3=2^2-3=1,\mu_3=\lambda_3^2-3=(-2)^2-3=1,\boldsymbol{\xi}=(1,-1,1)^{\mathrm{T}}$ 是 $\boldsymbol{B}$ 的对应 $\mu_1=-2$ 的特征向量. 记 $\boldsymbol{B}$ 的对应 $\mu_2=\mu_3=1$ 的特征向量为 $\boldsymbol{\eta}=(b_1,b_2,b_3)^{\mathrm{T}}$；则由 $\boldsymbol{B}$ 是实对称矩阵（这是由于 $\boldsymbol{A}$ 是实对称矩阵）知，$\boldsymbol{\eta}$ 与 $\boldsymbol{\xi}$ 正交，即 $b_1-b_2+b_3=0$. 它有基础解系 $(1,1,0)^{\mathrm{T}},(-1,0,1)^{\mathrm{T}}$，故可取 $\boldsymbol{\eta}=\boldsymbol{\eta}_1=(1,1,0)^{\mathrm{T}},\boldsymbol{\eta}=\boldsymbol{\eta}_2=(-1,0,1)^{\mathrm{T}}$.

记 $\boldsymbol{P}=(\boldsymbol{\xi},\boldsymbol{\eta}_1,\boldsymbol{\eta}_2)$，则 $\boldsymbol{P}$ 是可逆矩阵，且

$$\boldsymbol{P}^{-1}\boldsymbol{BP}=\begin{pmatrix}-2&&\\&1&\\&&1\end{pmatrix}.$$

所以，$\boldsymbol{B}=\boldsymbol{P}\begin{pmatrix}-2&&\\&1&\\&&1\end{pmatrix}\boldsymbol{P}^{-1}=\begin{pmatrix}1&1&-1\\-1&1&0\\1&0&1\end{pmatrix}\begin{pmatrix}-2&&\\&1&\\&&1\end{pmatrix}\begin{pmatrix}1&1&-1\\-1&1&0\\1&0&1\end{pmatrix}^{-1}$

$$=\begin{pmatrix}-2&1&-1\\2&1&0\\-2&0&1\end{pmatrix}\begin{pmatrix}\frac{1}{3}&-\frac{1}{3}&\frac{1}{3}\\\frac{1}{3}&\frac{2}{3}&\frac{1}{3}\\-\frac{1}{3}&\frac{1}{3}&\frac{2}{3}\end{pmatrix}=\begin{pmatrix}0&1&-1\\1&0&1\\-1&1&0\end{pmatrix}.$$

4.24　设 $\boldsymbol{P}=\begin{pmatrix}p_{11}&p_{12}\\p_{21}&p_{22}\end{pmatrix}$，则由 $\boldsymbol{P}^{-1}\boldsymbol{AP}=\begin{pmatrix}\lambda_0&1\\0&\lambda_0\end{pmatrix}$，得

$a+d=\lambda_0+\lambda_0$，即 $\lambda_0=\frac{1}{2}(a+d)$，并且 $\boldsymbol{AP}=\boldsymbol{P}\begin{pmatrix}\lambda_0 & 1\\ 0 & \lambda_0\end{pmatrix}$，即

$$\begin{pmatrix}a & b\\ c & d\end{pmatrix}\begin{pmatrix}p_{11} & p_{12}\\ p_{21} & p_{22}\end{pmatrix}=\begin{pmatrix}p_{11} & p_{12}\\ p_{21} & p_{22}\end{pmatrix}\begin{pmatrix}\lambda_0 & 1\\ 0 & \lambda_0\end{pmatrix}.$$

由此得到方程组

$$\begin{cases}(\lambda_0-a)p_{11}-bp_{21}=0,\\ -cp_{11}+(\lambda_0-d)p_{21}=0\end{cases}\tag{1}$$

和

$$\begin{cases}(\lambda_0-a)p_{12}-bp_{22}=-p_{11},\\ -cp_{12}+(\lambda_0-d)p_{22}=-p_{21}.\end{cases}\tag{2}$$

由 λ_0 是 $\boldsymbol{A}$ 的特征值知，$\begin{vmatrix}\lambda_0-a & -b\\ -c & \lambda_0-d\end{vmatrix}=0$，所以式(1)与方程$(\lambda_0-a)p_{11}-bp_{21}=0$ 同解. 因此取 $p_{11}=b$，则有 $p_{21}=\lambda_0-a=\frac{1}{2}(d-a)\left(这是因为 \lambda_0=\frac{a+d}{2}\right)$. 将它们代入式(2)，得

$$\begin{cases}(\lambda_0-a)p_{12}-bp_{22}=-b,\\ -cp_{12}+(\lambda_0-d)p_{22}=-(\lambda_0-a).\end{cases}$$

因此取 $p_{12}=0$，则有 $p_{22}=1$.

综上计算得 $\boldsymbol{P}=\begin{pmatrix}b & 0\\ \frac{1}{2}(d-a) & 1\end{pmatrix}$，它是可逆矩阵，且 $\boldsymbol{P}^{-1}\boldsymbol{AP}=\begin{pmatrix}\lambda_0 & 1\\ 0 & \lambda_0\end{pmatrix}$.

4.25 由题设知

$$\boldsymbol{A\alpha}_1=-\boldsymbol{\alpha}_1,\ \boldsymbol{A\alpha}_2=\boldsymbol{\alpha}_2.$$

此外，$\boldsymbol{A\alpha}_3=\boldsymbol{\alpha}_2+\boldsymbol{\alpha}_3$，所以

$$\begin{aligned}\boldsymbol{A}(\boldsymbol{\alpha}_1,\boldsymbol{\alpha},\boldsymbol{\alpha}_3)&=(\boldsymbol{A\alpha}_1,\boldsymbol{A\alpha}_2,\boldsymbol{A\alpha}_3)=(-\boldsymbol{\alpha}_1,\boldsymbol{\alpha}_2,\boldsymbol{\alpha}_2+\boldsymbol{\alpha}_3)\\ &=(\boldsymbol{\alpha}_1,\boldsymbol{\alpha}_2,\boldsymbol{\alpha}_3)\begin{pmatrix}-1 & 0 & 0\\ 0 & 1 & 1\\ 0 & 0 & 1\end{pmatrix}.\end{aligned}\tag{1}$$

下面证明 $\boldsymbol{\alpha}_1,\boldsymbol{\alpha}_2,\boldsymbol{\alpha}_3$ 线性无关. 设有数 k_1,k_2,k_3，使得

$$k_1\boldsymbol{\alpha}_1+k_2\boldsymbol{\alpha}_2+k_3\boldsymbol{\alpha}_3=\boldsymbol{0}.\tag{2}$$

上式两边左乘 $\boldsymbol{A}$，得

$$k_1\boldsymbol{A\alpha}_1+k_2\boldsymbol{A\alpha}_2+k_3\boldsymbol{A\alpha}_3=\boldsymbol{0}，即-k_1\boldsymbol{\alpha}_1+(k_2+k_3)\boldsymbol{\alpha}_2+k_3\boldsymbol{\alpha}_3=\boldsymbol{0}.\tag{3}$$

由式(2)与式(3)，得 $2k\boldsymbol{\alpha}_1-k_3\boldsymbol{\alpha}_2=\boldsymbol{0}$. 由于 $\boldsymbol{\alpha}_1,\boldsymbol{\alpha}_2$ 是 $\boldsymbol{A}$ 的分别对应不同特征值的特征向量，所以线性无关，从而 $k_1=k_3=0$. 将它们代入式(2)，得 $k_2=0$，所以 $\boldsymbol{\alpha}_1,\boldsymbol{\alpha}_2,\boldsymbol{\alpha}_3$ 线性无关，即 $\boldsymbol{P}=(\boldsymbol{\alpha}_1,\boldsymbol{\alpha}_2,\boldsymbol{\alpha}_3)$是可逆矩阵，且

$$\boldsymbol{P}^{-1}\boldsymbol{AP}=\begin{pmatrix}-1 & 0 & 0\\ 0 & 1 & 1\\ 0 & 0 & 1\end{pmatrix}\xlongequal{记}\boldsymbol{B}.（由此可知|\boldsymbol{A}|=-1）.$$

下面计算 $\boldsymbol{P}^{-1}\boldsymbol{A}^*\boldsymbol{P}$：

$$\boldsymbol{P}^{-1}\boldsymbol{A}^*\boldsymbol{P}=\boldsymbol{P}^{-1}(|\boldsymbol{A}|\boldsymbol{A}^{-1})\boldsymbol{P}=-\boldsymbol{P}^{-1}\boldsymbol{A}^{-1}\boldsymbol{P}=-(\boldsymbol{P}^{-1}\boldsymbol{AP})^{-1}$$

$$=-\begin{pmatrix}-1&0&0\\0&1&1\\0&0&1\end{pmatrix}^{-1}=-\begin{pmatrix}-1&0&0\\0&1&-1\\0&0&1\end{pmatrix}=\begin{pmatrix}1&0&0\\0&-1&1\\0&0&-1\end{pmatrix}.$$

4.26　（Ⅰ）对 $i=1,2,3$，设 λ_i 是 $\boldsymbol{A}_i$ 的特征值，则由题设知，λ_i 满足 $\lambda_i^2=\lambda_i$，从而 $\lambda_i=0,1$，即 $\boldsymbol{A}_i$ 仅有特征值 0 与 1.

（Ⅱ）设 $\boldsymbol{A}_i$ 的对应于特征值 1 的特征向量为 $\boldsymbol{x}$，则 $\boldsymbol{A}_i\boldsymbol{x}=\boldsymbol{x}$.

上式两边左乘 $\boldsymbol{A}_j$，得

$$(\boldsymbol{A}_j\boldsymbol{A}_i)\boldsymbol{x}=\boldsymbol{A}_j\boldsymbol{x}，即\ \boldsymbol{A}_j\boldsymbol{x}=\boldsymbol{O}\cdot\boldsymbol{x}（利用\ \boldsymbol{A}_j\boldsymbol{A}_i=\boldsymbol{O}），$$

所以 $\boldsymbol{x}$ 是 $\boldsymbol{A}_j$ 的对应于特征值 0 的特征向量. 以上 $i,j=1,2,3$，但 $i\neq j$.

（Ⅲ）由题设知

$$\boldsymbol{A}_i\boldsymbol{\alpha}_i=\boldsymbol{\alpha}_i\ (i=1,2,3).$$

设数 k_1,k_2,k_3，使得 $k_1\boldsymbol{\alpha}_1+k_2\boldsymbol{\alpha}_2+k_3\boldsymbol{\alpha}_3=\boldsymbol{0}$.　　(1)

对上式两边左乘 $\boldsymbol{A}_i(i=1,2,3)$，得

$$k_1\boldsymbol{A}_1\boldsymbol{\alpha}_1+k_2\boldsymbol{A}_1\boldsymbol{\alpha}_2+k_3\boldsymbol{A}_1\boldsymbol{\alpha}_3=\boldsymbol{0},\tag{2}$$

$$k_1\boldsymbol{A}_2\boldsymbol{\alpha}_1+k_2\boldsymbol{A}_2\boldsymbol{\alpha}_2+k_3\boldsymbol{A}_2\boldsymbol{\alpha}_3=\boldsymbol{0},\tag{3}$$

$$k_1\boldsymbol{A}_3\boldsymbol{\alpha}_1+k_2\boldsymbol{A}_3\boldsymbol{\alpha}_2+k_3\boldsymbol{A}_3\boldsymbol{\alpha}_3=\boldsymbol{0}.\tag{4}$$

利用（Ⅱ）的结论，式(2)成为

$$k_1\boldsymbol{A}_1\boldsymbol{\alpha}_1=\boldsymbol{0}，即\ k_1\boldsymbol{\alpha}_1=\boldsymbol{0}.$$

由于 $\boldsymbol{\alpha}_1\neq\boldsymbol{0}$（因为 $\boldsymbol{\alpha}_1$ 是特征向量），所以 $k_1=0$.

同理，可由式(3)与式(4)，得 $k_2=k_3=0$. 因此由式(1)得 $\boldsymbol{\alpha}_1,\boldsymbol{\alpha}_2,\boldsymbol{\alpha}_3$ 线性无关.

4.27　设 $f(x)=a_0x^n+a_1x^{n-1}+\cdots+a_{n-1}x+a_n$，则由 $f(\boldsymbol{A})=\boldsymbol{O}$，得

$$a_0\boldsymbol{A}^n+a_1\boldsymbol{A}^{n-1}+\cdots+a_{n-1}\boldsymbol{A}=-a_n\boldsymbol{E}_n,$$

即　$\boldsymbol{A}\left(-\dfrac{a_0}{a_n}\boldsymbol{A}^{n-1}-\dfrac{a_1}{a_n}\boldsymbol{A}^{n-2}-\cdots-\dfrac{a_{n-1}}{a_n}\boldsymbol{E}_n\right)=\boldsymbol{E}_n$（这里利用 $f(x)$ 的常数项 $a_n\neq0$）.

由此可知，$\boldsymbol{A}$ 可逆，从而 $\boldsymbol{A}$ 的所有特征值都不为零.

4.28　由哈密顿-凯莱定理知 $f(\boldsymbol{A})=\boldsymbol{O}$，即

$$\boldsymbol{A}^n+a_1\boldsymbol{A}^{n-1}+\cdots+a_{n-1}\boldsymbol{A}=-a_n\boldsymbol{E}_n.$$

由 $\boldsymbol{A}$ 可逆知，$a_n=(-1)^n|\boldsymbol{A}|\neq0$，所以上式可以改写成

$$\boldsymbol{A}\left(-\frac{1}{a_n}\boldsymbol{A}^{n-1}-\frac{a_1}{a_n}\boldsymbol{A}^{n-2}-\cdots-\frac{a_{n-1}}{a_n}\boldsymbol{E}_n\right)=\boldsymbol{E}_n.$$

由此可知，$\boldsymbol{A}^{-1}=-\left(\dfrac{1}{a_n}\boldsymbol{A}^{n-1}+\dfrac{a_1}{a_n}\boldsymbol{A}^{n-2}+\cdots+\dfrac{a_{n-1}}{a_n}\boldsymbol{E}_n\right)$，所以

$$\begin{aligned}\boldsymbol{A}^*=|\boldsymbol{A}|\boldsymbol{A}^{-1}&=-\left(\frac{|\boldsymbol{A}|}{a_n}\boldsymbol{A}^{n-1}+\frac{|\boldsymbol{A}|}{a_n}a_1\boldsymbol{A}^{n-2}+\cdots+\frac{|\boldsymbol{A}|}{a_n}a_{n-1}\boldsymbol{E}_n\right)\\&=(-1)^{n-1}(\boldsymbol{A}^{n-1}+a_1\boldsymbol{A}^{n-2}+\cdots+a_{n-1}\boldsymbol{E}_n).\end{aligned}$$

4.29　由题设知

$$\boldsymbol{E}_n(i,j)\boldsymbol{A}\boldsymbol{E}_n(i,j)=\boldsymbol{B}.$$

由于 $\boldsymbol{E}_n(i,j)$ 是可逆矩阵，且 $[\boldsymbol{E}_n(i,j)]^{-1}=\boldsymbol{E}_n(i,j)$，所以上式可以改写成

$$[\boldsymbol{E}_n(i,j)]^{-1}\boldsymbol{A}\boldsymbol{E}_n(i,j)=\boldsymbol{B}.$$

从而，$\boldsymbol{A}\sim\boldsymbol{B}$.

4.30 必要性:设存在 n 阶可逆矩阵 $\boldsymbol{P},\boldsymbol{Q}$,使得 $\boldsymbol{P}\boldsymbol{A}_i\boldsymbol{Q}=\boldsymbol{B}_i(i=1,2)$,则

$$\boldsymbol{A}_1=\boldsymbol{P}^{-1}\boldsymbol{B}_1\boldsymbol{Q}^{-1},\boldsymbol{A}_2=\boldsymbol{P}^{-1}\boldsymbol{B}_2\boldsymbol{Q}^{-1}.$$

所以有,$\boldsymbol{A}_1\boldsymbol{A}_2^{-1}=(\boldsymbol{P}^{-1}\boldsymbol{B}_1\boldsymbol{Q}^{-1})(\boldsymbol{P}^{-1}\boldsymbol{B}_2\boldsymbol{Q}^{-1})^{-1}$

$$=\boldsymbol{P}^{-1}\boldsymbol{B}_1(\boldsymbol{Q}^{-1}\boldsymbol{Q})\boldsymbol{B}_2^{-1}\boldsymbol{P}=\boldsymbol{P}^{-1}\boldsymbol{B}_1\boldsymbol{B}_2^{-1}\boldsymbol{P}.$$

即 $\boldsymbol{A}_1\boldsymbol{A}_2^{-1}\sim\boldsymbol{B}_1\boldsymbol{B}_2^{-1}$.

充分性:设 $\boldsymbol{A}_1\boldsymbol{A}_2^{-1}\sim\boldsymbol{B}_1\boldsymbol{B}_2^{-1}$,则存在 n 阶可逆矩阵 $\boldsymbol{P}_1$,使得

$$\boldsymbol{P}_1^{-1}(\boldsymbol{A}_1\boldsymbol{A}_2^{-1})\boldsymbol{P}_1=\boldsymbol{B}_1\boldsymbol{B}_2^{-1}.$$

由此得到,$\boldsymbol{P}^{-1}\boldsymbol{A}_1\boldsymbol{Q}=\boldsymbol{B}_1,\boldsymbol{P}^{-1}\boldsymbol{A}_2\boldsymbol{Q}=\boldsymbol{B}_2$,其中 $\boldsymbol{P}=\boldsymbol{P}_1,\boldsymbol{Q}=\boldsymbol{A}_2^{-1}\boldsymbol{P}_1\boldsymbol{B}_2$ 都可逆.

4.31 由题设得

$$f(\lambda)=|\lambda\boldsymbol{E}_n-\boldsymbol{A}|=\begin{vmatrix}\lambda-a & -a & \cdots & -a\\ -a & \lambda-a & \cdots & -a\\ \vdots & \vdots & & \vdots\\ -a & -a & \cdots & \lambda-a\end{vmatrix}=(\lambda-na)\lambda^{n-1}.$$

由此可知,$-na$ 不是 $\boldsymbol{A}$ 的特征值,故 $\boldsymbol{A}+na\boldsymbol{E}_n$ 可逆.

设 $\boldsymbol{A}+na\boldsymbol{E}_n$ 的特征多项式为

$$h(\lambda)=\lambda^n+b_1\lambda^{n-1}+\cdots+b_{n-1}\lambda+b_n$$

(其中,$b_n=(-1)^n|\boldsymbol{A}+na\boldsymbol{E}_n|\neq0$),所以由哈密顿-凯莱定理知

$$h(\boldsymbol{A}+na\boldsymbol{E}_n)=\boldsymbol{O},$$

即$(\boldsymbol{A}+na\boldsymbol{E}_n)^n+b_1(\boldsymbol{A}+na\boldsymbol{E}_n)^{n-1}+\cdots+b_{n-1}(\boldsymbol{A}+na\boldsymbol{E}_n)=-b_n\boldsymbol{E}_n$,

从而$(\boldsymbol{A}+na\boldsymbol{E}_n)\left[-\dfrac{1}{b_n}(\boldsymbol{A}+na\boldsymbol{E}_n)^{n-1}-\dfrac{b_1}{b_n}(\boldsymbol{A}+na\boldsymbol{E}_n)^{n-2}-\cdots-\dfrac{b_{n-1}}{b_n}\boldsymbol{E}_n\right]=\boldsymbol{E}_n$,

即$(\boldsymbol{A}+na\boldsymbol{E}_n)^{-1}=-\dfrac{1}{b_n}(\boldsymbol{A}+na\boldsymbol{E}_n)^{n-1}-\dfrac{b_1}{b_n}(\boldsymbol{A}+na\boldsymbol{E}_n)^{n-2}-\cdots-\dfrac{b_{n-1}}{b_n}\boldsymbol{E}_n$

$$\xlongequal{\text{记}}a_1\boldsymbol{A}^{n-1}+a_2\boldsymbol{A}^{n-2}+\cdots+a_{n-1}\boldsymbol{A}+a_n\boldsymbol{E}_n.$$

记 $\varphi(x)=a_1x^{n-1}+a_2x^{n-2}+\cdots+a_{n-1}x+a_n$,则上式成为 $\varphi(\boldsymbol{A})=(\boldsymbol{A}+na\boldsymbol{E}_n)^{-1}$. 故存在实系数多项式 $\varphi(x)$,使得 $\varphi(\boldsymbol{A})=(\boldsymbol{A}+na\boldsymbol{E}_n)^{-1}$.

4.32 设 λ 是 $\boldsymbol{A}$ 的特征值,则 λ 满足 $\lambda^2-\lambda=0$,所以 $\boldsymbol{A}$ 仅有特征值 $\lambda=0,1$.

由题设知 $\boldsymbol{A}(\boldsymbol{E}_n-\boldsymbol{A})=\boldsymbol{O}$,所以 $r(\boldsymbol{A})+r(\boldsymbol{E}_n-\boldsymbol{A})=n$. 记 $r(\boldsymbol{A})=r$,则齐次线性方程组 $\boldsymbol{A}\boldsymbol{x}=\boldsymbol{0}$ 的基础解系中有 $n-r$ 个线性无关的解,即 $\boldsymbol{A}$ 的对应于 $\lambda=0$ 的线性无关特征向量共有 $n-r$ 个;同理,$\boldsymbol{A}$ 的对应于 $\lambda=1$ 的线性无关特征向量共有 r 个. 由此得到 $\boldsymbol{A}$ 共有 n 个线性无关的解,故 $\boldsymbol{A}$ 可相似对角化,即

$$\boldsymbol{A}\sim\begin{pmatrix}0 & & & & & \\ & \ddots & & & & \\ & & 0 & & & \\ & & & 1 & & \\ & & & & \ddots & \\ & & & & & 1\end{pmatrix}\begin{matrix}\left.\begin{matrix}\\ \\ \\ \end{matrix}\right\}n-r\text{ 个}\\ \left.\begin{matrix}\\ \\ \\ \end{matrix}\right\}r\text{ 个}\end{matrix}\xlongequal{\text{记}}\boldsymbol{\Lambda}.$$

由此得到 $\boldsymbol{A}^3\sim\boldsymbol{\Lambda}$,所以

$$r(\boldsymbol{A}^3)=r(\boldsymbol{\Lambda})=\text{tr}\boldsymbol{\Lambda}=\text{tr}\boldsymbol{A}.$$

4.33 由题设知 $\boldsymbol{A}$ 可相似对角化，即存在 n 阶可逆矩阵 $\boldsymbol{P}$，使得

$$\boldsymbol{P}^{-1}\boldsymbol{A}\boldsymbol{P}=\begin{pmatrix}\lambda_1 & & & \\ & \lambda_2 & & \\ & & \ddots & \\ & & & \lambda_n\end{pmatrix}. \tag{1}$$

于是，由 $\boldsymbol{AB}=\boldsymbol{BA}$，得

$$\boldsymbol{P}^{-1}\boldsymbol{ABP}=\boldsymbol{P}^{-1}\boldsymbol{BAP}，即(\boldsymbol{P}^{-1}\boldsymbol{AP})(\boldsymbol{P}^{-1}\boldsymbol{BP})=(\boldsymbol{P}^{-1}\boldsymbol{BP})(\boldsymbol{P}^{-1}\boldsymbol{AP}).$$

将式(1)代入，得

$$\begin{pmatrix}\lambda_1 & & & \\ & \lambda_2 & & \\ & & \ddots & \\ & & & \lambda_n\end{pmatrix}(\boldsymbol{P}^{-1}\boldsymbol{BP})=(\boldsymbol{P}^{-1}\boldsymbol{BP})\begin{pmatrix}\lambda_1 & & & \\ & \lambda_2 & & \\ & & \ddots & \\ & & & \lambda_n\end{pmatrix}.$$

记 $\boldsymbol{P}^{-1}\boldsymbol{BP}=\begin{pmatrix}b_{11} & b_{12} & \cdots & b_{1n}\\ b_{21} & b_{22} & \cdots & b_{2n}\\ \vdots & \vdots & & \vdots\\ b_{n1} & b_{n2} & \cdots & b_{nn}\end{pmatrix}$，则上式成为

$$\begin{pmatrix}\lambda_1 & & & \\ & \lambda_2 & & \\ & & \ddots & \\ & & & \lambda_n\end{pmatrix}\begin{pmatrix}b_{11} & b_{12} & \cdots & b_{1n}\\ b_{21} & b_{22} & \cdots & b_{2n}\\ \vdots & \vdots & & \vdots\\ b_{n1} & b_{n2} & \cdots & b_{nn}\end{pmatrix}=\begin{pmatrix}b_{11} & b_{12} & \cdots & b_{1n}\\ b_{21} & b_{22} & \cdots & b_{2n}\\ \vdots & \vdots & & \vdots\\ b_{n1} & b_{n2} & \cdots & b_{nn}\end{pmatrix}\begin{pmatrix}\lambda_1 & & & \\ & \lambda_2 & & \\ & & \ddots & \\ & & & \lambda_n\end{pmatrix},$$

即

$$\begin{pmatrix}\lambda_1 b_{11} & \lambda_1 b_{12} & \cdots & \lambda_1 b_{1n}\\ \lambda_2 b_{21} & \lambda_2 b_{22} & \cdots & \lambda_2 b_{2n}\\ \vdots & \vdots & & \vdots\\ \lambda_n b_{n1} & \lambda_n b_{n2} & \cdots & \lambda_n b_{nn}\end{pmatrix}=\begin{pmatrix}\lambda_1 b_{11} & \lambda_2 b_{12} & \cdots & \lambda_n b_{1n}\\ \lambda_1 b_{21} & \lambda_2 b_{22} & \cdots & \lambda_n b_{2n}\\ \vdots & \vdots & & \vdots\\ \lambda_1 b_{n1} & \lambda_2 b_{n2} & \cdots & \lambda_n b_{nn}\end{pmatrix}.$$

由此得到 $(\lambda_i-\lambda_j)b_{ij}=0(i,j=1,2,\cdots,n,i\neq j)$. 由于 λ_i 与 $\lambda_j(i=1,2,\cdots,n,i\neq j)$ 互异，所以 $b_{ij}=0(i,j=1,2,\cdots,n,i\neq j)$. 从而

$$\boldsymbol{P}^{-1}\boldsymbol{BP}=\begin{pmatrix}b_{11} & & & \\ & b_{22} & & \\ & & \ddots & \\ & & & b_{nn}\end{pmatrix},$$

即 $\boldsymbol{B}$ 可相似对角化.

第五章 二　次　型

一、核心内容提要

1. 实对称矩阵

设 $\boldsymbol{A}$ 是 n 阶实对称矩阵，则

(1) $\boldsymbol{A}$ 可以相似对角化，即存在 n 阶可逆矩阵 $\boldsymbol{P}$，使得

$$\boldsymbol{P}^{-1}\boldsymbol{A}\boldsymbol{P}=\begin{pmatrix}\lambda_1 & & & \\ & \lambda_2 & & \\ & & \ddots & \\ & & & \lambda_n\end{pmatrix}$$（其中，$\lambda_1,\lambda_2,\cdots,\lambda_n$ 都是 $\boldsymbol{A}$ 的特征值，它们都为实数）.

(2) $\boldsymbol{A}$ 可以正交相似对角化，即存在 n 阶正交矩阵 $\boldsymbol{Q}$，使得

$$\boldsymbol{Q}^{\mathrm{T}}\boldsymbol{A}\boldsymbol{Q}=\begin{pmatrix}\lambda_1 & & & \\ & \lambda_2 & & \\ & & \ddots & \\ & & & \lambda_n\end{pmatrix}$$（其中，$\lambda_1,\lambda_2,\cdots,\lambda_n$ 都是 $\boldsymbol{A}$ 的特征值，它们都为实数）.

(3) $\boldsymbol{A}$ 可以合同对角化，即存在 n 阶可逆矩阵 $\boldsymbol{C}$，使得

$$\boldsymbol{C}^{\mathrm{T}}\boldsymbol{A}\boldsymbol{C}=\begin{pmatrix}d_1 & & & \\ & d_2 & & \\ & & \ddots & \\ & & & d_n\end{pmatrix}$$（其中，$d_1,d_2,\cdots,d_n$ 未必是 $\boldsymbol{A}$ 的特征值）.

注 (ⅰ) 设 $\boldsymbol{A},\boldsymbol{B}$ 都是 n 阶矩阵. 如果存在 n 阶可逆矩阵 $\boldsymbol{C}$，使得 $\boldsymbol{C}^{\mathrm{T}}\boldsymbol{A}\boldsymbol{C}=\boldsymbol{B}$，则称 $\boldsymbol{A}$ 与 $\boldsymbol{B}$ 合同，记为 $\boldsymbol{A}\cong\boldsymbol{B}$. 当 $\boldsymbol{A}$ 与 $\boldsymbol{B}$ 合同时，$r(\boldsymbol{A})=r(\boldsymbol{B})$.

实对称矩阵只能与实对称矩阵合同.

(ⅱ) 设 $\boldsymbol{A},\boldsymbol{B}$ 都是 n 阶矩阵，则

设 $\boldsymbol{A},\boldsymbol{B}$ 都是 n 阶实对称矩阵，则

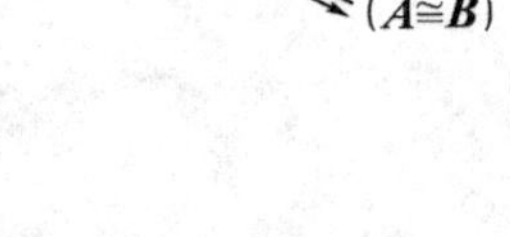

（ⅲ）设 $\boldsymbol{A}_1,\boldsymbol{B}_1$ 都是 m 阶矩阵，且 $\boldsymbol{A}_1\cong\boldsymbol{B}_1$；又设 $\boldsymbol{A}_2,\boldsymbol{B}_2$ 都是 n 阶矩阵，且 $\boldsymbol{A}_2\cong\boldsymbol{B}_2$，则

$$\begin{pmatrix}\boldsymbol{A}_1 & \\ & \boldsymbol{A}_2\end{pmatrix}\cong\begin{pmatrix}\boldsymbol{B}_1 & \\ & \boldsymbol{B}_2\end{pmatrix}.$$

2. 二次型

(1) 称 n 个变量 $x_1,x_2,\cdots,x_n$ 的二次齐次函数

$$\begin{aligned}f(x_1,x_2,\cdots,x_n)=&a_{11}x_1^2+2a_{12}x_1x_2+2a_{13}x_1x_3+\cdots+2a_{1n}x_1x_n+\\&a_{22}^2x_2^2+2a_{23}x_2x_3+\cdots+2a_{2n}x_2x_n+\cdots+a_{nn}x_n^2\end{aligned}$$

(其中，a_{ij} 都为实数，$i,j=1,2,\cdots,n,i\leqslant j$)为 n 元二次型(简称二次型).

通常取 $a_{ij}=a_{ji}(i,j=1,2,\cdots,n)$，则 $f(x_1,x_2,\cdots,x_n)$ 可以改写成矩阵表示式

$$f(x_1,x_2,\cdots,x_n)=\boldsymbol{x}^{\mathrm{T}}\boldsymbol{A}\boldsymbol{x},$$

其中，$\boldsymbol{x}=(x_1,x_2,\cdots,x_n)^{\mathrm{T}}$，$\boldsymbol{A}=(a_{ij})$ 是 n 阶实对称矩阵(称为 f 的矩阵).

(2) 形如 $d_1x_1^2+d_2x_2^2+\cdots+d_nx_n^2$ 的二次型，称为 n 元二次型的标准形. 如果标准形 $d_1x_1^2+d_2x_2^2+\cdots+d_nx_n^2$ 中的 $d_i(i=1,2,\cdots,n)$ 仅取 $-1,0$，或 1，则称这种标准形为规范形.

3. 二次型化标准形的方法

设二次型 $f(x_1,x_2,\cdots,x_n)=\boldsymbol{x}^{\mathrm{T}}\boldsymbol{A}\boldsymbol{x}$(其中 $\boldsymbol{x}=(x_1,x_2,\cdots,x_n)^{\mathrm{T}}$，$\boldsymbol{A}$ 是 n 阶实对称矩阵)，则它可按以下方法化标准形.

(1) 正交变换法.

将 $\boldsymbol{A}$ 正交相似对角化，即寻找 n 阶正交矩阵 $\boldsymbol{Q}$，使得 $\boldsymbol{Q}^{\mathrm{T}}\boldsymbol{A}\boldsymbol{Q}=\begin{pmatrix}\lambda_1&&&\\&\lambda_2&&\\&&\ddots&\\&&&\lambda_n\end{pmatrix}$(其中，$\lambda_1,\lambda_2,\cdots,\lambda_n$ 都是 $\boldsymbol{A}$ 的特征值)，则正交变换 $\boldsymbol{x}=\boldsymbol{Q}\boldsymbol{y}$(其中，$\boldsymbol{y}=(y_1,y_2,\cdots,y_n)^{\mathrm{T}}$)使得

$$f(x_1,x_2,\cdots,x_n)=\lambda_1y_1^2+\lambda_2y_2^2+\cdots+\lambda_ny_n^2.\text{(标准形)}$$

(2) 可逆线性变换法.

将 $\boldsymbol{A}$ 合同对角化，即寻找 n 阶可逆矩阵 $\boldsymbol{C}$，使得 $\boldsymbol{C}^{\mathrm{T}}\boldsymbol{A}\boldsymbol{C}=\begin{pmatrix}d_1&&&\\&d_2&&\\&&\ddots&\\&&&d_n\end{pmatrix}$(注意：这里的 $d_1,d_2,\cdots,d_n$ 未必是 $\boldsymbol{A}$ 的特征值)，则可逆线性变换 $\boldsymbol{x}=\boldsymbol{C}\boldsymbol{y}$(其中，$y=(y_1,y_2,\cdots,y_n)^{\mathrm{T}}$)使得

$$f(x_1,x_2,\cdots,x_n)=d_1y_1^2+d_2y_2^2+\cdots+d_ny_n^2.\text{(标准形)}$$

注 （ⅰ）$\boldsymbol{C}$ 可通过对 $f(x_1,x_2,\cdots,x_n)$ 配方得到，

（ⅱ）二次型 f 经可逆线性变换(或正交变换)化为标准形，标准形中正系数的个数与负系数的个数分别称为 f 的正惯性指数与负惯性指数，并分别记为 p 与 q. 显然 $p+q=r(\boldsymbol{A})$(其中，$\boldsymbol{A}$ 是 f 的矩阵).

4. 二次型化规范形方法

设二次型 $f(x_1,x_2,\cdots,x_n)$已经可逆线性变换(或正交变换)$\boldsymbol{x}=\boldsymbol{C}\boldsymbol{y}$(这里,$\boldsymbol{x}=(x_1,x_2,\cdots,x_n)^{\mathrm{T}}$,$\boldsymbol{y}=(y_1,y_2,\cdots,y_n)^{\mathrm{T}}$,$\boldsymbol{C}$ 是 n 阶可逆矩阵)化为标准形

$$f(x_1,x_2,\cdots,x_n)=e_1y_1^2+e_2y_2^2+\cdots+e_ny_n^2.$$

如果 $e_1,e_2,\cdots,e_n$ 只取 -1,0 或 1,则 f 就是规范形;如果 $e_1,e_2,\cdots,e_n$ 不是只取 -1,0 或 1,则令

$$z_i=\begin{cases}\sqrt{e_i}y_i, & e_i>0,\\ y_i, & e_i=0,\\ \sqrt{-e_i}y_i, & e_i<0\end{cases}(i=1,2,\cdots,n),\text{使得 } f(x_1,x_2,\cdots,x_n)=\varepsilon_1z_1^2+\varepsilon_2z_2^2+\cdots+\varepsilon_nz_n^2.\text{(规范形)}$$

5. 惯性定理

二次型 f 的正、负惯性指数 p,q 是由 f 唯一确定的.

6. 正定矩阵与正定二次型

设二次型 $f(x_1,x_2,\cdots,x_n)=\boldsymbol{x}^{\mathrm{T}}\boldsymbol{A}\boldsymbol{x}$(其中,$\boldsymbol{A}$ 是 n 阶实对称矩阵,$\boldsymbol{x}=(x_1,x_2,\cdots,x_n)^{\mathrm{T}}$).如果对任意 $\boldsymbol{x}^0=(x_1^0,x_2^0,\cdots,x_n^0)^{\mathrm{T}}\neq\boldsymbol{0}$,都有$(\boldsymbol{x}^0)^{\mathrm{T}}\boldsymbol{A}\boldsymbol{x}^0>0$,则称 f 是正定二次型,称 $\boldsymbol{A}$ 是正定矩阵.

(1) 实对称矩阵为正定矩阵的充分必要条件.

设 $\boldsymbol{A}$ 是 n 阶实对称矩阵,则它是正定矩阵的充分必要条件,常见的有以下 4 种:

① $\boldsymbol{A}$ 的特征值全是正数;

② $\boldsymbol{A}\cong\boldsymbol{E}_n$ 或 $\boldsymbol{A}\cong\boldsymbol{B}$(正定矩阵);

③ $\boldsymbol{A}$ 的各阶顺序主子式全大于零;

④ 存在 n 阶可逆矩阵 $\boldsymbol{C}$,使得 $\boldsymbol{A}=\boldsymbol{C}^{\mathrm{T}}\boldsymbol{C}$;

(2) 正定矩阵的性质.

① 设 $\boldsymbol{A},\boldsymbol{B}$ 都是 n 阶正定矩阵,则 $\boldsymbol{A}+\boldsymbol{B}$ 是正定矩阵.

② 设 $\boldsymbol{A}$ 是正定矩阵,k 为正数,则 $k\boldsymbol{A}$ 是正定矩阵.

③ 设 $\boldsymbol{A}$ 为正定矩阵,则 $\boldsymbol{A}^{\mathrm{T}}$ 为正定矩阵.

④ 设 $\boldsymbol{A}$ 为正定矩阵,则 $\boldsymbol{A}$ 可逆,且 $\boldsymbol{A}^{-1}$ 为正定矩阵.

⑤ 设 $\boldsymbol{A}$ 为正定矩阵,则 $\boldsymbol{A}^*$ 为正定矩阵.

⑥ 设 $\boldsymbol{A}$ 为正定矩阵,且实对称矩阵 $\boldsymbol{B}\sim\boldsymbol{A}$,则 $\boldsymbol{B}$ 为正定矩阵.

⑦ 设 $\boldsymbol{A}_1,\boldsymbol{A}_2$ 都为正定矩阵,则分块矩阵 $\begin{pmatrix}\boldsymbol{A}_1 & \boldsymbol{O}\\ \boldsymbol{O} & \boldsymbol{A}_2\end{pmatrix}$ 为正定矩阵.

(3) 二次型为正定二次型的充分必要条件.

设二次型 $f(x_1,x_2,\cdots,x_n)=\boldsymbol{x}^{\mathrm{T}}\boldsymbol{A}\boldsymbol{x}$(其中,$\boldsymbol{A}$ 是 n 阶实对称矩阵,$\boldsymbol{x}=(x_1,x_2,\cdots,x_n)^{\mathrm{T}}$),则它为正定二次型的充分必要条件,常见的有以下三种:

① 对任意 $\boldsymbol{x}^0=(x_1^0,x_2^0,\cdots,x_n^0)^{\mathrm{T}}\neq\boldsymbol{0}$,都有$(\boldsymbol{x}^0)^{\mathrm{T}}\boldsymbol{A}\boldsymbol{x}^0>0$.

② $\boldsymbol{A}$ 为正定矩阵.

③ f 的正惯性指数为 n.

二、典型例题精解

A 组

(Ⅰ)

例 5.1 设三阶实对称矩阵 $\boldsymbol{A}=\begin{pmatrix}0 & \frac{1}{2} & \frac{1}{2}\\ \frac{1}{2} & 0 & 1\\ \frac{1}{2} & 1 & 0\end{pmatrix}$，求三阶正交矩阵 $\boldsymbol{Q}$ 和对角矩阵 $\boldsymbol{\Lambda}$，使得 $\boldsymbol{Q}^{\mathrm{T}}\boldsymbol{A}\boldsymbol{Q}=\boldsymbol{\Lambda}$.

分析 计算出 $\boldsymbol{A}$ 的特征值以及对应的特征向量，并将特征向量单位正交化，即可得到 $\boldsymbol{Q}$，至于 $\boldsymbol{\Lambda}$ 则是容易得到的.

精解 由 $|\lambda\boldsymbol{E}_3-\boldsymbol{A}|=\begin{vmatrix}\lambda & -\frac{1}{2} & -\frac{1}{2}\\ -\frac{1}{2} & \lambda & -1\\ -\frac{1}{2} & -1 & \lambda\end{vmatrix}=(\lambda+1)\left(\lambda^2-\lambda-\frac{1}{2}\right)$.

知，$\boldsymbol{A}$ 有特征值 $\lambda=-1,\frac{1}{2}+\frac{\sqrt{3}}{2},\frac{1}{2}-\frac{\sqrt{3}}{2}$.

设 $\lambda=-1$ 对应的特征向量为 $\boldsymbol{\alpha}=(a_1,a_2,a_3)^{\mathrm{T}}$，则 $\boldsymbol{\alpha}$ 满足

$$\begin{pmatrix}-1 & -\frac{1}{2} & -\frac{1}{2}\\ -\frac{1}{2} & -1 & -1\\ -\frac{1}{2} & -1 & -1\end{pmatrix}\begin{pmatrix}a_1\\ a_2\\ a_3\end{pmatrix}=\boldsymbol{0},$$

它有基础解系 $(0,1,-1)^{\mathrm{T}}$，故可取 $\boldsymbol{\alpha}=(0,1,-1)^{\mathrm{T}}$.

设 $\lambda=\frac{1}{2}+\frac{\sqrt{3}}{2}$ 对应的特征向量为 $\boldsymbol{\beta}=(b_1,b_2,b_3)^{\mathrm{T}}$，则 $\boldsymbol{\beta}$ 满足

$$\begin{pmatrix}\frac{1}{2}+\frac{\sqrt{3}}{2} & -\frac{1}{2} & -\frac{1}{2}\\ -\frac{1}{2} & \frac{1}{2}+\frac{\sqrt{3}}{2} & -1\\ -\frac{1}{2} & -1 & \frac{1}{2}+\frac{\sqrt{3}}{2}\end{pmatrix}\begin{pmatrix}b_1\\ b_2\\ b_3\end{pmatrix}=\boldsymbol{0},$$

它有基础解系 $(-1+\sqrt{3},1,1)^{\mathrm{T}}$，故可取 $\boldsymbol{\beta}=(-1+\sqrt{3},1,1)^{\mathrm{T}}$.

设$\lambda=\frac{1}{2}-\frac{\sqrt{3}}{2}$对应的特征向量为$\boldsymbol{\gamma}=(c_1,c_2,c_3)^{\mathrm{T}}$，则由$\boldsymbol{A}$是实对称矩阵知，$\boldsymbol{\gamma}$与$\boldsymbol{\alpha}$，$\boldsymbol{\beta}$都正交，即有

$$\begin{cases}c_2-c_3=0,\\(-1+\sqrt{3})c_1+c_2+c_3=0,\end{cases}$$

它有基础解系$(-(1+\sqrt{3}),1,1)^{\mathrm{T}}$，故可取$\boldsymbol{\gamma}=(-(1+\sqrt{3}),1,1)^{\mathrm{T}}$.

显然，$\boldsymbol{\alpha},\boldsymbol{\beta},\boldsymbol{\gamma}$是正交向量组，现将它们单位化：

$$\boldsymbol{e}_1=\frac{\boldsymbol{\alpha}}{\|\boldsymbol{\alpha}\|}=\left(0,\frac{1}{\sqrt{2}},-\frac{1}{\sqrt{2}}\right)^{\mathrm{T}},$$

$$\boldsymbol{e}_2=\frac{\boldsymbol{\beta}}{\|\boldsymbol{\beta}\|}=\left(\frac{-1+\sqrt{3}}{\sqrt{6-2\sqrt{3}}},\frac{1}{\sqrt{6-2\sqrt{3}}},\frac{1}{\sqrt{6-2\sqrt{3}}}\right)^{\mathrm{T}},$$

$$\boldsymbol{e}_3=\frac{\boldsymbol{\gamma}}{\|\boldsymbol{\gamma}\|}=\left(\frac{-(1+\sqrt{3})}{\sqrt{6-2\sqrt{3}}},\frac{1}{\sqrt{6-2\sqrt{3}}},\frac{1}{\sqrt{6-2\sqrt{3}}}\right).$$

所以，所求的$\boldsymbol{Q}=(\boldsymbol{e}_1,\boldsymbol{e}_2,\boldsymbol{e}_3)=\begin{pmatrix}0&\frac{-1+\sqrt{3}}{\sqrt{6-2\sqrt{3}}}&\frac{-(1+\sqrt{3})}{\sqrt{6-2\sqrt{3}}}\\\frac{1}{\sqrt{2}}&\frac{1}{\sqrt{6-2\sqrt{3}}}&\frac{1}{\sqrt{6-2\sqrt{3}}}\\-\frac{1}{2}&\frac{1}{\sqrt{6-2\sqrt{3}}}&\frac{1}{\sqrt{6-2\sqrt{3}}}\end{pmatrix}$（正交矩阵），

$$\boldsymbol{\Lambda}=\begin{pmatrix}-1&&\\&\frac{1}{2}+\frac{\sqrt{3}}{2}&\\&&\frac{1}{2}-\frac{\sqrt{3}}{2}\end{pmatrix},$$

它们使得$\boldsymbol{Q}^{\mathrm{T}}\boldsymbol{A}\boldsymbol{Q}=\boldsymbol{\Lambda}$.

附注　n阶实对称矩阵$\boldsymbol{A}$必可以正交相似对角化，即存在正交矩阵$\boldsymbol{Q}$，使得$\boldsymbol{Q}^{\mathrm{T}}\boldsymbol{A}\boldsymbol{Q}=\boldsymbol{\Lambda}$（其中，$\boldsymbol{\Lambda}$是对角矩阵，其主对角线上的元素是$\boldsymbol{A}$的特征值）.

$\boldsymbol{Q}$的计算步骤：

(1)算出$\boldsymbol{A}$的n个特征值(实数)；

(2)算出每个特征值对应的特征向量($\boldsymbol{n}_i$重特征值对应$\boldsymbol{n}_i$个线性无关的特征向量)，共有n个线性无关的特征向量，记为$\boldsymbol{\xi}_1,\boldsymbol{\xi}_2,\cdots,\boldsymbol{\xi}_n$；

(3)将$\boldsymbol{\xi}_1,\boldsymbol{\xi}_2,\cdots,\boldsymbol{\xi}_n$单位正交化得$\boldsymbol{e}_1,\boldsymbol{e}_2,\cdots,\boldsymbol{e}_n$，则$\boldsymbol{Q}=(\boldsymbol{e}_1,\boldsymbol{e}_2,\cdots,\boldsymbol{e}_n)$.

例 5.2　设三阶实对称矩阵$\boldsymbol{A}=\begin{pmatrix}1&2&0\\2&1&-2\\0&-2&1\end{pmatrix}$，求三阶可逆矩阵$\boldsymbol{C}$及对角矩阵$\boldsymbol{\Lambda}$，使得$\boldsymbol{C}^{\mathrm{T}}\boldsymbol{A}\boldsymbol{C}=\boldsymbol{\Lambda}$.

分析　本题实际上是将$\boldsymbol{A}$合同对角化，可以用可逆线性变换(即配方法)将二次型$f(x_1,x_2,x_3)=\boldsymbol{x}^{\mathrm{T}}\boldsymbol{A}\boldsymbol{x}$(其中$\boldsymbol{x}=(x_1,x_2,x_3)^{\mathrm{T}}$化为标准形，求得$\boldsymbol{C}$和$\boldsymbol{\Lambda}$.

精解　二次型

$$\begin{aligned}f(x_1,x_2,x_3)&=\boldsymbol{x}^{\mathrm{T}}\boldsymbol{A}\boldsymbol{x}=x_1^2+4x_1x_2+x_2^2-4x_2x_3+x_3^2\\&=[x_1^2+4x_1x_2+(2x_2)^2]-3\left[x_2^2+\frac{4}{3}x_2x_3+\left(\frac{2}{3}x_3\right)^2\right]+\frac{7}{3}x_3^2\\&=(x_1+2x_2)^2-3\left(x_2+\frac{2}{3}x_3\right)^2+\frac{7}{3}x_3^2=y_1^2-3y_2^2+\frac{7}{3}y_3^2,\end{aligned}$$

其中 $\begin{cases}y_1=x_1+2x_2,\\y_2=\qquad x_2+\frac{2}{3}x_3,\\y_3=\qquad x_3,\end{cases}$ 即 $\begin{cases}x_1=y_1-2y_2+\frac{4}{3}y_3,\\x_2=\qquad y_2-\frac{2}{3}y_3,\\x_3=\qquad y_3.\end{cases}$ 故在 $\boldsymbol{x}=\boldsymbol{C}\boldsymbol{y}$ 下，$\boldsymbol{C}^{\mathrm{T}}\boldsymbol{A}\boldsymbol{C}=\boldsymbol{\Lambda}$，其中

$$\boldsymbol{C}=\begin{pmatrix}1&-2&\frac{4}{3}\\0&1&-\frac{2}{3}\\0&0&1\end{pmatrix}\text{（即为所求的可逆矩阵）},\boldsymbol{\Lambda}=\begin{pmatrix}1&&\\&-3&\\&&\frac{7}{3}\end{pmatrix}.$$

附注　由于 $\boldsymbol{A}$ 是实对称矩阵，所以存在正交矩阵 $\boldsymbol{Q}$，使得 $\boldsymbol{Q}^{\mathrm{T}}\boldsymbol{A}\boldsymbol{Q}=\boldsymbol{\Lambda}$. 于是，所求的 $\boldsymbol{C}$ 可以取为 $\boldsymbol{Q}$.

例 5.3　设三阶实对称矩阵 $\boldsymbol{A}=\begin{pmatrix}2&-1&-1\\-1&2&-1\\-1&-1&2\end{pmatrix}$，$\boldsymbol{B}=\begin{pmatrix}1&&\\&1&\\&&0\end{pmatrix}$，判断 $\boldsymbol{A}$ 与 $\boldsymbol{B}$ 是否相似或合同，并说明理由.

分析　先考虑 $\boldsymbol{A}$ 与 $\boldsymbol{B}$ 是否相似，然后确定 $\boldsymbol{A}$ 与 $\boldsymbol{B}$ 是否合同.

精解　由 $|\lambda\boldsymbol{E}_3-\boldsymbol{A}|=\begin{vmatrix}\lambda-2&1&1\\1&\lambda-2&1\\1&1&\lambda-2\end{vmatrix}=\lambda(\lambda-3)^2$ 知 $\boldsymbol{A}$ 有特征值 $\lambda=0,3$（二重），而 $\boldsymbol{B}$ 的特征值为 $\mu=0,1$（二重），所以 $\boldsymbol{A},\boldsymbol{B}$ 的特征值不全相同，故它们不相似. 但是由 $\boldsymbol{A},\boldsymbol{B}$ 的特征值可知，二次型 $f(x_1,x_2,x_3)=\boldsymbol{x}^{\mathrm{T}}\boldsymbol{A}\boldsymbol{x}$，$g(x_1,x_2,x_3)=\boldsymbol{x}^{\mathrm{T}}\boldsymbol{B}\boldsymbol{x}$（其中 $\boldsymbol{x}=(x_1,x_2,x_3)^{\mathrm{T}}$）有相同的正惯性指数（都为 2）和相同的负惯性指数（都为零），所以 $\boldsymbol{A}$ 与 $\boldsymbol{B}$ 合同.

附注　对于两个 n 阶实对称矩阵 $\boldsymbol{A},\boldsymbol{B}$，如果它们相似，则必合同；但是，当 $\boldsymbol{A}$ 与 $\boldsymbol{B}$ 不相似时，$\boldsymbol{A}$ 与 $\boldsymbol{B}$ 仍可能合同.

两个 n 阶实对称矩阵 $\boldsymbol{A},\boldsymbol{B}$ 合同的充分必要条件是，二次型 $\boldsymbol{x}^{\mathrm{T}}\boldsymbol{A}\boldsymbol{x}$ 与 $\boldsymbol{x}^{\mathrm{T}}\boldsymbol{B}\boldsymbol{x}$（其中，$\boldsymbol{x}$ 是 n 维列向量）有相同的正、负惯性指数.

例 5.4　设三阶矩阵 $\boldsymbol{A}=\begin{pmatrix}-1&0&0\\0&1&2\\0&2&-2\end{pmatrix}$，$\boldsymbol{B}=\begin{pmatrix}-1&1&0\\0&2&0\\0&0&-3\end{pmatrix}$，$\boldsymbol{C}=\begin{pmatrix}-1&&\\&-1&\\&&1\end{pmatrix}$. 考虑它们中的相似矩阵与合同矩阵.

分析　先考虑 $\boldsymbol{A},\boldsymbol{B},\boldsymbol{C}$ 中相似的矩阵，然后再确定它们中合同的矩阵.

精解　由 $|\lambda\boldsymbol{E}_3-\boldsymbol{A}|=\begin{vmatrix}\lambda+1&0&0\\0&\lambda-1&-2\\0&-2&\lambda+2\end{vmatrix}=(\lambda+3)(\lambda+1)(\lambda-2)$，

$$|\lambda E_3-B|=\begin{vmatrix}\lambda+1 & -1 & 0\\ 0 & \lambda-2 & 0\\ 0 & 0 & \lambda+3\end{vmatrix}=(\lambda+3)(\lambda+1)(\lambda-2)$$

知,A 与 B 有相同的特征值 $\lambda=-3,-1,2$,所以它们相似,但 A 与 C 的特征值不全相同,B 与 C 的特征值也不全相同,所以 C 与 A,B 都不相似.

由 A 是对称矩阵,而 B 不是对称矩阵,所以它们不合同. 同理,B 与 C 也不合同. 由于 A,C 都是实对称矩阵,且它们特征值都为 2 个负的和 1 个正的,所以 A 与 C 合同.

附注 由于 B 不是实对称矩阵,虽然它与 A 有相同特征值,但不可能合同.

例 5.5 已知二次型 $f(x_1,x_2,x_3)=5x_1^2+5x_2^2+cx_3^2-2x_1x_2+6x_1x_3-6x_2x_3$ 的秩为 2. 求常数 c,并对求得的 c 值,用正交变换将 f 化为标准形.

分析 写出 f 的矩阵 A,然后由 $|A|=0$ 确定常数,并计算正交矩阵 Q,使得 $x=Qy$(其中 $x=(x_1,x_2,x_3)^T$,$y=(y_1,y_2,y_3)^T$)将 $f=x^TAx$ 化为标准形.

精解 f 的矩阵 $A=\begin{pmatrix}5 & -1 & 3\\ -1 & 5 & -3\\ 3 & -3 & c\end{pmatrix}$. 由 $|A|=\begin{vmatrix}5 & -1 & 3\\ -1 & 5 & -3\\ 3 & -3 & c\end{vmatrix}=24(c-3)=0$,得 $c=3$. 显然,当 $c=3$ 时,$r(A)=2$,故 $c=3$ 即为所求.

当 $c=3$ 时,由

$$|\lambda E_3-A|=\begin{vmatrix}\lambda-5 & 1 & -3\\ 1 & \lambda-5 & 3\\ -3 & 3 & \lambda-3\end{vmatrix}=\begin{vmatrix}\lambda-4 & \lambda-4 & 0\\ 1 & \lambda-5 & 3\\ -3 & 3 & \lambda-3\end{vmatrix}=(\lambda-4)\begin{vmatrix}1 & 1 & 0\\ 1 & \lambda-5 & 3\\ -3 & -3 & \lambda-3\end{vmatrix}$$

$$=(\lambda-4)\begin{vmatrix}1 & 0 & 0\\ 1 & \lambda-6 & 3\\ -3 & 0 & \lambda-3\end{vmatrix}=(\lambda-3)(\lambda-4)(\lambda-6)$$

知,A 有特征值 $\lambda=3,4,6$.

设 $\lambda=3$ 对应的特征向量为 $\alpha=(a_1,a_2,a_3)^T$,则 α 满足

$$\begin{pmatrix}-2 & 1 & -3\\ 1 & -2 & 3\\ -3 & 3 & 0\end{pmatrix}\begin{pmatrix}a_1\\ a_2\\ a_3\end{pmatrix}=\mathbf{0},$$

它有基础解系 $(-1,1,1)^T$,故可取 $\alpha=(-1,1,1)^T$.

设 $\lambda=4$ 对应的特征向量为 $\beta=(b_1,b_2,b_3)^T$,则 β 满足

$$\begin{pmatrix}-1 & 1 & -3\\ 1 & -1 & 3\\ -3 & 3 & 1\end{pmatrix}\begin{pmatrix}b_1\\ b_2\\ b_3\end{pmatrix}=\mathbf{0},$$

它有基础解系 $(1,1,0)^T$,故可取 $\beta=(1,1,0)^T$.

设 $\lambda=6$ 对应的特征向量为 $\gamma=(c_1,c_2,c_3)^T$,则由 A 是实对称矩阵知,γ 与 α,β 都正交,所以有

$$\begin{cases}(\gamma,\alpha)=0,\\ (\gamma,\beta)=0,\end{cases}\text{即}\begin{cases}-c_1+c_2+c_3=0,\\ c_1+c_2=0,\end{cases}$$

它有基础解系 $(-1,1,-2)^T$,故可取 $\gamma=(-1,1,-2)^T$.

显然，$\boldsymbol{\alpha},\boldsymbol{\beta},\boldsymbol{\gamma}$ 是正交向量组，现将它们单位化：

$$\boldsymbol{e}_1=\frac{\boldsymbol{\alpha}}{\|\boldsymbol{\alpha}\|}=\left(-\frac{1}{\sqrt{3}},\frac{1}{\sqrt{3}},\frac{1}{\sqrt{3}}\right)^{\mathrm{T}},$$

$$\boldsymbol{e}_2=\frac{\boldsymbol{\beta}}{\|\boldsymbol{\beta}\|}=\left(\frac{1}{\sqrt{2}},\frac{1}{\sqrt{2}},0\right)^{\mathrm{T}},$$

$$\boldsymbol{e}_3=\frac{\boldsymbol{\gamma}}{\|\boldsymbol{\gamma}\|}=\left(-\frac{1}{\sqrt{6}},\frac{1}{\sqrt{6}},-\frac{2}{\sqrt{6}}\right)^{\mathrm{T}}.$$

记 $\boldsymbol{Q}=(\boldsymbol{e}_1,\boldsymbol{e}_2,\boldsymbol{e}_3)$，则 $\boldsymbol{Q}$ 是正交矩阵. 故所求的正交变换为 $\boldsymbol{x}=\boldsymbol{Q}\boldsymbol{y}$（其中，$\boldsymbol{y}=(y_1,y_2,y_3)^{\mathrm{T}}$），它将 f 化为标准形 $3y_1^2+4y_2^2+6y_3^2$.

附注　题解中由 $|\boldsymbol{A}|=0$ 算得的 c 未必能使 $r(\boldsymbol{A})=2$，所以需检验，即将 $c=2$ 代入 $\boldsymbol{A}$，检验 $r(\boldsymbol{A})=2$ 是否成立.

例 5.6　设二次型 $f(x_1,x_2,x_3)=x_1^2+x_2^2+x_3^2+2\alpha x_1x_2+2\beta x_2x_3+2x_1x_3$ 经正交变换 $\boldsymbol{x}=\boldsymbol{Q}\boldsymbol{y}$（其中，$\boldsymbol{x}=(x_1,x_2,x_3)^{\mathrm{T}}$，$\boldsymbol{y}=(y_1,y_2,y_3)^{\mathrm{T}}$）化为标准形 $y_1^2+2y_2^2$. 求常数 α,β 以及正交矩阵 $\boldsymbol{Q}$.

分析　写出 f 的矩阵 $\boldsymbol{A}$，并利用 $\boldsymbol{A}$ 的特征值为 1，2，0 确定 α,β，然后计算正交矩阵 $\boldsymbol{Q}$.

精解　f 的矩阵 $\boldsymbol{A}=\begin{pmatrix}1&\alpha&1\\\alpha&1&\beta\\1&\beta&1\end{pmatrix}$. 由于 f 经正交变换 $\boldsymbol{x}=\boldsymbol{Q}\boldsymbol{y}$ 化为标准形 $y_1^2+2y_2^2$，所以 $\boldsymbol{A}$ 的特征值为 $\lambda=1,2,0$. 于是

$$\begin{cases}|0\cdot\boldsymbol{E}_3-\boldsymbol{A}|=0,\\|1\cdot\boldsymbol{E}_3-\boldsymbol{A}|=0,\end{cases}\text{即}\begin{cases}\begin{vmatrix}-1&-\alpha&-1\\-\alpha&-1&-\beta\\-1&-\beta&-1\end{vmatrix}=0,\\\begin{vmatrix}0&-\alpha&-1\\-\alpha&0&-\beta\\-1&-\beta&0\end{vmatrix}=0.\end{cases}\text{由此得到 }\alpha=\beta=0.$$

将 $\alpha=\beta=0$ 代入 $\boldsymbol{A}$ 得 $\boldsymbol{A}=\begin{pmatrix}1&0&1\\0&1&0\\1&0&1\end{pmatrix}$.

设 $\boldsymbol{A}$ 的对应于 $\lambda=1$ 的特征向量为 $\boldsymbol{\alpha}=(a_1,a_2,a_3)^{\mathrm{T}}$，则 $\boldsymbol{\alpha}$ 满足

$$\begin{pmatrix}0&0&-1\\0&0&0\\-1&0&0\end{pmatrix}\begin{pmatrix}a_1\\a_2\\a_3\end{pmatrix}=\boldsymbol{0},$$

它有基础解系 $(0,1,0)^{\mathrm{T}}$，故可取 $\boldsymbol{\alpha}=(0,1,0)^{\mathrm{T}}$.

设 $\boldsymbol{A}$ 的对应于 $\lambda=2$ 的特征向量为 $\boldsymbol{\beta}=(b_1,b_2,b_3)^{\mathrm{T}}$，则 $\boldsymbol{\beta}$ 满足

$$\begin{pmatrix}1&0&-1\\0&1&0\\-1&0&1\end{pmatrix}\begin{pmatrix}b_1\\b_2\\b_3\end{pmatrix}=\boldsymbol{0},$$

它有基础解系 $(1,0,1)^{\mathrm{T}}$，故可取 $\boldsymbol{\beta}=(1,0,1)^{\mathrm{T}}$.

设 $\boldsymbol{A}$ 的对应于 $\lambda=0$ 的特征向量为 $\boldsymbol{\gamma}=(c_1,c_2,c_3)^{\mathrm{T}}$，则 $\boldsymbol{\gamma}$ 满足

$$\begin{pmatrix}-1&0&-1\\0&-1&0\\-1&0&-1\end{pmatrix}\begin{pmatrix}c_1\\c_2\\c_3\end{pmatrix}=\mathbf{0},$$

它有基础解系$(-1,0,1)^{\mathrm{T}}$,故可取$\boldsymbol{\gamma}=(-1,0,1)^{\mathrm{T}}$.

显然,$\boldsymbol{\alpha},\boldsymbol{\beta},\boldsymbol{\gamma}$是正交向量组,现将它们单位化:

$$\boldsymbol{e}_1=\boldsymbol{\alpha}=(0,1,0)^{\mathrm{T}},$$

$$\boldsymbol{e}_2=\frac{\boldsymbol{\beta}}{\|\boldsymbol{\beta}\|}=\left(\frac{1}{\sqrt{2}},0,\frac{1}{\sqrt{2}}\right)^{\mathrm{T}},$$

$$\boldsymbol{e}_3=\frac{\boldsymbol{\gamma}}{\|\boldsymbol{\gamma}\|}=\left(-\frac{1}{\sqrt{2}},0,\frac{1}{\sqrt{2}}\right)^{\mathrm{T}},$$

于是,所求的正交矩阵$\boldsymbol{Q}=(\boldsymbol{e}_1,\boldsymbol{e}_2,\boldsymbol{e}_3)=\begin{pmatrix}0&\frac{1}{\sqrt{2}}&-\frac{1}{\sqrt{2}}\\1&0&0\\0&\frac{1}{\sqrt{2}}&\frac{1}{\sqrt{2}}\end{pmatrix}$.

附注 对于本题中二次型$f(x_1,x_2,x_3)=\boldsymbol{x}^{\mathrm{T}}\boldsymbol{A}\boldsymbol{x}$,经正交变换$\boldsymbol{x}=\boldsymbol{Q}\boldsymbol{y}$化为标准形$y_1^2+2y_2^2=y_1^2+2y_2^2+0y_3^2$时,$\boldsymbol{A}$有特征值1,2,0;若经可逆线性变换$\boldsymbol{x}=\boldsymbol{C}\boldsymbol{y}$化为标准形$y_1^2+2y_2^2=y_1^2+2y_2^2+0y_3^2$时,则1,2,0未必是$\boldsymbol{A}$的特征值.

例 5.7 设二次型$f(x_1,x_2,x_3)=x_1^2+x_2^2+x_3^2-4x_1x_2-4x_1x_3+2ax_2x_3$经正交变换$\boldsymbol{x}=\boldsymbol{Q}\boldsymbol{y}$(其中$\boldsymbol{x}=(x_1,x_2,x_3)^{\mathrm{T}},\boldsymbol{y}=(y_1,y_2,y_3)^{\mathrm{T}}$)化为标准形$3y_1^2+3y_2^2+by_3^2$.求常数$a,b$的值及正交矩阵$\boldsymbol{Q}$,并计算$\boldsymbol{x}^{\mathrm{T}}\boldsymbol{x}=2$时,$f(x_1,x_2,x_3)$的最大值.

分析 写出f的矩阵$\boldsymbol{A}$,并根据$\boldsymbol{A}$的特征值为3(二重)和b来确定a,b的值.然后计算正交矩阵$\boldsymbol{Q}$及在$\boldsymbol{x}^{\mathrm{T}}\boldsymbol{x}=2$时,$f$的最大值.

精解 f的矩阵$\boldsymbol{A}=\begin{pmatrix}1&-2&-2\\-2&1&a\\-2&a&1\end{pmatrix}$,则由$f$经正交变换化成标准形$3y_1^2+3y_2^2+by_3^2$知,$\boldsymbol{A}$的特征值为$\lambda=3$(二重),$b$.于是有

$$3+3+b=\mathrm{tr}\boldsymbol{A}=1+1+1,\text{即 } b=-3.$$

此外,由于$\boldsymbol{A}$可相似对角化,所以

$$r(3\boldsymbol{E}_3-\boldsymbol{A})=3-2=1,\text{即 } r\begin{pmatrix}2&2&2\\2&2&-a\\2&-a&2\end{pmatrix}=r\begin{pmatrix}2&2&2\\0&0&-a-2\\0&-a-2&0\end{pmatrix}=1.$$

由此得到$a=-2$.

将$a=-2$代入$\boldsymbol{A}$得$\boldsymbol{A}=\begin{pmatrix}1&-2&-2\\-2&1&-2\\-2&-2&1\end{pmatrix}$.

设$\boldsymbol{A}$的对应于$\lambda=b=-3$的特征向量为$\boldsymbol{\alpha}=(a_1,a_2,a_3)^{\mathrm{T}}$,则$\boldsymbol{\alpha}$满足

$$\begin{pmatrix}-4&2&2\\2&-4&2\\2&2&-4\end{pmatrix}\begin{pmatrix}a_1\\a_2\\a_3\end{pmatrix}=\mathbf{0},$$

它有基础解系$(1,1,1)^T$,故可取$\boldsymbol{\alpha}=(1,1,1)^T$.

设$\boldsymbol{A}$的对应于$\lambda=3$的特征向量为$\boldsymbol{\beta}=(b_1,b_2,b_3)^T$,由于$\boldsymbol{A}$是实对称矩阵知,$\boldsymbol{\beta}$与$\boldsymbol{\alpha}$正交,即有$b_1+b_2+b_3=0$.它有基础解系$(-1,1,0)^T,(-1,0,1)^T$.故可取$\boldsymbol{\beta}=\boldsymbol{\beta}_1=(-1,1,0)^T$,$\boldsymbol{\beta}=\boldsymbol{\beta}_2=(-1,0,1)^T$.现将它们正交化:

$$\boldsymbol{\eta}_1=\boldsymbol{\beta}_1=(-1,1,0)^T,$$
$$\boldsymbol{\eta}_2=\boldsymbol{\beta}_2-\frac{(\boldsymbol{\beta}_2,\boldsymbol{\eta}_1)}{(\boldsymbol{\eta}_1,\boldsymbol{\eta}_1)}\boldsymbol{\eta}_1=\left(-\frac{1}{2},-\frac{1}{2},1\right)^T.$$

由此得正交向量组$\boldsymbol{\alpha},\boldsymbol{\eta}_1,\boldsymbol{\eta}_2$.现将它们单位化:

$$\boldsymbol{e}_1=\frac{\boldsymbol{\alpha}}{\|\boldsymbol{\alpha}\|}=\left(\frac{1}{\sqrt{3}},\frac{1}{\sqrt{3}},\frac{1}{\sqrt{3}}\right)^T,$$
$$\boldsymbol{e}_2=\frac{\boldsymbol{\eta}_1}{\|\boldsymbol{\eta}_1\|}=\left(-\frac{1}{\sqrt{2}},\frac{1}{\sqrt{2}},0\right)^T,$$
$$\boldsymbol{e}_3=\frac{\boldsymbol{\eta}_2}{\|\boldsymbol{\eta}_2\|}=\left(-\frac{1}{\sqrt{6}},-\frac{1}{\sqrt{6}},\frac{2}{\sqrt{6}}\right)^T,$$

则所求的正交矩阵为

$$\boldsymbol{Q}=(\boldsymbol{e}_1,\boldsymbol{e}_2,\boldsymbol{e}_3)=\begin{pmatrix}\frac{1}{\sqrt{3}} & -\frac{1}{\sqrt{2}} & -\frac{1}{\sqrt{6}}\\ \frac{1}{\sqrt{3}} & \frac{1}{\sqrt{2}} & -\frac{1}{\sqrt{6}}\\ \frac{1}{\sqrt{3}} & 0 & \frac{2}{\sqrt{6}}\end{pmatrix}.$$

因此,$f(x_1,x_2,x_3)=3y_1^2+3y_2^2-3y_3^2=3(y_1^2+y_2^2+y_3^2)-6y_3^2$

$=3\boldsymbol{x}^T\boldsymbol{x}-6y_3^2$(这里是由于在$\boldsymbol{x}=\boldsymbol{Q}\boldsymbol{y}$下,$\boldsymbol{x}^T\boldsymbol{x}=y_1^2+y_2^2+y_3^2$)

$\leqslant 3\times2-6\times0=6$,

即当$\boldsymbol{x}^T\boldsymbol{x}=2$时,$f(x_1,x_2,x_3)$的最大值为6.

附注　设二次型$f(x_1,x_2,\cdots,x_n)=\boldsymbol{x}^T\boldsymbol{A}\boldsymbol{x}$(其中$\boldsymbol{x}=(x_1,x_2,\cdots,x_n)^T$,$\boldsymbol{A}$是$n$阶实对称矩阵),$\lambda_1$是$\boldsymbol{A}$的最大特征值,则当$\boldsymbol{x}^T\boldsymbol{x}=a(a>0)$时,$f(x_1,x_2,\cdots,x_n)$的最大值为$\lambda_1 a$,记住这一结论.

例 5.8　设实对称矩阵$\boldsymbol{A}=\begin{pmatrix}0 & -1 & 4\\ -1 & 3 & -1\\ 4 & -1 & 0\end{pmatrix}$,求使得二次型$f_1(x_1,x_2,x_3)=\boldsymbol{x}^T\boldsymbol{A}\boldsymbol{x}$与$f_2(x_1,x_2,x_3)=\boldsymbol{x}^T\boldsymbol{A}^*\boldsymbol{x}$(其中$\boldsymbol{x}=(x_1,x_2,x_3)^T$)都化为标准形的正交变换$\boldsymbol{x}=\boldsymbol{Q}\boldsymbol{y}$(其中$\boldsymbol{y}=(y_1,y_2,y_3)^T$,$\boldsymbol{Q}$是正交矩阵),并写出它们的标准形.

分析　当$\boldsymbol{A}$可逆时,如果正交变换$\boldsymbol{x}=\boldsymbol{Q}\boldsymbol{y}$将$f_1(x_1,x_2,x_3)=\boldsymbol{x}^T\boldsymbol{A}\boldsymbol{x}$化为标准形,则必将$f_2(x_1,x_2,x_3)=\boldsymbol{x}^T\boldsymbol{A}^*\boldsymbol{x}$化为标准形.据此结论,本题只要算出将$f_1$化为标准形的正交变换即可.

精解　由$|\lambda\boldsymbol{E}_3-\boldsymbol{A}|=\begin{vmatrix}\lambda & 1 & -4\\ 1 & \lambda-3 & 1\\ -4 & 1 & \lambda\end{vmatrix}=\lambda^3-3\lambda^2-18\lambda+40$

$=(\lambda+4)(\lambda-2)(\lambda-5)$

知,$\boldsymbol{A}$ 的特征值为 $\lambda=-4,2,5$. 从而 $\boldsymbol{A}^*$ 有特征值 $\mu=\frac{|\boldsymbol{A}|}{-4},\frac{|\boldsymbol{A}|}{2},\frac{|\boldsymbol{A}|}{5}$,即 $\mu=10,-20,-8$.

设 $\boldsymbol{A}$ 的对应于 $\lambda=-4$ 的特征向量为 $\boldsymbol{\alpha}=(a_1,a_2,a_3)^{\mathrm{T}}$,则 $\boldsymbol{\alpha}$ 满足

$$\begin{pmatrix}-4&1&-4\\1&-7&1\\-4&1&-4\end{pmatrix}\begin{pmatrix}a_1\\a_2\\a_3\end{pmatrix}=\boldsymbol{0},$$

它的基础解系为 $(-1,0,1)^{\mathrm{T}}$,故可取 $\boldsymbol{\alpha}=(-1,0,1)^{\mathrm{T}}$.

设 $\boldsymbol{A}$ 的对应于 $\lambda=2$ 的特征向量为 $\boldsymbol{\beta}=(b_1,b_2,b_3)^{\mathrm{T}}$,则 $\boldsymbol{\beta}$ 满足

$$\begin{pmatrix}2&1&-4\\1&-1&1\\-4&1&2\end{pmatrix}\begin{pmatrix}b_1\\b_2\\b_3\end{pmatrix}=\boldsymbol{0},$$

它的基础解系为 $(1,2,1)^{\mathrm{T}}$,故可取 $\boldsymbol{\beta}=(1,2,1)^{\mathrm{T}}$.

设 $\boldsymbol{A}$ 的对应于 $\lambda=5$ 的特征向量为 $\boldsymbol{\gamma}=(c_1,c_2,c_3)^{\mathrm{T}}$,则 $\boldsymbol{\gamma}$ 满足

$$\begin{pmatrix}5&1&-4\\1&2&1\\-4&1&5\end{pmatrix}\begin{pmatrix}c_1\\c_2\\c_3\end{pmatrix}=\boldsymbol{0},$$

它有基础解系 $(1,-1,1)^{\mathrm{T}}$,故可取 $\boldsymbol{\gamma}=(1,-1,1)^{\mathrm{T}}$.

显然,$\boldsymbol{\alpha},\boldsymbol{\beta},\boldsymbol{\gamma}$ 是正交向量组,现将它们单位化:

$$\boldsymbol{e}_1=\frac{\boldsymbol{\alpha}}{\|\boldsymbol{\alpha}\|}=\left(-\frac{1}{\sqrt{2}},0,\frac{1}{\sqrt{2}}\right)^{\mathrm{T}},$$

$$\boldsymbol{e}_2=\frac{\boldsymbol{\beta}}{\|\boldsymbol{\beta}\|}=\left(\frac{1}{\sqrt{6}},\frac{2}{\sqrt{6}},\frac{1}{\sqrt{6}}\right)^{\mathrm{T}},$$

$$\boldsymbol{e}_3=\frac{\boldsymbol{\gamma}}{\|\boldsymbol{\gamma}\|}=\left(\frac{1}{\sqrt{3}},-\frac{1}{\sqrt{3}},\frac{1}{\sqrt{3}}\right)^{\mathrm{T}}.$$

记 $\boldsymbol{Q}=(\boldsymbol{e}_1,\boldsymbol{e}_2,\boldsymbol{e}_3)=\begin{pmatrix}-\frac{1}{\sqrt{2}}&\frac{1}{\sqrt{6}}&\frac{1}{\sqrt{3}}\\0&\frac{2}{\sqrt{6}}&-\frac{1}{\sqrt{3}}\\\frac{1}{\sqrt{2}}&\frac{1}{\sqrt{6}}&\frac{1}{\sqrt{3}}\end{pmatrix}$(正交矩阵),则所求的正交变换为 $\boldsymbol{x}=\boldsymbol{Q}\boldsymbol{y}$,它将 f_1 与 f_2 都化为标准形,分别为

$$-4y_1^2+2y_2^2+5y_3^2 \text{ 和 } 10y_1^2-20y_2^2-8y_3^2.$$

附注　设 $\boldsymbol{A}$ 是 n 阶可逆的实对称矩阵. 如果正交变换 $\boldsymbol{x}=\boldsymbol{Q}\boldsymbol{y}$ 将二次型 $f_1(x_1,x_2,\cdots,x_n)=\boldsymbol{x}^{\mathrm{T}}\boldsymbol{A}\boldsymbol{x}$ 化为标准形 $\lambda_1y_1^2+\lambda_2y_2^2+\cdots+\lambda_ny_n^2$(其中 $\boldsymbol{x}=(x_1,x_2,\cdots,x_n)^{\mathrm{T}}$;$\boldsymbol{y}=(y_1,y_2,\cdots,y_n)^{\mathrm{T}}$;$\boldsymbol{Q}$ 是 n 阶正交矩阵;$\lambda_1,\lambda_2,\cdots,\lambda_n$ 是 $\boldsymbol{A}$ 的特征值),则 $\boldsymbol{x}=\boldsymbol{Q}\boldsymbol{y}$ 必将 $f_2(x_1,x_2,\cdots,x_n)=\boldsymbol{x}^{\mathrm{T}}\boldsymbol{A}^*\boldsymbol{x}$ 化为标准形 $\mu_1y_1^2+\mu_2y_2^2+\cdots+\mu_ny_n^2$(其中 $\mu_1=\frac{|\boldsymbol{A}|}{\lambda_1},\mu_2=\frac{|\boldsymbol{A}|}{\lambda_2},\cdots,\mu_n=\frac{|\boldsymbol{A}|}{\lambda_n}$ 是 $\boldsymbol{A}^*$ 的 n 个特征值).

这个结论是容易证明的,请读者自行完成.

例 5.9　用正交变换将二次型

$$f(x_1,x_2,\cdots,x_n)=(n-1)\sum_{i=1}^{n}x_i^2-2\sum_{1\leqslant i<j\leqslant n}x_ix_j$$

化为标准形.

分析　先写出 f 的矩阵 $\boldsymbol{A}$，然后计算 $\boldsymbol{A}$ 的特征值与特征向量，确定使得 $\boldsymbol{Q}^{\mathrm{T}}\boldsymbol{AQ}=\boldsymbol{\Lambda}$ 的正交矩阵 $\boldsymbol{Q}$ 与对角矩阵 $\boldsymbol{\Lambda}=\begin{pmatrix}\lambda_1&&&\\&\lambda_2&&\\&&\ddots&\\&&&\lambda_n\end{pmatrix}$，由此得到正交变换 $\boldsymbol{x}=\boldsymbol{Qy}$（其中 $\boldsymbol{x}=(x_1,x_2,\cdots,x_n)^{\mathrm{T}}$，$\boldsymbol{y}=(y_1,y_2,\cdots,y_n)^{\mathrm{T}}$），使得 $f=\lambda_1y_1^2+\lambda_2y_2^2+\cdots+\lambda_ny_n^2$（标准形）.

精解　f 的矩阵 $\boldsymbol{A}=\begin{pmatrix}n-1&-1&-1&\cdots&-1\\-1&n-1&-1&\cdots&-1\\-1&-1&n-1&\cdots&-1\\\vdots&\vdots&\vdots&&\vdots\\-1&-1&-1&\cdots&n-1\end{pmatrix}$.

由于 $|\lambda\boldsymbol{E}_n-\boldsymbol{A}|=\begin{vmatrix}\lambda-(n-1)&1&1&\cdots&1\\1&\lambda-(n-1)&1&\cdots&1\\1&1&\lambda-(n-1)&\cdots&1\\\vdots&\vdots&\vdots&&\vdots\\1&1&1&\cdots&\lambda-(n-1)\end{vmatrix}=\lambda(\lambda-n)^{n-1}$，

所以，$\boldsymbol{A}$ 有特征值 $\lambda=0,n$（$n-1$ 重）.

设 $\boldsymbol{A}$ 的对应于 $\lambda=0$ 的特征向量为 $\boldsymbol{\alpha}=(a_1,a_2,\cdots,a_n)^{\mathrm{T}}$，则 $\boldsymbol{\alpha}$ 满足

$$\begin{pmatrix}-(n-1)&1&1&\cdots&1\\1&-(n-1)&1&\cdots&1\\1&1&-(n-1)&\cdots&1\\\vdots&\vdots&\vdots&&\vdots\\1&1&1&\cdots&-(n-1)\end{pmatrix}\begin{pmatrix}a_1\\a_2\\a_3\\\vdots\\a_n\end{pmatrix}=\boldsymbol{0},$$

它有基础解系 $(1,1,\cdots,1)^{\mathrm{T}}$，故可取 $\boldsymbol{\alpha}=(1,1,\cdots,1)^{\mathrm{T}}$.

设 $\boldsymbol{A}$ 的对应于 $\lambda=n$ 的特征向量为 $\boldsymbol{\beta}=(b_1,b_2,\cdots,b_n)^{\mathrm{T}}$，则由 $\boldsymbol{A}$ 是实对称矩阵知，$\boldsymbol{\beta}$ 与 $\boldsymbol{\alpha}$ 正交，即有 $b_1+b_2+\cdots+b_n=0$，它有基础解系

$$(-1,1,0,0,\cdots0)^{\mathrm{T}},(-1,0,1,0,\cdots,0)^{\mathrm{T}},\cdots,(-1,0,0,0,\cdots,1)^{\mathrm{T}},$$

故可取 $\boldsymbol{\beta}=\boldsymbol{\beta}_2=(-1,1,0,0,\cdots,0)^{\mathrm{T}}$，$\boldsymbol{\beta}=\boldsymbol{\beta}_3=(-1,0,1,0,\cdots,0)^{\mathrm{T}}$，$\cdots$，$\boldsymbol{\beta}=\boldsymbol{\beta}_n=(-1,0,0,0,\cdots,1)^{\mathrm{T}}$.

现将 $\boldsymbol{\beta}_2,\boldsymbol{\beta}_3,\cdots,\boldsymbol{\beta}_n$ 正交化：

$$\boldsymbol{\xi}_2=\boldsymbol{\beta}_2,$$

$$\boldsymbol{\xi}_3=\boldsymbol{\beta}_3-\frac{(\boldsymbol{\beta}_3,\boldsymbol{\xi}_2)}{(\boldsymbol{\xi}_2,\boldsymbol{\xi}_2)}\boldsymbol{\xi}_2=\left(-\frac{1}{2},-\frac{1}{2},1,0,\cdots,0\right)^{\mathrm{T}},$$

$$\boldsymbol{\xi}_4=\boldsymbol{\beta}_4-\frac{(\boldsymbol{\beta}_4,\boldsymbol{\xi}_2)}{(\boldsymbol{\xi}_2,\boldsymbol{\xi}_2)}\boldsymbol{\xi}_2-\frac{(\boldsymbol{\beta}_4,\boldsymbol{\xi}_3)}{(\boldsymbol{\xi}_3,\boldsymbol{\xi}_3)}\boldsymbol{\xi}_3=\left(-\frac{1}{3},-\frac{1}{3},-\frac{1}{3},1,0,\cdots0\right)^{\mathrm{T}},$$

$$\vdots$$

$$\boldsymbol{\xi}_n=\boldsymbol{\beta}_n-\frac{(\boldsymbol{\beta}_n,\boldsymbol{\xi}_2)}{(\boldsymbol{\xi}_2,\boldsymbol{\xi}_2)}\boldsymbol{\xi}_2-\frac{(\boldsymbol{\beta}_n,\boldsymbol{\xi}_3)}{(\boldsymbol{\xi}_3,\boldsymbol{\xi}_3)}\boldsymbol{\xi}_3-\cdots-\frac{(\boldsymbol{\beta}_n,\boldsymbol{\xi}_{n-1})}{(\boldsymbol{\xi}_{n-1},\boldsymbol{\xi}_{n-1})}\boldsymbol{\xi}_{n-1}$$
$$=\left(-\frac{1}{n-1},-\frac{1}{n-1},-\frac{1}{n-1},\cdots,1\right)^{\mathrm{T}}.$$

将 $\boldsymbol{\alpha},\boldsymbol{\xi}_2,\boldsymbol{\xi}_3,\cdots,\boldsymbol{\xi}_n$ 单位化：

$$\boldsymbol{e}_1=\frac{\boldsymbol{\alpha}}{\|\boldsymbol{\alpha}\|}=\left(\frac{1}{\sqrt{n}},\frac{1}{\sqrt{n}},\cdots,\frac{1}{\sqrt{n}}\right)^{\mathrm{T}},$$
$$\boldsymbol{e}_2=\frac{\boldsymbol{\xi}_2}{\|\boldsymbol{\xi}_2\|}=\left(-\frac{1}{\sqrt{1\cdot 2}},\frac{1}{\sqrt{1\cdot 2}},0,\cdots,0\right)^{\mathrm{T}},$$
$$\boldsymbol{e}_3=\frac{\boldsymbol{\xi}_3}{\|\boldsymbol{\xi}_3\|}=\left(-\frac{1}{\sqrt{2\cdot 3}},-\frac{1}{\sqrt{2\cdot 3}},\frac{2}{\sqrt{2\cdot 3}},0,\cdots,0\right)^{\mathrm{T}},$$
$$\boldsymbol{e}_4=\frac{\boldsymbol{\xi}_4}{\|\boldsymbol{\xi}_4\|}=\left(-\frac{1}{\sqrt{3\cdot 4}},-\frac{1}{\sqrt{3\cdot 4}},-\frac{1}{\sqrt{3\cdot 4}},\frac{3}{\sqrt{3\cdot 4}},0,\cdots,0\right)^{\mathrm{T}},$$
$$\vdots$$
$$\boldsymbol{e}_n=\frac{\boldsymbol{\xi}_n}{\|\boldsymbol{\xi}_n\|}=\left(-\frac{1}{\sqrt{(n-1)n}},-\frac{1}{\sqrt{(n-1)n}},\cdots,-\frac{1}{\sqrt{(n-1)n}},\frac{n-1}{\sqrt{(n-1)n}}\right).$$

$$\text{记 }\boldsymbol{Q}=(\boldsymbol{e}_1,\boldsymbol{e}_2,\boldsymbol{e}_3,\cdots,\boldsymbol{e}_n)=\begin{pmatrix}\frac{1}{\sqrt{n}} & -\frac{1}{\sqrt{1\cdot 2}} & -\frac{1}{\sqrt{2\cdot 3}} & \cdots & -\frac{1}{\sqrt{(n-1)n}}\\ \frac{1}{\sqrt{n}} & \frac{1}{\sqrt{1\cdot 2}} & -\frac{1}{\sqrt{2\cdot 3}} & \cdots & -\frac{1}{\sqrt{(n-1)n}}\\ \frac{1}{\sqrt{n}} & 0 & \frac{2}{\sqrt{2\cdot 3}} & \cdots & -\frac{1}{\sqrt{(n-1)n}}\\ \frac{1}{\sqrt{n}} & 0 & 0 & \cdots & -\frac{1}{\sqrt{(n-1)n}}\\ \vdots & \vdots & \vdots & & \vdots\\ \frac{1}{\sqrt{n}} & 0 & 0 & \cdots & \frac{n-1}{\sqrt{(n-1)n}}\end{pmatrix}\text{(正交矩阵)},$$

则正交变换 $\boldsymbol{x}=\boldsymbol{Q}\boldsymbol{y}$ 将 $f(x_1,x_2,\cdots,x_n)$ 化为标准形 $ny_2^2+ny_3^2+\cdots+ny_n^2$.

附注　本题是由正交变换将 n 元二次型 f 化为标准形的问题. 我们除能熟练地用正交变换化 3、4 元二次型为标准形，也应掌握用正交变换化 n 元二次型为标准形的方法.

例 5.10　求将二次型 $f(x_1,x_2,x_3)=ax_1^2+ax_2^2+bx_3^2+2cx_1x_2$ 化为标准形的可逆线性变换，并指出 a,b,c 满足何种条件时，$f(x_1,x_2,x_3)$ 为正定二次型.

分析　作一个可逆线性变换，消去 f 中的 x_1 与 x_2 乘积项，但又不出现其他乘积项，就将 f 化为标准形. 利用已得的标准形，使 f 的惯性指数为 3，即可得到 a,b,c 应满足的条件.

精解　令$\begin{cases}x_1=y_1+y_2,\\x_2=y_1-y_2,\\x_3=\quad\quad y_3,\end{cases}$即得可逆线性线性变换

$$\boldsymbol{x}=\begin{pmatrix}1&1&0\\1&-1&0\\0&0&1\end{pmatrix}\boldsymbol{y}\text{(其中 }\boldsymbol{x}=(x_1,x_2,x_3)^{\mathrm{T}},\boldsymbol{y}=(y_1,y_2,y_3)^{\mathrm{T}}),$$

它使得 $f(x_1,x_2,x_3)=a(y_1+y_2)^2+a(y_1-y_2)^2+by_3^2+2c(y_1+y_2)(y_1-y_2)$

$$=(2a+2c)y_1^2+(2a-2c)y_2^2+by_3^2\text{(标准形)}.$$

由上述的标准形可知，当 a,b,c 满足

$\begin{cases}2a+2c>0,\\2a-2c>0,\\b>0,\end{cases}$ 即 $a>|c|$ 且 $b>0$ 时，f 的正惯性指数为 3，f 是正定二次型.

附注 由于注意到 $f(x_1,x_2,x_3)$ 表达式的两个特点：

(1)x_1^2 与 x_2^2 的系数相等；

(2)只有一个乘积项 $2cx_1x_2$.

所以，直接令 $\begin{cases}x_1=y_1+y_2,\\x_2=y_1-y_2,\\x_3=y_3\end{cases}$ 就可以将 f 化为标准形.

例 5.11 设二次型 $f(x_1,x_2,x_3)=\boldsymbol{x}^{\mathrm{T}}\boldsymbol{A}\boldsymbol{x}$(其中 $\boldsymbol{x}=(x_1,x_2,x_3)^{\mathrm{T}}$，$\boldsymbol{A}$ 是实对称矩阵)在正交变换 $\boldsymbol{x}=\boldsymbol{Q}\boldsymbol{y}$(其中 $\boldsymbol{y}=(y_1,y_2,y_3)^{\mathrm{T}}$，$\boldsymbol{Q}$ 是三阶正交矩阵)下，化为标准形 $y_1^2+y_2^2-y_3^2$，且 $\boldsymbol{Q}$ 的第 3 列为 $\left(\frac{\sqrt{2}}{2},0,\frac{\sqrt{2}}{2}\right)^{\mathrm{T}}$，求 $\boldsymbol{A}^*$，并求将二次型 $g(x_1,x_2,x_3)=\boldsymbol{x}^{\mathrm{T}}\boldsymbol{A}^*\boldsymbol{x}$ 化为规范形的可逆线性变换 $\boldsymbol{x}=\boldsymbol{C}\boldsymbol{y}$.

分析 先算出正交矩阵 $\boldsymbol{Q}$(它使得 $\boldsymbol{Q}^{\mathrm{T}}\boldsymbol{A}\boldsymbol{Q}=\begin{pmatrix}1&&\\&1&\\&&-1\end{pmatrix}$)及 $\boldsymbol{A}^*$ 的特征值 μ_1,μ_2,μ_3，从而由 $\boldsymbol{Q}^{\mathrm{T}}\boldsymbol{A}^*\boldsymbol{Q}=\begin{pmatrix}\mu_1&&\\&\mu_2&\\&&\mu_3\end{pmatrix}$ 可得 $\boldsymbol{A}^*$ 及 g 在 $\boldsymbol{x}=\boldsymbol{Q}\boldsymbol{y}$ 下的标准形，进而可得 g 在可逆线性变换 $\boldsymbol{x}=\boldsymbol{C}\boldsymbol{y}$ 下的规范形.

精解 由于 $f=\boldsymbol{x}^{\mathrm{T}}\boldsymbol{A}\boldsymbol{x}$ 在正交变换 $\boldsymbol{x}=\boldsymbol{Q}\boldsymbol{y}$ 下的标准形为 $y_1^2+y_2^2-y_3^2$，所以 $\boldsymbol{A}$ 有特征值 $\lambda=1$(二重)，-1 从而 $\boldsymbol{A}^*$ 的特征值为 $\mu_{1,2}=\frac{|\boldsymbol{A}|}{1}=-1$，$\mu_3=\frac{|\boldsymbol{A}|}{-1}=1$.

显然，$\boldsymbol{A}$ 的对应 $\lambda=-1$ 的特征向量为 $\boldsymbol{\alpha}=(1,0,1)^{\mathrm{T}}$.

设 $\boldsymbol{A}$ 的对应于 $\lambda=1$ 的特征向量为 $\boldsymbol{\beta}=(b_1,b_2,b_3)^{\mathrm{T}}$，则由 $\boldsymbol{A}$ 是实对称矩阵知，$\boldsymbol{\beta}$ 与 $\boldsymbol{\alpha}$ 正交，即 $b_1+b_3=0$. 它有基础解系 $(0,1,0)^{\mathrm{T}}$，$(-1,0,1)^{\mathrm{T}}$. 故可取 $\boldsymbol{\beta}=\boldsymbol{\beta}_1=(0,1,0)^{\mathrm{T}}$，$\boldsymbol{\beta}=\boldsymbol{\beta}_2=(-1,0,1)^{\mathrm{T}}$.

显然，$\boldsymbol{\beta}_1,\boldsymbol{\beta}_2,\boldsymbol{\alpha}$ 是正交向量组，现将它们单位化：

$$\boldsymbol{e}_1=\boldsymbol{\beta}_1=(0,1,0)^{\mathrm{T}},$$

$$\boldsymbol{e}_2=\frac{\boldsymbol{\beta}_2}{\|\boldsymbol{\beta}_2\|}=\left(-\frac{1}{\sqrt{2}},0,\frac{1}{\sqrt{2}}\right)^{\mathrm{T}},$$

$$\boldsymbol{e}_3=\frac{\boldsymbol{\alpha}}{\|\boldsymbol{\alpha}\|}=\left(\frac{1}{\sqrt{2}},0,\frac{1}{\sqrt{2}}\right)^{\mathrm{T}}.$$

记 $\boldsymbol{Q}=(\boldsymbol{e}_1,\boldsymbol{e}_2,\boldsymbol{e}_3)$(正交矩阵)，它使得 $\boldsymbol{Q}^{\mathrm{T}}\boldsymbol{A}^*\boldsymbol{Q}=\begin{pmatrix}-1&&\\&-1&\\&&1\end{pmatrix}$.

所以，$\boldsymbol{A}^*=\boldsymbol{Q}\begin{pmatrix}-1&&\\&-1&\\&&1\end{pmatrix}\boldsymbol{Q}^{\mathrm{T}}=\begin{pmatrix}0&-\frac{1}{\sqrt{2}}&\frac{1}{\sqrt{2}}\\1&0&0\\0&\frac{1}{\sqrt{2}}&\frac{1}{\sqrt{2}}\end{pmatrix}\begin{pmatrix}-1&&\\&-1&\\&&1\end{pmatrix}\begin{pmatrix}0&1&0\\-\frac{1}{\sqrt{2}}&0&\frac{1}{\sqrt{2}}\\\frac{1}{\sqrt{2}}&0&\frac{1}{\sqrt{2}}\end{pmatrix}$

$$=\begin{pmatrix}0&\frac{1}{\sqrt{2}}&\frac{1}{\sqrt{2}}\\-1&0&0\\0&-\frac{1}{\sqrt{2}}&\frac{1}{\sqrt{2}}\end{pmatrix}\begin{pmatrix}0&1&0\\-\frac{1}{\sqrt{2}}&0&\frac{1}{\sqrt{2}}\\\frac{1}{\sqrt{2}}&0&\frac{1}{\sqrt{2}}\end{pmatrix}=\begin{pmatrix}0&0&1\\0&-1&0\\1&0&0\end{pmatrix}.$$

于是 $g(x_1,x_2,x_3)=\boldsymbol{x}^{\mathrm{T}}\boldsymbol{A}^*\boldsymbol{x}=2x_1x_3-x_2^2$.

令$\begin{cases}x_1=\frac{1}{\sqrt{2}}(y_1+y_3),\\x_2=y_2,\\x_3=\frac{1}{\sqrt{2}}(y_1-y_3),\end{cases}$ 则在 $\boldsymbol{x}=\boldsymbol{C}\boldsymbol{y}=\begin{pmatrix}\frac{1}{\sqrt{2}}&0&\frac{1}{\sqrt{2}}\\0&1&0\\\frac{1}{\sqrt{2}}&0&-\frac{1}{\sqrt{2}}\end{pmatrix}\boldsymbol{y}$ 下，$g(x_1,x_2,x_3)$化为规范形 $y_1^2-y_2^2-y_3^2$.

附注　题解中有两点值得注意：

(1)对于题中的 $\boldsymbol{A}$，当正交矩阵 $\boldsymbol{Q}$，使得 $\boldsymbol{Q}^{\mathrm{T}}\boldsymbol{A}\boldsymbol{Q}$ 为对角矩阵时，也必使 $\boldsymbol{Q}^{\mathrm{T}}\boldsymbol{A}^*\boldsymbol{Q}$ 成为对角矩阵.

(2)由于 $g(x_1,x_2,x_3)=2x_1x_3-x_2^2$ 的乘积项中不出现 x_2，所以令$\begin{cases}x_1=\frac{1}{\sqrt{2}}(y_1+y_3),\\x_2=y_2,\\x_3=\frac{1}{\sqrt{2}}(y_1-y_3)\end{cases}$

可消去这个乘积项，而不出现其他乘积项，从而将 g 化为规范形.

例 5.12　设二次型 $f(x_1,x_2,x_3)=\boldsymbol{x}^{\mathrm{T}}\boldsymbol{A}\boldsymbol{x}$(其中，$\boldsymbol{x}=(x_1,x_2,x_3)^{\mathrm{T}}$，$\boldsymbol{A}$ 是三阶实对称矩阵)经正交变换 $\boldsymbol{x}=\boldsymbol{Q}\boldsymbol{y}$(其中，$\boldsymbol{y}=(y_1,y_2,y_3)^{\mathrm{T}}$，$\boldsymbol{Q}$ 是三阶正交矩阵)化为标准形 $2y_1^2-y_2^2-y_3^2$. 又设 $\boldsymbol{A}^*\boldsymbol{\alpha}=\boldsymbol{\alpha}$(其中 $\boldsymbol{\alpha}=(1,1,-1)^{\mathrm{T}}$). 求 $\boldsymbol{Q}$ 及$f(x_1,x_2,x_3)$的表达式，并用可逆线性变换将 $f(x_1,x_2,x_3)$化为规范形.

分析　由题设知，$\boldsymbol{A}$ 有特征值$\lambda=2,-1$(二重)，且 $\lambda=2$ 对应的特征向量为 $\boldsymbol{\alpha}$. 由此可以算出 $\boldsymbol{Q},\boldsymbol{A}$，从而得到 $f(x_1,x_2,x_3)$的表达式，然后写出 $f(x_1,x_2,x_3)$的规范形以及可逆线性变换 $\boldsymbol{x}=\boldsymbol{C}\boldsymbol{y}$(其中，$\boldsymbol{C}$ 是可逆矩阵).

精解　由于 $f=\boldsymbol{x}^{\mathrm{T}}\boldsymbol{A}\boldsymbol{x}$ 经 $\boldsymbol{x}=\boldsymbol{Q}\boldsymbol{y}$ 化为标准形 $2y_1^2-y_2^2-y_3^2$，所以 $\boldsymbol{A}$ 有特征值$\lambda=2,-1$(二重). 从而 $\boldsymbol{A}^*$ 对应地有特征值 $\mu=\frac{|\boldsymbol{A}|}{2},\frac{|\boldsymbol{A}|}{-1}$(二重)，即 $\mu=1,-2$(二重). 由 $\boldsymbol{A}^*\boldsymbol{\alpha}=\boldsymbol{\alpha}$ 知，$\boldsymbol{\alpha}=(1,1,-1)^{\mathrm{T}}$ 是 $\boldsymbol{A}^*$ 的对应于特征值 $\mu=1$ 的特征向量，从而也是 $\boldsymbol{A}$ 的对应于特征值$\lambda=2$ 的特征向量.

设 $\boldsymbol{A}$ 的对应于$\lambda=-1$ 的特征向量为 $\boldsymbol{\beta}=(b_1,b_2,b_3)^{\mathrm{T}}$，则由 $\boldsymbol{A}$ 是实对称矩阵知，$\boldsymbol{\beta}$ 与 $\boldsymbol{\alpha}$ 正交，即 $b_1+b_2-b_3=0$，它有基础解系$(-1,1,0)^{\mathrm{T}},(1,0,1)^{\mathrm{T}}$. 故可取 $\boldsymbol{\beta}=\boldsymbol{\beta}_1=(-1,1,0)^{\mathrm{T}}$，$\boldsymbol{\beta}=$

$\boldsymbol{\beta}_2=(1,0,1)^{\mathrm{T}}$. 现将它们正交化:

$$\boldsymbol{\xi}_1=\boldsymbol{\beta}_1=(-1,1,0)^{\mathrm{T}},$$

$$\boldsymbol{\xi}_2=\boldsymbol{\beta}_2-\frac{(\boldsymbol{\beta}_2,\boldsymbol{\xi}_1)}{(\boldsymbol{\xi}_1,\boldsymbol{\xi}_1)}\boldsymbol{\xi}_1=\left(\frac{1}{2},\frac{1}{2},1\right)^{\mathrm{T}}.$$

显然,$\boldsymbol{\alpha},\boldsymbol{\xi}_1,\boldsymbol{\xi}_2$ 是正交向量组,现将它们单位化:

$$\boldsymbol{e}_1=\frac{\boldsymbol{\alpha}}{\|\boldsymbol{\alpha}\|}=\left(\frac{1}{\sqrt{3}},\frac{1}{\sqrt{3}},-\frac{1}{\sqrt{3}}\right)^{\mathrm{T}},$$

$$\boldsymbol{e}_2=\frac{\boldsymbol{\xi}}{\|\boldsymbol{\xi}_1\|}=\left(-\frac{1}{\sqrt{2}},\frac{1}{\sqrt{2}},0\right)^{\mathrm{T}},$$

$$\boldsymbol{e}_3=\frac{\boldsymbol{\xi}_2}{\|\boldsymbol{\xi}_2\|}=\left(\frac{1}{\sqrt{6}},\frac{1}{\sqrt{6}},\frac{2}{\sqrt{6}}\right)^{\mathrm{T}}.$$

从而,所求的正交矩阵 $\boldsymbol{Q}=(\boldsymbol{e}_1,\boldsymbol{e}_2,\boldsymbol{e}_3)=\begin{pmatrix}\frac{1}{\sqrt{3}}&-\frac{1}{\sqrt{2}}&\frac{1}{\sqrt{6}}\\\frac{1}{\sqrt{3}}&\frac{1}{\sqrt{2}}&\frac{1}{\sqrt{6}}\\-\frac{1}{\sqrt{3}}&0&\frac{2}{\sqrt{6}}\end{pmatrix}$,它使得

$$\boldsymbol{Q}^{\mathrm{T}}\boldsymbol{A}\boldsymbol{Q}=\begin{pmatrix}2&&\\&-1&\\&&-1\end{pmatrix}.$$

所以 $\boldsymbol{A}=\boldsymbol{Q}\begin{pmatrix}2&&\\&-1&\\&&-1\end{pmatrix}\boldsymbol{Q}^{\mathrm{T}}=\begin{pmatrix}\frac{1}{\sqrt{3}}&-\frac{1}{\sqrt{2}}&\frac{1}{\sqrt{6}}\\\frac{1}{\sqrt{3}}&\frac{1}{\sqrt{2}}&\frac{1}{\sqrt{6}}\\-\frac{1}{\sqrt{3}}&0&\frac{2}{\sqrt{6}}\end{pmatrix}\begin{pmatrix}2&&\\&-1&\\&&-1\end{pmatrix}\begin{pmatrix}\frac{1}{\sqrt{3}}&\frac{1}{\sqrt{3}}&-\frac{1}{\sqrt{3}}\\-\frac{1}{\sqrt{2}}&\frac{1}{\sqrt{2}}&0\\\frac{1}{\sqrt{6}}&\frac{1}{\sqrt{6}}&\frac{2}{\sqrt{6}}\end{pmatrix}$

$$=\begin{pmatrix}\frac{2}{\sqrt{3}}&\frac{1}{\sqrt{2}}&-\frac{1}{\sqrt{6}}\\\frac{2}{\sqrt{3}}&-\frac{1}{\sqrt{2}}&-\frac{1}{\sqrt{6}}\\-\frac{2}{\sqrt{3}}&0&-\frac{2}{\sqrt{6}}\end{pmatrix}\begin{pmatrix}\frac{1}{\sqrt{3}}&\frac{1}{\sqrt{3}}&-\frac{1}{\sqrt{3}}\\-\frac{1}{\sqrt{2}}&\frac{1}{\sqrt{2}}&0\\\frac{1}{\sqrt{6}}&\frac{1}{\sqrt{6}}&\frac{2}{\sqrt{6}}\end{pmatrix}=\begin{pmatrix}0&1&-1\\1&0&-1\\-1&-1&0\end{pmatrix}.$$

由此得到,$f(x_1,x_2,x_3)=2x_1x_2-2x_1x_3-2x_2x_3$.

令$\begin{cases}x_1=z_1+z_2,\\x_2=z_1-z_2,\\x_3=\qquad z_3,\end{cases}$即 $\boldsymbol{x}=\begin{pmatrix}1&1&0\\1&-1&0\\0&0&1\end{pmatrix}\boldsymbol{z}$(其中,$\boldsymbol{z}=(z_1,z_2,z_3)^{\mathrm{T}}$),得

$$\begin{aligned}f(x_1,x_2,x_3)&=2z_1^2-2z_2^2-4z_1z_3=2(z_1-z_3)^2-2z_2^2-2z_3^2\\&=y_1^2-y_2^2-y_3^2\text{(规范形)},\end{aligned}$$

其中$\begin{cases}y_1=\sqrt{2}(z_1-z_3),\\ y_2=\sqrt{2}z_2,\\ y_3=\sqrt{2}z_3,\end{cases}$ 即 $\boldsymbol{z}=\begin{pmatrix}\frac{1}{\sqrt{2}} & 0 & \frac{1}{\sqrt{2}}\\ 0 & \frac{1}{\sqrt{2}} & 0\\ 0 & 0 & \frac{1}{\sqrt{2}}\end{pmatrix}\boldsymbol{y}$.

将以上两个可逆线性变换复合得所求的可逆线性变换

$$\boldsymbol{x}=\boldsymbol{C}\boldsymbol{y}=\begin{pmatrix}1 & 1 & 0\\ 1 & -1 & 0\\ 0 & 0 & 1\end{pmatrix}\begin{pmatrix}\frac{1}{\sqrt{2}} & 0 & \frac{1}{\sqrt{2}}\\ 0 & \frac{1}{\sqrt{2}} & 0\\ 0 & 0 & \frac{1}{\sqrt{2}}\end{pmatrix}\boldsymbol{y}=\begin{pmatrix}\frac{1}{\sqrt{2}} & \frac{1}{\sqrt{2}} & \frac{1}{\sqrt{2}}\\ \frac{1}{\sqrt{2}} & -\frac{1}{\sqrt{2}} & \frac{1}{\sqrt{2}}\\ 0 & 0 & \frac{1}{\sqrt{2}}\end{pmatrix}\boldsymbol{y}.$$

附注 题中需要注意的是,对 $f(x_1,x_2,x_3)=2x_1x_2-2x_1x_3-2x_2x_3$,要用可逆线性变换 $\boldsymbol{x}=\boldsymbol{C}\boldsymbol{y}$(其中 $\boldsymbol{x}=(x_1,x_2,x_3)^{\mathrm{T}}$,$\boldsymbol{y}=(y_1,y_2,y_3)^{\mathrm{T}}$,$\boldsymbol{C}$ 是可逆矩阵)化为标准形或规范形,首先应引入

$$\begin{cases}x_1=z_1+z_2,\\ x_2=z_1-z_2,\\ x_3=\qquad z_3,\end{cases}$$

使得 f 中出现平方项,然后才能用配方方法,最后获得可逆线性变换 $\boldsymbol{x}=\boldsymbol{C}\boldsymbol{y}$ 及 f 的规范形.

例 5.13 设二维列向量组 $\boldsymbol{\alpha}_1=(1,2)^{\mathrm{T}}$,$\boldsymbol{\alpha}_2=(t,1)^{\mathrm{T}}$ 及 $\boldsymbol{x}=(x_1,x_2)^{\mathrm{T}}$,求 t 为何值时,二次型 $f(x_1,x_2)=\sum\limits_{i=1}^{2}(\boldsymbol{\alpha}_i,\boldsymbol{x})^2$ 是正定的.

分析 先写出 $f(x_1,x_2)=\boldsymbol{x}^{\mathrm{T}}\boldsymbol{A}\boldsymbol{x}$(其中 $\boldsymbol{A}$ 是实对称矩阵)的表达式,然后计算使得 $\boldsymbol{A}$ 的顺序主子式都大于零的 t 即可.

精解
$$\begin{aligned}f(x_1,x_2)&=\sum_{i=1}^{2}(\boldsymbol{\alpha}_i,\boldsymbol{x})^2\\&=(\boldsymbol{x}^{\mathrm{T}}\boldsymbol{\alpha}_1)(\boldsymbol{\alpha}_1^{\mathrm{T}}\boldsymbol{x})+(\boldsymbol{x}^{\mathrm{T}}\boldsymbol{\alpha}_2)(\boldsymbol{\alpha}_2^{\mathrm{T}}\boldsymbol{x})\\&=\boldsymbol{x}^{\mathrm{T}}\left(\begin{pmatrix}1\\2\end{pmatrix}(1,2)+\begin{pmatrix}t\\1\end{pmatrix}(t,1)\right)\boldsymbol{x}\\&=\boldsymbol{x}^{\mathrm{T}}\begin{pmatrix}1+t^2 & 2+t\\ 2+t & 5\end{pmatrix}\boldsymbol{x}.\end{aligned}$$

记 $\boldsymbol{A}=\begin{pmatrix}1+t^2 & 2+t\\ 2+t & 5\end{pmatrix}$,则 $\boldsymbol{A}$ 是实对称矩阵,所以当 t 满足

$$\begin{cases}1+t^2>0,\\ |\boldsymbol{A}|=1-4t+4t^2=(2t-1)^2>0,\end{cases}$$

即 $t\neq\frac{1}{2}$ 时,$f(x_1,x_2)$ 是正定二次型.

附注 设 $\boldsymbol{\alpha}$,$\boldsymbol{\beta}$ 都是 n 维列向量,则

$$(\boldsymbol{\alpha},\boldsymbol{\beta})=\boldsymbol{\alpha}^{\mathrm{T}}\boldsymbol{\beta}=\boldsymbol{\beta}^{\mathrm{T}}\boldsymbol{\alpha}.$$

例 5.14 设 n 阶矩阵

$$\boldsymbol{A}=\begin{pmatrix} a+3 & 2 & 2 & \cdots & 2 & 2 \\ 2 & a & 1 & \cdots & 1 & 1 \\ 2 & 1 & a & \cdots & 1 & 1 \\ \vdots & \vdots & \vdots & & \vdots & \vdots \\ 2 & 1 & 1 & \cdots & a & 1 \\ 2 & 1 & 1 & \cdots & 1 & a \end{pmatrix},$$

求使得 $\boldsymbol{A}$ 为正定矩阵的 a 的取值范围.

分析 由于 $\boldsymbol{A}$ 是 n 阶实对称矩阵,所以可由 $\boldsymbol{A}$ 的特征值全为正来确定使得 $\boldsymbol{A}$ 为正定矩阵的 a 的取值范围.

精解 先考察 $a-1$ 是否为 $\boldsymbol{A}$ 的特征值.

由于 $|(a-1)\boldsymbol{E}_n-\boldsymbol{A}|=\begin{vmatrix} -4 & -2 & -2 & \cdots & -2 & -2 \\ -2 & -1 & -1 & \cdots & -1 & -1 \\ -2 & -1 & -1 & \cdots & -1 & -1 \\ \vdots & \vdots & \vdots & & \vdots & \vdots \\ -2 & -1 & -1 & \cdots & -1 & -1 \\ -2 & -1 & -1 & \cdots & -1 & -1 \end{vmatrix}=0$,所以

$a-1$ 是 $\boldsymbol{A}$ 的特征值. 下面计算 $\boldsymbol{A}$ 的不为 $a-1$ 的特征值.

由于 $|\lambda\boldsymbol{E}_n-\boldsymbol{A}|=\begin{vmatrix} \lambda-a-3 & -2 & -2 & \cdots & -2 & -2 \\ -2 & \lambda-a & -1 & \cdots & -1 & -1 \\ -2 & -1 & \lambda-a & \cdots & -1 & -1 \\ \vdots & \vdots & \vdots & & \vdots & \vdots \\ -2 & -1 & -1 & \cdots & \lambda-a & -1 \\ -2 & -1 & -1 & \cdots & -1 & \lambda-a \end{vmatrix}$

$$=\begin{vmatrix} (\lambda-a+1)-4 & -2 & -2 & \cdots & -2 & -2 \\ -2 & (\lambda-a+1)-1 & -1 & \cdots & -1 & -1 \\ -2 & -1 & (\lambda-a+1)-1 & \cdots & -1 & -1 \\ \vdots & \vdots & \vdots & & \vdots & \vdots \\ -2 & -1 & -1 & \cdots & (\lambda-a+1)-1 & -1 \\ -2 & -1 & -1 & \cdots & -1 & (\lambda-a+1)-1 \end{vmatrix}$$

$$=\left|(\lambda-a+1)\boldsymbol{E}_n-\begin{pmatrix} 4 & 2 & 2 & \cdots & 2 & 2 \\ 2 & 1 & 1 & \cdots & 1 & 1 \\ 2 & 1 & 1 & \cdots & 1 & 1 \\ \vdots & \vdots & \vdots & & \vdots & \vdots \\ 2 & 1 & 1 & \cdots & 1 & 1 \\ 2 & 1 & 1 & \cdots & 1 & 1 \end{pmatrix}\right|$$

$$=(\lambda-a+1)^n\left|E_n-\frac{1}{\lambda-a+1}\begin{pmatrix}4&2&2&\cdots&2&2\\2&1&1&\cdots&1&1\\2&1&1&\cdots&1&1\\\vdots&\vdots&\vdots&&\vdots&\vdots\\2&1&1&\cdots&1&1\\2&1&1&\cdots&1&1\end{pmatrix}\right|$$

$$=(\lambda-a+1)^n\left|E_n-\frac{1}{\lambda-a+1}\boldsymbol{\alpha}\boldsymbol{\alpha}^{\mathrm T}\right|\text{(其中 }\boldsymbol{\alpha}=(2,1,1,\cdots,1,1)^{\mathrm T}\text{)}$$

$$=(\lambda-a+1)^n\left|1-\frac{1}{\lambda-a+1}\boldsymbol{\alpha}^{\mathrm T}\boldsymbol{\alpha}\right|$$

$$=(\lambda-a+1)^n\frac{\lambda-a-n-2}{\lambda-a+1}=(\lambda-a+1)^{n-1}(\lambda-a-n-2),$$

所以，$\boldsymbol{A}$ 还有特征值 $\lambda=a+n+2$.

由以上可知，使得 $\boldsymbol{A}$ 为正定矩阵的 a 应满足

$$\begin{cases}a-1>0,\\a+n+2>0,\end{cases}\text{即 } a>1.$$

附注　题解中，$\left|E_n-\frac{1}{\lambda-a+1}\boldsymbol{\alpha}\boldsymbol{\alpha}^{\mathrm T}\right|=\left|1-\frac{1}{\lambda-a+1}\boldsymbol{\alpha}^{\mathrm T}\boldsymbol{\alpha}\right|$ 是根据以下结论：

设 $\boldsymbol{A},\boldsymbol{B}$ 分别是 $m\times n$ 与 $n\times m$ 矩阵，则

$$|\boldsymbol{E}_m+\boldsymbol{AB}|=|\boldsymbol{E}_n+\boldsymbol{BA}|,$$

这个结论在例 2.21 中已给出了证明.

例 5.15　设二次型 $f(x_1,x_2,\cdots,x_n)=a\sum\limits_{i=1}^{n}x_i^2+b\sum\limits_{i=1}^{n}x_ix_{n-i+1}$，问常数 a,b 满足何种条件时，f 是正定二次型.

分析　分 n 为偶数与奇数，写出 f 的矩阵 $\boldsymbol{A}$，然后按 $\boldsymbol{A}$ 的顺序主子式都大于零确定使得 f 是正定的 a,b 应满足的条件.

精解　(Ⅰ)当 n 为偶数，即 $n=2k$ 时，

$$\boldsymbol{A}=\begin{pmatrix}a&&&&&&b\\&a&&&&b&\\&&\ddots&&\iddots&&\\&&&a\ \ b&&&\\&&&b\ \ a&&&\\&&\iddots&&\ddots&&\\&b&&&&a&\\b&&&&&&a\end{pmatrix}.$$

于是，$\boldsymbol{A}$ 的顺序主子式 $D_1,D_2,\cdots,D_{2k}$ 为

$$D_i=a^i,D_{k+i}=a^{k-i}(a^2-b^2)^i(1\leqslant i\leqslant k).$$

由此可知，当 $a>0,a^2-b^2>0$，即 $a>|b|$ 时，A 的所有顺序主子式都大于零，故 f 是正定二次型.

(Ⅱ)当 n 为奇数，即 $n=2k+1$ 时，

$$
A=\begin{pmatrix}
a & & & & & & b \\
 & a & & & & b & \\
 & & \ddots & & \iddots & & \\
 & & a & & b & & \\
 & & & a+b & & & \\
 & & b & & a & & \\
 & & \iddots & & \ddots & & \\
 & b & & & & a & \\
b & & & & & & a
\end{pmatrix}
$$

于是,$\boldsymbol{A}$ 的顺序主子式 $D_1',D_2',\cdots,D_{2k+1}'$ 为

$$D_i'=a^i(1\leqslant i\leqslant k),D_{k+1}'=(a+b)a^k,$$
$$D_{k+1+i}'=(a+b)a^{k-i}(a^2-b^2)^i(1\leqslant i\leqslant k).$$

由此可知,当 $a>0,a+b>0,a^2-b^2>0$,即 $a>|b|$ 时,$\boldsymbol{A}$ 的所有顺序主子式都大于零,故 f 是正定二次型.

综上所述,不论 n 是偶数或奇数,当 $a>|b|$ 时,$f(x_1,x_2,\cdots,x_n)$都是正定二次型.

附注 题解中,当 n 为偶数时,$D_{k+i}=a^{k-i}(a^2-b^2)^i(1\leqslant i\leqslant k)$;当 n 为奇数时,$D_{k+i}'=(a+b)a^{k-(i-1)}(a^2-b^2)^{i-1}(1\leqslant i\leqslant k+1)$是按以下方法计算的.

记 $2m$ 阶矩阵 $\boldsymbol{A}_{2m}=\begin{pmatrix}
a & & & & & b \\
 & a & & & b & \\
 & & \ddots & \iddots & & \\
 & & a & b & & \\
 & & b & a & & \\
 & & \iddots & \ddots & & \\
 & b & & & a & \\
b & & & & & a
\end{pmatrix}$,则

$$
|\boldsymbol{A}_{2m}|=\begin{vmatrix}
a & & & & & b \\
 & a & & & b & \\
 & & \ddots & \iddots & & \\
 & & a & b & & \\
 & & b & a & & \\
 & & \iddots & \ddots & & \\
 & b & & & a & \\
b & & & & & a
\end{vmatrix}
$$

$$
\underline{\underline{\text{按第 1 行展开}}}\,a\left|\begin{array}{c:c}
\boldsymbol{A}_{2(m-1)} & \\
\hdashline
 & a
\end{array}\right|+(-1)^{2m+1}b\left|\begin{array}{c:c}
 & \boldsymbol{A}_{2(m-1)} \\
\hdashline
b &
\end{array}\right|
$$

$$=a^2|\boldsymbol{A}_{2(m-1)}|-b\cdot(-1)^{2m}b|\boldsymbol{A}_{2(m-1)}|$$
$$=(a^2-b^2)|\boldsymbol{A}_{2(m-1)}|=(a^2-b^2)^2|\boldsymbol{A}_{2(m-2)}|$$
$$=\cdots=(a^2-b^2)^{m-1}|\boldsymbol{A}_2|=(a^2-b^2)^m.$$

所以，
$$D_{j+2m}=\left|\begin{array}{cccc:c} a & & & & \\ & a & & & \\ & & \ddots & & \\ & & & a & \\ \hdashline & & & & \boldsymbol{A}_{2m} \end{array}\right| \quad (\text{前 } j \text{ 行})$$
$$=a^j(a^2-b^2)^m,$$

$$D'_{j+1+2m}=\left|\begin{array}{ccccc:c} a & & & & & \\ & a & & & & \\ & & \ddots & & & \\ & & & a & & \\ & & & & a+b & \\ \hdashline & & & & & \boldsymbol{A}_{2m} \end{array}\right| \quad (\text{前 } j+1 \text{ 行})$$
$$=(a+b)a^j(a^2-b^2)^m.$$

由此可得，
$$D_{k+i}=D_{(k-i)+2i}=a^{k-i}(a^2-b^2)^i\ (1\leqslant i\leqslant k),$$
$$D'_{k+1+i}=D_{(k-i)+1+2i}=(a+b)a^{k-i}(a^2-b^2)^i\ (1\leqslant i\leqslant k).$$

(Ⅱ)

例 5.16 设二次型 $f(x_1,x_2,x_3)=ax_1^2+2x_2^2-2x_3^2+2bx_1x_3\ (b>0)$，它的矩阵特征值之和为 1，之积为 -12. 求 a,b 的值，并用正交变换将 f 化为标准形.

分析 写出 f 的矩阵 $\boldsymbol{A}$，并由题设确定 a,b 的值. 然后计算正交矩阵 $\boldsymbol{Q}$，使得正交变换 $\boldsymbol{x}=\boldsymbol{Q}\boldsymbol{y}$（其中 $\boldsymbol{x}=(x_1,x_2,x_3)^{\mathrm{T}}$，$\boldsymbol{y}=(y_1,y_2,y_3)^{\mathrm{T}}$）将 f 化为标准形.

精解 f 的矩阵为
$$\boldsymbol{A}=\begin{pmatrix} a & 0 & b \\ 0 & 2 & 0 \\ b & 0 & -2 \end{pmatrix}.$$

于是，由题设得
$$\begin{cases}\mathrm{tr}\,\boldsymbol{A}=1,\\ |\boldsymbol{A}|=-12,\end{cases} \text{即}\begin{cases}a+2+(-2)=1,\\ -4a-2b^2=-12.\end{cases}$$

解此方程组得 $a=1,b=2$，所以
$$\boldsymbol{A}=\begin{pmatrix} 1 & 0 & 2 \\ 0 & 2 & 0 \\ 2 & 0 & -2 \end{pmatrix}.$$

由 $|\lambda\boldsymbol{E}_3-\boldsymbol{A}|=\begin{vmatrix} \lambda-1 & 0 & -2 \\ 0 & \lambda-2 & 0 \\ -2 & 0 & \lambda+2 \end{vmatrix}=(\lambda-2)^2(\lambda+3)$ 知，$\boldsymbol{A}$ 的特征值为 $\lambda=-3,2$（二重）.

设 $\boldsymbol{A}$ 的对应于 $\lambda=-3$ 的特征向量为 $\boldsymbol{\alpha}=(a_1,a_2,a_3)^{\mathrm{T}}$，则 $\boldsymbol{\alpha}$ 满足

$$\begin{pmatrix}-4&0&-2\\0&-5&0\\-2&0&-1\end{pmatrix}\begin{pmatrix}a_1\\a_2\\a_3\end{pmatrix}=\mathbf{0}.$$

它有基础解系 $(-1,0,2)^{\mathrm{T}}$，故可取 $\boldsymbol{\alpha}=(-1,0,2)^{\mathrm{T}}$.

设 $\lambda=2$ 对应的特征向量为 $\boldsymbol{\beta}=(b_1,b_2,b_3)^{\mathrm{T}}$，则由 $\boldsymbol{A}$ 是实对称矩阵知，$\boldsymbol{\beta}$ 与 $\boldsymbol{\alpha}$ 正交，即 $-b_1+2b_3=0$. 它有基础解系 $(0,1,0)^{\mathrm{T}}$，$(2,0,1)^{\mathrm{T}}$，故可取 $\boldsymbol{\beta}=\boldsymbol{\beta}_1=(0,1,0)^{\mathrm{T}}$，$\boldsymbol{\beta}=\boldsymbol{\beta}_2=(2,0,1)^{\mathrm{T}}$.

$\boldsymbol{\alpha},\boldsymbol{\beta}_1,\boldsymbol{\beta}_2$ 是正交向量组，现将它们单位化：

$$\boldsymbol{e}_1=\frac{\boldsymbol{\alpha}}{\|\boldsymbol{\alpha}\|}=\left(-\frac{1}{\sqrt{5}},0,\frac{2}{\sqrt{5}}\right)^{\mathrm{T}},$$

$$\boldsymbol{e}_2=\boldsymbol{\beta}_1=(0,1,0)^{\mathrm{T}},$$

$$\boldsymbol{e}_3=\frac{\boldsymbol{\beta}_2}{\|\boldsymbol{\beta}_2\|}=\left(\frac{2}{\sqrt{5}},0,\frac{1}{\sqrt{5}}\right)^{\mathrm{T}}.$$

记 $\boldsymbol{Q}=(\boldsymbol{e}_1,\boldsymbol{e}_2,\boldsymbol{e}_3)=\begin{pmatrix}-\frac{1}{\sqrt{5}}&0&\frac{2}{\sqrt{5}}\\0&1&0\\\frac{2}{\sqrt{5}}&0&\frac{1}{\sqrt{5}}\end{pmatrix}$，则 $\boldsymbol{Q}$ 是正交矩阵，且正交变换 $\boldsymbol{x}=\boldsymbol{Qy}$ 将 f 化为标准形 $-3y_1^2+2y_2^2+2y_3^2$.

附注　设 n 阶矩阵 $\boldsymbol{A}$ 的 n 个特征值为 $\lambda_1,\lambda_2,\cdots,\lambda_n$，则

$$\lambda_1+\lambda_2+\cdots+\lambda_n=\mathrm{tr}\boldsymbol{A},\ |\boldsymbol{A}|=\lambda_1\lambda_2\cdots\lambda_n.$$

读者应记住这个结论.

例 5.17　设二次型 $f(x_1,x_2,x_3)=\frac{1}{2}x_1^2+3x_2^2+3x_3^2+2ax_2x_3$ 的矩阵为 $\boldsymbol{A}$（其中，$|\boldsymbol{A}|\geqslant 0$），又设二次型 $g(x_1,x_2,x_3)=\boldsymbol{x}^{\mathrm{T}}\boldsymbol{A}^*\boldsymbol{x}$ 经正交变换 $\boldsymbol{x}=\boldsymbol{Qy}$（其中，$\boldsymbol{x}=(x_1,x_2,x_3)^{\mathrm{T}}$，$\boldsymbol{y}=(y_1,y_2,y_3)^{\mathrm{T}}$）化为标准形 $y_1^2+2y_2^2+8y_3^2$，求正数 a 及正交矩阵 $\boldsymbol{Q}$，并求将 f 化为规范形的可逆线性变换 $\boldsymbol{x}=\boldsymbol{Cy}$.

分析　由 g 经正交变换 $\boldsymbol{x}=\boldsymbol{Qy}$ 化为标准形 $y_1^2+2y_2^2+8y_3^2$ 可得 $\boldsymbol{A}$ 的特征值，从而算出 a 的值及正交矩阵 $\boldsymbol{Q}$. 由此即可得到将 f 化为规范形的可逆线性变换 $\boldsymbol{x}=\boldsymbol{Cy}$.

精解　由 g 经正交变换 $\boldsymbol{x}=\boldsymbol{Qy}$ 化为标准形 $y_1^2+2y_2^2+8y_3^2$ 知，$\boldsymbol{A}^*$ 有特征值 $\mu=1,2,8$. 于是，由

$$|\boldsymbol{A}|^{3-1}=|\boldsymbol{A}^*|=1\times2\times8=16$$

得 $|\boldsymbol{A}|=4$. 从而，由

$$\begin{vmatrix}\frac{1}{2}&0&0\\0&3&a\\0&a&3\end{vmatrix}=4$$

得 $a=1$. 所以 $\boldsymbol{A}=\begin{pmatrix}\frac{1}{2} & 0 & 0\\ 0 & 3 & 1\\ 0 & 1 & 3\end{pmatrix}$,它有特征值 $\lambda_1=\frac{|\boldsymbol{A}|}{1}=4,\lambda_2=\frac{|\boldsymbol{A}|}{2}=2,\lambda_3=\frac{|\boldsymbol{A}|}{8}=\frac{1}{2}$.

设 $\boldsymbol{A}$ 的对应于 $\lambda=4$ 的特征向量为 $\boldsymbol{\alpha}=(a_1,a_2,a_3)^{\mathrm{T}}$,则 $\boldsymbol{\alpha}$ 满足

$$\begin{pmatrix}\frac{7}{2} & 0 & 0\\ 0 & 1 & -1\\ 0 & -1 & 1\end{pmatrix}\begin{pmatrix}a_1\\ a_2\\ a_3\end{pmatrix}=\mathbf{0},$$

它有基础解系 $(0,1,1)^{\mathrm{T}}$,故可取 $\boldsymbol{\alpha}=(0,1,1)^{\mathrm{T}}$.

设 $\boldsymbol{A}$ 的对应于 $\lambda=2$ 的特征向量为 $\boldsymbol{\beta}=(b_1,b_2,b_3)^{\mathrm{T}}$,则 $\boldsymbol{\beta}$ 满足

$$\begin{pmatrix}\frac{3}{2} & 0 & 0\\ 0 & -1 & -1\\ 0 & -1 & -1\end{pmatrix}\begin{pmatrix}b_1\\ b_2\\ b_3\end{pmatrix}=\mathbf{0},$$

它有基础解系 $(0,-1,1)^{\mathrm{T}}$,故可取 $\boldsymbol{\beta}=(0,-1,1)^{\mathrm{T}}$.

设 $\boldsymbol{A}$ 的对应于 $\lambda=\frac{1}{2}$ 的特征向量为 $\boldsymbol{\gamma}=(c_1,c_2,c_3)^{\mathrm{T}}$,则 $\boldsymbol{\gamma}$ 满足

$$\begin{pmatrix}0 & 0 & 0\\ 0 & -\frac{5}{2} & -1\\ 0 & -1 & -\frac{5}{2}\end{pmatrix}\begin{pmatrix}c_1\\ c_2\\ c_3\end{pmatrix}=0,$$

它有基础解系 $(1,0,0)^{\mathrm{T}}$,故可取 $\boldsymbol{\gamma}=(1,0,0)^{\mathrm{T}}$.

$\boldsymbol{\alpha},\boldsymbol{\beta},\boldsymbol{\gamma}$ 是正交向量组,现将它们单位化:

$$\boldsymbol{e}_1=\frac{\boldsymbol{\alpha}}{\|\boldsymbol{\alpha}\|}=\left(0,\frac{1}{\sqrt{2}},\frac{1}{\sqrt{2}}\right)^{\mathrm{T}},$$

$$\boldsymbol{e}_2=\frac{\boldsymbol{\beta}}{\|\boldsymbol{\beta}\|}=\left(0,-\frac{1}{\sqrt{2}},\frac{1}{\sqrt{2}}\right)^{\mathrm{T}},$$

$$\boldsymbol{e}_3=\boldsymbol{\gamma}=(1,0,0).$$

记 $\boldsymbol{Q}=(\boldsymbol{e}_1,\boldsymbol{e}_2,\boldsymbol{e}_3)=\begin{pmatrix}0 & 0 & 1\\ \frac{1}{\sqrt{2}} & -\frac{1}{\sqrt{2}} & 0\\ \frac{1}{\sqrt{2}} & \frac{1}{\sqrt{2}} & 0\end{pmatrix}$,它即为所求的正交矩阵.

将 $a=1$ 代入 f,得

$$f(x_1,x_2,x_3)=\frac{1}{2}x_1^2+3x_2^2+3x_3^2+2x_2x_3$$

$$\xlongequal{\text{令 } x_1=z_1,x_2=z_2+z_3,x_3=z_2-z_3}\frac{1}{2}z_1^2+8z_2^2+4z_3^2$$

$$\xlongequal{\text{令 } z_1=\sqrt{2}y_1,z_2=\frac{1}{2\sqrt{2}}y_2,z_3=\frac{1}{2}y_3}y_1^2+y_2^2+y_3^2$$

于是,所求的可逆线性变换 $\boldsymbol{x}=\boldsymbol{C}\boldsymbol{y}=\begin{pmatrix}1&0&0\\0&1&1\\0&1&-1\end{pmatrix}\begin{pmatrix}\sqrt{2}&0&0\\0&\frac{1}{2\sqrt{2}}&0\\0&0&\frac{1}{2}\end{pmatrix}\boldsymbol{y}=\begin{pmatrix}\sqrt{2}&0&0\\0&\frac{1}{2\sqrt{2}}&\frac{1}{2}\\0&\frac{1}{2\sqrt{2}}&-\frac{1}{2}\end{pmatrix}\boldsymbol{y}$.

附注　要求将 $g(x_1,x_2,x_3)$ 化为标准形 $y_1^2+2y_2^2+8y_3^2$ 的正交变换 $\boldsymbol{x}=\boldsymbol{Q}\boldsymbol{y}$,也必将 $f(x_1,x_2,x_3)$ 化为标准形.

例 5.18　已知 $f(x_1,x_2,x_3)=x_1^2+x_2^2+cx_3^2+2x_1x_3+2x_2x_3(c\geqslant2)$ 与 $g(x_1,x_2,x_3)=x_1^2-2x_1x_2+4x_2^2+x_3^2$ 中有且仅有一个是正定二次型.求常数 c,并用可逆线性变换将正定二次型化为规范形,用正交变换将非正定二次型化为标准形.

分析　先证明 g 是正定的,则由 f 是非正定的确定 c,然后按要求将 g 和 f 分别化为规范形与标准形.

精解　由于 g 的矩阵 $\boldsymbol{B}=\begin{pmatrix}1&-1&0\\-1&4&0\\0&0&1\end{pmatrix}$ 的顺序主子式

$$1>0,\begin{vmatrix}1&-1\\-1&4\end{vmatrix}=3>0,|\boldsymbol{B}|=3>0,$$

所以,g 是正定二次型,从而 f 是非正定二次型.由此知道,f 的矩阵 $\boldsymbol{A}=\begin{pmatrix}1&0&1\\0&1&1\\1&1&c\end{pmatrix}$ 的顺序主子式不全大于零,所以由 $1>0,\begin{vmatrix}1&0\\0&1\end{vmatrix}>0$ 知 $|\boldsymbol{A}|=c-2\leqslant0$,即 $c\leqslant2$,于是由题设 $c\geqslant2$ 得 $c=2$.

将 $c=2$ 代入 $\boldsymbol{A}$,得 $\boldsymbol{A}=\begin{pmatrix}1&0&1\\0&1&1\\1&1&2\end{pmatrix}$.

由 $|\lambda\boldsymbol{E}_3-\boldsymbol{A}|=\begin{vmatrix}\lambda-1&0&-1\\0&\lambda-1&-1\\-1&-1&\lambda-2\end{vmatrix}=\lambda(\lambda-1)(\lambda-3)$ 知,$\boldsymbol{A}$ 有特征值 $\lambda=0,1,3$.

设 $\boldsymbol{A}$ 的对应于 $\lambda=0$ 的特征向量为 $\boldsymbol{\alpha}=(a_1,a_2,a_3)^{\mathrm{T}}$,则 $\boldsymbol{\alpha}$ 满足

$$\begin{pmatrix}-1&0&-1\\0&-1&-1\\-1&-1&-2\end{pmatrix}\begin{pmatrix}a_1\\a_2\\a_3\end{pmatrix}=\boldsymbol{0},$$

它有基础解系 $(1,1,-1)^{\mathrm{T}}$,故可取 $\boldsymbol{\alpha}=(1,1,-1)^{\mathrm{T}}$.

设 $\boldsymbol{A}$ 的对应于 $\lambda=1$ 的特征向量为 $\boldsymbol{\beta}=(b_1,b_2,b_3)^{\mathrm{T}}$,则 $\boldsymbol{\beta}$ 满足

$$\begin{pmatrix}0&0&-1\\0&0&-1\\-1&-1&-1\end{pmatrix}\begin{pmatrix}b_1\\b_2\\b_3\end{pmatrix}=\boldsymbol{0},$$

它有基础解系 $(-1,1,0)^{\mathrm{T}}$,故可取 $\boldsymbol{\beta}=(-1,1,0)^{\mathrm{T}}$.

设 $\boldsymbol{A}$ 的对应于 $\lambda=3$ 的特征向量为 $\boldsymbol{\gamma}=(c_1,c_2,c_3)^{\mathrm{T}}$,则 $\boldsymbol{\gamma}$ 满足

$$\begin{pmatrix} 2 & 0 & -1 \\ 0 & 2 & -1 \\ -1 & -1 & 1 \end{pmatrix}\begin{pmatrix} c_1 \\ c_2 \\ c_3 \end{pmatrix}=\mathbf{0},$$

它有基础解系$(1,1,2)^{\mathrm{T}}$,故可取$\boldsymbol{\gamma}=(1,1,2)^{\mathrm{T}}$.

$\boldsymbol{\alpha},\boldsymbol{\beta},\boldsymbol{\gamma}$是正交向量组,现将它们单位化:

$$\boldsymbol{e}_1=\frac{\boldsymbol{\alpha}}{\|\boldsymbol{\alpha}\|}=\left(\frac{1}{\sqrt{3}},\frac{1}{\sqrt{3}},-\frac{1}{\sqrt{3}}\right)^{\mathrm{T}},$$

$$\boldsymbol{e}_2=\frac{\boldsymbol{\beta}}{\|\boldsymbol{\beta}\|}=\left(-\frac{1}{\sqrt{2}},\frac{1}{\sqrt{2}},0\right)^{\mathrm{T}},$$

$$\boldsymbol{e}_3=\frac{\boldsymbol{\gamma}}{\|\boldsymbol{\gamma}\|}=\left(\frac{1}{\sqrt{6}},\frac{1}{\sqrt{6}},\frac{2}{\sqrt{6}}\right)^{\mathrm{T}}.$$

记$\boldsymbol{Q}=(\boldsymbol{e}_1,\boldsymbol{e}_2,\boldsymbol{e}_3)$,则$\boldsymbol{Q}$是正交矩阵,则正交变换$\boldsymbol{x}=\boldsymbol{Q}\boldsymbol{y}$(其中$\boldsymbol{x}=(x_1,x_2,x_3)^{\mathrm{T}}$,$\boldsymbol{y}=(y_1,y_2,y_3)^{\mathrm{T}}$)将$f$(非正定二次型)化为标准形$y_2^2+3y_3^2$,即

$$f(x_1,x_2,x_3)=y_2^2+3y_3^2.$$

此外,
$$\begin{aligned} g(x_1,x_2,x_3)&=x_1^2-2x_1x_2+4x_2^2+x_3^2\\ &=(x_1^2-2x_1x_2+x_2^2)+3x_2^2+x_3^2\\ &=(x_1-x_2)^2+3x_2^2+x_3^2\\ &\xlongequal{\text{令 } y_1=x_1-x_2,\,y_2=\sqrt{3}x_2,\,y_3=x_3} y_1^2+y_2^2+y_3^2.\text{(规范形)}. \end{aligned}$$

由于$\begin{cases} x_1=y_1+\dfrac{1}{\sqrt{3}}y_2, \\ x_2=\qquad\dfrac{1}{\sqrt{3}}y_2, \\ x_3=\qquad y_3, \end{cases}$所以将$g$化为规范形的可逆线性变换为

$$\boldsymbol{x}=\boldsymbol{C}\boldsymbol{y}=\begin{pmatrix} 1 & \frac{1}{\sqrt{3}} & 0 \\ 0 & \frac{1}{\sqrt{3}} & 0 \\ 0 & 0 & 1 \end{pmatrix}\boldsymbol{y}.$$

附注　二次型$f(x_1,x_2,\cdots,x_n)=\boldsymbol{x}^{\mathrm{T}}\boldsymbol{A}\boldsymbol{x}$(其中,$\boldsymbol{x}=(x_1,x_2,\cdots,x_n)^{\mathrm{T}}$,$\boldsymbol{A}$是$n$阶实对称矩阵)为非正定的充分必要条件是$\boldsymbol{A}$的顺序主子式中至少有一个是非正的.

例 5.19　设向量$\boldsymbol{\beta}=(1,1,-2)^{\mathrm{T}}$可由向量组$\boldsymbol{\alpha}_1=(1,1,a)^{\mathrm{T}}$,$\boldsymbol{\alpha}_2=(1,a,1)^{\mathrm{T}}$,$\boldsymbol{\alpha}_3=(a,1,1)^{\mathrm{T}}$线性表示,但表示式不是唯一的.

(Ⅰ)求常数a及线性表示式;

(Ⅱ)对矩阵$\boldsymbol{A}=(\boldsymbol{\alpha}_1,\boldsymbol{\alpha}_2,\boldsymbol{\alpha}_3)$以及上述求得的$a$,求正交变换$\boldsymbol{x}=\boldsymbol{Q}\boldsymbol{y}$(其中,$\boldsymbol{x}=(x_1,x_2,x_3)^{\mathrm{T}}$,$\boldsymbol{y}=(y_1,y_2,y_3)^{\mathrm{T}}$,$\boldsymbol{Q}$是正交矩阵),将二次型$f(x_1,x_2,x_3)=\boldsymbol{x}^{\mathrm{T}}(\boldsymbol{E}_3+\boldsymbol{A})^{-1}\boldsymbol{x}$化为标准形.

分析　(Ⅰ)由方程组$(\boldsymbol{\alpha}_1,\boldsymbol{\alpha}_2,\boldsymbol{\alpha}_3)\begin{pmatrix} x_1 \\ x_2 \\ x_3 \end{pmatrix}=\boldsymbol{\beta}$有无穷多解确定$a$并求出线性表示式.

(Ⅱ)将上述确定的a代入$\boldsymbol{A}$,并将矩阵$\boldsymbol{E}_3+\boldsymbol{A}$相似对角化,即可算出正交变换$\boldsymbol{x}=\boldsymbol{Q}\boldsymbol{y}$和

$f(x_1,x_2,x_3)$的标准形.

精解 (Ⅰ)对方程组

$$(\boldsymbol{\alpha}_1,\boldsymbol{\alpha}_2,\boldsymbol{\alpha}_3)\begin{pmatrix}x_1\\x_2\\x_3\end{pmatrix}=\boldsymbol{\beta} \tag{1}$$

的增广矩阵$\overline{\boldsymbol{A}}=(\boldsymbol{A}\mid\boldsymbol{\beta})$施行初等行变换:

$$\overline{\boldsymbol{A}}=\left(\begin{array}{ccc:c}1&1&a&1\\1&a&1&1\\a&1&1&-2\end{array}\right)\to\left(\begin{array}{ccc:c}1&1&a&1\\0&a-1&1-a&0\\0&1-a&1-a^2&-2-a\end{array}\right)\to\left(\begin{array}{ccc:c}1&1&a&1\\0&a-1&1-a&0\\0&0&-(a+2)(a-1)&-2-a\end{array}\right),$$

由此可知,当$\boldsymbol{\beta}$可由$\boldsymbol{\alpha}_1,\boldsymbol{\alpha}_2,\boldsymbol{\alpha}_3$线性表示,但表达式不是唯一时,$a=-2$.此时,式(1)与

$$\begin{cases}x_1+x_2-2x_3=1,\\ \quad\ \ x_2-\ x_3=0\end{cases} \tag{2}$$

同解.式(2)的导出组通解为$C(1,1,1,)^{\mathrm{T}}$(C是任意常数),且式(2)有特解$(1,0,0)^{\mathrm{T}}$,所以式(2),即式(1)的通解为

$$(x_1,x_2,x_3)^{\mathrm{T}}=C(1,1,1)^{\mathrm{T}}+(1,0,0)^{\mathrm{T}}=(C+1,C,C)^{\mathrm{T}}.$$

因此$\boldsymbol{\beta}$关于$\boldsymbol{\alpha}_1,\boldsymbol{\alpha}_2,\boldsymbol{\alpha}_3$的线性表示式为

$$\boldsymbol{\beta}=(C+1)\boldsymbol{\alpha}_1+C\boldsymbol{\alpha}_2+C\boldsymbol{\alpha}_3.$$

(Ⅱ)当$a=-2$时,

$$\boldsymbol{E}_3+\boldsymbol{A}=\begin{pmatrix}2&1&-2\\1&-1&1\\-2&1&2\end{pmatrix}\quad(\text{实对称矩阵}).$$

由于$|\lambda\boldsymbol{E}_3-(\boldsymbol{E}_3+\boldsymbol{A})|=\begin{vmatrix}\lambda-2&-1&2\\-1&\lambda+1&-1\\2&-1&\lambda-2\end{vmatrix}=(\lambda+2)(\lambda-1)(\lambda-4).$

所以,$\boldsymbol{E}_3+\boldsymbol{A}$的特征值$\lambda=-2,1,4$.

设$\boldsymbol{E}_3+\boldsymbol{A}$的对应于$\lambda=-2$的特征向量为$\boldsymbol{\alpha}=(a_1,a_2,a_3)^{\mathrm{T}}$,则$\boldsymbol{\alpha}$满足

$$\begin{pmatrix}-4&-1&2\\-1&-1&-1\\2&-1&-4\end{pmatrix}\begin{pmatrix}a_1\\a_2\\a_3\end{pmatrix}=\boldsymbol{0},$$

它有基础解系$(1,-2,1)^{\mathrm{T}}$,故可取$\boldsymbol{\alpha}=(1,-2,1)^{\mathrm{T}}$.

设$\boldsymbol{E}_3+\boldsymbol{A}$的对应于$\lambda=1$的特征向量为$\boldsymbol{\beta}=(b_1,b_2,b_3)^{\mathrm{T}}$,则$\boldsymbol{\beta}$满足

$$\begin{pmatrix}-1&-1&2\\-1&2&-1\\2&-1&-1\end{pmatrix}\begin{pmatrix}b_1\\b_2\\b_3\end{pmatrix}=\boldsymbol{0}.$$

它有基础解系$(1,1,1)^{\mathrm{T}}$,故可取$\boldsymbol{\beta}=(1,1,1)^{\mathrm{T}}$.

设$\boldsymbol{E}_3+\boldsymbol{A}$对应$\lambda=4$的特征向量为$\boldsymbol{\gamma}=(c_1,c_2,c_3)^{\mathrm{T}}$,则$\boldsymbol{\gamma}$满足

$$\begin{pmatrix}2&-1&2\\-1&5&-1\\2&-1&2\end{pmatrix}\begin{pmatrix}c_1\\c_2\\c_3\end{pmatrix}=\boldsymbol{0},$$

它有基础解系$(1,0,-1)^{\mathrm{T}}$,故可取$\boldsymbol{\gamma}=(1,0,-1)^{\mathrm{T}}$.

$\boldsymbol{\alpha},\boldsymbol{\beta},\boldsymbol{\gamma}$ 是正交向量组，现将它们单位化：

$$\boldsymbol{e}_1=\frac{\boldsymbol{\alpha}}{\|\boldsymbol{\alpha}\|}=\left(\frac{1}{\sqrt{6}},-\frac{2}{\sqrt{6}},\frac{1}{\sqrt{6}}\right)^{\mathrm{T}},$$

$$\boldsymbol{e}_2=\frac{\boldsymbol{\beta}}{\|\boldsymbol{\beta}\|}=\left(\frac{1}{\sqrt{3}},\frac{1}{\sqrt{3}},\frac{1}{\sqrt{3}}\right)^{\mathrm{T}},$$

$$\boldsymbol{e}_3=\frac{\boldsymbol{\gamma}}{\|\boldsymbol{\gamma}\|}=\left(\frac{1}{\sqrt{2}},0,-\frac{1}{\sqrt{2}}\right)^{\mathrm{T}}.$$

记 $\boldsymbol{Q}=(\boldsymbol{e}_1,\boldsymbol{e}_2,\boldsymbol{e}_3)=\begin{pmatrix}\frac{1}{\sqrt{6}} & \frac{1}{\sqrt{3}} & \frac{1}{\sqrt{2}}\\ -\frac{2}{\sqrt{6}} & \frac{1}{\sqrt{3}} & 0\\ \frac{1}{\sqrt{6}} & \frac{1}{\sqrt{3}} & -\frac{1}{\sqrt{2}}\end{pmatrix}$，则 $\boldsymbol{Q}$ 是正交矩阵，且在正交变换 $\boldsymbol{x}=\boldsymbol{Q}\boldsymbol{y}$

下，$f(x_1,x_2,x_3)=\boldsymbol{x}^{\mathrm{T}}(\boldsymbol{E}_3+\boldsymbol{A})^{-1}\boldsymbol{x}=\frac{1}{-2}y_1^2+\frac{1}{1}y_2^2+\frac{1}{4}y_3^2$

$$=-\frac{1}{2}y_1^2+y_2^2+\frac{1}{4}y_3^2\text{（标准形）}.$$

附注　由于 $\boldsymbol{Q}^{\mathrm{T}}(\boldsymbol{E}_3+\boldsymbol{A})\boldsymbol{Q}=\begin{pmatrix}-2 & & \\ & 1 & \\ & & 4\end{pmatrix}$，所以 $\boldsymbol{Q}^{\mathrm{T}}(\boldsymbol{E}_3+\boldsymbol{A})^{-1}\boldsymbol{Q}=\begin{pmatrix}-\frac{1}{2} & & \\ & 1 & \\ & & \frac{1}{4}\end{pmatrix}$.

因此，正交变换 $\boldsymbol{x}=\boldsymbol{Q}\boldsymbol{y}$ 使得

$$f(x_1,x_2,x_3)=\boldsymbol{x}^{\mathrm{T}}(\boldsymbol{E}_3+\boldsymbol{A})^{-1}\boldsymbol{x}=-\frac{1}{2}y_1^2+y_2^2+\frac{1}{4}y_3^2.$$

例 5.20　问二次型

$$f(x_1,x_2,\cdots,x_n)=\sum_{i=1}^{h}x_i^2-\sum_{i=1}^{n-1}x_ix_{i+1}$$

是否为正定二次型？并说明理由.

分析　先写出 f 的矩阵 $\boldsymbol{A}$，然后计算它的各阶顺序主子式，即可确定 f 是否为正定.

精解　由 f 的表示式知它的矩阵为

$$\boldsymbol{A}=\begin{pmatrix}1 & -\frac{1}{2} & & & & \\ -\frac{1}{2} & 1 & -\frac{1}{2} & & & \\ & -\frac{1}{2} & 1 & -\frac{1}{2} & & \\ & & \ddots & \ddots & \ddots & \\ & & & \frac{1}{2} & 1 & -\frac{1}{2}\\ & & & & -\frac{1}{2} & 1\end{pmatrix}\text{（实对称矩阵）}.$$

$\boldsymbol{A}$ 的顺序主子式 $D_1,D_2,D_3,\cdots,D_n$ 分别为

$$D_1=1,D_2=\begin{vmatrix}1 & -\frac{1}{2}\\ -\frac{1}{2} & 1\end{vmatrix}=\frac{3}{4}>0,$$

$$D_3=\begin{vmatrix}1 & -\frac{1}{2} & 0\\ -\frac{1}{2} & 1 & -\frac{1}{2}\\ 0 & -\frac{1}{2} & 1\end{vmatrix}=\frac{1}{2}>0,$$

$$\cdots$$

$$D_k=\begin{vmatrix}1 & -\frac{1}{2} & & & & \\ -\frac{1}{2} & 1 & -\frac{1}{2} & & & \\ & -\frac{1}{2} & 1 & -\frac{1}{2} & & \\ & \ddots & \ddots & \ddots & & \\ & & -\frac{1}{2} & 1 & -\frac{1}{2} \\ & & & -\frac{1}{2} & 1\end{vmatrix}\xlongequal{\text{按第 1 列展开}}D_{k-1}+\frac{1}{2}\underbrace{\begin{vmatrix}-\frac{1}{2} & & & & \\ -\frac{1}{2} & 1 & -\frac{1}{2} & & \\ & \ddots & \ddots & \ddots & \\ & & -\frac{1}{2} & 1 & -\frac{1}{2}\\ & & & -\frac{1}{2} & 1\end{vmatrix}}_{(k-1)\text{阶}}$$

$$=D_{k-1}-\frac{1}{4}D_{k-2},$$

即
$$D_k-\frac{1}{2}D_{k-1}=\frac{1}{2}\left(D_{k-1}-\frac{1}{2}D_{k-2}\right)=\cdots=\frac{1}{2^{k-2}}\left(D_2-\frac{1}{2}D_1\right)=\frac{1}{2^k},$$

所以
$$D_k=\left(D_k-\frac{1}{2}D_{k-1}\right)+\frac{1}{2}\left(D_{k-1}-\frac{1}{2}D_{k-2}\right)+\cdots+\frac{1}{2^{k-2}}\left(D_2-\frac{1}{2}D_1\right)+\frac{1}{2^{k-1}}D_1$$
$$=\underbrace{\frac{1}{2^k}+\frac{1}{2^k}+\cdots+\frac{1}{2^k}}_{(k-1)\text{个}}+\frac{1}{2^{k-1}}=\frac{k+1}{2^k}>0\quad(k=3,4,\cdots,n),$$

即 A 的各阶顺序主子式都大于零. 因此 f 是正定二次型.

附注 本题实际上是求行列式 $D_1,D_2,\cdots,D_k(k=3,4,\cdots,n)$. 它们是通过递推关系计算得到的. 利用递推关系是计算高阶行列式的常用方法之一.

例 5.21 三阶矩阵 $\boldsymbol{A}=\begin{pmatrix}20 & -2 & 4\\ -2 & 17 & -2\\ 4 & -2 & 20\end{pmatrix}$ 是否为正定矩阵？如果是，求满足 $\boldsymbol{B}^2=\boldsymbol{A}$ 的正定矩阵 $\boldsymbol{B}$.

分析 通过计算 $\boldsymbol{A}$ 的特征值确定 $\boldsymbol{A}$ 是正定矩阵，然后将 $\boldsymbol{A}$ 正交相似对角化算出满足 $\boldsymbol{B}^2=\boldsymbol{A}$ 的正定矩阵 $\boldsymbol{B}$.

精解 由于

$$|\lambda \boldsymbol{E}_3-\boldsymbol{A}|=\begin{vmatrix}\lambda-20 & 2 & -4\\ 2 & \lambda-17 & 2\\ -4 & 2 & \lambda-20\end{vmatrix}=\begin{vmatrix}\lambda-22 & 2 & -4\\ \lambda-13 & \lambda-17 & 2\\ \lambda-22 & 2 & \lambda-20\end{vmatrix}$$

$$=\begin{vmatrix}\lambda-22 & 2 & -4\\ \lambda-13 & \lambda-17 & 2\\ 0 & 0 & \lambda-16\end{vmatrix}=(\lambda-16)^2(\lambda-25),$$

所以,$\boldsymbol{A}$ 的特征值$\lambda=16$(二重),25.从而 $\boldsymbol{A}$ 是正定矩阵.

设 $\boldsymbol{A}$ 的对应于$\lambda=25$ 的特征向量为 $\boldsymbol{\alpha}=(a_1,a_2,a_3)^{\mathrm{T}}$,则 $\boldsymbol{\alpha}$ 满足

$$\begin{pmatrix}5 & 2 & -4\\ 2 & 8 & 2\\ -4 & 2 & 5\end{pmatrix}\begin{pmatrix}a_1\\ a_2\\ a_3\end{pmatrix}=\boldsymbol{0}.$$

它有基础解系$(2,-1,2)^{\mathrm{T}}$,故可取 $\boldsymbol{\alpha}=(2,-1,2)^{\mathrm{T}}$.

设 $\boldsymbol{A}$ 的对应于$\lambda=16$ 的特征向量为 $\boldsymbol{\beta}=(b_1,b_2,b_3)^{\mathrm{T}}$,则 $\boldsymbol{\beta}$ 满足

$$\begin{pmatrix}-4 & 2 & -4\\ 2 & -1 & 2\\ -4 & 2 & -4\end{pmatrix}\begin{pmatrix}b_1\\ b_2\\ b_3\end{pmatrix}=\boldsymbol{0}.$$

它有基础解系$(1,2,0)^{\mathrm{T}}$,$(-1,0,1)^{\mathrm{T}}$,故可取 $\boldsymbol{\beta}=\boldsymbol{\beta}_1=(1,2,0)^{\mathrm{T}}$,$\boldsymbol{\beta}=\boldsymbol{\beta}_2=(-1,0,1)^{\mathrm{T}}$.

现将 $\boldsymbol{\beta}_1$,$\boldsymbol{\beta}_2$ 正交化:

$$\boldsymbol{\gamma}_1=\boldsymbol{\beta}_1(1,2,0)^{\mathrm{T}},$$

$$\boldsymbol{\gamma}_2=\boldsymbol{\beta}_2-\frac{(\boldsymbol{\beta}_2,\boldsymbol{\gamma}_1)}{(\boldsymbol{\gamma}_1,\boldsymbol{\gamma}_1)}\boldsymbol{\gamma}_1=\left(-\frac{4}{5},\frac{2}{5},1\right)^{\mathrm{T}}.$$

于是,$\boldsymbol{\alpha}$,$\boldsymbol{\gamma}_1$,$\boldsymbol{\gamma}_2$ 是正交向量组,现将它们单位化:

$$\boldsymbol{e}_1=\frac{\boldsymbol{\alpha}}{\|\boldsymbol{\alpha}\|}=\left(\frac{2}{3},-\frac{1}{3},\frac{2}{3}\right)^{\mathrm{T}},$$

$$\boldsymbol{e}_2=\frac{\boldsymbol{\beta}}{\|\boldsymbol{\beta}\|}=\left(\frac{1}{\sqrt{5}},\frac{2}{\sqrt{5}},0\right)^{\mathrm{T}},$$

$$\boldsymbol{e}_3=\left(-\frac{4}{3\sqrt{5}},\frac{2}{3\sqrt{5}},\frac{5}{3\sqrt{5}}\right)^{\mathrm{T}}.$$

记 $\boldsymbol{Q}=(\boldsymbol{e}_1,\boldsymbol{e}_2,\boldsymbol{e}_3)$,则 $\boldsymbol{Q}$ 是正交矩阵,且

$$\boldsymbol{Q}^{\mathrm{T}}\boldsymbol{A}\boldsymbol{Q}=\begin{pmatrix}25 & & \\ & 16 & \\ & & 16\end{pmatrix},$$

所以,$\boldsymbol{A}=\boldsymbol{Q}\begin{pmatrix}25 & & \\ & 16 & \\ & & 16\end{pmatrix}\boldsymbol{Q}^{\mathrm{T}}$

$$=\boldsymbol{Q}\begin{pmatrix}5 & & \\ & 4 & \\ & & 4\end{pmatrix}\boldsymbol{Q}^{\mathrm{T}}\cdot\boldsymbol{Q}\begin{pmatrix}5 & & \\ & 4 & \\ & & 4\end{pmatrix}\boldsymbol{Q}^{\mathrm{T}}.$$

记 $\boldsymbol{B}=\boldsymbol{Q}\begin{pmatrix}5&&\\&4&\\&&4\end{pmatrix}\boldsymbol{Q}^{\mathrm{T}}$，则由 $\boldsymbol{B}\sim\begin{pmatrix}5&&\\&4&\\&&4\end{pmatrix}$ 知，$\boldsymbol{B}$ 是正定矩阵，且

$$\boldsymbol{B}=\begin{pmatrix}\frac{2}{3}&\frac{1}{\sqrt{5}}&-\frac{4}{3\sqrt{5}}\\-\frac{1}{3}&\frac{2}{\sqrt{5}}&\frac{2}{3\sqrt{5}}\\\frac{2}{3}&0&\frac{5}{3\sqrt{5}}\end{pmatrix}\begin{pmatrix}5&&\\&4&\\&&4\end{pmatrix}\begin{pmatrix}\frac{2}{3}&-\frac{1}{3}&\frac{2}{3}\\\frac{1}{\sqrt{5}}&\frac{2}{\sqrt{5}}&0\\-\frac{4}{3\sqrt{5}}&\frac{2}{3\sqrt{5}}&\frac{5}{3\sqrt{5}}\end{pmatrix}$$

$$=\begin{pmatrix}\frac{10}{3}&\frac{4}{\sqrt{5}}&-\frac{16}{3\sqrt{5}}\\-\frac{5}{3}&\frac{8}{\sqrt{5}}&\frac{8}{3\sqrt{5}}\\\frac{10}{3}&0&\frac{20}{3\sqrt{5}}\end{pmatrix}\begin{pmatrix}\frac{2}{3}&-\frac{1}{3}&\frac{2}{3}\\\frac{1}{\sqrt{5}}&\frac{2}{\sqrt{5}}&0\\-\frac{4}{3\sqrt{5}}&\frac{2}{3\sqrt{5}}&\frac{5}{3\sqrt{5}}\end{pmatrix}=\begin{pmatrix}\frac{40}{9}&-\frac{2}{9}&\frac{4}{9}\\-\frac{2}{9}&\frac{37}{9}&-\frac{2}{9}\\\frac{4}{9}&-\frac{2}{9}&\frac{40}{9}\end{pmatrix}$$

附注 由题解可知，满足 $\boldsymbol{B}^2=\boldsymbol{A}$ 的三阶矩阵不是唯一的，例如，$\boldsymbol{B}$ 也可以取为 $\boldsymbol{Q}\begin{pmatrix}-5&&\\&4&\\&&4\end{pmatrix}\boldsymbol{Q}^{\mathrm{T}}$ 等，但正交矩阵 $\boldsymbol{B}$ 却是唯一的.

例 5.22 已知矩阵 $\boldsymbol{A}=\begin{pmatrix}2&2&0\\8&2&0\\0&a&6\end{pmatrix}$ 可相似对角化.

（Ⅰ）求常数 a；

（Ⅱ）对（Ⅰ）中求得的 a，求正交变换 $\boldsymbol{x}=\boldsymbol{Q}\boldsymbol{y}$，将二次型 $f(x_1,x_2,x_3)=\boldsymbol{x}^{\mathrm{T}}\boldsymbol{A}\boldsymbol{x}$（其中 $\boldsymbol{x}=(x_1,x_2,x_3)^{\mathrm{T}}$，$\boldsymbol{y}=(y_1,y_2,y_3)^{\mathrm{T}}$）化为标准形.

分析 （Ⅰ）由于 $\boldsymbol{A}$ 可相似对角化，所以其重数 $m>1$ 的特征值 λ 应满足 $r(\lambda\boldsymbol{E}_3-\boldsymbol{A})=n-m$. 由此即可确定 a 的值.

（Ⅱ）将（Ⅰ）中算出的 a 值代入 $\boldsymbol{A}$，并将 f 写成 $f=\boldsymbol{x}^{\mathrm{T}}\boldsymbol{B}\boldsymbol{x}$（其中，$\boldsymbol{B}$ 是实对称矩阵），然后将 $\boldsymbol{B}$ 正交相似对角化，即可算出正交变换 $\boldsymbol{x}=\boldsymbol{Q}\boldsymbol{y}$ 及 f 的标准形.

精解 （Ⅰ）由 $|\lambda\boldsymbol{E}_3-\boldsymbol{A}|=\begin{vmatrix}\lambda-2&-2&0\\-8&\lambda-2&0\\0&-a&\lambda-6\end{vmatrix}=(\lambda-6)^2(\lambda+2)$ 知，

$\boldsymbol{A}$ 有特征值 $\lambda=-2,6$（二重）.

由于 $\boldsymbol{A}$ 可相似对角化，所以有

$$r(6\boldsymbol{E}_3-\boldsymbol{A})=r\left(\begin{pmatrix}4&-2&0\\-8&4&0\\0&-a&0\end{pmatrix}\right)=3-2=1.$$

从而 $a=0$.

（Ⅱ）将 a 代入 $\boldsymbol{A}$，得

$$f(x_1,x_2,x_3)=(x_1,x_2,x_3)\begin{pmatrix}2&2&0\\8&2&0\\0&0&6\end{pmatrix}\begin{pmatrix}x_1\\x_2\\x_3\end{pmatrix}$$
$$=2x_1^2+2x_2^2+6x_3^2+10x_1x_2$$
$$=(x_1,x_2,x_3)\begin{pmatrix}2&5&0\\5&2&0\\0&0&6\end{pmatrix}\begin{pmatrix}x_1\\x_2\\x_3\end{pmatrix}=\boldsymbol{x}^{\mathrm{T}}\boldsymbol{B}\boldsymbol{x},$$

其中，$\boldsymbol{B}=\begin{pmatrix}2&5&0\\5&2&0\\0&0&6\end{pmatrix}$ (实对称矩阵).

由 $|\lambda\boldsymbol{E}_3-\boldsymbol{B}|=\begin{vmatrix}\lambda-2&-5&0\\-5&\lambda-2&0\\0&0&\lambda-6\end{vmatrix}=(\lambda+3)(\lambda-6)(\lambda-7)$ 知，$\boldsymbol{B}$ 有特征值 $\lambda=-3,6,7$.

设 $\boldsymbol{B}$ 的对应于 $\lambda=-3$ 的特征向量为 $\boldsymbol{\alpha}=(a_1,a_2,a_3)^{\mathrm{T}}$，则 $\boldsymbol{\alpha}$ 满足

$$\begin{pmatrix}-5&-5&0\\-5&-5&0\\0&0&-9\end{pmatrix}\begin{pmatrix}a_1\\a_2\\a_3\end{pmatrix}=\mathbf{0}.$$

它有基础解系 $(1,-1,0)^{\mathrm{T}}$，故可取 $\boldsymbol{\alpha}=(1,-1,0)^{\mathrm{T}}$.

设 $\boldsymbol{B}$ 的对应于 $\lambda=6$ 的特征向量为 $\boldsymbol{\beta}=(b_1,b_2,b_3)^{\mathrm{T}}$，则 $\boldsymbol{\beta}$ 满足

$$\begin{pmatrix}4&-5&0\\-5&4&0\\0&0&0\end{pmatrix}\begin{pmatrix}b_1\\b_2\\b_3\end{pmatrix}=\mathbf{0}.$$

它有基础解系 $(0,0,1)^{\mathrm{T}}$，故取 $\boldsymbol{\beta}=(0,0,1)^{\mathrm{T}}$.

设 $\boldsymbol{B}$ 的对应于 $\lambda=7$ 的特征向量为 $\boldsymbol{\gamma}=(c_1,c_2,c_3)^{\mathrm{T}}$，则 $\boldsymbol{\gamma}$ 满足

$$\begin{pmatrix}5&-5&0\\-5&5&0\\0&0&1\end{pmatrix}\begin{pmatrix}c_1\\c_2\\c_3\end{pmatrix}=\mathbf{0}.$$

它有基础解系 $(1,1,0)^{\mathrm{T}}$，故可取 $\boldsymbol{\gamma}=(1,1,0)^{\mathrm{T}}$.

$\boldsymbol{\alpha},\boldsymbol{\beta},\boldsymbol{\gamma}$ 是正交向量组，现将它们单位化：

$$\boldsymbol{e}_1=\frac{\boldsymbol{\alpha}}{\|\boldsymbol{\alpha}\|}=\left(\frac{1}{\sqrt{2}},-\frac{1}{\sqrt{2}},0\right)^{\mathrm{T}},$$
$$\boldsymbol{e}_2=\boldsymbol{\beta}=(0,0,1)^{\mathrm{T}},$$
$$\boldsymbol{e}_3=\frac{\boldsymbol{\gamma}}{\|\boldsymbol{\gamma}\|}=\left(\frac{1}{\sqrt{2}},\frac{1}{\sqrt{2}},0\right)^{\mathrm{T}}.$$

所以，所求的正交矩阵 $\boldsymbol{Q}=(\boldsymbol{e}_1,\boldsymbol{e}_2,\boldsymbol{e}_3)$，正交变换 $\boldsymbol{x}=\boldsymbol{Q}\boldsymbol{y}$ 使得 $f(x_1,x_2,x_3)$ 化为标形，即

$$f(x_1,x_2,x_3)=-3y_1^2+6y_2^2+7y_3^2.$$

附注 设二次型 $f(x_1,x_2,\cdots,x_n)=\boldsymbol{x}^{\mathrm{T}}\boldsymbol{A}\boldsymbol{x}$(其中 $\boldsymbol{x}=(x_1,x_2,\cdots,x_n)^{\mathrm{T}}$，$\boldsymbol{A}$ 是 n 阶实矩阵).

如果要用正交变换将 f 化为标准形，则必须首先将 f 改写成 $f(x_1,x_2,\cdots,x_n)=\boldsymbol{x}^{\mathrm{T}}\boldsymbol{B}\boldsymbol{x}$（其中，$\boldsymbol{B}$ 是 n 阶实对称矩阵）；如果要用可逆线性变换将 f 化为标准形，则可对 f 直接进行配方.

例 5.23 设三阶实对称矩阵 $\boldsymbol{A}$ 的主对角线上的元素全为零，且 $\boldsymbol{\alpha}=(1,2,-1)^{\mathrm{T}}$ 满足 $\boldsymbol{A\alpha}=2\boldsymbol{\alpha}$，求 $\boldsymbol{A}$，以及将二次型 $f(x_1,x_2,x_3)=\boldsymbol{x}^{\mathrm{T}}\left[-\frac{4}{15}(\boldsymbol{A}^*+\boldsymbol{A}^{-1})\right]\boldsymbol{x}$（其中，$\boldsymbol{x}=(x_1,x_2,x_3)^{\mathrm{T}}$）化为规范形的可逆线性变换.

分析 由题设可设 $\boldsymbol{A}=\begin{pmatrix}0&a&b\\a&0&c\\b&c&0\end{pmatrix}$，然后由 $\boldsymbol{A\alpha}=2\boldsymbol{\alpha}$ 算出 a,b,c，确定 $\boldsymbol{A}$，从而算出 $\boldsymbol{A}^*+\boldsymbol{A}^{-1}$. 由此可用配方法求得将 $f(x_1,x_2,x_3)$ 化为规范形的可逆线性变换 $\boldsymbol{x}=\boldsymbol{C}\boldsymbol{y}$（其中 $\boldsymbol{x}=(x_1,x_2,x_3)^{\mathrm{T}}$，$\boldsymbol{y}=(y_1,y_2,y_3)^{\mathrm{T}}$，$\boldsymbol{C}$ 是可逆矩阵）.

精解 由于 $\boldsymbol{A}$ 是主对角线上的元素全为零的实对称矩阵，所以可设 $\boldsymbol{A}=\begin{pmatrix}0&a&b\\a&0&c\\b&c&0\end{pmatrix}$. 于是由 $\boldsymbol{A\alpha}=2\boldsymbol{\alpha}$ 得

$$\begin{pmatrix}0&a&b\\a&0&c\\b&c&0\end{pmatrix}\begin{pmatrix}1\\2\\-1\end{pmatrix}=2\begin{pmatrix}1\\2\\-1\end{pmatrix}，即\begin{cases}2a-\ b=2,\\ a-\ c=4,\\ b+2c=-2.\end{cases}$$

解此方程组得 $a=2,b=2,c=-2$. 所以

$$\boldsymbol{A}=\begin{pmatrix}0&2&2\\2&0&-2\\2&-2&0\end{pmatrix}.$$

$$由(\boldsymbol{A}\mid\boldsymbol{E}_3)=\left(\begin{array}{ccc:ccc}0&2&2&1&0&0\\2&0&-2&0&1&0\\2&-2&0&0&0&1\end{array}\right)\xrightarrow[\text{(以下同)}]{\text{初等行变换}}\left(\begin{array}{ccc:ccc}2&0&-2&0&1&0\\0&2&2&1&0&0\\2&-2&0&0&0&1\end{array}\right)$$

$$\to\left(\begin{array}{ccc:ccc}2&0&-2&0&1&0\\0&2&2&1&0&0\\0&-2&2&0&-1&1\end{array}\right)\to\left(\begin{array}{ccc:ccc}2&0&-2&0&1&0\\0&2&2&1&0&0\\0&0&4&1&-1&1\end{array}\right)$$

$$\to\left(\begin{array}{ccc:ccc}1&0&-1&0&\frac{1}{2}&0\\0&1&1&\frac{1}{2}&0&0\\0&0&1&\frac{1}{4}&-\frac{1}{4}&\frac{1}{4}\end{array}\right)\to\left(\begin{array}{ccc:ccc}1&0&0&\frac{1}{4}&\frac{1}{4}&\frac{1}{4}\\0&1&0&\frac{1}{4}&\frac{1}{4}&-\frac{1}{4}\\0&0&1&\frac{1}{4}&-\frac{1}{4}&\frac{1}{4}\end{array}\right)$$

得 $\boldsymbol{A}^{-1}=\begin{pmatrix}\frac{1}{4}&\frac{1}{4}&\frac{1}{4}\\\frac{1}{4}&\frac{1}{4}&-\frac{1}{4}\\\frac{1}{4}&-\frac{1}{4}&\frac{1}{4}\end{pmatrix}$，所以

$$-\frac{14}{15}(\boldsymbol{A}^*+\boldsymbol{A}^{-1})=-\frac{4}{15}(|\boldsymbol{A}|+1)\boldsymbol{A}^{-1}=\begin{pmatrix}1&1&1\\1&1&-1\\1&-1&1\end{pmatrix}.$$

从而 $f(x_1,x_2,x_3)=(x_1,x_2,x_3)\begin{pmatrix}1&1&1\\1&1&-1\\1&-1&1\end{pmatrix}\begin{pmatrix}x_1\\x_2\\x_3\end{pmatrix}$

$$=x_1^2+x_2^2+x_3^2+2x_1x_2+2x_1x_3-2x_2x_3$$

$$=(x_1+x_2+x_3)^2-4x_2x_3,$$

于是,所求的可逆线性变换 $\boldsymbol{x}=\begin{pmatrix}1&-1&0\\0&\frac{1}{2}&\frac{1}{2}\\0&\frac{1}{2}&-\frac{1}{2}\end{pmatrix}\boldsymbol{y}$ 将 $f(x_1,x_2,x_3)$ 化为规范形,

即
$$f(x_1,x_2,x_3)=y_1^2-y_2^2+y_3^2.$$

附注　本题也可以先用正交矩阵 $\boldsymbol{Q}$,将 $\boldsymbol{A}$ 正交相似对角化,即用正交变换 $\boldsymbol{x}=\boldsymbol{Q}\boldsymbol{y}$ 将 $f(x_1,x_2,x_3)$ 化为标准形,记为 $d_1z_1^2+d_2z_2^2+d_3z_3^2$,然后再用可逆线性变换 $\boldsymbol{z}=\boldsymbol{P}\boldsymbol{y}$ 将 $d_1z_1^2+d_2z_2^2+d_3z_3^2$ 化为规范形 $y_1^2-y_2^2+y_3^2$.

由此即得可逆线性变换 $\boldsymbol{x}=\boldsymbol{C}\boldsymbol{y}$ 将 $f(x_1,x_2,x_3)$ 化为规范形 $y_1^2-y_2^2+y_3^2$.

读者可以自行补足.

例 5.24　设三阶实对称矩阵 $\boldsymbol{A}=\begin{pmatrix}2&a&a\\a&2&a\\a&a&2\end{pmatrix}$.

(Ⅰ) 如果 $\boldsymbol{A}$ 是正定矩阵,求 a 的取值范围;

(Ⅱ) 如果 a 是使 $\boldsymbol{A}$ 为正定矩阵的正整数,求正交变换 $\boldsymbol{x}=\boldsymbol{Q}\boldsymbol{y}$(中 $\boldsymbol{x}=(x_1,x_2.\ x_3)^{\mathrm{T}}$, $\boldsymbol{y}=(y_1,y_2,y_3)^{\mathrm{T}}$, $\boldsymbol{Q}$ 是正交矩阵),使二次型 $f(x_1,x_2,x_3)=\boldsymbol{x}^{\mathrm{T}}\boldsymbol{A}\boldsymbol{x}$ 化为标准形.

分析　(Ⅰ) 利用 $\boldsymbol{A}$ 的顺序主子式都大于零确定 a 的取值范围.

(Ⅱ) 从(Ⅰ)的计算结果中,选出正整数 a,代入 $\boldsymbol{A}$,计算使 $\boldsymbol{A}$ 正交相似对角化的正交矩阵 $\boldsymbol{Q}$ 及对角矩阵 $\boldsymbol{\Lambda}$,即可得到 f 在正交变换 $\boldsymbol{x}=\boldsymbol{Q}\boldsymbol{y}$ 下的标准形.

精解　(Ⅰ) 当 $\boldsymbol{A}$ 是正定矩阵时,

$$\begin{cases}2>0,\\ \begin{vmatrix}2&a\\a&2\end{vmatrix}>0,\\ |\boldsymbol{A}|>0,\end{cases}\text{即}\begin{cases}4-a^2>0,\\ a^3-3a^2+4>0,\end{cases}\text{或}\begin{cases}-2<a<2,\\ (a+1)(a-2)^2>0,\end{cases}$$

所以,a 的取值范围为 $-1<a<2$.

(Ⅱ) 当 a 为正整数时,$a=1$,将它代入 $\boldsymbol{A}$,得

$$\boldsymbol{A}=\begin{pmatrix}2&1&1\\1&2&1\\1&1&2\end{pmatrix}.$$

由 $|\lambda\boldsymbol{E}_3-\boldsymbol{A}|=\begin{vmatrix}\lambda-2 & -1 & -1\\ -1 & \lambda-2 & -1\\ -1 & -1 & \lambda-2\end{vmatrix}=(\lambda-4)(\lambda-1)^2$ 知,$\boldsymbol{A}$ 有特征值 $\lambda=4,1$(二重).

设 $\boldsymbol{A}$ 的对应于 $\lambda=4$ 的特征向量为 $\boldsymbol{\alpha}=(a_1,a_2,a_3)^{\mathrm{T}}$,则 $\boldsymbol{\alpha}$ 满足

$$\begin{pmatrix}2 & -1 & -1\\ -1 & 2 & -1\\ -1 & -1 & 2\end{pmatrix}\begin{pmatrix}a_1\\ a_2\\ a_3\end{pmatrix}=\boldsymbol{0}.$$

它有基础解系 $(1,1,1)^{\mathrm{T}}$. 故取 $\boldsymbol{\alpha}=(1,1,1)^{\mathrm{T}}$.

设 $\boldsymbol{A}$ 的对应于 $\lambda=1$ 的特征向量为 $\boldsymbol{\beta}=(b_1,b_2,b_3)^{\mathrm{T}}$,则 $\boldsymbol{\beta}$ 满足

$$\begin{pmatrix}-1 & -1 & -1\\ -1 & -1 & -1\\ -1 & -1 & -1\end{pmatrix}\begin{pmatrix}b_1\\ b_2\\ b_3\end{pmatrix}=\boldsymbol{0}.$$

它有基础解系 $(-1,1,0)^{\mathrm{T}},(-1,0,1)^{\mathrm{T}}$. 故取 $\boldsymbol{\beta}=\boldsymbol{\beta}_1=(-1,1,0)^{\mathrm{T}},\boldsymbol{\beta}=\boldsymbol{\beta}_2=(-1,0,1)^{\mathrm{T}}$.

将 $\boldsymbol{\beta}_1,\boldsymbol{\beta}_2$ 正交化:

$$\boldsymbol{\gamma}_1=\boldsymbol{\beta}_1=(-1,1,0)^{\mathrm{T}}$$

$$\boldsymbol{\gamma}_2=\boldsymbol{\beta}_2-\frac{(\boldsymbol{\beta}_2,\boldsymbol{\gamma}_1)}{(\boldsymbol{\gamma}_1,\boldsymbol{\gamma}_1)}\boldsymbol{\gamma}_1=(-1,0,1)^{\mathrm{T}}-\frac{1}{2}(-1,1,0)^{\mathrm{T}}=\left(-\frac{1}{2},-\frac{1}{2},1\right)^{\mathrm{T}}.$$

显然,$\boldsymbol{\alpha},\boldsymbol{\gamma}_1,\boldsymbol{\gamma}_2$ 是正交向量组,现将它们单位化:

$$\boldsymbol{e}_1=\frac{\boldsymbol{\alpha}}{\|\boldsymbol{\alpha}\|}=\left(\frac{1}{\sqrt{3}},\frac{1}{\sqrt{3}},\frac{1}{\sqrt{3}}\right)^{\mathrm{T}},$$

$$\boldsymbol{e}_2=\frac{\boldsymbol{\gamma}_1}{\|\boldsymbol{\gamma}_1\|}=\left(-\frac{1}{\sqrt{2}},\frac{1}{\sqrt{2}},0\right)^{\mathrm{T}},$$

$$\boldsymbol{e}_3=\frac{\boldsymbol{\gamma}_2}{\|\boldsymbol{\gamma}_2\|}=\left(-\frac{1}{\sqrt{6}},-\frac{1}{\sqrt{6}},\frac{2}{\sqrt{6}}\right)^{\mathrm{T}}.$$

记 $\boldsymbol{Q}=(\boldsymbol{e}_1,\boldsymbol{e}_2,\boldsymbol{e}_3)=\begin{pmatrix}\frac{1}{\sqrt{3}} & -\frac{1}{\sqrt{2}} & -\frac{1}{\sqrt{6}}\\ \frac{1}{\sqrt{3}} & \frac{1}{\sqrt{2}} & -\frac{1}{\sqrt{6}}\\ \frac{1}{\sqrt{3}} & 0 & \frac{2}{\sqrt{6}}\end{pmatrix}$,则 $\boldsymbol{x}=\boldsymbol{Q}\boldsymbol{y}$ 使得二次型 f 化为标准形 $4y_1^2+y_2^2+y_3^2$.

附注 本题的(Ⅰ)也可如下这样计算:

由 $|\lambda\boldsymbol{E}_3-\boldsymbol{A}|=\begin{vmatrix}\lambda-2 & -a & -a\\ -a & \lambda-2 & -a\\ -a & -a & \lambda-2\end{vmatrix}=(\lambda-2-2a)(\lambda-2+a)^2$ 知,$\boldsymbol{A}$ 的特征值为 $2+2a$,$2-a$(二重). 由于 $\boldsymbol{A}$ 是正定二次型,所以它的特征值都大于零,从而有 $\begin{cases}2+2a>0,\\ 2-a>0,\end{cases}$ 即 $-1<a<2$.

例 5.25　设 $\boldsymbol{A}$ 是三阶实对称矩阵，其秩为 2，且满足

$$\boldsymbol{A}\begin{pmatrix}1&1\\0&1\\-1&1\end{pmatrix}=\begin{pmatrix}-1&2\\0&2\\1&2\end{pmatrix}.$$

求正交变换 $\boldsymbol{x}=\boldsymbol{Q}\boldsymbol{y}$（其中，$\boldsymbol{x}=(x_1,x_2,x_3)^{\mathrm{T}}$，$\boldsymbol{y}=(y_1,y_2,y_3)^{\mathrm{T}}$，$\boldsymbol{Q}$ 是正交矩阵），它使得二次型 $f(x_1,x_2,x_3)=\boldsymbol{x}^{\mathrm{T}}(\boldsymbol{A}+\boldsymbol{A}^*)\boldsymbol{x}$ 化为标准形（要求写出这个标准形）.

分析　首先注意，$\boldsymbol{A}$ 有特征值 $\lambda=-1,2,0$，然后算出使得 $\boldsymbol{Q}^{\mathrm{T}}\boldsymbol{A}\boldsymbol{Q}=\begin{pmatrix}-1&&\\&2&\\&&0\end{pmatrix}$ 的正交矩阵 $\boldsymbol{Q}$，并且此时 $\boldsymbol{Q}^{\mathrm{T}}\boldsymbol{A}^*\boldsymbol{Q}$ 也为对角矩阵，于是 $\boldsymbol{x}=\boldsymbol{Q}\boldsymbol{y}$ 即为所求的正交变换.

精解　由题设知

$$\boldsymbol{A}\begin{pmatrix}1\\0\\-1\end{pmatrix}=\begin{pmatrix}-1\\0\\1\end{pmatrix}=-\begin{pmatrix}1\\0\\-1\end{pmatrix},$$

$$\boldsymbol{A}\begin{pmatrix}1\\1\\1\end{pmatrix}=\begin{pmatrix}2\\2\\2\end{pmatrix}=2\begin{pmatrix}1\\1\\1\end{pmatrix},$$

所以 $\boldsymbol{A}$ 有特征值 $\lambda=-1,2$，且它们对应的特征向量分别为 $\boldsymbol{\alpha}=(1,0,-1)^{\mathrm{T}}$，$\boldsymbol{\beta}=(1,1,1)^{\mathrm{T}}$. 此外，由于 $r(\boldsymbol{A})=2$，所以 $\boldsymbol{A}$ 还有特征值 $\lambda=0$. 设它对应的特征向量为 $\boldsymbol{\gamma}=(c_1,c_2,c_3)^{\mathrm{T}}$，则由 $\boldsymbol{A}$ 是实对称矩阵知，$\boldsymbol{\gamma}$ 与 $\boldsymbol{\alpha},\boldsymbol{\beta}$ 都正交，所以有 $\begin{cases}c_1\qquad\;\,-c_3=0.\\c_1+c_2+c_3=0.\end{cases}$ 它有基础解系 $(1,-2,1)^{\mathrm{T}}$，故可取 $\boldsymbol{\gamma}=(1,-2,1)^{\mathrm{T}}$.

显然，$\boldsymbol{\alpha},\boldsymbol{\beta},\boldsymbol{\gamma}$ 是正交向量组，现将它们单位化：

$$\boldsymbol{e}_1=\frac{\boldsymbol{\alpha}}{\|\boldsymbol{\alpha}\|}=\left(\frac{1}{\sqrt{2}},0,-\frac{1}{\sqrt{2}}\right)^{\mathrm{T}},$$

$$\boldsymbol{e}_2=\frac{\boldsymbol{\beta}}{\|\boldsymbol{\beta}\|}=\left(\frac{1}{\sqrt{3}},\frac{1}{\sqrt{3}},\frac{1}{\sqrt{3}}\right)^{\mathrm{T}},$$

$$\boldsymbol{e}_3=\frac{\boldsymbol{\gamma}}{\|\boldsymbol{\gamma}\|}=\left(\frac{1}{\sqrt{6}},-\frac{2}{\sqrt{6}},\frac{1}{\sqrt{6}}\right)^{\mathrm{T}}.$$

记 $\boldsymbol{Q}=(\boldsymbol{e}_1,\boldsymbol{e}_2,\boldsymbol{e}_3)=\begin{pmatrix}\frac{1}{\sqrt{2}}&\frac{1}{\sqrt{3}}&\frac{1}{\sqrt{6}}\\0&\frac{1}{\sqrt{3}}&-\frac{2}{\sqrt{6}}\\-\frac{1}{\sqrt{2}}&\frac{1}{\sqrt{3}}&\frac{1}{\sqrt{6}}\end{pmatrix}$，则 $\boldsymbol{Q}$ 是正交矩阵，且 $\boldsymbol{Q}^{\mathrm{T}}\boldsymbol{A}\boldsymbol{Q}=\begin{pmatrix}-1&&\\&2&\\&&0\end{pmatrix}$.

此外，
$$\begin{aligned}\boldsymbol{Q}^{\mathrm{T}}\boldsymbol{A}^*\boldsymbol{Q}&=\boldsymbol{Q}^{-1}\boldsymbol{A}^*\boldsymbol{Q}=\frac{1}{|\boldsymbol{Q}|}\boldsymbol{Q}^*\boldsymbol{A}^*|\boldsymbol{Q}|(\boldsymbol{Q}^*)^{-1}\\&=\boldsymbol{Q}^*\boldsymbol{A}^*(\boldsymbol{Q}^{-1})^*=(\boldsymbol{Q}^{-1}\boldsymbol{A}\boldsymbol{Q})^*=(\boldsymbol{Q}^{\mathrm{T}}\boldsymbol{A}\boldsymbol{Q})^*\end{aligned}$$

$$=\begin{pmatrix}-1 & & \\ & 2 & \\ & & 0\end{pmatrix}^{*}=\begin{pmatrix}0 & & \\ & 0 & \\ & & -2\end{pmatrix}.$$

所以，$Q^{\mathrm{T}}(A+A^{*})Q=\begin{pmatrix}-1 & & \\ & 2 & \\ & & 0\end{pmatrix}+\begin{pmatrix}0 & & \\ & 0 & \\ & & -2\end{pmatrix}=\begin{pmatrix}-1 & & \\ & 2 & \\ & & -2\end{pmatrix}$. 从而所求的正交变换为 $x=Qy$，它使得 f 化为标准形 $-y_1^2+2y_2^2-2y_3^2$.

附注 由于 A 不可逆，所以不能按公式 $\mu=\frac{|A|}{\lambda}$ 由 A 的特征值 λ 算出 A^{*} 的特征值 μ. 因此只能按题解中的方法计算 $Q^{\mathrm{T}}A^{*}Q$. 但是，从题解中也可以看到，当 A 不可逆时，将 A 正交相似对角化的正交矩阵 Q，也必将 A^{*} 正交相似对角化，即 $Q^{\mathrm{T}}A^{*}Q$ 为对角矩阵，且 $Q^{\mathrm{T}}A^{*}Q=(Q^{\mathrm{T}}AQ)^{*}$.

例 5.26 设实矩阵 $A=\begin{pmatrix}1 & 0 & 1\\ 0 & 1 & 1\\ -1 & 0 & a\\ 0 & a & -1\end{pmatrix}$，二次型 $f(x_1,x_2,x_3)=x(A^{\mathrm{T}}A)x$（其中，$x=(x_1,x_2,x_3)^{\mathrm{T}}$）的秩为 2，求 a 的值，并利用求得的 a 值，求出将 $f(x_1,x_2,x_3)$ 化为标准形的可逆线性变换 $x=Py$（其中 $y=(y_1,y_2,y_3)^{\mathrm{T}}$，$P$ 是三阶可逆矩阵）.

分析 先利用 $r(A)=r(A^{\mathrm{T}}A)=2$，算出 a 的值，然后用配方法求出 $x=Py$ 及 f 的标准形.

精解 由于 $r(A)=r(A^{\mathrm{T}}A)$，所以由题设知 $r(A)=2$，即

$$r\left(\begin{pmatrix}1 & 0 & 1\\ 0 & 1 & 1\\ -1 & 0 & a\\ 0 & a & -1\end{pmatrix}\right)=r\left(\begin{pmatrix}1 & 0 & 1\\ 0 & 1 & 1\\ 0 & 0 & a+1\\ 0 & a+1 & 0\end{pmatrix}\right)=2.$$ 因此 $a=-1$.

将 $a=-1$ 代入 A，得

$$\begin{aligned}f(x_1,x_2,x_3)&=x^{\mathrm{T}}\begin{pmatrix}1 & 0 & -1 & 0\\ 0 & 1 & 0 & -1\\ 1 & 1 & -1 & -1\end{pmatrix}\begin{pmatrix}1 & 0 & 1\\ 0 & 1 & 1\\ -1 & 0 & -1\\ 0 & -1 & -1\end{pmatrix}x\\ &=x^{\mathrm{T}}\begin{pmatrix}2 & 0 & 2\\ 0 & 2 & 2\\ 2 & 2 & 4\end{pmatrix}x\\ &=2x_1^2+2x_2^2+4x_3^2+4x_1x_3+4x_2x_3\\ &=2(x_1^2+2x_1x_3+x_3^2)+2(x_2^2+2x_2x_3+x_3^2)\\ &=2(x_1+x_3)^2+2(x_2+x_3)^2.\end{aligned}$$

令 $\begin{cases}y_1=x_1+x_3,\\ y_2=x_2+x_3,\\ y_3=\qquad x_3,\end{cases}$ 则所求的可逆线性变换 $x=Py=\begin{pmatrix}1 & 0 & -1\\ 0 & 1 & -1\\ 0 & 0 & 1\end{pmatrix}y$，它使得

$$f(x_1,x_2,x_3)=2y_1^2+2y_2^2\text{（标准形）}.$$

附注 设 A 是 $m\times n$ 实矩阵，且 $A^{\mathrm{T}}A$ 是 n 阶实对称矩阵，且

$$r(\boldsymbol{A})=r(\boldsymbol{A}^{\mathrm{T}}\boldsymbol{A}).$$

应记住这一结论.

例 5.27 设可逆线性变换 $\boldsymbol{x}=\boldsymbol{C}\boldsymbol{y}$(其中 $\boldsymbol{x}=(x_1,x_2,x_3)^{\mathrm{T}}$,$\boldsymbol{y}=(y_1,y_2,y_3)^{\mathrm{T}}$,$\boldsymbol{C}$ 是三阶可逆矩阵)将二次型 $f(x_1,x_2,x_3)=2x_1^2+9x_2^2+3x_3^2+8x_1x_2-4x_1x_3-10x_2x_3$ 化为二次型 $g(y_1,y_2,y_3)=2y_1^2+3y_2^2+6y_3^2-4y_1y_2-4y_1y_3+8y_2y_3$. 求 $\boldsymbol{C}$.

分析 用配方法分别将 f,g 化为规范形,由此即可得到将 f 化为 g 的 $\boldsymbol{x}=\boldsymbol{C}\boldsymbol{y}$,从而得到 $\boldsymbol{C}$.

精解
$$\begin{aligned}f(x_1,x_2,x_3)&=2[x_1^2+2x_1(2x_2-x_3)+(2x_2-x_3)^2]\\&\quad-2(2x_2-x_3)^2+9x_2^2+3x_3^2-10x_2x_3\\&=2(x_1+2x_2-x_3)^2+(x_2-x_3)^2.\end{aligned}$$

记 $\begin{cases}z_1=\sqrt{2}(x_1+2x_2-x_3),\\ z_2=\qquad\qquad x_2-x_3,\\ z_3=\qquad\qquad\quad x_3,\end{cases}$ 则可逆线性变换

$$\boldsymbol{x}=\begin{pmatrix}\frac{1}{\sqrt{2}} & -2 & -1\\ 0 & 1 & 1\\ 0 & 0 & 1\end{pmatrix}\boldsymbol{z}\text{(其中 }\boldsymbol{z}=(z_1,z_2,z_3)^{\mathrm{T}}) \tag{1}$$

使得 $f(x_1,x_2,x_3)=z_1^2+z_2^2$.(规范形)

$$\begin{aligned}g(y_1,y_2,y_3)&=2[y_1^2-2y_1(y_2+y_3)+(y_2+y_3)^2]-2(y_2+y_3)^2+3y_2^2+6y_3^2+8y_2y_3\\&=2(y_1-y_2-y_3)^2+(y_2+2y_3)^2.\end{aligned}$$

记 $\begin{cases}z_1=\sqrt{2}(y_1-y_2-y_3),\\ z_2=\qquad\qquad y_2+2y_3,\\ z_3=\qquad\qquad y_3,\end{cases}$ 则可逆线性变换

$$\boldsymbol{y}=\begin{pmatrix}\frac{1}{\sqrt{2}} & 1 & -1\\ 0 & 1 & -2\\ 0 & 0 & 1\end{pmatrix}\boldsymbol{z} \tag{2}$$

下,使得 $g=z_1^2+z_2^2$(规范形).

由式(2)得 $\boldsymbol{z}=\begin{pmatrix}\frac{1}{\sqrt{2}} & 1 & -1\\ 0 & 1 & -2\\ 0 & 0 & 1\end{pmatrix}^{-1}\boldsymbol{y}=\begin{pmatrix}\sqrt{2} & -\sqrt{2} & -\sqrt{2}\\ 0 & 1 & 2\\ 0 & 0 & 1\end{pmatrix}\boldsymbol{y}$,将它代入式(1),得

$$\boldsymbol{x}=\begin{pmatrix}\frac{1}{\sqrt{2}} & -2 & -1\\ 0 & 1 & 1\\ 0 & 0 & 1\end{pmatrix}\begin{pmatrix}\sqrt{2} & -\sqrt{2} & -\sqrt{2}\\ 0 & 1 & 2\\ 0 & 0 & 1\end{pmatrix}\boldsymbol{y}=\begin{pmatrix}1 & -3 & -6\\ 0 & 1 & 3\\ 0 & 0 & 1\end{pmatrix}\boldsymbol{y},$$

它将 $f(x_1,x_2,x_3)$ 化为 $g(y_1,y_2,y_3)$. 故所求的可逆矩阵 $\boldsymbol{C}=\begin{pmatrix}1 & -3 & -6\\ 0 & 1 & 3\\ 0 & 0 & 1\end{pmatrix}$.

附注 设 $f(x_1,x_2,\cdots,x_n)$ 与 $g(y_1,y_2,\cdots,y_n)$ 都是 n 元二次型. 如果存在可逆线性变换 $\boldsymbol{x}=\boldsymbol{C}\boldsymbol{y}$(其中,$\boldsymbol{x}=(x_1,x_2,\cdots,x_n)^{\mathrm{T}}$,$\boldsymbol{y}=(y_1,y_2,\cdots,y_n)^{\mathrm{T}}$,$\boldsymbol{C}$ 是 n 阶可逆矩阵),将 f 化为 g,则 $\boldsymbol{C}$ 可按以下步骤计算:

(1) 算出将 f 化为规范形的可逆线性变换 $\boldsymbol{x}=\boldsymbol{C}_1\boldsymbol{z}$(其中,$\boldsymbol{z}=(z_1,z_2,\cdots,z_n)^{\mathrm{T}}$,$\boldsymbol{C}_1$ 是 n 阶可逆矩阵);算出将 g 化为规范形的可逆线性变换 $\boldsymbol{y}=\boldsymbol{C}_2\boldsymbol{z}$(其中,$\boldsymbol{C}_2$ 是 n 阶可逆矩阵).

(2) 复合 $\boldsymbol{x}=\boldsymbol{C}_1\boldsymbol{z}$ 与 $\boldsymbol{z}=\boldsymbol{C}_2^{-1}\boldsymbol{y}$,得 $\boldsymbol{x}=\boldsymbol{C}_1\boldsymbol{C}_2^{-1}\boldsymbol{y}$,记 $\boldsymbol{C}=\boldsymbol{C}_1\boldsymbol{C}_2^{-1}$,则 $\boldsymbol{C}$ 即为所求的可逆矩阵.

本题就是按上述步骤计算的.

例 5.28 设三元二次型 $f(x_1,x_2,x_3)=\boldsymbol{x}^{\mathrm{T}}\boldsymbol{A}\boldsymbol{x}$(其中,$\boldsymbol{x}=(x_1,x_2,x_3)^{\mathrm{T}}$,$\boldsymbol{A}$ 是三阶实对称矩阵)经正交变换化为标准形 $2y_1^2-y_2^2-y_3^2$. 又设三阶矩阵 $\boldsymbol{B}$ 满足 $\left(\frac{1}{2}\boldsymbol{A}^*\right)^{-1}\boldsymbol{B}\boldsymbol{A}^{-1}=2\boldsymbol{A}\boldsymbol{B}+4\boldsymbol{E}_3$,且 $\boldsymbol{A}^*\boldsymbol{\alpha}=\boldsymbol{\alpha}$,其中 $\boldsymbol{\alpha}=(1,1,-1)^{\mathrm{T}}$. 求正交变换 $\boldsymbol{x}=\boldsymbol{Q}\boldsymbol{y}$,它将二次型 $g(x_1,x_2,x_3)=\boldsymbol{x}^{\mathrm{T}}(\boldsymbol{B}^*\boldsymbol{A}^{-1})\boldsymbol{x}$ 化为标准形,并写出这个标准形.

分析 求解所给的矩阵方程,将 $\boldsymbol{B}$ 用 $\boldsymbol{A}$ 表示,并且利用所给条件算出使得 $\boldsymbol{Q}^{\mathrm{T}}\boldsymbol{A}\boldsymbol{Q}=\begin{pmatrix}2&&\\&-1&\\&&-1\end{pmatrix}$ 的正交矩阵 $\boldsymbol{Q}$,通过计算确认 $\boldsymbol{Q}^{\mathrm{T}}(\boldsymbol{B}^*\boldsymbol{A})\boldsymbol{Q}$ 为对角矩阵,由此求得正交变换 $\boldsymbol{x}=\boldsymbol{Q}\boldsymbol{y}$ 及 $g(x_1,x_2,x_3)$ 的标准形.

精解 由题设知,$\boldsymbol{A}$ 有特征值 $\lambda=2,-1$(二重),从而 $|\boldsymbol{A}|=2\times(-1)\times(-1)=2$. 于是所给的矩阵方程成为

$$\left(\frac{1}{2}|\boldsymbol{A}|\boldsymbol{A}^{-1}\right)^{-1}\boldsymbol{B}\boldsymbol{A}^{-1}=2\boldsymbol{A}\boldsymbol{B}+4\boldsymbol{E}_3,$$

即

$$\boldsymbol{A}\boldsymbol{B}\boldsymbol{A}^{-1}=2\boldsymbol{A}\boldsymbol{B}+4\boldsymbol{E}_3,$$

或

$$\boldsymbol{A}\boldsymbol{B}(\boldsymbol{A}^{-1}-2\boldsymbol{E}_3)=4\boldsymbol{E}_3.$$

所以

$$\boldsymbol{B}=4\boldsymbol{A}^{-1}(\boldsymbol{A}^{-1}-2\boldsymbol{E}_3)^{-1}=4[(\boldsymbol{A}^{-1}-2\boldsymbol{E}_3)\boldsymbol{A}]^{-1}=4(\boldsymbol{E}_3-2\boldsymbol{A})^{-1}.$$

从而,$\boldsymbol{B}$ 有特征值 $4\times\frac{1}{1-2}$,$4\times\frac{1}{1-(-1)}$(二重),即 $-4,2$(二重),且 $|\boldsymbol{B}|=(-4)\times2\times2=-16$. 因此,

$$\begin{aligned}\boldsymbol{B}^*\boldsymbol{A}^{-1}&=|\boldsymbol{B}|\boldsymbol{B}^{-1}\boldsymbol{A}^{-1}=-16[4(\boldsymbol{E}_3-2\boldsymbol{A})^{-1}]^{-1}\boldsymbol{A}^{-1}\\&=-4(\boldsymbol{E}_3-2\boldsymbol{A})\boldsymbol{A}^{-1}=-4(\boldsymbol{A}^{-1}-2\boldsymbol{E}_3).\end{aligned}$$

由此可知,$\boldsymbol{B}^*\boldsymbol{A}^{-1}$ 是实对称矩阵,它有特征值

$$-4\left(\frac{1}{2}-2\right)=6,-4\left(\frac{1}{-1}-2\right)=12(\text{二重}). \tag{1}$$

下面计算使得 $\boldsymbol{Q}^{\mathrm{T}}\boldsymbol{A}\boldsymbol{Q}=\begin{pmatrix}2&&\\&-1&\\&&-1\end{pmatrix}$ 的正交矩阵 $\boldsymbol{Q}$.

由 $\boldsymbol{A}^*\boldsymbol{\alpha}=\boldsymbol{\alpha}$ 知,$\mu_1=1$ 是 $\boldsymbol{A}^*$ 的特征值,它对应的特征向量为 $\boldsymbol{\alpha}=(1,1,-1)^{\mathrm{T}}$. 从而 $\boldsymbol{A}$ 的特征值 $\lambda_1=\frac{|\boldsymbol{A}|}{\mu_1}=2$ 对应的特征向量为 $\boldsymbol{\alpha}$. 由于 $\boldsymbol{A}$ 是实对称矩阵,所以 $\lambda_2=-1$ 对应的特征向量 $\boldsymbol{\beta}=(b_1,b_2,b_3)^{\mathrm{T}}$ 应与 $\boldsymbol{\alpha}$ 正交,故有 $b_1+b_2-b_3=0$. 该方程有基础解系 $(-1,1,0)^{\mathrm{T}}$,$(1,0,1)^{\mathrm{T}}$. 故可取 $\boldsymbol{\beta}=\boldsymbol{\beta}_1=(-1,1,0)^{\mathrm{T}}$,$\boldsymbol{\beta}=\boldsymbol{\beta}_2=(1,0,1)^{\mathrm{T}}$. 现将它们正交化:

$$\boldsymbol{\gamma}_1=\boldsymbol{\beta}_1=(-1,1,0)^{\mathrm{T}},$$

$$\boldsymbol{\gamma}_2=\boldsymbol{\beta}_2-\frac{(\boldsymbol{\beta}_2,\boldsymbol{\gamma}_1)}{(\boldsymbol{\gamma}_1,\boldsymbol{\gamma}_1)}\boldsymbol{\gamma}_1=(1,0,1)^{\mathrm{T}}-\frac{-1}{2}(-1,1,0)^{\mathrm{T}}=\left(\frac{1}{2},\frac{1}{2},1\right)^{\mathrm{T}}.$$

显然，$\boldsymbol{\alpha},\boldsymbol{\gamma}_1,\boldsymbol{\gamma}_2$ 是正交向量组，现将它们单位化：

$$\boldsymbol{e}_1=\frac{\boldsymbol{\alpha}}{\|\boldsymbol{\alpha}\|}=\left(\frac{1}{\sqrt{3}},\frac{1}{\sqrt{3}},-\frac{1}{\sqrt{3}}\right)^{\mathrm{T}},$$

$$\boldsymbol{e}_2=\frac{\boldsymbol{\gamma}}{\|\boldsymbol{\gamma}_1\|}=\left(-\frac{1}{\sqrt{2}},\frac{1}{\sqrt{2}},0\right)^{\mathrm{T}},$$

$$\boldsymbol{e}_3=\frac{\boldsymbol{\gamma}_2}{\|\boldsymbol{\gamma}_2\|}=\left(\frac{1}{\sqrt{6}},\frac{1}{\sqrt{6}},\frac{2}{\sqrt{6}}\right)^{\mathrm{T}}.$$

记 $\boldsymbol{Q}=(\boldsymbol{e}_1,\boldsymbol{e}_2,\boldsymbol{e}_3)=\begin{pmatrix}\frac{1}{\sqrt{3}}&-\frac{1}{\sqrt{2}}&\frac{1}{\sqrt{6}}\\\frac{1}{\sqrt{3}}&\frac{1}{\sqrt{2}}&\frac{1}{\sqrt{6}}\\-\frac{1}{\sqrt{3}}&0&\frac{2}{\sqrt{6}}\end{pmatrix}$，则 $\boldsymbol{Q}$ 是正交矩阵，且

$$\boldsymbol{Q}^{\mathrm{T}}\boldsymbol{A}\boldsymbol{Q}=\begin{pmatrix}2&&\\&-1&\\&&-1\end{pmatrix},$$

并且由式(1)知

$$\boldsymbol{Q}^{\mathrm{T}}(\boldsymbol{B}^*\boldsymbol{A}^{-1})\boldsymbol{Q}=\boldsymbol{Q}^{\mathrm{T}}[-4(\boldsymbol{A}^{-1}-2\boldsymbol{E}_3)]\boldsymbol{Q}=\begin{pmatrix}6&&\\&12&\\&&12\end{pmatrix}.$$

所以，所求的正交变换即为 $\boldsymbol{x}=\boldsymbol{Q}\boldsymbol{y}=\begin{pmatrix}\frac{1}{\sqrt{3}}&-\frac{1}{\sqrt{2}}&\frac{1}{\sqrt{6}}\\\frac{1}{\sqrt{3}}&\frac{1}{\sqrt{2}}&\frac{1}{\sqrt{6}}\\-\frac{1}{\sqrt{3}}&0&\frac{2}{\sqrt{6}}\end{pmatrix}\boldsymbol{y}$，它将 $g(x_1,x_2,x_3)$ 化为标准形

$6y_1^2+12y_2^2+12y_3^2$.

附注　$\boldsymbol{A}$ 与 $\boldsymbol{B}$ 都可以算出，但对于本题没有必要，而只要算出使得 $\boldsymbol{Q}^{\mathrm{T}}\boldsymbol{A}\boldsymbol{Q}=\begin{pmatrix}2&&\\&-1&\\&&-1\end{pmatrix}$ 的正交变换 $\boldsymbol{Q}$ 即可. 本题运用的知识较多，值得仔细领会.

例 5.29　设 n 阶矩阵 $\boldsymbol{A}=\begin{pmatrix}1&1&\cdots&1\\x_1&x_2&\cdots&x_s\\x_1^2&x_2^2&\cdots&x_s^2\\\vdots&\vdots&&\vdots\\x_1^{n-1}&x_2^{n-1}&\cdots&x_s^{n-1}\end{pmatrix}$（其中 $x_1,x_2,\cdots,x_n$ 是互不相同的实数），试讨论 $\boldsymbol{B}=\boldsymbol{A}^{\mathrm{T}}\boldsymbol{A}$ 的正定性.

分析　分 $s=n,s>n,s<n$ 三种情形来考察 $\boldsymbol{B}$ 的正定性.

精解　显然 $\boldsymbol{A}^{\mathrm{T}}\boldsymbol{A}$ 是实对称矩阵.

当 $s=n$ 时，$|\boldsymbol{A}|$ 是范德蒙行列式，于是由 $x_1,x_2,\cdots,x_n$ 互不相同知，$|\boldsymbol{A}|\neq 0$，即 $\boldsymbol{A}$ 可逆. 所以 $\boldsymbol{B}=\boldsymbol{A}^{\mathrm{T}}\boldsymbol{A}$ 正定.

当 $s>n$ 时，由 $r(\boldsymbol{A})\leqslant n<s$ 知，齐次线性方程组 $\boldsymbol{A}\boldsymbol{x}=\boldsymbol{0}$ 有非零解，记其中之一为 $\boldsymbol{x}_0(\boldsymbol{x}_0\neq\boldsymbol{0})$. 于是 $\boldsymbol{x}_0^{\mathrm{T}}\boldsymbol{A}^{\mathrm{T}}\boldsymbol{A}\boldsymbol{x}_0=0$. 它表明，此时的 $\boldsymbol{B}=\boldsymbol{A}^{\mathrm{T}}\boldsymbol{A}$ 不是正定的.

当 $s<n$ 时，由

$$\begin{vmatrix} 1 & 1 & \cdots & 1 \\ x_1 & x_2 & \cdots & x_s \\ x_1^2 & x_2^2 & \cdots & x_s^2 \\ \vdots & \vdots & & \vdots \\ x_1^{s-1} & x_2^{s-1} & \cdots & x_s^{s-1} \end{vmatrix}\neq 0$$

知，$r(\boldsymbol{A})=s$，从而齐次线性方程组 $\boldsymbol{A}\boldsymbol{x}=\boldsymbol{0}$ 只有零解，故对于任意 s 维非零列向量 $\boldsymbol{\alpha}$，都有 $\boldsymbol{A}\boldsymbol{\alpha}\neq\boldsymbol{0}$. 因此

$$\boldsymbol{\alpha}^{\mathrm{T}}\boldsymbol{A}^{\mathrm{T}}\boldsymbol{A}\boldsymbol{\alpha}=(\boldsymbol{A}\boldsymbol{\alpha})^{\mathrm{T}}(\boldsymbol{A}\boldsymbol{\alpha})>0.$$

它表明，此时的 $\boldsymbol{B}=\boldsymbol{A}^{\mathrm{T}}\boldsymbol{A}$ 是正定的.

附注　判定 n 阶实对称矩阵 $\boldsymbol{M}$ 是正定的，通常有以下 4 种方法：

(1) 如果 $\boldsymbol{M}$ 的特征值全大于零，则 $\boldsymbol{M}$ 是正定的.

(2) 如果对任意 n 维非零列向量 $\boldsymbol{x}$，都有 $\boldsymbol{x}^{\mathrm{T}}\boldsymbol{M}\boldsymbol{x}>0$，则 $\boldsymbol{M}$ 是正定的.

(3) 如果 $\boldsymbol{M}$ 的所有顺序主子式全大于零，则 $\boldsymbol{M}$ 是正定的.

(4) 如果存在 n 阶可逆矩阵 $\boldsymbol{C}$，使得 $\boldsymbol{M}=\boldsymbol{C}^{\mathrm{T}}\boldsymbol{C}$，则 $\boldsymbol{M}$ 是正定的. 题解中，使用了方法(2)与(4).

例 5.30　求函数 $f(x,y,z)=\dfrac{2x^2+y^2-4xy-4yz}{x^2+y^2+z^2}$（其中，$x^2+y^2+z^2\neq 0$）的最大值，并求出一个最大值点.

分析　记 $\varphi(x,y,z)=2x^2+y^2-4xy-4yz$，然后用正交变换 $\boldsymbol{\alpha}=\boldsymbol{Q}\boldsymbol{\beta}$（其中 $\boldsymbol{\alpha}=(x,y,z)^{\mathrm{T}}$；$\boldsymbol{\beta}=(\xi,\eta,\zeta)^{\mathrm{T}}$；$\boldsymbol{Q}$ 是三阶正交矩阵）将 φ 化为标准形，由此即可得到 f 的最大值及一个最大值点.

精解　由于 $\varphi(x,y,z)=\boldsymbol{\alpha}^{\mathrm{T}}\begin{pmatrix} 2 & -2 & 0 \\ -2 & 1 & -2 \\ 0 & -2 & 0 \end{pmatrix}\boldsymbol{\alpha}$，记 $\boldsymbol{A}=\begin{pmatrix} 2 & -2 & 0 \\ -2 & 1 & -2 \\ 0 & -2 & 0 \end{pmatrix}$（实对称矩阵），则由 $|\lambda\boldsymbol{E}_3-\boldsymbol{A}|=\begin{vmatrix} \lambda-2 & 2 & 0 \\ 2 & \lambda-1 & 2 \\ 0 & 2 & \lambda \end{vmatrix}=\lambda(\lambda-1)(\lambda-2)-4(\lambda-2)-4\lambda=(\lambda+2)(\lambda-1)(\lambda-4)$

知，$\boldsymbol{A}$ 的特征值为 $\lambda=-2,1,4$. 由于 $\boldsymbol{A}$ 是实对称矩阵，所以存在正交矩阵 $\boldsymbol{Q}$，使得在正交变换 $\boldsymbol{\alpha}=\boldsymbol{Q}\boldsymbol{\beta}$ 下，

$$\varphi(x,y,z)=\boldsymbol{\beta}^{\mathrm{T}}\begin{pmatrix} -2 & & \\ & 1 & \\ & & 4 \end{pmatrix}\boldsymbol{\beta}=-2\xi^2+\eta^2+4\zeta^2\leqslant 4(\xi^2+y^2+\zeta^2),$$

$$x^2+y^2+z^2=\boldsymbol{\alpha}^{\mathrm{T}}\boldsymbol{\alpha}=\boldsymbol{\beta}^{\mathrm{T}}\boldsymbol{Q}^{\mathrm{T}}\boldsymbol{Q}\boldsymbol{\beta}=\boldsymbol{\beta}^{\mathrm{T}}\boldsymbol{\beta}=\xi^2+\eta^2+\zeta^2.$$

于是，$f(x,y,z)\leqslant\dfrac{4(\xi^2+\eta^2+\zeta^2)}{\xi^2+\eta^2+\zeta^2}=4$. 由此得到 $f(x,y,z)$的最大值为 4. 下面计算 f 的一个最大值点，为此算出 $\boldsymbol{Q}$.

设 $\boldsymbol{A}$ 的对应于 $\lambda=-2$ 的特征向量为 $\boldsymbol{a}=(a_1,a_2,a_3)^{\mathrm{T}}$，则 $\boldsymbol{a}$ 满足

$$\begin{pmatrix}-4&2&0\\2&-3&2\\0&2&-2\end{pmatrix}\begin{pmatrix}a_1\\a_2\\a_3\end{pmatrix}=\boldsymbol{0},$$

它有基础解系$(1,2,2)^{\mathrm{T}}$. 故可取 $\boldsymbol{a}=(1,2,2)^{\mathrm{T}}$.

设 $\boldsymbol{A}$ 的对应于 $\lambda=1$ 的特征向量为 $\boldsymbol{b}=(b_1,b_2,b_3)^{\mathrm{T}}$，则 $\boldsymbol{b}$ 满足

$$\begin{pmatrix}-1&2&0\\2&0&2\\0&2&1\end{pmatrix}\begin{pmatrix}b_1\\b_2\\b_3\end{pmatrix}=\boldsymbol{0}.$$

它有基础解系$(2,1,-2)^{\mathrm{T}}$，故可取 $\boldsymbol{b}=(2,1,-2)^{\mathrm{T}}$.

设 $\boldsymbol{A}$ 的对应于 $\lambda=4$ 的特征向量为 $\boldsymbol{c}=(c_1,c_2,c_3)^{\mathrm{T}}$，则 $\boldsymbol{c}$ 满足

$$\begin{pmatrix}2&2&0\\2&3&2\\0&2&4\end{pmatrix}\begin{pmatrix}c_1\\c_2\\c_3\end{pmatrix}=\boldsymbol{0}.$$

它有基础解系$(2,-2,1)^{\mathrm{T}}$，故可取 $\boldsymbol{c}=(2,-2,1)^{\mathrm{T}}$.

显然 $\boldsymbol{a},\boldsymbol{b},\boldsymbol{c}$ 是正交向量组，现将它们单位化：

$$\boldsymbol{e}_1=\frac{\boldsymbol{a}}{\|\boldsymbol{a}\|}=\left(\frac{1}{3},\frac{2}{3},\frac{2}{3}\right)^{\mathrm{T}},$$

$$\boldsymbol{e}_2=\frac{\boldsymbol{b}}{\|\boldsymbol{b}\|}=\left(\frac{2}{3},\frac{1}{3},-\frac{2}{3}\right)^{\mathrm{T}},$$

$$\boldsymbol{e}_3=\frac{\boldsymbol{c}}{\|\boldsymbol{c}\|}=\left(\frac{2}{3},-\frac{2}{3},\frac{1}{3}\right)^{\mathrm{T}}.$$

故所求的 $\boldsymbol{Q}=(\boldsymbol{e}_1,\boldsymbol{e}_2,\boldsymbol{e}_3)=\begin{pmatrix}\frac{1}{3}&\frac{2}{3}&\frac{2}{3}\\\frac{2}{3}&\frac{1}{3}&-\frac{2}{3}\\\frac{2}{3}&-\frac{2}{3}&\frac{1}{3}\end{pmatrix}$.

由于在点 $P=(\xi,\eta,\zeta)=(0,0,1)$处，$f(x,y,z)=\dfrac{-2\xi^2+\eta^2+4\zeta^2}{\xi^2+\eta^2+\zeta^2}=4$. 并且由

$$\begin{pmatrix}x\\y\\z\end{pmatrix}=\boldsymbol{Q}\begin{pmatrix}0\\0\\1\end{pmatrix}=\begin{pmatrix}\frac{1}{3}&\frac{2}{3}&\frac{2}{3}\\\frac{2}{3}&\frac{1}{3}&-\frac{2}{3}\\\frac{2}{3}&-\frac{2}{3}&\frac{1}{3}\end{pmatrix}\begin{pmatrix}0\\0\\1\end{pmatrix}=\begin{pmatrix}\frac{2}{3}\\-\frac{2}{3}\\\frac{1}{3}\end{pmatrix}$$

知，点 P 对应点$(x,y,z)=\left(\frac{2}{3},-\frac{2}{3},\frac{1}{3}\right)$，故 $f(x,y,z)$的一个最大值点为$\left(\frac{2}{3},-\frac{2}{3},\frac{1}{3}\right)$.

附注 如果记 $\boldsymbol{x}^0=\dfrac{\boldsymbol{x}}{\|\boldsymbol{x}\|}$，则本题就成为在 $\|\boldsymbol{x}^0\|=1$ 的条件下，计算 $f(x,y,z)=(\boldsymbol{x}^0)^{\mathrm{T}}\boldsymbol{A}\boldsymbol{x}^0$ 的最大值，并求一个最大值点，它是与例 5.7 相似的问题.

B 组

例 5.31 设实对称分块矩阵 $\begin{pmatrix}\boldsymbol{A} & \boldsymbol{B}\\ \boldsymbol{C} & \boldsymbol{D}\end{pmatrix}$，其中 $\boldsymbol{A}$ 是 m 阶可逆矩阵，$\boldsymbol{D}$ 是 m 阶矩阵. 证明：$\begin{pmatrix}\boldsymbol{A} & \boldsymbol{B}\\ \boldsymbol{C} & \boldsymbol{D}\end{pmatrix}\cong\begin{pmatrix}\boldsymbol{A} & \boldsymbol{O}\\ \boldsymbol{O} & \boldsymbol{D}-\boldsymbol{C}\boldsymbol{A}^{-1}\boldsymbol{B}\end{pmatrix}$.

分析 设法找到可逆矩阵 $\boldsymbol{P}$，使得

$$\boldsymbol{P}^{\mathrm{T}}\begin{pmatrix}\boldsymbol{A} & \boldsymbol{B}\\ \boldsymbol{C} & \boldsymbol{D}\end{pmatrix}\boldsymbol{P}=\begin{pmatrix}\boldsymbol{A} & \boldsymbol{O}\\ \boldsymbol{O} & \boldsymbol{D}-\boldsymbol{C}\boldsymbol{A}^{-1}\boldsymbol{B}\end{pmatrix}. \tag{1}$$

精解 由 $\begin{pmatrix}\boldsymbol{A} & \boldsymbol{B}\\ \boldsymbol{C} & \boldsymbol{D}\end{pmatrix}$ 是对称矩阵知，

$$\begin{pmatrix}\boldsymbol{A} & \boldsymbol{B}\\ \boldsymbol{C} & \boldsymbol{D}\end{pmatrix}^{\mathrm{T}}=\begin{pmatrix}\boldsymbol{A} & \boldsymbol{B}\\ \boldsymbol{C} & \boldsymbol{D}\end{pmatrix}，\text{即}\begin{bmatrix}\boldsymbol{A}^{\mathrm{T}} & \boldsymbol{C}^{\mathrm{T}}\\ \boldsymbol{B}^{\mathrm{T}} & \boldsymbol{D}^{\mathrm{T}}\end{bmatrix}=\begin{pmatrix}\boldsymbol{A} & \boldsymbol{B}\\ \boldsymbol{C} & \boldsymbol{D}\end{pmatrix}.$$

所以有

$$\boldsymbol{A}^{\mathrm{T}}=\boldsymbol{A},\boldsymbol{B}^{\mathrm{T}}=\boldsymbol{C}.$$

设 $\boldsymbol{P}=\begin{bmatrix}\boldsymbol{E}_m & -\boldsymbol{A}^{-1}\boldsymbol{B}\\ \boldsymbol{O} & \boldsymbol{E}_m\end{bmatrix}$，则 $\boldsymbol{P}$ 可逆，且

$$\boldsymbol{P}^{\mathrm{T}}=\begin{bmatrix}\boldsymbol{E}_m & \boldsymbol{O}\\ -(\boldsymbol{A}^{-1}\boldsymbol{B})^{\mathrm{T}} & \boldsymbol{E}_m\end{bmatrix}=\begin{bmatrix}\boldsymbol{E}_m & \boldsymbol{O}\\ -\boldsymbol{B}^{\mathrm{T}}\boldsymbol{A}^{-1} & \boldsymbol{E}_m\end{bmatrix}=\begin{bmatrix}\boldsymbol{E}_m & \boldsymbol{O}\\ -\boldsymbol{C}\boldsymbol{A}^{-1} & \boldsymbol{E}_m\end{bmatrix},$$

于是由 $\boldsymbol{P}^{\mathrm{T}}\begin{pmatrix}\boldsymbol{A} & \boldsymbol{B}\\ \boldsymbol{C} & \boldsymbol{D}\end{pmatrix}\boldsymbol{P}=\begin{bmatrix}\boldsymbol{E}_m & \boldsymbol{O}\\ -\boldsymbol{C}\boldsymbol{A}^{-1} & \boldsymbol{E}_m\end{bmatrix}\begin{pmatrix}\boldsymbol{A} & \boldsymbol{B}\\ \boldsymbol{C} & \boldsymbol{D}\end{pmatrix}\begin{bmatrix}\boldsymbol{E}_m & -\boldsymbol{A}^{-1}\boldsymbol{B}\\ \boldsymbol{O} & \boldsymbol{E}_m\end{bmatrix}$

$$=\begin{pmatrix}\boldsymbol{A} & \boldsymbol{B}\\ \boldsymbol{O} & -\boldsymbol{C}\boldsymbol{A}^{-1}\boldsymbol{B}+\boldsymbol{D}\end{pmatrix}\begin{bmatrix}\boldsymbol{E}_m & -\boldsymbol{A}^{-1}\boldsymbol{B}\\ \boldsymbol{O} & \boldsymbol{E}_m\end{bmatrix}=\begin{pmatrix}\boldsymbol{A} & \boldsymbol{O}\\ \boldsymbol{O} & \boldsymbol{D}-\boldsymbol{C}\boldsymbol{A}^{-1}\boldsymbol{B}\end{pmatrix}$$

知，$\begin{pmatrix}\boldsymbol{A} & \boldsymbol{B}\\ \boldsymbol{C} & \boldsymbol{D}\end{pmatrix}\cong\begin{pmatrix}\boldsymbol{A} & \boldsymbol{O}\\ \boldsymbol{O} & \boldsymbol{D}-\boldsymbol{C}\boldsymbol{A}^{-1}\boldsymbol{B}\end{pmatrix}$.

附注 (1) 题解中的 $\boldsymbol{P}$ 是按以下方法找到的：

由于 $\boldsymbol{P}$ 要满足 $\boldsymbol{P}^{\mathrm{T}}\begin{pmatrix}\boldsymbol{A} & \boldsymbol{B}\\ \boldsymbol{C} & \boldsymbol{D}\end{pmatrix}\boldsymbol{P}=\begin{pmatrix}\boldsymbol{A} & \boldsymbol{O}\\ \boldsymbol{O} & \boldsymbol{D}-\boldsymbol{C}\boldsymbol{A}^{-1}\boldsymbol{B}\end{pmatrix}$. 故记 $\boldsymbol{P}=\begin{bmatrix}\boldsymbol{E}_m & \boldsymbol{P}_1\\ \boldsymbol{P}_2 & \boldsymbol{E}_m\end{bmatrix}$，则有

$$\begin{bmatrix}\boldsymbol{E}_m & \boldsymbol{P}_2^{\mathrm{T}}\\ \boldsymbol{P}_1^{\mathrm{T}} & \boldsymbol{E}_m\end{bmatrix}\begin{pmatrix}\boldsymbol{A} & \boldsymbol{B}\\ \boldsymbol{C} & \boldsymbol{D}\end{pmatrix}\begin{bmatrix}\boldsymbol{E}_m & \boldsymbol{P}_1\\ \boldsymbol{P}_2 & \boldsymbol{E}_m\end{bmatrix}=\begin{pmatrix}\boldsymbol{A} & \boldsymbol{O}\\ \boldsymbol{O} & \boldsymbol{D}-\boldsymbol{C}\boldsymbol{A}^{-1}\boldsymbol{B}\end{pmatrix}.$$

由分块矩阵运算得

$$\begin{bmatrix}\boldsymbol{A}+\boldsymbol{P}_2^{\mathrm{T}}\boldsymbol{C}+\boldsymbol{A}\boldsymbol{P}_2+\boldsymbol{P}_2^{\mathrm{T}}\boldsymbol{C}\boldsymbol{P}_2 & \boldsymbol{A}\boldsymbol{P}_1+\boldsymbol{P}_2^{\mathrm{T}}\boldsymbol{C}\boldsymbol{P}_1+\boldsymbol{B}+\boldsymbol{P}_2^{\mathrm{T}}\boldsymbol{D}\\ \boldsymbol{P}_1^{\mathrm{T}}\boldsymbol{A}+\boldsymbol{C}+\boldsymbol{P}_1^{\mathrm{T}}\boldsymbol{A}\boldsymbol{P}_2+\boldsymbol{C}\boldsymbol{P}_2 & \boldsymbol{P}_1^{\mathrm{T}}\boldsymbol{A}\boldsymbol{P}_1+\boldsymbol{C}\boldsymbol{P}_1+\boldsymbol{P}_1^{\mathrm{T}}\boldsymbol{B}+\boldsymbol{D}\end{bmatrix}=\begin{pmatrix}\boldsymbol{A} & \boldsymbol{O}\\ \boldsymbol{O} & \boldsymbol{D}-\boldsymbol{C}\boldsymbol{A}^{-1}\boldsymbol{B}\end{pmatrix},$$

所以

$$\begin{cases}\boldsymbol{P}_2^{\mathrm{T}}\boldsymbol{C}+\boldsymbol{A}\boldsymbol{P}_2+\boldsymbol{P}_2^{\mathrm{T}}\boldsymbol{C}\boldsymbol{P}_2=\boldsymbol{O} & (1)\\ \boldsymbol{A}\boldsymbol{P}_1+\boldsymbol{P}_2^{\mathrm{T}}\boldsymbol{C}\boldsymbol{P}_1+\boldsymbol{B}+\boldsymbol{P}_2^{\mathrm{T}}\boldsymbol{D}=\boldsymbol{O}, & (2)\\ \boldsymbol{P}_1^{\mathrm{T}}\boldsymbol{A}+\boldsymbol{C}+\boldsymbol{P}_1^{\mathrm{T}}\boldsymbol{A}\boldsymbol{P}_2+\boldsymbol{C}\boldsymbol{P}_2=\boldsymbol{O}, & (3)\\ \boldsymbol{P}_1^{\mathrm{T}}\boldsymbol{A}\boldsymbol{P}_1+\boldsymbol{C}\boldsymbol{P}_1+\boldsymbol{P}_1^{\mathrm{T}}\boldsymbol{B}=-\boldsymbol{C}\boldsymbol{A}^{-1}\boldsymbol{B}. & (4)\end{cases}$$

由式(1)知，可取 $\boldsymbol{P}_2=\boldsymbol{O}$，则式(2)成为 $\boldsymbol{AP}_1+\boldsymbol{B}=\boldsymbol{O}$，即 $\boldsymbol{P}_1=-\boldsymbol{A}^{-1}\boldsymbol{B}$. 显然，此时式(3)与式(4)都成立，于是取可逆矩阵

$$\boldsymbol{P}=\begin{bmatrix}\boldsymbol{E}_m & -\boldsymbol{A}^{-1}\boldsymbol{B}\\ \boldsymbol{O} & \boldsymbol{E}_m\end{bmatrix}.$$

(2) 顺便指出，设 $\boldsymbol{A},\boldsymbol{B}$ 都是 m 阶矩阵，则当 $\begin{pmatrix}\boldsymbol{A} & \boldsymbol{B}\\ \boldsymbol{C} & \boldsymbol{D}\end{pmatrix}$ 正定时，$\boldsymbol{D}-\boldsymbol{CA}^{-1}\boldsymbol{B}$ 也是正定的. 证明如下：

由于 $\begin{pmatrix}\boldsymbol{A} & \boldsymbol{B}\\ \boldsymbol{C} & \boldsymbol{D}\end{pmatrix}$ 是正定矩阵，所以 $|\boldsymbol{A}|>0$，故 $\boldsymbol{A}$ 可逆. 此外由 $\begin{pmatrix}\boldsymbol{A} & \boldsymbol{B}\\ \boldsymbol{C} & \boldsymbol{D}\end{pmatrix}$ 是实对称矩阵知，$\boldsymbol{A}^{\mathrm{T}}=\boldsymbol{A},\boldsymbol{D}^{\mathrm{T}}=\boldsymbol{D}$，且 $\boldsymbol{B}^{\mathrm{T}}=\boldsymbol{C},\boldsymbol{C}^{\mathrm{T}}=\boldsymbol{B}$，于是

$$(\boldsymbol{D}-\boldsymbol{CA}^{-1}\boldsymbol{B})^{\mathrm{T}}=\boldsymbol{D}^{\mathrm{T}}-\boldsymbol{B}^{\mathrm{T}}(\boldsymbol{A}^{\mathrm{T}})^{-1}\boldsymbol{C}^{\mathrm{T}}=\boldsymbol{D}-\boldsymbol{CA}^{-1}\boldsymbol{B},$$

即 $\boldsymbol{D}-\boldsymbol{CA}^{-1}\boldsymbol{B}$ 是实对称矩阵.

题解已证 $\begin{pmatrix}\boldsymbol{A} & \boldsymbol{B}\\ \boldsymbol{C} & \boldsymbol{D}\end{pmatrix}\cong\begin{pmatrix}\boldsymbol{A} & \boldsymbol{O}\\ \boldsymbol{O} & \boldsymbol{D}-\boldsymbol{CA}^{-1}\boldsymbol{B}\end{pmatrix}$.

记 $\boldsymbol{Q}=\begin{bmatrix}\boldsymbol{O} & \boldsymbol{E}_m\\ \boldsymbol{E}_m & \boldsymbol{O}\end{bmatrix}$，则由 $\boldsymbol{Q}^{\mathrm{T}}=\begin{bmatrix}\boldsymbol{O} & \boldsymbol{E}_m\\ \boldsymbol{E}_m & \boldsymbol{O}\end{bmatrix}$，得

$$\boldsymbol{Q}^{\mathrm{T}}\begin{pmatrix}\boldsymbol{A} & \boldsymbol{O}\\ \boldsymbol{O} & \boldsymbol{D}-\boldsymbol{CA}^{-1}\boldsymbol{B}\end{pmatrix}\boldsymbol{Q}=\begin{pmatrix}\boldsymbol{D}-\boldsymbol{CA}^{-1}\boldsymbol{B} & \boldsymbol{O}\\ \boldsymbol{O} & \boldsymbol{A}\end{pmatrix},$$

所以由 $\boldsymbol{Q}$ 可逆得 $\begin{pmatrix}\boldsymbol{A} & \boldsymbol{O}\\ \boldsymbol{O} & \boldsymbol{D}-\boldsymbol{CA}^{-1}\boldsymbol{B}\end{pmatrix}\cong\begin{pmatrix}\boldsymbol{D}-\boldsymbol{CA}^{-1}\boldsymbol{B} & \boldsymbol{O}\\ \boldsymbol{O} & \boldsymbol{A}\end{pmatrix}$. 从而

$$\begin{pmatrix}\boldsymbol{A} & \boldsymbol{B}\\ \boldsymbol{C} & \boldsymbol{D}\end{pmatrix}\cong\begin{pmatrix}\boldsymbol{D}-\boldsymbol{CA}^{-1}\boldsymbol{B} & \boldsymbol{O}\\ \boldsymbol{O} & \boldsymbol{A}\end{pmatrix}.$$

于是由 $\begin{pmatrix}\boldsymbol{A} & \boldsymbol{B}\\ \boldsymbol{C} & \boldsymbol{D}\end{pmatrix}$ 正定知 $\begin{pmatrix}\boldsymbol{D}-\boldsymbol{CA}^{-1}\boldsymbol{B} & \boldsymbol{O}\\ \boldsymbol{O} & \boldsymbol{A}\end{pmatrix}$ 正定，从而 $\boldsymbol{D}-\boldsymbol{CA}^{-1}\boldsymbol{B}$ 正定(这是由于，当 $\begin{pmatrix}\boldsymbol{D}-\boldsymbol{CA}^{-1}\boldsymbol{B} & \boldsymbol{O}\\ \boldsymbol{O} & \boldsymbol{A}\end{pmatrix}$ 正定时，$\boldsymbol{D}-\boldsymbol{CA}^{-1}\boldsymbol{B}$ 的各阶顺序主子式都大于零，因此 $\boldsymbol{D}-\boldsymbol{CA}^{-1}\boldsymbol{B}$ 正定.)

例 5.32　设二次型 $f(x_1,x_2,\cdots,x_n)=\boldsymbol{x}^{\mathrm{T}}\boldsymbol{Ax}$，$g(x_1,x_2,\cdots,x_n)=\boldsymbol{x}^{\mathrm{T}}\boldsymbol{Bx}$，其中 $\boldsymbol{A}$ 是 n 阶实对称矩阵，$\boldsymbol{B}$ 是 n 阶正定矩阵，$\boldsymbol{x}=(x_1,x_2,\cdots,x_n)^{\mathrm{T}}$. 证明：存在可逆线性变换 $\boldsymbol{x}=\boldsymbol{Cy}$(其中 $\boldsymbol{y}=(y_1,y_2,\cdots,y_n)^{\mathrm{T}}$，$\boldsymbol{C}$ 是 n 阶可逆矩阵)，使得

$f=\lambda_1y_1^2+\lambda_2y_2^2+\cdots+\lambda_ny_n^2$(其中，$\lambda_1,\lambda_2,\cdots,\lambda_n$ 是方程 $|\lambda\boldsymbol{B}-\boldsymbol{A}|=0$ 的实根)，

$g=y_1^2+y_2^2+\cdots+y_n^2$.

分析　对正定矩阵 $\boldsymbol{B}$，存在可逆矩阵 $\boldsymbol{C}_1$，使得 $\boldsymbol{C}_1^{\mathrm{T}}\boldsymbol{BC}_1=\boldsymbol{E}_n$，然后考虑实对称矩阵 $\boldsymbol{A}_1=\boldsymbol{C}_1^{\mathrm{T}}\boldsymbol{AC}_1$，即可得到可逆线性变换 $\boldsymbol{x}=\boldsymbol{Cy}$.

精解　由于 $\boldsymbol{B}$ 是 n 阶正定矩阵，所以存在 n 阶可逆矩阵 $\boldsymbol{C}_1$，使得

$$\boldsymbol{C}_1^{\mathrm{T}}\boldsymbol{BC}_1=\boldsymbol{E}_n.$$

记 $\boldsymbol{A}_1=\boldsymbol{C}_1^{\mathrm{T}}\boldsymbol{AC}_1$，则 $\boldsymbol{A}_1$ 是实对称矩阵，故存在 n 阶正交矩阵 $\boldsymbol{Q}$，使得

$$\boldsymbol{Q}^{\mathrm{T}}\boldsymbol{A}_1\boldsymbol{Q}=\begin{bmatrix}\lambda_1 & & & \\ & \lambda_2 & & \\ & & \ddots & \\ & & & \lambda_n\end{bmatrix},$$

这里,$\lambda_1,\lambda_2,\cdots,\lambda_n$ 是 $\boldsymbol{A}_1$ 的 n 个特征值(都是实数),即方程 $|\lambda\boldsymbol{E}_n-\boldsymbol{A}_1|=0$ 的 n 个实根.由于

$$
\begin{aligned}
|\lambda\boldsymbol{E}_n-\boldsymbol{A}_1|&=|\lambda\boldsymbol{E}_n-\boldsymbol{C}_1^{\mathrm{T}}\boldsymbol{A}\boldsymbol{C}_1|=|\lambda\boldsymbol{C}_1^{\mathrm{T}}\boldsymbol{B}\boldsymbol{C}_1-\boldsymbol{C}_1^{\mathrm{T}}\boldsymbol{A}\boldsymbol{C}_1|\\
&=|\boldsymbol{C}_1^{\mathrm{T}}(\lambda\boldsymbol{B}-\boldsymbol{A})\boldsymbol{C}_1|=|\boldsymbol{C}_1|^2|\lambda\boldsymbol{B}-\boldsymbol{A}|,
\end{aligned}
$$

所以 $\lambda_1,\lambda_2,\cdots,\lambda_n$ 即为方程 $|\lambda\boldsymbol{B}-\boldsymbol{A}|=0$ 的 n 个实根.

记 $\boldsymbol{C}=\boldsymbol{C}_1\boldsymbol{Q}$,则 $\boldsymbol{C}$ 是 n 阶可逆矩阵,且

$$
\begin{aligned}
\boldsymbol{C}^{\mathrm{T}}\boldsymbol{A}\boldsymbol{C}&=(\boldsymbol{C}_1\boldsymbol{Q})^{\mathrm{T}}\boldsymbol{A}(\boldsymbol{C}_1\boldsymbol{Q})=\boldsymbol{Q}^{\mathrm{T}}(\boldsymbol{C}_1^{\mathrm{T}}\boldsymbol{A}\boldsymbol{C}_1)\boldsymbol{Q}\\
&=\boldsymbol{Q}^{\mathrm{T}}\boldsymbol{A}_1\boldsymbol{Q}=\begin{pmatrix}\lambda_1&&&\\&\lambda_2&&\\&&\ddots&\\&&&\lambda_n\end{pmatrix},
\end{aligned}
$$

$$
\begin{aligned}
\boldsymbol{C}^{\mathrm{T}}\boldsymbol{B}\boldsymbol{C}&=(\boldsymbol{C}_1\boldsymbol{Q})^{\mathrm{T}}\boldsymbol{B}(\boldsymbol{C}_1\boldsymbol{Q})=\boldsymbol{Q}^{\mathrm{T}}(\boldsymbol{C}_1^{\mathrm{T}}\boldsymbol{B}\boldsymbol{C}_1)\boldsymbol{Q}^{\mathrm{T}}\\
&=\boldsymbol{Q}^{\mathrm{T}}\boldsymbol{Q}=\boldsymbol{E}_n,
\end{aligned}
$$

由此可知,存在可逆线性变换 $\boldsymbol{x}=\boldsymbol{C}\boldsymbol{y}$,使得

$$
\begin{aligned}
f&=\lambda_1y_1^2+\lambda_2y_2^2+\cdots+\lambda_ny_n^2,\\
g&=y_1^2+y_2^2+\cdots+y_n^2.
\end{aligned}
$$

附注 本题表明:存在可逆线性变换 $\boldsymbol{x}=\boldsymbol{C}\boldsymbol{y}$(其中,$\boldsymbol{x}=(x_1,x_2,\cdots,x_n)^{\mathrm{T}}$,$\boldsymbol{y}=(y_1,y_2,\cdots,y_n)^{\mathrm{T}}$,$\boldsymbol{C}$ 是可逆矩阵),将二次型 $f(x_1,x_2,\cdots,x_n)=\boldsymbol{x}^{\mathrm{T}}\boldsymbol{A}\boldsymbol{x}$(其中 $\boldsymbol{A}$ 是实对称矩阵)化为标准形,同时将正定二次型 $g(x_1,x_2,\cdots,x_n)=\boldsymbol{x}^{\mathrm{T}}\boldsymbol{B}\boldsymbol{x}$ 化为规范形.

读者应记住这一结论.

例 5.33 设二次型 $f(x_1,x_2,\cdots,x_n)=\boldsymbol{x}^{\mathrm{T}}\boldsymbol{A}\boldsymbol{x}$,$g(x_1,x_2,\cdots,x_n)=\boldsymbol{x}^{\mathrm{T}}\boldsymbol{B}\boldsymbol{x}$,其中 $\boldsymbol{A},\boldsymbol{B}$ 都是 n 阶实对称矩阵,且 $\boldsymbol{B}$ 可逆.证明:

(Ⅰ)如果 f 与 g 可经同一个可逆线性变换化为标准形,则方程 $|\boldsymbol{A}-\lambda\boldsymbol{B}|=0$ 的 n 个根都是实数;

(Ⅱ)二元二次型 $x_1^2+2x_1x_2$ 与 $x_2^2+2x_1x$ 不能经同一个可逆线性变换化为标准形.

分析 (Ⅰ)由题设知,矩阵 $\boldsymbol{A}-\lambda\boldsymbol{B}$ 可以合同对角化,由此即可证明方程 $|\boldsymbol{A}-\lambda\boldsymbol{B}|=0$ 的 n 个根都是实数.

(Ⅱ)用反证法,并利用(Ⅰ)的结论证明.

精解 (Ⅰ)由于 f,g 可经同一个可逆线性变换化为标准形,所以存在 n 阶可逆矩阵 $\boldsymbol{P}$,使得

$$
\boldsymbol{P}^{\mathrm{T}}\boldsymbol{A}\boldsymbol{P}=\begin{pmatrix}\lambda_1&&&\\&\lambda_2&&\\&&\ddots&\\&&&\lambda_n\end{pmatrix},\boldsymbol{P}^{\mathrm{T}}\boldsymbol{B}\boldsymbol{P}=\begin{pmatrix}\mu_1&&&\\&\mu_2&&\\&&\ddots&\\&&&\mu_n\end{pmatrix},
$$

所以有 $\boldsymbol{P}^{\mathrm{T}}(\boldsymbol{A}-\lambda\boldsymbol{B})\boldsymbol{P}=\begin{pmatrix}\lambda_1-\lambda\mu_1&&&\\&\lambda_2-\lambda\mu_2&&\\&&\ddots&\\&&&\lambda_n-\lambda\mu_n\end{pmatrix}$.于是

$$
|\boldsymbol{A}-\lambda\boldsymbol{B}|=0\text{ 即为}(\lambda_1-\lambda\mu_1)(\lambda_2-\lambda\mu_2)\cdots(\lambda_n-\lambda\mu_n)=0. \tag{1}
$$

由 $\boldsymbol{B}$ 可逆知，$\mu_1\mu_2\cdots\mu_n=|\boldsymbol{P}^{\mathrm{T}}||\boldsymbol{B}||\boldsymbol{P}|\neq0$，所以 $\mu_i\neq0(i=1,2,\cdots,n)$. 因此式(1)有根 $\lambda=\dfrac{\lambda_1}{\mu_1},\dfrac{\lambda_2}{\mu_2},\cdots,\dfrac{\lambda_n}{\mu_n}$. 由此证明，方程 $|\boldsymbol{A}-\lambda\boldsymbol{B}|=0$ 的 n 个根都为实数.

(Ⅱ) 如果二次型 $x_1^2+2x_1x_2=(x_1,x_2)\begin{pmatrix}1&1\\1&0\end{pmatrix}\begin{pmatrix}x_1\\x_2\end{pmatrix}\xlongequal{\text{记}}(x_1,x_2)\boldsymbol{A}_1\begin{pmatrix}x_1\\x_2\end{pmatrix}$ 与 $x_2^2+2x_1x_2=(x_1,x_2)\begin{pmatrix}0&1\\1&1\end{pmatrix}\begin{pmatrix}x_1\\x_2\end{pmatrix}\xlongequal{\text{记}}(x_1,x_2)\boldsymbol{B}_1\begin{pmatrix}x_1\\x_2\end{pmatrix}$ (显然 $\boldsymbol{B}_1$ 可逆)能经同一个可逆线性变换化为标准形，则由(Ⅰ)可知 $|\boldsymbol{A}_1-\lambda\boldsymbol{B}_1|=0$ 的两个根都是实数.

另一方面，由 $|\boldsymbol{A}_1-\lambda\boldsymbol{B}_1|=\begin{vmatrix}1&1-\lambda\\1-\lambda&-\lambda\end{vmatrix}=-1+\lambda-\lambda^2$ 知，方程 $|\boldsymbol{A}_1-\lambda\boldsymbol{B}_1|=0$ 无实根.

以上的两个推论是矛盾的，所以 $x_1^2+2x_1x_2$，$x_2^2+2x_1x_2$ 不能经同一个可逆线性变换化为标准形.

附注　题解中需注意的是：$\lambda_1,\lambda_2,\cdots,\lambda_n$ 未必是 $\boldsymbol{A}$ 的特征值. 同理，$\mu_1,\mu_2,\cdots,\mu_n$ 也未必是 $\boldsymbol{B}$ 的特征值.

例 5.34　设二次型 $f(\boldsymbol{x})=\boldsymbol{x}^{\mathrm{T}}\boldsymbol{A}\boldsymbol{x}$(其中 $\boldsymbol{x}=(x_1,x_2,\cdots,x_n)^{\mathrm{T}}$，$f(\boldsymbol{x})=f(x_1,x_2,\cdots,x_n)$，$\boldsymbol{A}$ 是 n 阶实对称矩阵). 如果存在 n 维列向量 $\boldsymbol{\alpha},\boldsymbol{\beta}$，使得 $f(\boldsymbol{\alpha})>0$，$f(\boldsymbol{\beta})<0$. 证明：存在与 $\boldsymbol{\alpha},\boldsymbol{\beta}$ 线性相关的 n 维列向量 $\boldsymbol{\xi},\boldsymbol{\eta}(\boldsymbol{\xi}\neq\boldsymbol{\eta})$，使得 $f(\boldsymbol{\xi})=f(\boldsymbol{\eta})=0$.

分析　确定关于 λ 的二次方程

$$f(\boldsymbol{\alpha})\lambda^2+2(\boldsymbol{\alpha}^{\mathrm{T}}\boldsymbol{A}\boldsymbol{\beta})\lambda+f(\boldsymbol{\beta})=0$$

有两个不同实根 λ_1,λ_2 后，取 $\boldsymbol{\xi}=\lambda_1\boldsymbol{\alpha}+\boldsymbol{\beta}$，$\boldsymbol{\eta}=\lambda_2\boldsymbol{\alpha}+\boldsymbol{\beta}$ 即可.

精解　由题设知，

$$[2(\boldsymbol{\alpha}^{\mathrm{T}}\boldsymbol{A}\boldsymbol{\beta})]^2-4f(\boldsymbol{\alpha})f(\boldsymbol{\beta})>0,$$

所以，方程 $f(\boldsymbol{\alpha})\lambda^2+2(\boldsymbol{\alpha}^{\mathrm{T}}\boldsymbol{A}\boldsymbol{\beta})\lambda+f(\boldsymbol{\beta})=0$ 有且仅有两个不同的实根，记为 λ_1,λ_2，即

$$f(\boldsymbol{\alpha})\lambda_1^2+2(\boldsymbol{\alpha}^{\mathrm{T}}\boldsymbol{A}\boldsymbol{\beta})\lambda_1+f(\boldsymbol{\beta})=0,$$
$$f(\boldsymbol{\alpha})\lambda_2^2+2(\boldsymbol{\alpha}^{\mathrm{T}}\boldsymbol{A}\boldsymbol{\beta})\lambda_2+f(\boldsymbol{\beta})=0.$$

记 $\boldsymbol{\xi}=\lambda_1\boldsymbol{\alpha}+\boldsymbol{\beta}$，$\boldsymbol{\eta}=\lambda_2\boldsymbol{\alpha}+\boldsymbol{\beta}$，它们都是与 $\boldsymbol{\alpha},\boldsymbol{\beta}$ 线性相关的 n 维列向量，且由 $\boldsymbol{\beta}\neq\boldsymbol{0}$(这是因为，当 $\boldsymbol{\beta}=\boldsymbol{0}$ 时，$f(\boldsymbol{\beta})=0$，与题设矛盾)知 $\boldsymbol{\xi}\neq\boldsymbol{\eta}$. 此外，

$$\begin{aligned}f(\boldsymbol{\xi})&=(\lambda_1\boldsymbol{\alpha}+\boldsymbol{\beta})^{\mathrm{T}}\boldsymbol{A}(\lambda_1\boldsymbol{\alpha}+\boldsymbol{\beta})\\&=(\boldsymbol{\alpha}^{\mathrm{T}}\boldsymbol{A}\boldsymbol{\alpha})\lambda_1^2+(\boldsymbol{\beta}^{\mathrm{T}}\boldsymbol{A}\boldsymbol{\alpha})\lambda_1+(\boldsymbol{\alpha}^{\mathrm{T}}\boldsymbol{A}\boldsymbol{\beta})\lambda_1+\boldsymbol{\beta}^{\mathrm{T}}\boldsymbol{A}\boldsymbol{\beta}\\&=(\boldsymbol{\alpha}^{\mathrm{T}}\boldsymbol{A}\boldsymbol{\alpha})\lambda_1^2+2(\boldsymbol{\alpha}^{\mathrm{T}}\boldsymbol{A}\boldsymbol{\beta})\lambda_1+\boldsymbol{\beta}^{\mathrm{T}}\boldsymbol{A}\boldsymbol{\beta}\\&=f(\boldsymbol{\alpha})\lambda_1^2+2(\boldsymbol{\alpha}^{\mathrm{T}}\boldsymbol{A}\boldsymbol{\beta})\lambda_1+f(\boldsymbol{\beta})=0.\end{aligned}$$

同理可得　$$f(\boldsymbol{\eta})=f(\boldsymbol{\alpha})\lambda_2^2+2(\boldsymbol{\alpha}^{\mathrm{T}}\boldsymbol{A}\boldsymbol{\beta})\lambda_2+f(\boldsymbol{\beta})=0.$$

因此，$\boldsymbol{\xi},\boldsymbol{\eta}$ 即为满足要求的两个 n 维列向量.

附注　顺便指出，$\boldsymbol{\xi},\boldsymbol{\eta}$ 线性无关，证明如下：

容易知道，$\boldsymbol{\alpha},\boldsymbol{\beta}$ 线性无关(这是因为，如果 $\boldsymbol{\alpha},\boldsymbol{\beta}$ 线性相关，则 $\boldsymbol{\alpha}=k\boldsymbol{\beta}$，$k\neq0$. 于是导致

$$0<f(\boldsymbol{\alpha})=\boldsymbol{\alpha}^{\mathrm{T}}\boldsymbol{A}\boldsymbol{\alpha}=k^2(\boldsymbol{\beta}^{\mathrm{T}}\boldsymbol{A}\boldsymbol{\beta})=k^2f(\boldsymbol{\beta})<0$$

的矛盾).

设有数 k_1,k_2，使得

$$k_1\boldsymbol{\xi}+k_2\boldsymbol{\eta}=\boldsymbol{0}\text{，即 }k_1(\lambda_1\boldsymbol{\alpha}+\boldsymbol{\beta})+k_2(\lambda_2\boldsymbol{\alpha}+\boldsymbol{\beta})=\boldsymbol{0},$$

或者
$$(k_1\lambda_1+k_2\lambda_2)\boldsymbol{\alpha}+(k_1+k_2)\boldsymbol{\beta}=\mathbf{0}.$$

于是由 $\boldsymbol{\alpha},\boldsymbol{\beta}$ 线性无关得
$$\begin{cases}k_1\lambda_1+k_2\lambda_2=0,\\ k_1+k_2=0.\end{cases}$$
从而由 $\lambda_1\neq\lambda_2$ 知 $k_1=k_2=0$. 因此 $\boldsymbol{\xi},\boldsymbol{\eta}$ 线性无关.

例 5.35 设 $\boldsymbol{A}$ 是 n 阶可逆矩阵,证明:$\boldsymbol{A}$ 可以表示成正交矩阵 $\boldsymbol{Q}$ 与正定矩阵 $\boldsymbol{S}$ 之积.

分析 从考虑 n 阶正定矩阵 $\boldsymbol{A}^{\mathrm{T}}\boldsymbol{A}$ 入手.

精解 $\boldsymbol{A}^{\mathrm{T}}\boldsymbol{A}$ 是实对称矩阵,于是由 $\boldsymbol{A}$ 可逆知 $\boldsymbol{A}^{\mathrm{T}}\boldsymbol{A}$ 是正定矩阵,从而存在 n 阶正定矩阵 $\boldsymbol{S}$,使得 $\boldsymbol{A}^{\mathrm{T}}\boldsymbol{A}=\boldsymbol{S}^2$,即
$$\boldsymbol{A}=(\boldsymbol{A}^{\mathrm{T}})^{-1}\boldsymbol{S}^2=[(\boldsymbol{A}^{-1})^{\mathrm{T}}\boldsymbol{S}]\boldsymbol{S}. \tag{1}$$

记 $\boldsymbol{Q}=(\boldsymbol{A}^{-1})^{\mathrm{T}}\boldsymbol{S}$,则由式(1)得
$$\boldsymbol{A}=\boldsymbol{QS}, \tag{2}$$
其中,由 $\boldsymbol{QQ}^{\mathrm{T}}=[(\boldsymbol{A}^{-1})^{\mathrm{T}}\boldsymbol{S}][(\boldsymbol{A}^{-1})^{\mathrm{T}}\boldsymbol{S}]^{\mathrm{T}}$
$$=(\boldsymbol{A}^{-1})^{\mathrm{T}}(\boldsymbol{SS}^{\mathrm{T}})A^{-1}=[(\boldsymbol{A}^{\mathrm{T}})^{-1}\boldsymbol{A}^{\mathrm{T}}](\boldsymbol{AA}^{-1})=\boldsymbol{E}_n$$
知,$\boldsymbol{Q}$ 是正交矩阵. 由此可知,式(2)表明,$\boldsymbol{A}$ 可表示成正交矩阵 $\boldsymbol{Q}$ 与正定矩阵 $\boldsymbol{S}$ 之积.

附注 题解中使用了以下结论:

设 $\boldsymbol{M}$ 是 n 阶正定矩阵,则存在 n 阶正定矩阵 $\boldsymbol{B}$,使得 $\boldsymbol{M}=\boldsymbol{B}^2$.

证明如下:

由 $\boldsymbol{M}$ 是 n 阶正定矩阵知,存在 n 阶正交矩阵 $\boldsymbol{P}$,使得
$$\boldsymbol{P}^{\mathrm{T}}\boldsymbol{MP}=\begin{pmatrix}\lambda_1&&&\\&\lambda_2&&\\&&\ddots&\\&&&\lambda_n\end{pmatrix},$$
其中,$\lambda_1,\lambda_2,\cdots,\lambda_n$ 是 $\boldsymbol{M}$ 的 n 个特征值,都是正数. 记
$$\boldsymbol{B}=\begin{pmatrix}\sqrt{\lambda_1}&&&\\&\sqrt{\lambda_2}&&\\&&\ddots&\\&&&\sqrt{\lambda_n}\end{pmatrix}\text{(正定矩阵)}.$$
则 $\boldsymbol{P}^{\mathrm{T}}\boldsymbol{MP}=\boldsymbol{B}^2$,即
$$\boldsymbol{M}=(\boldsymbol{P}^{\mathrm{T}})^{-1}\boldsymbol{B}^2\boldsymbol{P}^{-1}=(\boldsymbol{P}^{-1})^{\mathrm{T}}\boldsymbol{B}^2\boldsymbol{P}^{-1}=\boldsymbol{P}_1^{\mathrm{T}}\boldsymbol{B}^2\boldsymbol{P}_1\text{(其中,}\boldsymbol{P}_1=\boldsymbol{P}^{-1}\text{,正交矩阵)}$$
$$=(\boldsymbol{P}_1^{\mathrm{T}}\boldsymbol{BP}_1)(\boldsymbol{P}_1^{\mathrm{T}}\boldsymbol{BP}_1)=\boldsymbol{S}^2\text{(其中,}\boldsymbol{S}=\boldsymbol{P}_1^{\mathrm{T}}\boldsymbol{BP}_1\text{,正定矩阵)}.$$

例 5.36 设 $\boldsymbol{A}$ 是 n 阶实对称矩阵,则 $\boldsymbol{A}$ 是正定矩阵的充分必要条件是 $\boldsymbol{A}$ 的主子式全大于零.

分析 充分性是明显的,只要证明必要性即可.

精解 充分性:设 $\boldsymbol{A}$ 的主子式全大于零,则顺序主子式也全大于零. 因此 $\boldsymbol{A}$ 是正定矩阵.

必要性:记

$$A=\begin{pmatrix} a_{11} & a_{12} & \cdots & a_{1n} \\ a_{21} & a_{22} & \cdots & a_{2n} \\ \vdots & \vdots & & \vdots \\ a_{n1} & a_{n2} & \cdots & a_{nn} \end{pmatrix},$$

则它的 k 阶主子式

$$A_k=\begin{vmatrix} a_{i_1i_1} & a_{i_1i_2} & \cdots & a_{i_1i_k} \\ a_{i_2i_1} & a_{i_2i_2} & \cdots & a_{i_2i_k} \\ \vdots & \vdots & & \vdots \\ a_{i_ki_1} & a_{i_ki_2} & \cdots & a_{i_ki_k} \end{vmatrix}.$$

由于 $f(x_1,x_2,\cdots,x_n)=\boldsymbol{x}^{\mathrm{T}}\boldsymbol{A}\boldsymbol{x}$(其中 $\boldsymbol{x}=(x_1,x_2,\cdots,x_n)^{\mathrm{T}}$)是正定二次型,所以对于任意 n 维列向量$(\cdots,c_{i_1},\cdots,c_{i_2},\cdots,c_{i_k},\cdots)^{\mathrm{T}}\neq\boldsymbol{0}$(这里用$\cdots$表示该处的元素全为零),有

$$f(\cdots,c_{i_1},\cdots,c_{i_2},\cdots,c_{i_k},\cdots)>0.$$

记 $\varphi(x_{i_1},x_{i_2},\cdots,x_{i_k})=f(\cdots,x_{i_1},\cdots,x_{i_2},\cdots,x_{i_k},\cdots)$,则 $\varphi(x_{i_1},x_{i_2},\cdots,x_{i_k})$是正定二次型,而它的矩阵行列式为 A_k,故有 $A_k>0$.

以上对 $k=1,2,\cdots,n$ 都正确,因此 $\boldsymbol{A}$ 的主子式全大于零.

附注　必要性证明的关键是,构造二次型 $\varphi(x_{i_1},x_{i_2},\cdots,x_{i_k})$,并证明它是正定的.

例 5.37　(Ⅰ)设 $\boldsymbol{A}$ 是 m 阶正定矩阵,$\boldsymbol{B}$ 是 $m\times n$ 矩阵,且 $r(\boldsymbol{B})=n$. 证明:$\boldsymbol{B}^{\mathrm{T}}\boldsymbol{A}\boldsymbol{B}$ 也是正定矩阵;

(Ⅱ)设 n 阶矩阵 $\boldsymbol{A}=(a_{ij})$,$\boldsymbol{B}=(b_{ij})$都是正定矩阵,证明:$\boldsymbol{C}=(a_{ij}b_{ij})$也是正定矩阵.

分析　只要分别证明

$$f(x_1,x_2,\cdots,x_n)=\boldsymbol{x}^{\mathrm{T}}(\boldsymbol{B}^{\mathrm{T}}\boldsymbol{A}\boldsymbol{B})\boldsymbol{x}$$

与

$$g(x_1,x_2,\cdots,x_n)=\boldsymbol{x}^{\mathrm{T}}\boldsymbol{C}\boldsymbol{x}$$

(其中 $\boldsymbol{x}=(x_1,x_2,\cdots,x_n)^{\mathrm{T}}$)都是正定二次型即可.

精解　(Ⅰ)由于$(\boldsymbol{B}^{\mathrm{T}}\boldsymbol{A}\boldsymbol{B})^{\mathrm{T}}=\boldsymbol{B}^{\mathrm{T}}\boldsymbol{A}^{\mathrm{T}}\boldsymbol{B}=\boldsymbol{B}^{\mathrm{T}}\boldsymbol{A}\boldsymbol{B}$,所以 $\boldsymbol{B}^{\mathrm{T}}\boldsymbol{A}\boldsymbol{B}$ 是实对称矩阵.

由 $r(\boldsymbol{B})=n$ 知,齐次线性方程组 $\boldsymbol{B}\boldsymbol{x}=\boldsymbol{0}$ 只有零解,从而对任意 n 维非零列向量 $\boldsymbol{x}_0=(x_1^0,x_2^0,\cdots,x_n^0)^{\mathrm{T}}$ 有 $\boldsymbol{B}\boldsymbol{x}_0\neq\boldsymbol{0}$. 因此由 $\boldsymbol{A}$ 是正定矩阵知

$$(\boldsymbol{B}\boldsymbol{x}_0)^{\mathrm{T}}\boldsymbol{A}(\boldsymbol{B}\boldsymbol{x}_0)>0,\text{即 }\boldsymbol{x}_0^{\mathrm{T}}(\boldsymbol{B}^{\mathrm{T}}\boldsymbol{A}\boldsymbol{B})\boldsymbol{x}_0>0.$$

由此证得 $f(x_1,x_2,\cdots,x_n)$是正定二次型,从而 $\boldsymbol{B}^{\mathrm{T}}\boldsymbol{A}\boldsymbol{B}$ 是正定矩阵.

(Ⅱ)由于

$$\begin{aligned}\boldsymbol{C}^{\mathrm{T}}&=(a_{ij}b_{ij})^{\mathrm{T}}=(a_{ji}b_{ji})\\&=(a_{ij}b_{ij})(\text{由于 }\boldsymbol{A},\boldsymbol{B}\text{ 都是对称矩阵})\\&=\boldsymbol{C},\end{aligned}$$

所以,$\boldsymbol{C}$ 是实对称矩阵,

由于 $\boldsymbol{B}$ 是 n 阶正定矩阵,所以存在 n 阶可逆矩阵 $\boldsymbol{P}=(p_{ij})$,使得

$$\boldsymbol{B}=\boldsymbol{P}\boldsymbol{P}^{\mathrm{T}},\text{即 }b_{ij}=\sum_{k=1}^{n}p_{ik}p_{jk}\,(i,j=1,2,\cdots,n).$$

设 $\boldsymbol{x}_0=(x_1^0,x_2^0,\cdots,x_n^0)^{\mathrm{T}}$ 是任一 n 维非零列向量,则

$$\begin{aligned}g(x_1^0,x_2^0,\cdots,x_n^0)=\boldsymbol{x}_0^{\mathrm{T}}\boldsymbol{C}\boldsymbol{x}_0&=\sum_{i=1}^{n}\sum_{j=1}^{n}a_{ij}b_{ij}x_i^0x_j^0\\&=\sum_{i=1}^{n}\sum_{j=1}^{n}a_{ij}\Big(\sum_{k=1}^{n}p_{ik}p_{jk}\Big)x_i^0x_j^0\end{aligned}$$

$$= \sum_{k=1}^{n}\left[\sum_{i=1}^{n}\sum_{j=1}^{n}a_{ij}(p_{ik}x_i^0)(p_{jk}x_j^0)\right]$$

$$= \sum_{k=1}^{n}\boldsymbol{y}_k^{\mathrm{T}}\boldsymbol{A}\boldsymbol{y}_k,$$

其中，$\boldsymbol{y}_k=(p_{1k}x_1^0, p_{2k}x_2^0, \cdots, p_{nk}x_n^0)^{\mathrm{T}}, k=1,2,\cdots,n$，即

$$(\boldsymbol{y}_1, \boldsymbol{y}_2, \cdots, \boldsymbol{y}_n)=\begin{pmatrix} x_1^0 & & & \\ & x_2^0 & & \\ & & \ddots & \\ & & & x_n^0 \end{pmatrix}\boldsymbol{P}.$$

于是，由 $\boldsymbol{P}$ 可逆知，$\boldsymbol{y}_1, \boldsymbol{y}_2, \cdots, \boldsymbol{y}_n$ 中至少有一个是非零列向量，从而由 $\boldsymbol{A}$ 是正定矩阵知，$\boldsymbol{y}_k^{\mathrm{T}}\boldsymbol{A}\boldsymbol{y}_k$ $(k=1,2,\cdots,n)$ 中至少有一个大于零. 于是

$$g(x_1^0, x_2^0, \cdots, x_n^0) = \sum_{k=1}^{n}\boldsymbol{y}_k^{\mathrm{T}}\boldsymbol{A}\boldsymbol{y}_k > 0.$$

由此证得 $g(x_1, x_2, \cdots, x_n)$ 是正定二次型，从而 $\boldsymbol{C}=(a_{ij}b_{ij})$ 是正定矩阵.

附注　本题的两个小题都是利用正定矩阵定义来证明的. 对于抽象型的 n 阶实对称矩阵，往往采用这种方法证明它是正定矩阵.

此外，应注意题解中的表示法，例如

$$(\boldsymbol{y}_1, \boldsymbol{y}_2, \cdots, \boldsymbol{y}_n)=\begin{pmatrix} x_1^0 & & & \\ & x_2^0 & & \\ & & \ddots & \\ & & & x_n^0 \end{pmatrix}\boldsymbol{P}.$$

例 5.38　设 $\boldsymbol{A}$ 是 $m\times n$ 实矩阵. 证明：齐次线性方程组 $\boldsymbol{Ax}=\boldsymbol{0}$ 只有零解的充分必要条件是 $\boldsymbol{A}^{\mathrm{T}}\boldsymbol{A}$ 为正定矩阵.

分析　必要性：只要证明对任意 n 维非零列向量 $\boldsymbol{x}_0$，都有 $\boldsymbol{x}_0^{\mathrm{T}}(\boldsymbol{A}^{\mathrm{T}}\boldsymbol{A})\boldsymbol{x}_0>0$ 即可.

充分性：只要证明 $r(\boldsymbol{A})=n$ 即可.

精解　必要性：设 $\boldsymbol{Ax}=\boldsymbol{0}$ 只有零解，则对任意 n 维非零列向量 $\boldsymbol{x}_0$，有 $\boldsymbol{Ax}_0\neq\boldsymbol{0}$，从而由 $\boldsymbol{A}$ 是实矩阵知

$$\boldsymbol{x}_0^{\mathrm{T}}(\boldsymbol{A}^{\mathrm{T}}\boldsymbol{A})\boldsymbol{x}_0=(\boldsymbol{Ax}_0)^{\mathrm{T}}(\boldsymbol{Ax}_0)>0.$$

此外，$\boldsymbol{A}^{\mathrm{T}}\boldsymbol{A}$ 是实对称矩阵，所以 $\boldsymbol{x}^{\mathrm{T}}(\boldsymbol{A}^{\mathrm{T}}\boldsymbol{A})\boldsymbol{x}$（其中 $\boldsymbol{x}=(x_1, x_2, \cdots, x_n)^{\mathrm{T}}$）是正定二次型，从而 $\boldsymbol{A}^{\mathrm{T}}\boldsymbol{A}$ 是正定矩阵.

充分性：设 n 阶矩阵 $\boldsymbol{A}^{\mathrm{T}}\boldsymbol{A}$ 是正定矩阵，则 $r(\boldsymbol{A})=r(\boldsymbol{A}^{\mathrm{T}}\boldsymbol{A})=n$. 从而齐次线性方程组 $\boldsymbol{Ax}=\boldsymbol{0}$ 只有零解.

附注　本题证明比较容易，关键是记住 $r(\boldsymbol{A}^{\mathrm{T}}\boldsymbol{A})=r(\boldsymbol{A})$（其中，$\boldsymbol{A}$ 中 $m\times n$ 阶实阵）.

例 5.39　设 $\boldsymbol{P}, \boldsymbol{H}, \boldsymbol{R}$ 都是 n 阶实矩阵，其中 $\boldsymbol{P}$ 与 $\boldsymbol{R}$ 都是正定矩阵. 证明：$\boldsymbol{HPH}^{\mathrm{T}}+\boldsymbol{R}$ 与 $\boldsymbol{H}^{\mathrm{T}}\boldsymbol{R}^{-1}\boldsymbol{H}+\boldsymbol{P}^{-1}$ 都是正定矩阵，且

$$\boldsymbol{PH}^{\mathrm{T}}(\boldsymbol{HPH}^{\mathrm{T}}+\boldsymbol{R})^{-1}=(\boldsymbol{P}^{-1}+\boldsymbol{H}^{\mathrm{T}}\boldsymbol{R}^{-1}\boldsymbol{H})^{-1}\boldsymbol{H}^{\mathrm{T}}\boldsymbol{R}^{-1}.$$

分析　按定义证明 $\boldsymbol{HPH}^{\mathrm{T}}+\boldsymbol{R}$ 与 $\boldsymbol{H}^{\mathrm{T}}\boldsymbol{R}^{-1}\boldsymbol{H}+\boldsymbol{P}^{-1}$ 都是正定矩阵. 然后比较 $(\boldsymbol{P}^{-1}+\boldsymbol{H}^{\mathrm{T}}\boldsymbol{R}^{-1}\boldsymbol{H})\boldsymbol{PH}^{\mathrm{T}}$ 与 $\boldsymbol{H}^{\mathrm{T}}\boldsymbol{R}^{-1}(\boldsymbol{HPH}^{\mathrm{T}}+\boldsymbol{R})$ 即可.

精解　由 $(\boldsymbol{HPH}^{\mathrm{T}}+\boldsymbol{R})^{\mathrm{T}}=\boldsymbol{HP}^{\mathrm{T}}\boldsymbol{H}^{\mathrm{T}}+\boldsymbol{R}^{\mathrm{T}}=\boldsymbol{HPH}^{\mathrm{T}}+\boldsymbol{R}$ 知，$\boldsymbol{HPH}^{\mathrm{T}}+\boldsymbol{R}$ 是实对称矩阵.

设 $\boldsymbol{x}$ 是任一 n 维非零列向量,则由 $\boldsymbol{P}$ 与 $\boldsymbol{R}$ 都是正定矩阵得

$$\boldsymbol{x}^{\mathrm{T}}(\boldsymbol{HPH}^{\mathrm{T}})\boldsymbol{x}=(\boldsymbol{H}^{\mathrm{T}}\boldsymbol{x})^{\mathrm{T}}\boldsymbol{P}(\boldsymbol{H}^{\mathrm{T}}\boldsymbol{x})\geqslant 0,$$

$$\boldsymbol{x}^{\mathrm{T}}\boldsymbol{Rx}>0,$$

所以,$\boldsymbol{x}^{\mathrm{T}}(\boldsymbol{HPH}^{\mathrm{T}}+\boldsymbol{R})\boldsymbol{x}=\boldsymbol{x}^{\mathrm{T}}(\boldsymbol{HPH}^{\mathrm{T}})\boldsymbol{x}+\boldsymbol{x}^{\mathrm{T}}\boldsymbol{Rx}>0$,即 $\boldsymbol{x}^{\mathrm{T}}(\boldsymbol{HPH}^{\mathrm{T}}+\boldsymbol{R})\boldsymbol{x}$ 是正定二次型. 由此证得 $\boldsymbol{HPH}^{\mathrm{T}}+\boldsymbol{R}$ 是正定矩阵.

由 $\boldsymbol{P},\boldsymbol{R}$ 正定知,$\boldsymbol{P}^{-1},\boldsymbol{R}^{-1}$ 也正定,所以同理可证 $\boldsymbol{H}^{\mathrm{T}}\boldsymbol{R}^{-1}\boldsymbol{H}+\boldsymbol{P}^{-1}$ 是正定矩阵.

下面证明题中的等式成立. 由于

$$(\boldsymbol{P}^{-1}+\boldsymbol{H}^{\mathrm{T}}\boldsymbol{R}^{-1}\boldsymbol{H})\boldsymbol{PH}^{\mathrm{T}}=\boldsymbol{H}^{\mathrm{T}}+\boldsymbol{H}^{\mathrm{T}}\boldsymbol{R}^{-1}\boldsymbol{HPH}^{\mathrm{T}},$$

$$\boldsymbol{H}^{\mathrm{T}}\boldsymbol{R}^{-1}(\boldsymbol{HPH}^{\mathrm{T}}+\boldsymbol{R})=\boldsymbol{H}^{\mathrm{T}}\boldsymbol{R}^{-1}\boldsymbol{HPH}^{\mathrm{T}}+\boldsymbol{H}^{\mathrm{T}},$$

所以,$(\boldsymbol{P}^{-1}+\boldsymbol{H}^{\mathrm{T}}\boldsymbol{R}^{-1}\boldsymbol{H})\boldsymbol{PH}^{\mathrm{T}}=\boldsymbol{H}^{\mathrm{T}}\boldsymbol{R}^{-1}(\boldsymbol{HPH}^{\mathrm{T}}+\boldsymbol{R})$.

由于已证 $\boldsymbol{P}^{-1}+\boldsymbol{H}^{\mathrm{T}}\boldsymbol{R}^{-1}\boldsymbol{H}$ 与 $\boldsymbol{HPH}^{\mathrm{T}}+\boldsymbol{R}$ 都是正定的,从而可逆,所以有

$$\boldsymbol{PH}^{\mathrm{T}}(\boldsymbol{HPH}^{\mathrm{T}}+\boldsymbol{R})^{-1}=(\boldsymbol{P}^{-1}+\boldsymbol{H}^{\mathrm{T}}\boldsymbol{R}^{-1}\boldsymbol{H})^{-1}\boldsymbol{H}^{\mathrm{T}}\boldsymbol{R}^{-1}.$$

附注　虽然 $\boldsymbol{P}$ 是正定的,但不能保证对任意 n 维非零列向量 $\boldsymbol{x}$,都有

$$(\boldsymbol{H}^{\mathrm{T}}\boldsymbol{x})^{\mathrm{T}}\boldsymbol{P}(\boldsymbol{H}^{\mathrm{T}}\boldsymbol{x})>0.$$

这是由于 $\boldsymbol{H}^{\mathrm{T}}\boldsymbol{x}$ 可能是零向量. 因此只能推出 $(\boldsymbol{H}^{\mathrm{T}}\boldsymbol{x})^{\mathrm{T}}\boldsymbol{P}(\boldsymbol{H}^{\mathrm{T}}\boldsymbol{x})\geqslant 0$.

例 5.40　设 $\boldsymbol{A},\boldsymbol{B}$ 都是 n 阶正定矩阵. 证明:

(Ⅰ) 方程 $|x\boldsymbol{A}-\boldsymbol{B}|=0$ 的根全大于零;

(Ⅱ) 方程 $|x\boldsymbol{A}-\boldsymbol{B}|=0$ 的根全为 1 的充分必要条件是 $\boldsymbol{A}=\boldsymbol{B}$.

分析　(Ⅰ)与(Ⅱ)都可以从 $\boldsymbol{A}\cong\boldsymbol{E}_n$ 入手证明.

精解　由 $\boldsymbol{A}$ 是 n 阶正定矩阵知 $\boldsymbol{A}\cong\boldsymbol{E}_n$,即存在 n 阶可逆矩阵 $\boldsymbol{P}$,使得

$$\boldsymbol{P}^{\mathrm{T}}\boldsymbol{AP}=\boldsymbol{E}_n. \tag{1}$$

所以,

$$\boldsymbol{P}^{\mathrm{T}}(x\boldsymbol{A}-\boldsymbol{B})\boldsymbol{P}=x\boldsymbol{E}_n-\boldsymbol{P}^{\mathrm{T}}\boldsymbol{BP}.$$

从而方程 $|x\boldsymbol{A}-\boldsymbol{B}|=0$ 与方程 $|x\boldsymbol{E}_n-\boldsymbol{P}^{\mathrm{T}}\boldsymbol{BP}|=0$ 同解.

(Ⅰ) 由 $\boldsymbol{B}$ 正定知 $\boldsymbol{P}^{\mathrm{T}}\boldsymbol{BP}$ 也正定,所以方程 $|x\boldsymbol{E}_n-\boldsymbol{P}^{\mathrm{T}}\boldsymbol{BP}|=0$ 的根(即 $\boldsymbol{P}^{\mathrm{T}}\boldsymbol{AP}$ 的特征值)全大于零. 从而方程 $|x\boldsymbol{A}-\boldsymbol{B}|=0$ 的根全大于零.

(Ⅱ) 必要性:由(Ⅰ)知,当方程 $|x\boldsymbol{A}-\boldsymbol{B}|=0$ 的根全为 1 时,方程 $|x\boldsymbol{E}_n-\boldsymbol{P}^{\mathrm{T}}\boldsymbol{BP}|=0$ 的根也全为 1,即 $\boldsymbol{P}^{\mathrm{T}}\boldsymbol{BP}$ 的特征值全为 1. 所以对正定矩阵 $\boldsymbol{P}^{\mathrm{T}}\boldsymbol{BP}$,存在 n 阶正交矩阵 $\boldsymbol{Q}$,使得

$$\boldsymbol{Q}^{\mathrm{T}}(\boldsymbol{P}^{\mathrm{T}}\boldsymbol{BP})\boldsymbol{Q}=\boldsymbol{E}_n,\text{即 }\boldsymbol{P}^{\mathrm{T}}\boldsymbol{BP}=\boldsymbol{QQ}^{-1}=\boldsymbol{E}_n. \tag{2}$$

由式(1)与式(2),得 $\boldsymbol{P}^{\mathrm{T}}\boldsymbol{AP}=\boldsymbol{P}^{\mathrm{T}}\boldsymbol{BP}$. 于是由 $\boldsymbol{P}$ 可逆得 $\boldsymbol{A}=\boldsymbol{B}$.

充分性:当 $\boldsymbol{A}=\boldsymbol{B}$ 时,由 $\boldsymbol{A}$ 可逆知,$|x\boldsymbol{A}-\boldsymbol{B}|=0$ 成为 $|x\boldsymbol{E}_n-\boldsymbol{E}_n|=0$,即 $(x-1)^n=0$. 由此可知,$|x\boldsymbol{A}-\boldsymbol{B}|=0$ 的根全为 1.

附注　如题解中那样,要考虑方程 $|x\boldsymbol{A}-\boldsymbol{B}|=0$ 的根,总要设法将所给方程转换成

$$|x\boldsymbol{E}_n-\boldsymbol{M}|=0(\text{其中},\boldsymbol{M}\text{ 是某个与 }\boldsymbol{A}\text{ 同阶的矩阵}),$$

以便利用有关 $\boldsymbol{M}$ 的特征值性质.

这种转换有两种方法可采用:

(1) 将 $|x\boldsymbol{A}-\boldsymbol{B}|=0$ 转换成 $|x\boldsymbol{E}_n-\boldsymbol{A}^{-1}\boldsymbol{B}|=0$;

(2) 将 $|x\boldsymbol{A}-\boldsymbol{B}|=0$ 转换成 $|x\boldsymbol{E}_n-\boldsymbol{P}^{\mathrm{T}}\boldsymbol{BP}|=0$($\boldsymbol{P}$ 是使得 $\boldsymbol{P}^{\mathrm{T}}\boldsymbol{AP}=\boldsymbol{E}_n$ 的可逆矩阵).

例 5.41　(Ⅰ) 设 $\boldsymbol{A}$ 与 $\boldsymbol{B}$ 都是 n 阶正定矩阵. 证明:$\boldsymbol{AB}$ 为正定矩阵的充分必要条件是 $\boldsymbol{AB}=\boldsymbol{BA}$.

(Ⅱ) 设 $\boldsymbol{A}$ 是正定矩阵,$\boldsymbol{AB}$ 是实对称矩阵. 证明:$\boldsymbol{AB}$ 为正定矩阵的充分必要条件是 $\boldsymbol{B}$ 的

特征值全大于零.

分析　（Ⅰ）必要性是显然的，充分性可利用"n 阶矩阵 $\boldsymbol{M}$ 是正定的充分必要条件是，存在 n 阶可逆矩阵 $\boldsymbol{R}$，使得 $\boldsymbol{M}=\boldsymbol{R}^{\mathrm{T}}\boldsymbol{R}$"证明.

（Ⅱ）必要性是容易证明的，充分性可利用"n 阶矩阵 $\boldsymbol{M}$ 是正定的充分必要条件是它的特征值全大于零"来证明.

精解　（Ⅰ）必要性：设 $\boldsymbol{AB}$ 是正定矩阵，则 $\boldsymbol{AB}$ 实对称，故有

$$\boldsymbol{AB}=(\boldsymbol{AB})^{\mathrm{T}}=\boldsymbol{B}^{\mathrm{T}}\boldsymbol{A}^{\mathrm{T}}=\boldsymbol{BA}.$$

充分性：设 $\boldsymbol{AB}=\boldsymbol{BA}$，则由 $\boldsymbol{A},\boldsymbol{B}$ 是正定矩阵，必实对称知

$$(\boldsymbol{AB})^{\mathrm{T}}=\boldsymbol{B}^{\mathrm{T}}\boldsymbol{A}^{\mathrm{T}}=\boldsymbol{BA}=\boldsymbol{AB},$$

即 $\boldsymbol{AB}$ 是实对称矩阵. 下面证明 $\boldsymbol{AB}$ 与某个 n 阶正定矩阵相似.

由于 $\boldsymbol{A}$ 都是 n 阶正定矩阵，所以存在 n 阶可逆矩阵 $\boldsymbol{P}$，使得 $\boldsymbol{A}=\boldsymbol{PP}^{\mathrm{T}}$. 从而

$$\boldsymbol{AB}=\boldsymbol{PP}^{\mathrm{T}}\boldsymbol{B}\text{，即 }\boldsymbol{P}^{-1}\boldsymbol{AB}=\boldsymbol{P}^{\mathrm{T}}\boldsymbol{B}\text{ 或 }\boldsymbol{P}^{-1}\boldsymbol{ABP}=\boldsymbol{P}^{\mathrm{T}}\boldsymbol{BP}. \tag{1}$$

由 $\boldsymbol{B}$ 是正定可知，与其合同的 $\boldsymbol{P}^{\mathrm{T}}\boldsymbol{BP}$ 也是正定的. 于是由式(1)知与 $\boldsymbol{P}^{\mathrm{T}}\boldsymbol{BP}$ 相似的$\boldsymbol{AB}$ 也是正定的.

（Ⅱ）必要性：设 $\boldsymbol{AB}$ 是正定矩阵，又设 λ 是 $\boldsymbol{B}$ 的任一特征值，其对应的特征向量为 $\boldsymbol{\alpha}$，则 $\boldsymbol{\alpha}\neq\boldsymbol{0}$，且

$$\boldsymbol{B\alpha}=\lambda\boldsymbol{\alpha}\text{，即 }\boldsymbol{\alpha}^{\mathrm{T}}(\boldsymbol{AB})\boldsymbol{\alpha}=\lambda(\boldsymbol{\alpha}^{\mathrm{T}}\boldsymbol{A\alpha}).$$

由于 $\boldsymbol{AB}$ 和 $\boldsymbol{A}$ 都是正定矩阵，所以有 $\boldsymbol{\alpha}^{\mathrm{T}}(\boldsymbol{AB})\boldsymbol{\alpha}>0$，$\boldsymbol{\alpha}^{\mathrm{T}}\boldsymbol{A\alpha}>0$，从而 $\lambda>0$. 由此证得 $\boldsymbol{B}$ 的特征值全大于零.

充分性：设 $\boldsymbol{B}$ 的特征值全大于零. 设法证明 $\boldsymbol{AB}$ 的特征值也全大于零.

由于 $\boldsymbol{A}$ 是正定矩阵，所以存在可逆矩阵 $\boldsymbol{P}$，使得 $\boldsymbol{P}^{\mathrm{T}}\boldsymbol{AP}=\boldsymbol{E}_n$.

由于 $\boldsymbol{P}^{\mathrm{T}}\boldsymbol{ABP}$ 是实对称矩阵，所以存在正交矩阵 $\boldsymbol{Q}$，使得

$$\boldsymbol{Q}^{\mathrm{T}}(\boldsymbol{P}^{\mathrm{T}}\boldsymbol{ABP})\boldsymbol{Q}=\begin{pmatrix}\lambda_1 & & & \\ & \lambda_2 & & \\ & & \ddots & \\ & & & \lambda_n\end{pmatrix}. \tag{2}$$

由此可知，$\boldsymbol{AB}\cong\begin{pmatrix}\lambda_1 & & & \\ & \lambda_2 & & \\ & & \ddots & \\ & & & \lambda_n\end{pmatrix}$. 于是在 $\boldsymbol{AB}$ 的特征值中，正的个数与 $\lambda_1,\lambda_2,\cdots,\lambda_n$ 中正的个数相等.

由式(2)得

$$(\boldsymbol{Q}^{\mathrm{T}}\boldsymbol{P}^{\mathrm{T}}\boldsymbol{A})\boldsymbol{B}(\boldsymbol{PQ})=\begin{pmatrix}\lambda_1 & & & \\ & \lambda_2 & & \\ & & \ddots & \\ & & & \lambda_n\end{pmatrix}. \tag{3}$$

由于$(\boldsymbol{Q}^{\mathrm{T}}\boldsymbol{P}^{\mathrm{T}}\boldsymbol{A})(\boldsymbol{PQ})=\boldsymbol{Q}^{\mathrm{T}}(\boldsymbol{P}^{\mathrm{T}}\boldsymbol{AP})\boldsymbol{Q}=\boldsymbol{Q}^{\mathrm{T}}\boldsymbol{E}_n\boldsymbol{Q}=\boldsymbol{Q}^{\mathrm{T}}\boldsymbol{Q}=\boldsymbol{E}_n$，即 $\boldsymbol{Q}^{\mathrm{T}}\boldsymbol{P}^{\mathrm{T}}\boldsymbol{A}=(\boldsymbol{PQ})^{-1}$，所以式(3)成为

$$(\boldsymbol{PQ})^{-1}\boldsymbol{B}(\boldsymbol{PQ})=\begin{pmatrix}\lambda_1 & & & \\ & \lambda_2 & & \\ & & \ddots & \\ & & & \lambda_n\end{pmatrix}.$$

由此可知 $\lambda_1,\lambda_2,\cdots,\lambda_n$ 也是 $\boldsymbol{B}$ 的 n 个特征值，由题设知它们全大于零. 所以 $\boldsymbol{AB}$ 的特征值全大于零. 因此实对称矩阵 $\boldsymbol{AB}$ 是正定矩阵

附注 当 n 阶实对称矩阵 $\boldsymbol{M}$ 的正定性不易用定义证明时，可以考虑 $\boldsymbol{M}$ 的特征值. 如果 $\boldsymbol{M}$ 的特征值全大于零，则 $\boldsymbol{M}$ 是正定的. 由此可以引出以下两个更快捷的判别法：

设 $\boldsymbol{M}$ 是 n 阶实对称矩阵.

(1) 如果 $\boldsymbol{M}\sim\boldsymbol{B}$，则当 $\boldsymbol{B}$ 是正定矩阵时，$\boldsymbol{M}$ 也是正定矩阵.

(2) 如果 $\boldsymbol{M}\cong\boldsymbol{C}$，则当 $\boldsymbol{C}$ 是正定矩阵时，$\boldsymbol{M}$ 也是正定矩阵.

例 5.42 设 n 阶矩阵 $\boldsymbol{A},\boldsymbol{B}$ 都是正定的. 证明：当 $\boldsymbol{A}$ 的特征向量都是 $\boldsymbol{B}$ 的特征向量时，$\boldsymbol{AB}$ 是正定矩阵.

分析 从证明 $\boldsymbol{AB}$ 的特征值全大于零入手.

精解 由于 $\boldsymbol{A}$ 是正定的，所以存在 n 阶正交矩阵 $\boldsymbol{P}=(\boldsymbol{p}_1,\boldsymbol{p}_2,\cdots,\boldsymbol{p}_n)$，使得

$$\boldsymbol{P}^{\mathrm{T}}\boldsymbol{AP}=\begin{pmatrix}\lambda_1 & & & \\ & \lambda_2 & & \\ & & \ddots & \\ & & & \lambda_n\end{pmatrix},$$

其中，$\lambda_1,\lambda_2,\cdots,\lambda_n$ 是 $\boldsymbol{A}$ 的特征值，全大于零，且对应于 λ_i 的特征向量为 $\boldsymbol{p}_i(i=1,2,\cdots,n)$，它们满足

$$\boldsymbol{Ap}_i=\lambda\boldsymbol{p}_i(i=1,2,\cdots,n).$$

由题设知，对 $i=1,2,\cdots,n$，$\boldsymbol{p}_i$ 也是 $\boldsymbol{B}$ 的特征向量，设它们对应的特征值为 μ_i(由 $\boldsymbol{B}$ 是正定矩阵知，$\mu_i>0$). 于是有

$$\boldsymbol{Bp}_i=\mu_i\boldsymbol{p}_i\text{，或者 }\boldsymbol{ABp}_i=\lambda_i\mu_i\boldsymbol{p}_i.$$

由此可知，$\boldsymbol{AB}$ 的 n 个特征值为 $\lambda_1\mu_1,\lambda_2\mu_2,\cdots,\lambda_n\mu_n$ 全大于零. 于是实对称矩阵 $\boldsymbol{AB}$($\boldsymbol{AB}$ 的对称性是容易证明的)是正定的.

附注 从本题的证明可以看到，对于 n 阶可相似对角化的矩阵 $\boldsymbol{A}_1$ 与 $\boldsymbol{A}_2$(它们的特征值分别为 $\lambda_1,\lambda_2,\cdots,\lambda_n$ 及 $\mu_1,\mu_2,\cdots,\mu_n$. 如果 $\boldsymbol{A}_1$ 的特征向量都是 $\boldsymbol{A}_2$ 的特征向量，则 $\boldsymbol{A}_1\boldsymbol{A}_2$ 的特征值为 $\lambda_1\mu_1,\lambda_2\mu_2,\cdots,\lambda_n\mu_n$.

例 5.43 设 $\boldsymbol{A}$ 是 n 阶正定矩阵，m 是正整数. 证明：存在唯一的 n 阶正定矩阵 $\boldsymbol{B}$，使得 $\boldsymbol{B}^m=\boldsymbol{A}$.

分析 先证存在性，即根据正定矩阵 $\boldsymbol{A}$，寻找一个满足 $\boldsymbol{B}^m=\boldsymbol{A}$ 的正定矩阵 $\boldsymbol{B}$. 然后证唯一性，即如果有 n 阶正定矩阵 $\boldsymbol{B}_1$ 与 $\boldsymbol{B}_2$，使得 $\boldsymbol{B}_1^m=\boldsymbol{A},\boldsymbol{B}_2^m=\boldsymbol{A}$，设法证明它们相等.

精解 由 $\boldsymbol{A}$ 是正定矩阵知，它是实对称矩阵，所以存在 n 阶正交矩阵 $\boldsymbol{Q}$，使得

$$\boldsymbol{Q}^{\mathrm{T}}\boldsymbol{AQ}=\begin{pmatrix}\lambda_1 & & & \\ & \lambda_2 & & \\ & & \ddots & \\ & & & \lambda_n\end{pmatrix}$$

(其中，$\lambda_1,\lambda_2,\cdots,\lambda_n$ 是 $\boldsymbol{A}$ 的 n 个特征值，全大于零)，即

$$\boldsymbol{A}=\boldsymbol{Q}\begin{pmatrix}\lambda_1 & & & \\ & \lambda_2 & & \\ & & \ddots & \\ & & & \lambda_n\end{pmatrix}\boldsymbol{Q}^{\mathrm{T}}$$

$$=Q\begin{pmatrix}\lambda_1^{\frac{1}{m}} & & & \\ & \lambda_2^{\frac{1}{m}} & & \\ & & \ddots & \\ & & & \lambda_n^{\frac{1}{m}}\end{pmatrix}^m Q^{\mathrm{T}}$$

$$=\left[Q\begin{pmatrix}\lambda_1^{\frac{1}{m}} & & & \\ & \lambda_2^{\frac{1}{m}} & & \\ & & \ddots & \\ & & & \lambda_n^{\frac{1}{m}}\end{pmatrix}Q^{\mathrm{T}}\right]^m.$$

记 $\boldsymbol{B}=\boldsymbol{Q}\begin{pmatrix}\lambda_1^{\frac{1}{m}} & & & \\ & \lambda_2^{\frac{1}{m}} & & \\ & & \ddots & \\ & & & \lambda_n^{\frac{1}{m}}\end{pmatrix}\boldsymbol{Q}^{\mathrm{T}}$，则 $\boldsymbol{B}\cong\begin{pmatrix}\lambda_1^{\frac{1}{m}} & & & \\ & \lambda_2^{\frac{1}{m}} & & \\ & & \ddots & \\ & & & \lambda_n^{\frac{1}{m}}\end{pmatrix}$（正定矩阵），所以 $\boldsymbol{B}$ 是 n 阶正定矩阵，且 $\boldsymbol{B}^m=\boldsymbol{A}$.

下面证明满足 $\boldsymbol{B}^m=\boldsymbol{A}$ 的 n 阶正定矩阵 $\boldsymbol{B}$ 是唯一的.

设有 n 阶正定矩阵 $\boldsymbol{B}_1,\boldsymbol{B}_2$，满足 $\boldsymbol{B}_1^m=\boldsymbol{A},\boldsymbol{B}_2^m=\boldsymbol{A}$. 现证明 $\boldsymbol{B}_1$ 的每个特征向量都是 $\boldsymbol{B}_2$ 的特征向量.

设 $\boldsymbol{\alpha}$ 是 $\boldsymbol{B}_1$ 的对应于特征值 μ 的特征向量，则 $\mu>0$，且 $\boldsymbol{B}_1\boldsymbol{\alpha}=\mu\boldsymbol{\alpha}$.

由此有 $\boldsymbol{B}_1^m\boldsymbol{\alpha}=\mu^m\boldsymbol{\alpha}$，即 $(\mu^m\boldsymbol{E}_n-\boldsymbol{A})\boldsymbol{\alpha}=\boldsymbol{0}$，从而有

$$(\mu^m\boldsymbol{E}_n-\boldsymbol{B}_2^m)\boldsymbol{\alpha}=\boldsymbol{0}. \tag{1}$$

考虑 n 阶矩阵 $\boldsymbol{D}=\mu^{m-1}\boldsymbol{E}_n+\mu^{m-2}\boldsymbol{B}_2+\cdots+\mu\boldsymbol{B}_2^{m-2}+\boldsymbol{B}_2^{m-1}$，则由 $\boldsymbol{B}_2$ 是正定矩阵知，$\boldsymbol{D}$ 也是正定矩阵. 因此，齐次线性方程组 $\boldsymbol{D}\boldsymbol{x}=\boldsymbol{0}$ 只有零解. 于是由

$$\begin{aligned}\boldsymbol{D}(\mu\boldsymbol{E}_n-\boldsymbol{B}_2)\boldsymbol{\alpha}&=(\mu^{m-1}\boldsymbol{E}_n+\mu^{m-2}\boldsymbol{B}_2+\cdots+\mu\boldsymbol{B}_2^{m-2}+\boldsymbol{B}_2^{m-1})(\mu\boldsymbol{E}_n-\boldsymbol{B}_2)\boldsymbol{\alpha}\\&=[(\mu^m\boldsymbol{E}_n+\mu^{m-1}\boldsymbol{B}_2+\cdots+\mu^2\boldsymbol{B}_2+\mu\boldsymbol{B}_2^{m-1})-\\&\quad(\mu^{m-1}\boldsymbol{B}_2+\mu^{m-2}\boldsymbol{B}_2^2+\cdots+\mu\boldsymbol{B}_2^{m-1}+\boldsymbol{B}_2^m)]\boldsymbol{\alpha}\\&=(\mu^m\boldsymbol{E}_n-\boldsymbol{B}_2^m)\boldsymbol{\alpha}=\boldsymbol{0}\quad\text{（利用式(1)）},\end{aligned}$$

即 $\boldsymbol{D}(\mu\boldsymbol{E}_n-\boldsymbol{B}_2)\boldsymbol{\alpha}=\boldsymbol{0}$ 知，$(\mu\boldsymbol{E}_n-\boldsymbol{B}_2)\boldsymbol{\alpha}=0$. 由此可知，$\mu$ 是 $\boldsymbol{B}_2$ 的特征值，$\boldsymbol{\alpha}$ 也是 $\boldsymbol{B}_2$ 的对应于 μ 的特征向量.

设 $\boldsymbol{\alpha}_1,\boldsymbol{\alpha}_2,\cdots,\boldsymbol{\alpha}_n$ 是 $\boldsymbol{B}_1$ 的 n 个线性无关的特征向量，它们分别对应于特征值 $\mu_1,\mu_2,\cdots,\mu_n$.

记 $\boldsymbol{P}=(\boldsymbol{\alpha}_1,\boldsymbol{\alpha}_2,\cdots,\boldsymbol{\alpha}_n)$（可逆矩阵），则 $\boldsymbol{P}^{-1}\boldsymbol{B}_1\boldsymbol{P}=\begin{pmatrix}\mu_1 & & & \\ & \mu_2 & & \\ & & \ddots & \\ & & & \mu_n\end{pmatrix}$，$\boldsymbol{P}^{-1}\boldsymbol{B}_2\boldsymbol{P}=\begin{pmatrix}\mu_1 & & & \\ & \mu_2 & & \\ & & \ddots & \\ & & & \mu_n\end{pmatrix}$. 由此证得 $\boldsymbol{B}_1=\boldsymbol{B}_2$. 从而满足 $\boldsymbol{B}^m=\boldsymbol{A}$ 的 n 阶正定矩阵是唯一的.

附注　唯一性获证的关键是构造正定矩阵 $\boldsymbol{D}$.

三、主要方法梳理

1. 二次型化标准形的方法

二次型可以用正交变换或可逆线性变换化为标准形.

(1) 用正交变换化二次型为标准形的方法.

设 n 元二次型 $f(x_1,x_2,\cdots,x_n)=\boldsymbol{x}^{\mathrm{T}}\boldsymbol{A}\boldsymbol{x}$(其中,$\boldsymbol{x}=(x_1,x_2,\cdots,x_n)^{\mathrm{T}}$,$\boldsymbol{A}$ 是 n 阶实对称矩阵),则用正交变换将 f 化为标准形的步骤:

(ⅰ) 计算 $\boldsymbol{A}$ 的特征值,记全部为 $\lambda_1,\lambda_2,\cdots,\lambda_n$(其中可能有重根).

(ⅱ) 计算各个特征值对应的特征向量,记为 $\boldsymbol{\xi}_1,\boldsymbol{\xi}_2,\cdots,\boldsymbol{\xi}_n$.

(ⅲ) 将 $\boldsymbol{\xi}_1,\boldsymbol{\xi}_2,\cdots,\boldsymbol{\xi}_n$ 单位正交化得 $\boldsymbol{e}_1,\boldsymbol{e}_2,\cdots,\boldsymbol{e}_n$,并记 $\boldsymbol{Q}=(\boldsymbol{e}_1,\boldsymbol{e}_2,\cdots,\boldsymbol{e}_n)$(正交矩阵). 则正交变换 $\boldsymbol{x}=\boldsymbol{Q}\boldsymbol{y}$(其中 $\boldsymbol{y}=(y_1,y_2,\cdots,y_n)^{\mathrm{T}}$)将 f 化为标准形

$$f=\lambda_1y_1^2+\lambda_2y_2^2+\cdots+\lambda_ny_n^2.$$

(2)用可逆线性变换化二次型为标准形的方法.

设 n 元二次型 $f(x_1,x_2,\cdots,x_n)=\boldsymbol{x}^{\mathrm{T}}\boldsymbol{A}\boldsymbol{x}$(其中,$\boldsymbol{x}=(x_1,x_2,\cdots,x_n)^{\mathrm{T}}$,$\boldsymbol{A}$ 是 n 阶矩阵),则用可逆线性变换将 f 化为标准形的步骤:

(ⅰ)用配方法将 f 配成若干个平方项之和.

如果 $f(x_1,x_2,\cdots,x_n)$ 中含有变量 x_i(不妨设为 x_1)的平方项,则将含 x_1 的项集合起来,将它们配成平方,然后用同样的方法对其余变量进行配方,直到将 f 配成若干个平方项之和的形式.

如果 $f(x_1,x_2,\cdots,x_n)$ 中不含各个变量的平方项,则必有某个变量的乘积项的系数不为零,不妨设 $a_{12}\neq0$,则进行变量变换

$$\begin{cases}x_1=z_1+z_2,\\x_2=z_1-z_2,\\x_k=z_k(k=3,4,\cdots,n),\end{cases}$$

使得 $f(x_1,x_2,\cdots,x_n)=g(z_1,z_2,\cdots,z_n)$,而 g 中出现变量 z_1 的平方项. 然后按前述方法将 g 配成若干个平方项之和的形式.

总之,此时可设

$$f(x_1,x_2,\cdots,x_n)=d_1(b_{11}x_1+b_{12}x_2+\cdots+b_{1n}x_n)^2+d_2(b_{21}x_1+b_{22}x_2+\cdots+b_{2n}x_n)^2+\cdots+d_n(b_{n1}x_1+b_{n2}x_2+\cdots+b_{nn}x_n)^2.$$

(ⅱ)令 $\begin{cases}y_1=b_{11}x_1+b_{12}x_2+\cdots+b_{1n}x_n,\\y_2=b_{21}x_1+b_{22}x_2+\cdots+b_{2n}x_n,\\\quad\vdots\\y_n=b_{n1}x_1+b_{n2}x_2+\cdots+b_{nn}x_n,\end{cases}$ 简记为 $\boldsymbol{y}=\boldsymbol{B}\boldsymbol{x}$(其中,$\boldsymbol{y}=(y_1,y_2,\cdots,y_n)^{\mathrm{T}}$),

$\boldsymbol{B}$ 是可逆的,记它的逆矩阵为 $\boldsymbol{C}$,则可逆线性变换 $\boldsymbol{x}=\boldsymbol{C}\boldsymbol{y}$ 将 f 化为标准形

$$f=d_1y_1^2+d_2y_2^2+\cdots+d_ny_n^2.$$

注　(1)以上两种方法的差异:

（ⅰ）用正交变换将 f 化成的标准形 $\lambda_1 y_1^2+\lambda_2 y_2^2+\cdots+\lambda_n y_n^2$ 中的系数全是 $\boldsymbol{A}$ 的特征值，而用可逆线性变换将 f 化成的标准形 $d_1 y_1^2+d_2 y_2^2+\cdots+d_n y_n^2$ 中的系数未必都是 $\boldsymbol{A}$ 的特征值.

（ⅱ）用正交变换化 $f=\boldsymbol{x}^{\mathrm{T}}\boldsymbol{A}\boldsymbol{x}$ 为标准形时，其中的 $\boldsymbol{A}$ 必须是实对称矩阵，而用可逆线性变换化 $f=\boldsymbol{x}^{\mathrm{T}}\boldsymbol{A}\boldsymbol{x}$ 为标准形时就没有这个要求了.

(2) 应记住：如果用正交变换 $\boldsymbol{x}=\boldsymbol{Q}\boldsymbol{y}$（其中，$\boldsymbol{x}=(x_1,x_2,\cdots,x_n)^{\mathrm{T}}$，$\boldsymbol{y}=(y_1,y_2,\cdots,y_n)^{\mathrm{T}}$，$\boldsymbol{Q}$ 是 n 阶正交矩阵）将二次型 $f(x_1,x_2,\cdots,x_n)=\boldsymbol{x}^{\mathrm{T}}\boldsymbol{A}\boldsymbol{x}$（其中，$\boldsymbol{A}$ 是 n 阶实对称矩阵）化为标准形，则 $\boldsymbol{x}=\boldsymbol{Q}\boldsymbol{y}$ 也将二次型 $\boldsymbol{x}^{\mathrm{T}}\boldsymbol{A}^*\boldsymbol{x}$ 及 $\boldsymbol{x}^{\mathrm{T}}\boldsymbol{A}^{-1}\boldsymbol{x}$（这里 $\boldsymbol{A}$ 可逆）化为标准形.

2. 正定矩阵的判定方法

(1)（非抽象型）矩阵为正交矩阵的判定方法.

设 $\boldsymbol{A}$ 是 n 阶矩阵（非抽象型），则它的正定性判别方法如下：

先检验 $\boldsymbol{A}$ 是否为实对称矩阵. 如果是，则计算 $\boldsymbol{A}$ 的各阶顺序主子式或所有特征值. 如果各阶顺序主子式全大于零，或所有特征值全大于零，则 $\boldsymbol{A}$ 为正定矩阵.

(2)（抽象型）矩阵为正定矩阵的判定方法.

设 $\boldsymbol{A}$ 是 n 阶矩阵（抽象型），则它的正定性判定方法如下：

先检验 $\boldsymbol{A}$ 是否为实对称矩阵，如果是，则构造二次型

$$f(x_1,x_2,\cdots,x_n)=\boldsymbol{x}^{\mathrm{T}}\boldsymbol{A}\boldsymbol{x}\text{（其中 }\boldsymbol{x}=(x_1,x_2,\cdots,x_n)^{\mathrm{T}}\text{），}$$

当 f 是正定二次型时，$\boldsymbol{A}$ 是正定矩阵；如果不易判定 f 的正定性，则设法证明 $\boldsymbol{A}$ 的特征值全大于零，或证明 $\boldsymbol{A}$ 与 $\boldsymbol{E}_n$ 合同，或寻找 n 阶可逆矩阵 $\boldsymbol{C}$，使得 $\boldsymbol{A}=\boldsymbol{C}^{\mathrm{T}}\boldsymbol{C}$.

3. 如何利用题设中给定的“某个矩阵为正定的”这个条件

当题中给出 n 阶矩阵 $\boldsymbol{A}$ 是正定矩阵时，如何利用这个条件去证明某个结论？通常按以下思路来考虑：

由于 $\boldsymbol{A}$ 是正定矩阵，所以存在 n 阶可逆矩阵 $\boldsymbol{C}$，使得 $\boldsymbol{A}=\boldsymbol{C}^{\mathrm{T}}\boldsymbol{C}$. 故可以用 $\boldsymbol{C}^{\mathrm{T}}\boldsymbol{C}$ 代替 $\boldsymbol{A}$，试着证明.

四、精选备赛练习题

A　组

5.1　设矩阵

$$\boldsymbol{A}=\begin{pmatrix}1&0&0\\0&2&0\\0&0&-1\end{pmatrix},\boldsymbol{B}=\begin{pmatrix}1&-1&0\\-1&2&0\\0&0&3\end{pmatrix},\boldsymbol{C}=\begin{pmatrix}2&0&0\\0&1&0\\0&0&1\end{pmatrix},\boldsymbol{D}=\begin{pmatrix}0&1&0\\1&0&0\\0&0&2\end{pmatrix}.$$

问 $\boldsymbol{B},\boldsymbol{C},\boldsymbol{D}$ 中，

（Ⅰ）哪些矩阵与 $\boldsymbol{A}$ 等价？

（Ⅱ）哪些矩阵与 $\boldsymbol{A}$ 合同？如果 $\boldsymbol{B},\boldsymbol{C},\boldsymbol{D}$ 中有矩阵与 $\boldsymbol{A}$ 合同，请写出合同变换矩阵；

（Ⅲ）哪些矩阵与 $\boldsymbol{A}$ 相似？如果 $\boldsymbol{B},\boldsymbol{C},\boldsymbol{D}$ 中有矩阵与 $\boldsymbol{A}$ 相似，请写出相似变换矩阵.

5.2　设三阶实对称矩阵 $\boldsymbol{A}=\begin{pmatrix}a&0&1\\0&a&-1\\1&-1&a-1\end{pmatrix}$ 与 $\boldsymbol{B}=\begin{pmatrix}1&&\\&1&\\&&0\end{pmatrix}$ 合同,求常数 a,以及 $\boldsymbol{A}$ 与 $\boldsymbol{B}$ 之间的合同变换矩阵(即满足 $\boldsymbol{C}^{\mathrm{T}}\boldsymbol{A}\boldsymbol{C}=\boldsymbol{B}$ 的三阶可逆矩阵 $\boldsymbol{C}$).

5.3　设三阶实对称矩阵 $\boldsymbol{A}=\begin{pmatrix}1&-2&-4\\-2&4&-2\\-4&-2&1\end{pmatrix}$,求一个三维非零列向量 $\boldsymbol{\alpha}$,使得 $\boldsymbol{\alpha}^{\mathrm{T}}\boldsymbol{A}\boldsymbol{\alpha}=0$.

5.4　求二次型 $f(x_1,x_2,\cdots,x_n)=\dfrac{1}{n}(x_1^2+x_2^2+\cdots+x_n^2)-\left(\dfrac{x_1+x_2+\cdots+x_n}{n}\right)^2$ 的正、负惯性指数.

5.5　求二次型 $f(x_1,x_2,\cdots,x_n)=\sum\limits_{i=1}^{m}(a_{i1}x_1+a_{i2}x_2+\cdots+a_{in}x_n)^2$ 的矩阵(实对称矩阵).

5.6　求二次型 $f(x_1,x_2,\cdots,x_n)=\begin{vmatrix}0&x_1\quad x_2\quad\cdots\quad x_n\\-x_1&\\-x_2&\boldsymbol{A}\\\vdots&\\-x_n&\end{vmatrix}$ 的矩阵,其中 $\boldsymbol{A}=(a_{ij})$ 是 n 阶可逆的实对称矩阵.

5.7　用可逆线性变换 $\boldsymbol{x}=\boldsymbol{C}\boldsymbol{y}$(其中,$\boldsymbol{x}=(x_1,x_2,x_3)^{\mathrm{T}}$,$\boldsymbol{y}=(y_1,y_2,y_3)^{\mathrm{T}}$,$\boldsymbol{C}$ 是三阶可逆矩阵)将二次型 $f(x_1,x_2,x_3)=2x_1x_2+2x_1x_3+2x_2x_3$ 化为规范形,求 $\boldsymbol{C}$ 及规范形.

5.8　设二次型 $f(x_1,x_2,x_3)=x_1^2+ax_2^2+x_3^2+2x_1x_2-2x_2x_3-2ax_1x_3$ 的正、负惯性指数都为 1,求常数 a,并求将 f 化为规范形的可逆线性变换 $\boldsymbol{x}=\boldsymbol{C}\boldsymbol{y}$(其中,$\boldsymbol{x}=(x_1,x_2,x_3)^{\mathrm{T}}$,$\boldsymbol{y}=(y_1,y_2,y_3)^{\mathrm{T}}$,$\boldsymbol{C}$ 是三阶可逆矩阵).

5.9　设二次型 $f(x_1,x_2,x_3)=\boldsymbol{x}^{\mathrm{T}}\boldsymbol{A}\boldsymbol{x}$(其中,$\boldsymbol{x}=(x_1,x_2,x_3)^{\mathrm{T}}$,$\boldsymbol{A}$ 是实对称矩阵)经正交变换 $\boldsymbol{x}=\boldsymbol{Q}\boldsymbol{y}$(其中 $\boldsymbol{y}=(y_1,y_2,y_3)^{\mathrm{T}}$,$\boldsymbol{Q}$ 是三阶正交矩阵)化为标准形 $f=-y_1^2-2y_2^2-y_3^2$,且 $\boldsymbol{A}\boldsymbol{\alpha}=-2\boldsymbol{\alpha}$(其中,$\boldsymbol{\alpha}=(1,-1,0)^{\mathrm{T}}$).求 $\boldsymbol{Q}$ 及二次型 $g(x_1,x_2,x_3)=\boldsymbol{x}^{\mathrm{T}}\boldsymbol{A}^*\boldsymbol{x}$ 的正惯性指数.

5.10　设二次型 $f(x_1,x_2,x_3)=x_1^2+x_2^2+x_3^2-2x_1x_2-2x_1x_3+2ax_2x_3\,(a>0)$ 经正交变换化为标准形 $2y_1^2+2y_2^2+by_3^2$,求常数 a,b 及所用的正交变换 $\boldsymbol{x}=\boldsymbol{Q}\boldsymbol{y}$(其中,$\boldsymbol{x}=(x_1,x_2,x_3)^{\mathrm{T}}$,$\boldsymbol{y}=(y_1,y_2,y_3)^{\mathrm{T}}$,$\boldsymbol{Q}$ 是三阶正交矩阵),计算在 $\boldsymbol{x}^{\mathrm{T}}\boldsymbol{x}=3$ 的条件下,f 的最大值与最小值,并写出一个最大值点与一个最小值点.

5.11　设二次型 $f(x_1,x_2,x_3)=(1-a)x_1^2+(1-a)x_2^2+2x_3^2+2(1+a)x_1x_2$ 的秩为 2,求常数 a 的值,并求使得 f 化为规范形的可逆线性变换 $\boldsymbol{x}=\boldsymbol{C}\boldsymbol{y}$(其中,$\boldsymbol{x}=(x_1,x_2,x_3)^{\mathrm{T}}$,$\boldsymbol{y}=(y_1,y_2,y_3)^{\mathrm{T}}$,$\boldsymbol{C}$ 是三阶可逆矩阵).

5.12　设二次型 $f(x_1,x_2,x_3)=\boldsymbol{x}^{\mathrm{T}}\boldsymbol{A}\boldsymbol{x}$,其中 $\boldsymbol{x}=(x_1,x_2,x_3)^{\mathrm{T}}$,三阶矩阵

$$\boldsymbol{A}=\begin{pmatrix}1&2b&0\\0&a&1\\2&1&1\end{pmatrix}.$$

(Ⅰ)求二次型 $f(x_1,x_2,x_3)$ 的矩阵 $\boldsymbol{B}$(三阶实对称矩阵),并计算 $\boldsymbol{B}$ 有特征值 $\lambda=0,1,4$ 时,常数 a,b 的值;

（Ⅱ）对上述算得的 a,b，求将二次型 $g(x_1,x_2,x_3)=\boldsymbol{x}^{\mathrm{T}}(\boldsymbol{B}^2-\boldsymbol{B}^*)\boldsymbol{x}$ 化为标准形的正交变换 $\boldsymbol{x}=\boldsymbol{Q}\boldsymbol{y}$（其中 $\boldsymbol{x}=(x_1,x_2,x_3)^{\mathrm{T}}$，$\boldsymbol{y}=(y_1,y_2,y_3)^{\mathrm{T}}$，$\boldsymbol{Q}$ 是三阶正交矩阵）.

5.13 求将二次型

$$f(x_1,x_2,\cdots,x_n)=\sum_{i=1}^{m}x_i^2+4\sum_{1\leqslant i\leqslant j\leqslant n}x_ix_j\,(n>1)$$

化为标准形的正交变换 $\boldsymbol{x}=\boldsymbol{Q}\boldsymbol{y}$（其中 $\boldsymbol{x}=(x_1,x_2,\cdots,x_n)^{\mathrm{T}}$，$\boldsymbol{y}=(y_1,y_2,\cdots,y_n)^{\mathrm{T}}$，$\boldsymbol{Q}$ 是 n 阶正定矩阵），并写出 $\boldsymbol{A}^*$ 的正交相似对角矩阵（其中 $\boldsymbol{A}$ 是 f 的矩阵）.

5.14 设分块矩阵 $\boldsymbol{A}=\begin{pmatrix}\begin{matrix}1&1\\1&3\end{matrix}&\boldsymbol{O}\\\boldsymbol{O}&\begin{matrix}a^2&a^3&-a\\a^3&a&-a^2\\a&a^2&-a^3\end{matrix}\end{pmatrix}$. 问 a 取何值时，二次型 $f(x_1,x_2,x_3)=\boldsymbol{x}^{\mathrm{T}}\boldsymbol{A}\boldsymbol{x}$（其中，$\boldsymbol{x}=(x_1,x_2,x_3)^{\mathrm{T}}$）为正定矩阵？说明理由.

5.15 当实数 $a_i(i=1,2,\cdots,n)$ 满足何种条件时，二次型

$f(x_1,x_2,x_n)=(x_1+a_1x_2)^2+(x_2+a_2x_3)^2+\cdots+(x_{n-1}+a_{n-1}x_n)^2+(x_n+a_nx_1)^2$ 为正定矩阵？说明理由.

B 组

5.16 设 n 阶实对称矩阵 $\boldsymbol{A},\boldsymbol{B}$，其中 $\boldsymbol{A}$ 的特征值都大于 a，$\boldsymbol{B}$ 的特征值都大于 b. 证明：$\boldsymbol{A}+\boldsymbol{B}$的特征值都大于 $a+b$.

5.17 设 $\boldsymbol{A}$ 是 n 阶实矩阵，如果对任意 n 维实列向量 $\boldsymbol{\alpha}$，有 $\boldsymbol{\alpha}^{\mathrm{T}}\boldsymbol{A}\boldsymbol{\alpha}=0$，证明：$\boldsymbol{A}^{\mathrm{T}}=-\boldsymbol{A}$.

5.18 设 $\boldsymbol{A}$ 是 n 阶正定矩阵，$\boldsymbol{\alpha}_1,\boldsymbol{\alpha}_2,\cdots,\boldsymbol{\alpha}_s$ 是满足 $\boldsymbol{\alpha}_i^{\mathrm{T}}\boldsymbol{A}\boldsymbol{\alpha}_j=0(i,j=1,2,\cdots,s,i\neq j)$ 的 n 维非零列向量组. 证明：$\boldsymbol{\alpha}_1,\boldsymbol{\alpha}_2,\cdots,\boldsymbol{\alpha}_s$ 线性无关.

5.19 设 n 阶正定矩阵 $\boldsymbol{A}=(a_{ij})$ 及实数 $a_1,a_2,\cdots,a_n$ 全不为零. 证明：n 阶矩阵 $\boldsymbol{B}=(a_ia_ja_{ij})$也是正定矩阵.

5.20 设 $\boldsymbol{A},\boldsymbol{C}$ 都是 n 阶正定矩阵，n 阶实矩阵 $\boldsymbol{B}$ 是矩阵方程

$$\boldsymbol{AX}+\boldsymbol{XA}=\boldsymbol{C}$$

的唯一解. 证明：$\boldsymbol{B}$ 是正定矩阵.

5.21 设 $\boldsymbol{A}$ 是 n 阶实对称矩阵. 证明：$r(\boldsymbol{A})=n$ 的充分必要条件是存在 n 阶实矩阵 $\boldsymbol{B}$，使得 $\boldsymbol{AB}+\boldsymbol{B}^{\mathrm{T}}\boldsymbol{A}$ 是正定矩阵.

5.22 设 $\boldsymbol{P},\boldsymbol{Q},\boldsymbol{B}$ 都是 n 阶实矩阵，其中，$\boldsymbol{P},\boldsymbol{Q}$ 正定. 证明：$\boldsymbol{P}-\boldsymbol{B}^{\mathrm{T}}\boldsymbol{Q}^{-1}\boldsymbol{B}$ 是正定的充分必要条件是 $\boldsymbol{Q}-\boldsymbol{B}\boldsymbol{P}^{-1}\boldsymbol{B}^{\mathrm{T}}$ 是 n 阶正定矩阵.

5.23 设 $\boldsymbol{Q}$ 是 n 阶正定矩阵，$\boldsymbol{x}$ 是任意的 n 维非零列向量. 证明：$0<\boldsymbol{x}^{\mathrm{T}}(\boldsymbol{Q}+\boldsymbol{x}\boldsymbol{x}^{\mathrm{T}})^{-1}\boldsymbol{x}<1$.

5.24 设 $\boldsymbol{A}=(a_{ij})_{n\times n}$，$\boldsymbol{x}=(x_1,x_2,\cdots,x_n)^{\mathrm{T}}$，$\boldsymbol{y}=(y_1,y_2,\cdots,y_n)^{\mathrm{T}}$. 证明：

当 $\boldsymbol{A}$ 是正定矩阵时，对任意的 $\boldsymbol{x}\neq\boldsymbol{0}$，都有 $\begin{vmatrix}\boldsymbol{A}&-\boldsymbol{x}\\\boldsymbol{x}^{\mathrm{T}}&0\end{vmatrix}>0$.

5.25 设 $\boldsymbol{A}$ 是 n 阶实对称矩阵，满足 $\boldsymbol{A}^3-3\boldsymbol{A}^2+5\boldsymbol{A}-3\boldsymbol{E}_n=\boldsymbol{O}$. 证明：$\boldsymbol{A}$ 是正定矩阵.

5.26 设 $\boldsymbol{A}$ 是 n 阶实对称矩阵，$\boldsymbol{b}$ 是 n 维列向量. 证明：$\boldsymbol{A}-\boldsymbol{b}\boldsymbol{b}^{\mathrm{T}}$ 为正定矩阵的充分必要条件是 $\boldsymbol{A}$ 为正定矩阵，且 $\boldsymbol{b}^{\mathrm{T}}\boldsymbol{A}^{-1}\boldsymbol{b}<1$.

5.27　设 $\boldsymbol{A}=(a_{ij})$ 是 n 阶正定矩阵，证明：矩阵 $\boldsymbol{B}$ 及 $\boldsymbol{BAB}$ 都是正定矩阵，其中

$$\boldsymbol{B}=\begin{pmatrix} a_{11}^{-\frac{1}{2}} & & & \\ & a_{22}^{-\frac{1}{2}} & & \\ & & \ddots & \\ & & & a_{nn}^{-\frac{1}{2}} \end{pmatrix}.$$

5.28　设 $\boldsymbol{A},\boldsymbol{B}$ 都是 n 阶正定矩阵，证明：$\boldsymbol{AB}$ 的特征值全为正.

5.29　设 $\boldsymbol{A}$ 为 n 阶正定矩阵，$\boldsymbol{\beta},\boldsymbol{x}=(x_1,x_2,\cdots,x_n)^{\mathrm{T}}$ 都是 n 维列向量，c 是常数. 证明：n 元二次函数

$$f(\boldsymbol{x}^{\mathrm{T}})=\boldsymbol{x}^{\mathrm{T}}\boldsymbol{A}\boldsymbol{x}-2\boldsymbol{\beta}^{\mathrm{T}}\boldsymbol{x}+c\text{（这里 }f(x_1,x_2,\cdots,x_n)\xlongequal{\text{记}}f(\boldsymbol{x}^{\mathrm{T}})\text{）}$$

的最小值为 $c-\boldsymbol{\beta}^{\mathrm{T}}\boldsymbol{A}^{-1}\boldsymbol{\beta}$.

5.30　设 $\boldsymbol{A},\boldsymbol{B}$ 都是 n 阶正定矩阵. 证明：

（Ⅰ）如果 $\boldsymbol{A}-\boldsymbol{B}$ 是正定矩阵，则 $\boldsymbol{B}^{-1}-\boldsymbol{A}^{-1}$ 也是正定矩阵；

（Ⅱ）如果 $\boldsymbol{A}-\boldsymbol{B}$ 是正定矩阵，问 $\boldsymbol{A}^2-\boldsymbol{B}^2$ 是否也是正定矩阵？如果是，给出证明；如果不是，试举出例子.

附：解答

5.1　（Ⅰ）由于 $r(\boldsymbol{B})=r(\boldsymbol{C})=r(\boldsymbol{D})=r(\boldsymbol{A})=3$，所以 $\boldsymbol{B},\boldsymbol{C},\boldsymbol{D}$ 都与 $\boldsymbol{A}$ 等价.

（Ⅱ）$\boldsymbol{A}$ 的特征值为 $1,2,-1$（2 正 1 负），$\boldsymbol{B}$ 的特征值为 $3,\frac{3+\sqrt{5}}{2},\frac{3-\sqrt{5}}{2}$（3 正），$\boldsymbol{C}$ 的特征值为 $2,1,1$（3 正），$\boldsymbol{D}$ 的特征值为 $1,2,-1$（2 正 1 负），所以仅有 $\boldsymbol{D}$ 与 $\boldsymbol{A}$ 合同.

以 $\boldsymbol{A}$ 为矩阵的二次型　$f(y_1,y_2,y_3)=y_1^2+2y_2^2-y_3^2$，以 $\boldsymbol{D}$ 为矩阵的二次型

$$g(x_1,x_2,x_3)=2x_1x_2+2x_3^2.$$

令 $\begin{cases} x_1=z_1+z_2, \\ x_2=z_1-z_2, \\ x_3=\quad\ \ z_3, \end{cases}$　即 $\boldsymbol{x}=\begin{pmatrix} 1 & 1 & 0 \\ 1 & -1 & 0 \\ 0 & 0 & 1 \end{pmatrix}\boldsymbol{z}$（其中 $\boldsymbol{x}=(x_1,x_2,x_3)^{\mathrm{T}},\boldsymbol{z}=(z_1,z_2,z_3)^{\mathrm{T}}$），则

$g(x_1,x_2,x_3)=2z_1^2-2z_2^2+2z_3^2$.

记 $\boldsymbol{z}=\begin{pmatrix} \frac{1}{\sqrt{2}} & 0 & 0 \\ 0 & 0 & \frac{1}{\sqrt{2}} \\ 0 & 1 & 0 \end{pmatrix}\boldsymbol{y}$（其中 $\boldsymbol{y}=(y_1,y_2,y_3)^{\mathrm{T}}$），则

$$\boldsymbol{x}=\begin{pmatrix} 1 & 1 & 0 \\ 1 & -1 & 0 \\ 0 & 0 & 1 \end{pmatrix}\begin{pmatrix} \frac{1}{\sqrt{2}} & 0 & 0 \\ 0 & 0 & \frac{1}{\sqrt{2}} \\ 0 & 1 & 0 \end{pmatrix}\boldsymbol{y}=\begin{pmatrix} \frac{1}{\sqrt{2}} & 0 & \frac{1}{\sqrt{2}} \\ \frac{1}{\sqrt{2}} & 0 & -\frac{1}{\sqrt{2}} \\ 0 & 1 & 0 \end{pmatrix}\boldsymbol{y}$$

将 $g(x_1,x_2,x_3)$ 化为 $y_1^2+2y_2^2-y_3^2$. 于是 $\boldsymbol{P}=\begin{pmatrix}\frac{1}{\sqrt{2}} & 1 & \frac{1}{\sqrt{2}}\\ \frac{1}{\sqrt{2}} & 0 & -\frac{1}{\sqrt{2}}\\ 0 & 1 & 0\end{pmatrix}$ 即为所求的合同变换矩阵,它使得 $\boldsymbol{P}^{\mathrm{T}}\boldsymbol{DP}=\boldsymbol{A}$.

(Ⅲ) 由(Ⅱ)中计算的特征值可知,仅有 $\boldsymbol{D}$ 与 $\boldsymbol{A}$ 相似.

$$\lambda\boldsymbol{E}_3-\boldsymbol{D}=\begin{pmatrix}\lambda & -1 & 0\\ -1 & \lambda & 0\\ 0 & 0 & \lambda-2\end{pmatrix},$$

设 $\boldsymbol{D}$ 的对应于 $\lambda=1$ 的特征向量为 $\boldsymbol{\alpha}=(a_1,a_2,a_3)^{\mathrm{T}}$,则 $\boldsymbol{\alpha}$ 满足

$$\begin{pmatrix}1 & -1 & 0\\ -1 & 1 & 0\\ 0 & 0 & -1\end{pmatrix}\begin{pmatrix}a_1\\ a_2\\ a_3\end{pmatrix}=\boldsymbol{0}.$$

它有基础解系 $(1,1,0)^{\mathrm{T}}$,故可取 $\boldsymbol{\alpha}=(1,1,0)^{\mathrm{T}}$.

设 $\boldsymbol{D}$ 的对应于 $\lambda=2$ 的特征向量为 $\boldsymbol{\beta}=(b_1,b_2,b_3)^{\mathrm{T}}$,则 $\boldsymbol{\beta}$ 满足

$$\begin{pmatrix}2 & -1 & 0\\ -1 & 2 & 0\\ 0 & 0 & 0\end{pmatrix}\begin{pmatrix}b_1\\ b_2\\ b_3\end{pmatrix}=\boldsymbol{0},$$

它有基础解系 $(0,0,1)^{\mathrm{T}}$,故可取 $\boldsymbol{\beta}=(0,0,1)^{\mathrm{T}}$.

设 $\boldsymbol{D}$ 的对应于 $\lambda=-1$ 的特征向量 $\boldsymbol{\gamma}=(c_1,c_2,c_3)^{\mathrm{T}}$,则 $\boldsymbol{\gamma}$ 满足

$$\begin{pmatrix}-1 & -1 & 0\\ -1 & -1 & 0\\ 0 & 0 & -3\end{pmatrix}\begin{pmatrix}c_1\\ c_2\\ c_3\end{pmatrix}=\boldsymbol{0},$$

它有基础解系 $(1,-1,0)^{\mathrm{T}}$,故可取 $\boldsymbol{\gamma}=(1,-1,0)^{\mathrm{T}}$.

于是,所求的相似变换矩阵 $\boldsymbol{Q}=(\boldsymbol{\alpha},\boldsymbol{\beta},\boldsymbol{\gamma})=\begin{pmatrix}1 & 0 & 1\\ 1 & 0 & -1\\ 0 & 1 & 0\end{pmatrix}$,它使得

$$\boldsymbol{Q}^{-1}\boldsymbol{DQ}=\begin{pmatrix}1 & & \\ & 2 & \\ & & -1\end{pmatrix}=\boldsymbol{A}.$$

5.2 由于 $|\lambda\boldsymbol{E}_3-\boldsymbol{A}|=\begin{vmatrix}\lambda-a & 0 & -1\\ 0 & \lambda-a & 1\\ -1 & 1 & \lambda-(a-1)\end{vmatrix}=[\lambda-(a+1)](\lambda-a)[\lambda-(a-2)]$,

所以,$\boldsymbol{A}$ 有特征值 $\lambda=a+1,a,a-2$. 由于 $\boldsymbol{A}\cong\boldsymbol{B}$,所以 $a-2=0$,即 $a=2$.

当 $a=2$ 时,$\boldsymbol{A}=\begin{pmatrix}2 & 0 & 1\\ 0 & 2 & -1\\ 1 & -1 & 1\end{pmatrix}$(实对称矩阵),以 $\boldsymbol{A}$ 为矩阵的二次型

$$f(x_1,x_2,x_3)=2x_1^2+2x_2^2+x_3^2+2x_1x_3-2x_2x_3$$
$$=2\left(x_1^2+x_1x_3+\frac{1}{4}x_3^2\right)+\frac{1}{2}(4x_2^2-4x_2x_3+x_3^2)=2\left(x_1+\frac{1}{2}x_3\right)^2+\frac{1}{2}(2x_2-x_3)^2.$$

令$\begin{cases}y_1=\sqrt{2}\left(x_1+\frac{1}{2}x_3\right),\\ y_2=\frac{1}{\sqrt{2}}(2x_2-x_3),\\ y_3=x_3,\end{cases}$，即$\begin{pmatrix}x_1\\x_2\\x_3\end{pmatrix}=\begin{pmatrix}\frac{1}{\sqrt{2}} & 0 & -\frac{1}{2}\\ 0 & \frac{1}{\sqrt{2}} & \frac{1}{2}\\ 0 & 0 & 1\end{pmatrix}\begin{pmatrix}y_1\\y_2\\y_3\end{pmatrix}$，

它使得 $f(x_1,x_2,x_3)=y_1^2+y_2^2$. 所以，所求的合同变换矩阵

$$\boldsymbol{C}=\begin{pmatrix}\frac{1}{\sqrt{2}} & 0 & -\frac{1}{2}\\ 0 & \frac{1}{\sqrt{2}} & \frac{1}{2}\\ 0 & 0 & 1\end{pmatrix}\text{(可逆矩阵)},$$

它使得 $\boldsymbol{C}^{\mathrm{T}}\boldsymbol{A}\boldsymbol{C}=\boldsymbol{B}$.

5.3　以 $\boldsymbol{A}$ 为矩阵的二次型

$$f(x_1,x_2,x_3)=x_1^2+4x_2^2+x_3^2-4x_1x_2-8x_1x_3-4x_2x_3$$
$$=(x_1^2-4x_1x_2+4x_2^2)+[x_3^2-2x_3(4x_1+2x_2)+(4x_1+2x_2)^2]-(4x_1+2x_2)^2$$
$$=(x_1-2x_2)^2+(4x_1+2x_2-x_3)^2-(4x_1+2x_2)^2.$$

令$\begin{cases}y_1=x_1-2x_2,\\ y_2=4x_1+2x_2,\\ y_3=4x_1+2x_2-x_3,\end{cases}$　　即$\begin{cases}x_1=\frac{1}{5}y_1+\frac{1}{5}y_2,\\ x_2=-\frac{2}{5}y_1+\frac{1}{10}y_2,\\ x_3=y_2-y_3,\end{cases}$　　(1)

则 $f(x_1,x_2,x_3)=y_1^2-y_2^2+y_3^2$.

取 $y_1=0,y_2=y_3=1$，将它们代入式(1)，得

$$x_1=\frac{1}{5},x_2=\frac{1}{10},x_3=0.$$

于是可以取 $\boldsymbol{\alpha}=\left(\frac{1}{5},\frac{1}{10},0\right)^{\mathrm{T}}\neq\boldsymbol{0}$，它使得 $\boldsymbol{\alpha}^{\mathrm{T}}\boldsymbol{A}\boldsymbol{\alpha}=0$.

5.4　由于 f 的矩阵为

$$\boldsymbol{A}=\begin{pmatrix}\frac{1}{n}-\frac{1}{n^2} & -\frac{1}{n^2} & \cdots & -\frac{1}{n^2}\\ -\frac{1}{n^2} & \frac{1}{n}-\frac{1}{n^2} & \cdots & -\frac{1}{n^2}\\ \vdots & \vdots & & \vdots\\ -\frac{1}{n^2} & -\frac{1}{n^2} & \cdots & \frac{1}{n}-\frac{1}{n^2}\end{pmatrix},$$

所以，由

$$|\lambda \boldsymbol{E}_n-\boldsymbol{A}|=\begin{vmatrix} \lambda-\left(\frac{1}{n}-\frac{1}{n^2}\right) & \frac{1}{n^2} & \cdots & \frac{1}{n^2} \\ \frac{1}{n^2} & \lambda-\left(\frac{1}{n}-\frac{1}{n^2}\right) & \cdots & \frac{1}{n^2} \\ \vdots & \vdots & & \vdots \\ \frac{1}{n^2} & \frac{1}{n^2} & \cdots & \lambda-\left(\frac{1}{n}-\frac{1}{n^2}\right) \end{vmatrix}=\lambda\left(\lambda-\frac{1}{n}\right)^{n-1}$$

知 $\boldsymbol{A}$ 的特征值为 $\lambda=0,\frac{1}{n}$（$n-1$ 重）.

由此可知，f 的正惯性指数为 $n-1$，负惯性指数为 0.

5.5

$$\begin{aligned} f(x_1,x_2,\cdots x_n) &= \sum_{i=1}^{m}(a_{i1}x_1+a_{i2}x_2+\cdots+a_{in}x_n)^2 \\ &= \sum_{i=1}^{m}\left[(x_1,x_2,\cdots,x_n)\begin{pmatrix} a_{i1} \\ a_{i2} \\ \vdots \\ a_{in} \end{pmatrix}\right]^2 \\ &= \sum_{i=1}^{m}(x_1,x_2,\cdots,x_n)\left[\begin{pmatrix} a_{i1} \\ a_{i2} \\ \vdots \\ a_{in} \end{pmatrix}(a_{i1},a_{i2},\cdots,a_{in})\right]\begin{pmatrix} x_1 \\ x_2 \\ \vdots \\ x_n \end{pmatrix} \\ &= (x_1,x_2,\cdots,x_n)\left[\sum_{i=1}^{m}\begin{pmatrix} a_{i1} \\ a_{i2} \\ \vdots \\ a_{in} \end{pmatrix}(a_{i1},a_{i2},\cdots,a_{in})\right]\begin{pmatrix} x_1 \\ x_2 \\ \vdots \\ x_n \end{pmatrix}. \end{aligned} \tag{1}$$

记 $\boldsymbol{A}=\begin{pmatrix} a_{11} & a_{12} & \cdots & a_{1n} \\ a_{21} & a_{22} & \cdots & a_{2n} \\ \vdots & \vdots & & \vdots \\ a_{n1} & a_{n2} & \cdots & a_{nn} \end{pmatrix}$，则

$$\begin{aligned} \sum_{i=1}^{m}\begin{pmatrix} a_{i1} \\ a_{i2} \\ \vdots \\ a_{in} \end{pmatrix}(a_{i1},a_{i2},\cdots,a_{in}) &= \underbrace{\begin{pmatrix} a_{11} & a_{21} & \cdots & a_{m1} \\ a_{12} & a_{22} & \cdots & a_{m2} \\ \vdots & \vdots & & \vdots \\ a_{1n} & a_{2n} & \cdots & a_{mn} \end{pmatrix}}_{\text{(分块矩阵)}}\underbrace{\begin{pmatrix} a_{11} & a_{12} & \cdots & a_{1n} \\ a_{21} & a_{22} & \cdots & a_{2n} \\ \vdots & \vdots & & \vdots \\ a_{m1} & a_{m2} & \cdots & a_{mn} \end{pmatrix}}_{\text{(分块矩阵)}} \\ &= \boldsymbol{A}^{\mathrm{T}}\boldsymbol{A} \end{aligned} \tag{2}$$

将式(2)代入式(1)，得

$$f(x_1,x_2,\cdots,x_n)=(x_1,x_2,\cdots,x_n)\boldsymbol{A}^{\mathrm{T}}\boldsymbol{A}\begin{pmatrix} x_1 \\ x_2 \\ \vdots \\ x_n \end{pmatrix}.$$

显然，$\boldsymbol{A}^{\mathrm{T}}\boldsymbol{A}$ 是实对称矩阵，所以 f 的矩阵为 $\boldsymbol{A}^{\mathrm{T}}\boldsymbol{A}$.

5.6　记 $\boldsymbol{x}=(x_1,x_2,\cdots,x_n)^{\mathrm{T}}$，则

$$\left(\begin{array}{c:cccc} 0 & x_1 & x_2 & \cdots & x_n \\ \hdashline -x_1 & & & & \\ -x_2 & & & \boldsymbol{A} & \\ \vdots & & & & \\ -x_n & & & & \end{array}\right)=\begin{pmatrix} 0 & \boldsymbol{x}^{\mathrm{T}} \\ -\boldsymbol{x} & \boldsymbol{A} \end{pmatrix}.$$

对上式右边分块矩阵施行初等变换，使 $-\boldsymbol{x}$ 处成为 $\boldsymbol{0}$：

$$\begin{pmatrix} 0 & \boldsymbol{x}^{\mathrm{T}} \\ -\boldsymbol{x} & \boldsymbol{A} \end{pmatrix}\begin{pmatrix} 1 & \boldsymbol{0} \\ \boldsymbol{A}^{-1}\boldsymbol{x} & \boldsymbol{E}_n \end{pmatrix}=\begin{pmatrix} \boldsymbol{x}^{\mathrm{T}}\boldsymbol{A}^{-1}\boldsymbol{x} & \boldsymbol{x}^{\mathrm{T}} \\ \boldsymbol{0} & \boldsymbol{A} \end{pmatrix},$$

从而 $f(x_1,x_2,\cdots,x_n)=\begin{vmatrix} 0 & \boldsymbol{x}^{\mathrm{T}} \\ -\boldsymbol{x} & \boldsymbol{A} \end{vmatrix}=\left|\begin{pmatrix} 0 & \boldsymbol{x}^{\mathrm{T}} \\ -\boldsymbol{x} & \boldsymbol{A} \end{pmatrix}\begin{pmatrix} 1 & \boldsymbol{0} \\ \boldsymbol{A}^{-1}\boldsymbol{x} & \boldsymbol{E}_n \end{pmatrix}\right|$

$$=\begin{vmatrix} \boldsymbol{x}^{\mathrm{T}}\boldsymbol{A}^{-1}\boldsymbol{x} & \boldsymbol{x}^{\mathrm{T}} \\ \boldsymbol{0} & \boldsymbol{A} \end{vmatrix}=|\boldsymbol{A}|(\boldsymbol{x}^{\mathrm{T}}\boldsymbol{A}^{-1}\boldsymbol{x})$$

$$=\boldsymbol{x}^{\mathrm{T}}(|\boldsymbol{A}|\boldsymbol{A}^{-1})\boldsymbol{x}=\boldsymbol{x}^{\mathrm{T}}\boldsymbol{A}^{*}\boldsymbol{x}.$$

由 $\boldsymbol{A}$ 是实对称矩阵知，$\boldsymbol{A}^{*}$ 也是实对称矩阵. 因此 f 的矩阵为 $\boldsymbol{A}^{*}$.

5.7　令 $\begin{cases} z_1=x_1+x_2, \\ z_2=x_1-x_2, \\ z_3=x_3, \end{cases}$　即 $\boldsymbol{x}=\begin{pmatrix} \frac{1}{2} & \frac{1}{2} & 0 \\ \frac{1}{2} & -\frac{1}{2} & 0 \\ 0 & 0 & 1 \end{pmatrix}\boldsymbol{z}$（其中，$\boldsymbol{z}=(z_1,z_2,z_3)^{\mathrm{T}}$）

使得 $f(x_1,x_2,x_3)=\frac{1}{2}z_1^2-\frac{1}{2}z_2^2+2z_1z_3=\frac{1}{2}(z_1^2+4z_1z_3+4z_3^2)-\frac{1}{2}z_2^2-2z_3^2$

$$=\frac{1}{2}(z_1+2z_3)^2-\frac{1}{2}z_2^2-2z_3^2.$$

记 $\begin{cases} y_1=\frac{1}{\sqrt{2}}z_1+\sqrt{2}z_3, \\ y_2=\frac{1}{\sqrt{2}}z_2, \\ y_3=\sqrt{2}z_3, \end{cases}$　即 $\boldsymbol{z}=\begin{pmatrix} \sqrt{2} & 0 & -\sqrt{2} \\ 0 & \sqrt{2} & 0 \\ 0 & 0 & \frac{1}{\sqrt{2}} \end{pmatrix}\boldsymbol{y}$，记

$$\boldsymbol{C}=\begin{pmatrix} \frac{1}{2} & \frac{1}{2} & 0 \\ \frac{1}{2} & -\frac{1}{2} & 0 \\ 0 & 0 & 1 \end{pmatrix}\begin{pmatrix} \sqrt{2} & 0 & -\sqrt{2} \\ 0 & \sqrt{2} & 0 \\ 0 & 0 & \frac{1}{\sqrt{2}} \end{pmatrix}=\begin{pmatrix} \frac{1}{\sqrt{2}} & \frac{1}{\sqrt{2}} & -\frac{1}{\sqrt{2}} \\ \frac{1}{\sqrt{2}} & -\frac{1}{\sqrt{2}} & -\frac{1}{\sqrt{2}} \\ 0 & 0 & \frac{1}{\sqrt{2}} \end{pmatrix},$$

则可逆线性变换 $\boldsymbol{x}=\boldsymbol{C}\boldsymbol{y}$ 将 f 化为规范形 $y_1^2-y_2^2-y_3^2$.

5.8　f 的矩阵 $\boldsymbol{A}=\begin{pmatrix} 1 & 1 & -a \\ 1 & a & -1 \\ -a & -1 & 1 \end{pmatrix}$. 由于

$$A\xrightarrow[\text{(以下同)}]{\text{初等行变换}}\begin{pmatrix}1&1&-a\\0&a-1&a-1\\0&a-1&1-a^2\end{pmatrix}\to\begin{pmatrix}1&1&-a\\0&a-1&a-1\\0&0&-(a+2)(a-1)\end{pmatrix},$$

所以,由题设 $r(A)=2$ 得 $a=-2$. 因此

$$\begin{aligned}f(x_1,x_2,x_3)&=x_1^2-2x_2^2+x_3^2+2x_1x_2-2x_2x_3+4x_1x_3\\&=[x_1^2+2x_1(x_2+2x_3)+(x_2+2x_3)^2]-2x_2^2+x_3^2-2x_2x_3-(x_2+2x_3)^2\\&=(x_1+x_2+2x_3)^2-3(x_2+x_3)^2.\end{aligned}$$

令 $\begin{cases}y_1=x_1+x_2+2x_3,\\y_2=\sqrt{3}x_2+\sqrt{3}x_3,\\y_3=x_3,\end{cases}$ 即 $\begin{cases}x_1=y_1-\frac{1}{\sqrt{3}}y_2-y_3,\\x_2=\frac{1}{\sqrt{3}}y_2-y_3,\\x_3=y_3,\end{cases}$ 于是所求的可逆线性变换

$$x=Cy=\begin{pmatrix}1&-\frac{1}{\sqrt{3}}&-1\\0&\frac{1}{\sqrt{3}}&-1\\0&0&1\end{pmatrix}y,$$

它将 f 化为规范形 $y_1^2-y_2^2$.

5.9 由题设知,A 的特征值为 $\lambda=-2,-1$(二重),再由题设知,$\boldsymbol{\alpha}=(1,-1,0)^T$ 是 A 的对应于 $\lambda=-2$ 的特征向量. 设 $\lambda=-1$ 对应的特征向量为 $\boldsymbol{\beta}=(b_1,b_2,b_3)^T$,则 $\boldsymbol{\beta}$ 与 $\boldsymbol{\alpha}$ 正交,故有 $b_1-b_2=0$. 它有基础解系 $(1,1,0)^T,(0,0,1)^T$,故可取 $\boldsymbol{\beta}=\boldsymbol{\beta}_1(1,1,0)^T,\boldsymbol{\beta}=\boldsymbol{\beta}_2(0,0,1)^T$.

显然,$\boldsymbol{\alpha},\boldsymbol{\beta}_1,\boldsymbol{\beta}_2$ 是正交向量组,现将它们单位化:

$$e_1=\frac{\boldsymbol{\alpha}}{\|\boldsymbol{\alpha}\|}=\left(\frac{1}{\sqrt{2}},-\frac{1}{\sqrt{2}},0\right)^T,$$

$$e_2=\frac{\boldsymbol{\beta}_1}{\|\boldsymbol{\beta}_1\|}=\left(\frac{1}{\sqrt{2}},\frac{1}{\sqrt{2}},0\right)^T,$$

$$e_3=\boldsymbol{\beta}_2=(0,0,1)^T.$$

因此,所求的正交矩阵 $Q=(e_1,e_2,e_3)=\begin{pmatrix}\frac{1}{\sqrt{2}}&\frac{1}{\sqrt{2}}&0\\-\frac{1}{\sqrt{2}}&\frac{1}{\sqrt{2}}&0\\0&0&1\end{pmatrix}$.

由于 $|A|=(-2)\times(-1)\times(-1)=-2$,所以 A^* 的特征值为

$$\mu_1=\frac{|A|}{-2}=1,\mu_2=\frac{|A|}{-1}=2(\text{二重}).$$

因此 g 的正、负惯性指数分别为 3,0.

5.10 f 的矩阵 $A=\begin{pmatrix}1&-1&-1\\-1&1&a\\-1&a&1\end{pmatrix}$,由题设知,$A$ 有特征值 $\lambda=2$(二重),b,所以有

$$\begin{cases}\operatorname{tr}\boldsymbol{A}=2+2+b\\|2\boldsymbol{E}_3-\boldsymbol{A}|=0.\end{cases}$$

解此方程组得 $a=-1,b=-1$.

设 $\boldsymbol{A}$ 的对应于 $\lambda=b=-1$ 的特征向量为 $\boldsymbol{\alpha}=(a_1,a_2,a_3)^{\mathrm{T}}$,则 $\boldsymbol{\alpha}$ 满足

$$\begin{pmatrix}-2&1&1\\1&-2&1\\1&1&-2\end{pmatrix}\begin{pmatrix}a_1\\a_2\\a_3\end{pmatrix}=\mathbf{0}.$$

它有基础解系 $(1,1,1)^{\mathrm{T}}$,故可取 $\boldsymbol{\alpha}=(1,1,1)^{\mathrm{T}}$.

设 $\boldsymbol{A}$ 的对应于 $\lambda=2$ 的特征向量为 $\boldsymbol{\beta}=(b_1,b_2,b_3)^{\mathrm{T}}$,则它与 $\boldsymbol{\alpha}$ 正交,即

$$b_1+b_2+b_3=0.$$

它有基础解系 $(-1,1,0)^{\mathrm{T}},(-1,0,1)^{\mathrm{T}}$,故可取 $\boldsymbol{\beta}=\boldsymbol{\beta}_1=(-1,1,0)^{\mathrm{T}},\boldsymbol{\beta}=\boldsymbol{\beta}_2=(-1,0,1)^{\mathrm{T}}$.

现将 $\boldsymbol{\beta}_1,\boldsymbol{\beta}_2$ 正交化:

$$\boldsymbol{\xi}_1=\boldsymbol{\beta}_1=(-1,1,0)^{\mathrm{T}},$$

$$\boldsymbol{\xi}_2=\boldsymbol{\beta}_2-\frac{(\boldsymbol{\beta}_2,\boldsymbol{\xi}_1)}{(\boldsymbol{\xi}_1,\boldsymbol{\xi}_1)}\boldsymbol{\xi}_1=\left(-\frac{1}{2},-\frac{1}{2},1\right)^{\mathrm{T}}.$$

显然,$\boldsymbol{\alpha},\boldsymbol{\xi}_1,\boldsymbol{\xi}_2$ 是正交向量组,现将它们单位化:

$$\boldsymbol{e}_1=\frac{\boldsymbol{\alpha}}{\|\boldsymbol{\alpha}\|}=\left(\frac{1}{\sqrt{3}},\frac{1}{\sqrt{3}},\frac{1}{\sqrt{3}}\right)^{\mathrm{T}},$$

$$\boldsymbol{e}_2=\frac{\boldsymbol{\xi}_1}{\|\boldsymbol{\xi}_1\|}=\left(-\frac{1}{\sqrt{2}},\frac{1}{\sqrt{2}},0\right)^{\mathrm{T}},$$

$$\boldsymbol{e}_3=\frac{\boldsymbol{\xi}_2}{\|\boldsymbol{\xi}_2\|}=\left(-\frac{1}{\sqrt{6}},-\frac{1}{\sqrt{6}},\frac{2}{\sqrt{6}}\right)^{\mathrm{T}}.$$

记 $\boldsymbol{Q}=(\boldsymbol{e}_1,\boldsymbol{e}_2,\boldsymbol{e}_3)=\begin{pmatrix}\frac{1}{\sqrt{3}}&-\frac{1}{\sqrt{2}}&-\frac{1}{\sqrt{6}}\\\frac{1}{\sqrt{3}}&\frac{1}{\sqrt{2}}&-\frac{1}{\sqrt{6}}\\\frac{1}{\sqrt{3}}&0&\frac{2}{\sqrt{6}}\end{pmatrix}$,则 $\boldsymbol{Q}$ 是正交矩阵,且正交变换 $\boldsymbol{x}=\boldsymbol{Q}\boldsymbol{y}$ 即为所求.

由于 $\boldsymbol{x}^{\mathrm{T}}\boldsymbol{x}=\boldsymbol{y}^{\mathrm{T}}\boldsymbol{y}$,所以在 $y_1^2+y_2^2+y_3^2=3$ 的条件下,

$$f(x_1,x_2,x_3)=2y_1^2+2y_2^2-y_3^2=2(y_1^2+y_2^2+y_3^2)-3y_3^2=6-3y_3^2.$$

从而,$f(x_1,x_2,x_3)$ 在 $\boldsymbol{x}^{\mathrm{T}}\boldsymbol{x}=3$ 的条件下的最大值为 6,最小值为 -3.

$6-3y_3^2$ 的最大值可在 $y_1=y_2=\sqrt{\frac{3}{2}},y_3=0$ 处取到,最小值可在 $y_1=y_2=0,y_3=\sqrt{3}$ 处取到. 从而

由 $\boldsymbol{x}=\begin{pmatrix}\frac{1}{\sqrt{3}}&-\frac{1}{\sqrt{2}}&-\frac{1}{\sqrt{6}}\\\frac{1}{\sqrt{3}}&\frac{1}{\sqrt{2}}&-\frac{1}{\sqrt{6}}\\\frac{1}{\sqrt{3}}&0&\frac{2}{\sqrt{6}}\end{pmatrix}\begin{pmatrix}\sqrt{\frac{3}{2}}\\\sqrt{\frac{3}{2}}\\0\end{pmatrix}=\left(\frac{1}{\sqrt{2}}-\frac{\sqrt{3}}{2},\frac{1}{\sqrt{2}}+\frac{\sqrt{3}}{2},\frac{1}{\sqrt{2}}\right)^{\mathrm{T}}$ 知,f 在 $\boldsymbol{x}^{\mathrm{T}}\boldsymbol{x}=3$ 条件下的

最大值点为$\left(\frac{1}{\sqrt{2}}-\frac{\sqrt{3}}{2},\frac{1}{\sqrt{2}}+\frac{\sqrt{3}}{2},\frac{1}{\sqrt{2}}\right)$.

由 $\boldsymbol{x}=\begin{pmatrix}\frac{1}{\sqrt{3}} & -\frac{1}{\sqrt{2}} & -\frac{1}{\sqrt{6}}\\ \frac{1}{\sqrt{3}} & \frac{1}{\sqrt{2}} & -\frac{1}{\sqrt{6}}\\ \frac{1}{\sqrt{3}} & 0 & \frac{2}{\sqrt{6}}\end{pmatrix}\begin{pmatrix}0\\0\\\sqrt{3}\end{pmatrix}=\left(-\frac{1}{\sqrt{2}},-\frac{1}{\sqrt{2}},\sqrt{2}\right)^{\mathrm{T}}$ 知,f 在 $\boldsymbol{x}^{\mathrm{T}}\boldsymbol{x}=3$ 条件下的最小值点为$\left(-\frac{1}{\sqrt{2}},-\frac{1}{\sqrt{2}},\sqrt{2}\right)$.

5.11 由于 f 的矩阵 $\boldsymbol{A}=\begin{pmatrix}1-a & 1+a & 0\\ 1+a & 1-a & 0\\ 0 & 0 & 2\end{pmatrix}\xrightarrow{\text{初等行变换}}\begin{pmatrix}1-a & 1+a & 0\\ 2 & 2 & 0\\ 0 & 0 & 2\end{pmatrix}$,所以,由 f 的秩为 2,即 $r(\boldsymbol{A})=2$ 知,$a=0$. 因此

$$f(x_1,x_2,x_3)=x_1^2+x_2^2+2x_3^2+2x_1x_2=(x_1+x_2)^2+2x_3^2.$$

令$\begin{cases}y_1=x_1+x_2,\\ y_2=x_2,\\ y_3=\sqrt{2}x_3,\end{cases}$ 即$\begin{cases}x_1=y_1-y_2,\\ x_2=y_2,\\ x_3=\frac{1}{\sqrt{2}}y_3,\end{cases}$ 所以,所求的可逆线性变换为 $\boldsymbol{x}=\begin{pmatrix}1 & -1 & 0\\ 0 & 1 & 0\\ 0 & 0 & \frac{1}{\sqrt{2}}\end{pmatrix}\boldsymbol{y}$,它将 f 化为规范形 $y_1^2+y_3^2$.

5.12 (Ⅰ)由 $f(x_1,x_2,x_3)=x_1^2+ax_2^2+x_3^2+2bx_1x_2+2x_1x_3+2x_2x_3$

$$=\boldsymbol{x}^{\mathrm{T}}\begin{pmatrix}1 & b & 1\\ b & a & 1\\ 1 & 1 & 1\end{pmatrix}\boldsymbol{x}$$

得 $\boldsymbol{B}=\begin{pmatrix}1 & b & 1\\ b & a & 1\\ 1 & 1 & 1\end{pmatrix}$.

由 $\boldsymbol{B}$ 有特征值 $\lambda=0,1,4$,得

$\begin{cases}1+a+1=0+1+4,\\ |\boldsymbol{B}|=0\times1\times4,\end{cases}$ 即 $a=3,b=1$.

将它们代入 $\boldsymbol{B}$,得 $\boldsymbol{B}=\begin{pmatrix}1 & 1 & 1\\ 1 & 3 & 1\\ 1 & 1 & 1\end{pmatrix}$.

(Ⅱ)设 $\boldsymbol{B}$ 的对应于 $\lambda=0$ 的特征向量为 $\boldsymbol{\alpha}=(a_1,a_2,a_3)^{\mathrm{T}}$,则 $\boldsymbol{\alpha}$ 满足

$$\begin{pmatrix}-1 & -1 & -1\\ -1 & -3 & -1\\ -1 & -1 & -1\end{pmatrix}\begin{pmatrix}a_1\\a_2\\a_3\end{pmatrix}=\boldsymbol{0},$$

它有基础解系$(-1,0,1)^{\mathrm{T}}$,故可取$\boldsymbol{\alpha}=(-1,0,1)^{\mathrm{T}}$.

设$\boldsymbol{B}$的对应于$\lambda=1$的特征向量为$\boldsymbol{\beta}=(b_1,b_2,b_3)^{\mathrm{T}}$,则$\boldsymbol{\beta}$满足

$$\begin{pmatrix}0&-1&-1\\-1&-2&-1\\-1&-1&0\end{pmatrix}\begin{pmatrix}b_1\\b_2\\b_3\end{pmatrix}=\boldsymbol{0},$$

它有基础解系$(1,-1,1)^{\mathrm{T}}$,故可取$\boldsymbol{\beta}=(1,-1,1)^{\mathrm{T}}$.

设$\boldsymbol{B}$的对应于$\lambda=4$的特征向量为$\boldsymbol{\gamma}=(c_1,c_2,c_3)^{\mathrm{T}}$,则$\boldsymbol{\gamma}$满足

$$\begin{pmatrix}3&-1&-1\\-1&1&-1\\-1&-1&3\end{pmatrix}\begin{pmatrix}c_1\\c_2\\c_3\end{pmatrix}=\boldsymbol{0},$$

它有基础解系$(1,2,1)^{\mathrm{T}}$,故可取$\boldsymbol{\gamma}=(1,2,1)^{\mathrm{T}}$.

显然,$\boldsymbol{\alpha},\boldsymbol{\beta},\boldsymbol{\gamma}$是正交向量组,现将它们单位化:

$$\boldsymbol{e}_1=\frac{\boldsymbol{\alpha}}{\|\boldsymbol{\alpha}\|}=\left(-\frac{1}{\sqrt{2}},0,\frac{1}{\sqrt{2}}\right)^{\mathrm{T}},$$

$$\boldsymbol{e}_2=\frac{\boldsymbol{\beta}}{\|\boldsymbol{\beta}\|}=\left(\frac{1}{\sqrt{3}},-\frac{1}{\sqrt{3}},\frac{1}{\sqrt{3}}\right)^{\mathrm{T}},$$

$$\boldsymbol{e}_3=\frac{\boldsymbol{\gamma}}{\|\boldsymbol{\gamma}\|}=\left(\frac{1}{\sqrt{6}},\frac{2}{\sqrt{6}},\frac{1}{\sqrt{6}}\right)^{\mathrm{T}}.$$

记$\boldsymbol{Q}=(\boldsymbol{e}_1,\boldsymbol{e}_2,\boldsymbol{e}_3)=\begin{pmatrix}-\frac{1}{\sqrt{2}}&\frac{1}{\sqrt{3}}&\frac{1}{\sqrt{6}}\\0&-\frac{1}{\sqrt{3}}&\frac{2}{\sqrt{6}}\\\frac{1}{\sqrt{2}}&\frac{1}{\sqrt{3}}&\frac{1}{\sqrt{6}}\end{pmatrix}$,则$\boldsymbol{Q}$是正交矩阵,且

$$\boldsymbol{Q}^{\mathrm{T}}\boldsymbol{B}\boldsymbol{Q}=\begin{pmatrix}0&&\\&1&\\&&4\end{pmatrix},$$

$$\boldsymbol{Q}^{\mathrm{T}}\boldsymbol{B}^2\boldsymbol{Q}=\begin{pmatrix}0^2&&\\&1^2&\\&&4^2\end{pmatrix}=\begin{pmatrix}0&&\\&1&\\&&16\end{pmatrix},$$

$$\boldsymbol{Q}^{\mathrm{T}}\boldsymbol{B}^*\boldsymbol{Q}=\boldsymbol{Q}^{-1}\boldsymbol{B}^*\boldsymbol{Q}=\frac{1}{|\boldsymbol{Q}|}\boldsymbol{Q}^*\boldsymbol{B}^*|\boldsymbol{Q}|(\boldsymbol{Q}^*)^{-1}$$

$$=\boldsymbol{Q}^*\boldsymbol{B}^*(\boldsymbol{Q}^{\mathrm{T}})^*=(\boldsymbol{Q}^{\mathrm{T}}\boldsymbol{B}\boldsymbol{Q})^*=\begin{pmatrix}0&&\\&1&\\&&4\end{pmatrix}^*=\begin{pmatrix}4&&\\&0&\\&&0\end{pmatrix}.$$

所以,$\boldsymbol{Q}^{\mathrm{T}}(\boldsymbol{B}^2-\boldsymbol{B}^*)\boldsymbol{Q}=\begin{pmatrix}0&&\\&1&\\&&16\end{pmatrix}-\begin{pmatrix}4&&\\&0&\\&&0\end{pmatrix}=\begin{pmatrix}-4&&\\&1&\\&&16\end{pmatrix}$.

从而，所求的正交变换为 $\boldsymbol{x}=\boldsymbol{Q}\boldsymbol{y}=\begin{pmatrix} -\frac{1}{\sqrt{2}} & \frac{1}{\sqrt{3}} & \frac{1}{\sqrt{6}} \\ 0 & -\frac{1}{\sqrt{3}} & \frac{2}{\sqrt{6}} \\ \frac{1}{\sqrt{2}} & \frac{1}{\sqrt{3}} & \frac{1}{\sqrt{6}} \end{pmatrix}\boldsymbol{y}$，它将 g 化为标准形 $-4y_1^2+y_2^2+16y_3^2$.

5.13 $\boldsymbol{A}=\begin{pmatrix} 1 & 2 & 2 & \cdots & 2 \\ 2 & 1 & 2 & \cdots & 2 \\ 2 & 2 & 1 & \cdots & 2 \\ \vdots & \vdots & \vdots & & \vdots \\ 2 & 2 & 2 & \cdots & 1 \end{pmatrix}$.

由 $|\lambda\boldsymbol{E}_n-\boldsymbol{A}|=\begin{vmatrix} \lambda-1 & -2 & -2 & \cdots & -2 \\ -2 & \lambda-1 & -2 & \cdots & -2 \\ -2 & -2 & \lambda-1 & \cdots & -2 \\ \vdots & \vdots & \vdots & & \vdots \\ -2 & -2 & -2 & \cdots & \lambda-1 \end{vmatrix}=(\lambda-2n+1)(\lambda+1)^{n-1}$ 知，

$\boldsymbol{A}$ 有特征值 $\lambda=2n-1,-1$（$n-1$ 重）.

设 $\boldsymbol{A}$ 的对应于 $\lambda=2n-1$ 的特征向量为 $\boldsymbol{\alpha}=(a_1,a_2,\cdots,a_n)^{\mathrm{T}}$，则 $\boldsymbol{\alpha}$ 满足

$$\begin{pmatrix} 2n-2 & -2 & -2 & \cdots & -2 \\ -2 & 2n-2 & -2 & \cdots & -2 \\ \vdots & \vdots & \vdots & & \vdots \\ -2 & -2 & -2 & \cdots & 2n-2 \end{pmatrix}\begin{pmatrix} a_1 \\ a_2 \\ \vdots \\ a_n \end{pmatrix}=\boldsymbol{0},$$

它有基础解系 $(1,1,\cdots,1)^{\mathrm{T}}$，故可取 $\boldsymbol{\alpha}=(1,1,\cdots,1)^{\mathrm{T}}$.

设 $\boldsymbol{A}$ 的对应于 $\lambda=-1$ 的特征向量为 $\boldsymbol{\beta}=(b_1,b_2,\cdots,b_n)^{\mathrm{T}}$，则由 $\boldsymbol{A}$ 是实对称矩阵知，$\boldsymbol{\beta}$ 与 $\boldsymbol{\alpha}$ 正交，即

$$b_1+b_2+\cdots+b_n=0.$$

它有基础解系

$$(1,-1,0,\cdots,0)^{\mathrm{T}},(1,0,-1,\cdots,0)^{\mathrm{T}},\cdots,(1,0,0,\cdots,-1)^{\mathrm{T}},$$

故可取 $\boldsymbol{\beta}=\boldsymbol{\beta}_2=(1,-1,0,\cdots,0)^{\mathrm{T}},\boldsymbol{\beta}=\boldsymbol{\beta}_3=(1,0,-1,\cdots,0)^{\mathrm{T}},\cdots,\boldsymbol{\beta}=\boldsymbol{\beta}_n=(1,0,0,\cdots,-1)^{\mathrm{T}}$.

现将 $\boldsymbol{\beta}_2,\boldsymbol{\beta}_3,\cdots,\boldsymbol{\beta}_n$ 正交化：

$$\boldsymbol{\xi}_2=\boldsymbol{\beta}_2=(1,-1,0,\cdots,0)^{\mathrm{T}},$$

$$\boldsymbol{\xi}_3=\boldsymbol{\beta}_3-\frac{(\boldsymbol{\beta}_3,\boldsymbol{\xi}_2)}{(\boldsymbol{\xi}_2,\boldsymbol{\xi}_2)}\boldsymbol{\xi}_2=\left(\frac{1}{2},\frac{1}{2},-1,\cdots,0\right)^{\mathrm{T}},$$

$$\boldsymbol{\xi}_4=\boldsymbol{\beta}_4-\frac{(\boldsymbol{\beta}_4,\boldsymbol{\xi}_2)}{(\boldsymbol{\xi}_2,\boldsymbol{\xi}_2)}\boldsymbol{\xi}_2-\frac{(\boldsymbol{\beta}_4,\boldsymbol{\xi}_3)}{(\boldsymbol{\xi}_3,\boldsymbol{\xi}_3)}\boldsymbol{\xi}_3=\left(\frac{1}{3},\frac{1}{3},\frac{1}{3},-1,\cdots,0\right)^{\mathrm{T}},$$

$$\vdots$$

$$\boldsymbol{\xi}_n=\left(\frac{1}{n-1},\frac{1}{n-1},\cdots,\frac{1}{n-1},-1\right)^{\mathrm{T}}.$$

$\boldsymbol{\alpha},\boldsymbol{\xi}_2,\boldsymbol{\xi}_3,\cdots,\boldsymbol{\xi}_n$ 是正交向量组，现将它们单位化：

$$e_1=\frac{\boldsymbol{\alpha}}{\|\boldsymbol{\alpha}\|}=\left(\frac{1}{\sqrt{n}},\frac{1}{\sqrt{n}},\frac{1}{\sqrt{n}},\frac{1}{\sqrt{n}},\cdots,\frac{1}{\sqrt{n}}\right)^{\mathrm{T}},$$

$$e_2=\frac{\boldsymbol{\xi}_2}{\|\boldsymbol{\xi}_2\|}=\left(\frac{1}{\sqrt{2\cdot 1}},-\frac{1}{\sqrt{2\cdot 1}},0,0,\cdots,0\right)^{\mathrm{T}},$$

$$e_3=\frac{\boldsymbol{\xi}_3}{\|\boldsymbol{\xi}_3\|}=\left(\frac{1}{\sqrt{3\cdot 2}},\frac{1}{\sqrt{3\cdot 2}},-\frac{2}{\sqrt{3\cdot 2}},0,\cdots,0\right)^{\mathrm{T}},$$

$$e_4=\frac{\boldsymbol{\xi}_4}{\|\boldsymbol{\xi}_4\|}=\left(\frac{1}{\sqrt{4\cdot 3}},\frac{1}{\sqrt{4\cdot 3}},\frac{2}{\sqrt{4\cdot 3}},-\frac{3}{\sqrt{4\cdot 3}},\cdots,0\right)^{\mathrm{T}},$$

$$\vdots$$

$$e_n=\frac{\boldsymbol{\xi}_n}{\|\boldsymbol{\xi}_n\|}=\left(\frac{1}{\sqrt{n(n-1)}},\frac{1}{\sqrt{n(n-1)}},\cdots,\frac{1}{\sqrt{n(n-1)}},-\frac{n-1}{\sqrt{n(n-1)}}\right)^{\mathrm{T}}.$$

记 $\boldsymbol{Q}=(e_1,e_2,e_3,\cdots,e_n)$(正交矩阵),则所求的正交变换为

$$\boldsymbol{x}=\boldsymbol{Q}\boldsymbol{y}=\begin{pmatrix}\frac{1}{\sqrt{n}} & \frac{1}{\sqrt{2\cdot 1}} & \frac{1}{\sqrt{3\cdot 2}} & \cdots & \frac{1}{\sqrt{n(n-1)}}\\ \frac{1}{\sqrt{n}} & -\frac{1}{\sqrt{2\cdot 1}} & \frac{1}{\sqrt{3\cdot 2}} & \cdots & \frac{1}{\sqrt{n(n-1)}}\\ \frac{1}{\sqrt{n}} & 0 & -\frac{2}{\sqrt{3\cdot 2}} & \cdots & \frac{1}{\sqrt{n(n-1)}}\\ \vdots & \vdots & \vdots & & \vdots\\ \frac{1}{\sqrt{n}} & 0 & 0 & \cdots & -\frac{n-1}{\sqrt{n(n-1)}}\end{pmatrix}.$$

由于 $|\boldsymbol{A}|=(-1)^{n-1}(2n-1)$,所以,$\boldsymbol{A}^*$ 的特征值为

$$\mu_1=\frac{|\boldsymbol{A}|}{2n-1}=(-1)^{n-1},\mu_2=\frac{|\boldsymbol{A}|}{-1}=(-1)^{n-2}(2n-1)(n-1\text{ 重}).$$

因此,$\boldsymbol{Q}^{\mathrm{T}}\boldsymbol{A}^*\boldsymbol{Q}=\begin{pmatrix}(-1)^{n-1} & & & & \\ & (-1)^{n-1} & & & \\ & & \ddots & & \\ & & & (-1)^{n-1} & \\ & & & & (-1)^{n-2}(2n-1)\end{pmatrix}$(即 $\boldsymbol{A}^*$ 的正交相似对角矩阵).

5.14 $\boldsymbol{A}=\begin{pmatrix}\boldsymbol{A}_1 & \boldsymbol{O}\\ \boldsymbol{O} & \boldsymbol{A}_2\end{pmatrix}$是实对称矩阵,其中 $\boldsymbol{A}_1=\begin{pmatrix}1 & 1\\ 1 & 3\end{pmatrix}$是正定的.

由于 $\boldsymbol{A}_2=\begin{pmatrix}a^2 & a^3 & -a\\ a^3 & a & -a^2\\ a & a^2 & -a^3\end{pmatrix}$的顺序主子式为

$$a^2,\begin{vmatrix}a^2 & a^3\\ a^3 & a\end{vmatrix}=a^3(1-a^3),|\boldsymbol{A}_2|=a^3(a^3-1)^2.$$

当 $0<a<1$ 时,这三个顺序主子都大于零,即 $\boldsymbol{A}_2$ 为正定.从而当 $0<a<1$ 时,$\boldsymbol{A}$ 为正定.

5.15 齐次线性方程组

$$\begin{cases} x_1+a_1x_2=0, \\ x_2+a_2x_3=0, \\ \quad\vdots \\ x_{n-1}+a_{n-1}x_n=0, \\ x_n+a_nx_1=0 \end{cases} \tag{1}$$

的系数矩阵 $C=\begin{pmatrix} 1 & a_1 & & & \\ & 1 & a_2 & & \\ & & \ddots & \ddots & \\ & & & 1 & a_{n-1} \\ a_n & & & & 1 \end{pmatrix}$. 由于

$$|C|=\begin{vmatrix} 1 & a_1 & & & \\ & 1 & a_2 & & \\ & & \ddots & \ddots & \\ & & & 1 & a_{n-1} \\ a_n & & & & 1 \end{vmatrix} \xlongequal{\text{按第 1 列展开}} 1+(-1)^{n+1}a_1a_2\cdots a_n,$$

所以,实数 $a_i(i=1,2,\cdots,n)$满足 $1+(-1)^{n+1}a_1a_2\cdots a_n\neq0$ 是式(1)只有零解的充分必要条件. 于是当实数 $a_i(i=1,2,\cdots,n)$满足

$$1+(-1)^{n+1}a_1a_2\cdots a_n\neq0. \tag{2}$$

时,$\boldsymbol{y}=\boldsymbol{C}\boldsymbol{x}$(其中 $\boldsymbol{x}=(x_1,x_2,\cdots,x_n)^{\mathrm{T}}$,$\boldsymbol{y}=(y_1,y_2,\cdots,y_n)^{\mathrm{T}}$)是可逆线性变换,它将任意 $\boldsymbol{x}_0=(x_1^0,x_2^0,\cdots,x_n^0)^{\mathrm{T}}\neq\boldsymbol{0}$,变成 $\boldsymbol{y}_0=\boldsymbol{c}\boldsymbol{x}_0 \xlongequal{\text{记}} (y_1^0,y_2^0,\cdots,y_n^0)^{\mathrm{T}}\neq\boldsymbol{0}$. 于是 $f(x_1^0,x_2^0,\cdots,x_n^0)=(y_1^0)^2+(y_2^0)^2+\cdots+(y_n^0)^2>0$.

由此证得,当实数 $a_i(i=1,2,\cdots,n)$满足式(2)时,$f(x_1,x_2,\cdots,x_n)$是正定二次型.

5.16 由 $\boldsymbol{A}$ 是实对称矩阵知,存在 n 阶正交矩阵 $\boldsymbol{Q}$,使得

$$\boldsymbol{Q}^{\mathrm{T}}\boldsymbol{A}\boldsymbol{Q}=\begin{pmatrix} \lambda_1 & & & \\ & \lambda_2 & & \\ & & \ddots & \\ & & & \lambda_n \end{pmatrix},$$

从而有 $\boldsymbol{Q}^{\mathrm{T}}(\boldsymbol{A}-a\boldsymbol{E}_n)\boldsymbol{Q}=\begin{pmatrix} \lambda_1-a & & & \\ & \lambda_2-a & & \\ & & \ddots & \\ & & & \lambda_n-a \end{pmatrix}$,即正数 $\lambda_1-a,\lambda_2-a,\cdots,\lambda_n-a$ 是 $\boldsymbol{A}-a\boldsymbol{E}_n$的所有特征值,所以 $\boldsymbol{A}-a\boldsymbol{E}_n$ 是正定矩阵. 同理,$\boldsymbol{B}-b\boldsymbol{E}_n$ 也是正定矩阵. 由此可知,$(\boldsymbol{A}-a\boldsymbol{E}_n)+(\boldsymbol{B}-b\boldsymbol{E}_n)=(\boldsymbol{A}+\boldsymbol{B})-(a+b)\boldsymbol{E}_n$ 是正定矩阵. 设实对称矩阵 $\boldsymbol{A}+\boldsymbol{B}$ 的 n 个特征值为 $\mu_1,\mu_2,\cdots,\mu_n$,则 $\mu_1-(a+b),\mu_2-(a+b),\cdots,\mu_n-(a+b)$是$(\boldsymbol{A}+\boldsymbol{B})-(a+b)\boldsymbol{E}_n$的 n 个特征值,从而它们都大于零.

由此证得 $\boldsymbol{A}+\boldsymbol{B}$ 的所有特征值都大于 $a+b$.

5.17 记 $\boldsymbol{B}=\boldsymbol{A}+\boldsymbol{A}^{\mathrm{T}}$,则由题设知,对任意 n 维实列向量 $\boldsymbol{\alpha}$ 有 $\boldsymbol{\alpha}^{\mathrm{T}}\boldsymbol{B}\boldsymbol{\alpha}=0$.

由 $\boldsymbol{B}$ 是实对称矩阵知,存在 n 阶正交矩阵 $\boldsymbol{P}$,使得

$$\boldsymbol{PBP}^{\mathrm{T}}=\begin{pmatrix}\lambda_1 & & & \\ & \lambda_2 & & \\ & & \ddots & \\ & & & \lambda_n\end{pmatrix},\text{即 } \boldsymbol{B}=\boldsymbol{P}^{\mathrm{T}}\begin{pmatrix}\lambda_1 & & & \\ & \lambda_2 & & \\ & & \ddots & \\ & & & \lambda_n\end{pmatrix}\boldsymbol{P}. \tag{1}$$

于是有

$$\boldsymbol{\alpha}^{\mathrm{T}}\boldsymbol{B\alpha}=(\boldsymbol{P\alpha})^{\mathrm{T}}\begin{pmatrix}\lambda_1 & & & \\ & \lambda_2 & & \\ & & \ddots & \\ & & & \lambda_n\end{pmatrix}(\boldsymbol{P\alpha})=0. \tag{2}$$

特别取 $\boldsymbol{\alpha}=\boldsymbol{P}^{\mathrm{T}}(1,0,\cdots,0)^{\mathrm{T}}$,则 $\boldsymbol{P\alpha}=(1,0,\cdots,0)^{\mathrm{T}}$. 代入式(2),得 $\lambda_1=0$. 同理可得 $\lambda_2=\lambda_3=\cdots=\lambda_n=0$. 将它们代入式(1)得 $\boldsymbol{B}=\boldsymbol{O}$. 从而证得

$$\boldsymbol{A}^{\mathrm{T}}=-\boldsymbol{A}.$$

5.18 设有实数 $k_1,k_2,\cdots,k_s$,使得

$$k_1\boldsymbol{\alpha}_1+k_2\boldsymbol{\alpha}_2+\cdots+k_s\boldsymbol{\alpha}_s=\boldsymbol{0}. \tag{1}$$

式(1)的两边同时左乘 $\boldsymbol{\alpha}_1^{\mathrm{T}}\boldsymbol{A}$ 得

$$k_1\boldsymbol{\alpha}_1^{\mathrm{T}}\boldsymbol{A\alpha}_1+k_2\boldsymbol{\alpha}_1^{\mathrm{T}}\boldsymbol{A\alpha}_2+\cdots+k_s\boldsymbol{\alpha}_1^{\mathrm{T}}\boldsymbol{A\alpha}_s=0.$$

于是由题设得 $k_1\boldsymbol{\alpha}_1^{\mathrm{T}}\boldsymbol{A\alpha}_1=0$,由于 $\boldsymbol{A}$ 是正定矩阵,$\boldsymbol{\alpha}_1\neq\boldsymbol{0}$,所以由 $\boldsymbol{\alpha}_1^{\mathrm{T}}\boldsymbol{A\alpha}_1>0$,得 $k_1=0$.

同理可得 $k_2=k_3=\cdots=k_s=0$. 因此当且仅当 $k_1=k_2=\cdots=k_s=0$ 时,式(1)成立. 由此证得 $\boldsymbol{\alpha}_1,\boldsymbol{\alpha}_2,\cdots,\boldsymbol{\alpha}_s$ 线性无关.

5.19 记 $\boldsymbol{C}=\begin{pmatrix}a_1 & & & \\ & a_2 & & \\ & & \ddots & \\ & & & a_n\end{pmatrix}$(可逆矩阵),则 $\boldsymbol{B}=\boldsymbol{CAC}=\boldsymbol{C}^{\mathrm{T}}\boldsymbol{AC}$. (1)

由 $\boldsymbol{A}$ 是正定矩阵知,存在 n 阶可逆矩阵 $\boldsymbol{P}$,使得 $\boldsymbol{A}=\boldsymbol{P}^{\mathrm{T}}\boldsymbol{P}$. 将它代入式(1),得

$$\boldsymbol{B}=(\boldsymbol{C}^{\mathrm{T}}\boldsymbol{P}^{\mathrm{T}})(\boldsymbol{PC})=(\boldsymbol{PC})^{\mathrm{T}}(\boldsymbol{PC}).$$

于是,由 $\boldsymbol{PC}$ 可逆知,$\boldsymbol{B}$ 是正定矩阵.

5.20 由 $\boldsymbol{AB}+\boldsymbol{BA}=\boldsymbol{C}$,得 $\boldsymbol{B}^{\mathrm{T}}\boldsymbol{A}^{\mathrm{T}}+\boldsymbol{A}^{\mathrm{T}}\boldsymbol{B}^{\mathrm{T}}=\boldsymbol{C}^{\mathrm{T}}$,即 $\boldsymbol{AB}^{\mathrm{T}}+\boldsymbol{B}^{\mathrm{T}}\boldsymbol{A}=\boldsymbol{C}$,所以 $\boldsymbol{B}^{\mathrm{T}}$ 也是矩阵方程 $\boldsymbol{AX}+\boldsymbol{BX}=\boldsymbol{C}$ 的解. 于是由该矩阵方程解的唯一性,得 $\boldsymbol{B}^{\mathrm{T}}=\boldsymbol{B}$,即 $\boldsymbol{B}$ 是实对称矩阵.

下面证明 $\boldsymbol{B}$ 是正定的.

设 λ 是 $\boldsymbol{B}$ 的任一特征值,它所对应的特征向量为 $\boldsymbol{x}$(显然 $\boldsymbol{x}\neq\boldsymbol{0}$),则 $\boldsymbol{Bx}=\lambda\boldsymbol{x}$. 于是有

$$\begin{aligned}\boldsymbol{x}^{\mathrm{T}}\boldsymbol{Cx}&=\boldsymbol{x}^{\mathrm{T}}(\boldsymbol{AB}+\boldsymbol{BA})\boldsymbol{x}=\boldsymbol{x}^{\mathrm{T}}\boldsymbol{ABx}+\boldsymbol{x}^{\mathrm{T}}\boldsymbol{BAx}\\&=\lambda\boldsymbol{x}^{\mathrm{T}}\boldsymbol{Ax}+(\boldsymbol{B}^{\mathrm{T}}\boldsymbol{x})^{\mathrm{T}}\boldsymbol{Ax}=\lambda\boldsymbol{x}^{\mathrm{T}}\boldsymbol{Ax}+(\boldsymbol{Bx})^{\mathrm{T}}\boldsymbol{Ax}\\&=\lambda\boldsymbol{x}^{\mathrm{T}}\boldsymbol{Ax}+\lambda(\boldsymbol{x}^{\mathrm{T}}\boldsymbol{Ax})=2\lambda(\boldsymbol{x}^{\mathrm{T}}\boldsymbol{Ax}),\end{aligned}$$

即 $\boldsymbol{x}^{\mathrm{T}}\boldsymbol{Cx}=2\lambda\boldsymbol{x}^{\mathrm{T}}\boldsymbol{Ax}$.

由于 $\boldsymbol{A}$ 与 $\boldsymbol{C}$ 都是正定矩阵,所以有 $\boldsymbol{x}^{\mathrm{T}}\boldsymbol{Ax}>0$,$\boldsymbol{x}^{\mathrm{T}}\boldsymbol{Cx}>0$,从而有 $\lambda>0$. 即 $\boldsymbol{B}$ 的所有特征值全大于零,因此 $\boldsymbol{B}$ 是正定矩阵.

5.21 必要性:设 $r(\boldsymbol{A})=n$,则 $\boldsymbol{A}$ 可逆,取 $\boldsymbol{B}=\boldsymbol{A}^{-1}$,则 $\boldsymbol{B}$ 是实对称矩阵,从而 $\boldsymbol{AB}+\boldsymbol{B}^{\mathrm{T}}\boldsymbol{A}=\boldsymbol{AB}+\boldsymbol{BA}=2\boldsymbol{E}_n$ 是正定矩阵.

充分性:设存在 n 阶实矩阵 $\boldsymbol{B}$,使得 $\boldsymbol{AB}+\boldsymbol{B}^{\mathrm{T}}\boldsymbol{A}$ 是正定矩阵,则对任意 n 维非零列向量

$\boldsymbol{x}$，有

$$\boldsymbol{x}^{\mathrm{T}}(\boldsymbol{AB}+\boldsymbol{B}^{\mathrm{T}}\boldsymbol{A})\boldsymbol{x}>0,\text{即 }\boldsymbol{x}^{\mathrm{T}}\boldsymbol{ABx}+\boldsymbol{x}^{\mathrm{T}}\boldsymbol{B}^{\mathrm{T}}\boldsymbol{Ax}>0.$$

由此得到，$(\boldsymbol{A}^{\mathrm{T}}\boldsymbol{x})^{\mathrm{T}}(\boldsymbol{Bx})+(\boldsymbol{Bx})^{\mathrm{T}}(\boldsymbol{Ax})>0$，即$(\boldsymbol{Ax})^{\mathrm{T}}(\boldsymbol{Bx})+(\boldsymbol{Bx})^{\mathrm{T}}(\boldsymbol{Ax})>0$. 因此对于非零列向量 $\boldsymbol{x}$，有 $\boldsymbol{Ax}\neq\boldsymbol{0}$，即齐次线性方程组 $\boldsymbol{Ay}=\boldsymbol{0}$ 只有零解. 从而 $r(\boldsymbol{A})=n$.

5.22　首先指出$\begin{pmatrix}\boldsymbol{Q} & \boldsymbol{B}\\ \boldsymbol{B}^{\mathrm{T}} & \boldsymbol{P}\end{pmatrix}$是实对称矩阵，并且.

$$\begin{pmatrix}\boldsymbol{E}_n & \boldsymbol{O}\\ -\boldsymbol{B}^{\mathrm{T}}\boldsymbol{Q}^{-1} & \boldsymbol{E}_n\end{pmatrix}\begin{pmatrix}\boldsymbol{Q} & \boldsymbol{B}\\ \boldsymbol{B}^{\mathrm{T}} & \boldsymbol{P}\end{pmatrix}\begin{pmatrix}\boldsymbol{E}_n & -\boldsymbol{Q}^{-1}\boldsymbol{B}\\ \boldsymbol{O} & \boldsymbol{E}_n\end{pmatrix}$$

$$=\begin{pmatrix}\boldsymbol{Q} & \boldsymbol{B}\\ \boldsymbol{O} & -\boldsymbol{B}^{\mathrm{T}}\boldsymbol{Q}^{-1}\boldsymbol{B}+\boldsymbol{P}\end{pmatrix}\begin{pmatrix}\boldsymbol{E}_n & -\boldsymbol{Q}^{-1}\boldsymbol{B}\\ \boldsymbol{O} & \boldsymbol{E}_n\end{pmatrix}=\begin{pmatrix}\boldsymbol{Q} & \boldsymbol{O}\\ \boldsymbol{O} & \boldsymbol{P}-\boldsymbol{B}^{\mathrm{T}}\boldsymbol{Q}^{-1}\boldsymbol{B}\end{pmatrix},$$

即

$$\begin{pmatrix}\boldsymbol{Q} & \boldsymbol{B}\\ \boldsymbol{B}^{\mathrm{T}} & \boldsymbol{P}\end{pmatrix}\cong\begin{pmatrix}\boldsymbol{Q} & \boldsymbol{O}\\ \boldsymbol{O} & \boldsymbol{P}-\boldsymbol{B}^{\mathrm{T}}\boldsymbol{Q}^{-1}\boldsymbol{B}\end{pmatrix};\qquad(1)$$

$$\begin{pmatrix}\boldsymbol{E}_n & -\boldsymbol{BP}^{-1}\\ \boldsymbol{O} & \boldsymbol{E}_n\end{pmatrix}\begin{pmatrix}\boldsymbol{Q} & \boldsymbol{B}\\ \boldsymbol{B}^{\mathrm{T}} & \boldsymbol{P}\end{pmatrix}\begin{pmatrix}\boldsymbol{E}_n & \boldsymbol{O}\\ -\boldsymbol{P}^{-1}\boldsymbol{B}^{\mathrm{T}} & \boldsymbol{E}_n\end{pmatrix}$$

$$=\begin{pmatrix}\boldsymbol{Q}-\boldsymbol{BP}^{-1}\boldsymbol{B}^{\mathrm{T}} & \boldsymbol{O}\\ \boldsymbol{B}^{\mathrm{T}} & \boldsymbol{P}\end{pmatrix}\begin{pmatrix}\boldsymbol{E}_n & \boldsymbol{O}\\ -\boldsymbol{P}^{-1}\boldsymbol{B}^{\mathrm{T}} & \boldsymbol{E}_n\end{pmatrix}=\begin{pmatrix}\boldsymbol{Q}-\boldsymbol{BP}^{-1}\boldsymbol{B}^{\mathrm{T}} & \boldsymbol{O}\\ \boldsymbol{O} & \boldsymbol{P}\end{pmatrix},$$

即

$$\begin{pmatrix}\boldsymbol{Q} & \boldsymbol{B}\\ \boldsymbol{B}^{\mathrm{T}} & \boldsymbol{P}\end{pmatrix}\cong\begin{pmatrix}\boldsymbol{Q}-\boldsymbol{BP}^{-1}\boldsymbol{B}^{\mathrm{T}} & \boldsymbol{O}\\ \boldsymbol{O} & \boldsymbol{P}\end{pmatrix}.\qquad(2)$$

必要性：设 $\boldsymbol{P}-\boldsymbol{B}^{\mathrm{T}}\boldsymbol{Q}^{-1}\boldsymbol{B}$ 正定，则由 $\boldsymbol{Q}$ 正定知，分块矩阵 $\begin{pmatrix}\boldsymbol{Q} & \boldsymbol{O}\\ \boldsymbol{O} & \boldsymbol{P}-\boldsymbol{B}^{\mathrm{T}}\boldsymbol{B}^{-1}\boldsymbol{B}\end{pmatrix}$正定. 因此由式(1)知，$\begin{pmatrix}\boldsymbol{Q} & \boldsymbol{B}\\ \boldsymbol{B}^{\mathrm{T}} & \boldsymbol{P}\end{pmatrix}$正定. 从而由式(2)知，$\begin{pmatrix}\boldsymbol{Q}-\boldsymbol{BP}^{-1}\boldsymbol{B}^{\mathrm{T}} & \boldsymbol{O}\\ \boldsymbol{O} & \boldsymbol{P}\end{pmatrix}$正定. 由此可知，$\boldsymbol{Q}-\boldsymbol{BP}^{-1}\boldsymbol{B}^{\mathrm{T}}$ 正定.

充分性同理可证.

5.23　由 $\boldsymbol{Q}$ 是正定矩阵知，$\boldsymbol{x}^{\mathrm{T}}\boldsymbol{Qx}>0$. 此外，由$(\boldsymbol{xx}^{\mathrm{T}})^{\mathrm{T}}=\boldsymbol{xx}^{\mathrm{T}}$ 知 $\boldsymbol{xx}^{\mathrm{T}}$ 是实对称矩阵，且

$$\boldsymbol{x}^{\mathrm{T}}(\boldsymbol{xx}^{\mathrm{T}})\boldsymbol{x}=(\boldsymbol{x}^{\mathrm{T}}\boldsymbol{x})^2>0.$$

所以，$\boldsymbol{x}^{\mathrm{T}}(\boldsymbol{Q}+\boldsymbol{xx})^{\mathrm{T}}\boldsymbol{x}>0$，即 $\boldsymbol{Q}+\boldsymbol{xx}^{\mathrm{T}}$ 是正定矩阵，从而$(\boldsymbol{Q}+\boldsymbol{xx}^{\mathrm{T}})^{-1}$也是正定矩阵. 因此有

$$\boldsymbol{x}^{\mathrm{T}}(\boldsymbol{Q}+\boldsymbol{xx}^{\mathrm{T}})^{-1}\boldsymbol{x}>0.$$

下面证明不等式的另一半.

$$(\boldsymbol{Q}+\boldsymbol{xx}^{\mathrm{T}})^{-1}\left(\frac{\boldsymbol{Q}+\boldsymbol{xx}^{\mathrm{T}}}{\boldsymbol{x}^{\mathrm{T}}\boldsymbol{x}}-\boldsymbol{E}_n\right)=\frac{\boldsymbol{E}_n}{\boldsymbol{x}^{\mathrm{T}}\boldsymbol{x}}-(\boldsymbol{Q}+\boldsymbol{xx}^{\mathrm{T}})^{-1},\qquad(1)$$

其中，$(\boldsymbol{Q}+\boldsymbol{xx}^{\mathrm{T}})^{-1}$正定. 此外，由

$$\boldsymbol{x}^{\mathrm{T}}\left(\frac{\boldsymbol{Q}+\boldsymbol{xx}^{\mathrm{T}}}{\boldsymbol{x}^{\mathrm{T}}\boldsymbol{x}}-\boldsymbol{E}_n\right)\boldsymbol{x}=\frac{\boldsymbol{x}^{\mathrm{T}}\boldsymbol{Qx}}{\boldsymbol{x}^{\mathrm{T}}\boldsymbol{x}}+\frac{(\boldsymbol{x}^{\mathrm{T}}\boldsymbol{x})(\boldsymbol{x}^{\mathrm{T}}\boldsymbol{x})}{\boldsymbol{x}^{\mathrm{T}}\boldsymbol{x}}-\boldsymbol{x}^{\mathrm{T}}\boldsymbol{E}_n\boldsymbol{x}$$

$$=\frac{\boldsymbol{x}^{\mathrm{T}}\boldsymbol{Qx}}{\boldsymbol{x}^{\mathrm{T}}\boldsymbol{x}}+\boldsymbol{x}^{\mathrm{T}}\boldsymbol{x}-\boldsymbol{x}^{\mathrm{T}}\boldsymbol{x}=\frac{\boldsymbol{x}^{\mathrm{T}}\boldsymbol{Qx}}{\boldsymbol{x}^{\mathrm{T}}\boldsymbol{x}}>0$$

知，实对称矩阵$\dfrac{\boldsymbol{Q}+\boldsymbol{xx}^{\mathrm{T}}}{\boldsymbol{x}^{\mathrm{T}}\boldsymbol{x}}-\boldsymbol{E}_n$ 正定. 因此由

$$(\boldsymbol{Q}+\boldsymbol{x}\boldsymbol{x}^{\mathrm{T}})^{-1}\left(\frac{\boldsymbol{Q}+\boldsymbol{x}\boldsymbol{x}^{\mathrm{T}}}{\boldsymbol{x}^{\mathrm{T}}\boldsymbol{x}}-\boldsymbol{E}_n\right)=\left(\frac{\boldsymbol{Q}+\boldsymbol{x}\boldsymbol{x}^{\mathrm{T}}}{\boldsymbol{x}^{\mathrm{T}}\boldsymbol{x}}-\boldsymbol{E}_n\right)(\boldsymbol{Q}+\boldsymbol{x}\boldsymbol{x}^{\mathrm{T}})^{-1},$$

即$(\boldsymbol{Q}+\boldsymbol{x}\boldsymbol{x}^{\mathrm{T}})^{-1}$与$\dfrac{\boldsymbol{Q}+\boldsymbol{x}\boldsymbol{x}^{\mathrm{T}}}{\boldsymbol{x}^{\mathrm{T}}\boldsymbol{x}}-\boldsymbol{E}_n$可交换知，式(1)的左边正定(这是由于，当$\boldsymbol{A}_1,\boldsymbol{B}_1$都是$n$阶正定矩阵，且$\boldsymbol{A}_1$与$\boldsymbol{B}_1$可交换，则$\boldsymbol{A}_1\boldsymbol{B}_1$正定)，从而$\dfrac{\boldsymbol{E}_n}{\boldsymbol{x}^{\mathrm{T}}\boldsymbol{x}}-(\boldsymbol{Q}-\boldsymbol{x}\boldsymbol{x}^{\mathrm{T}})^{\mathrm{T}}$正定.

由此得到$\boldsymbol{x}^{\mathrm{T}}\left[\dfrac{\boldsymbol{E}_n}{\boldsymbol{x}^{\mathrm{T}}\boldsymbol{x}}-(\boldsymbol{Q}+\boldsymbol{x}\boldsymbol{x}^{\mathrm{T}})^{-1}\right]\boldsymbol{x}>0$，即$1-\boldsymbol{x}^{\mathrm{T}}(\boldsymbol{Q}+\boldsymbol{x}\boldsymbol{x}^{\mathrm{T}})^{-1}\boldsymbol{x}>0$.

从而证得$\boldsymbol{x}^{\mathrm{T}}(\boldsymbol{Q}+\boldsymbol{x}\boldsymbol{x}^{\mathrm{T}})^{-1}\boldsymbol{x}<1$.

5.24　由于

$$\begin{pmatrix}\boldsymbol{A} & -\boldsymbol{x}\\ \boldsymbol{x}^{\mathrm{T}} & 0\end{pmatrix}\begin{pmatrix}\boldsymbol{E}_n & \boldsymbol{A}^{-1}\boldsymbol{x}\\ \boldsymbol{0} & 1\end{pmatrix}=\begin{pmatrix}\boldsymbol{A} & \boldsymbol{0}\\ \boldsymbol{x}^{\mathrm{T}} & \boldsymbol{x}^{\mathrm{T}}\boldsymbol{A}^{-1}\boldsymbol{x}\end{pmatrix},$$

所以，

$$\begin{vmatrix}\boldsymbol{A} & -\boldsymbol{x}\\ \boldsymbol{x}^{\mathrm{T}} & 0\end{vmatrix}=\begin{vmatrix}\boldsymbol{A} & -\boldsymbol{x}\\ \boldsymbol{x}^{\mathrm{T}} & 0\end{vmatrix}\begin{vmatrix}\boldsymbol{E}_n & \boldsymbol{A}^{-1}\boldsymbol{x}\\ \boldsymbol{0} & 1\end{vmatrix}=\left|\begin{pmatrix}\boldsymbol{A} & -\boldsymbol{x}\\ \boldsymbol{x}^{\mathrm{T}} & 0\end{pmatrix}\begin{pmatrix}\boldsymbol{E}_n & \boldsymbol{A}^{-1}\boldsymbol{x}\\ \boldsymbol{0} & 1\end{pmatrix}\right|$$

$$=\begin{vmatrix}\boldsymbol{A} & \boldsymbol{0}\\ \boldsymbol{x}^{\mathrm{T}} & \boldsymbol{x}^{\mathrm{T}}\boldsymbol{A}^{-1}\boldsymbol{x}\end{vmatrix}=|\boldsymbol{A}|\boldsymbol{x}^{\mathrm{T}}\boldsymbol{A}^{-1}\boldsymbol{x}=\boldsymbol{x}^{\mathrm{T}}\boldsymbol{A}^{*}\boldsymbol{x}.$$

由$\boldsymbol{A}$正定知，$\boldsymbol{A}^{*}$正定，所以对任意$\boldsymbol{x}\neq\boldsymbol{0}$有$\boldsymbol{x}^{\mathrm{T}}\boldsymbol{A}^{*}\boldsymbol{x}>0$，即$\begin{vmatrix}\boldsymbol{A} & -\boldsymbol{x}\\ \boldsymbol{x}^{\mathrm{T}} & 0\end{vmatrix}>0$.

5.25　设$\boldsymbol{A}$有特征值λ(实数)，则λ满足

$$\lambda^3-3\lambda^2+5\lambda-3\lambda=0,\text{即}(\lambda-1)(\lambda^2-2\lambda+3)=0.$$

所以，在实数范围内$\boldsymbol{A}$只有特征值$\lambda=1$(n重)，从而$\boldsymbol{A}$是正定矩阵.

5.26　必要性：设$\boldsymbol{A}-\boldsymbol{b}\boldsymbol{b}^{\mathrm{T}}$是正定矩阵，则对任意$n$维非零列向量$\boldsymbol{x}$，有

$$\boldsymbol{x}^{\mathrm{T}}(\boldsymbol{A}-\boldsymbol{b}\boldsymbol{b}^{\mathrm{T}})\boldsymbol{x}>0,\text{即}\boldsymbol{x}^{\mathrm{T}}\boldsymbol{A}\boldsymbol{x}>\boldsymbol{x}^{\mathrm{T}}\boldsymbol{b}\boldsymbol{b}^{\mathrm{T}}\boldsymbol{x}\geqslant0.$$

于是由$\boldsymbol{A}$是实对称矩阵知，$\boldsymbol{A}$是正定矩阵.

再由$\boldsymbol{A}-\boldsymbol{b}\boldsymbol{b}^{\mathrm{T}}$正定知，

$$|\boldsymbol{A}|(1-\boldsymbol{b}^{\mathrm{T}}\boldsymbol{A}^{-1}\boldsymbol{b})=|\boldsymbol{A}|[1-\boldsymbol{b}^{\mathrm{T}}(\boldsymbol{A}^{-1}\boldsymbol{b})]$$

$=|\boldsymbol{A}||\boldsymbol{E}_n-(\boldsymbol{A}^{-1}\boldsymbol{b})\boldsymbol{b}^{\mathrm{T}}|$(利用“当$\boldsymbol{A},\boldsymbol{B}$分别是$m\times n$与$n\times m$矩阵时，$|\boldsymbol{E}_m-\boldsymbol{A}\boldsymbol{B}|=|\boldsymbol{E}_n-\boldsymbol{B}\boldsymbol{A}|$)

$=|\boldsymbol{A}-\boldsymbol{b}\boldsymbol{b}^{\mathrm{T}}|>0.$

于是，由$|\boldsymbol{A}|>0$，得$1-\boldsymbol{b}^{\mathrm{T}}\boldsymbol{A}^{-1}\boldsymbol{b}>0$，即$\boldsymbol{b}^{\mathrm{T}}\boldsymbol{A}^{-1}\boldsymbol{b}<1$.

充分性：分别记$\boldsymbol{A}=(a_{ij})$与$\boldsymbol{A}-\boldsymbol{b}\boldsymbol{b}^{\mathrm{T}}$的顺序主子式为$|\boldsymbol{A}_k|$(其中$\boldsymbol{A}_k=(a_{ij})_{k\times k}$)，$D_k$，并记

$$\boldsymbol{b}=(b_1,b_2,\cdots,b_n)^{\mathrm{T}}\text{和}\boldsymbol{c}_k=(b_1,b_2,\cdots,b_k)^{\mathrm{T}}(k=1,2,\cdots,n),$$

则

$$D_k=|\boldsymbol{A}_k-\boldsymbol{c}_k\boldsymbol{c}_k^{\mathrm{T}}|=|\boldsymbol{A}_k||\boldsymbol{E}_k-(\boldsymbol{A}_k^{-1}\boldsymbol{c}_k)\boldsymbol{c}_k^{\mathrm{T}}|$$

$$=|\boldsymbol{A}_k|(1-\boldsymbol{c}_k^{\mathrm{T}}\boldsymbol{A}_k^{-1}\boldsymbol{c}_k)>0(k=1,2,\cdots,n).$$

所以$\boldsymbol{A}-\boldsymbol{b}\boldsymbol{b}^{\mathrm{T}}$正定.

5.27　由$\boldsymbol{A}$正定知，$a_{11}>0$，并且$a_{22},a_{33},\cdots,a_{m}$都为正的. 这是因为，如果$a_{22}\leqslant0$，则对$\boldsymbol{x}_0=(0,1,0,\cdots,0)^{\mathrm{T}}\neq\boldsymbol{0}$，有

$$0<\boldsymbol{x}_0^{\mathrm{T}}\boldsymbol{A}\boldsymbol{x}_0=a_{22}\leqslant0,$$

这是矛盾的. 同理可证，$a_{33},\cdots,a_{m}$都为正的.

由此可知,$\boldsymbol{B}$ 是正定的.

由于 $\boldsymbol{BAB}=\boldsymbol{B}^{\mathrm{T}}\boldsymbol{AB}$,即实对称矩阵 $\boldsymbol{BAB}$ 与 $\boldsymbol{A}$ 合同,因此由 $\boldsymbol{A}$ 正定即得 $\boldsymbol{BAB}$ 正定.

5.28 由于 $\boldsymbol{A},\boldsymbol{B}$ 是正定矩阵,所以存在 n 阶可逆矩阵 $\boldsymbol{P},\boldsymbol{Q}$ 使得

$$\boldsymbol{A}=\boldsymbol{P}^{\mathrm{T}}\boldsymbol{P},\boldsymbol{B}=\boldsymbol{Q}^{\mathrm{T}}\boldsymbol{Q}.$$

于是,$\boldsymbol{AB}=\boldsymbol{P}^{\mathrm{T}}\boldsymbol{PQ}^{\mathrm{T}}\boldsymbol{Q}=\boldsymbol{P}^{\mathrm{T}}(\boldsymbol{PQ}^{\mathrm{T}}\boldsymbol{QP}^{\mathrm{T}})(\boldsymbol{P}^{\mathrm{T}})^{-1}$,即 $\boldsymbol{AB}\sim(\boldsymbol{PQ}^{\mathrm{T}})(\boldsymbol{QP}^{\mathrm{T}})=(\boldsymbol{QP}^{\mathrm{T}})^{\mathrm{T}}(\boldsymbol{QP}^{\mathrm{T}})$.

由于 $\boldsymbol{QP}^{\mathrm{T}}$ 可逆,所以$(\boldsymbol{PQ}^{\mathrm{T}})(\boldsymbol{QP}^{\mathrm{T}})$正定. 因此 $\boldsymbol{AB}$ 正定,从而 $\boldsymbol{AB}$ 的特征值全为正.

5.29 取 $\boldsymbol{x}_0=\boldsymbol{A}^{-1}\boldsymbol{\beta}$,则

$$\begin{aligned}f(\boldsymbol{x}_0^{\mathrm{T}})&=\boldsymbol{x}_0^{\mathrm{T}}\boldsymbol{A}\boldsymbol{x}_0-2\boldsymbol{\beta}^{\mathrm{T}}\boldsymbol{x}_0+c\\&=(\boldsymbol{A}^{-1}\boldsymbol{\beta})^{\mathrm{T}}\boldsymbol{A}(\boldsymbol{A}^{-1}\boldsymbol{\beta})-2\boldsymbol{\beta}^{\mathrm{T}}(\boldsymbol{A}^{-1}\boldsymbol{\beta})+c\\&=\boldsymbol{\beta}^{\mathrm{T}}(\boldsymbol{A}^{-1}\boldsymbol{A})(\boldsymbol{A}^{-1}\boldsymbol{\beta})-2\boldsymbol{\beta}^{\mathrm{T}}(\boldsymbol{A}^{-1}\boldsymbol{\beta})+c\\&=c-\boldsymbol{\beta}^{\mathrm{T}}\boldsymbol{A}^{-1}\boldsymbol{\beta},\end{aligned}$$

即 f 在点 $\boldsymbol{x}_0^{\mathrm{T}}$ 处取值 $c-\boldsymbol{\beta}^{\mathrm{T}}\boldsymbol{A}^{-1}\boldsymbol{\beta}$. 此外,由 $\boldsymbol{A}$ 是正定知,存在 n 阶正交矩阵 $\boldsymbol{Q}$,使得

$$\boldsymbol{Q}^{\mathrm{T}}\boldsymbol{AQ}=\begin{pmatrix}\lambda_1&&&\\&\lambda_2&&\\&&\ddots&\\&&&\lambda_n\end{pmatrix},$$

其中,$\lambda_1,\lambda_2,\cdots,\lambda_n$ 是 $\boldsymbol{A}$ 的 n 个特征值,且全为正. 下面证明

$$f(\boldsymbol{x}^{\mathrm{T}})\geqslant c-\boldsymbol{\beta}^{\mathrm{T}}\boldsymbol{A}^{-1}\boldsymbol{\beta}.$$

具体如下:

$$\begin{aligned}&f(\boldsymbol{x}^{\mathrm{T}})-(c-\boldsymbol{\beta}^{\mathrm{T}}\boldsymbol{A}^{-1}\boldsymbol{\beta})=\boldsymbol{x}^{\mathrm{T}}\boldsymbol{Ax}-2\boldsymbol{\beta}^{\mathrm{T}}\boldsymbol{x}+c-(c-\boldsymbol{\beta}^{\mathrm{T}}\boldsymbol{A}^{-1}\boldsymbol{\beta})\\&=\boldsymbol{x}^{\mathrm{T}}\boldsymbol{Ax}+\boldsymbol{\beta}^{\mathrm{T}}\boldsymbol{A}^{-1}\boldsymbol{\beta}-2\boldsymbol{\beta}^{\mathrm{T}}\boldsymbol{x}\\&=\boldsymbol{x}^{\mathrm{T}}\boldsymbol{Q}(\boldsymbol{Q}^{\mathrm{T}}\boldsymbol{AQ})\boldsymbol{Q}^{\mathrm{T}}\boldsymbol{x}+\boldsymbol{\beta}^{\mathrm{T}}\boldsymbol{Q}(\boldsymbol{Q}^{\mathrm{T}}\boldsymbol{AQ})^{-1}\boldsymbol{Q}^{\mathrm{T}}\boldsymbol{\beta}-2\boldsymbol{\beta}^{\mathrm{T}}\boldsymbol{x}\\&=(\boldsymbol{Q}^{\mathrm{T}}\boldsymbol{x})^{\mathrm{T}}\begin{pmatrix}\lambda_1&&&\\&\lambda_2&&\\&&\ddots&\\&&&\lambda_n\end{pmatrix}(\boldsymbol{Q}^{\mathrm{T}}\boldsymbol{x})+\\&\quad(\boldsymbol{Q}^{\mathrm{T}}\boldsymbol{\beta})^{\mathrm{T}}\begin{pmatrix}\lambda_1^{-1}&&&\\&\lambda_2^{-1}&&\\&&\ddots&\\&&&\lambda_n^{-1}\end{pmatrix}(\boldsymbol{Q}^{\mathrm{T}}\boldsymbol{\beta})-2(\boldsymbol{Q}^{\mathrm{T}}\boldsymbol{\beta})^{\mathrm{T}}(\boldsymbol{Q}^{\mathrm{T}}\boldsymbol{x})\\&\xlongequal[\boldsymbol{Q}^{\mathrm{T}}\boldsymbol{\beta}=(b_1,b_2,\cdots,b_n)^{\mathrm{T}}]{\text{记 }\boldsymbol{Q}^{\mathrm{T}}\boldsymbol{x}=(y_1,y_2,\cdots,y_n)^{\mathrm{T}},}\lambda_1y_1^2+\lambda_2y_2^2+\cdots+\lambda_ny_n^2+\lambda_1^{-1}b_1^2+\lambda_2^{-1}b_2^2+\cdots+\\&\quad\lambda_n^{-1}b_n^2-(2b_1y_1+2b_2y_2+\cdots+2b_ny_n)\\&=\left(\sqrt{\lambda_1}y_1-\frac{1}{\sqrt{\lambda_1}}b_1\right)^2+\left(\sqrt{\lambda_2}y_2-\frac{1}{\sqrt{\lambda_2}}b_2\right)^2+\cdots+\left(\sqrt{\lambda_n}y_n-\frac{1}{\sqrt{\lambda_n}}b_n\right)^2\geqslant0,\end{aligned}$$

即对任意 n 维列向量 $\boldsymbol{x}$,都有 $f(\boldsymbol{x}^{\mathrm{T}})\geqslant c-\boldsymbol{\beta}^{\mathrm{T}}\boldsymbol{A}^{-1}\boldsymbol{\beta}$. 由此可知,$f$ 的最小值为 $c-\boldsymbol{\beta}^{\mathrm{T}}\boldsymbol{A}^{-1}\boldsymbol{\beta}$.

5.30 (Ⅰ)由 $\boldsymbol{A}$ 正定知,存在可逆矩阵 $\boldsymbol{P}_1$,使得

$$\boldsymbol{P}_1^{\mathrm{T}}\boldsymbol{AP}_1=\boldsymbol{E}_n.$$

记 $\boldsymbol{P}_1^{\mathrm{T}}\boldsymbol{B}\boldsymbol{P}_1=\boldsymbol{B}_1$，则 $\boldsymbol{B}_1$ 是实对称矩阵，故存在正交矩阵 $\boldsymbol{Q}$，使得

$$\boldsymbol{Q}^{\mathrm{T}}\boldsymbol{P}_1^{\mathrm{T}}\boldsymbol{B}\boldsymbol{P}_1\boldsymbol{Q}=\boldsymbol{Q}^{\mathrm{T}}\boldsymbol{B}_1\boldsymbol{Q}=\begin{pmatrix}\lambda_1 & & & \\ & \lambda_2 & & \\ & & \ddots & \\ & & & \lambda_n\end{pmatrix},$$

其中 $\lambda_1,\lambda_2,\cdots,\lambda_n$ 全是 $\boldsymbol{B}_1$ 的特征值，于是由 $\boldsymbol{B}_1\simeq\boldsymbol{B}$ 知，$\lambda_1,\lambda_2,\cdots,\lambda_n$ 都是正数.

记 $\boldsymbol{P}=\boldsymbol{P}_1\boldsymbol{Q}$，则 $\boldsymbol{P}$ 可逆，且

$$\boldsymbol{P}^{\mathrm{T}}\boldsymbol{A}\boldsymbol{P}=\boldsymbol{Q}^{\mathrm{T}}(\boldsymbol{P}_1^{\mathrm{T}}\boldsymbol{A}\boldsymbol{P}_1)\boldsymbol{Q}=\boldsymbol{Q}^{\mathrm{T}}\boldsymbol{Q}=\boldsymbol{E}_n,$$

$$\boldsymbol{P}^{\mathrm{T}}\boldsymbol{B}\boldsymbol{P}=\begin{pmatrix}\lambda_1 & & & \\ & \lambda_2 & & \\ & & \ddots & \\ & & & \lambda_n\end{pmatrix},$$

于是，$\boldsymbol{P}^{\mathrm{T}}(\boldsymbol{A}-\boldsymbol{B})\boldsymbol{P}=\begin{pmatrix}1-\lambda_1 & & & \\ & 1-\lambda_2 & & \\ & & \ddots & \\ & & & 1-\lambda_n\end{pmatrix}$，所以，由 $\boldsymbol{A}-\boldsymbol{B}$ 是正定矩阵知

$$1-\lambda_1,1-\lambda_2,\cdots,1-\lambda_n>0,\text{即}\frac{1}{\lambda_1}-1>0,\frac{1}{\lambda_2}-1>0,\cdots,\frac{1}{\lambda_n}-1>0. \tag{1}$$

从而，由 $$\boldsymbol{P}^{-1}\boldsymbol{A}^{-1}(\boldsymbol{P}^{-1})^{\mathrm{T}}=(\boldsymbol{P}^{\mathrm{T}}\boldsymbol{A}\boldsymbol{P})^{-1}=\boldsymbol{E}_n,$$

$$\boldsymbol{P}^{-1}\boldsymbol{B}^{-1}(\boldsymbol{P}^{-1})^{\mathrm{T}}=(\boldsymbol{P}^{\mathrm{T}}\boldsymbol{B}\boldsymbol{P})^{-1}=\begin{pmatrix}\frac{1}{\lambda_1} & & & \\ & \frac{1}{\lambda_2} & & \\ & & \ddots & \\ & & & \frac{1}{\lambda_n}\end{pmatrix}$$

知，$\boldsymbol{P}^{-1}(\boldsymbol{B}^{-1}-\boldsymbol{A}^{-1})(\boldsymbol{P}^{-1})^{\mathrm{T}}=\begin{pmatrix}\lambda_1-1 & & & \\ & \lambda_2-1 & & \\ & & \ddots & \\ & & & \lambda_n-1\end{pmatrix}$，即 $\boldsymbol{B}^{-1}-\boldsymbol{A}^{-1}$ 与正定矩阵 $\begin{pmatrix}\frac{1}{\lambda_1}-1 & & & \\ & \frac{1}{\lambda_2}-1 & & \\ & & \ddots & \\ & & & \frac{1}{\lambda_n}-1\end{pmatrix}$ 合同，所以 $\boldsymbol{B}^{-1}-\boldsymbol{A}^{-1}$ 正定.

（Ⅱ）当 $\boldsymbol{A},\boldsymbol{B}$ 都正定，且 $\boldsymbol{A}-\boldsymbol{B}$ 正定时，$\boldsymbol{A}^2-\boldsymbol{B}^2$ 未必正定. 例如

$\boldsymbol{A}=\begin{pmatrix}3&1\\1&2\end{pmatrix}$，$\boldsymbol{B}=\begin{pmatrix}2&\frac{1}{2}\\\frac{1}{2}&1\end{pmatrix}$都是正定矩阵，且 $\boldsymbol{A}-\boldsymbol{B}=\begin{pmatrix}1&\frac{1}{2}\\\frac{1}{2}&1\end{pmatrix}$也是正定矩阵，但是

$\boldsymbol{A}^2-\boldsymbol{B}^2=\begin{pmatrix}10&5\\5&5\end{pmatrix}-\begin{pmatrix}\frac{17}{4}&\frac{3}{2}\\\frac{3}{2}&\frac{5}{4}\end{pmatrix}=\begin{pmatrix}\frac{23}{4}&\frac{7}{2}\\\frac{7}{2}&\frac{15}{4}\end{pmatrix}$却不是正定的.

附篇
国内工科大学生数学竞赛线性代数试题选撷（附解答）

1 设 $\boldsymbol{J}$ 是所有元素都为 1 的 n 阶矩阵，$\boldsymbol{X}$ 是 n 阶未知矩阵. 证明：矩阵方程 $\boldsymbol{X}=\boldsymbol{XJ}+\boldsymbol{JX}$ 仅有零解.

2 设 $\boldsymbol{A}$ 为 n 阶实矩阵，对任意 n 维实行向量 $\boldsymbol{\alpha}=(a_1,a_2,\cdots,a_n)$ 有 $\boldsymbol{\alpha A\alpha}^{\mathrm{T}}\geqslant 0$，且存在 n 维实行向量 $\boldsymbol{\beta}$，使得 $\boldsymbol{\beta A\beta}^{\mathrm{T}}=0$，同时，对任意 n 维实行向量 $\boldsymbol{x}$ 和 $\boldsymbol{y}$，当 $\boldsymbol{xAy}^{\mathrm{T}}\neq 0$ 时有 $\boldsymbol{xAy}^{\mathrm{T}}+\boldsymbol{yAx}^{\mathrm{T}}\neq 0$. 证明：对任意 n 维实行向量 $\boldsymbol{v}$，都有 $\boldsymbol{vA\beta}^{\mathrm{T}}=0$.

3 设 $\boldsymbol{A}$ 为 n 阶实矩阵，证明：$\boldsymbol{A}$ 为对称矩阵的充分必要条件为 $\boldsymbol{AA}^{\mathrm{T}}=\boldsymbol{A}^2$.

4 设矩阵 $\boldsymbol{A}=\begin{pmatrix}1&2&1\\3&4&a\\1&2&2\end{pmatrix}$，三阶矩阵 $\boldsymbol{B}$ 满足 $\boldsymbol{AB}=\boldsymbol{A}-\boldsymbol{B}+\boldsymbol{E}_3$，且 $\boldsymbol{B}\neq\boldsymbol{E}_3$，$r(\boldsymbol{A}+\boldsymbol{B})=3$，求常数 a.

5 在 n 维线性空间 $\mathbf{R}^n$ 中，给定两个基 $\boldsymbol{\alpha}_1,\boldsymbol{\alpha}_2,\cdots,\boldsymbol{\alpha}_n$ 和 $\boldsymbol{\beta}_1,\boldsymbol{\beta}_2,\cdots,\boldsymbol{\beta}_n$. 证明：存在 $1,2,\cdots,n$ 的一个排列 $i_1,i_2,\cdots,i_n$，使得对任意 $j=1,2,\cdots,n$，$\boldsymbol{\alpha}_1,\cdots,\boldsymbol{\alpha}_{j-1},\boldsymbol{\beta}_{i_j},\boldsymbol{\alpha}_{j+1},\cdots,\boldsymbol{\alpha}_n$ 是 $\mathbf{R}^n$ 的一个基.

6 设 $\boldsymbol{S}$ 是 n 阶实对称矩阵，$r(\boldsymbol{S})=r$. 证明：$\boldsymbol{S}$ 中存在不为零的 r 阶主子式.

7 设 $\boldsymbol{A},\boldsymbol{B}$ 都是 n 阶正定矩阵，证明：$\boldsymbol{AB}$ 是正定矩阵的充分必要条件是 $\boldsymbol{AB}=\boldsymbol{BA}$.

8 设n 阶实矩阵 $\boldsymbol{A}$ 可逆. 证明：存在唯一的 n 阶正交矩阵 $\boldsymbol{Q}$ 和唯一的 n 阶正定矩阵 $\boldsymbol{B}$，使得 $\boldsymbol{A}=\boldsymbol{QB}$.

解　答

1 当 $n=1$ 时，$\boldsymbol{X}=\boldsymbol{XJ}+\boldsymbol{JX}$ 成为 $x=x+x$. 由此得 $x=0$，即此时所给方程仅有零解.

当 $n>1$ 时，在

$$\boldsymbol{X}=\boldsymbol{XJ}+\boldsymbol{JX} \tag{1}$$

的两边左乘 $\boldsymbol{J}$ 后，再右乘 $\boldsymbol{J}$，得

$$\boldsymbol{JXJ}=\boldsymbol{JXJ}^2+\boldsymbol{J}^2\boldsymbol{XJ}.$$

由于 $\boldsymbol{J}^2=\begin{pmatrix}1&1&\cdots&1\\1&1&\cdots&1\\\vdots&\vdots&&\vdots\\1&1&\cdots&1\end{pmatrix}\begin{pmatrix}1&1&\cdots&1\\1&1&\cdots&1\\\vdots&\vdots&&\vdots\\1&1&\cdots&1\end{pmatrix}=\begin{pmatrix}n&n&\cdots&n\\n&n&\cdots&n\\\vdots&\vdots&&\vdots\\n&n&\cdots&n\end{pmatrix}=n\boldsymbol{J}$，所以上式可以化简为 $\boldsymbol{JXJ}=2n\boldsymbol{JXJ}$，即 $\boldsymbol{JXJ}=\boldsymbol{O}$. 于是

式(1)的两边左乘 $\boldsymbol{J}$，得

$$\boldsymbol{JX}=\boldsymbol{JXJ}+\boldsymbol{J}^2\boldsymbol{X}=n\boldsymbol{JX}\text{，即}(n-1)\boldsymbol{JX}=\boldsymbol{O},$$

从而有

$$\boldsymbol{JX}=\boldsymbol{O}. \tag{2}$$

式(1)的两边右乘 $\boldsymbol{J}$，得

$$\boldsymbol{XJ}=\boldsymbol{XJ}^2+\boldsymbol{JXJ}=n\boldsymbol{XJ}\text{，即}(n-1)\boldsymbol{XJ}=\boldsymbol{O},$$

从而有

$$\boldsymbol{XJ}=\boldsymbol{O}. \tag{3}$$

将式(2)与式(3)代入式(1)，得 $\boldsymbol{X}=\boldsymbol{O}$. 由此可知，当 $n>1$ 时，所给矩阵方程也仅有零(矩阵)解.

2　如果存在某个 n 维行向量 $\boldsymbol{\upsilon}$，使得 $\boldsymbol{\upsilon A\beta}^{\mathrm{T}}\neq 0$，则由题设知，

$$\boldsymbol{\upsilon A\beta}^{\mathrm{T}}+\boldsymbol{\beta A\upsilon}^{\mathrm{T}}\neq 0.$$

因此，可以取适当的实数 r，使得

$$\boldsymbol{\upsilon A\upsilon}^{\mathrm{T}}+r(\boldsymbol{\upsilon A\beta}^{\mathrm{T}}+\boldsymbol{\beta A\upsilon}^{\mathrm{T}})<0. \tag{1}$$

对于上述的 $\boldsymbol{\upsilon}$，r 及题设中的 $\boldsymbol{\beta}$，由题设知

$$(\boldsymbol{\upsilon}+r\boldsymbol{\beta})\boldsymbol{A}(\boldsymbol{\upsilon}+r\boldsymbol{\beta})^{\mathrm{T}}\geqslant 0,$$

即

$$\boldsymbol{\upsilon A\upsilon}^{\mathrm{T}}+r(\boldsymbol{\upsilon A\beta}^{\mathrm{T}}+\boldsymbol{\beta A\upsilon}^{\mathrm{T}})+r^2\boldsymbol{\beta A\beta}^{\mathrm{T}}\geqslant 0.$$

利用题设 $\boldsymbol{\beta A\beta}^{\mathrm{T}}=0$ 化简上式，得

$$\boldsymbol{\upsilon A\upsilon}^{\mathrm{T}}+r(\boldsymbol{\upsilon A\beta}^{\mathrm{T}}+\boldsymbol{\beta A\upsilon}^{\mathrm{T}})\geqslant 0. \tag{2}$$

式(1)与式(2)矛盾表明，对任意 n 维实行向量 $\boldsymbol{\upsilon}$，都有 $\boldsymbol{\upsilon A\beta}^{\mathrm{T}}=0$.

3　设 $\boldsymbol{A}=\begin{pmatrix} a_{11} & a_{12} & \cdots & a_{1n} \\ a_{21} & a_{22} & \cdots & a_{2n} \\ \vdots & \vdots & & \vdots \\ a_{n1} & a_{n2} & \cdots & a_{nn} \end{pmatrix}$，则

$$\boldsymbol{K}=\boldsymbol{A}-\boldsymbol{A}^{\mathrm{T}}=\begin{pmatrix} 0 & a_{12}-a_{21} & a_{13}-a_{31} & \cdots & a_{1n}-a_{n1} \\ a_{21}-a_{12} & 0 & a_{23}-a_{32} & \cdots & a_{2n}-a_{n2} \\ \vdots & \vdots & \vdots & & \vdots \\ a_{n1}-a_{1n} & a_{n2}-a_{2n} & a_{n3}-a_{3n} & \cdots & 0 \end{pmatrix},$$

$$\begin{aligned} \operatorname{tr}(\boldsymbol{KK}^{\mathrm{T}}) &= \operatorname{tr}[(\boldsymbol{A}-\boldsymbol{A}^{\mathrm{T}})(\boldsymbol{A}^{\mathrm{T}}-\boldsymbol{A})] \\ &= \operatorname{tr}[\boldsymbol{AA}^{\mathrm{T}}-(\boldsymbol{A}^{\mathrm{T}})^2-\boldsymbol{A}^2+\boldsymbol{A}^{\mathrm{T}}\boldsymbol{A}] \\ &= \operatorname{tr}(\boldsymbol{AA}^{\mathrm{T}})-\operatorname{tr}(\boldsymbol{A}^{\mathrm{T}})^2-\operatorname{tr}(\boldsymbol{A}^2)-\operatorname{tr}(\boldsymbol{A}^{\mathrm{T}}\boldsymbol{A}) \\ &= 2\operatorname{tr}(\boldsymbol{AA}^{\mathrm{T}}-\boldsymbol{A}^2)(\text{利用 } \operatorname{tr}(\boldsymbol{A}^{\mathrm{T}})^2=\operatorname{tr}(\boldsymbol{A}^2),\operatorname{tr}(\boldsymbol{A}^{\mathrm{T}}\boldsymbol{A})=\operatorname{tr}(\boldsymbol{AA}^{\mathrm{T}})). \end{aligned} \tag{1}$$

必要性是显然的. 下面按式(1)证明充分性.

设 $\boldsymbol{AA}^{\mathrm{T}}=\boldsymbol{A}^2$，则由式(1)，得 $\operatorname{tr}(\boldsymbol{KK}^{\mathrm{T}})=0$，即 $\boldsymbol{K}$ 的元素全为零. 于是有 $a_{ij}=a_{ji}(i,j=1,2,\cdots,n,i\neq j)$. 从而 $\boldsymbol{A}$ 是对称矩阵.

4　由题设 $\boldsymbol{AB}=\boldsymbol{A}-\boldsymbol{B}+\boldsymbol{E}_3$ 得 $(\boldsymbol{A}+\boldsymbol{E}_3)(\boldsymbol{B}-\boldsymbol{E}_3)=0$. 于是有

$$r(\boldsymbol{A}+\boldsymbol{E}_3)+r(\boldsymbol{B}-\boldsymbol{E}_3)-3\leqslant r[(\boldsymbol{A}+\boldsymbol{E}_3)(\boldsymbol{B}-\boldsymbol{E}_3)]=0,$$

即

$$r(\boldsymbol{A}+\boldsymbol{E}_3)+r(\boldsymbol{B}-\boldsymbol{E}_3)\leqslant 3. \tag{1}$$

另一方面，$r(\boldsymbol{A}+\boldsymbol{E}_3)+r(\boldsymbol{B}-\boldsymbol{E}_3)\geqslant r(\boldsymbol{A}+\boldsymbol{E}_3+\boldsymbol{B}-\boldsymbol{E}_3)=r(\boldsymbol{A}+\boldsymbol{B})=3$，

即

$$r(\boldsymbol{A}+\boldsymbol{E}_3)+r(\boldsymbol{B}-\boldsymbol{E}_3)\geqslant 3. \tag{2}$$

由式(1)与式(2)，得

$$r(\boldsymbol{A}+\boldsymbol{E}_3)+r(\boldsymbol{B}-\boldsymbol{E}_3)=3. \text{ 从而 } r(\boldsymbol{A}+\boldsymbol{E}_3)\leqslant 2. \tag{3}$$

另一方面，由 $\boldsymbol{A}+\boldsymbol{E}_3=\begin{pmatrix} 2 & 2 & 1 \\ 3 & 5 & a \\ 1 & 2 & 3 \end{pmatrix}$ 知

$$r(\boldsymbol{A}+\boldsymbol{E}_3)\geqslant 2. \tag{4}$$

由式(3)与式(4)，得 $r(\boldsymbol{A}+\boldsymbol{E}_3)=2$. 由于

$$\boldsymbol{A}+\boldsymbol{E}_3=\begin{pmatrix}2&2&1\\3&5&a\\1&2&3\end{pmatrix}\xrightarrow[\text{(以下同)}]{\text{初等行变换}}\begin{pmatrix}0&-2&-5\\0&-1&a-9\\1&2&3\end{pmatrix}\to\begin{pmatrix}0&0&13-2a\\0&1&9-a\\1&2&3\end{pmatrix},$$

所以,由 $r(\boldsymbol{A}+\boldsymbol{E})=2$,得 $13-2a=0$,即 $a=\dfrac{13}{2}$.

5　设 $\boldsymbol{\alpha}_1,\boldsymbol{\alpha}_2,\cdots,\boldsymbol{\alpha}_n$ 到 $\boldsymbol{\beta}_1,\boldsymbol{\beta}_2,\cdots,\boldsymbol{\beta}_n$ 的过渡矩阵为 $\boldsymbol{A}=\begin{pmatrix}a_{11}&a_{12}&\cdots&a_{1n}\\a_{21}&a_{22}&\cdots&a_{2n}\\\vdots&\vdots&&\vdots\\a_{n1}&a_{n2}&\cdots&a_{nn}\end{pmatrix}$.

显然,$\boldsymbol{A}$ 可逆,且$(\boldsymbol{\beta}_1,\boldsymbol{\beta}_2,\cdots,\boldsymbol{\beta}_n)=(\boldsymbol{\alpha}_1,\boldsymbol{\alpha}_2,\cdots,\boldsymbol{\alpha}_n)\boldsymbol{A}$,即

$$\boldsymbol{\beta}_i=\sum_{j=1}^{n}a_{ji}\boldsymbol{\alpha}_j\ (i=1,2,\cdots,n).\tag{1}$$

由 $\boldsymbol{A}$ 可逆知,

$$|A|=\sum(-1)^{\tau(i_1,i_2,\cdots,i_n)}a_{1i_1}a_{2i_2}\cdots a_{ni_n}\neq0,$$

其中,$\sum$ 是对 $1,2,\cdots,n$ 的任一排列$(i_1,i_2,\cdots,i_n)$的求和.因此至少存在一个排列$(i_1,i_2,\cdots,i_n)$,使得 $a_{1i_1}a_{2i_2}\cdots a_{ni_n}\neq0$.从而 $a_{1i_1},a_{2i_2},\cdots,a_{ni_n}$ 全不为零.

于是,由式(1)有 $\boldsymbol{\beta}_{i_j}=\sum\limits_{j=1}^{n}a_{ji_j}\boldsymbol{\alpha}_j(j=1,2,\cdots,n)$.从而对 $j=1,2,\cdots,n$ 有

$$(\boldsymbol{\alpha}_1,\boldsymbol{\alpha}_2,\cdots,\boldsymbol{\alpha}_{j-1},\boldsymbol{\beta}_{i_j},\boldsymbol{\alpha}_{j+1},\cdots,\boldsymbol{\alpha}_n)$$

$$=(\boldsymbol{\alpha}_1,\boldsymbol{\alpha}_2,\cdots,\boldsymbol{\alpha}_n)\begin{pmatrix}1&&&&a_{1i_1}&&&\\&1&&&a_{2i_2}&&&\\&&\ddots&&\vdots&&&\\&&&1&a_{j-1,i_{j-1}}&&&\\&&&&a_{ji_j}&&&\\&&&&a_{j+1,i_{j+1}}&1&&\\&&&&&&\ddots&\\&&&&&&&1\end{pmatrix},$$

故由上式右边矩阵的行列式为 $a_{ji_j}\neq0$,以及 $\boldsymbol{\alpha}_1,\boldsymbol{\alpha}_2,\cdots,\boldsymbol{\alpha}_n$ 是 $\mathbf{R}^n$ 的一个基知,$\boldsymbol{\alpha}_1,\boldsymbol{\alpha}_2,\cdots,\boldsymbol{\alpha}_{j-1},\boldsymbol{\beta}_{i_j},\boldsymbol{\alpha}_{j+1},\cdots,\boldsymbol{\alpha}_n$ 也是 $\mathbf{R}^n$ 的一个基.

6　由 $\boldsymbol{S}$ 是实对称矩阵知,存在 n 阶正交矩阵 $\boldsymbol{Q}$,使得

$$\boldsymbol{Q}^{\mathrm{T}}\boldsymbol{S}\boldsymbol{Q}=\begin{pmatrix}\lambda_1&&&\\&\lambda_2&&\\&&\ddots&\\&&&\lambda_n\end{pmatrix}\text{(其中 }\lambda_1,\lambda_2,\cdots,\lambda_n\text{ 是 }\boldsymbol{S}\text{ 的特征值)}.$$

于是,由 $r(\boldsymbol{S})=r$ 知,$\lambda_1,\lambda_2,\cdots,\lambda_n$ 中仅有 r 个不为零.设它们为 $\lambda_1,\lambda_2,\cdots,\lambda_r$,则

$$\begin{aligned}|\lambda\boldsymbol{E}_n-\boldsymbol{S}|&=(\lambda-\lambda_1)(\lambda-\lambda_2)\cdots(\lambda-\lambda_r)\lambda^{n-r}\\&=\lambda^n+a_1\lambda^{n-1}+a_2\lambda^{n-2}+\cdots+a_r\lambda^{n-r},\end{aligned}$$

其中,$a_r=(-1)^r\lambda_1\lambda_2\cdots\lambda_r\neq0$.　(1)

另一方面，$a_r=(-1)^r\times$($\boldsymbol{S}$ 的所有 r 阶主子式之和).　　(2)

比较式(1)与式(2)知，$\boldsymbol{S}$ 中至少有一个 r 阶主子式不为零.

7　必要性：由 $\boldsymbol{A},\boldsymbol{B}$ 正定知，$\boldsymbol{A}^{\mathrm{T}}=\boldsymbol{A},\boldsymbol{B}^{\mathrm{T}}=\boldsymbol{B}$. 从而当 $\boldsymbol{AB}$ 正定时，$\boldsymbol{AB}=\boldsymbol{A}^{\mathrm{T}}\boldsymbol{B}^{\mathrm{T}}=(\boldsymbol{BA})^{\mathrm{T}}=\boldsymbol{BA}$.

充分性：设 $\boldsymbol{AB}=\boldsymbol{BA}$. 则由 $(\boldsymbol{AB})^{\mathrm{T}}=\boldsymbol{B}^{\mathrm{T}}\boldsymbol{A}^{\mathrm{T}}=\boldsymbol{BA}=\boldsymbol{AB}$ 知，$\boldsymbol{AB}$ 是实对称矩阵.

由于 $\boldsymbol{A},\boldsymbol{B}$ 都是正定矩阵，所以存在 n 阶可逆矩阵 $\boldsymbol{P}$，使得

$$\boldsymbol{A}=\boldsymbol{PP}^{\mathrm{T}},$$

从而，$\boldsymbol{AB}=\boldsymbol{PP}^{\mathrm{T}}\boldsymbol{B}$，即 $\boldsymbol{P}^{-1}(\boldsymbol{AB})\boldsymbol{P}=\boldsymbol{P}^{\mathrm{T}}\boldsymbol{BP}$.

由此可知，$\boldsymbol{AB}\sim\boldsymbol{P}^{\mathrm{T}}\boldsymbol{BP}$，而 $\boldsymbol{P}^{\mathrm{T}}\boldsymbol{BP}$ 是正定矩阵，所以 $\boldsymbol{AB}$ 是正定矩阵.

8　存在性：由 $\boldsymbol{A}$ 可逆知，$\boldsymbol{A}^{\mathrm{T}}\boldsymbol{A}$ 是正定矩阵，从而有 n 阶正定矩阵 $\boldsymbol{B}$，使得 $\boldsymbol{A}^{\mathrm{T}}\boldsymbol{A}=\boldsymbol{B}^2$.

记 $\boldsymbol{P}=\boldsymbol{BA}^{-1}$，则由

$$\begin{aligned}\boldsymbol{P}^{\mathrm{T}}\boldsymbol{P}&=(\boldsymbol{BA}^{-1})^{\mathrm{T}}(\boldsymbol{BA}^{-1})=(\boldsymbol{A}^{\mathrm{T}})^{-1}(\boldsymbol{B}^{\mathrm{T}}\boldsymbol{B})\boldsymbol{A}^{-1}\\&=(\boldsymbol{A}^{-1})^{\mathrm{T}}\boldsymbol{B}^2\boldsymbol{A}^{-1}=(\boldsymbol{A}^{-1})^{\mathrm{T}}\boldsymbol{A}^{\mathrm{T}}\boldsymbol{AA}^{-1}=\boldsymbol{E}_n\end{aligned}$$

知，$\boldsymbol{P}$ 是 n 阶正交矩阵. 记 $\boldsymbol{Q}=\boldsymbol{P}^{-1}=\boldsymbol{P}^{\mathrm{T}}$，则 $\boldsymbol{Q}$ 也是正交矩阵. 于是由

$$\boldsymbol{A}=\boldsymbol{P}^{\mathrm{T}}\boldsymbol{B}=\boldsymbol{QB}$$

知，存在 n 阶正交矩阵 $\boldsymbol{Q}$ 与 n 阶正定矩阵 $\boldsymbol{B}$，使得 $\boldsymbol{A}=\boldsymbol{QB}$.

唯一性：如果还存在 n 阶正交矩阵 $\boldsymbol{Q}_1$，与 n 阶正定矩阵 $\boldsymbol{B}_1$，使得 $\boldsymbol{A}=\boldsymbol{Q}_1\boldsymbol{B}_1$，则

$$\boldsymbol{B}^2=\boldsymbol{A}^{\mathrm{T}}\boldsymbol{A}=\boldsymbol{B}_1^{\mathrm{T}}\boldsymbol{Q}_1^{\mathrm{T}}\boldsymbol{Q}_1\boldsymbol{B}_1=\boldsymbol{B}_1^2.\tag{1}$$

由 $\boldsymbol{B}$ 是正定矩阵知，$\boldsymbol{B}^2$ 也是正定矩阵，所以存在可逆矩阵 $\boldsymbol{P}_1$，使得

$$\boldsymbol{P}_1^{\mathrm{T}}\boldsymbol{B}^2\boldsymbol{P}_1=\boldsymbol{E}_n,\text{即}(\boldsymbol{P}_1^{\mathrm{T}}\boldsymbol{BP}_1)(\boldsymbol{P}_1^{\mathrm{T}}\boldsymbol{BP}_1)=\boldsymbol{E}_n.$$

由此得到

$$\boldsymbol{P}_1^{\mathrm{T}}\boldsymbol{BP}_1=\boldsymbol{E}_n.\tag{2}$$

由式(1)知，$\boldsymbol{P}_1^{\mathrm{T}}\boldsymbol{B}_1\boldsymbol{P}_1=\boldsymbol{E}_n$，即 $(\boldsymbol{P}_1^{\mathrm{T}}\boldsymbol{B}_1\boldsymbol{P}_1)(\boldsymbol{P}_1^{\mathrm{T}}\boldsymbol{B}_1\boldsymbol{P}_1)=\boldsymbol{E}_n$. 由此得到

$$\boldsymbol{P}_1^{\mathrm{T}}\boldsymbol{B}_1\boldsymbol{P}_1=\boldsymbol{E}_n.\tag{3}$$

由式(2)与式(3)，得 $\boldsymbol{P}_1^{\mathrm{T}}\boldsymbol{BP}_1=\boldsymbol{P}_1^{\mathrm{T}}\boldsymbol{B}_1\boldsymbol{P}_1$. 因此由 $\boldsymbol{P}_1$ 可逆得 $\boldsymbol{B}=\boldsymbol{B}_1$.

于是有 $\boldsymbol{A}=\boldsymbol{QB},\boldsymbol{A}=\boldsymbol{Q}_1\boldsymbol{B}$，即 $\boldsymbol{QB}=\boldsymbol{Q}_1\boldsymbol{B}$. 由此由 $\boldsymbol{B}$ 可逆得 $\boldsymbol{Q}=\boldsymbol{Q}_1$.

由此证得，使得 $\boldsymbol{A}=\boldsymbol{QB}$(其中，$\boldsymbol{Q}$ 是 n 阶正交矩阵，$\boldsymbol{B}$ 是 n 阶正定矩阵)的 $\boldsymbol{Q}$ 与 $\boldsymbol{B}$ 是唯一的.

参考文献

[1] 同济大学数学系．线性代数［M］．5 版．北京：高等教育出版社，2007.

[2] 刘洪星．高等代数选讲［M］．北京：机械工业出版社，2009.

[3] 陈启浩．考研数学精题 660［M］．北京：中国铁道出版社，2008.

[4] 魏宗宣．线性代数试题选解［M］．长沙：中南工业大学出版社，1986.

[5] 国防科学技术大学大学数学竞赛指导组．大学数学竞赛指导［M］．北京：清华大学出版社，2009.

[6] 史明仁．线性代数六百证明题详解［M］．北京：北京科学技术出版社，1985.

[7] 齐藤正彦．线性代数入门［M］．东京：东京大学出版会，1981.